# 算法设计编程实验

## 大学程序设计课程与竞赛训练教材

第2版

*Algorithm Design Practice*

for Collegiate Programming Contest and Education

吴永辉 王建德 编著

图书在版编目（CIP）数据

算法设计编程实验 / 吴永辉，王建德编著．—2 版．—北京：机械工业出版社，2020.1（2022.4 重印）

ISBN 978-7-111-64581-8

I. 算… II. ①吴… ②王… III. 电子计算机 – 算法设计 – 高等学校 – 教材 IV. TP301.6

中国版本图书馆 CIP 数据核字（2020）第 002137 号

# 算法设计编程实验 第 2 版

出版发行：机械工业出版社（北京市西城区百万庄大街 22 号 邮政编码：100037）

责任编辑：朱 劼　　责任校对：李秋荣

印　刷：北京捷迅佳彩印刷有限公司　　版　次：2022 年 4 月第 2 版第 2 次印刷

开　本：185mm × 260mm 1/16　　印　张：34

书　号：ISBN 978-7-111-64581-8　　定　价：119.00 元

客服电话：（010）88361066 88379833 68326294　　投稿热线：（010）88379604

华章网站：www.hzbook.com　　读者信箱：hzjsj@hzbook.com

# 前 言

本书是“大学程序设计课程与竞赛训练教材”系列著作中的第2部。我们编著这一系列著作的指导思想如下。

（1）程序设计竞赛是“通过编程解决问题”的竞赛。国际大学生程序设计竞赛（International Collegiate Programming Contest，ICPC）和中学生国际信息学奥赛（International Olympiad in Informatics，IOI）在20世纪80年代中后期走向成熟，30多年来，累积了海量的试题。这些来自全球各地、凝聚了无数命题者的心血和智慧的试题，不仅可以用于程序设计竞赛选手的训练，而且可以用于教学，以系统、全面地提高学生编程解决问题的能力。

（2）我们认为，评价一个人的专业能力，要看这个人的两个方面：1）知识体系，即他能用哪些知识去解决问题，或者说，他所真正掌握并能应用的知识，而不仅仅是他学过的知识；2）思维方式，即他在面对问题（特别是不太标准化的问题）的时候，解决问题的策略是什么？对于程序设计竞赛选手所要求的知识体系，可以概括为1984年图灵奖得主Niklaus Wirth提出的著名公式“算法+数据结构=程序”，这也是计算机学科知识体系的核心部分，因此本系列的前两部著作分别是《数据结构编程实验》和《算法设计编程实验》。对于需要采用某些策略进行求解的程序设计试题，比如，不采用常用的数据结构或者需要优化解题的算法，我们进行分析整理，编写了本系列的第3部著作《程序设计解题策略》。

（3）从本质上说，程序设计是技术，所以，首先牢记学习编程要不断“Practice, Practice, Practice”！本系列选用程序设计竞赛的大量试题，以案例教学的方式进行教学实验并安排学生进行解题训练。其次，“Practice in a systematic way”。本系列的编写基于传统的教学大纲，以系统、全面地提高学生编程解决问题的能力为目标，以程序设计竞赛的试题及详细的解析、带注释的程序作为实验，在每一章的结束部分给出相关题库及解题提示，并对大部分试题给出官方的测试数据。

2013年，我们在机械工业出版社出版了《算法设计编程实验：大学程序设计课程与竞赛训练教材》。2018年，我们在CRC Press出版了该书的英文版《Algorithm Design Practice: for Collegiate Programming Contest and Education》。此外，我们还在中国台湾地区出版了繁体中文版。

本书的第1版是在复旦大学程序设计集训队长期活动的基础上编写而成的，共分8章，主要内容如下：

- 第1章“求解Ad Hoc类问题的编程实验”：介绍了机理分析法和统计分析法，引导读者在没有经典和模式化算法可对应的情况下，学会自创简单的算法。
- 第2章“模拟法的编程实验”：引导读者按照题意设计数学模型的各种参数，观察变更这些参数所引起的过程状态的变化，在此基础上展开算法设计。
- 第3章“数论的编程实验”和第4章“组合分析的编程实验”：这两章凸显了数论和组合分析知识在算法中的应用。其中，第3章围绕初等数论中的素数运算、求解不定方程和同余方程、应用积性函数等问题展开实验。第 4 章介绍在编程求解组合类问题时如何计算具有某种特性的对象个数，如何将它们完全列举出来，如何使用抽屉原理解决存在性问题，如何使用容斥原理计算多个集合并的元素数，如何使用 Pólya 定理对一个问题的各种不同的组合状态计数。

- 第 5 章“贪心法的编程实验”和第 6 章“动态规划方法的编程实验”：在求解具备最优子结构特征的问题时，这两种方法是最常用、最经典的思想方法，但适用场合不同，既有相同点又有区别之处。
- 第 7 章“高级数据结构的编程实验”：选择在一般数据结构教材中没有出现但很有用的一些知识，例如后缀数组、线段树、欧拉图、哈密顿图、最大独立集、割点、桥和双连通分支等内容展开编程实验。
- 第 8 章“计算几何的编程实验”：计算几何学是算法体系中一个重要的组成部分，也是先前算法教材中最薄弱的环节。该章开展点线面运算、扫描线算法、计算半平面交、凸包计算和旋转卡壳算法等实验。

近来年，我们使用本书第 1 版的中、英文版在全球高校进行教学，根据读者和学生的反馈，我们对本书第 1 版的内容进行了修订，形成了第 2 版。我们除了修正第 1 版中的小错误，以及改进一些表述之外，还做了如下较大改进：

对于第 3 章“数论的编程实验”和第 4 章“组合分析的编程实验”的内容和结构，基于数论、组合数学的知识体系，进行全面的加强和改进。其中，第 3 章从素数运算、求解不定方程和同余方程、特殊的同余式、积性函数的应用、高斯素数 5 个方面展开实验；而第 4 章从排列的生成、排列和组合的计数、容斥原理与鸽笼原理、Pólya 计数公式、生成函数与递推关系、快速傅里叶变换（FFT）6 个方面展开实验。对于数论、组合分析所涉及的知识点，都采用程序设计竞赛的试题作为实验范例，也就是说，基于数论、组合分析的知识体系，实验范例“鱼鳞状”分布在各个知识点中。同时，将数学证明能力和编程解决问题能力的训练相结合，这也是数学类试题的特征。

对于第 5 章“贪心法的编程实验”和第 6 章“动态规划方法的编程实验”，则增加了经典问题的实验。在第 5 章中，增加了背包问题、任务调度、区间调度等经典贪心问题的实验；在第 6 章中，则以“背包九讲”为基础，增加 0-1 背包问题的实验。这样改进的目的，是使读者能够更好地体验贪心和动态规划的方法。

本书可以用于大学的算法及相关数学课程的教学和实验，也可以用于程序设计竞赛选手的系统训练。对于本书，我们的使用建议是：书中每章的实验范例可以用于算法和数学课程的教学、实验和上机作业，以及程序设计竞赛选手掌握相关知识点的入门训练；而每章最后给出的相关题库中的试题则可以作为程序设计竞赛选手的专项训练试题，以及学生进一步提高编程能力的练习题。

我们对浩如烟海的 ACM-ICPC 预赛和总决赛、各种大学生程序设计竞赛、在线程序设计竞赛及中学生信息学奥林匹克竞赛的试题进行了分析和整理，从中精选出 314 道试题作为本书的试题。其中 157 道试题作为实验范例试题，每道试题不仅有详尽的解析，还给出标有详细注释的参考程序；另外的 157 道试题为题库试题，所有试题都有清晰的提示。

本书提供了所有试题的英文原版以及大部分试题的官方测试数据和解答程序，有需要者可登录华章网站（http://www.hzbook.com）下载。

感谢 Stony Brook University 的 Steven Skiena 教授和 Rezaul Chowdhury 教授，Texas State University 的 C. Jinshong Hwang 教授、Ziliang Zong 教授和 Hongchi Shi 教授，German University of Technology in Oman 的 Rudolf Fleischer 教授，North South University 的 Abul L. Haque 教授和 Shazzad Hosain 教授，International Islamic University Malaysia 的 Normaziah Abdul Aziz 教授，以及香港理工大学的曹建农教授，他们为本书英文版书稿的试用和改进提供了以英语为母语或官方语言的平台。感谢 Georgia Institute of Technology 的 Jiaqi Chen 同学审阅英文版书稿的部分章节。

感谢巴黎第十一大学博士生张一博同学、香港中文大学博士生王禹同学和复旦大学已故教授朱洪先生，他们对于第 2 版的编写提出了建设性的意见。

感谢组织程序设计训练营集训并邀请我使用本书书稿讲学的香港理工大学曹建农教授，台湾“东华大学”彭胜龙教授，西北工业大学姜学峰教授和刘君瑞教授，宁夏理工学院副校长俞经善教授，中国矿业大学毕方明教授，以及中国矿业大学徐海学院刘昆教授等。

感谢指出书稿中错误的西安电子科技大学朱微、张恩溶和中国矿业大学徐海学院贺小梅等同学。

特别感谢和我一起创建 ACM-ICPC 亚洲训练联盟的国内同仁，他们不仅为本书书稿，也为我的系列著作及其课程建设提供了一个实践的平台。这些年，我们并肩作战，风雨同舟，如莎士比亚《亨利五世》的台词：“今日谁与我共同浴血，他就是我的兄弟！”

由于时间和水平所限，书中肯定夹杂了一些缺点和错误，表述不当和笔误也在所难免，热忱欢迎学术界同仁和读者赐正。如果你在阅读中发现了问题，请通过电子邮件告诉我们，以便我们在课程建设和中、英文版再版时改进。我们的联系方式如下：

通信地址：上海市邯郸路 220 号复旦大学计算机科学技术学院　吴永辉（邮编：200433）

电子邮件：yhwu@fudan.edu.cn

吴永辉　王建德

2019 年 10 月 30 日于上海

注：本书试题的在线测试地址如下：

| 在线评测系统 | 简称 | 网址 |
|---|---|---|
| 北京大学在线评测系统 | POJ | http://poj.org/ |
| 浙江大学在线评测系统 | ZOJ | http://acm.zju.edu.cn/onlinejudge/<br>http://zoj.pintia.cn/home |
| UVA 在线评测系统 | UVA | http://uva.onlinejudge.org/<br>http://livearchive.onlinejudge.org/ |
| Ural 在线评测系统 | Ural | http://acm.timus.ru/ |
| HDOJ 在线评测系统 | HDOJ | http://acm.hdu.edu.cn/ |

# 目录

第 1 章

# 求解 Ad Hoc 类问题的编程实验

Ad Hoc 源自于拉丁语，意思是“为某种目的而特别设置的”。

在程序设计竞赛的试题中，有这样一类试题，解题不能套用现成的算法，也没有模式化的求解方法，而是需要编程者自己设计算法来解答试题，这类试题被称作 Ad Hoc 类试题，也被称作杂题。一方面，Ad Hoc 类试题能够比较综合地反映编程者的智慧、知识基础和创造性思维能力；另一方面，求解 Ad Hoc 类试题的自创算法只针对某个问题本身，探索该问题的独有性质，是一种专为解决某个特定的问题或完成某项特定的任务而设计的算法，因此 Ad Hoc 类试题的求解算法一般不具备普适意义和可推广性。

求解 Ad Hoc 类问题的方法多样，但从数理分析和思维方式的角度来看，大致可分两类。

- 机理分析法。采用顺向思维方式，从分析内部机理出发，顺推出求解算法。
- 统计分析法。采用逆向思维方式，从分析部分解出发，倒推出求解算法。

这两种方法不是孤立和互相排斥的，在求解 Ad Hoc 类问题的过程中，既可以根据需要选择其一，也可以两者兼用。

## 1.1 机理分析法的实验范例

所谓机理分析法，就是根据客观事物的特性，分析其内部的机理，弄清其内在的关系，在适当抽象的条件下，得到可以描述事物属性的数学工具。

经过数学分析，如果能够抽象出 Ad Hoc 类问题的内在规律，则可以采用机理分析法建立数学模型，然后根据模型的原理对应到算法，编程实现，通过执行算法得到问题解，如图 1-1 所示。

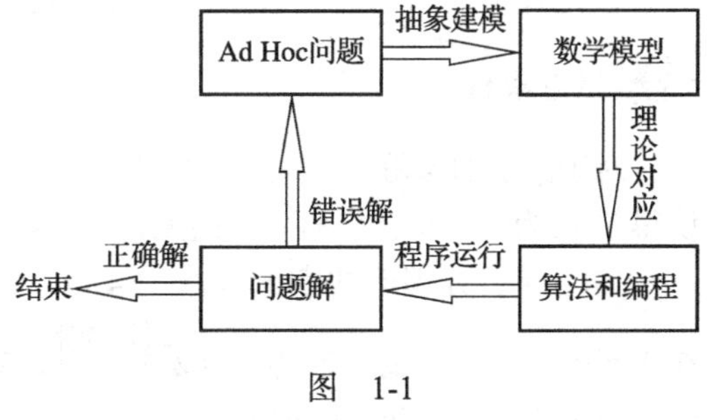


图 1-1

机理分析法的核心是数学建模，即使用适当的数学思想建立模型，或者提取问题中的有效信息，用简明的方式表达其规律。需要注意以下几点：

（1）选择的模型必须尽量体现问题的本质特征。但这并不意味着模型越复杂越好，累赘的信息会影响算法效率。

（2）模型的建立不是一个一蹴而就的过程，而是要经过反复检验和修改，在实践中不断完善。

（3）数学模型通常有严格的格式，但程序编写形式可不拘一格。

机理分析法是一个复杂的数据抽象过程。我们要善于透视问题的本质，寻找突破口，进而选择适当的模型。模型的构造过程可以帮助我们认识问题，不同的模型从不同的角度反映问题，可以引发不同的思路，起到引导发散思维的作用。但认识问题的最终目的是解决问题，模型的固有性质虽然可以帮我们建立算法，其优劣亦可通过时空复杂度等指标来分析和衡量，但最终还是以程序的运行结果为标准。所以模型不是一成不变的，同样要通过各种技术不断优化。模型的产生虽然是人脑思维的产物，但它仍然是客观事物在人脑中的反映。所以要培养良好的建模能力，还必须在平时学习中积累丰富的知识和经验。

下面给出两个机理分析法的实验范例。

【1.1.1 Factstone Benchmark】

2010年，Amtel已开发出128位处理器的计算机；到2020年，它将开发出256位计算机；以此类推，Amtel实行每10年就将芯片字长长度翻一番的战略。(此前，Amtel于2000年开发了64位计算机；1990年，开发了32位计算机；1980年，开发了16位计算机；1970年，开发了8位计算机；1960年首先开发了4位计算机。)

Amtel使用新的标准检查等级——Factstone——来宣传其新处理器大大提高的能力。Factstone等级被定义为这样的最大整数 $n$，即 $n!$ 可以表示为一个计算机的字的无符号整数（比如1960年的4位计算机可表示为 $3!=6$，而不能表示为 $4!=24$）。

给出一个年份 $y$ 且 $1960 \leqslant y \leqslant 2160$，Amtel最近发布的芯片的Factstone等级是什么？

**输入**

输入给出若干测试用例。每个测试用例一行，给出年份 $y$。在最后一个测试用例后，即在最后一行给出0。

**输出**

对于每个测试用例，输出一行，给出Factstone等级。

| 样例输入 | 样例输出 |
| --- | --- |
| 1960<br>1981<br>0 | 3<br>8 |

试题来源：Waterloo local 2005.09.24

在线测试：POJ 2661，ZOJ 2545，UVA 10916

**试题解析**

对于给定的年份，首先，求出当年Amtel处理器的字大小；然后，计算出最大的 $n$ 值，使得 $n!$ 成为一个符合字的大小的无符号整数。

1960年，处理器的字的大小是4位，以后每10年字的大小翻一番。由此可以推出，在 $Y$ 年处理器的字的位数为 $K=2^{2+\left\lfloor \frac{Y-1960}{10} \right\rfloor}$，$K$ 位二进制数的最大无符号整数是 $2^K-1$。如果 $n!$ 是不大于 $2^K-1$ 的最大正整数，则 $n$ 为 $Y$ 年芯片的Factstone等级。计算方法有两种：

- 方法1：直接求不大于 $2^K-1$ 的最大正整数 $n!$，这种方法极容易溢出且速度慢。
- 方法2：采用对数计算，即根据 $\log_2 n! = \log_2 n + \log_2(n-1) + \cdots + \log_2 1 \leqslant \log_2(2^K-1) < K$，计算 $n$。

显然，方法2的效率要比方法1的效率高。算法实现如下：

计算 $Y$ 年字的位数 $K$，累加 $\log_2 i$（$i$ 从1出发，每次加1），直到数字超过 $K$ 为止。此时，$i-1$ 即为Factstone等级。

**参考程序**

```
#include <stdio.h>
#include <math.h>
int y,Y,i,j,m;                          //年份为 y
double f,w;                             //y 年字的位数为 w，log2 i 的累加值为 f
main(){
    while (1 == scanf("%d",&y) && y){  //输入年份 y
        w = log(4);                     //按照每 10 年字的大小翻一番的规律，计算 y 年字的位数 w
        for (Y=1960; Y<=y; Y+=10){
           w *= 2;
          }
    i = 1;                              //累加 log2 i (每次 i 加 1)，直到数字超过 w
        f = 0;
        while (f < w) {
            f += log((double)++i);
        }
        printf("%d\n",i-1) ;       //输出 Factstone 等级
    }
    if (y) printf("fishy ending %d\n",y);
}
```

【1.1.2 Bridge】

*n* 个人要在晚上过桥，任何时候最多两人一组过桥，每组要有一只手电筒。在这 *n* 个人中只有一只手电筒可以用，因此要安排以某种往返的方式来返还手电筒，使得更多的人可以过桥。

每个人的过桥速度不同，每组的速度由速度较慢的成员所决定。请确定一个策略，使得 *n* 个人用最少的时间过桥。

**输入**

输入的第一行给出 *n*，接下来的 *n* 行给出每个人的过桥时间，不会超过 1000 人，且没有人的过桥时间超过 100 秒。

**输出**

输出的第一行给出所有 *n* 个人过桥的总秒数，接下来的若干行给出实现策略。每行包含一个或两个整数，表示组成一组过桥的一个人或两个人（每个人用其在输入中给出的过桥所用的时间来标识。虽然许多人有相同的过桥时间，但即使有混淆，对结果也没有影响）。这里要注意的是过桥也有方向性，因为要返还手电筒让更多的人通过。如果用时最少的策略有多个，则任意一个都可以。

| 样例输入 | 样例输出 |
|---|---|
| 4 | 17 |
| 1 | 1 2 |
| 2 | 1 |
| 5 | 5 10 |
| 10 | 2 |
| | 1 2 |

在线测试：POJ 2573，ZOJ 1877，UVA 10037

试题来源：Waterloo local 2000.09.30

## 试题解析

分析本题，可以得出一个简单的逻辑：要使得 $n$ 个人用最少时间过桥，慢的成员必须借助快的成员传递手电筒。

由于一次过桥最多两人且手电筒需要往返传递，因此以两个人过桥为一个分析单位计算过桥时间。为了方便，我们用 $n$ 个人的过桥时间表示这 $n$ 个人。我们按过桥时间递增的顺序排序 $n$ 个成员。设当前序列为

$A$ 是最快的人，$B$ 是次快的人，$A$ 和 $B$ 是序列首部的两个元素

$a$ 是最慢的人，$b$ 是次慢的人，$a$ 和 $b$ 是序列尾部的两个元素

让 $a$ 和 $b$ 用最少时间过桥，有两种过桥方案。

**方案 1**：用最快的成员 $A$ 传递手电筒，帮助 $a$ 和 $b$ 过桥。

如果带一个最慢的成员 $a$，则所用的时间是 $a+A$（$a$ 表示最快和最慢的两个成员 $A$ 和 $a$ 到对岸所需的时间，而 $A$ 是最快的成员返回所需的时间）。显然，$A$ 带 $a$ 和 $b$ 过桥所用的时间是 $2*A+a+b$。

**方案 2**：用最快的成员 $A$ 和次快的成员 $B$ 传递手电筒帮助 $a$ 和 $b$ 过桥。

步骤 1：$A$ 和 $B$ 到对岸，所用时间为 $B$；

步骤 2：$A$ 返回，将手电筒给最慢的 $a$ 和 $b$，所用时间为 $A$；

步骤 3：$a$ 和 $b$ 到对岸，所用时间为 $a$；到对岸后，他们将手电筒交给 $B$；

步骤 4：$B$ 需要返回原来的岸边，因为要交还手电筒，所需时间为 $B$。

所以，需要的总时间为 $2*B+A+a$。

显然，$a$ 和 $b$ 要用最少时间过桥，只能借助 $A$ 或者 $A$ 和 $B$ 传递手电筒过桥，其他方法都会增加过河时间。至于哪一种过桥方式更有效，计算并比较一下就行了。

如果 $2*A+a+b<2*B+A+a$，则采用方案 1，即用最快的成员 $A$ 传递手电筒；否则采用方案 2，即用最快的成员 $A$ 和次快的成员 $B$ 传递手电筒（$2*A+a+b<2*B+A+a$ 等价于 $b+A<2*B$）。

我们每次帮助当前最慢和次慢的两个成员过桥（$n-=2$），累计每个最佳过桥方案的时间。最后，产生两种可能的情况：

- 对岸剩下 2 个队员（$n==2$），全部过桥，即累计时间 $B$；
- 对岸剩下 3 个队员（$n==3$），用最快的成员传递手电筒，帮助最慢的成员过桥，然后与次慢的成员一起过桥，即累计时间 $a+A+b$。

## 参考程序

```
#include<iostream>
#include<algorithm>
#include<cstdio>
#include<cstring>
#include<cstdlib>
#include<cmath>
#include<string>
using namespace std;
int n,i,j,k,a[111111];                    //人数为 n，每个人的速度存储于序列 a[]
int ans=0;                                //初始化 n 个人过桥的总时间
int main ( ) {
```

```
    scanf("%d",&n);                          //输入每个人的速度
    for(i=1;i<=n;i++)scanf("%d",a+i);
    if(n==1){                                //输出 1 个人的过桥方案
        printf("%d\n%d\n",a[1],a[1]);return 0;
    }
    int nn=n;
    sort(a+1,a+n+1);                         //按照速度递增顺序排序
    while(n>3){                              //统计 n 个人过桥的总时间
      if(a[1]+a[n-1]<2*a[2]){ //累计用 a[1] 传递手电筒帮助最慢 2 个成员过桥所需的时间
          ans+=a[n]+a[1]*2+a[n-1];
      }else{                  //累计用 a[1]a[2] 传递手电筒帮助最慢 2 个成员过桥所需的时间
            ans+=a[2]+a[1]+a[2]+a[n];
        }
        n-=2;                                //两个最慢的成员过桥
    }
    if(n==2)ans+=a[2];                       //对岸剩下 2 个成员，累计其过桥的时间
    else  ans+=a[1]+a[2]+a[3];               //对岸剩下 3 个成员，累计其过桥的时间
    printf("%d\n",ans);                      //输出 n 个人过桥的总时间
    n=nn;
    while(n>3){                              //输出每组人过桥所用的时间
        if(a[1]+a[n-1]<2*a[2])               //输出用 a[1] 传递手电筒的过桥方案
            printf("%d %d\n%d\n%d %d\n%d\n",a[1],a[n],a[1],a[1],a[n-1],a[1]);
        else                                 //输出用 a[1] 和 a[2] 传递手电筒的过桥方案
            printf("%d %d\n%d\n%d %d\n%d\n",a[1],a[2],a[1],a[n-1],a[n],a[2]);
        n-=2;                                //两个最慢的成员过桥
    }
    if(n==2)printf("%d %d\n",a[1],a[2]);     //剩下 2 个队员过桥，输出过桥方案
    else                                     //剩下 3 个队员过桥，输出过桥方案
        printf("%d %d\n%d\n%d %d\n",a[1],a[3],a[1],a[1],a[2]);
    return 0;
}
```

## 1.2　统计分析法的实验范例

在一时得不到事物的特征机理的情况下，我们可先通过手算或编程等方法测试得到一些数据，即问题的部分解，再利用数理统计知识对数据进行处理，从而得到最终的数学模型。

图 1-2 给出了统计分析法的大致流程：先从 Ad Hoc 问题的原型出发，通过手工或简单的程序得到问题的部分解，即解集 $A$；然后运用数理统计方法通过部分解，得到问题原型的主要属性（大部分属性是规律性的东西），从而建立数学模型，然后通过算法设计和编程得到问题的全部解，即全解集 $I$。这里需要注意的是：

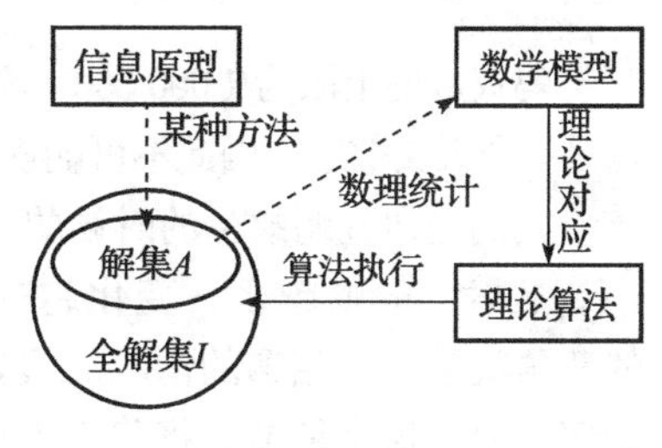


图　1-2

- 因为有时候根本无法求出问题的部分解，或者无法用数理统计知识分析部分解，所以求部分解的过程和对部分解进行数理统计的过程画的是虚线，表示不是每个信息原型都能用统计分析法建模。
- 所有模型对应的算法是将盲目搜索排除在外的。因为盲目搜索是从全集 $I$ 出发求解集 $A$ 的，这违背了建模的目的。我们所讨论的统计分析法，是在对全解集 $I$ 的子集 $A$ 进行数理统计的基础上建立数学模型，所以盲目搜索不属于统计分析法的范畴。
- 一般来说，我们可先采用机理分析法进行分析，如果机理分析进行不下去，再考虑

使用统计分析法。当然，如果问题容易找到部分简单解，我们亦可优先考虑统计分析法。事实上，机理分析所得出的某些结论，往往可被有效地运用于统计分析法；而统计分析法得出的某些规律，最终需要通过机理分析验证其准确性。所以，它们彼此并不是孤立的，我们在建模的时候完全可以两者兼用。

### 【1.2.1　Ants】

一支蚂蚁军队在长度为 $l$ 厘米的横竿上走，每只蚂蚁的速度恒定且为 1 厘米 / 秒。当一只行走的蚂蚁到达横竿终点的时候，它就立即掉了下去；当两只蚂蚁相遇的时候，它们就调转头，并开始往相反的方向走。我们知道蚂蚁在横竿上原来的位置，但不知道蚂蚁行走的方向。请计算所有蚂蚁从横竿上掉下去的最早可能的时间和最晚可能的时间。

**输入**

输入的第一行给出一个整数，表示测试用例个数。每个测试用例首先给出两个整数：横竿的长度（以厘米为单位）和在横竿上的蚂蚁的数量 $n$。接下来给出 $n$ 个整数，表示每只蚂蚁在横竿上从左端测量过来的位置，没有特定的次序。所有输入数据不大于 1 000 000，数据间用空格分隔。

**输出**

对于输入的每个测试用例，输出用一个空格分隔的两个数，第一个数是所有的蚂蚁掉下横竿的最早可能的时间（如果它们的行走方向选择合适），第二个数是所有的蚂蚁掉下横竿的最晚可能的时间。

| 样例输入 | 样例输出 |
|---|---|
| 2<br>10 3<br>2 6 7<br>214 7<br>11 12 7 13 176 23 191 | 4 8<br>38 207 |

在线测试：POJ 1852，ZOJ 2376，UVA 10714

试题来源：Waterloo local 2004.09.19

#### 试题解析

蚂蚁数的上限为 1 000 000，爬行方式会达到 $2^{1\,000\,000}$ 种，这是一个天文数字，因此不可能逐一枚举蚂蚁的爬行方式。

我们先研究蚂蚁少的时候的一些情况，如图 1-3 所示。

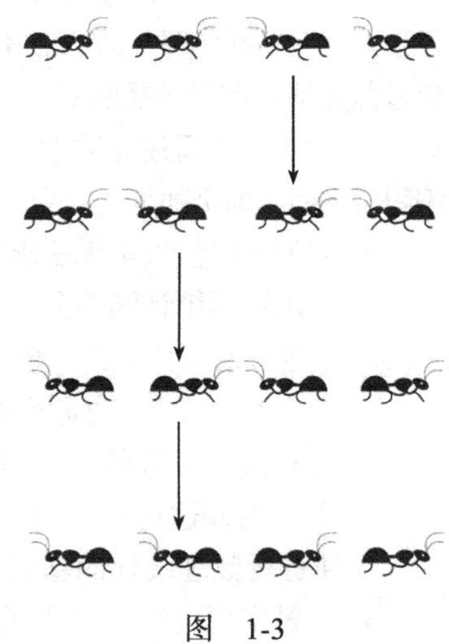

图　1-3

显然，蚂蚁越多，变化越多，情况越复杂。而解题的瓶颈就是蚂蚁相遇的情况。假如我们拘泥于“对于相遇如何处理”这个细节，将陷入无从着手的境地。

假如出现这样一种情况：蚂蚁永远不会相遇（即所有向左走的蚂蚁都在向右走的蚂蚁的左边），那么很容易找出 O($n$) 的算法。

让我们回过头观察前面给出的例子。我们发现蚂蚁在相遇前为“　　”，在相遇后就变成了

“　　”，这就相当于忽略了“相遇”这一事件。也就是说，我们可以假设这些蚂蚁即使相遇了也不理睬对方而继续走自己的路。对于问题来说，所有的蚂蚁都是一样的，并无相异之处，因此这个假设当然是合理的。这样，每只蚂蚁掉落所用的时间就只有两个取值：一个是向左走用的时间，一个是向右走用的时间。全部掉落的最早时间就是每只蚂蚁尽快掉落用时的最大值，因为这些蚂蚁互不干扰。同理，全部掉落的最迟时间就是每只蚂蚁尽量慢掉落用时的最大值。由此得出算法，设 $l_i$ 为第 $i$ 只蚂蚁在横竿上从左端过来测量的位置（$1\leqslant i\leqslant n$）；$little_i$ 为第 $i$ 只蚂蚁掉下横竿的最早时间，little 为 $n$ 只蚂蚁掉下横竿的最早时间；$big_i$ 为第 $i$ 只蚂蚁掉下横竿的最晚时间，big 为 $n$ 只蚂蚁掉下横竿的最晚时间。则 $little_i=\min\{l_i, L-l_i\}$，$big_i=\max\{l_i, L-l_i\}$，$1\leqslant i\leqslant n$；$little=\max\{little_i \mid 1\leqslant i\leqslant n\}$，$big=\max\{big_i \mid 1\leqslant i\leqslant n\}$。

本题从最简单的情况入手，通过分析发现所有蚂蚁的等价性，将“相遇后转向”转变为“相遇后互不干扰”，从而简化了问题，轻而易举地计算出答案。

**参考程序**

```
#include <stdio.h>
int c,big,little,L,i,j,k,n;             // 测试用例数为 c; big、little 为最晚时间和最早
                                        // 时间; 横竿长度为 L; 竿上的蚂蚁数为 n
main( ){
    scanf("%d",&c);                     // 输入测试用例数
    while (c-- && (2 == scanf("%d%d",&L,&n))) {      // 输入横竿长度和横竿上的蚂蚁数
        big = little = 0;               // 最晚时间和最早时间初始化
        for (i=0;i<n;i++) {             // 输入每只蚂蚁的测量位置
            scanf("%d",&k);
            if (k > big) big = k;       // 根据 k 的左方长度和右方长度调整最晚时间
            if (L-k > big) big = L-k;
            if (k > L-k) k = L-k;       // 由 k 左、右方长度的最小值调整最早时间
            if (k > little) little = k;
        }
        printf("%d %d\n",little,big);  // 输出所有蚂蚁掉下横竿的最早时间和最晚时间
    }
    if (c != -1) printf("missing input\n");
}
```

## 【1.2.2　Matches Game】

有一个简单的游戏，在这个游戏中，有若干堆火柴和两个玩家。两个玩家一轮一轮地玩。在每一轮中，一个玩家可以选择一个堆，并从该堆取走任意根火柴（当然，取走火柴的数量不可能为 0，也不可能大于所选的火柴的数量）。如果在一个玩家取了火柴后没有火柴留下，那么这个玩家就赢了。假设两个玩家非常聪明，请你告诉大家先玩的玩家是否可以赢。

**输入**

输入由若干行组成，每行一个测试用例。每行开始首先给出整数 $M$（$1\leqslant M\leqslant 20$），表示火柴堆的堆数；然后给出 $M$ 个不超过 10 000 000 的正整数，表示每个火柴堆的火柴数量。

**输出**

对每个测试用例，如果是先手的玩家赢，则在一行中输出 "Yes"；否则输出 "No"。

| 样例输入 | 样例输出 |
|---|---|
| 2 45 45<br>3 3 6 9 | No<br>Yes |

试题来源：POJ Monthly, readchild

在线测试：POJ 2234

## 试题解析

本题是一个 Nimm 博弈问题。游戏的各种情况分析如下。

**情况 1**：如果游戏开始时只有一堆火柴，则走先手的玩家取走这一堆的所有火柴而获胜。

**情况 2**：如果游戏开始时有两堆火柴，且这两堆火柴的数量分别为 $N_1$ 和 $N_2$。

- 如果 $N_1 \neq N_2$，则走先手的玩家先从大堆火柴中取走一些火柴，使得两堆火柴数量相等；然后，走后手的玩家每次从一堆火柴里取走一些火柴后，走先手的玩家就从另一堆火柴里取相同数量的火柴；最终走先手的玩家获胜。
- 如果 $N_1 = N_2$，每次在走先手的玩家从一堆火柴中取走一些火柴之后，走后手的玩家就从另一堆火柴里取相同数量的火柴；最终走后手的玩家获胜。

**情况 3**：游戏开始时有多于两堆的火柴。

每个自然数都能够表示成一个二进制数。例如，$57_{(10)}=111\,001_{(2)}$，即 $57_{(10)}=2^5+2^4+2^3+2^0$。57 根火柴组成的一堆可以视为 4 个小堆：$2^5$ 根火柴组成一堆，$2^4$ 根火柴组成一堆，$2^3$ 根火柴组成一堆，$2^0$ 根火柴组成一堆。

设游戏开始时有 $k$ 堆火柴，这 $k$ 堆火柴中的火柴数量分别是 $N_1, N_2, \cdots, N_k$, $N_i$ 可以表示为一个 $s+1$ 位二进制数，即 $N_i=n_{is} \cdots n_{i1}n_{i0}$，$n_{ij}$ 是一个二进位，$0 \leqslant j \leqslant s$，$1 \leqslant i \leqslant k$。如果二进制数的位数小于 $s+1$，加前导 0。

如果 $n_{10}+n_{20}+\cdots+n_{k0}$ 是偶数，$n_{11}+n_{21}+\cdots+n_{k1}$ 是偶数……$n_{1s}+n_{2s}+\cdots+n_{ks}$ 是偶数，即 $n_{10}$ XOR $n_{20}$ XOR…XOR $n_{k0}$ 是 0，$n_{11}$ XOR $n_{21}$ XOR…XOR $n_{k1}$ 是 0……$n_{1s}$ XOR $n_{2s}$ XOR…XOR $n_{ks}$ 是 0，则称游戏的状态是平衡的；否则，游戏的状态是非平衡的。如果一个玩家面对一个非平衡的状态，他可以从某一堆火柴中取走一些火柴，使得游戏状态变成平衡的状态；而如果一个玩家面对一个平衡的状态，那么无论他采取怎样的策略，游戏状态都将变为非平衡状态。游戏的最终状态是所有的二进制数为 0，也就是说，游戏的最终状态是平衡的。所以，获胜的策略（Bouton 定理）如下。

如果游戏的初始状态是非平衡的，则走先手的玩家会赢；如果游戏的初始状态是平衡的，则走后手的玩家会赢。

例如，有 4 堆火柴，分别有 7、9、12 和 15 根火柴。7、9、12 和 15 可以表示为二进制数 0111、1001、1100 和 1111，如下表所示。

| 堆中的火柴数 | $2^3=8$ | $2^2=4$ | $2^1=2$ | $2^0=1$ |
|---|---|---|---|---|
| 7 | 0 | 1 | 1 | 1 |
| 9 | 1 | 0 | 0 | 1 |
| 12 | 1 | 1 | 0 | 0 |
| 15 | 1 | 1 | 1 | 1 |
| | 奇数 | 奇数 | 偶数 | 奇数 |

游戏的初始状态是非平衡的，走先手的玩家从一堆火柴中取出一些火柴，使得游戏的状态变成平衡的状态。有多种选择，例如，走先手的玩家从 12 根一堆的火柴中取出 11 根火柴，游戏的状态就变成平衡的状态，如下表所示。

| 堆中的火柴数 | $2^3=8$ | $2^2=4$ | $2^1=2$ | $2^0=1$ |
|---|---|---|---|---|
| 7 | 0 | 1 | 1 | 1 |
| 9 | 1 | 0 | 0 | 1 |
| 12⇒1 | 0 | 0 | 0 | 1 |
| 15 | 1 | 1 | 1 | 1 |

走先手的玩家从一堆火柴中取出一些火柴使得游戏的状态变成平衡的状态的方法是，选择表中的一行（某一堆火柴），并在这一行的奇数列翻转二进位的值。在翻转了这些值之后，在这一行里，火柴的数量就少于初始的火柴数量。走先手的玩家从相应的堆中取走的火柴数量是初始火柴数量和当前火柴数量的差。然后，走后手的玩家在平衡的状态下取火柴，状态就会变成非平衡状态。接下来，无论走后手的玩家取走多少根火柴，走先手的玩家都使得状态平衡。这一过程一直重复，直到走后手的玩家最后一次在平衡状态下取走一些火柴，然后走先手的玩家取走所有剩余的火柴。

同理，游戏的初始状态是平衡状态时，走后手的玩家会赢。

所以，本题算法如下。

*N* 堆火柴表示为 *N* 个二进制数。如果初始状态是非平衡的，走先手的玩家赢；否则，走后手的玩家会赢。

**参考程序**

```
# include <cstdio>
# include <cstring>
# include <cstdlib>
# include <iostream>
# include <string>
# include <cmath>
# include <algorithm>
using namespace std;
int main(){
    int n;
    while(~scanf("%d",&n)){                 //输入火柴堆数
        int a=0,b;                          //结果 a 初始化，当前堆的火柴数为 b
        for(int i=0;i<n;i++){               //输入每堆火柴的数量
            scanf("%d",&b);
            a^=b;                           //异或当前堆的火柴数
        }
        printf("%s\n",a?"Yes":"No");       //若 a 出现非平衡位，则走先手的玩家赢；
                                            //若 a 的所有位平衡，则走后手的玩家赢
    }
    return 0;
}
```

## 1.3 相关题库

### 【1.3.1 WERTYU】

一种常见的打字错误是将手放在键盘上正确位置的右边。因此造成将 Q 输入为 W、将 J 输入为 K，等等。请对以这种方式键入的消息进行解码。

**输入**

输入包含若干行文本。每一行包含数字、空格、大写字母（除Q、A、Z之外），或如图1-4中所示的标点符号（除倒引号(`)之外），用单词标记的键（Tab、BackSpace、Control等）不在输入中。

图 1-4

**输出**

对于输入的每个字母或标点符号，用图1-4所示的键盘上左边的键的内容来替代。输入中的空格也显示在输出中。

| 样例输入 | 样例输出 |
| --- | --- |
| O S, GOMR YPFSU/ | I AM FINE TODAY. |

*试题来源*：Waterloo local 2001.01.27

*在线测试*：POJ 2538，ZOJ 1884，UVA 10082

**提示**

先根据图1-4中的键盘，离线给出转换表，存储每个键对应的左侧键（注：根据题意，单词键（Tab键、BackSpace键、Shift键等）以及每一行最左边的键（Q、A、Z）不在转换表中。此外所有字母都是大写的）。以后每输入一个字母或标点符号，直接输出转换表中对应的左侧键。

## 【1.3.2　Soundex】

Soundex编码是将基于它们的拼写听起来相同的单词归类在一起。例如，can和khawn、con和gone在Soundex编码下是等价的。

Soundex编码涉及将每个单词转换成一连串的数字，其中每个数字代表一个字母：

1表示B、F、P或V

2表示C、G、J、K、Q、S、X或Z

3表示D或T

4表示L

5表示M或N

6表示R

字母A、E、I、O、U、H、W和Y在Soundex编码中不被表示，并且如果存在连续的字母，这些字母是用相同的数字表示的，那么这些字母就仅用一个数字来表示。具有相同Soundex编码的单词被认为是相等的。

**输入**

输入的每一行给出一个单词，全大写，少于 20 个字母。

**输出**

对每行输入，输出一行，给出 Soundex 编码。

| 样例输入 | 样例输出 |
|---|---|
| KHAWN<br>PFISTER<br>BOBBY | 25<br>1236<br>11 |

试题来源：Waterloo local 1999.09.25

在线测试：POJ 2608，ZOJ 1858，UVA 10260

 **提示**

由左到右将单词的每个字母转化为对应数字并略去重复数字，就得到单词的 Soundex 编码。

## 【1.3.3　Mine Sweeper】

扫雷游戏（Mine Sweeper）是一个在 $n \times n$ 的网格上玩的游戏。在网格中隐藏了 $m$ 枚地雷，每一枚地雷在网格上不同的方格中。玩家不断点击网格上的方格。如果有地雷的方格被触发，则地雷爆炸，玩家就输掉了游戏；如果一个没有地雷的方格被触发了，就出现 0 ～ 8 之间的整数，表示包含地雷的相邻方格和对角相邻方格的数目。图 1-5 给出了玩该游戏的部分连续截图。

图　1-5

在这里，$n$ 为 8，$m$ 为 10，空白方格表示整数 0，凸起的方格表示该方格还未被触发，类似星号的图像则代表地雷。图 1-5 中最左边的图表示这个游戏开始玩了一会儿的情况。到中间的图，玩家点击了两个方格，玩家每次都选择了一个安全的方格。再到最右边的图，玩家就没有那么幸运了，他选择了一个有地雷的方格，因此输了游戏。如果玩家继续触发安全的方格，直到只有 $m$ 个包含地雷的方格没有被触发，则玩家获胜。

请编写一个程序，输入游戏进行的信息，输出相应的网格。

**输入**

输入的第一行给出一个正整数 $n$（$n \leqslant 10$）。接下来的 $n$ 行描述地雷的位置，每行用 $n$

个字符表示一行的内容：句点表示方格没有地雷，而星号代表这个方格有地雷。然后的 $n$ 行每行给出 $n$ 个字符：被触发的位置用 x 标识，未被触发的位置用句点标识，样例输入对应于图 1-5 中间的图。

**输出**

输出给出网格，每个方格被填入适当的值。如果被触发的方格没有地雷，则给出 0 ～ 8 之间的值；如果有一个地雷被触发，则所有有地雷的方格位置都用星号标识。所有其他的方格都用句点标识。

| 样例输入 | 样例输出 |
|---|---|
| 8<br>...**..*<br>......*.<br>....*...<br>........<br>........<br>.....*..<br>...**.*.<br>.....*..<br>xxx.....<br>xxxx....<br>xxxx....<br>xxxxx...<br>xxxxx...<br>xxxxx...<br>xxx.....<br>xxxxx... | 001.....<br>0013....<br>0001....<br>00011...<br>00001...<br>00123...<br>001.....<br>00123... |

试题来源：Waterloo local 1999.10.02

在线测试：POJ 2612，ZOJ 1862，UVA 10279

**提示**

试题给出了地雷矩阵 g[i][j] 和触发情况矩阵 try[i][j]（$1 \leqslant i,j \leqslant n$），要求计算和输出网格。

首先判断是否有地雷被触发，即是否存在（try[i][j] == 'x' && g[i][j] == '*'）的格子（$i, j$），设定地雷被触发标志

$$mc=\begin{cases}'*' & \text{地雷被触发}\\ '.' & \text{地雷没有被触发}\end{cases}$$

然后从左向右计算和输出每个位置（$i,j$）的网格状态（$1 \leqslant i,j \leqslant n$）：

- 若（$i,j$）被触发，但没有地雷 (try[i][j] == 'x' && g[i][j] == '.')，则统计（$i,j$）的 8 个相邻方格中有地雷的位置数 x，x 被填入（$i,j$）。
- 否则（即 try[i][j] == '.' || g[i][j] == '*'），如果（$i,j$）有地雷，则 mc 被填入（$i,j$）；如果（$i,j$）没有地雷，则 '.' 被填入（$i,j$）。

## 【1.3.4　Tic Tac Toe】

三连棋游戏（Tic Tac Toe）是一个在 3×3 的网格上玩的少儿游戏。一个玩家 X 开始将

一个 'X' 放置在一个未被占据的网格位置上，然后另外一个玩家 O 则将一个 'O' 放置在一个未被占据的网格位置上。'X' 和 'O' 就这样被交替地放置，直到所有的网格被占满，或者有一个玩家的符号在网格中占据了一整行（垂直、水平或对角）。

开始的时候，用 9 个点表示为空的三连棋，在任何时候放 'X' 或放 'O' 都会被放置在适当的位置上。图 1-6 说明了从开始到结束三连棋的下棋步骤，最终玩家 X 获胜。

| ... | X.. | X.O | X.O | X.O | X.O | X.O | X.O |
|---|---|---|---|---|---|---|---|
| ... | ... | ... | ... | .O. | .O. | OO. | OO. |
| ... | ... | ... | ..X | ..X | X.X | X.X | XXX |

图　1-6

请编写一个程序，输入网格，确定其是否是有效的三连棋游戏的一个步骤。也就是说，通过一系列的步骤在游戏的开始到结束之间产生这一网格。

**输入**

输入的第一行给出 $N$，表示测试用例的数目。然后给出 $4N-1$ 行，说明 $N$ 个用空行分隔的网格图。

**输出**

对于每个测试用例，在一行中输出 "yes" 或 "no"，表示该网格图是否是有效的三连棋游戏的一个步骤。

| 样例输入 | 样例输出 |
|---|---|
| 2<br>X.O<br>OO.<br>XXX<br><br>O.X<br>XX.<br>OOO | yes<br>no |

*在线测试*：POJ 2361，ZOJ 1908，UVA 10363

*试题来源*：Waterloo local 2002.09.21

 **提示**

由于玩家 X 先走且轮流执子，因此若网格图为有效的三连棋游戏的一个步骤，一定同时呈现下述特征：

- 'O' 的数目一定小于等于 'X' 的数目；
- 如果 'X' 的数目比 'O' 多 1 个，那么不可能是玩家 O 赢了三连棋；
- 如果 'X' 的数目和 'O' 的数目相等，则不可能是玩家 X 赢了三连棋。

网格图为无效的三连棋游戏的一个步骤，至少呈现下述 5 个特征之一：

- 'O' 的个数大于 'X' 的个数；
- 'X' 的个数至少比 'O' 的个数多 2；
- 已经判出玩家 O 和玩家 X 同时赢；

- 已经判出玩家 O 赢，但 'O' 的个数与 'X' 的个数不等；
- 已经判出玩家 X 赢，但双方棋子个数相同。

否则网格图为有效的三连棋游戏的一个步骤。

【1.3.5　Rock, Scissors, Paper】

Bart 的妹妹 Lisa 发明了一个在二维网格上玩的新游戏。在游戏开始的时候，每个网格可以被三种生命形式（石头（Rock）、剪刀（Scissor）和布（Paper））中的一个所占据。每一天，在水平或垂直相邻的网格之间，不同的生命形式就要引起战争。而在每一场战争中，石头击败剪刀，剪刀击败布，布击败石头。在一天结束的时候，胜利者扩大其领土范围，占领失败者的网格，而失败者则让出位置。

请编写一个程序，确定 $n$ 天之后每种生命形式所占领的领土。

**输入**

输入的第一行给出 $t$，表示测试用例的数目。每个测试用例首先给出不大于 100 的 3 个整数，即网格中行和列的数目 $r$ 和 $c$，以及天数 $n$。接下来，网格用 $r$ 行表示，每行 $c$ 个字符，在网格中字符 'R'、'S'、'P' 分别表示石头（Rock）、剪刀（Scissor）和布（Paper）。

**输出**

对于每个测试用例，输出在第 $n$ 天结束时网格的情形。在连续的测试用例之间，输出一个空行。

| 样例输入 | 样例输出 |
|---|---|
| 2<br>3 3 1<br>RRR<br>RSR<br>RRR<br>3 4 2<br>RSPR<br>SPRS<br>PRSP | RRR<br>RRR<br>RRR<br><br>RRRS<br>RRSP<br>RSPR |

*在线测试*：POJ 2339，ZOJ 1921，UVA 10443

*试题来源*：Waterloo local 2003.01.25

**提示**

由于每个位置在一天结束时都要改变，因此可以用两个矩阵来表示：一个矩阵表示昨天，一个矩阵表示今天。今天矩阵是在昨天矩阵的基础上计算产生的，昨天矩阵和今天矩阵的对应元素反映了这一天该位置的变化情况：

- 一个 'R' 变成 'P' 当且仅当 'R' 有一个 'P' 相邻，即如果昨天矩阵中 'R' 的相邻格中有一个是 'P'，则今天矩阵中 'R' 的位置填 'P'；
- 一个 'S' 变成 'R' 当且仅当 'S' 有一个 'R' 相邻，即如果昨天矩阵中 'S' 的相邻格中有一个是 'R'，则今天矩阵中 'S' 的位置填 'R'；
- 一个 'P' 变成 'S' 当且仅当 'P' 有一个 'S' 相邻，即如果昨天矩阵中 'P' 的相邻格中有一个是 'S'，则今天矩阵中 'P' 的位置填 'S'。

例如：

$$\begin{vmatrix} R & S & P & R \\ S & P & R & S \\ P & R & S & P \end{vmatrix} \Rightarrow 第1天 \Rightarrow \begin{vmatrix} R & R & S & P \\ R & S & P & R \\ S & P & R & S \end{vmatrix} \Rightarrow 第2天 \Rightarrow \begin{vmatrix} R & R & R & S \\ R & R & S & P \\ R & S & P & R \end{vmatrix}$$

$$\Rightarrow 第3天 \Rightarrow \begin{vmatrix} R & R & R & R \\ R & R & R & S \\ R & R & S & P \end{vmatrix} \cdots\cdots$$

按照上述规则计算 $r*c$ 个格子，得出了这一天的变化结果。显然从初始矩阵出发，按上述规则依次进行 $n$ 次矩形计算，便可得出 $n$ 天结束时的网格。

## 【1.3.6 Prerequisites?】

大学一年级学生 Freddie 选修 $k$ 门课程。为了符合获得学位的要求，他必须从几个类别中选修课程。下面来判断 Freddie 所选修的这些课程是否符合学位要求。

**输入**

输入由若干测试用例组成。对于每个测试用例，输入的第一行给出 $1 \leqslant k \leqslant 100$（表示 Freddie 选择的课程数）以及 $0 \leqslant m \leqslant 100$（表示选修课程的类别数）。接下来给出包含 $k$ 个 4 位整数的一行或多行，每个是 Freddie 选修课程的编号。每个类别用一行表示，包含：$1 \leqslant c \leqslant 100$，表示在该类别中课程的数量；$0 \leqslant r \leqslant c$，表示该类课程必须修的最低数量；在该类别中 $c$ 门课程的编号。每门课程的编号是一个 4 位整数。相同的课程可以在若干个类别中。Freddie 选修的课程编号，以及在每个类别中的课程编号，当然都是不同的。在最后的测试用例中，给出了包含 0 的一行。

**输出**

对于每个测试用例，如果 Freddie 的课程选修符合获得学位的要求，则输出一行 "yes"；否则输出 "no"。

| 样例输入 | 样例输出 |
|---|---|
| 3 2<br>0123 9876 2222<br>2 1 8888 2222<br>3 2 9876 2222 7654<br>3 2<br>0123 9876 2222<br>2 2 8888 2222<br>3 2 7654 9876 2222<br>0 | yes<br>no |

*试题来源*：Waterloo local 2005.09.24

*在线测试*：POJ 2664，UVA 10919

 **提示**

设第 $i$ 类选修课程的课程数为 $c_i$，这些课程组成集合 $done_i$，必须修的最低课程数为 $r_i$，其中 $1 \leqslant i \leqslant m$。

首先将 Freddie 选中的 $k$ 门课程放入集合 take[]；然后依次分析 Freddie 选中的每类选

修课程：对于其中第 $i$ 类选修课程来说，若 $r_i \leqslant |\text{take[]} \cap \text{done}_i|$，则说明被 Freddie 选中的课程数超过了最低标准，设可选标志 $\text{yes}_i=\text{true}$。

最后分析 Freddie 选中的 $m$ 类选修课程：若 $\bigcap\limits_{1\leqslant i\leqslant m}\{\text{yes}_i\} == \text{true}$，则 Freddie 的课程选修符合获得学位的要求；否则不符合要求。

## 【1.3.7 Save Hridoy】

配上优美语句的横幅可以激励大家。那么，我们制作一个大横幅，把优美的语句写在上面，使这个世界更加美丽。带着这种美好愿望，我们今天要制作这样的一条横幅——一条挽救生命的横幅，一条拯救人类的横幅。

本题的程序产生包含文字“ SAVE HRIDOY”的横幅。我们将用不同的字体大小及水平和垂直两种方向来制作这条横幅。正如用普通的单色文字制作大小不同的横幅一样，我们将使用两种不同的 ASCII 字符分别表示黑色和白色的像素。在这个过程中最小可能的横幅（字体大小为 1）水平方向的文字如图 1-7 所示。

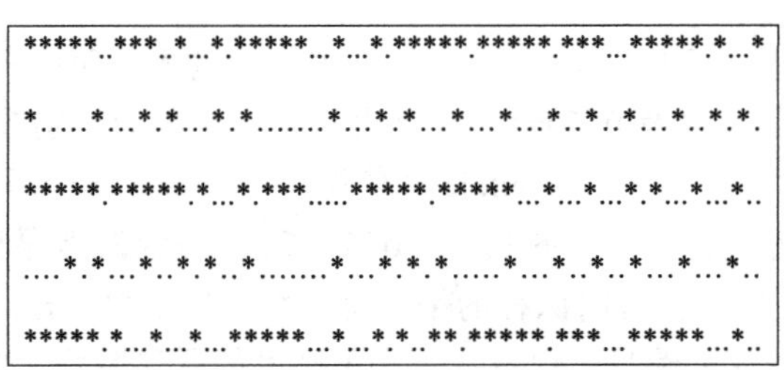

```
*****..***..*...*.*****...*...*.*****.*****.***...*****.*...*
*.....*...*.*...*.*.......*...*.*...*...*...*..*..*...*..*.*.
*****.*****.*...*.***.....*****.*****...*...*...*.*...*...*..
....*.*...*..*.*..*.......*...*.*..*.....*...*..*..*...*...*..
*****.*...*...*...*****...*...*.*...*.*****.***...*****...*..
```

图　1-7

黑色像素用“ *”字符标识，白色像素用“ .”字符标识。在这个横幅上，每个字符用 5×5 的网格表示，一个单词中的两个连续字符之间由一条垂直的虚线分隔，两个单词之间由三条垂直的虚线分隔。对于垂直横幅（字体大小为 1）的情况，在一个单词的两个连续字母之间用一条水平虚线分开，两个单词之间用三条水平虚线分开。见第二个样例输入 / 输出就可以知道垂直横幅如何形成。对于字体大小为 2 的横幅，每个像素用 2×2 的像素网格表示，所以其横幅的宽度和高度分别两倍于字体大小为 1 的横幅。

**输入**

输入至多 30 行，每行给出一个整数 $N$（$0<N<51$），$N$ 的值表示横幅的字体大小和方向。输入以包含一个 0 的一行结束，这一行不用处理。

**输出**

如果 $N$ 是正整数，那么就要画一个水平方向的横幅；如果 $N$ 是负整数，那么就要画一个垂直方向的横幅。这两种情况的输出的详尽描述如下。

- 如果 $N$ 是正整数，那么就输出 $5N$ 行。这些行实际上就画出水平的横幅。一个单词中的两个连续字母之间用 $N$ 个垂直点的虚线分开，两个单词之间用 $3N$ 个垂直点的虚线分开。
- 如果 $N$ 是负数，则输出 $5L\times10+11L$ 行，其中 $L$ 是 $N$ 的绝对值。在一个单词中两个连续的字符用 $L$ 个点水平虚线分开，两个单词之间用 $3L$ 个点水平虚线分开。

在每个测试用例输出后，输出两个空行。

| 样例输入 | 样例输出 |
|---|---|
| -1 | ***** |
| 2 | *.... |
| 0 | ***** |
| | ....* |
| | ***** |
| | ..... |
| | .***. |
| | *...* |
| | ***** |
| | *...* |
| | *...* |
| | ..... |
| | *...* |
| | *...* |
| | *...* |
| | .*.*. |
| | ..*.. |
| | ..... |
| | ***** |
| | *.... |
| | ***.. |
| | *.... |
| | ***** |
| | ..... |
| | ..... |
| | ..... |
| | *...* |
| | *...* |
| | ***** |
| | *...* |
| | *...* |
| | ..... |
| | ***** |
| | *...* |
| | ***** |
| | *.*.. |
| | *..** |
| | ..... |
| | ***** |
| | ..*.. |
| | ..*.. |
| | ..*.. |
| | ***** |

（续）

| 样例输入 | 样例输出 |
| --- | --- |
| | .....<br>***..<br>*..*.<br>*...*<br>*..*.<br>***..<br>.....<br>*****<br>*...*<br>*...*<br>*...*<br>*****<br>.....<br>*...*<br>.*.*.<br>..*..<br>..*..<br>..*..<br><br>**********....******....**......**..**********......**......**..**********..**********..******......*****<br>*****..**......**<br>**********....******....**......**..**********......**......**..**********..**********..******......*****<br>*****..**......**<br>**..........**......**..**......**..**..............**......**..**......**......**......**....**....**......**....**..**..<br>**..........**......**..**......**..**..............**......**..**......**......**......**....**....**......**....**..**..<br>**********..**********..**......**..******..........**********..**********......**......**......**..**......**<br>......**....<br>**********..**********..**......**..******..........**********..**********......**......**......**..**......**<br>......**....<br>........**..**......**....**..**....**..............**......**..**..**..........**......**....**....**......**......**....<br>........**..**......**....**..**....**..............**......**..**..**..........**......**....**....**......**......**....<br>**********..**......**......**......**********......**......**..**....****..**********..******......*********<br>*......**....<br>**********..**......**......**......**********......**......**..**....****..**********..******......*********<br>*......**.... |

试题来源：UVA Monthly Contest August 2005

在线测试：UVA 10894

**提示**

首先，离线构造出字体大小为1时水平方向的矩阵常量 $F[][]$ 和垂直方向的矩阵常量 $G[][]$。然后，每输入一个代表字体大小和方向的整数值 $N$，就在 $F[][]$ 或 $G[][]$ 的基础上放大：

- 若输入正整数 $N$，则将 $F[][]$ 放大 $N$ 倍，即输出 $5N\times61N$ 的水平横幅，其中 $(i, j)$ 为

$F\left[\left\lfloor\frac{i-1}{N}\right\rfloor+1\right]\left[\left\lfloor\frac{j-1}{N}\right\rfloor+1\right]$；

- 若输入负整数 $N$，则将 G[][] 放大 $N$ 倍，即输出 $61N\times5N$ 的垂直横幅，其中 $(i, j)$ 为 $G\left[\left\lfloor\frac{i-1}{-N}\right\rfloor+1\right]\left[\left\lfloor\frac{j-1}{-N}\right\rfloor+1\right]$。

## 【1.3.8 Find the Telephone】

在一些场所，将一个电话号码的数字与字母关联，记住电话号码是很常见的。以这种方式，短语“MY LOVE”就表示 695683。当然也存在一些问题，因为有些电话号码不能构成一个单词或词组，1 和 0 没有与任何字母关联。

请编写一个程序，输入短语，并根据下表找到对应的电话号码。一个短语由大写字母（A ～ Z）、连字符（-）以及数字 1 和 0 组成。

| 字母 | 数字 |
|---|---|
| ABC | 2 |
| DEF | 3 |
| GHI | 4 |
| JKL | 5 |
| MNO | 6 |
| PQRS | 7 |
| TUV | 8 |
| WXYZ | 9 |

**输入**

输入由一个短语的集合组成。每个短语一行，有 $C$ 个字符，其中 $1\leqslant C\leqslant30$。输入以 EOF 结束。

**输出**

对每个短语，输出相应的电话号码。

| 样例输入 | 样例输出 |
|---|---|
| 1-HOME-SWEET-HOME<br>MY-MISERABLE-JOB | 1-4663-79338-4663<br>69-647372253-562 |

试题来源：UFRN-2005 Contest 1

在线测试：UVA 10921

 **提示**

由左而右分析短语中的每个字符：若为连字符、1 或 0，则原样输出；否则按照题目给出的字母与数字的转换表输出字母对应的数字。

## 【1.3.9 2 the 9s】

有一个大家所熟知的技巧，如果一个整数 $N$ 是 9 的倍数，就计算其每位数字的总和 $S$；如果 $S$ 是 9 的倍数，那么 $N$ 也是 9 的倍数，这是一个递归的测试，基于 $N$ 的递归深度被称为 $N$ 的 9 度（9-degree of $N$）。

给出一个正整数 $N$，确定其是否是 9 的倍数；如果是，给出其 9 度。

**输入**

输入的每行包含一个正数。给出数字 0 的一行表示输入结束。给出的数字最多可包含 1000 位。

**输出**

对于每个输入的数，指出是否是 9 的倍数；如果是 9 的倍数，则给出其 9 度的值，见样例输出。

| 样例输入 | 样例输出 |
| --- | --- |
| 999999999999999999999<br>9<br>9999999999999999999999999999998<br>0 | 999999999999999999999 is a multiple of 9 and has 9-degree 3.<br>9 is a multiple of 9 and has 9-degree 1.<br>9999999999999999999999999999998 is not a multiple of 9. |

试题来源：UFRN-2005 Contest 1

在线测试：UVA 10922

**提示**

先用统计分析法分析两个简单的案例。

（1）$n$=999999999999999999999

递归第 1 层：999999999999999999999 共 21 位，21 位数字的总和为 9*21=189。

递归第 2 层：189 的 3 位数字的总和为 1+8+9=18。

递归第 3 层：18 的 2 位数字和为 9，正好为 9，递归结束。

由此得出 999999999999999999999 为 9 的倍数，其 9 度的值为 3。

（2）$n$=9999999999999999999999999999998

递归第 1 层：9999999999999999999999999999998 共 31 位，31 位数字的总和为 30*9+8=278。

递归第 2 层：278 的 3 位数字的总和为 2+7+8=17。

递归第 3 层：17 的 2 位数字和为 1+7=8，8 为一位数，非 9 的倍数，递归结束。

由此得出 9999999999999999999999999999998 非 9 的倍数。

由上面可以看出，尽管确定 $N$ 是否为 9 的倍数的方法是递归定义的，但没必要编写对应的递归程序，迭代式地统计当前数的各位的数和（若非首次迭代的话，当前数即为上次迭代时各位的数和）。实际上，每次迭代并不需要判断当前数是否为 9 的倍数，只是看最后产生的那一个数是否为 9：如果是，则 $N$ 为 9 的倍数，迭代次数即为其 9 度的值；否则 $N$ 就不是 9 的倍数。

## 【1.3.10　You can say 11】

给出正整数 $N$，确定其是否是 11 的倍数。

**输入**

输入的每行包含一个正整数，以包含 0 的一行为输入结束标志。给出的数字可以多达 1000 位。

**输出**

对于输入的每个数，指出是否是 11 的倍数。

| 样例输入 | 样例输出 |
|---|---|
| 112233<br>30800<br>2937<br>323455693<br>5038297<br>112234<br>0 | 112233 is a multiple of 11.<br>30800 is a multiple of 11.<br>2937 is a multiple of 11.<br>323455693 is a multiple of 11.<br>5038297 is a multiple of 11.<br>112234 is not a multiple of 11. |

试题来源：UFRN-2005 Contest 2

在线测试：UVA 10929

 **提示**

正整数 $N$ 可以表示为一个高精度数 $A=a_0\cdots a_{l-1}$，从右至左分别将奇数位的数字和偶数位的数字加起来，再求它们的差。如果这个差是 11 的倍数（包括 0），即 $\sum_{i=0}^{\left\lfloor\frac{l}{2}\right\rfloor} a_{2*i}-\sum_{i=1}^{\left\lfloor\frac{l}{2}\right\rfloor} a_{2*i-1}=11*k$，则正整数 $N$ 一定能被 11 整除。

## 【1.3.11　Parity】

我们定义一个整数 $n$ 的奇偶性为该数二进制表示的每位数的总和对 2 取模。例如，整数 $21=10\,101_2$，在其二进制表示中有 3 个 1，因此其奇偶性为 3 (mod 2)，也就是 1。

本题要求计算一个整数 $1\leqslant I\leqslant 2\,147\,483\,647$ 的奇偶性。

**输入**

输入的每行给出一个整数 $I$，输入以 $I=0$ 结束，程序不用处理这一情况。

**输出**

对于输入中的每个整数 $I$，输出一行 "The parity of $B$ is $P$ (mod 2).", 其中 $B$ 是 $I$ 的二进制表示。

| 样例输入 | 样例输出 |
|---|---|
| 1<br>2<br>10<br>21<br>0 | The parity of 1 is 1 (mod 2).<br>The parity of 10 is 1 (mod 2).<br>The parity of 1010 is 2 (mod 2).<br>The parity of 10101 is 3 (mod 2). |

试题来源：UFRN-2005 Contest 2

在线测试：UVA 10931

 **提示**

在十进制转二进制的过程中顺便记录 1 的个数。

## 【1.3.12　Not That Kind of Graph】

请编写程序，用图表表示一只股票的价格随着时间的变化。在一个单位时间内，股票可以涨（Rise）、跌（Fall）或持平（Constant）。给你的股票价格以 'R'、'F' 和 'C' 组成的一个字符串表示，请用图表表示，使用字符 '/'（斜线）、'\'（反斜线）和 '_'（下划线）。

**输入**

输入的第一行给出测试用例的数目 $N$，接下来给出 $N$ 个测试用例。每个测试用例包含一个字符串，至少 1 个，至多 50 个大写字符（'R'、'F' 或 'C'）。

**输出**

对每个测试用例，输出一行 " Case #x:"，其中 $x$ 是测试用例的编号。然后输出图表，如样例输出所示，包含 $x$ 轴和 $y$ 轴。$x$ 轴比图表长一个字符，在 $y$ 轴和起始图表之间有个空格。在任何行没有后续的空格，不要输出不必要的行。$x$ 轴总是出现在图表下方。在每个测试用例结束的时候，输出一个空行。

<table>
<tr><th>样例输入</th><th>样例输出</th></tr>
<tr><td>1<br>RCRFCRFFCCRRC</td><td>Case #1:<br>|          _<br>| _/_/\   /<br>|/     __/<br>+ -------------<br>---</td></tr>
</table>

试题来源：Abednego's Graph Lovers' Contest, 2005

在线测试：UVA 10800

**提示**

输入一个字符串，其中每个字符为 'R'（Rise）、'C'（Constant）或 'F'（Fall），要求画相应的图表。

我们采用一个二维字符矩阵存储图表。在输入字符串的过程中一边将字母转换为相应的线条字符，一边调整整个图表的上下界。

输出字符矩阵按自上而下的顺序进行，在输出当前行前，先统计出当前行的实际列宽，然后在列宽范围内输出该行的图表信息。

## 【1.3.13　Decode the tape】

老板刚刚发掘出一卷旧的计算机磁带，磁带上有破洞，磁带可能包含一些有用的信息。请弄清楚磁带上写了些什么。

**输入**

输入给出一卷磁带的内容。

**输出**

输出在磁带上写的信息。

<table>
<tr><th>样例输入</th><th>样例输出</th></tr>
<tr><td>___________<br>|o   .  o|<br>| o  .   |<br>|ooo .  o|<br>|ooo .o o|<br>|oo o.  o|<br>|oo  . oo|<br>|oo o. oo|<br>| o  .   |</td><td>A quick brown fox jumps over the lazy dog.</td></tr>
</table>

志 '|'，$a_6$ 为空格，其他位置空格表示数字 0，'o' 表示数字 1，即位置 $i$ 为 'o'，代表整数

（续）

| 样例输入 | 样例输出 |
| --- | --- |
| \| oo  . o \|<br>\| ooo . o \|<br>\| oo o.ooo\|<br>\| ooo .ooo\|<br>\| oo o.oo \|<br>\|  o  .   \|<br>\| oo  .oo \|<br>\| oo o.ooo\|<br>\| oooo.   \|<br>\|  o  .   \|<br>\| oo o. o \|<br>\| ooo .o o\|<br>\| oo o.o o\|<br>\| ooo .   \|<br>\| ooo . oo\|<br>\|  o  .   \|<br>\| oo o.ooo\|<br>\| ooo .oo \|<br>\| oo  .o o\|<br>\| ooo . o \|<br>\|  o  .   \|<br>\| ooo .o  \|<br>\| oo o.   \|<br>\| oo  .o o\|<br>\|  o  .   \|<br>\| oo o.o  \|<br>\| oo  .  o\|<br>\| oooo. o \|<br>\| oooo.  o\|<br>\|  o  .   \|<br>\| oo  .o  \|<br>\| oo o.ooo\|<br>\| oo  .ooo\|<br>\|  o o.oo \|<br>\|    o. o \|<br>___________ | A quick brown fox jumps over the lazy dog. |

试题来源：Abednego's Mathy Contest 2005

在线测试：UVA 10878

## 提示

由样例输入可以看出，计算机磁带每行为 10 个信息单元 $a_0 \cdots a_9$，其中 $a_0$ 为开始标志 '|'，$a_6$ 为空格，其他位置空格表示数字 0，'o' 表示数字 1，即位置 $i$ 为 'o'，代表整数

$$a_i=\begin{cases}2^{9-i} & 7 \leqslant i \leqslant 9 \\ 2^{8-i} & 2 \leqslant i \leqslant 5\end{cases}$$

一行的信息为一个字符的 ASCII 码，对应的字符串就是在磁带上写的信息。

【1.3.14　Fractions Again?!】

对每个形式为 $\frac{1}{k}$（$k>0$）的分数，可以找到两个正整数 $x$ 和 $y$，其中 $x\geqslant y$，使得

$$\frac{1}{k}=\frac{1}{x}+\frac{1}{y}$$

本题的问题是，对于给出的 $k$，有多少这样的 $x$ 和 $y$ 对？

**输入**

输入不超过 100 行，每行给出一个 $k$（$0<k\leqslant 10\,000$）的值。

**输出**

对每个 $k$，输出相应 $(x, y)$ 对的数量，然后输出 $x$ 和 $y$ 的值得到排序列表，如样例输出所示。

| 样例输入 | 样例输出 |
|---|---|
| 2<br>12 | 2<br>1/2=1/6+1/3<br>1/2=1/4+1/4<br>8<br>1/12=1/156+1/13<br>1/12=1/84+1/14<br>1/12=1/60+1/15<br>1/12=1/48+1/16<br>1/12=1/36+1/18<br>1/12=1/30+1/20<br>1/12=1/28+1/21<br>1/12=1/24+1/24 |

*试题来源*：Return of the Newbies 2005

*在线测试*：UVA 10976

**提示**

给出一个正整数 $k$，找到所有的两个正整数 $x$ 和 $y$，其中 $x\geqslant y$，使得 $\frac{1}{k}=\frac{1}{x}+\frac{1}{y}$。显然，$k+1\leqslant y\leqslant 2k$。对所有可能的 $y$，检查相应的 $x$ 是否是一个整数。因为 $\frac{y-k}{k*y}=\frac{1}{x}$，$x=\frac{k*y}{y-k}$，所以，如果 $(k*y)\%(y-k)==0$，那么相应的 $x$ 是一个整数。

【1.3.15　Factorial! You Must be Kidding!!!】

Arif 在 Bongobazar 买了一台超级电脑。Bongobazar 是达卡（Dhaka）的二手货市场，因此他买的这台超级电脑也是二手货，存在一些问题。其中的一个问题是这台电脑的 C/C++ 编译器的无符号长整数的范围已经被改变。现在新的下限是 10 000，上限是 6 227 020 800。Arif 用 C/C++ 编写了一个程序，确定一个整数的阶乘。整数的阶乘递归定义为

$$\text{Factorial}\ (0)=1$$
$$\text{Factorial}\ (n)=n*\text{Factorial}\ (n-1)$$

当然，可以改变这样的表达式，例如，可以写成：

$$\text{Factorial}\ (n)=n*(n-1)*\text{Factorial}\ (n-2)$$

这一定义也可以转换为迭代的形式。

但 Arif 知道，在这台超级电脑上，这一程序不可能正确地运行。请编写一个程序，模拟在正常的计算机上的改变行为。

**输入**

输入包含若干行，每行给出一个整数 $n$，不会有整数超过 6 位，输入以 EOF 结束。

**输出**

对于每一行的输入，输出一行。如果 $n!$ 的值在 Arif 计算机的无符号长整数范围内，输出行给出 $n!$ 的值，否则输出行给出如下两行之一：

```
Overflow!      //（当 n! > 6227020800）
Underflow!     //（当 n! < 10000）
```

| 样例输入 | 样例输出 |
|---|---|
| 2<br>10<br>100 | Underflow!<br>3628800<br>Overflow! |

试题来源：GWCF Contest 4-The Decider

在线测试：UVA 10323

 **提示**

本题题意非常简单：给出 $n$，如果 $n!$ 大于 6 227 020 800，则输出 "Overflow!"；如果 $n!$ 小于 10 000，输出 "Underflow!"；否则，输出 $n!$。

$F(n)=n*F(n-1)$，并且 $F(0)=1$。虽然负阶乘通常未被定义，但本题在这方面做了延伸：$F(0)=0*F(-1)$，即 $F(-1)=\dfrac{F(0)}{0}=\infty$。则 $F(-1)=-1*F(-2)$，也就是 $F(-2)=-F(-1)=-\infty$。以此类推，$F(-2)=-2*F(-3)$，则 $F(-3)=\infty$……

首先，离线计算 $F[i]=i!$，$8\leqslant i\leqslant 13$。

然后，对每个 $n$，

- 如果 $8\leqslant n\leqslant 13$，则输出 $F[n]$；
- 如果 $(n\geqslant 14 \| (n<0 \&\& (-n)\%2 == 1))$，则输出 "Overflow!"；
- 如果 $(n\leqslant 7 \| (n<0 \&\& (-n)\%2 == 0))$，则输出 "Underflow!"。

## 【1.3.16 Squares】

在一个 $N\times N$ 格点方阵中给出一些长度为 1 的线段，请计算出一共有多少个正方形。

如图 1-8 所示，一共有 3 个正方形，其中两个边长为 1，一个边长为 2。

**输入**

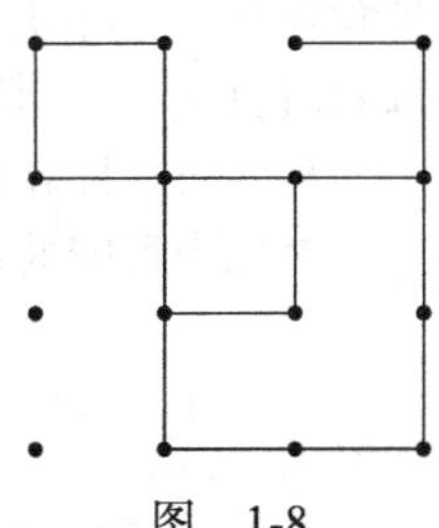

图 1-8

输入包含若干测试用例，每个测试用例描述了一个 $N\times N$（$2\leqslant N\leqslant 9$）格点方阵以及若干内部连接的水平和垂直线段。每个有 $N^2$ 个点的格点方阵有 $M$ 条内部连接的线段，格式如下：

- 第 1 行：$N$，表示格点方阵的一行或一列中的点数。
- 第 2 行：$M$，表示内部连接线段的数量。

接下来的 $M$ 行每行为如下两种类型之一：H $i$ $j$，表示在第 $i$ 行连

接第 $j$ 列到第 $j+1$ 列的点的水平线段；V $i$ $j$，表示在第 $i$ 列连接第 $j$ 行到第 $j+1$ 行的垂直线段。

每行的信息从第 1 列开始，以 EOF 标识输入结束。样例输入的第一个测试用例表示上面的图。

**输出**

对每个测试用例，用 "Problem #1" "Problem #2" 等标识相应的输出。每个测试用例输出给出每种大小的正方形的数量。如果任何大小的正方形都没有，要输出相关的信息来说明。两个连续的测试用例之间，输出两个空行夹一行星号，见如下样例所示。

| 样例输入 | 样例输出 |
| --- | --- |
| 4<br>16<br>H 1 1<br>H 1 3<br>H 2 1<br>H 2 2<br>H 2 3<br>H 3 2<br>H 4 2<br>H 4 3<br>V 1 1<br>V 2 1<br>V 2 2<br>V 2 3<br>V 3 2<br>V 4 1<br>V 4 2<br>V 4 3<br>2<br>3<br>H 1 1<br>H 2 1<br>V 2 1 | Problem #1<br><br>2 square (s) of size 1<br>1 square (s) of size 2<br><br>**********************************<br><br>Problem #2<br><br>No completed squares can be found. |

试题来源：ACM World Finals 1989

在线测试：UVA 201

**提示**

水平线和垂直线是连接两个相邻点的边。用一个三维数组（数组 $a[N][N][2]$）来存储水平线（$a[i][j][0]$）和垂直线（$a[i][j][1]$），其中 $a[i][j][0]$ 表示在第 $i$ 行上从第 $j$ 列到第 $j+1$ 列是否存在边，$a[i][j][1]$ 表示在第 $j$ 列上从第 $i$ 行到第 $i+1$ 行是否存在边，如果 $a[i][j][0]=1$ 且 $a[i][j][1]=1$，则 $(i, j)$ 可能是正方形的左上点。

输入时，计算所有可能的正方形的左上点。

对每个可能的正方形的左上点 $i$，进行枚举：

```
for (k=1; k<=N-1; k++)
      if ((i, j) 到 (i, j+k), (i, j+k) 到 (i+k, j+k), (i, j) 到 (i+ k,j) 以及 (i+k,
j) 到 (i+k, j+k) 是构成正方形的边)
    大小为 k 的正方形的数量 ++;
```

【1.3.17 The Cow Doctor】

Texas 是美国拥有牛最多的州，根据 2005 年国家农业统计局的报告，德州牛的数量为 1380 万头，高于第 2 名的州与第 3 名的州的牛数之和：在 Kansas 有 665 万头牛，在 Nebraska 有 635 万头牛。

有几种疾病威胁着牛群，最可怕的是“疯牛病”，也就是牛海绵状脑病（Bovine Spongiform Encephalopathy，BSE），所以能够诊断这些疾病非常重要。幸运的是，现在有许多测试方法可以用来检测这些疾病。

进行测试的过程如下。首先，从牛身上提取血液样本，然后这个样本与试剂混合。每种试剂检测几种疾病。如果与试剂混合的血液样本有这些疾病，那么可以容易地观察到发生反应。然而，如果一种试剂可以检测几种疾病，那么我们无法确定在血液样本中的疾病是产生相同反应的几种疾病中的哪一种。现在有的试剂可以检测多种疾病（这样的检测可以用来立即排除其他疾病），也有的试剂用来检测很少的疾病（可以用来对问题做出精确的诊断）。

试剂可以相混合产生新的试剂，如果我们有一种试剂可以检测疾病 A 和 B，又有另一种试剂可以检测疾病 B 和 C，那么把它们混合获得一种试剂可以检测疾病 A、B 和 C。这就是说，如果有这两种试剂，那么就不需要一种可以检测疾病 A、B 和 C 的试剂——这样的试剂可以通过混合两种试剂来获得。

生产、运输和存储许多不同类型的试剂是非常昂贵的，并且在许多情况下也是不必要的。请除去尽可能多的不必要的试剂。如果一种试剂被除去，就要求从剩下的试剂中混合能产生等价的试剂，则这种试剂可以被除去。（“等价”表示混合的试剂可以检测出被删除的试剂检测的相同的疾病，不会多，也不会少。）

**输入**

输入包含若干个测试用例。每个测试用例的第一行给出两个整数：疾病数 $1 \leqslant n \leqslant 300$，试剂数 $1 \leqslant m \leqslant 200$。接下来的 $m$ 行对应 $m$ 种试剂。每行首先给出一个整数 $1 \leqslant k \leqslant 300$，表示试剂可以测出多少种疾病。后面的 $k$ 个整数表示 $k$ 种疾病，这些整数取值在 1 到 $n$ 之间。

输入以 $n=m=0$ 结束。

**输出**

对每个测试用例，输出一行，只有一个整数：可以除去的试剂的最大数目。

| 样例输入 | 样例输出 |
|---|---|
| 10 5<br>2 1 2<br>2 2 3<br>3 1 2 3<br>4 1 2 3 4<br>1 4<br>3 7<br>1 1<br>1 2<br>1 3<br>2 1 2<br>2 1 3<br>2 3 2<br>3 1 2 3<br>0 0 | 2<br>4 |

试题来源：ACM Central Europe 2005

在线测试地址：POJ 2943, UVA 3524

 提示

如何确定给出的试剂 $M$ 是不是多余的呢？所有其他试剂组成集合 $S$，对于 $M$ 能够测试的疾病的集合，集合 $S$ 能够测试其中的一个子集。当且仅当 $S$ 所能够测试的这个子集等于 $M$ 能够测试的疾病的集合时，试剂 $M$ 才是多余的。

将试剂能够测试的疾病表示为位向量（按位表示），能使问题的表示非常简明。

## 【1.3.18 Wine Trading in Gergovia】

正如你可能从漫画 *Asterix and the Chieftain's Shield* 中知道的，Gergovia 由一条街组成，城市中的每个居民都是葡萄酒商。你想知道城市的经济是如何运作的吗？非常简单：每人从城市里的其他居民那里购买葡萄酒。每天每位居民决定他要买或卖多少葡萄酒。有趣的是，供给和需求总是一样的，所以每个居民都能得到他想要的东西。

然而还有一个问题：将葡萄酒从一个房子运送到另一个房子需要一定的工作量。由于所有的葡萄酒都同样出色，Gergovia 的居民并不关心哪个人和他们进行交易，他们只关心卖或者买葡萄酒的具体数量。他们会非常精明地算出一种交易方式，使得运输的工作总量最小。

本题要求重构在 Gergovia 的一天的交易。为了简便起见，设定房子是沿直线建造的，两幢相邻的房子之间的距离相等。将一瓶葡萄酒从一幢房子运送到相邻的一幢房子要耗费一个单位的工作量。

**输入**

输入包含若干测试用例。每个测试用例首先给出居民数量 $n$（$2 \leqslant n \leqslant 100\,000$）。下一行给出 $n$ 个整数 $a_i$（$-1000 \leqslant a_i \leqslant 1000$）。如果 $a_i \geqslant 0$，则表示生活在第 $i$ 间房子的居民要买 $a_i$ 瓶葡萄酒；否则，如果 $a_i<0$，他就要卖 $a_i$ 瓶葡萄酒。本题设定所有 $a_i$ 的数的总和为 0。

最后一个测试用例后跟着只包含 0 的一行。

**输出**

对每个测试用例，输出满足每个居民的要求所需要的最小的运输工作总量。本题设定这一数字是一个带符号的 64 位整数（用 C/C++，使用数据类型 long long 或 __int64；用 Java，使用数据类型 long）。

| 样例输入 | 样例输出 |
|---|---|
| 5<br>5 −4 1 −3 1<br>6<br>−1000 −1000 −1000 1000 1000 1000<br>0 | 9<br>9000 |

试题来源：Ulm Local 2006

在线测试：POJ 2940

**提示**

先来看一组最简单的数据：-2 2。右侧向左侧买 2 瓶葡萄酒，最小的运输工作总量为 2。也可以看作是左侧向右侧买 -2 瓶葡萄酒，答案同样为 2。这两种想法是等价的，因为最终每个位置上的数应该是 0。

设 now 为当前剩余（或亏欠）葡萄酒数；ans 为目前最小的运输工作总量。初始时，now 和 ans 都为 0。顺序扫描每个房间 $i$（$1 \leqslant i \leqslant n$）：ans=ans+|now|；now=now+$a_i$。最后得出的 ans 即为最小运输工作总量。

## 【1.3.19　Power et al.】

我们发现任何数的指数都是非常令人烦恼的，因为它呈指数增长。但本题只要求去做一项非常简单的工作。给出两个非负整数 $m$ 和 $n$，请找出在十进制数下 $m^n$ 的最后一位数。

**输入**

输入少于 100 000 行。每行给出两个整数 $m$ 和 $n$（小于 $10^{101}$）。以两个 0 的一行作为输入结束，程序不用处理这一行。

**输出**

对于输入的每个测试用例，输出一行给出一位数，这个数字是 $m^n$ 的最后一位数字。

| 样例输入 | 样例输出 |
|---|---|
| 2 2<br>2 5<br>0 0 | 4<br>2 |

*试题来源*：June 2003 Monthly Contest

*在线测试*：UVA 10515

**提示**

首先，分析 $8^n$ 的最后一位数字的规律性。通过它，给出 $m^n$ 的最后一位数的规律性。

$8^1$ 的最后一位数字是 8，$8^2$ 的最后一位数字是 4，$8^3$ 的最后一位数字是 2，$8^4$ 的最后一位数字是 6，$8^5$ 的最后一位数字是 8，$8^6$ 的最后一位数字是 4……即 8 以每 4 个连续的次方为一个循环。按照 8 的 $n$ 次方个位的规律，对于 $8^{1998}$，因为 1998 mod 4=2，所以 $8^{1998}$ 的最后一位数字是 6。

同样，2、3 和 7 都是以每 4 个连续的次方为一个循环，4 和 9 是以每 2 个连续的次方为一个循环。5 和 6 的任何次方的最后一位数即为底数的个位数。由此得出算法：

设 $m$ 的最后一位数字是 $k$，$n$ 的最后一位数字是 $d$，则 $m^n$ 的最后一位数字是 ans=($k^p$)%10，其中 $p=\begin{cases} 4 & d\%4 == 0 \\ d\%4 & d\%4 \neq 0 \end{cases}$。

## 【1.3.20　Connect the Cable Wires】

Asif 是 East West University 的一名学生，现在他为 EWUISP 工作以负担自己相对较高的学费。有一天，作为工作的一部分，他被要求将电缆线连接到 $N$ 个房间。所有的房间都位于一条直线上，他要使用最少的电缆线完成他的任务，使所有的房间都能接收有线电视。

一个房间从主传输中心获得连接，或者从与它相邻的左边或右边的房间获得连接，而它相邻的左边或右边的房间已经被连接了。

请编写一个程序，确定能使每个房间接收有线电视的电缆线的不同组合的数目。

例如，如图 1-9 所示，圆表示主传输中心，小矩形表示房间。有两个房间，那么有 3 种组合是可能的。

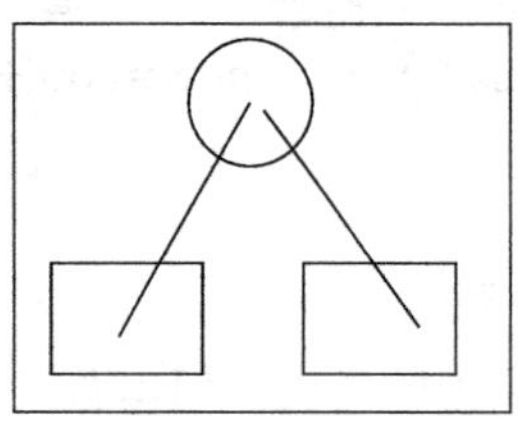
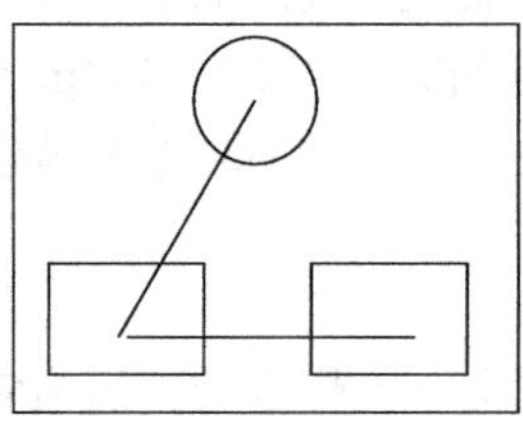
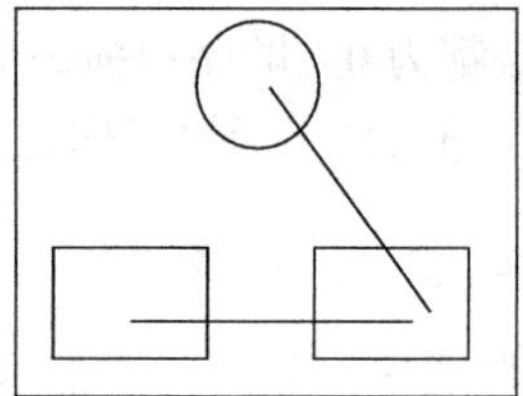

图　1-9

**输入**

每行给出一个正整数 $N$（$N \leqslant 2000$），$N$ 的含义在上述段落中已经描述，$N$ 为 0 表示输入结束，程序不必处理。

**输出**

对于每一行输入，产生一行输出，给出可能安排的数目。本题的数字小于 1000 位。

| 样例输入 | 样例输出 |
|---|---|
| 1<br>2<br>3<br>0 | 1<br>3<br>8 |

*试题来源*：The Next Generation-Contest I 2005

*在线测试*：UVA 10862

**提示**

设 $f(n)$ 是将主传输中心和 $n$ 个房间用电缆线连接的方式数。如果移除连接主传输中心和房间的电缆线，就会有一个或多个由房间组成的连通分支。如果有 $k$ 间房间组成了一个连通分支，那么从主传输中心到这个连通分支的连接方式就有 $k$ 种，还有 $f(n-k)$ 种方式连接主传输中心和剩余的 $n-k$ 间房间。所以，有 $k*f(n-k)$ 种方式将主传输中心和 $n$ 个房间连接在一起。由于 $k$ 的取值范围是 1 ～ $n$，设 $f(0)=1$，可得 $f(n)=1*f(n-1)+2*f(n-2)+\cdots+(n-1)*f(1)+n*f(0)$。而 $\text{fib}(2*n)=\text{fib}(n+1)*\text{fib}(n)+\text{fib}(n)*f(n-1)$（Fibonacci），所以 $f(n)=\text{fib}(2*n)$。

# 第2章

# 模拟法的编程实验

模拟法是科学实验的一种方法，首先在实验室里设计出与研究现象或过程（原型）相似的模型，然后根据模型和原型之间的相似关系，间接地研究原型的规律性。

这种实验方法也被引入计算机编程，作为一种程序设计技术来使用。在现实世界中，许多问题可以通过模拟其过程来求解，这类问题被称为模拟问题。在这类问题中，求解过程或规则在问题描述中给出，编写程序则基于问题描述、模拟求解过程或实现规则。

本章给出三种模拟方法的实验：

- 直叙式模拟
- 筛选法模拟
- 构造法模拟

## 2.1 直叙式模拟的实验范例

直叙式模拟就是要求编程者按照试题给出的规则或求解过程，直接进行模拟。这类试题不需要编程者设计精妙的算法来求解，但需要编程者认真审题，不要疏漏任何条件。

直叙式模拟的难度取决于试题描述，在试题描述中给出的规则越多、越复杂，则解题的代码量就越大，试题的难度也越大。直叙式模拟的形式一般有两种：

- 按指令序列模拟，一般采用命令序列分析法；
- 按时间顺序模拟，一般采用时间序列分析法。

### 【2.1.1 The Hardest Problem Ever】

凯撒大帝（Julius Caesar）生活在充满危险和阴谋的年代，他面临着在最困难的情况下让自己生存下来的问题。为了生存，他创建了第一套密码。这个密码听起来如此令人难以置信，以至于没有人能弄清楚它是如何工作的。

你是凯撒军队中的一名下级军官。你的工作是破译凯撒发来的邮件，并报告给将军。凯撒加密的方法很简单。对于原文中的每一个字母，用这个字母之后的第五个字母来替换（即如果原文的字母是A，则要替换为密码字母F）。因为你要把凯撒的邮件翻译为原文文件，所以要做相反的事情，将密码转换为原文：

密码字母：A B C D E F G H I J K L M N O P Q R S T U V W X Y Z

原文字母：V W X Y Z A B C D E F G H I J K L M N O P Q R S T U

在密码文件中只有字母才被替换，其他非字母字符保持不变，所有的英文字母为大写。

**输入**

本问题的输入由多达100个（非空的）测试用例组成。在测试用例之间没有空行分开。所有的字符为大写。

一个测试用例由3部分组成：

- 起始行——一行，"START"；

- 密码消息——一行，由 100 ～ 200 个字符组成，包含 100 和 200，表示由凯撒发送来的一条消息；
- 结束行——一行，"END"。

在最后一个测试用例后，给出一行，"ENDOFINPUT"。

**输出**

对每个测试用例，输出一行，给出凯撒的原始信息。

| 样例输入 | 样例输出 |
|---|---|
| START<br>NS BFW, JAJSYX TK NRUTWYFSHJ FWJ YMJ<br>WJXZQY TK YWNANFQ HFZXJX<br>END<br>START<br>N BTZQI WFYMJW GJ KNWXY NS F QNYYQJ<br>NGJWNFS ANQQFLJ YMFS XJHTSI NS WTRJ<br>END<br>START<br>IFSLJW PSTBX KZQQ BJQQ YMFY HFJXFW NX<br>RTWJ IFSLJWTZX YMFS MJ<br>END<br>ENDOFINPUT | IN WAR, EVENTS OF IMPORTANCE ARE THE<br>RESULT OF TRIVIAL CAUSES<br>I WOULD RATHER BE FIRST IN A LITTLE IBERIAN<br>VILLAGE THAN SECOND IN ROME<br>DANGER KNOWS FULL WELL THAT CAESAR IS<br>MORE DANGEROUS THAN HE |

*试题来源*：ACM South Central USA 2002

*在线测试*：POJ 1298，ZOJ 1392，UVA 2540

**试题解析**

本题是一道基于指令序列求解的直叙式模拟题。按照题目描述中给出的加密规则，26 个大写英文字母依序围成一圈，密码字母逆时针方向上的第 5 个字母即为原文字母，即原文字母 ='A'+(密码字母 -'A'+21 )% 26。按照试题给出的规则，依次解密密码文件中的大写字母，即可得到原文。

**参考程序**

```
#include <iostream>
#include <string>
using namespace std;
int main()
{
    string str;                                 // 密码信息
    int i;
    while (cin >> str)                          // 输入密码信息
    {
        cin.ignore(INT_MAX, '\n');              // 忽略该行
        if (str == "ENDOFINPUT") break;         // 若输入终止标志，则结束程序
        getline(cin, str, '\n');                // 将输入流存入 str
        for (i = 0; i < str.length(); i++)      // 依次解密大写字母
            if (isalpha(str[i]))
                str[i] = 'A' + (str[i] - 'A' + 21) % 26;
        cout << str << endl;                    // 输出原始信息
```

```
        cin >> str;                          // 输入下一条密码
    }
    return 0;
}
```

【2.1.2 Rock-Paper-Scissors Tournament】

“石头－剪刀－布”（Rock-Scissor-Paper）是两个玩家 $A$ 和 $B$ 一起玩的游戏，每一方单独选择石头、剪刀或布中的任一项。选择了布的玩家赢选择了石头的玩家，选择了剪刀的玩家赢选择了布的玩家，选择了石头的玩家赢选择了剪刀的玩家，如果两个玩家选择相同的项，则不分输赢。

有 $n$ 位选手参加“石头－剪刀－布”锦标赛，每位选手与其他每个选手要进行 $k$ 场“石头－剪刀－布”比赛，也就是说，总共要进行 $k\frac{n(n-1)}{2}$ 场比赛。请计算每个选手的获胜平均数，获胜平均数被定义为 $\frac{w}{w+l}$，其中 $w$ 是选手获胜的场次数，$l$ 是选手输掉的场次数。

**输入**

输入包含若干测试用例，每个测试用例的第一行给出 $1 \leqslant n \leqslant 100$，$1 \leqslant k \leqslant 100$，定义如上。对于每场比赛，在一行中给出 $p_1$、$m_1$、$p_2$、$m_2$。其中，$1 \leqslant p_1 \leqslant n$ 且 $1 \leqslant p_2 \leqslant n$ 是不同的整数，用于标识两个选手；$m_1$ 和 $m_2$ 则表示他们各自的选择（“石头”（Rock）、“剪刀”（Scissor）或“布”（Paper））。在最后一个测试用例之后给出包含 0 的一行。

**输出**

对选手 1、选手 2，一直到选手 $n$，每个选手输出一行，给出选手的获胜平均数，四舍五入到小数点后 3 位。如果获胜平均数无法定义，则输出 "-"。在两个测试用例之间输出空行。

| 样例输入 | 样例输出 |
|---|---|
| 2 4<br>1 rock 2 paper<br>1 scissors 2 paper<br>1 rock 2 rock<br>2 rock 1 scissors<br>2 1<br>1 rock 2 paper<br>0 | 0.333<br>0.667<br><br>0.000<br>1.000 |

试题来源：Waterloo local 2005.09.17

在线测试：POJ 2654，UVA 10903

**试题解析**

本题也是一道基于指令序列求解的直叙式模拟题，指令即为“布”赢“石头”、“剪刀”赢“布”和“石头”赢“剪刀”的规则。有 $n$ 个选手，每个选手需参加 $k$ 场比赛，因此共有 $k\frac{n(n-1)}{2}$ 场比赛。我们依次输入每场“石头－剪刀－布”比赛中一对选手的编号和各自的选择，根据输赢规则，统计每个玩家的输赢场次数（$l$ 和 $w$ 的值）。最后计算每个选手的获胜平均数：

若出现选手输赢的场次数都为 0（$l+w=0$）的情况，则无法定义获胜平均数；否则选手的获胜平均数为 $\frac{w}{w+l}$。

**参考程序**

```
#include <stdio.h>
#include <string.h>
int w[200], l[200];           //选手 i 赢的场次数为 w[i]，输的场次数为 l[i]
int p1,p2,i,j,k,m,n;          //选手数为 n，每位选手的比赛场次数为 k，测试用例数为 m，当前一场
                              //比赛的选手为 p1 和 p2
char m1[10], m2[10];          //选手 p1 的当前选择为 m1[]；选手 p2 的当前选择为 m2[]
main(){
for (m=0;1<=scanf("%d%d",&n,&k)&& n;m++) {      //输入选手和每位选手的比赛场次数，
                                                //直至输入 0 为止
if (m) {
        printf("\n");
        memset(w,0,sizeof(w));  //各选手输赢的场次数初始化为 0
        memset(l,0,sizeof(l));
    }
for(i=0; i<k*n*(n-1)/2;i++){       //依次输入每场比赛的一队选手的编号和各自的选择
        scanf("%d%s%d%s",&p1,m1,&p2,m2);
        if (!strcmp(m1,"rock") && !strcmp(m2,"scissors") ||
            !strcmp(m1,"scissors") && !strcmp(m2,"paper") ||
            !strcmp(m1,"paper") && !strcmp(m2,"rock")) {
            w[p1]++; l[p2]++;    //p1 赢，p2 输，累计 p1 赢的场次数和 p2 输的场次数
        }
        if (!strcmp(m2,"rock") && !strcmp(m1,"scissors") ||
            !strcmp(m2,"scissors") && !strcmp(m1,"paper") ||
            !strcmp(m2,"paper") && !strcmp(m1,"rock")) {
            w[p2]++; l[p1]++;    //p2 赢，p1 输，累计 p2 赢的场次数和 p1 输的场次数
        }
    }
//计算每个选手的获胜平均数。若出现选手输赢的场次数都为 0，则获胜平均数无法定义
 for (i=1;i<=n;i++) {
        if (w[i]+l[i]) printf("%0.3lf\n",(double)w[i]/(w[i]+l[i]));
        else printf("-\n");
    }
  }
if (n) printf("extraneous input! %d\n",n);
}
```

**【2.1.3　Balloon Robot】**

2017 年中国大学生程序设计竞赛秦皇岛站的比赛就要开始了，比赛有 $n$ 支队伍参加，大家围坐着一个有 $m$ 个座位的巨大圆桌进行比赛，座位从 1 到 $m$ 顺时针编号。第 $i$ 支队伍在第 $s_i$ 个座位就座。

宝宝是一个程序设计竞赛的爱好者，他在比赛前对比赛进行了 $p$ 个预测。每一个预测的形式是 $(a_i, b_i)$，表示第 $a_i$ 支队伍在第 $b_i$ 个时间单位内解出了一道题。

如我们所知，当一个队解出一道试题时，就有一个气球会被发给这个队。如果气球迟迟未到，参赛者就会不开心。如果一个队在第 $t_a$ 个时间单位内解出了一题，在第 $t_b$ 个时间单位内气球送到他们的座位上，那么这个队的不开心值就增加 $t_b-t_a$。为了及时发放气球，

竞赛组织者购买了一个送气球的机器人。

在比赛开始时，也就是在第一个时间单位开始的时候，机器人将被放在第 $k$ 个座位旁，并开始围绕着桌子移动。如果机器人经过一个队，而这个队在机器人上次经过之后解出了一些试题，那么机器人就将把这个队应得的气球给这个队。在每一个时间单位中，下列事件将按顺序发生：

（1）机器人移动到下一个座位旁。也就是说，如果机器人当前在第 $i$（$1 \leqslant i<m$）个座位旁，它将移动到第 $i+1$ 个座位旁；如果机器人当前在第 $m$ 个座位旁，它就移动到第 1 个座位旁。

（2）根据宝宝的预测，参赛者们解出了一些试题。

（3）如果机器人所在的座位的队伍解出了试题，机器人就将气球放在当前的座位上。

宝宝希望所有参赛队的总的不开心值最小。请选择机器人的起始位置 $k$，并根据宝宝的预测，计算所有参赛队的总的不开心值的最小值。

**输入**

输入有多个测试用例。输入的第一行是一个整数 $T$，表示测试用例的个数。

对于每个测试用例：

第一行给出三个整数 $n$、$m$ 和 $p$（$1 \leqslant n \leqslant 10^5$，$n \leqslant m \leqslant 10^9$，$1 \leqslant p \leqslant 10^5$），分别指出参赛队的数目、座位的数目和预测的数目。

第二行给出 $n$ 个整数 $s_1, s_2, \cdots, s_n$（$1 \leqslant s_i \leqslant m$，并且对于所有的 $i \neq j$，$s_i \neq s_j$），表示每个队的座位号。

接下来的 $p$ 行，每行给出两个整数 $a_i$ 和 $b_i$（$1 \leqslant a_i \leqslant n$，$1 \leqslant b_i \leqslant 10^9$），表示按宝宝的预测，第 $a_i$ 队在时间 $b_i$ 解出一道题。

本题设定，所有的测试用例的 $n$ 的和与 $p$ 的和都不会超过 $5 \times 10^5$。

**输出**

对于每个测试用例，输出一个整数，根据宝宝的预测，给出所有参赛队总的不开心值的最小值。

| 样例输入 | 样例输出 |
|---|---|
| 4<br>2 3 3<br>1 2<br>1 1<br>2 1<br>1 4<br>2 3 5<br>1 2<br>1 1<br>2 1<br>1 2<br>1 3<br>1 4<br>3 7 5<br>3 5 7<br>1 5<br>2 1 | 1<br>4<br>5<br>50 |

（续）

| 样例输入 | 样例输出 |
|---|---|
| 3 3<br>1 5<br>2 5<br>2 100 2<br>1 51<br>1 500<br>2 1000 | |

试题来源：The 2017 China Collegiate Programming Contest, Qinhuangdao Site

在线测试：ZOJ 3981

## 提示

对于第一个测试用例，如果将开始的位置选择为第1个座位，则总的不开心值是(2−1)+(3−1)+(5−4)=4。如果选择第3个座位，则总的不开心值是(1−1)+(2−1)+(4−4)=1。因此答案是1。

对于第二个测试用例，如果我们将开始的位置选择为第1个座位，则总的不开心值是(3−1)+(1−1)+(3−2)+(3−3)+(6−4)=5。如果选择第2个座位，则总的不开心值是(2−1)+(3−1)+(2−2)+(5−3)+(5−4)=6。如果选择第3个座位，则总的不开心值是(1−1)+(2−1)+(4−2)+(4−3)+(4−4)=4。因此答案是4。

## 试题解析

在试题的描述中，给出了机器人送气球的规则。本题按时间顺序模拟来求解，采用时间序列分析法。

程序首先模拟机器人在比赛开始时，从第1个座位开始，围绕着圆桌移动，并根据规则，计算每次试题被解出时的不开心值tid[$i$]，$1 \leqslant i \leqslant p$。模拟结束时，计算出所有参赛队的总的不开心值sum。

将数组tid按不开心值从小到大排序，然后枚举每一道题被解出时，机器人就在座位旁的情况：对于每个tid[$i$]，在tid数组中，在其后面的不开心值减少tid[$i$]，在其前面的不开心值增加$m$−tid[$i$]。因此，此时所有参赛队的总的不开心值sum=sum−($p$−$i$)*tid[$i$]+$i$*($m$−tid[$i$])=sum+$m$*($i$−1)−tid[$i$]*$p$。

在枚举了所有情况之后，给出最小的sum，就是所有参赛队的总的不开心值的最小值。

## 参考程序

```
#include <bits/stdc++.h>
using namespace std;
typedef long long LL;
typedef pair<int, int> pii;
const int INF = 0x3f3f3f3f;
const int N = 2e5 + 10;
LL tid[N], id[N];
int main() {
    int t; scanf("%d", &t);                    // 测试用例的个数
    while(t--) {                               // 依次处理每个测试用例
```

```
        LL n, m, p;
        scanf("%lld%lld%lld", &n, &m, &p);       //输入测试用例第一行
        for(int i = 1; i <= n; i++) scanf("%lld", &id[i]);  //输入测试用例第二行
        LL ans = 1e18, sum = 0;
        for(int i = 1; i <= p; i++) {
            LL a, b; scanf("%lld%lld", &a, &b); //输入p行宝宝的预测
            tid[i] = (id[a] - 1 - b + m) % m;   //计算不开心值
            sum += tid[i];
        }
        sort(tid + 1, tid + p + 1);
        for(int i = 1; i <= p; i++)              //枚举所有情况的不开心值
            ans = min(ans, sum + m * (i - 1) - tid[i] * p);
        printf("%lld\n", ans);
    }
    return 0;
}
```

## 【2.1.4　Robocode】

Robocode 是一个帮助你学 Java 的教学游戏。它是玩家编写的程序，控制坦克在战场上互相攻击。这个游戏的思想看似简单，但编写一个获胜坦克的程序还需要很多的努力。本题不要求编写一个智能坦克的程序，只要设计一个简化的 Robocode 游戏引擎即可。

本题设定整个战场是 120×120（像素）。每辆坦克只能沿水平和垂直方向在固定的路径上移动（在战场中的水平和垂直方向路径每 10 个像素 1 格，总共有 13 条垂直路径和 13 条水平路径坦克可以行走，如图 2-1 所示）。本题忽略坦克的形状和大小，对于一辆坦克，用 $(x, y)$（$x, y \in [0, 120]$）表示它的坐标位置，用 $\alpha$（$\alpha \in \{0, 90, 180, 270\}$）表示坦克面对的方向（$\alpha$=0、90、180 或 270，分别表示坦克面向右、上、左或下）。坦克以 10 像素 / 秒的恒定速度行驶，不能跑到边界之外（当坦克冲到战场的边界上的时候，就会停止移动，保持当前所面对的方向）。坦克可以向它所面对的方向射击，无论它是在行进还是停止。射击时炮弹以 20 像素 / 秒的恒定速度射出，炮弹的大小也被忽略。炮弹在路径上遇到一辆坦克时，就会发生爆炸。如果一发以上的炮弹几乎在同一时刻命中坦克，在同一个地方发生爆炸是可能的。被击中的坦克将被销毁，并从战场上被立即移走。爆炸的炮弹或飞出边界的炮弹也将被移走。

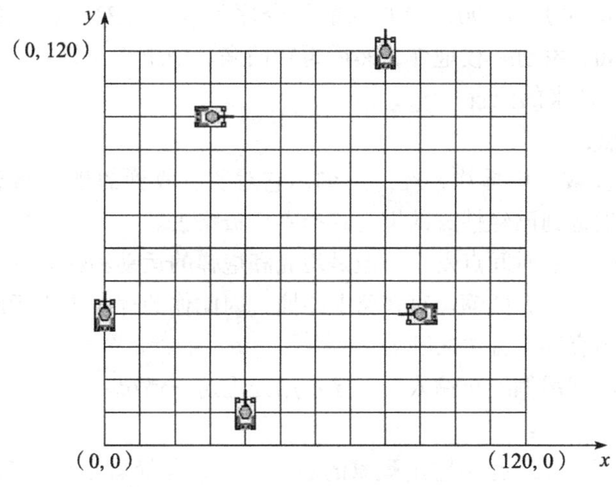


图　2-1

当游戏开始的时候，所有的坦克停在垂直和水平路径的不同交叉路口。给出所有坦克的初始信息和若干指令，请你找到赢家，即在所有的指令被执行（或被忽略）并且在战场上已经没有炮弹的时候（也就是说，接下来没有坦克可能会被击毁），最后生存下来的坦克。

**输入**

有若干个测试用例。对所有的测试用例，战场和路径都是一样的。每个测试用例首先给出用空格分开的整数 $N$（$1 \leqslant N \leqslant 10$）和 $M$（$1 \leqslant M \leqslant 1000$），$N$ 表示在战场上坦克的数量，$M$ 表示控制坦克移动的指令的条数。接下来的 $N$ 行给出每辆坦克的初始信息（在时间为 0），格式如下：

```
Name x y α
```

一辆坦克的 Name 由不超过 10 个字母组成。$x$、$y$ 和 $\alpha$ 是整数，其中 $x$，$y \in \{0, 10, 20, \cdots, 120\}$，$\alpha \in \{0, 90, 180, 270\}$，每个项之间用一个空格分开。

接下来的 $M$ 行给出指令，格式如下：

```
Time Name Content
```

每个项之间用一个空格分开。按 Time 的升序给出所有的指令（$0 \leqslant \text{Time} \leqslant 30$），Time 是一个正整数，表示指令发出的时间戳。Name 表示接收指令的坦克。Content 的类型如下：

- MOVE：当接收到这条指令时，坦克开始朝它所面向的方向移动。如果坦克已经在运动，那么这条指令无效。
- STOP：当接收到这条指令时，坦克停止移动。如果坦克已经停下，那么这条指令无效。
- TURN angle：当接收到这条指令时，坦克改变它面对的方向，从 $\alpha$ 改为 $((\alpha+\text{angle}+360) \bmod 360)$，无论其是否在移动中。本题确定 $((\alpha+\text{angle}+360) \bmod 360) \in \{0, 90, 180, 270\}$。TURN 指令不会影响坦克的移动状态。
- SHOOT：当接收到这条指令时，坦克向它所面对的方向发射一枚炮弹。

坦克一旦接收到指令，就采取相应的行动。例如，如果一辆坦克位置为（0，0），$\alpha=90$，在 Time 1 接收到指令 MOVE，它就开始移动，在 Time 2 到达位置（0，1）。要注意的是，坦克可以在一秒内接收多条指令，一条接一条地根据指令采取相应的行动。例如，如果坦克位置为（0，0），$\alpha=90$，接收到的指令序列为 "TURN 90; SHOOT; TURN−90"，它就转到方向 $\alpha=180$，发射一枚炮弹，然后再转回来。如果坦克接收到 "MOVE; STOP" 指令序列，它仍然待在原来的位置。

请注意一些要点：

- 如果一辆坦克被击中爆炸，在那一刻，它对所有收到的指令都不会采取任何行动。当然，所有发送到已经摧毁的坦克的指令也被略去。
- 虽然指令在确定的时间点发出，但是坦克和炮弹的运动和爆炸发生在连续时间段内。
- 输入数据保证不会有两辆坦克在路上相撞，因此你的程序不必考虑这种情况。
- 所有的输入内容都是合法的。

以 $N=M=0$ 的测试用例终止输入，程序不用处理这一情况。

**输出**

对每个测试用例，在一行中输出赢家的名字。赢家是最后生存下来的坦克。如果在最后没有坦克了，或者有多于一辆坦克生存下来，则在一行中输出 "NO WINNER!"。

| 样例输入 | 样例输出 |
|---|---|
| 2 2<br>A 0 0 90<br>B 0 120 180<br>1 A MOVE<br>2 A SHOOT<br>2 2<br>A 0 0 90<br>B 0 120 270<br>1 A SHOOT<br>2 B SHOOT<br>2 6<br>A 0 0 90<br>B 0 120 0<br>1 A MOVE<br>2 A SHOOT<br>6 B MOVE<br>30 B STOP<br>30 B TURN 180<br>30 B SHOOT<br>0 0 | A<br>NO WINNER!<br>B |

试题来源：ACM Beijing 2005

在线测试：POJ 2729，UVA 3466

**试题解析**

本题是一道时序模拟题，指令发出的时间范围为 30 秒。考虑到执行最后一条指令后可能还有变化，所以可以一直模拟到 45 秒后。

如果位于（0, 0）位置的坦克朝向（0, 1）位置开炮，而位于（0, 1）位置的坦克朝向（0, 0）位置驶来，那么会在中间$\frac{1}{3}$的位置处被击中，同时也可能在$\frac{1}{2}$时间出现事故。于是解题要将时间和地图都扩大 6 倍，即等价于原来的图每$\frac{1}{6}$秒考虑一次。

坦克和炮弹的属性有 4 个：位置、方向、行进（或停止）状态、移走（或未移走）状态。

我们从 0 时刻出发，依次处理每条指令。若当前指令的发出时间为 $t_2$，上条指令的发出时间为 $t_1$，则先依序模拟 $t_1$、$t_2$ 时刻的战况，然后根据指令设定受令坦克的状态：

- 若为 "MOVE" 指令，则受令坦克进入行进状态；
- 若为 "STOP" 指令，则受令坦克进入停止状态；
- 若为 "SHOOT" 指令且受令坦克未移走，则新增一发炮弹，除设行进状态外，其他属性如同受令坦克；
- 若为 "TURN angle" 指令，则受令坦克的方向调整为$\left(\text{原方向数}+\left(\frac{\text{angle}}{90}\%4\right)+4\right)\%4$ $\left(\text{注：方向数为}\frac{\text{angle}}{90}\right)$。

处理完所有指令后，再模拟 15 秒的战况，以处理最后指令的后继影响。

最后，统计生存下来的坦克数：若所有坦克移走，或有一辆以上的坦克未移走，则没有赢家；否则赢家为仅存的那辆未移走的坦克。

## 参考程序

```
#include <iostream>
#include <map>
#include <cstdio>
#include <cstring>
#include <string.h>
#include <string>
using namespace std ;
const int DirX[4] = { 10 , 0 , -10 , 0 } ;     //水平增量和垂直增量
const int DirY[4] = { 0 , 10 , 0 , -10 } ;
#define mp make_pair
int   N , M , Shoot ;                          //坦克数为N，指令数为M，N+1‥Shoot为炮弹
int   x[1050] , y[1050] , d[1050] ;            //坦克或炮弹的位置为(x[],y[])，方向为d[]
bool run[1050],die[1050] ; //坦克的行进标志为run[]，坦克或炮弹的移走标志为die[]
string symbol[1050] ;                          //第i辆坦克的名字为symbol[i]
map<string,int> Name ;                         //名为s的坦克序号为Name[s]
void  Init()
{
      Name.clear() ;
      for ( int i = 1 ; i <= N ; i ++ ) //输入每辆坦克的名字、初始位置和移动方向
      {
          cin >> symbol[i] >> x[i] >> y[i] >> d[i] ;
          x[i] *= 6 ; y[i] *= 6 ;d[i] /= 90 ;  //把地图扩大6倍并计算方向数
          run[i] = false ;die[i] = false ;     //坦克处于停止和未移走状态
          Name[symbol[i]] = i ;        //记下该坦克的序号
      }
      Shoot = N ;                              //开炮的坦克序号初始化
}
bool  In( int x , int y )                      //返回(x, y)在界内的标志
{
      if ( x >= 0 && x <= 6*120 && y >= 0 && y <= 6*120 ) return true ;
      return false ;
}
void  RunAll()                                 //模拟当前1个时间单位的战况
{
      for ( int i = 1 ; i <= N ; i ++ )
      //搜索每辆行进且未移走的坦克。若沿指定方向移动一步仍在界内，则记下移动位置，否则
      //置该坦克为停止状态
      {
          if ( run[i] && !die[i] )
          {
               if ( In( x[i] + DirX[d[i]] , y[i] + DirY[d[i]] ) )
               {
                    x[i] += DirX[d[i]];  y[i] += DirY[d[i]] ;
               }
               else run[i] = false ;
          }
      }
      for ( int i=N+1 ; i <= Shoot ; i ++ )
      //搜索炮弹序列中未移走的炮弹i。若炮弹沿d[i]方向运行1个时间单位后仍在界内，
      //则记下该位置；否则置炮弹i为移走状态
      {
          if ( !die[i] )
```

```
            {
                if ( In( x[i] + DirX[d[i]] * 2 , y[i] + DirY[d[i]] * 2 ) )
                {
                    x[i] += DirX[d[i]] * 2;  y[i] += DirY[d[i]] * 2 ;
                }
                else die[i] = true ;
            }
        }
        for ( int i = 1 ; i <= N ; i ++ )          //搜索未移走的坦克 i
        {
            if ( die[i] ) continue ;
            for ( int j = N+1 ; j <= Shoot ; j ++ )  if ( !die[j] )
            //搜索炮弹序列中未移走的炮弹 j。若炮弹 j 击中坦克 i，则置坦克 i 和炮弹 j 为移走状态
            {
                if ( x[i] == x[j] && y[i] == y[j] )
                {
                    die[j] = true ; die[i] = true ;
                }
            }
        }
}
void  Solve()                                          //执行每条指令，输出游戏结果
{
        int now = 0 ;                                  //从时间 0 开始
        for ( int i = 1 ; i <= M ; i ++ )  //输入每条指令发出的时间、受令坦克和指令类别
        {
            int t ; string sym , s ; int th ;
            cin >> t >> sym >> s ;
            t *= 6 ;                                   //时间 *6
            while ( t > now ) { RunAll() ; now ++ ; }  //模拟 now…t 秒的战况
            int symId = Name[sym] ;                    //取出受令坦克的序号
            if ( s == "MOVE" )                         //受令坦克移动
                run[symId] = true ;
            else if ( s == "STOP" )                    //受令坦克停止
                run[symId] = false ;
            else if ( s == "SHOOT" )                   //受令坦克开炮
            {
             if ( !die[symId] ) //若受令坦克未移走，则发出的炮弹进入炮弹序列
                {
                    Shoot ++ ;
                    run[Shoot] = true;  die[Shoot] = false;
                    d[Shoot] = d[symId]; x[Shoot] = x[symId]; y[Shoot] = y[symId] ;
                }
            }
            else                                       //处理改变方向命令
            {
                cin >> th ; th /= 90 ;                 //读改变的角度，重新计算方向数
                d[symId] = (d[symId] + (th % 4) + 4 ) % 4 ;
            }
        }
        for ( int i = 1 ; i <= 15*6 ; i ++ ) RunAll() ; //顺序模拟 15 个时间单位的战况
        int cnt = 0 ;                                  //统计最后生存下来的坦克数 cnt
        for ( int i = 1 ; i <= N ; i ++ )
          if ( !die[i] ) cnt ++ ;
   if ( cnt != 1 )
```

```
        cout << "NO WINNER!\n" ;     // 若最后没有坦克了，或有多于一辆坦克生存下来，则无解；
                                     // 否则计算赢家（最后生存下来的坦克）
        else
            for ( int i = 1 ; i <= N ; i ++ )
              if ( !die[i] ) cout << symbol[i] << "\n" ;
}
int   main( )
{
while ( cin>>N>>M && ( N || M ) ) // 反复输入坦克数和指令数，直至输入两个 0 为止
  {
        Init() ;
        Solve() ;                    // 处理每条指令，输出游戏结果
  }
}
```

【2.1.5　Eurodiffusion】

从2002年1月1日起，12个欧洲国家放弃了自己的货币，采用一种新的货币：欧元。从此，不再有法郎、马克、里拉、荷兰盾、克朗……在欧元区只有欧元，欧元区国家都使用相同的纸币。但硬币有些不同，每个欧元区国家在铸造自己的欧元硬币上，有一定的自由。

“每一个欧元硬币要给出一面共同的欧洲之脸。在钱币的正面，每个成员国要用自己的基本图案来装饰硬币。无论在硬币上是哪一个图案，它在12个成员国的任何地方都可以使用。例如，一个法国公民可以用西班牙国王印记的欧元硬币在柏林买热狗。”（资料来源：http://europa.eu.int/euro/html/entry.html。）

2002年1月1日，在巴黎出现的唯一的欧元硬币是法国硬币，但是不久之后，第一枚不是法国铸造的硬币在巴黎出现。可以预期，最终所有类型的硬币被均匀地分布在12个成员国中。（实际上，这不会成为现实，因为所有的国家会继续用自己的图案铸造硬币并使之流通。因此，即使在稳定的情况下，在柏林流通的德国硬币也会比较多。）所以，大家希望知道，要多久第一枚芬兰或爱尔兰的硬币才能在意大利的南部流通？要多久每个图案的硬币才能随处可见？

请编写一个程序，使用一个高度简化的模型，来模拟欧元硬币在欧洲的传播。本题限制在一个单一的欧元面额。欧洲城市用矩形网格的点来表示，每座城市最多可以有4个相邻的城市（北部、东部、南部和西部）。每座城市属于一个国家，而一个国家是平面的一个矩形部分。图2-2给出了3个国家和28座城市的地图。图中的国家是连通的，但国家接壤的部分可能是缝隙，表示海洋或非欧元区国家，如瑞士或丹麦。最初，每座城市都有100万枚上面铸有其国家图案的硬币。每天硬币确定的一部分，基于一座城市开始的日常平衡，流通到这个城市的每个相邻的城市。确定的一部分被定义为对一个图案，每满1000枚硬币，则流出一枚硬币。

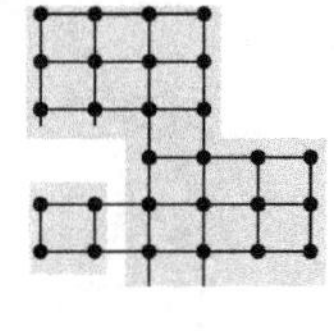

图　2-2

当每种图案的硬币至少有一枚出现在一座城市中时，这座城市就被称为是完整的。当一个国家的所有城市都是完整的时候，该国家被称为是完整的。请编写一个程序，确定每个国家都变得完整所用的时间。

**输入**

输入包含若干测试用例。每个测试用例的第一行给出国家的数目（$1 \leqslant c \leqslant 20$），接下

来的 $c$ 行每行描述一个国家，国家描述的格式为 name$x_l$ $y_l$ $x_h$ $y_h$，其中 name 是一个最多 25 个字符的单词，($x_l$，$y_l$) 是这个国家的左下角城市的坐标（最西南角的城市），($x_h$，$y_h$) 是这个国家的右上角城市的坐标（最东北角的城市），$1 \leqslant x_l \leqslant x_h \leqslant 10$，$1 \leqslant y_l \leqslant y_h \leqslant 10$。

最后一个测试用例后，给出一个 0，表示输入结束。

**输出**

对每个测试用例，先输出一行给出测试用例编号，然后对每个国家输出一行，给出国家名称和要让这个国家变得完整需要多少天。按照天数对国家进行排序。如果两个国家变得完整的天数相同，则按国家名称的字典序排列。

输出格式如样例输出所示。

| 样例输入 | 样例输出 |
| --- | --- |
| 3<br>France 1 4 4 6<br>Spain 3 1 6 3<br>Portugal 1 1 2 2<br>1<br>Luxembourg 1 1 1 1<br>2<br>Netherlands 1 3 2 4<br>Belgium 1 1 2 2<br>0 | Case Number 1<br>Spain 382<br>Portugal 416<br>France 1325<br>Case Number 2<br>Luxembourg 0<br>Case Number 3<br>Belgium 2<br>Netherlands 2 |

试题来源：ACM World Finals 2003-Beverly Hills

在线测试：UVA 2724

**试题解析**

欧洲有 $n$（$1 \leqslant n \leqslant 20$）个国家，每个国家的区域呈矩形，每个点代表一座城市，这些城市最初持有 $10^6$ 枚本国硬币。每一天每座城市与相邻城市间流通硬币。流通规则：若城市拥有 $x$（$x>10^3$）枚某国硬币，则可向每个相邻城市流通 $d$ $\left(d=\left\lfloor \frac{x}{10^3} \right\rfloor\right)$枚该类硬币。问至少多少天后，每个城市都拥有 $n$ 个国家的硬币？

本题是一道时序模拟题。由于数据范围较小，因此可直接模拟每天硬币的流通情况，用数组记录所有信息。

**1. 构造一张流通图**

节点代表城市，边代表城市间的相邻关系。节点信息包含：

（1）所属国家。

（2）状态，包括：

- 拥有各类硬币的标志，用一个 $n$ 位二进制数表示。初始时，本国硬币所在的位为 1，其余位为 0；显然，该城市变完整时，$n$ 位全为 1，即标志值为 $2^n-1$。当所有节点的标志值为 $2^n-1$ 时，算法结束。
- 拥有各类硬币的数量，初始时本国硬币数为 $10^6$，其他类别的硬币数为 0。

我们依照输入顺序给每个城市标号，若 $n$ 个国家含 $m$ 座城市（$n \leqslant m \leqslant 10^2$），则第一个国家矩形区域的左下格为节点 1，最后一个国家矩形区域的右上格为节点 $m$。记录下节点信息，并根据城市间的相邻关系连边，计算每个节点的度和流通图的邻接表：

$g[i]$——连接节点 $i$ 的边数（$1 \le i \le m$，$0 \le g[i] \le 4$）；

edge[$i$][l]——节点 $i$ 的第1个邻接点序号（$0 \le i \le m-1$，$0 \le l \le 4$，$0 \le$ edge[$i$][$l$] $\le m-1$）。

**2. 按时序模拟每天硬币流通的情况**

由于今天硬币流通的计算仅和昨天有关，和其他天没有任何关系，因此无须记录每天硬币流通的情况，仅记录两个状态，即前驱状态 $o1$ 和当前状态 $o2$，计算当前状态 $o2$ 在前驱状态 $o1$ 的基础上进行；每天开始计算流通情况时，$f[o2] \leftarrow f[o1]$, st[$o2$] ← st[$o1$]，结束后翻转，即 $o1 \leftrightarrow o2$。设：

- $f[o1][i][j]$ 为昨天城市 $i$ 拥有 $j$ 类硬币的数目，st[$o1$][$i$] 为昨天城市 $i$ 拥有各类硬币的标志。
- $f[o2][i][j]$ 为今天城市 $i$ 拥有 $j$ 类硬币的数目，st[$o2$][$i$] 为今天城市 $i$ 拥有各类硬币的标志。
- $a[k]$.ans 为国家 $k$ 变完整的天数；$a[k]$. name 为国家 $k$ 的名字。

初始时，$o1=0$，$o2=1$。对于每个国家 $k$（$0 \le k \le n-1$）区域内的节点 $j$（国家 $k$ 区域内首节点序号 $\le j \le$ 国家 $k$ 区域内尾节点序号），$f[o1][j][i]=10^6$，st[$o1$][$j$]$=2^k$。$f[o1]$ 和 st[$o1$] 的其他值为 0。

模拟过程的目标是计算两个变量值：

（1）当前变完整的城市数 cnt。显然，初始时 cnt 为 0；当 cnt == $m$ 时模拟过程结束。

（2）城市 $y$ 变完整的天数 day[$y$]。显然，国家 $k$ 变完整的天数是所属各城市变完整时间的最大值，即 $a[k]$. ans$=\max_{y \in 国家k}$ day[$y$]。

我们从第 0 天开始（ans ← 0），按下述方法逐天模拟流通情况，直至变完整的城市数 cnt == $m$ 为止：

```
天数 +1(++ans);
从前驱状态出发计算当前状态 (f[o2]=f[o1], st[o2]=st[o1]);
枚举每个城市 i(0≤i≤m-1):
    { 枚举 st[o1][i] 中值为 1 的二进制位 k:
        计算城市 i 向每个相邻城市流通的 k 类硬币数 d(d←⌊f[o1][t][k]/10^3⌋);
        若可流通 (d≠0), 则
         { 计算流通后城市 i 剩余的 k 类硬币数 (f[o2][i][k] -= g[i]*d);
            枚举城市 i 相邻的每个城市 y(y=edge[i][l], 0≤l≤g[i]-1): 若城市 y 原来没有 k 类硬币, 加入 k 类硬币后将拥有 n 类硬币 (f[o2][y][k]==0 && (st[o2][y] |= 2^k) ==2^n-1), 则城市 y 变完整的最早时间为 ans (day[y]=ans), 变完整的城市数 +1 (++cnt);
            城市 y 拥有的 k 类硬币数增加 d (f[o2][y][k] += d);
        }
    }
o1↔o2;
```

经过上述模拟过程后，得出 $m$ 座城市变完整的时间 day[]。在此基础上计算每个国家变完整的天数 $a[k]$. ans$=\max_{y \in 国家k}$ day[$y$]（$0 \le k \le n-1$）。

最后，以国家变完整的天数 $a[]$.ans 为第 1 关键字、国家名 $a[]$.name 为第 2 关键字排序 $a[]$，逐行输出 $a[i]$.name 和 $a[i]$.ans（$0 \le i \le n-1$）。

**参考程序**

```
#include <cstdio>
#include <cstring>
```

```
#include <algorithm>
using namespace std;
#define ms(x, y) memset(x, y, sizeof(x))  //将x所指的区域全部设置为y
#define mc(x, y) memcpy(x, y, sizeof(x))  //将区域y的内容复制给区域x
const int dir[4][2] = {{1, 0}, {-1, 0}, {0, 1}, {0, -1}};   //四个方向的位移
struct city {                          //国家的结构定义
    char name[30];                     //国家名
    int ans;                           //国家变完整的天数
};
int cs(0);
int log2[1 << 21];                     //log2[2^i]=i
int n, tot, full;                      //国家数n，城市数tot，n个国家变完整的标志full
city a[22];                            //国家序列
int bl[22], br[22];                    //国家i的起始城市为bl[i]，结束城市为br[i]
int num[11][11], belong[122];          //(x, y)的城市序号为num[x][y]，城市t所属的国家为
                                       //belong[t]
int g[122];                            //与城市i相邻的城市数为g[i]
int edge[122][4];                      //与城市i相邻的第j个城市序号为edge[i][j]
int o1, o2, f[2][122][22];             //o1为前驱状态标志，o2为当前状态标志；f[o][i][j]为
                                       //状态o中城市i拥有j类硬币的数目
int day[122], st[2][122];
//城市i变完整的最早时间为day[i]，st[o][i]表示城市i拥有的硬币种类情况，用n位二进制数表示：
//若k位为1，代表拥有k类硬币；否则代表未拥有k类硬币（0≤k≤n-1）
bool cmp(const city &a, const city &b) {  //国家a和b的大小的比较函数（国家变完整的
                                          //天数为第1关键字，国家名为第2关键字）
    return a.ans < b.ans || a.ans == b.ans && strcmp(a.name, b.name) < 0;
}
void print() {                            //输出当前测试用例的解
    sort(a, a + n, cmp);                  //递增排序国家序列a[]
    printf("Case Number %d\n", ++cs);     //输出测试用例编号
    for (int i = 0; i < n; ++i)           //逐行输出a[]中每个国家的名字和变完整的天数
        printf("   %s   %d\n", a[i].name, a[i].ans);
}
int main() {
    for (int i = 0; i < 21; ++i) log2[1 << i] = i;  //log2[2^i]=i
    while (scanf("%d", &n), n) {          //反复输入国家数，直至输入0
        tot=0; full=(1 << n)-1;           //城市数tot初始化为0，城市变完整的标志为2^n-1
        ms(num, 0xFF);                    //num[][]初始化为255
        for (int i=0, x1, y1, x2, y2; i<n; ++i) { //依次输入每个国家的名字和矩形坐标
            scanf("%s%d%d%d%d", a[i].name, &x1, &y1, &x2, &y2);
            --x1, --y1, --x2, --y2;       //左下角和右上角坐标以0为基准
            bl[i] = tot;                  //记下国家i的起始城市
    //按照先行后列顺序，给国家i区域的每格标记城市序号，并标记该城市属于国家i
            for (int x=x1; x<=x2; ++x) //记下该矩形中的每个城市和该城市所属的国家
                for (int y = y1; y <= y2; ++y) {
                    num[x][y] = tot; belong[tot++] = i;
                }
            br[i] = tot;                  //记下国家i的结束城市
        }
        if (n == 1) {                     //若仅有1个国家，变完整的天数为0，输出结果
            a[0].ans = 0;
            print();
            continue;
        }
        //预处理：计算每个城市相邻的城市数，构造邻接表edge[][]
        ms(g, 0);                         //每个城市相邻的城市数初始化为0
```

```
        for (int i=0; i<10;++i) //依次枚举每个格子
          for (int j = 0; j < 10; ++j)
            if (num[i][j]!= -1) //若(i, j)为城市，则计算四个方向上的相邻城市，完善邻接表
                for (int k = 0, nx, ny; k < 4; ++k) {
                        nx = i + dir[k][0], ny = j + dir[k][1];
                        if(nx>=0 && nx<10 && ny>=0 && ny<10 && num[nx][ny]!=-1)
                          edge[num[i][j]][g[num[i][j]]++] = num[nx][ny];
                    }
        o1 = 0, o2 = 1;                        //前驱状态和当前状态的标志初始化
        ms(f[o1], 0); ms(st[o1], 0);           //初始时，每座城市没有任何硬币
        for (int i = 0; i < n; ++i)            //枚举每个国家
            for (int j = bl[i]; j < br[i]; ++j) { //枚举国家i的每座城市j，设该城市j
                                                  //最初拥有10^6枚i类硬币
                f[o1][j][i] = 1000000; st[o1][j] = 1 << i;
            }
ms(day, 0xFF);                                 //每个城市变完整的最早时间初始化为255
        int ans = 0, cnt = 0;                  //初始时，时间ans和变完整的城市数cnt为0
        do {
            ++ans;                             //时间+1
            mc(f[o2], f[o1]); mc(st[o2], st[o1]);      //从前驱状态出发计算当前状态
            for (int i = 0; i < tot; ++i)              //枚举每个城市i
              for(int j=st[o1][i], k, d; j; j-=1<<k){ //枚举城市i拥有的硬币种类k
                k = log2[j - (j & (j - 1))];
                d=f[o1][i][k] / 1000;  //计算城市i向每个相邻城市流出的k类硬币数d
                if(d){                 //若k类硬币可流通
                    f[o2][i][k] -= g[i] * d;  //计算流通后城市i剩余的k类硬币数
                    for (int l=0, y; l<g[i]; ++l){  //枚举城市i相邻的每个城市y
                        y = edge[i][l];
                        if (f[o2][y][k]==0 && (st[o2][y] |= 1 << k) == full) {
                        //若城市y原来没有k类硬币，加入k类硬币后将拥有n类硬币，则城市y
                        //变完整的最早时间为ans，变完整的城市数+1
                         day[y]=ans;
                         ++cnt;
                        }
                        f[o2][y][k] += d;                   //城市y拥有的k类硬币数增加d
                    }
                  }
            }
            swap(o1, o2);                                   //翻转
        } while (cnt < tot);                                //直至tot个城市变完整
//分别计算n个国家变完整的最早时间
        for (int i = 0; i < n; ++i) {                       //枚举每个国家
            a[i].ans = 0;                                   //国家i变完整的时间初始化为0
//国家i变完整的时间为所属每个城市变完整时间的最大值a[i].ans = max_{bl[i]≤j≤br[i]-1}{day[j]}
            for (int j = bl[i]; j < br[i]; ++j) a[i].ans = max(a[i].ans, day[j]);
        }
        print();                                            //输出当前测试用例的解
    }
    return 0;
}
```

## 2.2　筛选法模拟的实验范例

筛选法模拟是先从题意中找出约束条件，用约束条件组成一个筛；然后将所有可能的解放到筛中，并将不符合约束条件的解筛掉，最后在筛中的即为问题的解。

筛选法模拟的结构和思路简明、清晰，但带有盲目性，因此时间效率并不一定令人满意。筛选法模拟的关键是明确约束条件，任何错误和疏漏都会导致模拟失败。

### 【2.2.1 The Game】

五子棋游戏是由两名玩家在一个 19×19 的棋盘上玩的游戏。一名玩家执黑，另一名玩家执白。游戏开始时棋盘为空，两名玩家交替放置黑色棋子和白色棋子。执黑者先走。棋盘上有 19 条水平线和 19 条垂直线，棋子放置在直线的交点上。

水平线从上到下标记为 1，2，…，19，垂直线从左至右标记为 1，2，…，19。

这一游戏的目标是把 5 个相同颜色的棋子沿水平、垂直或对角线连续放置。所以，在图 2-3 中执黑的一方获胜。但是，如果一个玩家将超过五个相同颜色的棋子连续放置，也不能判赢。

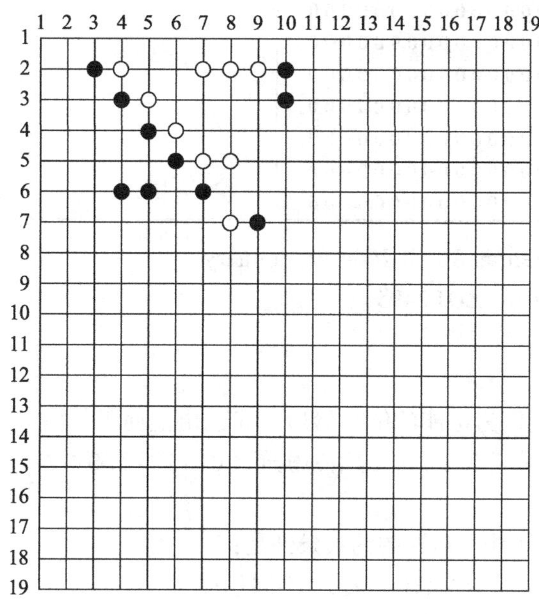

图　2-3

基于这一游戏的棋盘情况，请编写一个程序，确定是白方赢了比赛，还是黑方赢了比赛，或者是还没有一方赢得比赛。输入数据保证不可能出现黑方和白方都赢的情况，也没有白方或黑方在多处获胜的情况。

**输入**

输入的第一行包含一个整数 $t$（$1 \leq t \leq 11$），表示测试用例的数目。接下来给出每个测试用例，每个测试用例 19 行，每行 19 个数，黑棋子标识为 1，白棋子标识为 2，没有放置棋子则标识为 0。

**输出**

对每个测试用例，输出一行或两行。在测试用例的第一行输出结果，如果黑方获胜，则输出 1；如果白方获胜，则输出 2；如果没有一方能获胜，则输出 0。如果黑方或白方获胜，则在第二行给出在 5 个连续的棋子中最左边的棋子水平线编号和垂直线编号（如果 5 枚连续的棋子垂直排列，则选最上方棋子的水平线编号和垂直线编号）。

| 样例输入 | 样例输出 |
|---|---|
| 1<br>0 0 0 0 0 0 0 0 0 0 0 0 0 0 0 0 0 0 0<br>0 0 0 0 0 0 0 0 0 0 0 0 0 0 0 0 0 0 0<br>0 1 2 0 0 2 2 2 1 0 0 0 0 0 0 0 0 0 0<br>0 0 1 2 0 0 0 0 1 0 0 0 0 0 0 0 0 0 0<br>0 0 0 1 2 0 0 0 0 0 0 0 0 0 0 0 0 0 0<br>0 0 0 0 1 2 2 0 0 0 0 0 0 0 0 0 0 0 0<br>0 0 1 1 0 1 0 0 0 0 0 0 0 0 0 0 0 0 0<br>0 0 0 0 0 0 2 1 0 0 0 0 0 0 0 0 0 0 0<br>0 0 0 0 0 0 0 0 0 0 0 0 0 0 0 0 0 0 0<br>0 0 0 0 0 0 0 0 0 0 0 0 0 0 0 0 0 0 0<br>0 0 0 0 0 0 0 0 0 0 0 0 0 0 0 0 0 0 0<br>0 0 0 0 0 0 0 0 0 0 0 0 0 0 0 0 0 0 0<br>0 0 0 0 0 0 0 0 0 0 0 0 0 0 0 0 0 0 0<br>0 0 0 0 0 0 0 0 0 0 0 0 0 0 0 0 0 0 0<br>0 0 0 0 0 0 0 0 0 0 0 0 0 0 0 0 0 0 0<br>0 0 0 0 0 0 0 0 0 0 0 0 0 0 0 0 0 0 0<br>0 0 0 0 0 0 0 0 0 0 0 0 0 0 0 0 0 0 0<br>0 0 0 0 0 0 0 0 0 0 0 0 0 0 0 0 0 0 0<br>0 0 0 0 0 0 0 0 0 0 0 0 0 0 0 0 0 0 0 | 1<br>3 2 |

试题来源：ACM Tehran Sharif 2004 Preliminary

在线测试：POJ 1970，ZOJ 2495

## 试题解析

初始时所有棋子都作为可能的解。然后，我们由上而下、由左而右扫描每个棋子，分析其 $k$ 方向的相邻棋子（$0\leqslant k\leqslant 3$，$0\leqslant i, j\leqslant 18$，如图 2-4 所示）。

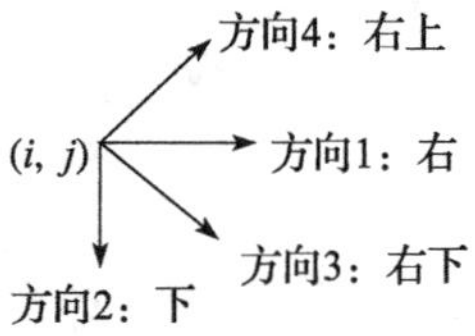

方向4：右上
(i, j)
方向1：右
方向3：右下
方向2：下

图 2-4

根据五子棋规则，筛中"赢"的约束条件是：

- $(i, j)$ $k$ 的相反方向的相邻格 $(x, y)$ 不同色；
- $(i, j)$ $k$ 方向延伸 5 格在界内；
- 从 $(i, j)$ 开始，沿 $k$ 方向连续 5 格同色且第 6 格不同色。

若 $(i, j)$ 的棋子满足上述约束条件，其颜色所代表的一方赢，$(i, j)$ 即为赢方 5 个连续的同色棋子中首枚棋子的位置；若检测了 4 个方向，$(i, j)$ 的棋子不满足约束条件，则被过滤掉。

若过滤了筛中的所有棋子后筛子变空，则说明没有一方能获胜。

## 参考程序

```
#include <iostream>
using namespace std;
const int d[4][2] = {{0, 1}, {1, 0}, {1, 1}, {-1, 1}}; // 4 个方向的位移增量
inline bool valid(int x, int y)                          // 返回 (x, y) 在界内的标志
{
    return x >= 0 && x < 19 && y >= 0 && y < 19;
}
int a[20][20];                                           // 五子棋盘
```

```
int main()
{
    int i, j, k, t, x, y, u;
    scanf("%d", &t);                          //输入测试用例数
    while (t--)                               //反复输入测试用例
    {
        for (i = 0; i < 19; ++i)              //输入五子棋盘
            for (j = 0; j < 19; ++j) scanf("%d", &a[i][j]);
        for (j = 0; j < 19; ++j)              //从左而右、由上而下扫描每个有棋子的位置(i, j)
        {
            for (i = 0; i < 19; ++i)
            {
                if (a[i][j] == 0) continue;
                for (k = 0; k < 4; ++k) //枚举4个方向
                {
                //过滤:若(i, j)k的相反方向的相邻格(x, y)同色,则换一个方向;若(i, j)k
                //方向延伸5格越出界外,则换一个方向;若(i, j)k方向的连续6个格子同色,
                //则换一个方向
                    x = i - d[k][0];y = j - d[k][1];
                    if (valid(x, y) && a[x][y] == a[i][j]) continue;
                    x = i + d[k][0] * 4;y=j + d[k][1] * 4;
                    if (!valid(x, y)) continue;
                    for (u = 1; u < 5; ++u)
                    {
                        x = i + d[k][0] * u;y = j + d[k][1] * u;
                        if (a[x][y] != a[i][j]) break;
                    }
                    x = i+d[k][0]*5;y = j+d[k][1]*5;
                    if (valid(x, y) && a[x][y] == a[i][j]) continue;
                    if (u == 5) break;
                }
                if (k < 4) break;
            }
            if (i < 19) break;
        }
        if (j < 19) //若(i, j)在某方向上存在连续5个同色格,则该色一方赢;若扫描了所有
                    //格子未出现任何方向上有连续5个同色格的情况,则没有一方能获胜
        {
            printf("%d\n", a[i][j]);    //输出赢方的标志和5个连续棋子的起始位置
            printf("%d %d\n", i + 1, j + 1);
        }
         else puts("0");                      //输出没有一方能获胜的信息
    }
    return 0;
}
```

## 【2.2.2 Game schedule required】

Sheikh Abdul 热爱足球，所以最好不要问他为著名的球队进入年度锦标赛花了多少钱。当然，他花了这么多钱，就是想看到某些球队彼此间的比赛。他拟定了想看的所有比赛的完整列表。现在请按以下规则分配这些比赛到某些淘汰赛的轮次中：

- 在每一轮中，晋级的每支球队最多只进行一场比赛。
- 如果有偶数支晋级这一轮的球队，那么每支球队只进行一场比赛。
- 如果有奇数支晋级这一轮的球队，那么恰好有一支球队没有进行比赛（它优先用外

卡晋级下一轮）。

- 每场比赛的优胜者晋级下一轮，失败者被淘汰出锦标赛。
- 如果只有一支球队，那么这支球队就被宣布为锦标赛的优胜者。

可以证明，如果有 $n$ 支球队参加锦标赛，那么直至产生比赛优胜者，恰好有 $n-1$ 场比赛。显然，在第一轮后，有的应该参加下一轮比赛的球队可能会被淘汰，为了避免出现这种情况，对于每场比赛，还必须知道哪支球队会赢。

**输入**

输入包含若干测试用例，每个测试用例首先给出一个整数 $n$（$2 \leqslant n \leqslant 1000$），表示参加锦标赛的球队的数目。接下来的 $n$ 行给出参加锦标赛的球队的队名。本题设定每个球队的队名可以由多达 25 个英文字母的字符（'a' ～ 'z' 或 'A' ～ 'Z'）组成。

接下来的 $n-1$ 行给出 Sheikh 想要看的比赛（按任何顺序）。每行由要进行比赛的两支队的队名组成。本题设定总可以找到一个包含给定比赛的锦标赛日程。

测试用例结束后，给出一个 0。

**输出**

对于每个测试用例，输出一个分布在多个轮次中的比赛日程。

对于每一轮，首先在一行中输出 "Round #X"（其中 X 表示第几轮），然后输出在这一轮中的比赛形式 "A defeats B"，其中 A 是晋级队的队名，B 是被淘汰队的队名。如果在这一轮需要外卡，则在这一轮最后一场比赛后，输出 "A advances with wildcard"，其中 A 是获得外卡的队伍的队名。在最后一轮之后，按如下格式输出优胜队，在每个测试用例之后输出一个空行。

| 样例输入 | 样例输出 |
| --- | --- |
| 3 | Round #1 |
| A | B defeats A |
| B | C advances with wildcard |
| C | Round #2 |
| A B | C defeats B |
| B C | Winner: C |
| 5 | |
| A | Round #1 |
| B | A defeats B |
| C | C defeats D |
| D | E advances with wildcard |
| E | Round #2 |
| A B | E defeats A |
| C D | C advances with wildcard |
| A E | Round #3 |
| C E | E defeats C |
| 0 | Winner: E |

*试题来源*：Ulm Local 2005

*在线测试*：POJ 2476，ZOJ 2801

**试题解析**

本题给出 $n$ 支球队、$n-1$ 场比赛。将 Sheikh Abdul 想要看的 $n-1$ 场比赛中每场比赛的两个球队编号存入 $a[i]$ 和 $b[i]$，$1 \leqslant i \leqslant n-1$。每个球队比赛的场次数存入 cnt[$i$]，$1 \leqslant i \leqslant n$。

试题描述中给出的约束组成一个筛子，初始时所有球队都在筛中。

Sheikh Abdul 拟定了他想看到的所有比赛的完整列表。由于每一场比赛都是 Sheikh 想要看的，因此若当前比赛的两个球队中仅一个球队还要参加其他比赛，则该球队赢得这场比赛。构成筛子的约束如下。

- 在每一轮中，比赛的场次数是参加这一轮比赛的队伍数除以 2。
- 在每一轮中，对 Sheikh Abdul 想要看的 $n-1$ 场比赛按序搜索，如果第 $i$ 场的参赛队 $a[i]$ 和 $b[i]$ 在筛中，且有一支队伍仅参加一场比赛，则 $a[i]$ 和 $b[i]$ 参加这一轮，仅参加一场比赛的队伍被击败，也就是说，该队从筛子中被筛掉。在 $n-1$ 场比赛被搜索之后，在筛子中剩下的队伍进入下一轮。

**参考程序**

```
#include<iostream>
#include<cstdlib>
#include<cstdio>
#include<cstring>
#include<cmath>
#include<algorithm>
#include<map>
using namespace std;
const int maxN=1010;
int n,a[maxN],b[maxN],cnt[maxN];
//球队数为 n; Sheikh 想要看的第 i(1≤i≤n-1) 场比赛的两支队伍为 a[i] 和 b[i], 球队 k(1≤k≤n)
//尚需比赛的场次数为 cnt[k]
char name[maxN][30];                   //每支队伍的名字
bool flag[maxN];                       //球队在筛中的标志
map<string,int> que;                   //将每支队伍按顺序依次编号
bool cmp(int a,string s)               //判断编号为 a 的队伍的名字串是否为 s
{
    for (int i=0;i<s.size();i++)
        if (name[a][i]!=s[i]) return false;
    return true;
}
void init()                            //输入 n 支球队和 Sheikh 想要看的 n-1 场比赛的信息
{
    que.clear();
    for (int i=1;i<=n;i++)             //输入每支球队的名称
    {
    scanf("%s",name[i]);
    que.insert(map<string,int>::value_type(name[i],i)); //建立球队名称与编号的对应关系
    }
    string s;
    int p;
    char ch;scanf("%c",&ch);
                                       //将 Sheikh 想要看的比赛的两支队伍分别记入 a 和 b 中
    for (int i=1;i<n;i++)              //输入 Sheikh 想要看的 n-1 场比赛，输入每场比赛两支球队,
                                       //计算各场的队伍编号 a[] 和 b[], 累计队伍的比赛场次数
    {
        scanf("%c",&ch);s="";
        while (ch!=' ') { s+=ch;scanf("%c",&ch);}
        p=que[s];
        cnt[p]++;a[i]=p;
        scanf("%c",&ch);s="";
```

```
        while (ch!='\n') { s+=ch;scanf("%c",&ch);}
        p=que[s];
        cnt[p]++;b[i]=p;
    }
}
void work()                               // 计算和输出分布在多个轮次中的比赛日程
{
    int rnd=1,tm=n,s=n/2,now=0;           // rnd 记录当前为第几轮；tm 记录当前剩余多少支队伍，s 记
                                          // 录每轮需要比赛的场次数，now 记录每轮已经比赛的场次数
    memset(flag,1,sizeof(flag));          // 初始时每个队在筛中
    while (tm!=1)                         // 当剩余 1 支球队时结束
        for (int i=1;i<n;i++)             // 搜索要观看的每次比赛
            if (flag[a[i]]&&flag[b[i]]&&((cnt[a[i]]==1)||(cnt[b[i]]==1)))
            // 若要观看的第 i 场比赛的两个队都在筛中，且至少有一支队伍只能比一场（这支队伍比完
            // 这场即被淘汰）
            {
             if (now==0)printf("Round #%d\n",rnd); // 若当前轮次刚开始，则输出轮次数
                now++;tm--;          // 当前轮次比赛的场次数 +1，剩余的队伍数 -1
                cnt[a[i]]--;cnt[b[i]]--;            // 两个队的比赛次数 -1
// 若 b[i] 只能赛这一场，则 a[i] 晋级 b[i] 淘汰；若 a[i] 只能赛这一场，则 b[i] 晋级 a[i] 淘汰；
// 若 a[i] 和 b[i] 都只能赛这一场，则 b[i] 赢
                if (cnt[a[i]]) printf("%s defeats %s\n",name[a[i]],name[b[i]]);
                  else if (cnt[b[i]]) printf("%s defeats %s\n",name[b[i]],name[a[i]]);
                    else{
                            printf("%s defeats %s\n",name[b[i]],name[a[i]]);
                            printf("Winner: %s\n",name[b[i]]);}
                flag[a[i]]=false;flag[b[i]]=false; // 两队从筛中滤去
                if (now==s)          // 若当前轮次结束所有场比赛，则设置下一轮次应比赛的场
                                     // 次数 s，已经比赛的场次数清零，并寻找是否有队伍落单
                {
                    now=0;rnd++;s=tm/2;
                    for (int i=1;i<=n;i++)
                    // 搜索每个球队，若在筛中且未比赛完，则向该队发放外卡；若筛外有未比赛完
                    // 的球队，则重新进入筛中
                    {
                        if (flag[i] && cnt[i])
                                printf("%s advances with wildcard\n",name[i]);
                        if (cnt[i]) flag[i]=true;else flag[i]=false;
                    }
                }
            }
    printf("\n");
}
int main()
{
    while (scanf("%d",&n),n)              // 输入球队数，直至输入 0 为止
    {
        init();                           // 输入 n 支球队和 Sheikh 想要看的 n-1 场比赛的信息
        work();                           // 计算和输出分布在多个轮次中的比赛日程
    }
    return 0;
}
```

## 【2.2.3 Xiangqi】

象棋（Xiangqi）是在中国最受欢迎的两人对弈的棋类游戏。象棋展现的是一个两军对

垒的棋局，对弈双方的目标是吃掉对方的“将军”。在本题中，给出一个残局，红方已经走了一步，请看一下，棋局是不是“将死”。

象棋的一些基本规则如下。象棋棋盘有 10×9 个交叉点，棋子放在交叉点上。象棋棋盘的左上角的位置设定为（1, 1），右下角的位置设定为（10, 9）。象棋对弈双方分为红、黑两方，象棋的棋子则用红色或黑色的汉字标记，对弈双方各执一方。在对弈时，每个玩家轮流将本方的一个棋子从它原来所在的交叉点移动到另一个交叉点。两个棋子不能同时占据同一个点。本方一个棋子可以被移动到对方棋子占据的点，在这种情况下，对方的棋子就会被“吃掉”，即要从棋盘上移除这个棋子。如果某一方的将处在会被对方的下一步棋吃掉的情况下，则对方称之为“将你一军”。如果被将的一方无法采取任何行动来阻止自己的将被对方的下一步棋吃掉，则这种情况就被称为“将死”。

在本题中，棋局里只有 4 种棋子，介绍如下。

- 将（或帅）：将可以垂直移动或水平移动到下一个交叉点，不能离开“九宫”（棋盘中划有交叉线的地方）。但如果和对方的将在同一直线上，并且直接面对面，即在两个将之间没有其他的棋子，则将可以“飞”过去吃掉对方的将，这种情况叫作“飞将”。
- 车：车可以垂直或水平移动任何距离，也可以垂直或水平移动去吃掉对方的棋子，但不能越过中间的棋子。
- 炮：炮像车一样可以水平地或垂直地移动任何距离，如果炮要吃对方的棋子，则在炮和要吃掉的对方棋子之间必须隔 1 个棋子（对方棋子或本方棋子），炮越过这个中间棋子到要吃掉的对方棋子的交叉点上，吃掉这个棋子。
- 马：马每次走的方式是一直一斜，即先横着或直着走一格，然后再斜着走一条对角线。所以，马一次可走的选择点是可以到达的四周 8 个点。如果在先横着或直着走的那一格的交叉点上有别的棋子（如图 2-5 所示），马就无法朝这个方向走，这种情况被称为“蹩马腿”。

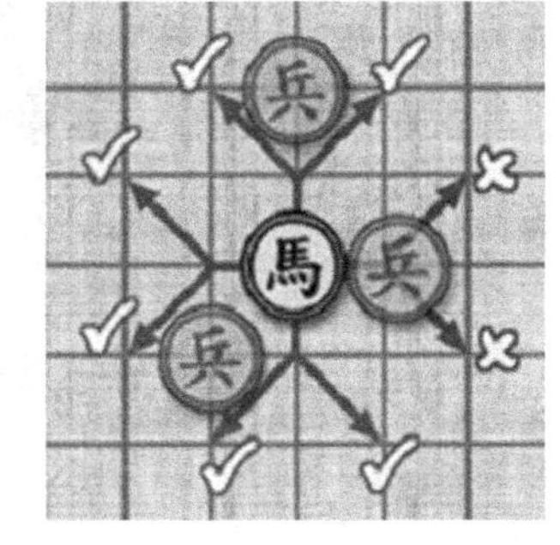

图 2-5

本题给出的棋局上，有一个黑方的将，一个红方的将，以及若干红方的车、马、炮，并且红方已经走了一步。现在轮到黑方走。请确定棋局的状况是否是“将死”。

**输入**

输入包含不超过 40 个测试用例。对于每个测试用例，第一行给出三个整数，表示红方棋子的个数 $N$（$2 \leqslant N \leqslant 7$）以及黑方的将的位置。接下来的 $N$ 行给出 $N$ 个红方棋子的信息。对于每一行，用一个字符和两个整数来表示棋子的类型和所在的位置（字符 'G' 表示将，字符 'R' 表示車，字符 'H' 表示马，字符 'C' 表示炮）。本题设定，棋局的状况是符合规则的，红方已经走了一步了。

两个测试用例之间有一个空行。输入以 "0 0 0" 结束。

**输出**

对于每个测试用例，如果棋局的状况是“将死”，则输出单词 "YES"，否则输出单词 "NO"。

| 样例输入 | 样例输出 |
| --- | --- |
| 2 1 4<br>G 10 5<br>R 6 4<br><br>3 1 5<br>H 4 5<br>G 10 5<br>C 7 5<br><br>0 0 0 | YES<br>NO |

## 提示

第一个测试用例，黑方的将被红方的车和“飞将”将死，棋局如图2-6所示。

第二个测试用例，黑方的将可以移动到（1, 4）或（1, 6），避免被“将死”，棋局如图2-7所示。

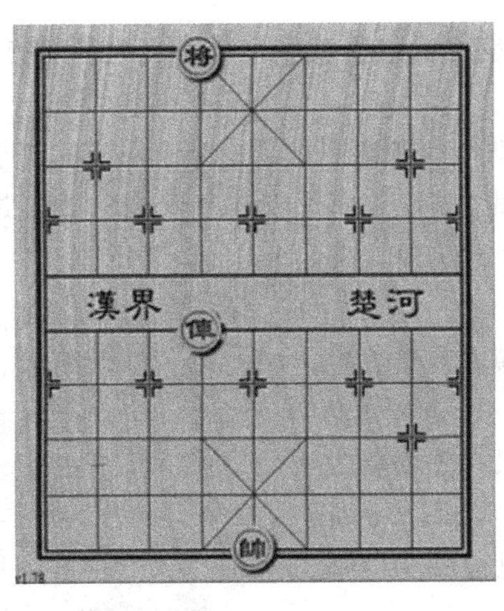


图　2-6

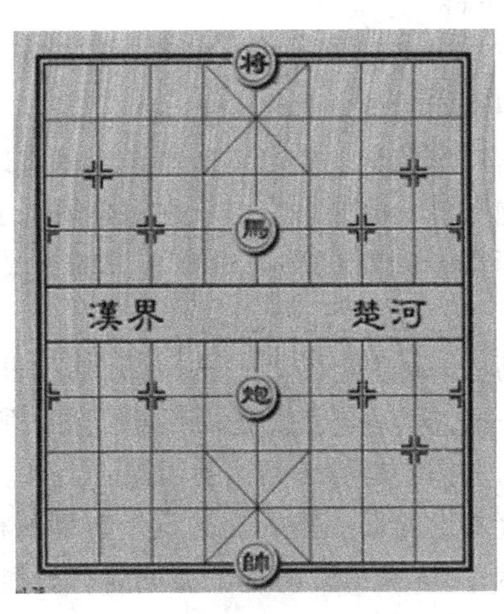


图　2-7

试题来源：ACM Fuzhou 2011

在线测试：POJ 4001，UVA 5829

## 试题解析

首先，判断黑方的将是不是可以直接以“飞将”的方式“将死”红方。如果黑方不能直接“将死”红方，则对黑方的将下一步可以走到的交叉点，分析在这个交叉点是否会被红方吃掉：首先判断是否会被红方“飞将”，然后判断这个交叉点的四个方向上有没有红方的车；如果不存在车的威胁，则继续判断是否存在红方的炮的威胁；如果不存在炮的威胁，则继续判断是否存在红方的马的威胁，当然还要考虑马是否存在“蹩马腿”的情况。

## 参考程序

```
#include<iostream>
```

```
#include<cstdio>
#include<algorithm>
#include<cstring>
using namespace std;
int n,x1,y1;
int fx[4][2]={1,0,-1,0,0,1,0,-1};                              //上下左右四个方向
int hr[8][2]={1,2,1,-2,2,1,2,-1,-1,2,-1,-2,-2,1,-2,1};        //马走的八个方向
int ff[8][2]={1,1,1,-1,1,1,1,-1,-1,1,-1,-1,-1,1,-1,-1};       //分别对应马的八个
                                                               //方向上绊脚的方向
struct st{
    int x,y;
}bk[5];
char mp[15][15];
bool check1(int x,int y){                                      //判断将和帅是否面对面
   for(int i=x+1;i<=10;i++){
       if(mp[i][y]=='\0')continue;
       if(mp[i][y]!='G')return false;
       return true;
    }
   return false;
}
bool check(int x,int y){
    if(check1(x,y))return false;
    for(int i=0;i<4;i++){
        int h = x+fx[i][0];
        int l = y+fx[i][1];
        while(h>=1&&h<=10&&l>=1&&l<=9){
            if(mp[h][l]=='\0')
            {
                h+=fx[i][0];
                l+=fx[i][1];
                continue;
            }
            if(mp[h][l]=='R')return false;                     //判车
            int hh = h+fx[i][0];
            int ll = l+fx[i][1];
            while(hh>=1&&hh<=10&&ll>=1&&ll<=9){
               if(mp[hh][ll]=='\0')
               {
                hh+=fx[i][0];
                ll+=fx[i][1];
                continue;
                }
                if(mp[hh][ll]=='C')return false;              //判炮
                break;
            }
            break;
        }
    }
    for(int i=0;i<8;i++){
        int h = x+hr[i][0];
        int l = y+hr[i][1];
        int hh =x+ff[i][0];
        int ll = y+ff[i][1];
        if(h>=1&&h<=10&&l>=1&&l<=9&&mp[h][l]=='H'&&mp[hh][ll]=='\0')
```

```
            {
                return false;                                       //判马
            }
        }
        return true;
    }
    int main()
    {
        while(~scanf("%d%d%d",&n,&x1,&y1)&&(n+x1+y1)){
            memset(mp,0,sizeof(mp));
            int cnt = 0;
            char ch[5];
            int a,b;
            for(int i=0;i<n;i++){
             scanf("%s%d%d",ch,&a,&b);
             mp[a][b]=ch[0];
            }
             for(int i=0;i<4;i++){
                int x = x1+fx[i][0];
                int y = y1+fx[i][1];
                if(x>=1&&x<=3&&y>=4&&y<=6){
                 bk[cnt].x = x;
                 bk[cnt++].y = y;
             }
            }
            if(check1(x1,y1)) cout<<"NO"<<endl;
            else{
                 int flag = 1;
                 for(int i=0;i<cnt;i++){
                     char cc = mp[bk[i].x][bk[i].y];
                     if(cc!='\0')mp[bk[i].x][bk[i].y]='\0';
                     if(check(bk[i].x,bk[i].y)){
                         flag=0;
                         cout<<"NO"<<endl;
                         break;
                     }
                    mp[bk[i].x][bk[i].y] = cc;
                 }
                 if(flag) cout<<"YES"<<endl;
            }
        }
        return 0;
    }
```

## 2.3　构造法模拟的实验范例

构造法模拟需要完整精确地构造出反映问题本质的数学模型，根据该模型设计状态变化的参数，计算模拟结果。由于数学模型准确地表示客观事物的运算关系，因此其效率一般比较高。

构造法模拟的关键是构造数学模型。问题是，能产生正确结果的数学模型并不是唯一的，从不同的思维角度看问题，可以得出不同的数学模型，而模拟效率和编程复杂度往往因数学模型而异。即便有数学模型，解该模型的准确方法是否有现成算法及编程复杂度如何，这些问题也需要仔细考虑。

## 【2.3.1 Packets】

一家工厂生产的产品被包装在一个正方形的包装盒中，产品具有相同的高度 $h$，大小规格为 1×1、2×2、3×3、4×4、5×5 和 6×6。这些产品用高度为 $h$、大小规格为 6×6 的正方形邮包交付给客户。因为费用问题，工厂和客户都要求将订购的物品从工厂发送给客户的邮包数量最小化。请编写一个程序，对于要按照订单发送的给定产品，求出最少的邮包数量，以节省费用。

**输入**

输入由若干行组成，每行描述一份订单，每份订单由 6 个整数组成，整数之间用一个空格分开，连续的整数表示从最小的 1×1 到最大的 6×6 每种大小的包装盒的数量，输入以包含 6 个 0 的一行结束。

**输出**

对每行输入，输出一行，给出邮包的最小数量。对于输入的最后一行“空输入”没有输出。

| 样例输入 | 样例输出 |
|---|---|
| 0 0 4 0 0 1<br>7 5 1 0 0 0<br>0 0 0 0 0 0 | 2<br>1 |

*试题来源*：ACM Central Europe 1996

*在线测试*：POJ 1017，ZOJ 1307，UVA 311

**试题解析**

这是一道构造法模拟题，其使用的数学模型是一个贪心策略——按照尺寸递减的顺序装入包装盒。由于邮包的尺寸为 6×6，因此每个 4×4、5×5 和 6×6 的包装盒需要单独一个邮包。

- 6×6：一个 6×6 包装盒恰好放入一个 6×6 的邮包。
- 5×5：一个 5×5 包装盒放入一个 6×6 的邮包中，邮包中剩下的空间可以用 1×1 包装盒填充。
- 4×4：一个 4×4 包装盒放入一个 6×6 的邮包中，然后，可以先用 2×2 包装盒填充剩余空间，如果没有 2×2 包装盒，则用 1×1 包装盒填充剩余空间。
- 3×3：在一个 6×6 的邮包中可以放 4 个 3×3 包装盒。

2×2 包装盒和 1×1 包装盒同样处理。

设 $i\times i$ 的包装盒数为 $a_i$（$1\leqslant i\leqslant 6$），本题的求解实现方法如下：

放入 6×6、5×5、4×4、3×3 的包装盒至少需要邮包数 $M=a_6+a_5+a_4+\left\lceil \frac{a_3}{4} \right\rceil$。

$M$ 个邮包可填入 2×2 的包装盒数 $L_2=a_4\times 5+u[a_3 \bmod 4]$，其中 $u[0]=0$，$u[1]=5$，$u[2]=3$，$u[3]=1$。如果还有剩余的 2×2 的包装盒（$a_2>L_2$），则放入新增的 $\left\lceil \frac{a_2-L_2}{9} \right\rceil$ 个邮包，即 $M\mathrel{+}=\left\lceil \frac{a_2-L_2}{9} \right\rceil$。

最后，将 1×1 的包装盒填入上述的 $M$ 个邮包，可以填装 1×1 的包装盒数量是 $L_1$（$=m\times 36-a_6\times 36-a_5\times 25-a_4\times 16-a_3\times 9-a_2\times 4$）。如果还有剩余的 1×1 包装盒（$a_1>L_1$），则放入新增的 $\left\lceil \frac{a_1-L_1}{36} \right\rceil$ 个邮包，即 $M+=\left\lceil \frac{a_1-L_1}{36} \right\rceil$。

所以，$M$ 是放入所有包装盒的最少邮包数。

**参考程序**

```
#include <iostream>
using namespace std;
int main()
{
    int a[10],i,j,sum,m,left1,left2;
    //每种尺寸的包装盒数为 a[]；包装盒总数为 sum；使用的邮包数为 m；当前邮包可装入 2×2 的包装
    //盒数为 left2，可装入 1×1 的包装盒数为 left1
    int u[4]={0,5,3,1};                    //u[a[3]% 4]
    while (1)
    {
        sum=0;
        for(i=1;i<=6;i++)                  //输入每种尺寸的包装盒数量，累计包装盒的总数
        {
            cin>>a[i];
            sum+=a[i];
        }
        if(sum==0) break;                  //若输入 6 个 0，则退出程序
        m=a[6]+a[5]+a[4]+(3+a[3])/4;     //计算放入前 4 种大尺寸的包装盒至少需要的邮包数
        left2=a[4]*5+u[a[3]%4];           //计算 M 个邮包可填入 2×2 的包装盒数
        if(a[2]>left2)                     //若 2×2 的包装盒有剩余，则累计新增的邮包
            m+=(a[2]-left2+8)/9;
        left1=m*36-a[6]*36-a[5]*25-a[4]*16-a[3]*9-a[2]*4; //填满上述邮包需要使用 1×1
                                                          //的包装盒数
        if(a[1]>left1)                     //若 1×1 的包装盒有剩余，则累计新增的邮包
            m+=(a[1]-left1+35)/36;
        cout<<m<<endl;                     //输出最少邮包数
    }
    return 0;
}
```

【2.3.2　Paper Cutting】

ACM 经理需要用名片将他们自己介绍给客户和合作伙伴。在名片上的信息被印刷到一大张纸上之后，要用一台特殊的切割机来切割纸张。由于机器的操作花费非常昂贵，因此要尽量减少切割的次数。请编写程序，找到切割产生名片的最佳解决方案。

切割有若干条必须遵守的限制。要以恰好 $a\times b$ 张名片的网格结构印刷名片。由于印刷软件的限制，结构的尺寸（在一个行和列中名片的数量）是固定的，不能改变。纸张是矩形的，它的大小是固定的。网格必须垂直于纸张的边，也就是说，它只可以有 90° 的旋转。但是，可以交换行和列的含义，名片可以放置在纸张上的任何位置，名片的边和纸张边可以重合。

例如，设定名片的大小是 3cm×4cm，网格大小为 1×2 张名片。图 2-8 给出了网格的四个可能方案。要求给出每种情况所需要的最小的纸张尺寸。

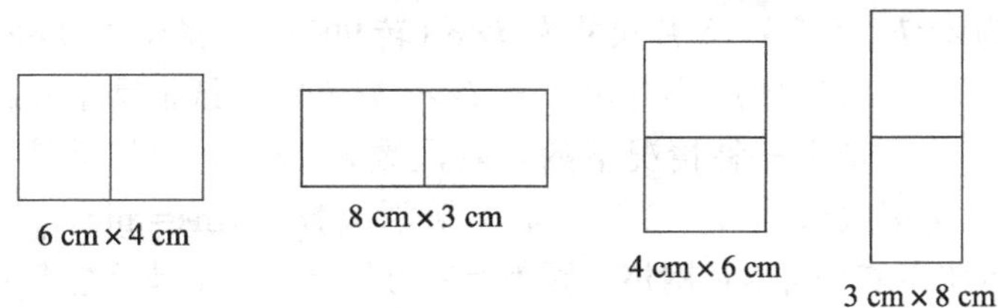


图 2-8

用于切割名片的切割机能够进行任意长度的连续切割，切割能够贯穿整片的纸张，不会中途停止。一次切割只能针对一片纸张——不能为了节省切割次数将纸片叠加起来切，也不能把纸张折叠起来切。

**输入**

输入由若干测试用例组成，每个测试用例由在一行上的 6 个正整数 $A$、$B$、$C$、$D$、$E$、$F$ 组成，整数间用一个空格分开。

其中 $A$ 和 $B$ 是矩形网格的大小，$1 \leqslant A, B \leqslant 1000$；$C$ 和 $D$ 是名片的尺寸，以厘米为单位，$1 \leqslant C, D \leqslant 1000$；$E$ 和 $F$ 是纸张的尺寸，以厘米为单位，$1 \leqslant E, F \leqslant 1\,000\,000$。

输入以 6 个 0 的一行结束。

**输出**

对每个测试用例，输出一行，该行给出："The minimum number of cuts is *X*."，其中 $X$ 是要求切割的最小次数。如果纸张不能符合卡片网格，则输出 "The paper is too small."。

| 样例输入 | 样例输出 |
|---|---|
| 1 2 3 4 9 4 | The minimum number of cuts is 2. |
| 1 2 3 4 8 3 | The minimum number of cuts is 1. |
| 1 2 3 4 5 5 | The paper is too small. |
| 3 3 3 3 10 10 | The minimum number of cuts is 10. |
| 0 0 0 0 0 0 | |

试题来源：CTU Open 2003

在线测试：POJ 1791，ZOJ 2160

## 试题解析

先在纸张中切网格，然后在网格内切名片。设矩形网格大小为 $a \times b$，名片尺寸为 $c \times d$，纸张尺寸为 $e \times f$。也就是说，纵向有 $a$ 张尺寸为 $c$ 的名片，纵向总长为 $a \times c$；横向有 $b$ 张尺寸为 $d$ 的名片，即横向总长为 $b \times d$。而名片的切割在纸张范围内进行，由此得出约束条件：$(a \times c \leqslant e)$ && $(b \times d \leqslant f)$。

切出大小为 $a \times b$ 的网格，至少需要 $a \times b-1$ 次切割。若 $a \times c<e$，则纵向上还得增加 1 次切割；若 $b \times d<f$，则横向上还得增加 1 次切割。由此得出最少切割次数为 $C_0=a \times b-1+(a \times c<e)+(b \times d<f)$。

因为网格的不同旋转方式可能导致切割次数不同，所以网格转 90°、180°、270° 相当于三种情况：

- 网格大小为 $b \times a$（转 90°）、名片尺寸为 $c \times d$（不变）、纸张尺寸为 $e \times f$（不变）。

- 网格大小为 $a \times b$（不变）、名片尺寸为 $d \times c$（转 90°）、纸张尺寸为 $e \times f$（不变）。
- 网格大小为 $b \times a$（转 90°）、名片尺寸为 $d \times c$（转 90°）、纸张尺寸为 $e \times f$（不变）。

按照上述方法依次得出三种情况下的切割次数 $c_1$、$c_2$、$c_3$，如果其中任一种情况不满足约束条件，则切割次数为 ∞。显然，最少切割次数为 $Ans=\min\{c_0, c_1, c_2, c_3\}$，若 $Ans=\infty$，则说明纸张不能符合卡片网格，因为所有可能情况都不满足约束条件。

**参考程序**

```
#include <stdio.h>
#include <stdlib.h>
#include <limits.h>
#define TOOBIG INT_MAX
int ncuts(int a,int b,int c,int d,int e,int f) ;
void do_solve(int a,int b,int c,int d,int e,int f)
// 输入矩形网格大小、卡片尺寸和纸张的尺寸，枚举旋转的 4 种情况，计算最小切割次数
{
  int x,m ;
  m=ncuts(a,b,c,d,e,f) ;                    // 计算未旋转的切割次数
  if ((x=ncuts(b,a,c,d,e,f))<m) m=x ;       // 网格转 90°，调整最小切割次数
  if ((x=ncuts(a,b,d,c,e,f))<m) m=x ;       // 卡片转 90°，调整最小切割次数
  if ((x=ncuts(b,a,d,c,e,f))<m) m=x;        // 网格和卡片各转 90°，调整最小切割次数
  if (m==TOOBIG)
    puts("The paper is too small.")  ;
  else
    printf("The minimum number of cuts is " "%d.\n",m) ;
}
int ncuts(int a,int b,int c,int d,int e,int f)
// 计算当前情况下（矩形网格大小为 (a,b)，卡片尺寸为 (c,d)，纸张尺寸为 (e,f)）的最小切割次数
{
  if (a*c>e || b*d>f) return TOOBIG ;       // 若超出纸张范围，则返回 ∞
  return a*b-1+(a*c<e)+(b*d<f)  ;           // 返回切割次数
}
int main()
{ int a,b,c,d,e,f ;
  for(;;) {
    a=0 ; b=0 ; c=0 ; d=0 ; e=0 ; f=0 ;
    scanf("%d %d %d %d %d %d",&a,&b,&c,&d,&e,&f) ;    // 输入矩形网格大小、卡片尺寸
                                                      // 和纸张的尺寸
    if (!a && !b && !c && !d && !e && !f) break ;     // 若全 0，则结束程序
    do_solve(a,b,c,d,e,f) ;
  }
  return 0 ;
}
```

## 2.4 相关题库

### 【2.4.1 Mileage Bank】

ACM（Airline of Charming Merlion，迷人的鱼尾狮航空公司）的飞行里程计划对于经常要乘坐飞机的旅客非常实惠。一旦乘坐了一次 ACM 航班，就可以在 ACM 里程银行中根据实际飞行里程赚取 ACM 奖励里程。而且，可以使用 ACM 里程银行中的 ACM 奖励里程来兑换将来的 ACM 免费机票。

下表帮助你计算当你要乘坐 ACM 航班的时候，可以赚取多少 ACM 奖励里程。

| ACM 机票种类 | 舱类代码 | 奖励里程 |
|---|---|---|
| 头等舱 | F | 实际里程 +100% 奖励里程 |
| 商务舱 | B | 实际里程 +50% 奖励里程 |
| 经济舱<br>1 ~ 500 英里[㊀]<br>500+ 英里 | Y | <br>500 英里<br>实际里程 |

它表明，ACM 奖励里程由两部分组成。一部分是实际飞行里程（一个航班的经济舱的最低 ACM 奖励里程为 500 英里），另一部分是乘坐商务舱和头等舱飞行的奖励里程（其精度可达 1 英里）。例如，你乘坐 ACM 航班从北京飞到东京（北京和东京之间的实际里程是 1329 英里），根据你乘坐的舱类 Y、B 或 F 分别可以被奖励 1329 英里、1994 英里或 2658 英里。你乘坐 ACM 航班从上海飞往武汉（上海和武汉之间的实际里程为 433 英里），你乘坐经济舱可以被奖励 500 英里，乘坐商务舱可以被奖励 650 英里。

请帮助 ACM 编写一个程序，自动计算 ACM 的里程奖励。

**输入**

输入包含若干测试用例，每个测试用例含多条航班记录，每条航班记录一行，格式如下：

出发城市 目的地城市 实际里程 舱类代码

每个测试用例以包含一个 0 的一行结束。以包含一个 # 的一行表示输入结束。

**输出**

对每个测试用例，输出一行，给出 ACM 奖励里程的总和。

| 样例输入 | 样例输出 |
|---|---|
| Beijing Tokyo 1329 F<br>Shanghai Wuhan 433 Y<br>0<br># | 3158 |

*试题来源*：ACM Beijing 2002

*在线测试*：POJ 1326，ZOJ 1365，UVA 2524

 **提示**

本题是一道简单的直叙式模拟题：依次输入航班信息，根据每次航班的实际里程和舱类代码累计奖励里程的总和。

## 【2.4.2 Cola】

便利店给出以下优惠："每 3 个空瓶可以换 1 瓶可口可乐。"

现在，你准备从便利店买一些可口可乐（$N$ 瓶），你想知道最多可以从便利店喝到多少瓶可口可乐。

图 2-9 给出 $N$=8 的情况。方法 1 是标准的方法：喝完 8 瓶可乐之后，你有 8 个空瓶；你用 6 只空瓶去换，得到了 2 瓶新的可口可乐；喝完后你有 4 个空瓶子，因此你用 3 个空

㊀ 1 英里 =1.609 344 千米。——编辑注

瓶又换了一瓶新的可乐。最后，你手上有 2 只空瓶，所以你不能再去换到新的可乐了。因此，你一共喝到 8+2+1=11 瓶可乐。

但实际上可以有更好的方法。在方法 2 中，你先从你的朋友（或者店主）处借一个空瓶子，这样你就可以喝 8+3+1=12 瓶可乐！当然，你要还给你的朋友剩下的空瓶子。

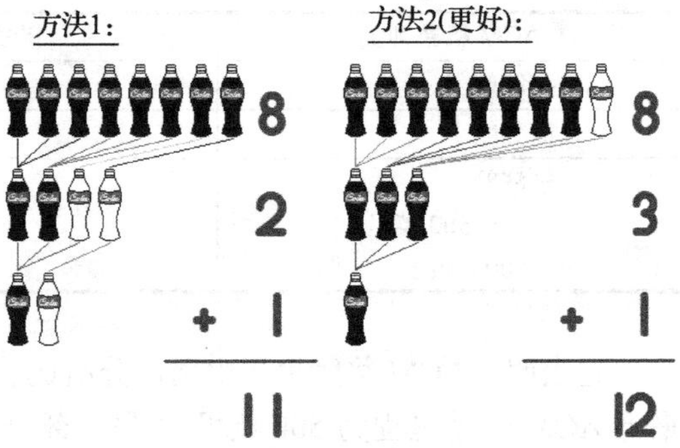

图　2-9

**输入**

输入若干行，每行给出一个整数 $N$（$1 \leqslant N \leqslant 200$）。

**输出**

对于每个测试用例，程序要输出最多可以喝到多少瓶可乐。可以向别人借空瓶子，但如果这样做，要确保有足够的空瓶还给他们。

| 样例输入 | 样例输出 |
| --- | --- |
| 8 | 12 |

试题来源：Contest of Newbies 2006

在线测试：UVA 11150

**提示**

设想买的可口可乐的瓶数为 $n$；借的空瓶数为 $i$；总瓶数为 cnt，兑换前 cnt=$n+i$；实际喝的可口可乐瓶数为 tot，兑换前 tot=$n$；ans 为最多可喝到的可口可乐瓶数，初始时为 0。

反复模拟如下兑换过程，直至 cnt≤3 为止：

```
产生的空瓶数 tmp=cnt%3;
增加的饮料瓶数 cnt/=3;
实际喝到的饮料瓶数 tot+=cnt;
总瓶数 cnt+=tmp;
if (cnt≥i &&tot>ans) ans=tot;      //若能偿还借来的空瓶且喝到的饮料最多，则记下
```

由于每 3 个空瓶可以换 1 瓶可口可乐，因此只有 $i=0$、$i=1$、$i=2$ 这三种情况。按照上述方法模拟这种兑换情况，最后得出的 ans 即为最多可喝到的可乐瓶数。

### 【2.4.3　The Collatz Sequence】

Lothar Collatz 给出的一个产生整数序列的算法如下：

Step 1：任意选择一个正整数 $A$ 作为序列中的第一项。

Step 2：如果 $A=1$，则算法终止。

Step 3：如果 $A$ 是偶数，则用 $A/2$ 代替 $A$，转 Step 2。

Step 4：如果 $A$ 是奇数，则用 $3\times A+1$ 代替 $A$，转 Step 2。

已经证明初始 $A$ 的值小于等于 $10^9$ 时，这一算法会终止，但 $A$ 的有些值在这一序列中会超出许多计算机上整数类型的范围。在本题中，请确定这一序列的长度，这一序列要包括所有的值，或者算法正常终止（在 Step 2），或者产生的值大于指定的限制（在 Step 4）。

**输入**

本题的输入包含若干测试用例。对每个测试用例，输入一行，给出两个正整数，第一个整数给出 $A$ 的初始值（Step 1），第二个整数给出 $L$，表示序列中项的限制值。$A$ 和 $L$ 都不会大于 2 147 483 647（可以在 32 位有符号整数类型中存储的最大值）。$A$ 的初始值总是小于 $L$。在最后一个测试用例后的一行给出两个负整数。

**输出**

对每个输入的测试用例，输出用例编号（从 1 开始顺序编号）、一个冒号、$A$ 的初始值、限制值 $L$，以及项的数量。

| 样例输入 | 样例输出 |
|---|---|
| 3 100<br>34 100<br>75 250<br>27 2147483647<br>101 304<br>101 303<br>−1 −1 | Case 1: A=3, limit=100, number of terms=8<br>Case 2: A=34, limit=100, number of terms=14<br>Case 3: A=75, limit=250, number of terms=3<br>Case 4: A=27, limit=2147483647, number of terms=112<br>Case 5: A=101, limit=304, number of terms=26<br>Case 6: A=101, limit=303, number of terms=1 |

*试题来源*：ACM North Central Regionals 1998

*在线测试*：UVA 694

**提示**

这是一道按指令行事的直序模拟题。若初始值为 $a$、序列中项的限制值为 $l$，则按照下述方法计算项数 ans：

```
ans 初始化为 0;
    while(a<=l&&a!=1){   //若当前项值不超过上限且非 1，则项数 +1
        ans++;
        根据 a 的奇偶性计算下一项，即 a=a&1?3*a+1:a/2;
        }
if(a==1) ans++;          //若最后一项为 1，则增加 1 项
```

## 【2.4.4　Let's Play Magic!】

有一个纸牌魔术叫“拼字蜜蜂”，过程如下：

魔术师首先将 13 张纸牌放置成一个圆形，如图 2-10 所示。

（1）从标志的位置开始，按顺时针对纸牌进行报数，说“A--C—E”。

（2）然后将在 "E" 位置的纸牌翻转过来，在图 2-10 中是纸牌中的 A（Ace）！

（3）接下来，将这张 A 拿走，继续报数，说“T--W—O”。

（4）然后将在 "O" 位置的纸牌翻转过来，在图 2-10 中是纸牌中的 2（Two）！

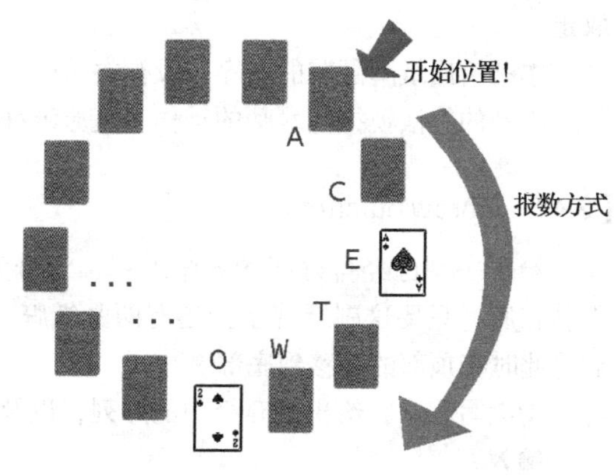


图　2-10

（5）对剩下的纸牌继续这样做，剩下的纸牌为从 3（Three）到大王（King）。

现在要问，魔术师会如何放置这些纸牌？

**输入**

输入由多个测试用例组成。每个测试用例首先给出一个整数 $N$（$1 \leqslant N \leqslant 52$），表示在魔术中使用的纸牌的数量。接下来的 $N$ 行给出纸牌翻转的次序以及被拼写的单词，没有单词会超过 20 个字符。每张纸牌的格式是两个字符的字符串：第一个是值，第二个是纸牌的花色。

输入以 $N$=0 结束，这一测试用例不用处理。

**输出**

对每个测试用例，输出纸牌初始的放置次序。

| 样例输入 | 样例输出 |
|---|---|
| 13<br>AS ACE<br>2S TWO<br>3S THREE<br>4C FOUR<br>5C FIVE<br>6C SIX<br>7D SEVEN<br>8D EIGHT<br>9D NINE<br>TH TEN<br>JH JACK<br>QH QUEEN<br>KH KING<br>0 | QH 4C AS 8D KH 2S 7D 5C TH JH 3S 6C 9D |

试题来源：Return of the Newbies 2005

在线测试：UVA 10978

 **提示**

$N$ 张纸牌排成一圈，从某张卡片开始，魔术师按顺时针方向对纸牌进行报数：拼读 $N$ 个单词，当一个单词的最后一个字母被读出时，相应的纸牌被翻转过来，然后从圈中取走。

本题给出纸牌翻转的次序以及被拼写的单词，要求计算纸牌初始的放置顺序。

本题的算法模拟魔术师的动作，复原纸牌初始的放置次序。

### 【2.4.5　Throwing cards away I】

给出一副已经排好序的 $n$ 张纸牌，编号为 $1 \sim n$，编号为 1 的纸牌在顶，编号为 $n$ 的纸牌在底。只要这副纸牌至少还有两张纸牌，就执行下述操作：将顶部的纸牌丢弃掉，然后将此时在顶部的牌移到底部。

请编写程序，给出丢弃纸牌的序列，以及最后留下的纸牌。

**输入**

输入的每行（除最后一行之外）给出一个整数 $n \leqslant 50$，最后一行给出 0，程序不用处理这一行。

**输出**

对于输入的每一个数字，输出两行。第一行给出丢弃的纸牌的序列，第二行给出最后留下的那张纸牌。在每一行没有前导和后继空格，见样例的格式。

| 样例输入 | 样例输出 |
|---|---|
| 7 | Discarded cards: 1, 3, 5, 7, 4, 2 |
| 19 | Remaining card: 6 |
| 10 | Discarded cards: 1, 3, 5, 7, 9, 11, 13, 15, 17, 19, 4, 8, 12, 16, 2, 10, 18, 14 |
| 6 | Remaining card: 6 |
| 0 | Discarded cards: 1, 3, 5, 7, 9, 2, 6, 10, 8 |
| | Remaining card: 4 |
| | Discarded cards: 1, 3, 5, 2, 6 |
| | Remaining card: 4 |

试题来源：A Special Contest 2005

在线测试：UVA 10935

**提示**

按题目所描述进行模拟，模拟采用的数据结构为队列。

## 【2.4.6 Gift?!】

在一个小村庄里有一条美丽的河。$n$ 块石头从 1 到 $n$ 编号，从左岸到右岸以一条直线排列：

[左岸]−[Rock 1]−[Rock 2]−[Rock 3]−[Rock 4]…[Rock $n$]−[右岸]

两块相邻的石头之间的距离正好是 1 米，左岸和 Rock 1 以及 Rock $n$ 和右岸的距离也是 1 米。

青蛙 Frank 要过河，其邻居青蛙 Funny 来对它说："喂，Frank，儿童节快乐！我有个礼物给你，你看见了吗？在 Rock 5 上的一个小包裹。"

"啊！太好了！谢谢你，我这就去取。"

"等等……这份礼物只给聪明的青蛙，你不能直接跳到那里去取。"

"啊？那么我应该做什么？"

"要跳多次，首先你从左岸跳到 Rock 1，然后，无论向前还是往后，你想跳几次就跳几次，但你第 $i$ 次跳必须达到 $2*i-1$ 米。更重要的是，一旦你返回左岸或到达右岸，游戏结束，你就不能再跳了。"

"嗯，这不容易……让我考虑一下。"青蛙 Frank 答道，"我可以试一下吗？"

**输入**

输入给出不超过 2000 个测试用例。每个测试用例一行，给出两个正整数 $n$（$2 \leqslant n \leqslant 10^6$）和 $m$（$2 \leqslant m \leqslant n$），$m$ 表示放置礼物的石头的编号。以 $n=0$，$m=0$ 的测试用例终止输入，程序不必处理这一测试用例。

**输出**

对每个测试用例，如果可以到达 Rock $m$，则输出一行 "Let me try!"；否则，输出一行 "Don't make fun of me!"。

| 样例输入 | 样例输出 |
| --- | --- |
| 9 5<br>12 2<br>0 0 | Don't make fun of me!<br>Let me try! |

**注意：**

在第2个测试用例中，Frank可以用下述方法去取礼物：向前（到Rock 4），向前（到Rock 9），向后（到Rock 2），取得礼物！

如果Frank在最后一跳向前跳，那么它就跳上了右岸（本题设定右岸足够宽阔），也就输掉了这场游戏。

试题来源：OIBH Online Programming Contest 1

在线测试：ZOJ 1229，UVA 10120

**提示**

设河中有$n$块石头。可以证明：当$n>50$时，Frank可以跳到所有的石头上；但如果$n\leqslant 50$，则需要确定Frank是否可以跳到放置礼物的石头上。因此，本题首先离线确定河中有$n$块石头时，Frank是否可以跳到Rock $m$上（其中$1\leqslant n\leqslant 50$，$1\leqslant m\leqslant n$）：

$$\text{ans}[n][m]=\begin{cases}\text{true} & \text{在河中有}n\text{块石头时,Frank能跳到Rock } m\text{上}\\ \text{false} & \text{在河中有}n\text{块石头时,Frank不能跳到Rock } m\text{上}\end{cases}$$

然后，对于每个测试用例$n$和$m$，如果$n\leqslant 50$，则根据ans[$n$][$m$]输出结果。

## 【2.4.7 A-Sequence】

A-序列（A-Sequence）是一个由正整数$a_i$组成的序列，满足$1\leqslant a_1<a_2<a_3<\cdots$，并且序列中每个$a_k$不是序列中早先出现的两个或多个不同项的和。

请编写一个程序，确定给出的序列是不是一个A-序列。

**输入**

输入由若干行组成，每行先给出一个整数$2\leqslant D\leqslant 30$，表示当前序列的整数个数。然后给出一个序列，该序列由整数组成，每个整数大于等于1，并且小于等于1000。输入以EOF结束。

**输出**

对每个测试用例，输出两行：第一行给出测试用例编号和这一序列；如果相应的测试用例是一个A-序列，则第二行输出 "This is an A-sequence."；如果相应的测试用例不是一个A-序列，则第二行输出 "This is not an A-sequence."。

| 样例输入 | 样例输出 |
| --- | --- |
| 2 1 2<br>3 1 2 3<br>10 1 3 16 19 25 70 100 243 245 306 | Case #1: 1 2<br>This is an A-sequence.<br>Case #2: 1 2 3<br>This is not an A-sequence.<br>Case #3: 1 3 16 19 25 70 100 243 245 306<br>This is not an A-sequence. |

试题来源：UFRN-2005 Contest 2

在线测试：UVA 10930

 提示

将序列中早先出现的数和存储在 g[] 表中，g[] 表的长度为 tot；数和产生的标志设为 *f*[]，即 *f*[*k*] 标志 *k* 是否为序列中早先出现的多个不同项的和；*z* 为当前输入的整数，la 为前一个输入的整数。

我们依次读入每个数 *z*：如果 *z* 是已经出现过的数和或者 *z* 小于前一个输入的整数 (*f*[*z*]||*z*≤la)，则输出非 A- 序列的信息并退出计算过程，否则分析 *g* 表中的每个数和：如果 *g*[*i*]+*z* 未在 g[] 表中出现（!*f*[*g*[*i*]+*z*]），则将 *g*[*i*]+*z* 加入 g[] 表，并设 *f*[*g*[*i*]+*z*]=true。然后将 *z* 设为前一个输入的整数 (la=*z*)，再处理下一个数。

这个过程一直进行到序列中的所有整数处理完为止。

## 【2.4.8 Building designing】

一个建筑师要设计一幢非常高的建筑物。该建筑物将由若干楼层组成，每个楼层的地板都有确定的大小，并且一个楼层地板的大小必须大于它上面楼层地板的大小。此外，建筑师还是一个著名的西班牙足球队的球迷，要在建筑物上漆上蓝色和红色，每个楼层一种颜色，这样，两个连续的楼层的颜色是不同的。

设计有 *n* 层结构的建筑物，每个楼层具有相关的大小和颜色，所有的楼层大小不同。建筑师要在这些限制下设计最高可能的建筑物，使用可用的楼层。

**输入**

输入的第一行给出测试用例数 *p*，每个测试用例的第一行给出可能的楼层的数目，然后每行给出每个楼层的大小和颜色，每个楼层用一个 −999 999 到 999 999 之间的整数表示，不存在楼层的大小为 0，负数表示红色的楼层，正数表示蓝色的楼层，楼层的大小是这个数字的绝对值。不存在两个楼层有相同的大小。本题楼层的最大数目是 500 000。

**输出**

对每个测试用例，输出一行，给出在上述条件下最高建筑的楼层数。

| 样例输入 | 样例输出 |
|---|---|
| 2<br>5<br>7<br>−2<br>6<br>9<br>−3<br>8<br>11<br>−9<br>2<br>5<br>18<br>17<br>−15<br>4 | 2<br>5 |

试题来源：IV Local Contest in Murcia 2006

在线测试：UVA 11039

**提示**

输入每层楼的大小和颜色，所有楼层按照大小递减的顺序排序。然后将底层颜色设为蓝色，按照相邻层颜色交替的要求计算最长递减子序列的长度 $l_1$；接下来将底层颜色设为红色，按照相邻层颜色交替的要求计算最长递减子序列的长度 $l_2$。

显然，最高建筑的楼层数为 $\max\{l_1, l_2\}$。

## 【2.4.9 Light Bulbs】

好莱坞最新的剧院 Atheneum of Culture and Movies（ACM）有一个巨大的计算机控制的遮沿，上面有成千上万盏灯。一行灯由一个计算机程序进行自动控制。不幸的是，电工在安装开关时出现了错误，而今晚是 ACM 的开业式。请编写一个程序，使开关能正常执行。

遮沿上的一排 $n$ 盏灯由 $n$ 个开关控制。灯和开关从左到右的编号是 1 ～ $n$。每个灯泡不是开就是关。每个测试用例给出一排灯的初始情况和希望最后达到的情况。

原来的照明计划是让每个开关控制一个灯泡。然而，电工的错误造成了每一个开关控制两个或三个连续的灯泡，如图 2-11 所示。最左边的开关（$i=1$）操控两个最左边的灯泡（1 和 2）；最右边的开关（$i=n$）操控两个最右边的灯泡（$n-1$ 和 $n$），即如果灯泡 1 开而灯泡 2 关，则翻转开关 1，灯泡 1 关而灯泡 2 开。每个其他的开关（$1<i<n$）操控三个灯泡：$i-1$、$i$ 和 $i+1$。（特例是只有一个灯泡和一个开关，开关的切换简单地操控灯泡。）将一行灯泡从初始状态转化到最终状态的最小变化代价是完成这一变化所需要进行的最小的开关翻转次数。

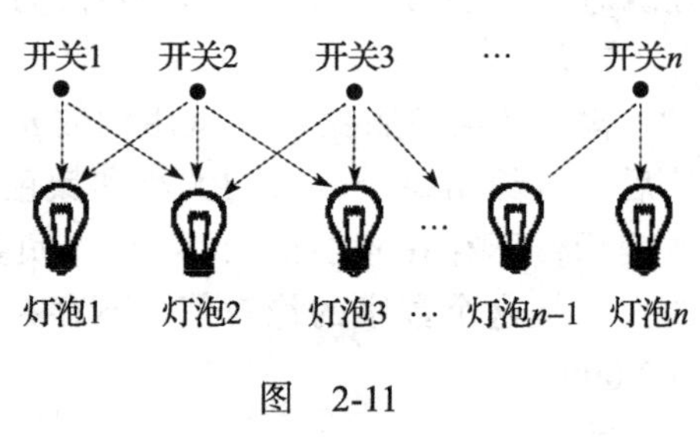


图 2-11

用二进制来表示一排灯的状态，其中 0 表示灯关，1 表示灯开。例如，01100 表示有 5 盏灯，第 2 和 3 盏灯开着。通过翻转开关 1、4 和 5 可以把这一状态转换为 10000，但也可以简单地翻转开关 2，这样代价最小。

请编写一个程序，求出将一排灯从初始状态转变为最终状态要翻转开关的最小代价。在某些初始状态和最终状态之间不存在转换。为了表达上的紧凑，采用十进制整数而不是二进制来表示灯泡的状况，即 01100 和 10000 分别用十进制数 12 和 16 来表示。

**输入**

输入包含若干测试用例，每个测试用例一行，每行给出两个非负的十进制整数，至少一个是正数，每个最多 100 位。第一个整数表示一排灯的最初状态，第二个整数表示这排灯的最终状态。这两个整数对应的二进制数表示这些灯的初始状态和最终状态，1 表示灯开着，0 表示灯关着。

为了避免前导零问题，本题设定第一盏灯不论在初始状态还是在最终状态（或者两者都是）都是开着的。在输入行中，数据的前后没有空格，两个十进制整数没有前导零，初始状态和最终状态由一个空格分开。

在最后一个测试用例后，跟着一行，由两个零组成。

**输出**

对于每个测试用例，输出一行，给出测试用例编号和一个十进制数，表示将那排灯从初始状态转换到最终状态需要翻转开关的最小代价集合。在这个整数对应的二进制数中，最右边的数字表示第 $n$ 个开关，1 表示开关被翻转，0 表示开关没有被翻转。如果无解，输出 "impossible"；如果有多于一个解，则输出等价的最小十进制数。

在两个测试用例之间输出一空行，输出格式如下所示。

| 样例输入 | 样例输出 |
| --- | --- |
| 12 16<br>1 1<br>3 0<br>30 5<br>7038312 7427958190<br>4253404109 657546225<br>0 0 | Case Number 1: 8<br><br>Case Number 2: 0<br><br>Case Number 3: 1<br><br>Case Number 4: 10<br><br>Case Number 5: 2805591535<br><br>Case Number 6: impossible |

*试题来源*：ACM World Finals-Beverly Hills-2003

*在线测试*：UVA 2722

**提示**

每个开关要么翻转要么不动，不可能翻转多次。当第一个开关动作确定之后，只有第二个开关会影响到第一盏灯，所以第二个开关动作也确定了，以此类推，可以确定所有开关动作。所以枚举第一个开关是否翻转，然后依次推出后面所有开关动作。由于范围较大，所以用高精度。

## 【2.4.10 Link and Pop—the Block Game】

最近，Robert 在互联网上发现了一款新游戏，是最新版本的“连连看（Link and Pop)”。游戏规则很简单。开始给出 $n\times m$ 的方格板，在板上放满 $n\times m$ 块方格，每个这样的方格上面都有一个符号。你需要做的就是找到一对具有相同符号的方格，这对方格通过最多三条连续的水平或垂直线段相连。要注意的是，线段不能穿过方格板上的其他方格（图 2-12 给出了可能连接的实例，注意一些方格已经从板上删除）。

如果你找到了这样的一对方格，这两个方格就可以被弹出（即被删除）。在此之后，一些方格可以按后面描述的规则移动到方格板上新的位置。然后，开始寻找下一对方格。游戏继续进行，直到方格板上没有方格留下或者不能找到这样的一对方格。

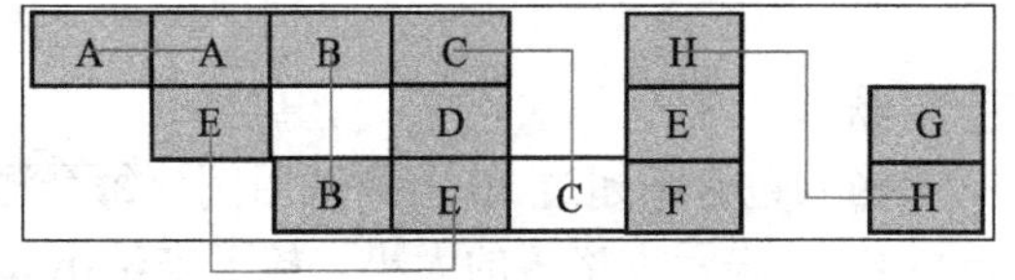


图 2-12

根据下述规则移动方格。首先，每个方格有一个运动属性：“上”（up)、“下”

(down)、“左”(left)、“右”(right) 和 “停着不动”(stand still)。在一对方格被删除后，对其他的方格进行逐一检查，看是否可以朝其运动属性的方向移动。从最上面一行中的方格开始，从上到下逐行检查；在同一行内，从左到右逐个方格检查；如果按方格的移动属性给出方向的相邻位置没有被占据，就将方格移动到这个位置。方格不能移动到方格板的边界之外。当然，方格的属性“停着不动”表示方格留在原来的位置。所有的方格被检查称为一个检查轮次，在一个检查轮次结束后，下一轮的检查轮次就又开始了。这种情况持续下去，直到按照移动规则，没有方格可以移动到一个新的位置。这里要注意的是，在每个检查轮次中，每个方格被检查，可能仅移动一次。一个方格在一轮检查中，如果已经被检查过，就不会再被检查，并移动到一个新的位置。

Robert 感到这个游戏非常有趣。然而，在玩了一段时间后，他发现，当方格板很大的时候，找到一对相应的方格就变得非常难。而且，他经常因为没有更多的方格对被找到，而被迫结束游戏。Robert 认为，这不是他的过错，并不是所有的方格都可以被弹出和删除。如果方格最初是随机放置的，那么很可能这场游戏是无解的。然而，通过多次玩游戏来证明这一点，是非常耗时的。因此，Robert 请你为他编写一个程序，模拟他在比赛中的行为，来看看是否可以完成游戏。

为了使这个程序可行，Robert 总结了他选择方格对的规则。首先，找到可以用一条直线线段相连的一对方格，并将这对方格弹出，因为这样的方格对很容易被找到。然后，如果这样的方格对不存在，就找到由两条直线线段相连的方格对，并将之弹出。最后，如果上述两种方格对都不存在，就找到由三条直线线段相连的方格对，并将之弹出。如果用相同数量的直线线段连接的方格对多于一对，那么在这些对中选择上方格处于最上方的那一对（如果若干对都有方格在最上面的一行，则选择左边的方格位于最左边的那一对）；如果还是存在若干对（若干对在上方的方格在同一行，在左边的方格在同一列），那么就根据相同的规则比较方格对中的另一个方格。图 2-13 显示了一个遵循上述规则的“连连看”迷你游戏。

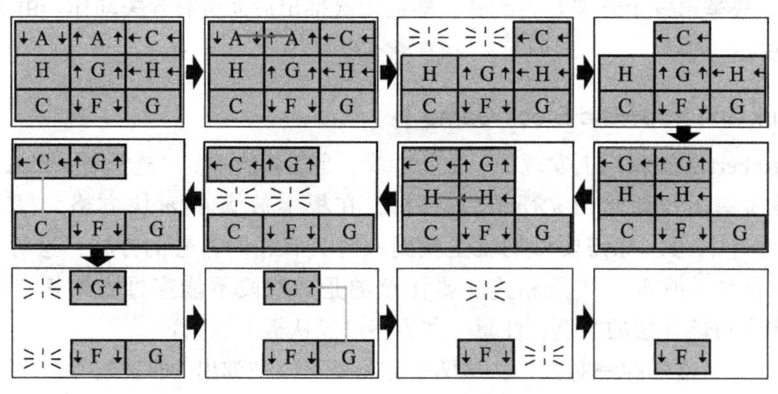

图　2-13

**输入**

输入包含不超过 30 个测试用例。每个测试用例的第一行包含两个整数 $n$ 和 $m$（$1 \leqslant n, m \leqslant 30$），表示方格板的大小。接下来给出 $n$ 行，每行包含 $m$ 个由单个空格分隔的字符串。这些字符串每个表示一个方格的初始配置。每个字符串由两个大写字母组成。第一个字母是方格的符号，第二个字母是字母 'U'、'D'、'L'、'R' 和 'S'，分别表明方格的属性之一：上、下、左、右和停着不动。在测试用例之间没有空行。输入以两个 0 表示结束。

**输出**

对于每个测试用例，首先输出测试用例编号。在这一行后，输出 $n$ 行，每行 $m$ 个字符，表示方格板的最终情况。如果在一个位置上有一个方格存在，则输出方格的符号。如果在这个位置上没有方格，则输出一个句点来代替。在测试用例之间不输出空行。

| 样例输入 | 样例输出 |
| --- | --- |
| 3 3<br>AD AU CL<br>HS GU HL<br>CS FD GS<br>1 2<br>BS BL<br>0 0 | Case 1<br>...<br>...<br>.F.<br>Case 2<br>.. |

试题来源：ACM Shanghai 2004

在线测试：POJ 2281，ZOJ 2391，UVA 3260

 **提示**

这是一道模拟题，题目中的时限也比较宽，所以按照题目所说的方法，依次检查、消去所有的方格就可以得到解。要注意的是，在检查两个方格是否可以消去的时候，不同的检查方式在效率上有很大差异。我们采用的是这样一种模拟方法：

找到可以用一条直线线段相连的一对方格；如果这样的方格对不存在，就找到由两条直线线段相连的方格对；如果上述两种方格对都不存在，就找到由三条直线线段相连的方格对。如果有多种可能，则找最上最左的一对方格，消去。

每个方格有上、下、左、右和停着不动 5 个移动属性，任何时候处于其中的一个。在一对方格被删除后，逐一检查其他方格，看是否可朝其移动属性的方向移动。从上到下，从左到右，直到没有方格能移动为止。

每次找消去的方格对可以用 BFS，队列是双向的：如果一对方格用一条直线线段相连，这对方格被加在队头；如果一对方格用超过一条直线线段相连，这对方格被加在队尾。找到所有直线转弯次数最少的对后，将最上最左的一对消去，而之后的移动完全照其模拟即可。虽效率较低，但可在时限内得到解。

# 第3章

# 数论的编程实验

数论是纯数学的一个分支，研究整数的性质。本章将在如下方面展开数论实验。

- 素数运算
- 求解不定方程和同余方程
- 特殊的同余式
- 积性函数的应用
- 高斯素数

## 3.1 素数运算的实验范例

素数又称质数，指的是在大于 1 的自然数中除了 1 和自身外无法被其他自然数整除的数。比 1 大但不是素数的自然数称为合数。1 和 0 既非素数也非合数。合数可以表示为若干个素数的积。

本节将在以下两个方面展开素数运算的实验：

- 计算自然数区间 [2，$n$] 中的所有素数；
- 大整数的素数测试。

### 3.1.1 使用筛法生成素数

我们先介绍计算整数区间 [2，$n$] 中所有素数最为简便的筛法——埃拉托斯特尼筛法（The Sieve of Eratosthenes）。

设 $u$[] 为筛子，初始时区间中的所有数都在筛子 $u$[] 中。按递增顺序搜索 $u$[] 中的最小数，将其倍数从 $u$[] 中筛去，最终筛中留下的数即为素数。

```
int i, j, k;
for (i=2; i<=n; i++) u[i]=true;              //初始时所有数在筛中
for (i=2; i<=n; i++)                          //顺序搜索筛中的最小数
if (u[i]) {
    for (j=2; j*i<=n; j++)                    //将 i 的倍数从筛中筛去
        u[j*i]=false;
}
for (i=2; i<=n; i++) if (u[i]) {              //将筛中的所有素数放入 su[] 中
    su[++num]=i;
}
```

上述算法的时间复杂度为 $O(n*\log\log n)$。算法中合数是作为素数的倍数被筛去的。显然，如果每个合数仅被它最小的质因数筛去，则算法效率可以大幅提升。由此引出一种优化的算法——欧拉筛法（Euler's Sieve）：

```
int i, j, num=1;
memset(u, true, sizeof(u));
for (i=2; i<=n; i++){                         //顺序分析整数区间中的每个数
  if (u[i]) su[num++]=i;                      //将筛中的最小数送入素数表
```

```
  for (j=1; j<num; j++) {            //搜索素数表中的每个数
   if (i*su[j]>n) break;             //若 i 与当前素数的乘积超出范围，则分析下一个整数 i
    u[i*su[j]]=false;                //将 i 与当前素数的乘积从筛子中筛去
    if (i%su[j]==0) break;           //若当前素数为 i 的最小素因子，则分析下一个整数 i
   }
 }
```

欧拉筛法的时间复杂度可优化至 $O(n)$。

设合数 $n$ 的最小素因子为 $p$，它的另一个大于 $p$ 的素因子为 $p'$，令 $n=pm=p'm'$。根据上述程序段，可知 $j$ 循环到素因子 $p$ 时，合数 $n$ 第一次被标记（若循环到 $p$ 之前已经跳出循环，说明 $n$ 有更小的素因子）。

素数筛选法通常作为数论运算的核心子程序。

【3.1.1.1 Goldbach's Conjecture】

1742 年，德国的业余数学家 Christian Goldbach 给 Leonhard Euler 写信，在信中提出如下猜想（哥德巴赫猜想）：

每个大于 4 的偶数可以写成两个奇素数的和，例如：8=3+5，3 和 5 都是奇素数；而 20=3+17=7+13；42=5+37=11+31=13+29=19+23。

现在哥德巴赫猜想仍然没有被证明是否正确。现在请证明对所有小于一百万的偶数，哥德巴赫猜想成立。

**输入**

输入包含一个或多个测试用例。每个测试用例给出一个偶整数 $n$，$6 \leqslant n < 1\,000\,000$。输入以 0 结束。

**输出**

对每个测试用例，输出形式为 $n=a+b$ 的一行，其中 $a$ 和 $b$ 是奇素数，数字和操作符要用一个空格分开，如样例输出所示。如果有多于一对的奇素数的和加起来为 $n$，就选择 $b-a$ 最大的一对。如果没有这样的对，输出 "Goldbach's conjecture is wrong."。

| 样例输入 | 样例输出 |
|---|---|
| 8<br>20<br>42<br>0 | 8=3+5<br>20=3+17<br>42=5+37 |

试题来源：Ulm Local 1998

在线测试：POJ 2262，ZOJ 1951，UVA 543

**试题解析**

先离线计算 [2，1 000 000] 的素数表 su[] 和素数筛 $u$[]。然后每输入一个偶整数 $n$，顺序搜索 su 中的每个素数（2*su[$i$]$\leqslant n$）：若整数 $n-$su[$i$] 亦是素数（$u$[$n-$su[$i$]]=true），则 su[$i$] 和 $n-$su[$i$] 为满足条件的数对。

构造素数表和素数筛的算法有埃氏筛法和欧拉筛法。本题分别给出使用这两种算法求解的参考程序。

**参考程序 1（埃氏筛法）**

```
#include<cmath>
```

```
#include<cstring>
#include<cstdlib>
#include<cstdio>
using namespace std;
bool u[1111111];                          //筛子
int su[1111111],num;                      //素数表为 su[]，该表长度为 num
void prepare(){                           //使用筛选法构建素数表 su[]
    int i,j,k;
    for(i=2;i<=1000000;i++)u[i]=true;
    for(i=2;i<=1000000;i++)               //顺序分析整数区间中的每个数
    if(u[i]){                             //将 i 与当前素数的乘积从筛子中筛去
        for(j=2;j*i<=1000000;j++)
            u[j*i]=false;
    }
    for(i=2;i<=1000000;i++)if(u[i]){     //将筛中素数送入素数表
        su[++num]=i;
    }
}
int main () {
    prepare();                            //使用筛选法构建素数表 su[]
    int i,j,k,n;
    while(scanf("%d",&n)>0&&n)            //反复输入偶整数，直至输入 0 为止
    {
        bool ok=false;
        for(i=2;i<=num;i++)               //按照递增顺序搜索素数表中的每个素数
        {
            if(su[i]*2>n)break;           //搜索完所有素数和的形式
            if(u[n-su[i]]){               //若 n 能够拆分出两个素数和的形式，则成功退出
                ok=true;
                break;
            }
        }
        if(!ok)puts("Goldbach's conjecture is wrong.");  //输出结果
        else printf("%d = %d + %d\n",n,su[i],n-su[i]);
    }
    return 0;
}
```

## 参考程序 2（欧拉筛法[⊖]）

```
#include <cstdio>
#include <cmath>
const int N = 1e6 + 10;       //偶整数的上限
const int SZ = 80000;         //素数表 prime[] 的容量
int prime[SZ];                //存放所有素数，prime[0] 存放数组中素数的个数
bool noPrime[N];              //如果 i 不是素数，noPrime[i] 为 true
void eulerSieve(int n) {      //使用欧拉筛法构建素数表 prime[] 和素数筛 noPrime[]
    prime[0] = 0;             //素数个数初始化为 0
    noPrime[0] = noPrime[1] = true;      //0 和 1 非素数
    for (int i = 2; i <= n; ++i) {       //顺序分析整数区间中的每个数
        if (noPrime[i] == false) prime[++prime[0]] = i; //将筛中最小数 i 送入素数表
        for (int j = 1; j<=prime[0] && i*prime[j]<=n; ++j) {
        //枚举每个素数：若 i 与当前素数的乘积在范围内，则该乘积从筛子中筛去；否则分析下一个整数 i
```

⊖ 中国矿业大学徐海学院刘昆老师友情提供。

```
                noPrime[i*prime[j]] = true;
                if (i%prime[j] == 0) break; //若当前素数为 i 的最小素因子，则分析下一个整数
            }
        }
    }
    int main() {
        int n;                                          //偶整数
        eulerSieve(N);  //使用欧拉筛法构建素数表 prime[] 和素数筛 noPrime[]
        while (~scanf("%d", &n) && n) {                 //反复输入偶整数 n，直至输入 0 为止
            for (int i = 1; i<=prime[0] && 2*prime[i]<=n; ++i) //按递增顺序枚举素数
                if (noPrime[n-prime[i]] == false) { //若 n 能够拆分出两个素数和的形式，
                                                    //则输出结果并成功退出
                    printf("%d = %d + %d\n", n, prime[i], n-prime[i]);
                    break;
                }
        }
        return 0;
    }
```

【3.1.1.2 Summation of Four Primes】

Euler 证明的经典定理之一是素数在数量上是无限的。但每个数字是否可以表示成 4 个素数的总和？我不知道答案，请来帮助我。

**输入**

在输入的每行中给出一个整数 $N$（$N \leqslant 10\,000\,000$），请将这一整数表示为 4 个素数的总和。输入以 EOF 结束。

**输出**

对于输入的每行，给出 4 个素数的一行输出。如果给出的数字不能表示为 4 个素数的总和，则输出一行 "Impossible."。存在多个解的情况，任何成立的解答都会被接受。

| 样例输入 | 样例输出 |
|---|---|
| 24<br>36<br>46 | 3 11 3 7<br>3 7 13 13<br>11 11 17 7 |

试题来源：Regionals 2001 Warmup Contest

在线测试：UVA 10168

**试题解析**

本题是哥德巴赫猜想的一个扩展。计算方法如下：

先采用筛选法计算 [2，9 999 999] 的素数表 su[]，表长为 num。在离线计算出 su[ ] 的基础上，通过直接查表计算每个 $n$ 的分解方案。

（1）先直接推算出 $n \leqslant 12$ 的分解方案：

- $n<8$，则 $n$ 不能表示为 4 个素数的和；
- $n==8$，则 $n$ 分解出 2 2 2 2；
- $n==9$，则 $n$ 分解出 2 2 2 3；
- $n==10$，则 $n$ 分解出 2 2 3 3；
- $n==11$，则 $n$ 分解出 2 3 3 3；
- $n==12$，则 $n$ 分解出 3 3 3 3。

（2）在 $n>12$ 的情况下，先分解出前两个素数：

- 若 $n$ 为偶数（$n\%2==0$），则两个素数为 2、2，$n-=4$；
- 若 $n$ 为奇数，则两个素数为 2、3，$n-=5$。

显然，此时的 $n$ 为大于 4 的偶数。依据哥德巴赫猜想，每个大于 4 的偶数可以写成两个奇素数的和，顺序搜索 su[] 中的每个素数（$1\leqslant i\leqslant$ num，2*su[$i$]$\leqslant n$）：若 $u[n-\text{su}[i]]$=true，则说明 $n$ 又分解出后两个素数 su[$i$] 和 $n-$su[$i$]，成功退出。

**参考程序**

```
#include<iostream>
#include<cstdio>
#include<cstring>
#include<cmath>
#include<algorithm>
#include<cstdio>
#include<cstdlib>
using namespace std;
bool u[10000001];                      //筛子
int su[5000000],num;                   //素数表及其表长
void prepare(){                        //使用筛选法构建 [2, 9 999 999] 的素数表 su[]
  int i,j,num;
  memset(u,true,sizeof(u));            //初始时所有数在筛中
  for(i=2;i<=9999999;i++){             //顺序分析整数区间的每个数
    if(u[i]) su[++num]=i;              //将筛中最小数送入素数表
    for(j=1;j<=num;j++) {              //搜索素数表中的每个数
      if (i*su[j]>n)break;             //若 i 与当前素数的乘积超出范围，则分析下一个整数
      u[i*su[j]]=false;                //将 i 与当前素数的乘积从筛子中筛去
      if (i% su[j]==0) break;          //若当前素数为 i 的素因子，则分析下一个整数
    }
  }
}
int main ()
{
    prepare();                         //使用筛选法构建素数表 su[]
    int n,i,j,k;
    while(scanf("%d",&n)>0){           //输入整数 n
        if(n==8){puts("2 2 2 2");continue;}    //输出特例
        if(n==9){puts("2 2 2 3");continuc;}
        if(n==10){puts("2 2 3 3");continue;}
        if(n==11){puts("2 3 3 3");continue;}
        if(n==12){puts("3 3 3 3");continue;}
        if(n<8){puts("Impossible.");continue;}
        if(n%2==0){printf("2 2 ");n-=4;}       //先分离出头两项
        else{printf("2 3 ");n-=5;}
        for(i=1;i<=num;i++)            //按照递增顺序枚举素数
        {
            if(su[i]*2>n)break;        //若无法产生另两项素数，则退出循环
            if(u[n-su[i]]){            //若 su[i] 与 n-su[i] 为另两项素数，则输出
                printf("%d %d\n",su[i],n-su[i]);
                break;
            }
        }
    }
}
```

【3.1.1.3　Digit Primes】

素数是能被两个不同的整数整除的正整数。位素数（Digit Prime）是所有的位数相加的总和也是素数的素数。例如，素数 41 是一个位素数，因为 4+1=5，而 5 是一个素数；17 不是位素数，1+7=8，8 不是素数。本题要求范围为 1 000 000，计算位素数的数量。

**输入**

输入的第一行给出一个整数 $N$（$0<N\leqslant 500\,000$），表示输入的数字区间数。接下来的 $N$ 行每行给出两个整数 $t_1$ 和 $t_2$（$0<t_1\leqslant t_2<1\,000\,000$）。

**输出**

除第一行之外，对输入的每一行输出一行，给出一个整数，表示在 $t_1$ 和 $t_2$ 之间（包含 $t_1$ 和 $t_2$）的位素数的个数。

| 样例输入 | 样例输出 |
|---|---|
| 3<br>10 20<br>10 100<br>100 10000 | 1<br>10<br>576 |

**注意**：本题输入和输出函数要用 scanf() 和 printf()，cin 和 cout 太慢，会导致超时。

试题来源：The Diamond Wedding Contest: Elite Panel's 1st Contest 2003

在线测试：UVA 10533

**试题解析**

设区间 [2，1 100 001] 的素数筛为 $u$[]；前缀的位素数个数为 $u2$[]，其中 $u2[i]$ 是区间 [2, $i$] 中位素数的个数（$2\leqslant i\leqslant 1\,100\,001$）。显然，区间 [$i$, $j$] 中位素数的个数为 $u2[j]-u2[i-1]$（$2\leqslant i\leqslant j\leqslant 1\,100\,001$）。

我们先离线计算出 $u2$[]，计算方法如下：

- 采用筛选法计算出 [2, 1 100 001] 的素数筛 $u$[]。
- 计算 [2, 1 100 001] 中的每个位素数 $i$，$u2[i]=1$ | $u[i]$&&$u$[$i$ 的数位和 ]=true。
- 递推前缀的位素数个数 $u2$[]：$u2[i]$ += $u2[i-1]$（$2\leqslant i\leqslant 1\,100\,001$）。

借助 $u2$[] 表，便可以直接计算任意区间 [$i$，$j$] 中的位素数个数（$u2[j]-u2[i-1]$）。

**参考程序**

```
#include<iostream>
#include<cstdio>
#include<cstring>
#include<cmath>
#include<algorithm>
#include<cstdio>
#include<cstdlib>
using namespace std;
bool u[1100001];                              // 素数筛
int u2[1100001];                              // 前缀的位素数个数
void prepare(){                               // 计算 [2, 1100001] 的素数筛 u[]
    int i,j,k;
    for(i=2;i<1100001;i++)u[i]=1;             // 初始时所有数在素数筛中
    for(i=2;i<1100001;i++)                    // 取出筛中的最小数，将其倍数从筛中筛去
    if(u[i])
```

```
        for(j=i+i;j<1100001;j+=i)
          u[j]=false;
    }
    bool ok(int x){                                    //返回x的所有数位和为素数的标志
        int i,j,k=0;
        while(x){                                      //计算x的数位和
            k+=x%10;x/=10;
        }
        return u[k];
    }
    int main (){
        int i,j,k;
        prepare();                                     //计算[2, 1100001]的素数筛
        for(i=2;i<1100001;i++)                         //计算[2, 109999]中的所有位素数
          if(u[i])&&(ok(i)) u2[i]=1;
        for(i=2;i<1100001;i++)u2[i]+=u2[i-1];          //u2[i]为[2, i]中位素数的个数
        scanf("%d",&k);                                //输入区间的个数
        while(k--){
            scanf("%d %d",&i,&j);                      //输入当前区间[i, j]
            printf("%d\n",u2[j]-u2[i-1]);              //输出[i, j]中位素数的个数
        }
    }
```

【3.1.1.4 Prime Gap】

在两个相继的素数 $p$ 和 $p+n$ 之间，$n-1$ 个连续合数（composite number，不是素数且不等于1的正整数）组成的序列，被称为长度为 $n$ 的素数间隔（prime gap）。例如，在23和29之间长度为6的素数间隔是 <24, 25, 26, 27, 28>。

给出一个正整数 $k$，请编写一个程序，计算包含 $k$ 的素数间隔的长度。如果没有包含 $k$ 的素数间隔，则长度为0。

**输入**

输入由一个行序列组成，每行一个正整数，每个正整数都大于1、小于或等于第100 000个素数，也就是1 299 709。以包含一个0的一行标志输入结束。

**输出**

输出有若干行，每行给出一个非负整数，如果相应的输入整数是一个合数，则输出素数间隔的长度；否则输出0。输出中没有其他字符出现。

| 样例输入 | 样例输出 |
|---|---|
| 10<br>11<br>27<br>2<br>492170<br>0 | 4<br>0<br>6<br>0<br>114 |

试题来源：ACM Japan 2007

在线测试：POJ 3518，UVA 3883

**试题解析**

设 ans[$k$] 为包含 $k$ 的素数间隔的长度。显然，若 $k$ 为素数，则 ans[$k$]=0；若 $k$ 为合

数且 $k$ 位于素数 $p_1$ 和 $p_2$ 之间，则 $k$ 所在合数区间内每个合数的 ans 值都为同一个数，即 $ans[p_1+1]=ans[p_1+2]=\cdots=ans[p_2-1]=(p_2-1)-(p_1+1)+2$。由此得出以下算法：

（1）通过下述方法计算 ans[]：

采用筛选法计算 [2，1 299 709] 的素数筛 $u[]$；

顺序枚举 [2⋯max ($n$−1)] 中的每个数 $i$：若 $i$ 是素数（$u[i]$=true），则 ans[$i$]=0；否则计算 $i$ 右邻的素数 $j$（$u[i]=u[i+1]=\cdots=u[j-1]$=false，u[$j$]=true），置 $ans[i]=ans[i+1]=\cdots=ans[j-1]=j-i+2$，并设 $i=j$，以提高枚举效率。

（2）在离线计算出 ans[] 的基础上，每输入一个整数 $k$，则包含 $k$ 的素数间隔的长度即为 ans[$k$]。

**参考程序**

```
#include<iostream>
#include<cstdio>
#include<cstring>
#include<cmath>…
#include<algorithm>
#include<cstdio>
#include<cstdlib>
using namespace std;
const int maxn=1299710;                  //整数值的上限
bool u[maxn];                            //素数筛
int ans[maxn];                           //包含每个整数的素数间隔长度
void prepare(){
    int i,j,k;
    for(i=2;i<maxn;i++)u[i]=1;           //使用筛选法计算 [2, 1 299 710] 的素数筛 u[]
    for(i=2;i<maxn;i++)
      if(u[i])                           //若 i 为素数，则将其倍数从筛中筛去
          for(j=2;j*i<maxn;j++) u[i*j]=0;
    for(i=2;i<maxn;i++)                  //枚举 [2, maxn-1] 中的每个数
      if(!u[i]){                         //若 i 是合数，则计算合数区间 [i, j]
          j=i;
          while(j<maxn&&!u[j]) j++;
          j--;
          for(k=i;k<=j;k++) ans[k]=j-i+2; //置合数区间内每个合数的 ans 值
          i=j;
      }else ans[i]=0;                    //素数的 ans 值为 0
}
int main ()
{
    int i,j,k;
    prepare();                           //使用筛选法计算 [2, 1 299 710] 的素数筛 u[]
    while(scanf("%d",&k)>0&&k>0){        //反复输入整数 k，直至输入 0 为止
        printf("%d\n",ans[k]);           //输出包含 k 的素数间隔的长度
    }
}
```

### 3.1.2 测试大素数

解决素数测试问题的最简便方法还有试除法，即试用 $[2,\lfloor\sqrt{n}\rfloor]$ 中的每个数去除 $n$。$n$ 是素数，当且仅当没有一个试用的除数能被 $n$ 整除。但试除法的时效取决于 $n$。如果 $n$ 很小，

试除法才能在短时间内出解；如果 $n$ 较大，判断 $n$ 是否为素数则需要花费较多的时间。有两种优化算法：筛选法和试除法结合；Miller_Rabin 方法。

如果整数 $x$ 的上限 $n$ 比较大，可以采用筛选法和试除法结合来提高运算时效：

先通过筛选法计算 $[2,\lfloor\sqrt{n}\rfloor]$ 的素数筛 $u[]$ 和素数表 su[]，素数表 su[] 长度为 num。$x$ 是素数，当且仅当 $x$ 为 $[2,\lfloor\sqrt{n}\rfloor]$ 中的一个素数（$u[x]=1$）或者 $x$ 不能被 su[] 表中的任何素数整除（$x$%su[1]≠0，…，$x$%su[num]≠0）。其时间复杂度为 $O(\sqrt{n})$。

【3.1.2.1　Primed Subsequence】

给出一个长度为 $n$ 的正整数序列，一个素序列（Primed Subsequence）是一个长度至少为 2 的连续子序列，总和是大于或等于 2 的一个素数。例如给出序列 3 5 6 3 8，存在两个长度为 2 的素序列（5+6=11 以及 3+8=11）、一个长度为 3 的素序列（6+3+8=17）和一个长度为 4 的素序列（3+5+6+3=17）。

**输入**

输入包含若干测试用例。第一行给出一个整数 $t$（$1<t<21$），表示测试用例的个数。每个测试用例一行。在这一行首先给出一个整数 $n$，$0<n<10\,001$；然后给出 $n$ 个小于 10 000 的非负整数，构成一个序列。80% 测试用例序列中最多有 1000 个数字。

**输出**

对每个序列，输出 "Shortest primed subsequence is length x:"，其中 $x$ 是最短的素序列的长度，然后给出最短素序列，用空格分开。如果操作多个这样的序列，则输出第一个出现的序列。如果没有这样的序列，则输出 "This sequence is anti-primed."。

| 样例输入 | 样例输出 |
|---|---|
| 3<br>5 3 5 6 3 8<br>5 6 4 5 4 12<br>21 15 17 16 32 28 22 26 30 34 29 31 20 24 18 33 35 25 27 23 19 21 | Shortest primed subsequence is length 2: 5 6<br>Shortest primed subsequence is length 3: 4 5 4<br>This sequence is anti-primed. |

试题来源：June 2005 Monthly Contest

在线测试：UVA 10871

**试题解析**

由于序列的长度 $n$ 上限为 10 000，而序列中每个非负整数的上限为 10 000，因此需要解决的问题是如何快捷地判断素序列，即判断子序列中若干元素的和 $x$ 为素数。

我们首先使用筛选法，离线计算出 [2，10 010] 的素数表 su[] 和素数筛 $u[]$，su[] 表的长度为 num。若 $x$ 为 [2，10 010] 中的一个素数（$u[x]=1$）或者 $x$ 不能被 su[] 表中的任何素数整除（$x$%su[1]≠0，…，$x$%su[num]≠0），则 $x$ 是素数。

在离线计算出区间 [2，10 010] 中素数的基础上，展开素序列的计算：

```
输入长度为 n 的序列，递推序列中前 i 个正整数的和 s[i]（1≤i≤n，s[i]+=s[i-1]）；
使用动态规划方法计算最短的素序列：
    枚举长度 i（2≤i≤n）：
        枚举首指针 j（1≤j≤n-i+1）：
            if（s[i+j-1]-s[j-1]）为素数）
                输出序列中第 j…j+i-1 个整数（s[j+k-1]-s[j+k-2]，1≤k≤i）并退出程序；
        输出失败信息；
```

## 参考程序

```
#include<iostream>
#include<algorithm>
#include<cmath>
#include<cstdio>
#include<cstring>
#include<cstdlib>
using namespace std;
bool u[10010];                        //素数筛
int su[10010],num;                    //素数表及其长度
void prepare(){                       //使用筛选法构建 [2, 10010] 的素数表 su[]
  int i,j,num;
  memset(u,true,sizeof(u));
  for(i=2;i<=10010;i++){              //顺序分析整数区间中的每个数
    if(u[i]) su[++num]=i;             //将筛中的最小数送入素数表
    for(j=1;j<=num;j++){              //搜索素数表中的每个数
      if(i*su[j]>n) break;
      u[i*su[j]]=false;               //将 i 与当前素数的乘积从筛子中筛去
      if(i% su[j]==0) break;          //若当前素数为 i 的素因子，则分析下一个整数
    }
  }
}
bool pri(int x){  //若 x 在小于 10010 的情况下为素数，或者 x 在不小于 10010 的情况下不能被
                  //su[] 表中的任何素数整除，则返回 true；否则返回 false
    int i,j,k;
    if(x<10010)return u[x];
    for(i=1;i<=num;i++)
      if(x%su[i]==0) return false;
    return true;
}
int n,s[10010];                       //序列中前 i 个正整数的和为 s[i]
int main()
{
    int i,j,k;
    prepare();                        //离线计算素数表 su[]
    int te;
    scanf("%d",&te);                  //输入测试用例数
    while(te--){
        scanf("%d",&n);               //输入序列长度
        s[0]=0;
        for(i=1;i<=n;i++)             //输入 n 个整数，计算前缀和
        {
            scanf("%d",&s[i]);
            s[i]+=s[i-1];
        }
        bool ok=false;
        for(i=2;i<=n;i++){            //枚举长度
          for(j=1;j+i-1<=n;j++)       //枚举首指针
          {
              k=s[i+j-1]-s[j-1];      //计算第 j…j+i-1 个整数的和
              if(pri(k)){             //若 k 为素数或者 k 不能被任何素数整除，则第 j…i +
                                      //j - 1 个整组成素序列，输出并成功退出
                  ok=true;
                  printf("Shortest primed subsequence is length %d:",i);
```

```
                for(k=1;k<=i;k++) printf(" %d",s[j+k-1]-s[j+k-2]);
                puts("");
                break;
            }
        }
    if(ok)break;
    }
    if(!ok)puts("This sequence is anti-primed."); //若不存在素序列，则返回失败信息
  }
}
```

如果 $O(\sqrt{n})$ 的时间复杂度仍未达到预期，还可以采用另一种简便的素数测试方法——Miller_Rabin 方法，在 3.3 节中，我们将对该方法进行详细论述，并给出实验。

## 3.2 求解不定方程和同余的实验范例

本节将在以下方面展开数论运算的实验：最大公约数（GCD）、不定方程、同余及同余方程。

### 3.2.1 计算最大公约数和不定方程

欧几里得算法用于计算整数 $a$ 和 $b$ 的最大公约数（Greatest Common Divisor，GCD）。对整数 $a$ 和 $b$ 反复应用除运算直到余数为 0，最后的非 0 的余数就是最大公约数。欧几里得算法如下：

$$\mathrm{GCD}(a,b)=\begin{cases} b & a=0 \\ \mathrm{GCD}(b \bmod a, a) & \text{其他} \end{cases}=\begin{cases} a & b=0 \\ \mathrm{GCD}(b, a \bmod b) & \text{其他} \end{cases}$$

**证明**：证明欧几里得算法正确性的关键是证明 GCD($a$, $b$) 与 GCD($b$ mod $a$, $a$) 可互相整除。$b$ mod $a$ 可以表示为 $a$ 与 $b$ 的线性组合：$b$ mod $a$=$b-\left\lfloor \frac{b}{a} \right\rfloor *a$。由于 $a$ 和 $b$ 能被 GCD($a$, $b$) 整除，$b-\left\lfloor \frac{b}{a} \right\rfloor *a$ 也能被 GCD($a$, $b$) 整除，所以 GCD($b$ mod $a$, $a$) 能被 GCD($a$, $b$) 整除。同理可证，GCD($a$，$b$) 也能被 GCD($b$ mod $a$, $a$) 整除。由于 GCD($a$, $b$) 与 GCD($b$ mod $a$, $a$) 可互相整除，所以 GCD($a$, $b$)=GCD($b$ mod $a$, $a$)。

同理可证，GCD($a$, $b$) 和 GCD($b$, $a$ mod $b$) 也可互相整除。

因此欧几里得算法正确。■

例如，GCD(319, 377)=GCD(58, 319)=GCD(29, 58)=GCD(0, 29)=29。

【3.2.1.1 Happy 2006】

如果两个正整数的最大公约数（Great Common Divisor，GCD）是 1，则称这两个正整数是互素的。例如，1、3、5、7、9……和 2006 年都是互素的。

本题要求：对于给出的整数 $m$，找到按升序排列的第 $K$ 个和 $m$ 互素的整数。

**输入**

输入包含多个测试用例。每个测试用例给出两个整数 $m$（$1 \leqslant m \leqslant 1\,000\,000$）和 $K$（$1 \leqslant K \leqslant 100\,000\,000$）。

**输出**

在一行输出第 $K$ 个和 $m$ 互素的整数。

| 样例输入 | 样例输出 |
| --- | --- |
| 2006 1<br>2006 2<br>2006 3 | 1<br>3<br>5 |

试题来源：POJ Monthly--2006.03.26, static

在线测试：POJ 2773

试题解析

由欧几里得算法 GCD($a$, $b$)=GCD($b$ mod $a$, $a$)，可以推出 GCD($b$, $b\times t+a$)=GCD($a$, $b$)，其中 $t$ 为任意整数。如果 $a$ 与 $b$ 互素，则 $b\times t+a$ 与 $b$ 也一定互素；如果 $a$ 与 $b$ 不互素，则 $b\times t+a$ 与 $b$ 也一定不互素。

所以，与 $m$ 互素的数对 $m$ 取模具有周期性：如果小于 $m$ 且与 $m$ 互素的数有 $j$ 个，其中第 $i$ 个是 $a_i$，则第 $m\times j+i$ 个与 $m$ 互素的数是 $m\times j+a_i$。

因此，本题算法如下：首先，按升序求小于 $m$ 且和 $m$ 互素的整数，并存入数组；然后根据这一数组，以及与 $m$ 互素的数对 $m$ 取模具有周期性，求出第 $K$ 个与 $m$ 互素的数。

参考程序

```
#include<iostream>
#include<cstdlib>
#include<cstdio>
#include<cstring>
#include<algorithm>
#include<cmath>
using namespace std;
int pri[1000000];
int gcd ( int a , int b )                        //用欧几里得算法求 GCD(a, b)
{
    return b == 0 ? a : gcd ( b , a % b ) ;
}
int main()
{
    int m , k ;                                  //m, k 如题意所述
    while ( cin >> m >> k )                      //输入测试用例
    {
        int i , j ;
        for ( i = 1 , j = 0 ; i <=m ; i ++ )     //按升序求小于 m，并和 m 互素的整数
            if ( gcd ( m , i ) == 1 )            //m 和 i 互素，则 i 存入数组 pri
                pri [ j ++ ] = i ;
        //求出第 k 个与 m 互素的数，因为数组是从 0 开始的，第 i 个对应的是 pri[i-1]
        if ( k%j != 0)
            cout <<k/j * m +pri[k%j-1] << endl;
        else                                     //要特别考虑 k%j=0 的情况
            cout << (k/j-1)*m+pri[j-1] << endl ;
    }
    return 0;
}
```

**定义 3.2.1.1（线性组合）** 如果 $a$ 和 $b$ 都是整数，则 $ax+by$ 是 $a$ 和 $b$ 的线性组合，其中数 $x$ 和 $y$ 是整数。

**定理 3.2.1.1** 如果 $a$ 和 $b$ 都是整数，且 $a$ 和 $b$ 不全为 0，则 GCD($a$, $b$) 是 $a$ 和 $b$ 的线性组合中的最小正整数。

**证明**：设 $c$ 是 $a$ 和 $b$ 的线性组合中的最小正整数，$ax+by=c$，其中 $x$ 和 $y$ 是整数。由带余除法，$a=cq+r$，其中 $0 \leqslant r<c$。由此可得 $r=a-cq=a-q(ax+by)=a(1-qx)-bqy$。所以，整数 $r$ 是 $a$ 和 $b$ 的线性组合。因为 $c$ 是 $a$ 和 $b$ 的线性组合中的最小正整数，$0 \leqslant r<c$，所以 $r=0$，则 $c$ 是 $a$ 的约数。同理可证，$c$ 是 $b$ 的约数。因此，$c$ 是 $a$ 和 $b$ 的公约数。

对于 $a$ 和 $b$ 的所有约数 $d$，因为 $ax+by=c$，所以 $d$ 是 $c$ 的约数，$c \geqslant d$。所以 $c$ 是 $a$ 和 $b$ 的最大公约数 GCD($a$, $b$)。■

**定理 3.2.1.2（Bezout 定理）** 如果 $a$ 和 $b$ 都是整数，则有整数 $x$ 和 $y$ 使得 $ax+by=\text{GCD}(a, b)$。

设 $a$ 和 $b$ 分别是 9 和 6，它们的线性组合是 $9x+6y$。GCD(9, 6)=3，根据 **Bezout 定理**，存在 $x$ 和 $y$，使得 $9x+6y=3$。

**推论 3.2.1.1** 整数 $a$ 和 $b$ 互素当且仅当存在整数 $x$ 和 $y$ 使得 $ax+by=1$。

给出不定方程 $ax+by=\text{GCD}(a, b)$，其中 $a$ 和 $b$ 是整数，扩展的欧几里得算法可以用于求解不定方程的整数根 $(x, y)$。

设 $ax_1+by_1=\text{GCD}(a, b)$, $bx_2+(a \bmod b)y_2=\text{GCD}(b, a \bmod b)$。因为 $\text{GCD}(a, b)=\text{GCD}(b, a \bmod b)$，$ax_1+by_1=bx_2+(a \bmod b)y_2$，又因为 $a \bmod b=a-\left\lfloor \frac{a}{b} \right\rfloor *b$，$ax_1+by_1=bx_2+\left(a-\left\lfloor \frac{a}{b} \right\rfloor * b\right)y_2=ay_2+b\left(x_2-\left\lfloor \frac{a}{b} \right\rfloor * y_2\right)$，所以 $x_1=y_2$，$y_1=x_2-\left\lfloor \frac{a}{b} \right\rfloor *y_2$。因此 $(x_1, y_1)$ 基于 $(x_2, y_2)$。重复这一递归过程计算 $(x_3, y_3)$，$(x_4, y_4)$，…，直到 $b==0$，此时 $x=1$，$y=0$。所以，扩展的欧几里得算法如下。

```
int exgcd(int a, int b, int &x, int &y)
{
    if (b==0) {x=1; y=0; return a;}
    int t=exgcd(b, a%b, x, y);
    int x0=x, y0=y;
    x=y0; y=x0-(a/b)*y0;
    return t;
}
```

**定理 3.2.1.3** 设 $a$、$b$ 和 $c$ 都是整数。如果 $c$ 不是 GCD($a$, $b$) 的倍数，则不定方程 $ax+by=c$ 没有整数解；如果 $c$ 是 GCD($a$, $b$) 的倍数，则不定方程 $ax+by=c$ 有无穷多整数解。如果 $(x_0, y_0)$ 是 $ax+by=c$ 的一个整数解，则 $ax+by=c$ 的所有整数解是 $x=x_0+k*(b \text{ DIV GCD}(a, b))$，$y=y_0-k*(a \text{ DIV GCD}(a, b))$，其中 $k$ 是整数。

**证明**：设 $(x, y)$ 是 $ax+by=c$ 的一个整数解。如果 $c$ 不是 GCD($a$, $b$) 的倍数，那么 $ax+by=c$ 就没有整数解。如果 $c$ 是 GCD($a$, $b$) 的倍数，由定理 3.2.1.1，存在整数 $s$ 和 $t$，$as+bt=\text{GCD}(a, b)$。因为 $c$ 是 GCD($a$, $b$) 的倍数，所以存在整数 $e$，$c=e*\text{GCD}(a, b)$，$c=e*(as+bt)=a*(se)+b*(te)$。因此 $x_0=se$，$y_0=te$ 是方程的一个解，$ax_0+by_0=c$。

令 $x=x_0+k*(b \text{ DIV GCD}(a, b))$, $y=y_0-k*(a \text{ DIV GCD}(a, b))$，其中 $k$ 是整数。则 $ax+by=ax_0+a*k*(b \text{ DIV GCD}(a, b))+by_0-b*k*(a \text{ DIV GCD}(a, b))=ax_0+by_0=c$。

因此，命题成立。■

例如，不定方程 $6x+9y=8$ 没有整数解，因为 GCD(6, 9)=3，8 不是 3 的倍数。而 $6x+9y=6$

有无穷多整数解，GCD(6, 9)=3，6 是 3 的倍数，$x_0=4$，$y_0=-2$ 是方程的一个解，所有整数解是 $x=4+3k$，$y=-2-2k$，$k$ 是整数。

由此，给出不定方程 $ax+by=c$，其中 $a$、$b$ 和 $c$ 是整数常量，$x$ 和 $y$ 是整数变量，而且 $x\in[x_l, x_r]$，$y\in[y_l, y_r]$，要求计算方程的整数根 $(x, y)$。求解算法如下。

**方法 1**：枚举

枚举每对 $(x, y)$，找出整数根。也就是说，计算不定方程 $(x_r-x_l+1)*(y_r-y_l+1)$ 次。

**方法 2**：扩展的欧几里得算法

对于不定方程 $ax+by=c$，如果 $c$ 不是 GCD($a$, $b$) 的倍数，则不定方程无解，否则用扩展的欧几里得算法来求解。

设 $d$=GCD($a$, $b$)，$a'=a$ DIV $d$，$b'=b$ DIV $d$，并且 $c'=c$ DIV $d$。则不定方程 $ax+by=c$ 可以被等价地写为 $a'x+b'y=c'$，GCD($a'$, $b'$) == 1。采用扩展的欧几里得算法求解 $a'x+b'y=1$，$(x', y')$ 是整数根。设 $x_0=x'*c'$，$y_0=y'*c'$，则 $(x_0, y_0)$ 是 $ax+by=c$ 的一个解，也就是说，$ax_0+by_0=c$。所以，$a(x_0+b)+b(y_0-a)=c$，$a(x_0+2*b)+b(y_0-2*a)=c$，…，$a(x_0+k*b)+b(y_0-k*a)=c$，$k$ 是整数。所以，不定方程 $ax+by=c$ 的通解是 $x=x_0+k*b$，$y=y_0-k*a$，$k$ 是整数。

【3.2.1.2　The Balance】

Iyo Kiffa Australis 女士有一个天平，但只有两种砝码可以用来称量一剂药物。例如，要用 300 毫克和 700 毫克的砝码来测量 200 毫克阿司匹林，她就要将 1 个 700 毫克的砝码和药物放在天平的一边，并将 3 个 300 毫克的砝码放在天平的另一边，如图 3-1 所示。虽然她也可以将 4 个 300 毫克的砝码和药物放在天平的一边，两个 700 毫克的砝码放在天平的另一边，如图 3-2 所示，但她不会选择这个方案，因为使用更多的砝码不太方便。

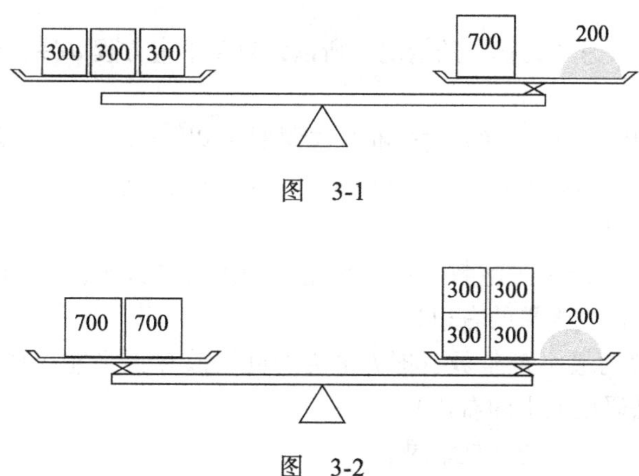


图　3-1

图　3-2

请帮助 Iyo Kiffa Australis 女士计算要用多少砝码。

**输入**

输入是一系列的测试用例。每个测试用例一行，给出 3 个用空格分隔的正整数 $a$、$b$ 和 $d$，并满足以下关系：$a\neq b$，$a\leqslant 10\ 000$，$b\leqslant 10\ 000$，且 $d\leqslant 50\ 000$。本题设定，可以使用 $a$ 毫克和 $b$ 毫克的砝码组合来称量 $d$ 毫克；也就是说，不需要考虑“无解”的情况。

输入结束由一行表示，该行给出 3 个由空格分隔的零。这一行不是测试用例。

**输出**

输出由一系列的行组成，每行对应一个测试用例（$a$, $b$, $d$）。一个输出行给出两个由空

格分隔的非负整数 $x$ 和 $y$，且 $x$ 和 $y$ 要满足以下三个条件：

- 使用 $x$ 个 $a$ 毫克的砝码和 $y$ 个 $b$ 毫克的砝码可以称量 $d$ 毫克。
- 在满足上述条件的非负整数对中，砝码总数（$x+y$）最小。
- 在满足前两个条件的非负整数对中，砝码的总质量（$ax+by$）最小。

输出中不能出现额外的字符（例如，额外的空格）。

| 样例输入 | 样例输出 |
|---|---|
| 700 300 200<br>500 200 300<br>500 200 500<br>275 110 330<br>275 110 385<br>648 375 4002<br>3 1 10000<br>0 0 0 | 1 3<br>1 1<br>1 0<br>0 3<br>1 1<br>49 74<br>3333 1 |

试题来源：ACM Japan 2004

在线测试：POJ 2142，ZOJ 2260，UVA 3185

### 试题解析

本题要求用两种质量分别为 $a$ 毫克和 $b$ 毫克的砝码称量质量为 $d$ 毫克的药物，其中，$a$ 毫克的砝码用 $x$ 个，$b$ 毫克的砝码用 $y$ 个，并要求所用的砝码的数量最少（$x+y$ 最小），以及总质量最小（$ax+by$ 最小）。因此，本题采用扩展的欧几里得算法求解不定方程 $ax+by=d$。

由于本题不需要考虑“无解”的情况，所以，对于不定方程 $ax+by=d$，$d$ 是 GCD($a$, $b$) 的倍数。

首先，不定方程 $ax+by=d$ 的左式和右式同时除以 GCD($a$, $b$)，得到 $a'x+b'y=d'$。然后，用扩展的欧几里得算法求出 $a'x+b'y=1$ 的解 $(x', y')$，则 $ax+by=d$ 的解就是 $x=d'*x'$，$y=d'*y'$。接下来，假设将物品放在天平的右边，对两种情况求解：

- 求 $x$ 是作为解的最小正整数，即 $a$ 毫克的砝码放在天平左边的最优解（如果 $y<0$，则 $b$ 毫克的砝码放天平的右边）。
- 求 $y$ 是作为解的最小正整数，即 $b$ 毫克的砝码放在天平左边的最优解（如果 $x<0$，则 $a$ 毫克的砝码放天平的右边）。

最后，两者中 $|x|+|y|$ 小的就是结果。

### 参考程序

```
#include<iostream>
#include<stdio.h>
using namespace std;
int gcd(int a,int b){                          // 计算和返回 GCD(a, b)
    return b?gcd(b,a%b):a;
}
int ex_gcd(int a,int b,int &x,int &y){  // 使用扩展的欧几里得算法计算和返回不定方程 ax+
                                         // by= GCD(a, b) 的整数根 (x, y) 和 GCD(a, b)
    if(b==0){
```

```
        x=1;
        y=0;
        return a;
    }
    int d=ex_gcd(b,a%b,x,y);
    int t=x;
    x=y;
    y=t-a/b*y;
    return d;
}
int main(){
    int a,b,d;
    int q;    //a, b的最大公约数
    int x,y;
    int x1,y1;
    int x2,y2;
    while(~scanf("%d%d%d",&a,&b,&d)){  //输入测试用例(即使用a毫克和b毫克的砝码组合
                                       //来称量d毫克),直至输入"0 0 0"为止
        if(a==0&&b==0&&d==0) break;
        q=gcd(a,b);  //计算a, b的最大公约数
        //对于不定整数方程ax+by=d,若 d % GCD(a, b)=0,则该方程存在整数解,否则不存在整
        //数解
        a=a/q; b=b/q; d=d/q;             //不定式两边同除GCD(a, b)(题目一定有解,可以
                                         //整除)得到新不定方程:ax+by=d
        q=ex_gcd(a,b,x,y);               //计算ax+by= GCD(a, b)=1
        x1=x*d;                          //设天平左边放x个a毫克的砝码
        x1=(x1%b+b)%b;                   //计算x的最小值x1
        y1=(d-a*x1)/b;                   //根据x1计算b毫克的砝码数y1
        if(y1<0){                        //若y1小于0,则y1个b毫克的砝码放天平右边,
                                         //否则y1个b毫克的砝码放天平左边
            y1=-y1;
        }
        y2=y*d;                          //计算b毫克砝码放天平左边的最少个数y2
        y2=(y2%a+a)%a;
        x2=(d-b*y2)/a;                   //根据y2计算a毫克的砝码数x2
        if(x2<0){                        //若x2小于0,则x2个a毫克的砝码放天平右边
            x2=-x2;
        }
        if(x1+y1<x2+y2){                 //输出两边的砝码总数最少的方案
            printf("%d %d\n",x1,y1);
        }
        else{
            printf("%d %d\n",x2,y2);
        }
    }
    return 0;
}
```

### 【3.2.1.3 One Person Game】

有一个有趣而简单的单人游戏。假设在你脚下有一个数轴,开始时你在 $A$ 点,你的目标是 $B$ 点,可以在一步内做6种动作之一:向左或向右行走 $a$、$b$ 或 $c$,其中 $c$ 等于 $a+b$。

你必须尽快到达 $B$ 点。请计算最小步数。

**输入**

输入有多个测试用例。输入的第一行是一个整数 $T$($0<T\leqslant 1000$),表示测试用例的数

量，然后给出 $T$ 个测试用例。每个测试用例都由一个包含 4 个整数的行表示，用空格分隔 4 个整数 $A$、$B$、$a$ 和 $b$（$-2^{31} \leqslant A, B<2^{31}, 0<a, b<2^{31}$）。

**输出**

对于每个测试用例，输出最少步数。如果无法到达 $B$ 点，则输出 "-1"。

| 样例输入 | 样例输出 |
| --- | --- |
| 2<br>0 1 1 2<br>0 1 2 4 | 1<br>-1 |

试题来源：The 12th Zhejiang University Programming Contest

在线测试：ZOJ 3593

**试题解析**

本题给出一维坐标轴和 $A$ 点、$B$ 点，要求从 $A$ 点到 $B$ 点，每次可以向左或向右行走 $a$、$b$ 或 $c$，其中 $c=a+b$。问能不能到达 $B$ 点，如果能的话，最少走几次？

因为 $c$ 可以表示为 $a+b$，因此本题就是用扩展的欧几里得算法求解不定方程 $ax+by=|B-A|$。如果 $|B-A|$ 不是 GCD$(a, b)$ 的倍数，则 $ax+by=|B-A|$ 无解，否则用扩展的欧几里得算法求解。设 $(x_0, y_0)$ 是 $ax+by=B-A$ 的一个解，则不定方程 $ax+by=c$ 的通解是 $x=x_0+k*b$，$y=y_0-k*a$，$k$ 是整数。

因为 $c$ 可以表示为 $a+b$，如果 $x==y$，则同向行走 $a$ 或 $b$ 的步数相同，合并为 $c$，$x$ 就是步数。

如果 $x \neq y$，且 $xy>0$，则同向行走 $a$ 或 $b$，步数是 $\max(x, y)$，其中 $\min(x, y)$ 步行走 $c$。

否则，如果 $x \neq y$，且 $xy<0$，则逆向行走 $a$ 或 $b$，步数是 $|x|+|y|$。

最后，求最少步数。

**参考程序**

```
#include<bits/stdc++.h>
using namespace std;
typedef int Int;
#define int long long
#define INF 0x3f3f3f3f
#define maxn 100005
int exgcd(int a,int b,int &x,int &y)        //使用扩展的欧几里得算法计算和返回不定方程 ax+
                                            //by=GCD(a, b) 的整数根 (x, y) 和 GCD(a, b)
{
    if(b==0)                                //处理递归边界
    {
        x=1,y=0;
        return a;
    }
    int ans=exgcd(b,a%b,y,x);               //递归
    y-=(a/b)*x;
    return ans;
}
void solve(int a,int b,int c)               //计算不定方程 ax+by=c=|B-A|
{
    int x,y;
```

```
    int gcd=exgcd(a,b,x,y); // 计算不定方程 ax+by=GCD(a, b) 的整数根 (x, y) 和 GCD(a, b)
    if(c%gcd!=0)            // 若 |B-A| 不是 GCD(a, b) 的倍数，则无解退出
    {
        cout<<-1<<endl;
        return ;
    }
    x*=c/gcd,y*=c/gcd; // 将 ax+by=GCD(a, b) 两边同乘以 (c/GCD(a, b)) 使之转化为 ax0+by0=c
    a/=gcd,b/=gcd;                    // 准备求通解 x=x0+b/gcd*k, y=y0-a/gcd*k
    int mid=(y-x)/(a+b),ans=1e18;     // 当 x==y 时，求得 k 的值
    for(int i=mid-1;i<=mid+1;i++)     // 枚举 k-1, k, k+1
    {
        int tmp=0;
        if(abs(x+b*i)+abs(y-a*i)==abs(x+b*i+y-a*i))
            tmp=max(abs(x+b*i),abs(y-a*i));          // 计算同向情况下的步数
        else tmp=abs(x+b*i)+abs(y-a*i); // 计算逆向情况下的步数
        ans=min(ans,tmp);             // 调整最少步数
    }
    cout<<ans<<endl;                  // 输出最少步数
}
int main()
{
    int t;
    cin>>t;                           // 输入测试用例数
    while(t--)                        // 依次处理每个测试用例
    {
        int A,B,a,b;
        cin>>A>>B>>a>>b;      // 输入当前测试用例：起点坐标 A 和终点坐标 B 以及每步距离
        int c=abs(B-A);
        solve(a,b,c);         // 求解不定方程 ax+by=|B-A|
    }
    return 0;
}
```

### 3.2.2 计算同余方程和同余方程组

**1. 同余的定义和性质**

**定义 3.2.2.1** 给出一个正整数 $m$ 及两个整数 $a$ 和 $b$，如果 $((a-b) \bmod m)=0$，则称 $a$ 和 $b$ 模 $m$ 同余，记为 $a\equiv b(\bmod m)$。如果 $((a-b) \bmod m)\neq 0$，则称 $a$ 模 $m$ 不同余于 $b$。

例如，$-7\equiv -3\equiv 1\equiv 5\equiv 9(\bmod 4)$，$-5\equiv -1\equiv 3\equiv 7\equiv 11(\bmod 4)$，而 7 模 5 不同余于 8。

**定理 3.2.2.1** 给出一个正整数 $m$ 及两个整数 $a$ 和 $b$，$((a-b) \bmod m)=0$ 当且仅当存在整数 $k$，$a=b+km$。

在一个同余式两边同时做加法、减法或乘法，依然保持同余。

**定理 3.2.2.2** 给出一个正整数 $m$ 及三个整数 $a$、$b$ 和 $c$，$a\equiv b(\bmod m)$，则

（1）$a+c\equiv b+c\ (\bmod m)$；

（2）$a-c\equiv b-c\ (\bmod m)$；

（3）$ac\equiv bc\ (\bmod m)$。

在一个同余式两边同时除以一个整数并不一定保持同余。例如，$10\equiv 4(\bmod 6)$，但如果两边同时除以 2，就不能保持同余。

**定理 3.2.2.3** 给出一个正整数 $m$ 及三个整数 $a$、$b$ 和 $c$，$d=\mathrm{GCD}(c, m)$，并且 $ac\equiv bc(\bmod m)$，则 $a\equiv b(\bmod (m \text{ DIV } d))$。

**证明**：如果 $ac \equiv bc \pmod m$，则 $c(a-b) \bmod m=0$，即存在整数 $k$，使得 $c(a-b)=km$。所以 $c(a-b)$ DIV $d=km$ DIV $d$。因为 GCD($c$ DIV $d$, $m$ DIV $d$)=1，所以 $(a-b)$ mod ($m$ DIV $d$)=0，则 $a \equiv b$(mod ($m$ DIV $d$))。■

例如，给出一个正整数 $m=4$ 及三个整数 $a=3$、$b=1$ 和 $c=6$，GCD($c$, $m$)=GCD(6, 4)=2，并且 $6\times3\equiv6\times1 \pmod 4$，则 $3\equiv1 \pmod 2$。

**推论 3.2.2.1**　给出一个正整数 $m$ 及三个整数 $a$、$b$ 和 $c$，GCD($c$, $m$)=1，并且 $ac\equiv bc \pmod m$，则 $a\equiv b \pmod m$。

例如，给出一个正整数 $m=3$ 及三个整数 $a=4$、$b=7$ 和 $c=2$，GCD($c$, $m$)=GCD(2, 3)=1，并且 $4\times2\equiv7\times2 \pmod 3$，则 $4\equiv7 \pmod 3$。

**推论 3.2.2.2**　给出一个正整数 $d$ 及两个整数 $a$ 和 $b$，如果 $ad\equiv bd \pmod{md}$，则 $a\equiv b \pmod m$。

如上面的例子所示，$10\equiv4 \pmod 6$，但如果两边同时除以 2，就不能保持同余；但 $5\equiv2 \pmod 3$。

给出一个整数集 $Z$ 和一个正整数 $m$，模 $m$ 同余满足自反性、对称性和传递性。所以 $Z$ 可以被划分为 $m$ 个不相交的子集，这些子集被称为模 $m$ 的同余类，每个同余类中任意两个整数都是模 $m$ 同余的。

由同余理论，模运算规则如下：

$$(a+b)\ \%\ p=(a\ \%\ p+b\ \%\ p)\ \%\ p \tag{1}$$

$$(a-b)\ \%\ p=(a\ \%\ p-b\ \%\ p)\ \%\ p \tag{2}$$

$$(a*b)\ \%\ p=(a\ \%\ p*b\ \%\ p)\ \%\ p \tag{3}$$

$$(a\text{^}b)\ \%\ p=((a\ \%\ p)\text{^}b)\ \%\ p \tag{4}$$

结合律：

$$((a+b)\ \%\ p+c)\ \%\ p=(a+(b+c)\ \%\ p)\ \%\ p \tag{5}$$

$$((a*b)\ \%\ p*c)\%\ p=(a*(b*c)\ \%\ p)\ \%\ p \tag{6}$$

交换律：

$$(a+b)\ \%\ p=(b+a)\ \%\ p \tag{7}$$

$$(a*b)\ \%\ p=(b*a)\ \%\ p \tag{8}$$

分配律：

$$((a+b)\%\ p*c)\ \%\ p=((a*c)\ \%\ p+(b*c)\ \%\ p)\ \%\ p \tag{9}$$

**【3.2.2.1　Raising Modulo Numbers】**

给出 $n$ 对数字 $A_i$ 和 $B_i$，$1\leqslant i\leqslant n$，以及一个整数 $M$。请求解 $(A_1^{B_1}+A_2^{B_2}+\cdots+A_n^{B_n})$ mod $M$。

**输入**

输入包含 $Z$ 个测试用例，在输入的第一行给出正整数 $Z$。接下来给出每个测试用例。每个测试用例的第一行给出整数 $M$（$1\leqslant M\leqslant 45\,000$），总和将除以这个数取余数；接下来的一行给出数字的对数 $H$（$1\leqslant H\leqslant 45\,000$）；接下来的 $H$ 行，在每一行给出两个被空格隔开的数字 $A_i$ 和 $B_i$，这两个数字不能同时等于零。

**输出**

对于每一个测试用例，输出一行，该行是表达式 $(A_1^{B_1}+A_2^{B_2}+\cdots+A_n^{B_n})$ mod $M$ 的结果。

| 样例输入 | 样例输出 |
|---|---|
| 3<br>16<br>4<br>2 3<br>3 4<br>4 5<br>5 6<br>36123<br>1<br>2374859 3029382<br>17<br>1<br>3 18132 | 2<br>13195<br>13 |

试题来源：CTU Open 1999

在线测试：POJ 1995，ZOJ 2150

**试题解析**

根据模运算规则，直接求解本题。注意，为了提高效率、避免溢出，可使用反复平方法计算幂取模运算 $T=a^b\ \%\ m$：

- 设结果值为 $T$，当前位的权重值为 $P$。初始时 $T=1$，$P=a\ \%\ m$。
- 按照由低至高的顺序依次分析 $b$ 的每个二进制位。若当前位为 1，则 $T=(T*P)\%\ m$。每分析一个二进制位后，$P=P^2\ \%\ m$。分析完 $b$ 的所有二进制位后，$T$ 即为 $a^b\ \%\ m$。

在计算过程中，需要进行乘积取模运算（$(T*P)\%\ m$ 和 $P=P^2\ \%\ m$），该运算亦可使用反复平方法。

**参考程序**

```
#include <iostream>
using namespace std;
typedef long long LL;
LL mod_mult(LL a, LL b, LL m)                    //通过反复平方法计算 (a * b) % m
{
    LL res = 0;                                  //结果值初始化
    LL exp = a % m;                              //exp 初始化
    while (b)                                    //分析 b 的每一个二进制位
    {
        if (b & 1)                               //若 b 的当前二进制位为 1，则 res=(res+exp)% m
        {
            res += exp;
            if (res > m) res -= m;
        }
        exp <<= 1;    //exp=2*exp% m
        if (exp > m) exp -= m;
        b >>= 1;                                 //右移 b，准备分析下一个二进制位
    }
    return res;
}
LL mod_exp(LL a, LL b, LL m) {                   //通过反复平方法计算 a^b % m
```

```
    LL res = 1;                                      //结果值初始化
    LL exp = a % m;                                  //exp 初始化
    while (b)                                        //分析 b 的每一个二进制位
    {
        if (b & 1) res = mod_mult(res, exp, m);   //若 b 的当前二进制位为 1，则 res=
                                                     //(res*exp)%m
        exp = mod_mult(exp, exp, m);                 //exp=exp²%m
        b >>= 1;                                     //右移 b，准备分析下一个二进制位
    }
    return res;
}
int main(int argc, char *argv[])                     //主程序
{
    int Z;
    cin >> Z;                                        //输入测试用例数
    while (Z--)                                      //依次处理测试用例
    {
        int M, H;
        cin >> M >> H;                               //输入模 M 和项数 H
        int ans = 0;                                 //数和初始化
        while (H--)                                  //依次处理 H 项
        {
            int A_i, B_i;
            cin >> A_i >> B_i;                       //输入当前项的底数和次幂
            ans += mod_exp(A_i, B_i, M);             //累计当前项
        }
        ans %= M;                                    //数和取模后输出
        cout << ans << endl;
    }
    return 0;
}
```

### 2. 一元线性同余方程

**定义 3.2.2.2（一元线性同余方程）** 形如 $ax\equiv b(\text{mod } m)$ 的同余式被称为一元线性同余方程，其中 $a$ 和 $b$ 是整数，$m$ 是正整数，$x$ 是未知整数。

**定理 3.2.2.4** 设 $a$ 和 $b$ 是整数，$m$ 是正整数，且 $\text{GCD}(a, m)=d$。如果 $b \text{ mod } d\neq 0$，则 $ax\equiv b(\text{mod } m)$ 无解；如果 $b \text{ mod } d=0$，则 $ax\equiv b(\text{mod } m)$ 恰有 $d$ 个模 $m$ 不同余的解。

**证明：** 由定理 3.2.2.1，如果 $ax\equiv b(\text{mod } m)$，$ax=b+ym$，其中 $y$ 是整数，所以 $ax\equiv b(\text{mod } m)$ 的整数 $x$ 有解当且仅当存在 $y$ 使得 $ax-ym=b$。由定理 3.2.1.3，如果 $b \text{ mod } d\neq 0$，则 $ax-ym=b$ 无解；如果 $b \text{ mod } d=0$，则 $ax-ym=b$ 有无穷解：$x=x_0+k*(m \text{ DIV } d)$，$y=y_0+k*(a \text{ DIV } d)$，其中 $k$ 是整数。

设 $x_1=x_0+k_1*(m \text{ DIV } d)$，$x_2=x_0+k_2*(m \text{ DIV } d)$，如果 $x_1\equiv x_2(\text{mod } m)$，则由定理 3.2.2.2（2），$k_1*(m \text{ DIV } d)\equiv k_2*(m \text{ DIV } d) (\text{mod } m)$；因为 $\text{GCD}(m \text{ DIV } d, m)=m \text{ DIV } d$，所以由定理 3.2.2.2（3），$k_1\equiv k_2(\text{mod } m)$。因此 $ax-ym=b$ 的不同余的解的集合可以通过 $x=x_0+k*(m \text{ DIV } d)$ 得到，其中 $k$ 为 $0, 1, \cdots, d-1$。■

例如，给出同余方程 $9x\equiv 8(\text{mod } 3)$，$\text{GCD}(9, 3)=3$。因为 $8 \text{ mod } 3\neq 0$，所以 $9x\equiv 8(\text{mod } 3)$ 无解。

给出同余方程 $9x\equiv 12(\text{mod } 15)$，$\text{GCD}(9, 15)=3$。因为 $12 \text{ mod } 3=0$，所以 $9x\equiv 12(\text{mod } 15)$ 有 3 个模 15 不同余的解。采用扩展的欧几里得算法计算 $3=9x'+15y'$ 的根 $(x', y')$，$x'=2$，

$y'=-1$，2 是 $9x'\equiv3(\text{mod }15)$ 的一个解。所以 $x_0=8 \text{ mod } 15=8$，$x_1=(x_0+5) \text{ mod } 15=13$，$x_2=(x_0+10) \text{ mod } 15=18 \text{ mod } 15=3$。

**推论 3.2.2.3** 如果 $\text{GCD}(a, m)=1$，则一次同余式 $ax+b\equiv0(\text{mod }m)$ 有解。

由定理 3.2.2.4，对于一元线性同余方程 $ax\equiv b(\text{mod }m)$，计算 $x$ 的算法如下。

**步骤 1：** 应用欧几里得算法和扩展的欧几里得算法分别计算 $d=\text{GCD}(a, m)$ 和 $d=ax'+my'$ 的解 $(x', y')$，其中 $x'$ 是 $ax'\equiv d(\text{mod }m)$ 的解。

**步骤 2：** 如果 $b \text{ mod } d\neq0$，则 $ax\equiv b(\text{mod }m)$ 无解；否则存在 $d$ 个模 $m$ 不同余的解，其中第一个解 $x_0=x'*(b \text{ DIV } d) \text{ mod } m$，其余的 $d-1$ 个解是 $x_i=(x_0+i*(m \text{ DIV } d)) \text{ mod } m$，$1\leqslant i\leqslant d-1$。

**【3.2.2.2 C Looooops】**

给出一个 C 语言风格类型的循环：

```
for (variable = A; variable != B; variable += C)
    statement;
```

在开始的时候将值 $A$ 赋值给变量，当变量不等于 $B$ 时，重复语句，然后对变量增加 $C$。对于特定值 $A$、$B$ 和 $C$，我们要知道语句执行多少次，本题设定所有的算术运算都在以 $2^k$ 为模的 $k$ 位无符号整数类型（值 $0\leqslant x<2^k$）上进行。

**输入**

输入包含若干测试用例，每个测试用例一行，给出用一个空格分隔的 4 个整数 $A$、$B$、$C$、$k$，整数 $k$（$1\leqslant k\leqslant32$）是循环控制变量的二进制位数，而 $A$、$B$、$C$（$0\leqslant A, B, C<2^k$）是循环参数。

输入以包含 4 个 0 的一行结束。

**输出**

输出相应于输入实例，由若干行组成。第 $i$ 行或者给出第 $i$ 个测试用例中语句的循环执行次数（一个整数），或者单词 "FOREVER"，如果循环不终止。

| 样例输入 | 样例输出 |
|---|---|
| 3 3 2 16<br>3 7 2 16<br>7 3 2 16<br>3 4 2 16<br>0 0 0 0 | 0<br>2<br>32766<br>FOREVER |

试题来源：CTU Open 2004

在线测试：POJ 2115，ZOJ 2305

 **试题解析**

由于所有算术运算都是在以 $2^k$ 为模的 $k$ 位无符号整数类型（$0\leqslant x<2^k$）上进行，循环变量值的变化也是在 $k$ 位无符号整数类型上进行循环。例如，int 类型是 16 位的，即无符号 int 类型能保存 2^16 个数据，最大数为 65 535，当循环变量值超过 65 535 时，则循环变量会重新计数。比如当前循环变量值为 65 534，每次循环变量的增量 $C$ 为 3 时，则循环变量值变为 (65 534+3)%(2^16)=1。

循环变量的初值为 $A$，终值为 $B$，每次循环变量的增量为 $C$。设循环执行次数为 $x$，$D=(B-A)\text{mod } 2^k$，则可以列出一元线性同余方程 $x*C\equiv D \text{ mod } 2^k$。显然，循环次数为 0 当且

仅当 $D=(B-A)\bmod 2^k=0$。

根据定理3.2.2.4，如果 $D \bmod \text{GCD}(C, 2^k)=0$，则一元线性同余方程 $x*C\equiv D \bmod 2^k$ 有解，并且通过扩展的欧几里得算法计算方程 $x*C+y*2^k=\text{GCD}(C, 2^k)$ 中 $x$ 的最小非负整数解，即 $x$ 是同余方程 $Cx\equiv\text{GCD}(C, 2^k) \bmod 2^k$ 的一个解，$(x*D)\bmod 2^k$ 为一元线性同余方程 $x*C\equiv D \bmod 2^k$ 的解，也就是循环语句的执行次数。如果 $\text{GCD}(C, 2^k)$ 不能被 D 整除，则一元线性同余方程 $x*C\equiv D \bmod 2^k$ 无解，程序陷入死循环。

**参考程序**

```
#include<cmath>
#include<cstring>
#include<cstdlib>
#include<cstdio>
#define ll long long
#include<iostream>
using namespace std;
ll exgcd(ll a,ll b,ll &x,ll &y){           //扩展的欧几里得算法：计算d=gcd(a, b) = ax +
                                           //by的整系数x和y (x和y可能为0或负数)
    if(b==0){
        x=1;y=0;return a;
    }
    ll t=exgcd(b,a%b,y,x);
    y-=a/b*x;
    return t;
}
ll gcd(ll a,ll b){                         //欧几里得公式：返回a和b的最大公约数
    if(b==0)return a;
    return gcd(b,a%b);
}
int main () {
    int A,B,C,K;
    ll i,j,ans;
    while(1){
        scanf("%d%d%d%d",&A,&B,&C,&K);     //输入一个测试用例
        if(!A&&!B&&!C&&!K)break;           //若输入4个0，则退出
        ll a,b,c,k;
        a=A,b=B,c=C,k=K;
        ll d=b-a;                          //计算(b-a)%2^k的非负整数d。若d=0，则循环
                                           //次数为0；若d%gcd(c, 2^k) ≠0，则陷入死循环
        k=(1ll)<<k;
        d%=k;
        if(d<0)d+=k;
        if(d==0){
            puts("0");continue;
        }
        ll tem=gcd(c,k);
        if(d%tem){
            puts("FOREVER");continue;
        }
        c/=tem,k/=tem,d/=tem;
        exgcd(c,k,ans,j);                  //计算gcd(c, k)=c*ans+k*j的一个解ans
        ans*=(d);                          //(ans*d)%k的非负整数即为语句执行的次数
        ans%=k;
        if(ans<0)ans+=k;
```

```
        cout<<ans<<endl;
    }
    return 0;
}
```

**定义 3.2.2.3** 给定整数 $a$，且 GCD($a$, $m$)=1，称 $ax\equiv 1 \pmod m$ 的一个整数解为 $a$ 模 $m$ 的逆。

根据定理 3.2.2.4，同余方程 $ax\equiv 1 \pmod m$ 有解当且仅当 GCD($a$, $m$)=1，且所有的解都模 $m$ 同余。

例如，同余方程 $6x\equiv 1 \pmod{41}$ 的解满足 $x\equiv 7 \pmod{41}$。所以，7 和所有与 7 模 41 同余的整数是 6 模 41 的逆。同样，因为 $7*6\equiv 1 \pmod{41}$，6 和所有与 6 模 41 同余的整数是 7 模 41 的逆。

【3.2.2.3 Modular Inverse】

给定整数 $a$，$a$ 模 $m$ 的逆是一个整数解 $x$，使得 $a^{-1}\equiv x \pmod m$。$a^{-1}\equiv x \pmod m$ 等价于 $ax\equiv 1 \pmod m$。

**输入**

输入给出多个测试用例。输入的第一行给出一个整数 $T\approx 2000$，表示测试用例的个数。每个测试用例包含两个整数 $0<a\leqslant 1000$ 和 $0<m\leqslant 1000$。

**输出**

对每个测试用例，输出最小正整数 $x$；如果 $x$ 不存在，则输出 "Not Exist"。

| 样例输入 | 样例输出 |
|---|---|
| 3<br>3 11<br>4 12<br>5 13 | 4<br>Not Exist<br>8 |

试题来源：The 9th Zhejiang Provincial Collegiate Programming Contest

在线测试：ZOJ 3609

**试题解析**

本题运用扩展的欧几里得算法求逆元。对于一元线性同余方程 $ax\equiv 1 \pmod m$，如果 GCD($a$, $m$)≠1，则不存在 $a$ 模 $m$ 的逆；否则，GCD($a$, $m$)=$ax+my$ 中 $x$ 模 $m$ 的正整数解即为 $a$ 模 $m$ 的逆。

所谓 $x$ 模 $m$ 的正整数解，指的是当 $x$ % $m$<0 时，正整数解为 $x$ % $m$+$m$。切忌（$x$ % $m$）% $m$，这样做会得出错误解 0。

**参考程序**

```
#include <iostream>
#include <cstdio>
#include <cstring>
using namespace std;
int e_gcd(int a,int b,int &x,int &y){   //使用扩展的欧几里得算法，计算 d=GCD(a, b)=
                                        //ax+by 的整系数 x 和 y （x 和 y 可能为 0 或负数）
    if(b == 0){
        x = 1;
```

```
            y = 0;
            return a;
        }
        int ans = e_gcd(b,a%b,y,x);
        y -= a / b * x;
        return ans;
    }
    int main(){
        int t;
        while(~scanf("%d",&t)){                 //输入测试用例数 t
            while(t--){                         //依次处理 t 个测试用例
              int a,m;
              int x,y;
              scanf("%d%d",&a,&m);              //输入整数 a 和模 m
              int gcd = e_gcd(a,m,x,y);         //计算 gcd=gcd(a, m)=ax+my 的整系数 x 和 y
              if(gcd != 1){                     //若 gcd≠1，则不存在 a 模 m 的逆
                  printf("Not Exist\n");
                  continue;
              }
              int ans = x;                      //计算和输出 x % m 的正整数解
              ans = ans % m;
              if(ans <= 0) ans = ans +m;
              printf("%d\n",ans);
            }
        }
        return 0;
    }
```

### 3. 同余方程组

**定理 3.2.2.5（中国剩余定理，The Chinese Remainder Theorem）** 设 $n_1, n_2, \cdots, n_k$ 是两两互素的正整数，则同余方程组

$$a \equiv a_1 (\text{mod } n_1)$$
$$a \equiv a_2 (\text{mod } n_2)$$
$$\cdots$$
$$a \equiv a_k (\text{mod } n_k)$$

有模 $n=n_1 n_2 \cdots n_k$ 的唯一解。

同余方程组可以转换为多项式 $a=(a_1*c_1+\cdots+a_i*c_i+\cdots+a_k*c_k) \text{ mod } (n_1*n_2*\cdots*n_k)$。由该多项式，可以直接计算出 $a$。现在我们证明同余方程组可以转换为多项式 $a=(a_1*c_1+\cdots a_i*c_i+\cdots+a_k*c_k) \text{ mod } (n_1*n_2*\cdots*n_k)$，以及求解 $c_i$（$1 \leqslant i \leqslant k$）的方法。

**证明:** 因为 $n_1, n_2, \cdots, n_k$ 是两两互素的正整数，$\text{GCD}(n_i, n_j)=1$，$i \neq j$。设 $m_i=\dfrac{n}{n_i}$，$1 \leqslant i \leqslant k$，则 $\text{GCD}(n_i, m_i)=1$，$1 \leqslant i \leqslant k$，则存在整数 $n_i'$ 和 $m_i'$，使得 $m_i m_i'+n_i n_i'=1$，即存在整数 $m_i'$ 使得

$$m_i m_i' \equiv 1 (\text{mod } n_i)，其中 i=1, 2, \cdots, k \tag{1}$$

又因为 $\text{GCD}(n_i, n_j)=1$，并且 $m_i=\dfrac{n}{n_i}$，则 $m_j \text{ mod } n_i=0$，$i \neq j$；所以

$$a_j m_j m_j' \equiv 0 (\text{mod } n_i)，其中 i, j=1, 2, \cdots, k，i \neq j \tag{2}$$

基于 (1) 和 (2)，$a_1 m_1 m_1'+a_2 m_2 m_2'+\cdots+a_k m_k m_k' \equiv a_i m_i m_i' (\text{mod } n_i)$，$a_i m_i m_i' \equiv a_i (\text{mod } n_i)$，$i=1, 2, \cdots, k$。所以，$a=a_1 m_1 m_1'+a_2 m_2 m_2'+\cdots+a_k m_k m_k' (\text{mod } n)$ 是同余方程组模 $n$ 的唯一解。 ■

基于中国剩余定理的证明，计算同余方程组的算法如下：

**步骤 1**：计算 $m_i$，$i=1, 2, \cdots, k$。设 $n=n_1*n_2*\cdots*n_k$，$m_1=\frac{n}{n_1}=n_2*n_3*\cdots*n_k$，$m_2=\frac{n}{n_2}=n_1*n_3*n_4*\cdots*n_k$，…，$m_i=\frac{n}{n_i}=n_1*\cdots*n_{i-1}*n_{i+1}\cdots*n_k$，…，$m_k=\frac{n}{n_k}=n_1*\cdots*n_{k-2}*n_{k-1}$。

**步骤 2**：计算 $m_i$ 模 $n_i$ 的逆 $m_i^{-1}$，即 $m_i*m_i^{-1}\equiv1(\bmod\ n_i)$，方程 $m_i*m_i^{-1}\equiv1(\bmod\ n_i)$ 对模 $n_i$ 仅有唯一的解 $m_i^{-1}$，$i=1, 2, \cdots, k$。计算 $m_i^{-1}$ 的方法有两种。

①利用同余方程

因为 $m_i$ 和 $n_i$ 是互素的，$\text{GCD}(m_i, n_i)=1$，因此可以通过 $m_1*m_1^{-1}\equiv1(\bmod\ n_1)$；…；$m_i*m_i^{-1}\equiv1(\bmod\ n_i)$；…；$m_k*m_k^{-1}\equiv1(\bmod\ n_k)$；计算 $m_1^{-1}$，…，$m_i^{-1}$，…，$m_k^{-1}$。

②利用扩展的欧几里得算法

应用扩展的欧几里得算法，对 $\text{GCD}(n_i, m_i)=n_i*x+m_i*y=1$ 计算 $x$ 和 $y$，此时的 $y$ 是 $m_i^{-1}$（$1\leqslant i\leqslant k$）。

**步骤 3**：计算 $c_i=m_i*m_i^{-1}$，$1\leqslant i\leqslant k$。

**步骤 4**：计算 $a=(a_1*c_1+\cdots+a_i*c_i+\cdots+a_k*c_k)\bmod n$。

例如，$a\equiv2(\bmod\ 3)$，$a\equiv4(\bmod\ 7)$，且 $a\equiv5(\bmod\ 8)$，则 3、7 和 8 是两两互素的正整数。首先，计算 $m_i$，$1\leqslant i\leqslant3$；$m_1=n_2*n_3=56$，$m_2=n_1*n_3=24$，$m_3=n_1*n_2=21$；并且 $n=3*7*8=168$。然后，计算 $m_i$ 模 $n_i$ 的逆 $m_i^{-1}$，即 $m_i*m_i^{-1}\equiv1(\bmod\ n_i)$，$1\leqslant i\leqslant3$；$56*2=112\equiv1(\bmod\ 3)$，$24*5=120\equiv1(\bmod\ 7)$，且 $21*5=105\equiv1(\bmod\ 8)$。最后，计算 $a$，$2*112+4*120+5*105=1229$，$a=1229 \bmod n=53$。

【3.2.2.4 Biorhythms】

人生来就有三个生理周期，分别为体力、感情和智力周期，它们的周期长度分别为 23 天、28 天和 33 天。每一个周期中有一天是高峰。在高峰这天，人会在相应的方面表现出色。例如，在智力周期的高峰，人会思维敏捷，精力容易高度集中。因为三个周期的周长不同，所以通常三个周期的高峰不会落在同一天。对于每个人，我们想知道何时三个高峰落在同一天。对于每个周期，我们会给出从当前年份的第一天开始，到出现高峰的天数（不一定是第一次高峰出现的时间）。你的任务是给定一个从当年第一天开始数的天数，输出从给定时间开始（不包括给定时间）下一次三个高峰落在同一天的时间（距给定时间的天数）。例如，给定时间为 10，下次三个高峰落在同一天的时间是 12，则输出 2（注意这里不是 3）。

**输入**

输入 4 个整数：$p$、$e$、$i$ 和 $d$。$p$、$e$、$i$ 分别表示体力、情感和智力高峰出现的时间（时间从当年的第一天开始计算）。$d$ 是给定的时间，可能小于 $p$、$e$ 或 $i$。所有给定时间都是非负的并且小于 365，所求的时间小于 21 252。

当 $p=e=i=d=-1$ 时，输入数据结束。

**输出**

从给定时间起，下一次三个高峰落在同一天的时间（距离给定时间的天数）。

采用以下格式：

Case 1: the next triple peak occurs in 1234 days.

**注意**：即使结果是 1 天，也使用复数形式 "days"。

| 样例输入 | 样例输出 |
|---|---|
| 0 0 0 0<br>0 0 0 100<br>5 20 34 325<br>4 5 6 7<br>283 102 23 320<br>203 301 203 40<br>−1 −1 −1 −1 | Case 1: the next triple peak occurs in 21 252 days.<br>Case 2: the next triple peak occurs in 21 152 days.<br>Case 3: the next triple peak occurs in 19 575 days.<br>Case 4: the next triple peak occurs in 16 994 days.<br>Case 5: the next triple peak occurs in 8910 days.<br>Case 6: the next triple peak occurs in 10 789 days. |

试题来源：ACM East Central North America 1999

在线测试：POJ 1006，ZOJ 1160，UVA 756

## 试题解析

体力、感情和智力3个周期的长度分别为23天、28天和33天，这3个周期长度两两互质。假设第 $x$ 天三个高峰同时出现，则可得到同余方程组

$$\begin{cases} x \equiv p \pmod{23} \\ x \equiv e \pmod{28} \\ x \equiv i \pmod{33} \end{cases}$$

根据中国剩余定理，$x$ 在 $23*28*33=21\,252$ 的范围内有唯一解。设 $a_i$ 和 $n_i$ 分别为三个高峰出现的时间和周期长度，即 $a_1=p$、$a_2=e$、$a_3=i$、$n_1=23$、$n_2=28$、$n_3=33$，得到同余方程组

$$x \equiv a_i (\text{mod } n_i),\ 1 \leqslant i \leqslant 3$$

运用上述4个步骤求出 $s=\sum_{i=1}^{3} a_i \times m_i \times m_i^{-1}$，其中 $m_1=28*33$，$m_2=23*33$，$m_3=23*28$，$m_i^{-1}$ 为 $m_i$ 中关于 $n_i$ 的乘法逆元，即 $m_i m_i^{-1} \equiv 1(\%n_i)$，乘法逆元可以通过欧几里得扩展公式求得。

由于三个高峰同时出现的时间是相隔给定时间 $d$ 的天数，因此这个时间应为 $(s-d)\text{mod } n$ 的最小正整数（$n=23*28*33$）。

## 参考程序

```
#include<iostream>
#include<algorithm>
#include<cmath>
#include<cstdio>
#include<cstring>
#include<cstdlib>
#include<string>
using namespace std;
typedef long long ll;
ll power(ll a,ll p,ll mo){                          //通过反复平方法计算 a^p%(mo)
    ll ans=1;
    for(;p;p>>=1){
        if(p&1){
            ans*=a;
            if(mo>0)ans%=mo;
        }
        a*=a;
```

```
            if(mo>0)a%=mo;
        }
        return ans;
    }
    ll exgcd(ll a,ll b,ll &x,ll &y){ //欧几里得推广公式：计算方程 gcd(a,b)=ax+by 中变量 x 的值
        if(b==0){
            x=1;y=0;return a;
        }
        ll t=exgcd(b,a%b,y,x);
        y-=a/b*x;
        return t;
    }
    ll niyuan(ll a,ll p){                      //计算 a-¹%p
        ll x,y;
        exgcd(a,p,x,y);                        //计算同余方程 ax≡gcd(a,p)(%p) 中的 x
        return (x%p+p)%p;                      //x 对 p 的模取正
    }
    int main(){
        int  a,b,c,d,i,j,k,u,v,te=0;
        while(1){
          scanf("%d%d%d%d",&a,&b,&c,&d); //反复输入体力、情感和智力高峰出现的时间和给定时间
          if(a==b&&b==c&&c==d&&a==-1) break;  //结束标志
    //计算 an=(∑(i=1..3) a_i×m_i×m_i^-1 -d)%(23*28*33)的非负整数，该数即为下一次三个高峰同天的时间
          ll an=0;
          an=28*33*a*niyuan(28*33,23)+23*33*b*niyuan(23*33,28)+23*28*c*niyuan(28*23,33);
          an-=d;
          an%=(28*33*23);
          if(an<=0) an+=28*33*23;
          printf("Case %d: the next triple peak occurs in %d days.\n",++te,(int)an);
        }
    }
```

### 3.2.3 计算多项式同余方程

设$f(x)$是次数大于 1 的整数多项式，求解形如$f(x)\equiv 0 \pmod m$的同余方程的方法如下。

设$m$有素幂因子分解$m=p_1^{r_1}\times p_2^{r_2}\times\cdots\times p_k^{r_k}$，则求解同余方程$f(x)\equiv 0 \pmod m$等价于求解同余方程组$f(x)\equiv 0 \pmod{p_i^{r_i}}$，$1\leqslant i\leqslant k$。一旦求解出这$k$个同余方程，就可以利用中国剩余定理求出模$m$的解。

本节讲述一种求解模素数方幂的同余方程的解的方法。

**定理 3.2.3.1（Hensel 引理）** 设$f(x)$是次数大于 1 的整数多项式，$k\geqslant 2$是整数，$p$是素数，$r$是同余方程$f(x)\equiv 0 \pmod{p^{k-1}}$的解，而且$f'(x)$是$f(x)$的导数，则

（1）如果$f'(r)\not\equiv 0 \pmod p$，则存在唯一整数$t$，$0\leqslant t\leqslant p$，使得$f(r+tp^{k-1})\equiv 0 \pmod{p^k}$，$t$由$t\equiv\overline{f'(r)}(f(r)/p^{k-1}) \pmod p$给出，其中$\overline{f'(r)}$是$f'(r)$模$p$的逆。

（2）如果$f'(r)\equiv 0 \pmod p$，$f(r)\equiv 0 \pmod{p^k}$，则对所有整数$t$都有$f(r+tp^{k-1})\equiv 0 \pmod{p^k}$。

（3）如果$f'(r)\equiv 0 \pmod p$，$f(r)\not\equiv 0 \pmod{p^k}$，则$f(x)\equiv 0 \pmod{p^k}$不存在解使得$x\equiv r \pmod{p^{k-1}}$。

在（1）中，$f(x)\equiv 0 \pmod{p^{k-1}}$的一个解提升为$f(x)\equiv 0 \pmod{p^k}$的唯一解；在（2）中，这

样的一个解或者提升为 $p$ 个模 $p^k$ 不同余的解，或者不能提升为模 $p^k$ 的解。

【3.2.3.1 Special equations】

设整数多项式 $f(x)=a_nx^n+\cdots+a_1x+a_0$，其中 $a_i$（$0\leqslant i\leqslant n$）是已知的整数。我们称 $f(x)\equiv 0 \pmod m$ 为同余方程。如果 $m$ 是一个合数，可以把 $m$ 分解成素数的幂的乘积，然后用中国剩余定理将每一个公式联立，进行求解。在本题中，请求解这类方程的一个更简单的形式，其中 $m$ 是素数的平方。

**输入**

输入的第一行给出方程的数目 $T$，$T\leqslant 50$。

接下来给出 $T$ 行，每行开始时给出一个整数 deg（$1\leqslant \text{deg}\leqslant 4$），表示 $f(x)$ 的项的数目；然后给出 deg 个整数，从 $a_n$ 到 $a_0$（$0<\text{abs}(a_n)\leqslant 100$，当 $\text{deg}\geqslant 3$ 时 $\text{abs}(a_i)\leqslant 10\,000$，否则当 $i<n$ 时 $\text{abs}(a_i)\leqslant 100\,000\,000$）；最后一个整数是素数 pri（$\text{pri}\leqslant 10\,000$）。

本题请求解 $f(x)\equiv 0$ (mod pri*pri)。

**输出**

对于每个方程式 $f(x)\equiv 0$ (mod pri*pri)，首先输出测试样例的编号，然后，如果有多个 $x$ 是方程式的解，则输出任意的一个 $x$；否则输出 "No solution!"。

| 样例输入 | 样例输出 |
| --- | --- |
| 4<br>2 1 1 −5 7<br>1 5 −2995 9929<br>2 1 −96255532 8930 9811<br>4 14 5458 7754 4946 −2210 9601 | Case #1: No solution!<br>Case #2: 599<br>Case #3: 96255626<br>Case #4: No solution! |

试题来源：2013 ACM-ICPC 长沙赛区全国邀请赛

在线测试：HDOJ 4569

**试题解析**

本题给出整数多项式 $f(x)=a_nx^n+\cdots+a_1x+a_0$，以及素数 pri，求一个 $x$ 使得 $f(x)\equiv 0$ (mod pri*pri)，如果没有解，则输出 "No solution!"。

首先求出所有的 $i$，使得 $f(i)\equiv 0$ (mod pri)；然后分别验证所有的 $x=i+j$*pri 是否满足 $f(x)\equiv 0$ (mod pri*pri)，其中 $0\leqslant j<\text{pri}$。由于在第一次枚举的时候求出的 $i$ 不会很多，第二次暴力枚举的时候复杂度不会很大。

**参考程序**

```
#include <iostream>
#include <string.h>
#include <stdio.h>
using namespace std;
typedef long long LL;
const int N=105;
LL a[N];
LL temp[N];
LL Equ(LL n,LL x)            //计算和返回 ∑(i=0..n) a[i]x^i
```

```
{
    if(n==1)       return a[1]*x+a[0];
    else if(n==2) return a[2]*x*x+a[1]*x+a[0];
    else if(n==3) return a[3]*x*x*x+a[2]*x*x+a[1]*x+a[0];
    else if(n==4) return a[4]*x*x*x*x+a[3]*x*x*x+a[2]*x*x+a[1]*x+a[0];
}
int main()
{
    LL T,n,i,j,p,k,tt=1;
    cin>>T;                   //输入方程数
    while(T--)                //依次处理每个方程
    {
        cin>>n;               //输入项数
        for(i=n;i>=0;i--)  //输入每项系数
           cin>>a[i];
        cin>>p;               //输入素数 p
        k=0;
        for(i=0;i<p;i++)  //在 0≤i≤p-1 中查找满足 f(i)≡0 (mod p) 的所有 i，将其存入
                              //temp[0]…temp[k-1]
        {
            if(Equ(n,i)%p==0)
            {
                temp[k++]=i;
            }
        }
        if(k==0)              //若在 0≤i≤p-1 中找不到满足 f(i)≡0 (mod p) 的 i，则无解退出
        {
            printf("Case #%I64d: No solution!\n",tt++);
            continue;
        }
        LL ret=-1;
        for(i=0;i<k;i++)  //验证所有的 x=i+j * p（其中 0≤j<p）是否满足 f(x)≡0 (mod p²)
        {
            bool flag=0;
            for(j=0;j<p;j++)
            {
                LL x=(temp[i]+j*p);
                if(Equ(n,x)%(p*p)==0)
                {
                    ret=x;
                    flag=1;
                    break;
                }
            }
            if(flag) break;
        }
        if(ret==-1)           //若所有的 x=i+j*p 无法满足 f(x)≡0 (mod p²)，则无解退出。否则
                              //第一次枚举求出的 x 即为其解
        {
            printf("Case #%I64d: No solution!\n",tt++);
            continue;
        }
        printf("Case #%I64d: %I64d\n",tt++,ret);
    }
    return 0;
}
```

## 3.3 特殊的同余式的实验范例

### 3.3.1 威尔逊定理和费马小定理

**引理 3.3.1.1** *p是素数，正整数a是其自身模p的逆当且仅当* $a\equiv1(\bmod p)$ *或* $a\equiv-1(\bmod p)$。

**证明**：如果 $a\equiv1(\bmod p)$ 或 $a\equiv-1(\bmod p)$，则 $a^2\equiv1(\bmod p)$，所以 $a$ 是其自身模 $p$ 的逆。反之，如果 $a$ 是其自身模 $p$ 的逆，即 $a^2\equiv1(\bmod p)$，则 $(a^2-1)\bmod p=0$，因为 $p$ 是素数，所以 $(a-1)\bmod p=0$ 或者 $(a+1)\bmod p=0$，因此 $a\equiv1(\bmod p)$ 或 $a\equiv-1(\bmod p)$。■

**定理 3.3.1.1（威尔逊定理，Wilson's Theorem）** *如果p是素数，则* $(p-1)!\equiv-1(\bmod p)$。

例如，$p=11$，则 $p$ 是素数，$(p-1)!=10!=1\times2\times3\times4\times5\times6\times7\times8\times9\times10$，把乘积互为模 $p$ 的逆分为一组，得 $2\times6\equiv1(\bmod 11)$，$3\times4\equiv1(\bmod 11)$，$5\times9\equiv1(\bmod 11)$，$7\times8\equiv1(\bmod 11)$。重排乘积中的因子，$10!=1\times(2\times6)\times(3\times4)\times(5\times9)\times(7\times8)\times10\equiv1\times10\equiv-1(\bmod 11)$。基于此，给出威尔逊定理的证明如下。

**证明**：当 $p=2$ 时，$(p-1)!=1\equiv-1(\bmod 2)$。设 $p$ 是素数，且 $p>2$，由定理3.2.2.4，对于每个整数 $a$，$1\leqslant a\leqslant p-1$，存在一个模 $p$ 的逆 $x$，$1\leqslant x\leqslant p-1$ 且 $ax\equiv1(\bmod p)$。由引理3.3.1，对于 $1\leqslant a\leqslant p-1$，模 $p$ 的逆是其自身的数只有1和 $p-1$。因此，可以把2到 $p-2$ 分成 $\frac{p-3}{2}$ 组整数对，每组乘积模 $p$ 余1；所以 $2\times3\times\cdots\times(p-2)\equiv1(\bmod p)$，则可以推出 $(p-1)!\equiv-1(\bmod p)$。■

威尔逊定理的逆也是成立的。

**定理 3.3.1.2** *设p是正整数且* $p\geqslant2$，*如果* $(p-1)!\equiv-1(\bmod p)$，*则p是素数。*

【3.3.1.1 YAPTCHA】

数学系最近出现了一些问题。由于大量未经请求的自动程序在其页面上运行，它们决定在网页上设置YAPTCHA（Yet-Another-Public-Turing-Test-to-Tell-Computers-and-Humans-Apart）。简言之，如果有人要获得其学术论文，必须证明自己是合格和有价值的，即解决一个数学问题。

然而，对于一些数学博士生甚至一些教授来说，要解决这样的数学问题也是困难的。因此，数学系要写一个帮助程序，帮助其内部的人士解决这个数学问题。

在网页上给访问数学系的起始网页的人设置的数学问题如下：给出自然数 $n$，请计算 $S_n=\sum_{k=1}^{n}\left[\frac{(3k+6)!+1}{3k+7}-\left[\frac{(3k+6)!}{3k+7}\right]\right]$，其中 $[x]$ 表示不大于 $x$ 的最大整数。

**输入**

输入的第一行给出测试用例的数目 $t$（$t\leqslant10^6$）。然后，每个测试用例给出一个自然数 $n$（$1\leqslant n\leqslant10^6$）。

**输出**

对于每个测试用例中给出的 $n$，输出 $S_n$ 的值。

| 样例输入 | 样例输出 |
|---|---|
| 13 | 0 |
| 1 | 1 |
| 2 | 1 |
| 3 | 2 |
| 4 | 2 |

（续）

| 样例输入 | 样例输出 |
| --- | --- |
| 5 | 2 |
| 6 | 2 |
| 7 | 3 |
| 8 | 3 |
| 9 | 4 |
| 10 | 28 |
| 100 | 207 |
| 1000 | 1609 |
| 10000 | |

试题来源：ACM Central European Programming Contest 2008

在线测试：UVA 4382，HDOJ 2973

**试题解析**

设$f(k)=\left[\frac{(3k+6)!+1}{3k+7}-\left[\frac{(3k+6)!}{3k+7}\right]\right]$。根据威尔逊定理，如果$p$是素数，则$(p-1)!\equiv -1(\text{mod}\, p)$。所以，如果$(3k+7)$为素数，则$\frac{(3k+6)!+1}{3k+7}$为某个正整数$x$，$\frac{(3k+6)!}{3k+7}=x-\frac{1}{3k+7}$，$f(k)=1$；如果$(3k+7)$为合数，则$(3k+6)!$能被$(3k+7)$整除，$f(k)=0$。

因此，本题算法如下：首先，根据$(3k+7)$是否为素数，离线计算运算结果；然后，对于每个测试用例中给出的$n$，输出$S_n$的值。

**参考程序**

```
#include<cstdio>
using namespace std;
const int MaxN=1000001;
int ans[MaxN];
bool isPrime(int x)              //判断 x 是否为素数
{
    if (x%2==0) return false;
    for (int i=3;i*i<=x;i+=2)
        if (x%i==0) return false;
    return true;
}
int main()
{
    int cases;                   //测试用例数 cases
    scanf("%d",&cases);
    ans[0]=0;
    for (int i=1;i<MaxN;i++)     //根据 (3k+7) 是否为素数，离线计算运算结果
      if (isPrime(3*i+7)) ans[i]=ans[i-1]+1; else ans[i]=ans[i-1];
    while (cases--)              //输入每个测试用例，根据离线计算的结果，直接输出答案
    {
        int n;
        scanf("%d",&n);
        printf("%d\n",ans[n]);
    }
```

```
    return 0;
}
```

**定理 3.3.1.3（费马小定理）** 如果 $p$ 是素数，$a$ 是正整数，且 $\mathrm{GCD}(a, p)=1$，则 $a^{p-1}\equiv 1(\mathrm{mod}\ p)$。

**证明**：$p-1$ 个整数 $a, 2a, \cdots, (p-1)a$ 不能被 $p$ 整除，且其中任何两个数模 $p$ 不同余。所以，$p-1$ 个整数 $a, 2a, \cdots, (p-1)a$ 模 $p$ 的余数为 $1, 2, \cdots, p-1$。因此 $a\times 2a\times\cdots\times(p-1)a\equiv 1\times 2\times\cdots\times(p-1)\ (\mathrm{mod\ p})$，即 $a^{p-1}\times(p-1)!\equiv(p-1)!\ (\mathrm{mod}\ p)$。因为 $\mathrm{GCD}((p-1)!, p)=1$，由推论 3.2.2.1，$a^{p-1}\equiv 1(\mathrm{mod}\ p)$。■

**定理 3.3.1.4** 如果 $p$ 是素数，$a$ 是正整数，则 $a^p\equiv a(\mathrm{mod}\ p)$。

例如，如果 $a=3$，$p=5$，则 $3^4\equiv 1(\mathrm{mod}\ 5)$。并且，如果 $a=6$，$p=3$，则 $6^3\equiv 6(\mathrm{mod}\ 3)$。

**【3.3.1.2　What day is that day?】**

今天是星期六（Saturday），在 $1^1+2^2+3^3+\cdots+N^N$ 天后是星期几？一个星期由 Sunday、Monday、Tuesday、Wednesday、Thursday、Friday 和 Saturday 组成。

**输入**

有多个测试用例。输入的第一行给出一个整数 $T$，表示测试用例的数目。每个测试用例一行，给出一个整数 $N$（$1\leqslant N\leqslant 1\ 000\ 000\ 000$）。

**输出**

对于每个测试用例，输出一个字符串，表示星期几。

| 样例输入 | 样例输出 |
| --- | --- |
| 2<br>1<br>2 | Sunday<br>Thursday |

试题来源：The 11th Zhejiang Provincial Collegiate Programming Contest

在线测试：ZOJ 3785

**试题解析**

任意一个自然数 $N$ 可以表示为 $N=7*k+m$，其中 $k\geqslant 0$，$0\leqslant m\leqslant 6$。所以 $N^N=(7k+m)^N$。

通过对 $(7k+m)^N$ 进行二项式展开，$N^N\ \%7=m^N\%\ 7$。因为一个星期有 7 天，而 7 是素数，如果 $\mathrm{GCD}(m, 7)=1$，则根据费马小定理，7 是素数，$m$ 是正整数，且 $\mathrm{GCD}(m, 7)=1$，则 $m^6\ \%7=1$。

再设 $N=6k_2+t$，其中 $k_2\geqslant 0$，$0\leqslant t\leqslant 5$，所以 $N^N\ \%7=m^N\ \%7=m^t\ \%7$。由于 $0\leqslant m\leqslant 6$，$0\leqslant t\leqslant 5$，因此可知，底数有 7 种取值，指数有 6 种取值，有 $7\times 6=42$ 种组合。但每 42 个数后，这 42 个数的排列会发生改变，一共改变 7 次，所以总循环周期为 $42\times 7=294$。

因此，通过计算 $(1^1+2^2+3^3+\cdots+(N\%294)^{N\ \%\ 294})\ \%7$ 便可得知在 $1^1+2^2+3^3+\cdots+N^N$ 天后是星期几。

**参考程序**

```
#include <cstdio>
#include <cstring>
#include <algorithm>
using namespace std;
```

```
typedef long long int ll;
int ans[1001];  //ans[i] 为 1¹+2²+3³+…+iⁱ
ll quick(ll a, ll b, ll c)  //通过反复平方法计算 a^b%c 的值
{
    ll ans=1;                //结果值初始化
    while(b)                 //按照由低至高的顺序分析 b 的每个二进制位，并迭代计算 a^b%c
    {
        a=a%c;
        ans=ans%c;
        if(b%2==1)           //若最低位为 1，则累乘 a
            ans=(ans*a)%c;
        b/=2;                //去除最低位
        a=(a*a)%c;           //计算 a
    }
    return ans%c;            //返回 a^b % c 的值
}
void init( )
{
    ans[1]=1;
    for(int i=2;i<=294;i++){ //循环
        ans[i]=(ans[i-1]+quick(i,i,7))%7;  //(计算 1¹+2²+3³+…+iⁱ)%7
    }
}
int main( )
{
    ll t,sum;
    int n;
    init( );
    scanf("%lld", &t);       //输入测试用例数
    while(t--)               //依次处理每个测试用例
    {
        sum=0;
        scanf("%d",&n);
        sum=ans[n%294];      //计算 (1¹+2²+3³+…+(N%294)^(N%294))%7
        if(sum==0)           //若模 7 后为 0，则为星期六；否则余数指明了星期几
            printf("Saturday\n");
        else if(sum==1)
            printf("Sunday\n");
        else if(sum==2)
            printf("Monday\n");
        else if(sum==3)
            printf("Tuesday\n");
        else if(sum==4)
            printf("Wednesday\n");
        else if(sum==5)
            printf("Thursday\n");
        else
            printf("Friday\n");
    }
    return 0;
}
```

### 3.3.2 伪素数

费马小定理的逆不成立，即满足 $a^{n-1}\equiv 1 \pmod{n}$ 的 $n$ 并不一定是素数。在 1919 年，Sarrus 给出了费马小定理的逆的反例。

**定义 3.3.2.1（伪素数）** 设 $a$ 是一个正整数。如果 $n$ 是一个正合数，并且 $a^n \equiv a(\bmod n)$，则称 $n$ 为以 $a$ 为基的伪素数。

**定义 3.3.2.2（绝对伪素数）** 如果一个正合数 $n$ 对于所有满足 GCD$(a, n)=1$ 的正整数 $a$ 都有 $a^{n-1} \equiv 1(\bmod n)$，则称 $n$ 为绝对伪素数，也称为 Carmichael 数。

**【3.3.2.1 Pseudoprime numbers】**

费马小定理指出，对于任何素数 $p$ 和任何整数 $a>1$，$a^p \equiv a\ (\bmod p)$。也就是说，如果 $a$ 的 $p$ 次幂除以 $p$，余数是 $a$。一些（但不是很多）非素数值 $p$，如果存在整数 $a>1$ 使得 $a^p=a\ (\bmod p)$，则称 $p$ 是以 $a$ 为基的伪素数。（还有一些数被称为 Carmichael 数，对于所有满足 GCD$(a, n)=1$ 的正整数 $a$，都是以 $a$ 为基的伪素数。）

给出 $2<p\leqslant 1\,000\,000\,000$ 和 $1<a<p$，确定 $p$ 是不是以 $a$ 为基的伪素数。

**输入**

输入包含若干测试用例，最后以 "0 0" 的一行表示结束。每个测试用例一行，给出 $p$ 和 $a$。

**输出**

对每个测试用例，如果 $p$ 是基于 $a$ 的伪素数，输出 "yes"；否则输出 "no"。

| 样例输入 | 样例输出 |
|---|---|
| 3 2 | no |
| 10 3 | no |
| 341 2 | yes |
| 341 3 | no |
| 1105 2 | yes |
| 1105 3 | yes |
| 0 0 | |

试题来源：Waterloo Local Contest, 2007.9.23

在线测试：POJ 3641

**试题解析**

如果输入的 $p$ 是素数，则 $p$ 不是伪素数；否则判断 $a^p \equiv a\ (\bmod p)$ 是否成立。如果成立，则 $p$ 是伪素数；否则 $p$ 不是伪素数。

**参考程序**

```
#include<cstdio>
#include<stdlib.h>
#include<string.h>
#include<math.h>
#include<algorithm>
#define MYDD 1103
typedef long long ll;
using namespace std;
ll MOD(ll x,ll n,ll mod) {
    ll ans;
    if(n==0)
        return 1;
    ans=MOD(x*x%mod,n/2,mod); //采用递归
    if(n&1)                   //用于判断 n 的二进制最低位是否为 1
        ans=ans*x%mod;
```

```
        return ans;
    }
    ll issu(ll x) {                     //素数的判断
        if(x<2)
            return 0;                   //不是素数：返回0
        for(ll j=2; j<=sqrt(x); j++)
            if(x%j==0)
                return 0;
        return 1;
    }
    int main() {
        ll p,a,Q_mod;
        while(scanf("%lld%lld",&p,&a)&&(p||a)) {
            if(issu(p)) {
                puts("no");             //如果p是素数，直接输出
            } else {
                Q_mod=MOD(a,p,p);  //快速幂a^p%p的结果
                if(Q_mod==a) {
                    puts("yes");
                } else
                    puts("no");
            }
        }
        return 0;
    }
```

费马小定理的逆不成立，但从大量统计数据来看，如果满足 GCD$(a, n)=1$ 且 $a^{n-1}\equiv 1(\bmod n)$，则 $n$ 较大概率为素数。所以，如果想知道 $n$ 是否为素数，还需要不断地选取 $a$，看上述同余式是否成立：如果有足够多的不同 $a$ 能使同余式成立，则可以说 $n$ 可能是素数，但 $n$ 也可能是伪素数。如果出现了任一个 $a$ 使同余式 $a^{n-1}\equiv 1(\bmod n)$ 不成立，则 $n$ 是合数，而 $a$ 也被称为对于 $n$ 的合数判定的凭证（witness）。

因此给出测试素数的 Miller-Rabin 方法。Miller-Rabin 方法是一种随机化算法，设 $n$ 为待检验的整数；$k$ 为选取 $a$ 的次数。重复 $k$ 次计算，每次在 $[1, n-1]$ 范围内随机选取一个 $a$，若 $a^{n-1} \bmod n \neq 1$，则 $n$ 为合数；若随机选取的 $k$ 个 $a$ 都使 $a^{n-1}\equiv 1 (\bmod n)$ 成立，则返回 $n$ 为素数或伪素数的信息。

Miller-Rabin 方法的实现是每次计算使用模指数运算的快速算法，运行时间为 $O(k\times \log_2^3 n)$。Miller-Rabin 方法的有效性证明如下。

**证明**：设 $a$ 为自然数，如果 $a^2\equiv 1(\bmod n)$，则有 $a\equiv 1(\bmod n)$ 或 $a\equiv -1(\bmod n)$。如果 $n$ 是一个大于 2 的奇数，则 $n-1=2^s\times d$，其中 $d$ 为奇数。根据费马小定理，如果 $a$ 不能被素数 $n$ 整除，则 $a^{n-1}\equiv 1 (\bmod n)$。由上述性质可以推出，如果 $a^d\equiv 1(\bmod n)$；或者，如果 $a^{2^r\times d}\equiv -1(\bmod n)$，即 $a^{2^{r+1}\times d}\equiv 1(\bmod n)$，$0\leqslant r<s$；则 $a^{n-1}\equiv 1 (\bmod n)$ 成立。

所以，Miller-Rabin 方法选取了一个自然数 $a$，如果 $a^d\equiv 1(\bmod n)$ 不成立，并且对于自然数 $r$（$0\leqslant r<s$），$a^{2^r\times d}\equiv -1(\bmod n)$ 也不成立，那么 $a^{n-1} \bmod n\neq 1$，$n$ 一定是合数。否则，$n$ 可能是素数，但也可能是伪素数。我们称对 $n$ 进行以 $a$ 为底的 Miller-Rabin 测试。 ■

例如，221 是一个合数，$221=17\times 13$。采用 Miller Rabin 素数测试来检验 $n=221$。$n-1=220=2^2\times 55$，则 $s=2$ 且 $d=55$。随机从区间 $[1, n-1]$ 中选取 $a$ 进行 Miller-Rabin 素数测试。

选取 $a=174$，则 $a^{2^0\times d} \bmod n = 174^{55} \bmod 221=47\neq 1$ 或 $-1$，$a^{2^1\times d} \bmod n = 174^{110} \bmod 221=220=-1$，即 $a=174$ 是 $n=221$ 为素数的一个“强伪证”(strong liar)。

再选取 $a=137$，则 $a^{2^0\times d} \bmod n = 137^{55} \bmod 221=188\neq 1$ 或 $-1$，$a^{2^1\times d} \bmod n = 137^{110} \bmod 221\neq -1$，即 $a=137$ 是 $n=221$ 为合数的一个凭证。

Miller-Rabin 测试算法如下。

```
int64 qpow(int64 a,int64 b,int64 M){     //通过快速幂取模计算 a^b mod M
    int64 ans=1;
    while(b){
        if(b&1) ans*=a,ans%=M;
        a*=a;a%=M;b>>=1;
    }
    return ans;
}
bool MillerRabinTest(int64 x,int64 n){ //选取 x 为底，判定 n 是否可能为素数
int64 y=n-1;
while(!(y&1)) y>>=1;                        //略去 n-1 (=d*2^s) 右端连续的 0，将其调整为 d
x=qpow(x,y,n);                             //x=x^d mod n
while(y<n-1&&x!=1&&x!=n-1)           //将 x 反复平方，直到模数值出现 n-1 (-1) 或 1 为止
  x=(x*x)%n,y<<=(int64)1;
return x==n-1||y&1==1;               //若 x 为 n-1 或 y 为奇数，则 n 可能是素数，否则是合数
}
```

Miller-Rabin 测试有这样的一个结论：对于 32 位内的任一个整数 $n$，如果其通过了以 2、7、61 为底的 Miller-Rabin 测试，那么 $n$ 是素数；反之，$n$ 是合数。

```
bool isprime32(int64 n){              //判断 32 位内的整数 n 是否为素数
if(n==2||n==7||n==61)  return 1;     //若 n 为 {2,7,61} 中的元素，则 n 为素数
if(n==1||(n&1)==0) return 0;         //若 n 是 1 或是非 2 偶数，则 n 为合数
return MillerRabinTest(2,n)&&MillerRabinTest(7,n)&&MillerRabinTest(61,n);
//对 n 进行以 2、7、61 为底的 Miller-Rabin 测试，如果通过，则 n 一定是素数；否则 n 为合数
}
```

### 【3.3.2.2　How many prime numbers】

给出若干正整数，请找出有多少素数。

**输入**

有若干测试用例。每个测试用例先给出一个整数 $N$，表示要查找的正整数的个数。每个正整数是不能超过 32 位的有符号整数，并且不能小于 2。

**输出**

对于每个测试用例，输出素数的个数。

| 样例输入 | 样例输出 |
|---|---|
| 3<br>2 3 4 | 2 |

试题来源：HDU 2007-11 Programming Contest_WarmUp

在线测试：HDOJ 2138

**试题解析**

本题的数据范围是 32 位有符号整数，所以，如果一个整数通过了以 2、7、61 为底的

Miller-Rabin 测试，那么这个整数是素数；反之，这个整数是合数。

## 参考程序

参照 Miller-Rabin 测试算法模板，此处不再赘述。

【3.3.2.3 Prime Test】

给出一个大整数，请判断它是否为素数。

**输入**

第一行给出测试用例的个数 $T$（$1 \leqslant T \leqslant 20$），接下来的 $T$ 行每行给出一个整数 $N$（$2 \leqslant N < 2^{54}$）。

**输出**

对于每个测试用例，如果 $N$ 是素数，则输出单词 "Prime"；否则输出 $N$ 的最小素数因子。

| 样例输入 | 样例输出 |
|---|---|
| 2<br>5<br>10 | Prime<br>2 |

试题来源：POJ Monthly

在线测试：POJ 1811

## 试题解析

由于本题的数据范围比较大，上限为 $2^{54}-1$，只能先用 Miller-Rabin 算法进行素数判断，Miller-Rabin 算法可以对上限为 $2^{63}-1$ 的整数进行快速的素数判断；然后，再用 Pollard_rho 算法分解因子，获得最小素数因子。

Miller-Rabin 算法是基于费马小定理的逆否，即如果存在 $a \in [1, n-1]$，使得同余式 $a^{n-1} \equiv 1 (\bmod\ n)$ 不成立，则 $n$ 是合数；但若 $a^{n-1} \equiv 1 (\bmod\ n)$，则几乎可以肯定地确定 $n$ 是素数，因为 $n$ 是合数的概率相当小。为了使得素数测试中出错的可能性不依赖 $n$ 而使结果更精确，Miller-Rabin 算法如下：

（1）试验 $s$（$s>1$）个随机选取的底 $a$，而不是仅试验一个底 $a$。

（2）每次试验中，先计算 $n-1=x \times 2^t$（其中 $x$ 为奇数）。然后依次检验 $a^x \equiv \pm 1 (\bmod\ n)$，$a^{x*2} \equiv -1 (\bmod\ n)$，…，$a^{x \times 2^{t-1}} \equiv -1 (\bmod\ n)$，$a^{n-1} \equiv 1 (\bmod\ n)$ 是否成立。若没有一个同余式成立，则 $n$ 为合数；否则，$n$ 可能为素数，再试验下一个底 $a$。

Pollard_rho 算法也是一个随机算法。对于一个整数 $n$，Pollard_rho 算法首先使用 Miller-Rabin 算法判断 $n$ 是否是素数，若 $n$ 是素数，那么，将其记录为一个素因子；如果 $n$ 不是素数，则按照下述方法分解 $n$ 的一个因子 $d$。

先取一个随机整数 $c$，$1 \leqslant c \leqslant n-1$；然后取另一个随机整数 $x_1$，$1 \leqslant x_1 \leqslant n-1$；然后计算序列 $x_1\ x_2\ x_3 \cdots x_i\ x_{i+1} \cdots$，其中令 $y=x_{i-1}$，$x_i$ 按照递归式 $x_i=(x_{i-1}^2+c)\%n$ 得出；每生成一项 $x_i$ 后，求 $\mathrm{GCD}(y-x_i, n)$，如果 $\mathrm{GCD}(y-x_i, n)$ 大于 1，那么得到一个因子 $p=\mathrm{GCD}(y-x_i, n)$，继续对 $p$ 和 $n/p$ 递归搜索，直到搜到素数为止；若 $\mathrm{GCD}(y-x, n)$ 是 1，则重复上述操作。这样的过程一直进行至出现了以前出现过的某个 $x$ 为止。

由于这个算法在找寻随机数的过程中会出现成环的情况，类似希腊字母 ρ 的形状（如图 3-3 所示），因而得名 Pollard_rho 算法。

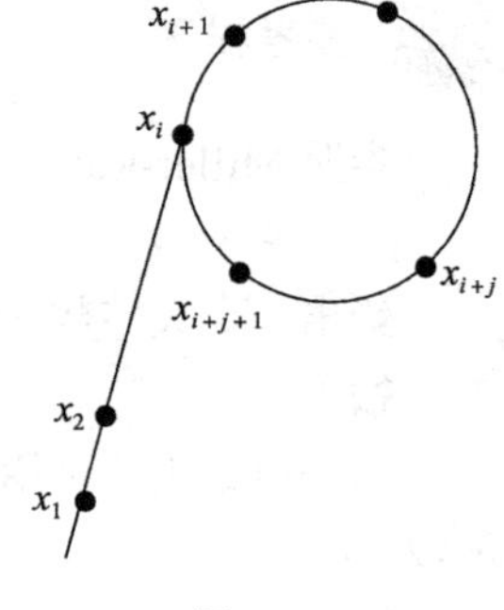


图　3-3

综上所述，求解本题的算法如下。

- 递归分解 *n* 的所有素因子，构建一个素因子表 factor[]。方法如下：

  使用 Miller-Rabin 算法判断 *n* 是否为素数。若是，则进入 factor[] 表并回溯，否则调用 Pollard_rho 算法分解出 *n* 的一个素因子 *p*，然后分别递归计算 *p* 和 *n/p*。
- 最后，在 factor[] 表中找出最小值。

**参考程序**

```
#include <iostream>
#include <stdio.h>
#include <string.h>
#include <stdlib.h>          //rand() 需要 stdlib.h 头文件
#include <math.h>
#include <time.h>
#include <algorithm>
typedef long long ll;
#define Time 15             //随机算法判定次数，Time 越大，判错概率越小
using namespace std;
ll n,ans,factor[10001];      //factor[] 为素因子表，无序存放
ll tol;                      //素因子的个数
long long mult_mod(ll a,ll b,ll c) //计算 (a*b)%c，其中 a、b 都是 ll 的数，直接相乘可能溢出
{
    a%=c;                    //通过反复平方法计算 (a*b)%c
    b%=c;
    ll ret=0;                //结果值初始化
    while(b)                 //分析 b 的每一个二进制位，迭代计算 (a*b)%c
    {
        if(b&1)              //若 b 的当前二进制位为 1，则 res=(res+a)%c
        {
            ret+=a;
            ret%=c;
        }
        a<<=1;               //a=⌊a/2⌋% c
        if(a>=c)a%=c;
        b>>=1;               //b 右移一位
    }
    return ret;              //返回 (a*b)%c 的结果值
}
ll pow_mod(ll x,ll n,ll mod) //使用迭代法计算 x^n % mod
{
    if(n==1)return x%mod;    //若 x 的次幂为 1，则返回 x%mod
    x%=mod;
    ll tmp=x;                //当前位的权重初始化
    ll ret=1;                //结果值初始化
    while(n)                 //分析 n 的每个二进制位
    {
        if(n&1) ret=mult_mod(ret,tmp,mod);  //若当前位为 1，则 ret=ret^tmp % mod
```

```
        tmp=mult_mod(tmp,tmp,mod);          //下一位的权重 tmp=tmp² % mod
        n>>=1;                  //n 右移一位
    }
    return ret;                 //返回 xⁿ % mod
}
bool check(ll a,ll n,ll x,ll t)  //以 a 为底，n-1=x*2ᵗ，x 为奇数，用 a^(n-1)=1(mod n)
                                 //验证 n 是不是合数，是合数返回 true，否则返回 false
{
    ll ret=pow_mod(a,x,n);  //last=ret=aˣ % n
    ll last=ret;
    for(int i=1; i<=t; i++) //依次检验 aˣ(mod n)、aˣ*²(mod n)、…aⁿ⁻¹(mod n)
    {
        ret=mult_mod(ret,ret,n);
        if(ret==1&&last!=1&&last!=n-1) return true;
        last=ret;
    }
    if(ret!=1) return true; //若 aⁿ⁻¹(mod n)≠1，则返回 n 是合数标志
    return false;           //n 可能是素数
}
bool Miller_Rabin(ll n)     //Miller-Rabin 算法素数判定，素数返回 true(可能是伪素数，
                            //但概率极小)，合数返回 false
{
    if(n<2) return false;
    if(n==2||n==3||n==5||n==7) return true; //判断最简单的素数情况和合数情况
    if(n==1||(n%2==0)||(n%3==0)||(n%5==0)||(n%7==0)) return false;//偶数
    ll x=n-1;               //计算 n-1=x*2ᵗ 中的奇数 x 和次幂 t
    ll t=0;
    while((x&1)==0)
    {
        x>>=1;
        t++;
    }
    for(int i=0; i<Time; i++)               //顺序试验 Time 个底
    {
        ll a=rand()%(n-1)+1;                //随机产生当前的底 a
        if(check(a,n,x,t))                  //若检验出 n 是合数，则返回合数标志
            return false;                   //合数
    }
    return true;    //若试验了 Time 个底后仍未判断出 n 是合数，则返回素数标志
}
ll gcd(ll a,ll b)   //计算并返回 a 和 b 的最大公约数
{
    if(a==0)return 1;
    if(a<0) return gcd(-a,b);
    while(b)
    {
        long long t=a%b;
        a=b;
        b=t;
    }
    return a;
}
ll Pollard_rho(ll x,ll c)   //Pollard_rho 算法进行素因子分解，分解 x 的一个素因子，c 为
                            //1…n 间的一个随机整数
{
```

```
    ll i=1,k=2;
    ll x0=rand()%x;             //随机产生第一项 x0
    ll y=x0;                    //与当前项最近的 2 的次幂项 y 初始化
    while(1)
    {
        i++;                    //项数 +1
        x0=(mult_mod(x0,x0,x)+c)%x;   //生成当前项 x0=(x0² % x+c)% x
        long long d=gcd(y-x0,x);      //若 y-x0 和 x 的最大公约数在 2…x-1 之间，则该数
                                      //为 x 的一个因子；若 y==x0，则返回因子 x
        if(d!=1&&d!=x) return d;
        if(y==x0) return x;
        if(i==k)    //若当前项为 2 的次幂项，则记下
        {
            y=x0;
            k+=k;
        }
    }
}
void findfac(ll n) //递归分解 n 的素因子，构建素因子表 factor[]
{
    if(Miller_Rabin(n))      //若 n 为素数，则 n 进入素因子表，回溯
    {
        factor[tol++]=n;
        return;
    }
    ll p=n;
    while(p>=n) p=Pollard_rho(p,rand()%(n-1)+1);   //分解出 n 的一个因子 p
    findfac(p);                //递归分解因子 p 和因子 n/p
    findfac(n/p);
}
int main()
{
    int T;
    scanf("%d",&T);                     //输入测试用例数
    while(T--)
    {
        scanf("%lld",&n);               //输入整数 n(n≥2)
        if(Miller_Rabin(n))             //若 n 为素数，则输出单词 "Prime"
        {
            printf("Prime\n");
            continue;
        }
        tol=0;                          //n 的素因子表为空
        findfac(n);                     //对 n 分解素因子，构建素因子表 factor[]
        ll ans=factor[0];
        for(int i=1; i<tol; i++)        //在 factor[] 中寻找最小值
            if(factor[i]<ans)
                ans=factor[i];
       printf("%lld\n",ans);            //输出最小素因子
    }
    return 0;
}
```

### 3.3.3 欧拉定理

**定义 3.3.3.1（欧拉 $\varphi$ 函数 $\varphi(n)$）** 设 $n$ 是一个正整数，欧拉 $\varphi$ 函数 $\varphi(n)$ 是不超过 $n$ 且

与 $n$ 互素的正整数的个数。

例如，$\varphi(1)=\varphi(2)=1$，$\varphi(3)=\varphi(4)=2$。

**定义 3.3.3.2（模 $n$ 的既约剩余系）** 模 $n$ 的既约剩余系是由 $\varphi(n)$ 个整数构成的集合，集合中的每个元素均与 $n$ 互素，且任何两个元素模 $n$ 不同余。

例如，$n=10$，$\varphi(10)=4$。在集合 $\{1, 3, 7, 9\}$ 中的每个元素与 10 互素，并且任何两个元素模 10 不同余。同样，集合 $\{-3, -1, 1, 3\}$ 也是模 10 的既约剩余系。

**定理 3.3.3.1** 如果集合 $\{r_1, r_2, \cdots, r_{\varphi(n)}\}$ 是一个模 $n$ 的既约剩余系，并且 $n$ 和 $a$ 是互素的正整数，则集合 $\{ar_1, ar_2, \cdots, ar_{\varphi(n)}\}$ 也是一个模 $n$ 的既约剩余系。

**证明**：首先，证明每个 $ar_i$ 和 $n$ 互素，$i=1, 2, \cdots, \varphi(n)$。假设 $\mathrm{GCD}(ar_i, n)>1$，$ar_i$ 和 $n$ 有素因子 $p$。因此，或者 $p \mid a$，或者 $p \mid r_i$。因为 $r_i$ 是模 $n$ 的既约剩余系中的元素，所以和 $p \mid n$ 和 $p \mid r_i$ 不能同时成立；又因为 $n$ 和 $a$ 是互素的正整数，所以 $p \mid n$ 和 $p \mid a$ 不能同时成立。所以，每个 $ar_i$ 和 $n$ 互素，$i=1, 2, \cdots, \varphi(n)$。

然后，证明每个 $ar_i$ 模 $n$ 彼此不同余，$i=1, 2, \cdots, \varphi(n)$。假设 $ar_j$ 和 $ar_k$ 模 $n$ 同余，$1\leqslant j, k\leqslant\varphi(n)$，$j\neq k$。因为 $n$ 和 $a$ 是互素的正整数，所以 $r_j$ 和 $r_k$ 模 $n$ 同余。因为 $r_j$ 和 $r_k$ 是模 $n$ 的既约剩余系中的不同元素，导致矛盾，所以每个 $ar_i$ 模 $n$ 彼此不同余，$i=1, 2, \cdots, \varphi(n)$。■

例如，$\{1, 3, 7, 9\}$ 是一个模 10 的既约剩余系，并且 3 和 10 是互素的正整数，则集合 $\{3, 9, 21, 27\}$ 也是一个模 10 的既约剩余系。

**定理 3.3.3.2（欧拉定理或费马－欧拉定理）** 如果 $n$ 和 $a$ 是互素的正整数，则 $a^{\varphi(n)}\equiv 1 \pmod n$。

**证明**：设 $\{r_1, r_2, \cdots, r_{\varphi(n)}\}$ 是一个既约剩余系，其元素不超过 $n$ 且和 $n$ 互素。由定理 3.3.3.1，如果 $n$ 和 $a$ 是互素的正整数，则集合 $\{ar_1, ar_2, \cdots, ar_{\varphi(n)}\}$ 也是模 $n$ 的既约剩余系。所以，在一定的顺序下 $\{ar_1, ar_2, \cdots, ar_{\varphi(n)}\}$ 的最小正剩余一定是 $\{r_1, r_2, \cdots, r_{\varphi(n)}\}$。如果把集合 $\{ar_1, ar_2, \cdots, ar_{\varphi(n)}\}$ 和 $\{r_1, r_2, \cdots, r_{\varphi(n)}\}$ 中的所有的元素都乘起来，则有 $ar_1ar_2\cdots ar_{\varphi(n)}\equiv r_1r_2\cdots r_{\varphi(n)} \pmod n$。所以，$a^{\varphi(n)}r_1r_2\cdots r_{\varphi(n)}\equiv r_1r_2\cdots r_{\varphi(n)} \pmod n$。因为 $r_1r_2\cdots r_{\varphi(n)}$ 和 $n$ 是互素的，所以 $a^{\varphi(n)}\equiv 1 \pmod n$。■

例如，$\{1, 3, 7, 9\}$ 是一个模 10 的既约剩余系，其元素不超过 10 且和 10 互素；10 和 3 是互素的整数；而 $\{3, 9, 21, 27\}$ 也是一个模 10 的既约剩余系。所以，在一定的顺序下 $\{3, 9, 21, 27\}$ 的最小正剩余是 $\{1, 3, 7, 9\}$。$3*9*21*27\equiv 1*3*7*9 \pmod{10}$，$1*3*7*9 (\mathrm{mod}\ 10)=9$，$n=10$，$a=3$，并且 $\varphi(10)=4$，$3^4=3^{\varphi(10)}\equiv 1 \pmod{10}$。

**推论 3.3.3.1** 如果 $n$ 和 $a$ 是互素整数，则 $a^{\varphi(n)+1}\equiv a \pmod n$。

## 【3.3.3.1 Period of an Infinite Binary Expansion】

设 $\{x\}=0.a_1a_2a_3\cdots$ 是有理数 $z$ 的分数部分的二进制表示。本题设定 $\{x\}$ 是周期性的，可以写为 $\{x\}=0.a_1a_2\cdots a_r(a_{r+1}a_{r+2}\cdots a_{r+s})^w$，其中 $r$ 和 $s$ 是整数，$r\geqslant 0$ 且 $s>0$。子序列 $x_1=a_1a_2\cdots a_r$ 被称为 $\{x\}$ 的前期（preperiod），而 $x_2=a_{r+1}a_{r+2}\cdots a_{r+s}$ 被称为 $\{x\}$ 的周期（period）。如果选 $|x_1|$ 和 $|x_2|$ 尽可能小，则 $x_1$ 被称为 $\{x\}$ 的最短前期（least preperiod），而 $x_2$ 被称为 $\{x\}$ 的最短周期。例如，$x=1/10=0.000\ 110\ 011\ 001\ 1(00110011)^w$，0001100110011 是 1/10 的前期，而 00110011 是 1/10 的周期。然而，1/10 也可以写为 $1/10=0.0(0011)^w$，0 是 1/10 的最短前期，0011 是 1/10 最短周期。1/10 的最短周期从二进制小数点右侧的第 2 位开始，最短周期的长度为 4。

请编写一个程序，对于一个小于 1 的正有理数，找出最短周期的开始位置及最短周期的长度，其中，前期也是最短的。

**输入**

每个测试用例一行，给出一个有理数 $p/q$，其中 $p$ 和 $q$ 是整数，$p \geqslant 0$，$q>0$。

**输出**

每行对应一个测试用例，给出一对数，第一个数是有理数的最短周期的开始位置，第二个数是有理数的最短周期的长度。

| 样例输入 | 样例输出 |
|---|---|
| 1/10<br>1/5<br>101/120<br>121/1472 | Case #1: 2,4<br>Case #2: 1,4<br>Case #3: 4,4<br>Case #4: 7,11 |

试题来源：ACM Manila 2006

在线测试：POJ 3358，UVA 3172

**试题解析**

有理数的小数部分是有限或无限循环的数。

首先，把 $p/q$ 化为最简分数，使得 $p$ 和 $q$ 互素，即 $p=p$ div GCD($p$, $q$)，$q=q$ div GCD($p$, $q$)。

将一个小于 1 的分数 $p/q$ 转化为 $k$ 进制小数的方法如下：

```
for (i=0; i< 需要转换的位数 ; i++)
{    p = p * k;
     bit[i] = p / q;
     p = p mod q;
}
```

以 2/11 转化为十进制小数，转换 4 位为例，即 $p=2$，$q=11$，$k=10$，需要转换的位数为 4：

- 第 1 次循环，$p=2\times10=20$，bit[0]=20/11=1，$p$=20 mod 11=9。
- 第 2 次循环，$p=9\times10=90$，bit[1]=90/11=8，$p$=90 mod 11=2。
- 第 3 次循环，$p=2\times10=20$，bit[2]=20/11=1，$p$=20 mod 11=9。
- 第 4 次循环，$p=9\times10=90$，bit[3]=90/11=8，$p$=90 mod 11=2。

即 2/11 的十进制小数表示为 0.1818…。

由题目描述，$p/q$ 是一个小于 1 的正有理数。用二进制表示有理数 $p/q$，采取乘 2 取余，即 $p$ mod $q$ 的结果是 $p$，然后每次对结果乘 2，再 mod $q$ 得余数。

设有理数的最短周期的开始位置为 $x$，有理数的最短周期的长度为 $y$，则同余方程 $p\times2^x\equiv p\times2^{x+y} \bmod q$ 成立，则 $q \mid p\times2^x\times(2^y-1)$。由于 $p$ 和 $q$ 互素，则 $q \mid 2^x\times(2^y-1)$。由于 $2^y-1$ 是奇数，所以在 $q$ 中 2 的因数个数即为 $x$，因此 $x$ 可以通过对 $q$ 连续除以 2 处理来求出，而 $q=q$ DIV $2^x$；最终得同余方程 $2^y\equiv1 \pmod q$。最后，利用欧拉定理求解 $y$ 即可。

**参考程序**

```
#include <iostream>
#include <stdio.h>
#include<string.h>
```

```
#include<algorithm>
#include<string>
#include<ctype.h>
using namespace std;
#define MAXN 10000
long long gcd(long long a,long long b) //计算 a 和 b 的最大公约数，即函数 GCD(a, b)
{
    return b?gcd(b,a%b):a;
}
long long phi(long long n)  //计算不超过 n 且与 n 互素的正整数的个数，即欧拉 φ 函数 φ(n)
{
    long long res=n;
    for(int i=2;i*i<=n;i++) //搜索 n 的每个素因子
    {
        if(n%i==0)          //若 i 为 n 的素因子，则根据公式 φ(p^k)=p^k-p^(k-1) 调整 res
        {
            res=res-res/i;
            while(n%i==0)   //在 n 中去除 i 的次幂
            {
                n/=i;
            }
        }
    }
    if(n>1)                 //若剩下最后一个素因子 n，则根据公式 φ(p^k)=p^k-p^(k-1) 调整 res
        res=res-res/n;
    return res;
}
long long multi(long long a,long long b,long long m)  //通过反复平方法计算 a*b%m
{
    long long res=0;         //结果值初始化
    while(b>0)               //分析 b 的每一个二进制位
    {
        if(b&1)              //若 b 的当前二进制位为 1，则 res=(res+a)%m
            res=(res+a)%m;
        b>>=1;               //右移 b，准备分析下一个二进制位
        a=(a<<1)%m;          //a= 2*a%m
    }
    return res;              //返回结果值
}
long long quickmod(long long a,long long b,long long m) //通过反复平方法计算 a^b%m
{
    long long res=1;         //结果值初始化
    while(b>0)               //分析 b 的每一个二进制位
    {
        if(b&1)              //若 b 的当前二进制位为 1，则 res=(res*a)%m
            res=multi(res,a,m);
        b>>=1;               //右移 b，准备分析下一个二进制位
        a=multi(a,a,m);      //a=a²%m
    }
    return res;              //返回结果值
}
int main()
{
    long long p,q,x,y;
    int cas=0;               //测试数据编号初始化
    while(scanf("%I64d/%I64d",&p,&q)!=EOF)  //输入一个有理数 p/q
```

```
    {
        if(p==0)                  //若p为1，则有理数的最短周期的开始位置为1，长度为1
        {
            puts("1,1");
            continue;             //继续输入测试数据
        }
        cas++;                    //测试数据编号+1
        long long t=gcd(p,q);  //计算p和q的最大公约数t
        x=1;
        p/=t;q/=t;                //化为最简分数，使得p和q互素
        while(q%2==0)             //去除q中2的幂因子，计算最短周期的开始位置x(即2的次幂)
        {
            q/=2;x++;
        }
        long long m=phi(q);   //计算不超过q且与q互素的正整数的个数m
        y=m;                      //最短周期的长度初始化
        for(long long i=2;i*i<=m;i++)         //搜索m的每个素因子
        {
            if(m%i==0)            //若m含因子i，则在m中去除i的幂因子
            {
                while(m%i==0)
                    m/=i;
                while(y%i==0)                 //若y中含因子i，则在y中去除一个i
                {
                    y/=i;
                    if(quickmod(2,y,q)!=1)    //若 2^y % q≠1，则y补回i，继续寻找
                                              //m的下一个素因子
                    {
                        y*=i;
                        break;
                    }
                }
            }
        }
        printf("Case #%d: %I64d,%I64d\n",cas,x,y);     //输出有理数的最短周期的开始
                                                       //位置和长度
    }
    return 0;
}
```

## 3.4 积性函数的实验范例

### 3.4.1 欧拉 $\varphi$ 函数 $\varphi(n)$

**定义 3.4.1.1（算术函数）** 所有在正整数上运算的函数都被称为算术函数。

**定义 3.4.1.2（积性函数）** 如果算术函数 $f$ 对任意两个互素的正整数 $a$ 和 $b$，$f(ab)=f(a)f(b)$，则 $f$ 被称为积性函数（或乘性函数）；如果对任意两个正整数 $a$ 和 $b$，$f(ab)=f(a)f(b)$，则 $f$ 被称为完全积性函数（或完全乘性函数）。

**定理 3.4.1.1** 如果 $f$ 是一个积性函数，$n$ 是一个正整数，且 $n$ 有素幂因子分解 $n=p_1^{a_1}p_2^{a_2}\cdots p_m^{a_m}$，则 $f(n)=f(p_1^{a_1})f(p_2^{a_2})\cdots f(p_m^{a_m})$。

**定义 3.4.1.3（欧拉 $\varphi$ 函数 $\varphi(n)$）** 设 $n$ 是一个正整数，欧拉 $\varphi$ 函数 $\varphi(n)$ 是不超过 $n$ 且与 $n$ 互素的正整数的个数。

例如，$\varphi(1)=\varphi(2)=1$，$\varphi(3)=\varphi(4)=2$。

**定理 3.4.1.2**　如果 $n$ 是素数，$\varphi(n)=n-1$；如果 $n$ 是合数，$\varphi(n)<n-1$。

例如，$\varphi(7)=6$，$\varphi(4)=2$。

**定理 3.4.1.3（欧拉 $\varphi$ 函数公式）**

(a) 如果 $p$ 是一个素数，且 $k$ 是正整数，则 $\varphi(p^k)=p^k-p^{k-1}$。

(b) 如果 $m$ 和 $n$ 是互素的正整数，则 $\varphi(mn)=\varphi(m)\varphi(n)$。

所以，$\varphi(n)$ 是积性函数，但不是完全积性函数。

**定理 3.4.1.4**　正整数 $m$ 可以表示为素幂因子分解 $m=p_1^{k_1}*p_2^{k_2}*\ldots*p_r^{k_r}$，其中 $p_1, p_2, \cdots, p_r$ 是不同的素数，则 $\varphi(m)=\varphi(p_1^{k_1})*\varphi(p_2^{k_2})*\ldots*\varphi(p_r^{k_r})$。

例如，$\varphi(18)=\varphi(2*3^2)=\varphi(2)*\varphi(3^2)=3^2-3=6$。

【3.4.1.1　Relatives】

给出一个正整数 $n$，有多少个小于 $n$ 的正整数对于 $n$ 是互素的？两个整数 $a$ 和 $b$ 是互素的，如果不存在整数 $x>1$，$y>0$，$z>0$ 使得 $a=xy$，且 $b=xz$。

**输入**

给出若干测试用例。每个测试用例一行，给出 $n\leqslant 1\,000\,000\,000$。在最后一个测试用例后的一行给出 0。

**输出**

对每个测试用例输出一行，给出上述问题的答案。

| 样例输入 | 样例输出 |
|---|---|
| 7<br>12<br>0 | 6<br>4 |

试题来源：Waterloo local 2002.07.01

在线测试：POJ 2407，ZOJ 1906，UVA 10299

**试题解析**

不超过 $n$ 且与 $n$ 互素的正整数的个数为欧拉函数 $\varphi(n)$，这个函数为积性函数，即 $n$ 有素幂因子分解 $n=p_1^{a_1}p_2^{a_2}\cdots p_m^{a_m}$，则 $\varphi(n)=\varphi(p_1^{a_1})\varphi(p_2^{a_2})\cdots\varphi(p_m^{a_m})$，其中 $\varphi(p_i^{a_i})=(p_i-1)\times p_i^{a_i-1}$，$1\leqslant i\leqslant m$。

**参考程序**

```
#include<iostream>
#include<cstdio>
#include<cstring>
#include<cmath>
#include<algorithm>
#include<cstdio>
#include<cstdlib>
using namespace std;
typedef long long ll;
bool u[50000];                          //素数筛
ll su[50000],num;                       //素数表 su[]，长度为 num
ll gcd(ll a,ll b){                      //GCD(a, b)
```

```
    if(b==0)return a;
    return gcd(b,a%b);
}
void prepare(){                          //在 [2, 50 000] 的区间范围内，构建素数表 su[]
    ll i,j,k;
    for(i=2;i<50000;i++) u[i]=1;
    for(i=2;i<50000;i++)
        if(u[i])
          for(j=2;j*i<50000;j++)
              u[i*j]=0;
    for(i=2;i<50000;i++)
        if(u[i])
            su[++num]=i;
}
ll phi(ll x)                             //欧拉函数 φ(x)
{
    ll ans=1;
    int i,j,k;
    for(i=1;i<=num;i++)
      if(x%su[i]==0){                        //素因子 su[i] 的个数是 j
          j=0;
          while(x%su[i]==0) {++j;x/=su[i];}
          for(k=1;k<j;k++) ans=ans*su[i]%1000000007ll;
          ans=ans*(su[i]-1)%1000000007ll;
          if(x==1) break;
      }
    if(x>1) ans=ans*(x-1)%1000000007ll;
    return ans;                          //返回 φ(x)
}
int main(){
    prepare();                           //在 [2, 50 000] 的区间范围内，构建素数表 su[]
    int n,i,j,k;
    ll ans=1;
    while(scanf("%d",&n)==1&&n>0){       //输入测试用例，0 为结束标志
        ans=phi(n);                      //计算和输出 φ(n)
        printf("%d\n",(int)ans);
    }
}
```

【3.4.1.2 Longge's problem】

Longge擅长数学，他喜欢思考一些困难的数学问题，这些问题可以用优美的算法来解决。现在有这样一个问题：给出一个整数 $N$（$1<N<2^{31}$），请计算 $\sum GCD(i, N)$，$1 \leqslant i \leqslant N$。

“哦，我知道，我知道！”Longge 喊道。但你知道如何解这道题吗？请你解这道题。

**输入**

输入包含若干测试用例。每个测试用例一行，给出整数 $N$。

**输出**

对于每个 $N$，在一行中输出 $\sum GCD(i, N)$，$1 \leqslant i \leqslant N$。

| 样例输入 | 样例输出 |
|---|---|
| 2<br>6 | 3<br>15 |

试题来源：POJ Contest

在线测试：POJ 2480

**试题解析**

本题给出整数 $N$，对从 1 到 $N$ 的每个数 $i$，要求计算 GCD($i$, $N$) 的和。

首先，在从 1 到 $N$ 的每个数中，所有与 $N$ 互素的数 $x$ 的个数是 $N$ 的欧拉 $\varphi$ 函数 $\varphi(N)$。如果 GCD($i$, $N$)=$p$（$1<p\leqslant N$），则 $i/p$ 和 $N/p$ 互素，且满足 GCD($i$, $N$)=$p$ 的 $i$ 的个数是 $\varphi(N/p)$，所以，相应的和为 $p*\varphi(N/p)$。要计算$\sum$GCD($i$, $N$)，$1\leqslant i\leqslant N$，只需要根据 GCD 值的不同分类进行计算即可，$\sum$GCD($i$, $N$)=$\sum p*\varphi(N/p)$，其中 $p$ 是 $N$ 的约数。

根据 $\varphi$ 函数公式，可以计算 $\sum p*\varphi(N/p)$。

**参考程序**

```
#include<iostream>
#include<cstdio>
#include<cmath>
#include<cstring>
#define ll long long
using namespace std;
const int maxn=1e6+10;
int prime[maxn],cnt;
bool vis[maxn];
void get_prime()                                    //产生素数表
{
    memset (vis,true,sizeof (vis));
    vis[1]=false;
    for (int i=2;i<maxn;i++) {
        if (vis[i]) prime[cnt++]=i;
        for (int j=0;j<cnt&&i*prime[j]<maxn;j++) {
            vis[i*prime[j]]=false;
            if (i%prime[j]==0) break;
        }
    }
}
int factor[1005][2], fcnt;
void get_factor(int n)                              //分解素因子
{
    memset (factor,0,sizeof (factor));
    fcnt=0;
    for (int i=0;i<cnt&&prime[i]*prime[i]<=n;i++) {
        if (n%prime[i]==0) {
            factor[fcnt][0]=prime[i];
            while (n%prime[i]==0) {
                factor[fcnt][1]++;
                n=n/prime[i];
            }
            fcnt++;
        }
    }
    if (n!=1) {
        factor[fcnt][0]=n;
        factor[fcnt++][1]=1;
```

```
        }
    }
    int main()
    {
        get_prime();
        int n;
        while (scanf("%d",&n)!=EOF) {
            get_factor(n);
            ll ans=1;
            for (int i=0;i<fcnt;i++) {
                ll res=pow(factor[i][0],factor[i][1]); //套入公式里面
                ans*=(res+factor[i][1]*res-factor[i][1]*res/factor[i][0]);
            }
            printf("%lld\n",ans);
        }
        return 0;
    }
```

**定义 3.4.1.4（$a$ 模 $n$ 的阶）** 设 $a$ 和 $n$ 是互素的整数，$a \neq 0$，$n>0$，使得 $a^x \equiv 1 (\bmod n)$ 成立的最小正整数 $x$ 被称为 $a$ 模 $n$ 的阶，并记为 $\mathrm{ord}_n a$。

例如，设 $a=3$，$n=5$。因为 $3^4=81 \equiv 1(\bmod 5)$，所以 $\mathrm{ord}_5 3=4$。

**定义 3.4.1.5（原根）** 设 $a$ 和 $n$ 是互素的整数，且 $n>0$。如果 $\mathrm{ord}_n a=\varphi(n)$，则称 $a$ 是模 $n$ 的原根，并称 $n$ 有一个原根。

例如，$\mathrm{ord}_5 3=\varphi(5)=4$，则 3 是模 5 的原根，并且 5 有一个原根。

**定理 3.4.1.5** 如果正整数 $n$ 有一个原根，那么它有 $\varphi(\varphi(n))$ 个不同余的原根。

**【3.4.1.3 Primitive Roots】**

我们称整数 $x(0<x<p)$ 是以奇素数 $p$ 为模的一个原根（primitive root），当且仅当集合 $\{(x^i \bmod p)|1 \leqslant i \leqslant p-1\}$ 等于 $\{1, \cdots, p-1\}$。例如，以 7 为模的 3 的连续幂是 3、2、6、4、5、1，那么 3 是以 7 为模的一个原根。

请编写一个程序，给出任何一个奇素数 $3 \leqslant p<65\,536$，输出以 $p$ 为模的原根的数目。

**输入**

每行输入给出一个奇素数 $p$，输入以 EOF 结束。

**输出**

对每个 $p$，输出一行，给出一个整数，给出原根的数目。

| 样例输入 | 样例输出 |
|---|---|
| 23<br>31<br>79 | 10<br>8<br>24 |

试题来源：贾怡 @pku

在线测试：POJ 1284

 **试题解析**

由原根的定义可以看出，整数 $x$（$0<x<p$）是以奇素数 $p$ 为模的一个原根当且仅当 $xi \equiv 1(\bmod p)$，$1 \leqslant i \leqslant p-1$。如果 $p$ 有一个原根，那么它有 $\varphi(\varphi(p))$ 个不同余的原根。因为 $p$ 是一个素数，所以 $\varphi(\varphi(p))=\varphi(p-1)$。

**参考程序**

```
#include<iostream>
#include<cstdio>
#include<cstring>
#include<cmath>
#include<algorithm>
#include<cstdio>
#include<cstdlib>
using namespace std;
typedef long long ll;
bool u[50000];              //素数筛
ll su[50000],num;           //长度为 num 的素数表
void prepare(){             //采用筛选法计算素数表 su[]
    ll i,j,k;
    for(i=2;i<50000;i++) u[i]=1;
    for(i=2;i<50000;i++)
        if(u[i])
         for(j=2;j*i<50000;j++) u[i*j]=0;
    for(i=2;i<50000;i++)
        if(u[i]) su[++num]=i;
}
ll phi(ll x)                //计算欧拉函数 φ(x)，即若 x 分解出 k 个素因子 p1，p2，…，pk，则
                            //φ(x)= φ(p1)*φ(p2)*…*φ(pk)%1000000007
{
    ll ans=1;
    int i,j,k;
    for(i=1;i<=num;i++)     //按照递增顺序枚举每个素数
    if(x%su[i]==0){         //若 x 含次幂为 j 的素因子 su[i]，则计算 φ(su[i])=su[i]^(j-1)*
                            //(su[i]-1)，并乘入 φ(x)
        j=0;
        while(x%su[i]==0) {++j;x/=su[i];}
        for(k=1;k<j;k++) ans=ans*su[i]%1000000007ll;
        ans=ans*(su[i]-1)%1000000007ll;
        if(x==1) break;
    }
    if(x>1) ans=ans*(x-1)%1000000007ll;    //最后一项乘入 φ(x)
    return ans;
}
int main(){
    prepare();                             //采用筛选法计算素数表 su[]
    int n,i,j,k;
    ll ans=1;
    while(scanf("%d",&n)==1){              //反复输入模 n，直至输入 EOF 为止
        ans=phi(n-1);                      //计算和输出以 n 为模的原根的数目
        printf("%d\n",(int)ans);
    }
}
```

### 3.4.2 莫比乌斯函数 $\mu(n)$

设 $f$ 是算术函数，$f$ 的和函数 $F(n)=\sum_{d|n} f(d)$，则 $F(1)=f(1)$，$F(2)=f(1)+f(2)$，$F(3)=f(1)+f(3)$，$F(4)=f(1)+f(2)+f(4)$，$F(5)=f(1)+f(5)$，$F(6)=f(1)+f(2)+f(3)+f(6)$，$F(7)=f(1)+f(7)$，$F(8)=f(1)+f(2)+f(4)+f(8)$。也可以用 $F$ 来求出 $f$：$f(1)=F(1)$，$f(2)=F(2)-F(1)$，$f(3)=F(3)-F(1)$，$f(4)=$

$F(4)-F(2)$，$f(5)=F(5)-F(1)$，$f(6)=F(6)-F(3)-F(2)+F(1)$，$f(7)=F(7)-F(1)$，$f(8)=F(8)-F(4)$。

由此可见，$f(n)$ 等于形式为 $\pm F(n/d)$ 的一些项之和，其中 $d|n$。因此，可能会有一个等式，形式为$f(n)=\sum_{d|n}\mu(d)F(n/d)$，其中 $\mu$ 是算术函数。如果等式成立，则 $\mu(1)=1$，$\mu(2)=-1$，$\mu(3)=-1$，$\mu(4)=0$，$\mu(5)=-1$，$\mu(6)=1$，$\mu(7)=-1$，$\mu(8)=0$。

设 $p$ 是素数，则 $F(p)=f(1)+f(p)$，$f(p)=F(p)-F(1)$，即 $\mu(p)=-1$；$F(p^2)=f(1)+f(p)+f(p^2)$，则 $f(p^2)=F(p^2)-f(p)-f(1)=F(p^2)-F(p)+F(1)-F(1)=F(p^2)-F(p)$，即 $\mu(p^2)=0$。

**定义 3.4.2.1（莫比乌斯函数）** 莫比乌斯函数 $\mu(n)$ 定义为

$$\mu(n)=\begin{cases}1 & n=1\\(-1)^m & n=p_1p_2\cdots p_m,\text{其中}p_i\text{为不同的素数}\\0 & \text{其他}\end{cases}$$

所以，如果 $n$ 有平方因子，则 $\mu[n]=0$；如果 $n$ 没有平方因子，并且分解后有奇数个素因子，则 $\mu[n]=-1$；如果 $n$ 没有平方因子，并且分解后有偶数个素因子，则 $\mu[n]=1$。

**定理 3.4.2.1** 莫比乌斯函数 $\mu(n)$ 是积性函数。

**定理 3.4.2.2（莫比乌斯反演公式）** 设 $f$ 是算术函数，$F$ 是 $f$ 的和函数，$F(n)=\sum_{d|n}f(d)$，则 $f(n)=\sum_{d|n}\mu(d)F(n/d)$，其中 $n$ 是正整数。

**【3.4.2.1 Sky Code】**

Stancu 喜欢太空旅行，但他是一个糟糕的软件开发人员，而且永远也无法买到自己的宇宙飞船，这就是他准备偷走 Petru 的宇宙飞船的原因。现在只有一个问题：Petru 用一个复杂的密码系统锁定了他的宇宙飞船，这个密码系统基于银河系里的星星的 ID 号。为了破解这个系统，Stancu 要检查由四颗星星组成的每一个子集，它们的 ID 号数字中唯一的公约数是 1。幸运的是，Stancu 成功地确定这些星星的数量是 $N$ 个，但无论怎样，由四颗星星组成的子集也太多了。请帮助 Stancu，确定找到四个数字的子集的最大公约数是 1 的选法有多少种，以及是否有机会破解系统。

**输入**

在输入中给出若干测试用例。每个测试用例的第一行给出星星的数量 $N$（$1\leqslant N\leqslant 10\,000$）。测试用例的第二行给出星星的 ID 号的列表，ID 之间用空格分隔。每个 ID 都是一个不大于 10 000 的正整数。输入以 EOF 结束。

**输出**

对于每个测试用例，程序在一行上输出符合要求的子集的数量。

| 样例输入 | 样例输出 |
|---|---|
| 4<br>2 3 4 5<br>4<br>2 4 6 8<br>7<br>2 3 4 5 7 6 8 | 1<br>0<br>34 |

试题来源：ACM Southeastern European Regional Programming Contest 2008

在线测试：POJ 3904，UVA 4184

## 试题解析

给出一个 $N$ 个数字组成的集合，在该集合中，GCD 是 1 的 4 个数字组成子集的情况有多少种？

基于容斥原理，计算出 4 个数字组成子集的 GCD 不是 1 的情况数，再取 4 个数字组成子集的总数减去 4 个数字组成子集的 GCD 不是 1 的情况数，即结果。

设 4 个数字组成子集的 GCD 是 $k$，$k$ 可以表示成素数因子的乘积。当 $k$ 的不同的素数因子的个数是奇数时，则这一情况数要累加到 4 个数字组成子集的 GCD 不是 1 的情况数中；而当 $k$ 的不同的素数因子的个数是偶数时，则这一情况数要从 4 个数字组成子集的 GCD 不是 1 的情况数中被减去，因为这种选法的情况数已经被重复计算过。当 $k$ 含有素数因子的平方项（如 4、12）时，这已经被 2 的情况数覆盖，所以，如果 $k$ 包含素数平方因子，就不必再进行任何处理。

所以，从 $N$ 个数字中任意取出 4 个，求 4 个数的 GCD 为 1 的组数是：$C(N, 4)-C$(GCD 含奇数个不同素数因子的个数，4)$+C$(GCD 含偶数个不同素数因子的个数，4)，而前面的正负符号就是莫比乌斯函数。

## 参考程序

```
#include <iostream>
#include <cstdio>
#include <cstring>
#include <cstdlib>
#include <queue>
#include <vector>
#include <algorithm>
#include <functional>
typedef long long ll;
using namespace std;
const int inf = 0x3f3f3f3f;
const int maxn = 1e5;
int tot;
int is_prime[maxn]; //素数标志：is_prime[i]=0，则 i 为素数；is_prime[i]≠0，则 i 为合数
int mu[maxn];                               //莫比乌斯函数 mu[i] 存储 μ(i)
int prime[maxn];                            //素数表，其中 prime[i] 存储第 i 个素数
void Moblus()                               //建立素数表，计算莫比乌斯函数
{
    tot = 0;
    mu[1] = 1;                              //设置 1 的莫比乌斯函数值
    for(int i = 2; i < maxn; i++)           //顺序分析整数区间的每个数
    {
        if(!is_prime[i])                    //将筛中的最小数送入素数表，并设置 μ(i)
        {
            prime[tot++] = i;
            mu[i] = -1;
        }
        for(int j = 0; j < tot && i*prime[j] < maxn; j++) //搜索素数表中的每个数
        {
            is_prime[i*prime[j]] = 1;       //将 i 与当前素数的乘积从筛子中筛去
            if(i % prime[j])                //根据当前素数是否为 i 的素因子，分情形计算 μ(i)
```

```
                {
                    mu[i*prime[j]] = -mu[i];
                }
                else
                {
                    mu[i*prime[j]] = 0;
                    break;
                }
            }
        }
}
int tmax;                                     //ID 的最大值
int num[maxn],cnt[maxn];  //ID 为 i 的星星个数为 num[i], ID 为 i 的倍数的星星个数为 cnt[i]
ll get_()                                     //计算符合要求的子集数
{
    for(int i = 1; i <= tmax; i++)
    {
        for(int j = i; j <= tmax; j+=i)
        {
            cnt[i] += num[j];                 //计算 ID 为 i 的倍数的星星个数
        }
    }
    ll ans = 0;                               //符合要求的子集数初始化
    for(int i = 1; i <= tmax; i++)            //枚举每个 ID
    {
        int tt = cnt[i];                      //取出 ID 为 i 的倍数的星星数 tt
        if(tt >= 4)        //若星星数 tt 不小于 4, 则 μ(i)*C(tt, 4) 计入 ans
            ans += (ll)mu[i]*tt*(tt-1)*(tt-2)*(tt-3)/24;
    }
    return ans;                               //返回符合要求的子集数
}
int main()
{
    int n;
    Moblus();                                 //建立素数表, 计算莫比乌斯函数
    while(scanf("%d",&n)!=EOF)                //输入星星数量
    {
        memset(num,0,sizeof(num));
        memset(cnt,0,sizeof(cnt));
        for(int i = 0; i < n; i++)            //输入每颗星星的 ID 号
        {
            int tt;
            scanf("%d",&tt);
            num[tt] ++;                       //对 ID 号的星星计数
            tmax = max(tmax,tt);              //调整 ID 的最大值
        }
        if(n < 4)    //若星星数不足 4 颗, 则没有符合要求的子集; 否则计算和返回符合要求的子集数
            printf("0\n");
        else
            printf("%lld\n",get_());
    }
}
```

### 3.4.3 完全数和梅森素数

**定义 3.4.3.1（因子和函数）** 因子和函数 $\sigma$ 定义为整数 $n$ 的所有正因子之和。

**定义 3.4.3.2（完全数）** 如果 $n$ 是一个正整数且 $\sigma(n)=2n$，那么 $n$ 就被称为完全数。

**【3.4.3.1　Perfection】**

1994 年，Microsoft Encarta 的数论论文中提到："如果 $a$、$b$、$c$ 是整数，且 $a=bc$，那么 $a$ 被称为 $b$ 或 $c$ 的一个倍数，$a$ 和 $b$ 或 $c$ 被称为 $a$ 的一个约数或因数。如果 $c$ 不是 1/−1，则 $b$ 被称为一个真约数（proper divisor）。" 偶整数包括 0，是 2 的倍数，例如，−4、0、2、10。奇数是非偶的整数，例如，−5、1、3、9。完全数（perfect number）是一个正整数，等于其所有的正的真约数的总和；例如，6 等于 1+2+3，28 等于 1+2+4+7+14，就是完全数。一个不是完全数的正整数被称为不完全数，并且根据其所有的正的真约数的总和小于或大于该数，被称为不足的（deficient）或充裕的（abundant）。因此，9，真约数 1、3 是不足的；而 12，真约数 1、2、3、4、6 是充裕的。

给出一个数字，确定它是完全的、充裕的，还是不足的。

**输入**

一个由 $N$ 个正整数组成的列表（不大于 60 000），$1 \leqslant N<100$。一个 0 标识列表结束。

**输出**

输出的第一行输出 "PERFECTION OUTPUT"，接下来的 $N$ 行对每个输入整数输出其是否是完全的、充裕的，还是不足的，见如下样例。具体格式为：在输出行前 5 位相应的整数向右对齐，然后给出两个空格，接下来是对整数的描述。输出的最后一行输出 "END OF OUTPUT"。

| 样例输入 | 样例输出 |
|---|---|
| 15 28 6 56 60000 22 496 0 | PERFECTION OUTPUT<br>15  DEFICIENT<br>28  PERFECT<br>6  PERFECT<br>56  ABUNDANT<br>60000  ABUNDANT<br>22  DEFICIENT<br>496  PERFECT<br>END OF OUTPUT |

试题来源：ACM Mid-Atlantic 1996

在线测试：POJ 1528，ZOJ 1284，UVA 382

**试题解析**

首先计算出当前整数的所有真约数，然后判断真约数的总和是大于、小于还是等于给出的数字：

- 若给出的数字 > 真约数的总和，则是不足的（输出 "DEFICIENT"）；
- 若给出的数字 < 真约数的总和，则是充裕的（输出 "ABUNDANT"）；
- 若给出的数字 == 真约数的总和，则是完全的（输出 "PERFECT"）。

**参考程序**

```
#include<iostream>
#include<stdio.h>
using namespace std;
```

```
int main()
{
    int i,n,sum;
    printf("PERFECTION OUTPUT\n");
    while(cin>>n,n)                                     //输入正整数组成的列表，0 标识列表结束
    {
        sum=0;                                          //真约数的总和 sum
        for(i=1;i*i<n;i++)
            if(n%i==0)
                sum+=i+n/i;
        if(n==i*i)
            sum+=i;
        sum-=n;
        if(sum<n)
            printf("%5d  DEFICIENT\n",n);               //不足的
        else if(sum>n)
            printf("%5d  ABUNDANT\n",n);                //充裕的
        else
            printf("%5d  PERFECT\n",n);                 //完全的
    }
    printf("END OF OUTPUT\n");
    return 0;
}
```

**定义 3.4.3.3（梅森数，梅森素数）** 如果 $m$ 是一个正整数，那么 $M_m=2^m-1$ 称为第 $m$ 个梅森数（Mersenne Number）。如果 $p$ 是一个素数且 $M_p=2^p-1$ 也是素数，那么 $M_p$ 称为梅森素数（Mersenne Primer）。

由梅森素数的定义可知，前 8 个梅森素数是 $\{2^2-1，2^3-1，2^5-1，2^7-1，2^{13}-1，2^{17}-1，2^{19}-1，2^{31}-1\}$。

**定理 3.4.3.1** 一个正整数 $N$ 能够被表示成若干个不重复的梅森素数的乘积，设 $N=(2^{x_1}-1)\times(2^{x_2}-1)\times\cdots\times(2^{x_k}-1)$，当且仅当 $N$ 的所有约数的和 $M$ 是 2 的幂。并且，$M=2^{x_1+x_2+\cdots+x_k}$。

证明从略。

例如，21 能够被表示成梅森素数 3（$2^2-1$）和 7（$2^3-1$）的乘积，21 的所有约数 1、3、7、21 的和为 32，是 $2^5=2^{2+3}$。

**【3.4.3.2 Vivian's Problem】**

探索未知的欲望从人类诞生的那一刻起就一直是人类历史前进的动力。从古代的文献记载中，我们可以看到，在古代是通过航海来探索地球、传播文明的，而早期冒险家的动机是宗教信仰、征服、建立贸易路线的需要以及对黄金的渴望。

你永远不会知道在探险的时候会发生什么。李小龙也是如此。有一天，李小龙走进了一片荒凉的热带雨林，经过几天的探索，他来到一个山洞前，在山洞里有东西闪烁着。一个叫 Vivian 的漂亮女孩在李小龙试图进入山洞之前从山洞里出来。Vivian 告诉李小龙，他进入山洞前必须回答一些问题。你是李小龙最好的朋友，请帮助李小龙回答这些问题。

Vivian 给出 $k$ 个正整数 $p_1, p_2, \cdots, p_i, \cdots, p_k$（$1\leqslant i\leqslant k$）。从这些数字中，首先请你计算 $N$，$N=\prod_{i=1}^{k}p_i^{e_i}\left(0\leqslant e_i\leqslant 10,\ \sum_{i=1}^{k}e_i\geqslant 1,\ 1\leqslant i\leqslant k\right)$，可以根据需要选取每个整数 $e_i$。然后，再由 $N$ 计算相应的 $M$，$M$ 等于 $N$ 的所有约数的和。最后，请告诉 Vivian 是否存在这样的一个 $M$，它是 2 的幂（比如 1、2、4、8、16 等）。如果不存在 $N$ 能使 $M$ 等于 2 的幂，告诉 Vivian

“NO”。如果 $M$ 等于某个 $2^x$，则告诉 Vivian 指数（$x$）。如果存在若干个 $x$，就告诉 Vivian 最大的一个。

**输入**

输入包含多个测试用例。对于每个测试用例，第一行给出一个整数 $k$（$0<k\leqslant 100$），表示正整数的数目。然后在第二行给出 $k$ 个正整数 $p_1, p_2, \cdots, p_i, \cdots, p_k$（$1<p_i<2^{31}, 1\leqslant i\leqslant k$），表示给定的数字。

输入以 EOF 结束。

**输出**

对于每个测试用例，输出一行。如果可以从给定的数字中找到 $N$，则输出最大的指数；否则，输出 "NO"。不允许有额外的空格。

| 样例输入 | 样例输出 |
|---|---|
| 1<br>2<br>3<br>2 3 4 | NO<br>2 |

试题来源：Asia Guangzhou 2003

在线测试：POJ 1777，UVA1323

**试题解析**

由定理 3.4.3.1，本题就是如何选取每个整数 $e_i$，$1\leqslant i\leqslant k$，使得 $N$ 等于若干个互不相同的梅森素数的乘积。这样，$N$ 的所有约数的和 $M$ 是 2 的幂。

设 $N = x_1^{a_1}\times x_2^{a_2}\times\cdots\times x_k^{a_k}$，其中 $x_1, x_2, \cdots, x_k$ 是 $N$ 的素因子，$a_i\geqslant 1$，$1\leqslant i\leqslant k$。则 $M = (1+x_1+x_1^2+\cdots+x_1^{a_1})(1+x_2+x_2^2+\cdots+x_2^{a_2})\cdots(1+x_k+x_k^2+\cdots+x_k^{a_k})$。由定理 3.4.3.1，要使得 $M$ 等于某个 $2^x$，$N$ 等于若干个互不相同的梅森素数的乘积，$a_1, a_2, \cdots, a_k$ 都必须为 1。因此，对于 $N=\prod_{i=1}^{k} p_i^{e_i}\left(0\leqslant e_i\leqslant 10,\ \sum_{i=1}^{k} e_i\geqslant 1,\ 1\leqslant i\leqslant k\right)$，$e_i$ 只能取 0 或者 1；如果 $e_i\geqslant 2$，在 $N$ 中会存在相同的梅森素数因子。

在给出的数据范围（$1<p_i<2^{31}$，$1\leqslant i\leqslant k$）内，梅森素数只有 8 个，所以若干个互不相同的梅森素数的乘积有 $2^8=256$ 种组合。因此，可以用状态压缩来表示梅森素数的乘积。

**参考程序**

```
#include <iostream>
#include <cstdio>
#include <cstdlib>
#include <cstring>
#include <cmath>
using namespace std;
#define MAXN 256
#define E exp(1.0f)
#define min 0.0000001
const int mi = 19931117;
int mersenne[8] = { (1 << 2) - 1, (1 << 3) - 1, (1 << 5) - 1, (1 << 7) - 1, (1
<< 13) - 1,(1 << 17) - 1, (1 << 19) - 1, (1 << 31) - 1 };  //数据范围内的 8 个梅森素数
```

```
int pwr[8] = {2, 3, 5, 7, 13, 17, 19, 31};         // 8个梅森素数2P-1的2的幂
int sum[MAXN];
int a[MAXN];
bool used[MAXN];
void init(){                              //计算出状态压缩的256种组合每个数中含有的梅森素数
                                          //的指数和
    for(int i = 0; i < 256; i++){
        sum[i] = 0;
        for(int j = 0; j < 8; j++){
            if(i & (1<<j)){
                sum[i] += pwr[j];  //计算出状态压缩的这个数i中含有的梅森素数的指数和
            }
        }
    }
}
int change(int x){                         //计算x所包含的梅森素数的个数，返回组成它的所有
                                           //梅森素数的指数和（状态压缩了的指数和）
    int ret = 0;
    for(int i = 0; i < 8; i++){
        if(x % mersenne[i] == 0){
            x /= mersenne[i];
            if(x % mersenne[i] == 0) return -1;
            ret |= 1 <<i;
        }
    }
    if(x != 1) return -1;
    return ret;
}
int main() {
    int n,c, cnt, p, ans, k;
    init();
    while(~scanf("%d",&n)) {
        memset(used,0,sizeof(used));
        used[0] = 1;
        for(int i = 1; i <= n; i++){
            scanf("%d",&p);
            p = change(p);
            if(p == -1) continue;
            for(int j = 0; j < 256; j++){
            //根据求出的状态压缩的梅森素数，组合各个值，将能组合出来的值全部标记，因为梅森
            //素数不能相同，所以用异或来得出
                if((j & p )== p&& used[p^j] == 1){
                //i里面包含了p，而i-p之后剩下的数可以由其他的梅森素数组成，因此i可以
                //由p和其他梅森素数组成
                    used[j] = 1;    //因为p和i的范围都是256，所以具有相反性，前面
                                    //没有出现的情况，后面一定会出现
                }
            }
        }
            ans = 0;
            for(int j = 0; j < 256; j++){
                if(used[j] && ans < sum[j]){
                    ans = sum[j];
                }
            }
            if(ans == 0) printf("NO\n");
```

```
            else
            printf("%d\n",ans);
        }
        return 0;
    }
```

## 3.5 高斯素数的实验范例

复数是形如 $a+b$i（$a, b$ 均为实数）的数，其中 $a$ 称为实部，$b$ 称为虚部，$\mathrm{i}=\sqrt{-1}$。

复数的加减乘除运算规则如下：

$$(a+b\mathrm{i})+(c+d\mathrm{i})=(a+c)+(b+d)\mathrm{i}$$

$$(a+b\mathrm{i})-(c+d\mathrm{i})=(a-c)+(b-d)\mathrm{i}$$

$$(a+b\mathrm{i})*(c+d\mathrm{i})=(ac-bd)+(ad+bc)\mathrm{i}$$

$$\frac{a+b\mathrm{i}}{c+d\mathrm{i}}=\frac{a+b\mathrm{i}}{c+d\mathrm{i}}\times\frac{c-d\mathrm{i}}{c-d\mathrm{i}}=\frac{ac+bd}{c^2+d^2}+\frac{(bc-ad)\mathrm{i}}{c^2+d^2}$$

**定义 3.5.1** 复数 $z=a+b$i，则 $z$ 的绝对值 $|z|=\sqrt{a^2+b^2}$，而 $z$ 的范围数 $N(z)$ 等于 $|z|^2=a^2+b^2$。

**定义 3.5.2** 复数 $z=a+b$i 的共轭是复数 $a-b$i，记为 $\bar{z}$。

**定义 3.5.3（高斯整数）** 形如 $a+b$i（其中 $a$ 和 $b$ 是整数）的复数称为高斯整数。

**定义 3.5.4** 设 $\alpha$ 和 $\beta$ 是高斯整数，如果存在一个高斯整数 $\gamma$，使得 $\beta=\alpha\gamma$，则称 $\alpha$ 整除 $\beta$，记为 $\alpha|\beta$。

### 【3.5.1 Secret Code】

石棺由一个秘密的数字密码锁定。如果有人想打开它，就必须知道密码，并把密码精准地放在石棺的顶部，然后用一个非常复杂的装置打开棺盖。如果输入了错误的密码，石棺里面的物品就会立即着火，并且会永远丧失。密码（包含多达 100 个整数）隐藏在亚历山大图书馆中，但不幸的是，图书馆已经被完全烧毁了。

然而，有一位几乎不为人知的考古学家在 18 世纪获得了密码的副本。他担心密码会传到“错误的人”手里，所以他以一种非常特殊的方式对这些数字进行编码。他选取了一个随机复数 $B$，其绝对值大于任何编码的数字。然后，他以 $B$ 为基础将这些数字计为系统的数字，也就是数字序列为 $a_n$，$a_{n-1}$，…，$a_1$，$a_0$ 被编码为数字 $X=a_0+a_1B+a_2B^2+\cdots+a_nB^n$。

请对密码进行解码，即给出数字 $X$ 和 $B$，请求出从 $a_0$ 到 $a_n$ 的数字序列。

**输入**

输入由 $T$ 个测试用例组成。在输入的第一行给出 $T$。每个测试用例在一行中给出 4 个整数 $X_r$、$X_i$、$B_r$、$B_i$（$|X_r|, |X_i|\leqslant 1\,000\,000$, $|B_r|, |B_i|\leqslant 16$）。这些数字表示数字 $X$ 和 $B$ 的实数和复数的部分，即 $X=X_r+X_i\mathrm{i}$，$B=B_r+B_i\mathrm{i}$。$B$ 是系统的基础（$|B|>1$），$X$ 是必须表示的数字。

**输出**

对每个测试用例，程序输出一行。该行应包含用逗号分隔的 $a_n$，$a_{n-1}$，…，$a_1$，$a_0$。必须满足以下条件：

- 对每个在 $\{0, 1, 2, \cdots, n\}$ 中的 $i$，$0\leqslant a_i<|B|$；
- $X=a_0+a_1B+a_2B^2+\cdots+a_nB^n$；
- 如果 $n>0$，则 $a_n\neq 0$；
- $n\leqslant 100$。

如果没有符合这些条件的数字，则输出 "The code cannot be decrypted."。如果有多个可能性：为了答案的唯一性，只输出字典顺序最小的答案。例如，如果这两个集合是（4，3，18，9）和（7，1，14，8），那么只输出第一个集合，因为它的字典序较小。

| 样例输入 | 样例输出 |
|---|---|
| 4<br>−935 2475 −11 −15<br>1 0 −3 −2<br>93 16 3 2<br>191 −192 11 −12 | 8,11,18<br>1<br>The code cannot be decrypted.<br>16,15 |

*试题来源*：ACM Central Europe 1999

*在线测试*：POJ 1381，ZOJ 2011

**试题解析**

因为 $a_i$ 的范围很小，所以可以用DFS搜索从 $a_0$ 到 $a_n$ 的数字序列解。对于 $X=a_0+a_1B+a_2B^2+\cdots+a_nB^n$，从 $a_0$ 开始，每次 $X-a_i$ 之后，如果 $B|X$，则进行复数除运算 $X=\frac{X}{B}$，继续对 $a_{i+1}$ 进行DFS。也就是说，如果能够整除，则 $X=\frac{(a_0+a_1B+a_2B^2+\cdots+a_nB^n)-a_0}{B}$，$X=\frac{(a_1+a_2B+\cdots+a_nB^{n-1})-a_1}{B}$，以此类推。

**参考程序**

```
#include<iostream>
#include<algorithm>
#include<cstring>
#include<string>
#include<stack>
#include<queue>
#include<set>
#include<map>
#include<stdio.h>
#include<stdlib.h>
#include<math.h>
#define inf 0x7ffffff
#define eps 1e-9
#define pi acos(-1.0)
using namespace std;
int a[105];
int sum,flag,k;
int bi,br;
void dfs(int cur,int xr,int xi)  //对 a_i 进行 DFS
{
    if(flag == 1 || cur > 100) return;
    if(xi == 0 && xr == 0)
    {
        flag = 1;
        k = cur-1;
        return;
    }
    for(int i = 0; i < sum; i++)
```

```
            if(((xr-i)*br+bi*xi)%(br*br+bi*bi) == 0 && (xi*br-(xr-i)*bi)%(br*br+
bi*bi) == 0)
            {
                a[cur] = i;
                dfs(cur+1,((xr-i)*br+bi*xi)/(br*br+bi*bi),(xi*br-(xr-i)*bi)/(br*
br+bi*bi));
            }
    }
    int main()
    {
        int t;
        scanf("%d",&t);                                    //t: 测试用例数
        while(t--)
        {
            int xi,xr;
            scanf("%d%d%d%d",&xr,&xi,&br,&bi);          //当前测试用例
            sum = ceil(sqrt(br*br+bi*bi));
            flag = 0;
            dfs(0,xr,xi);                                  //从a0开始，进行DFS
            if(flag) {    //有符合这些条件的an，an-1，…，a1，a0，则输出
                printf("%d",a[k]);
                for(int i = k-1; i >= 0; i--)
                    printf(",%d",a[i]);
                printf("\n");
            }
            else printf("The code cannot be decrypted.\n");  //没有符合这些条件的
        }
        return 0;
    }
```

**定义 3.5.5** 如果高斯整数 $\varepsilon|1$，则称 $\varepsilon$ 是单位。如果 $\varepsilon$ 是单位，$\alpha$ 是高斯整数，则称 $\varepsilon\alpha$ 是 $\alpha$ 的一个相伴。

**定理 3.5.1** 一个高斯整数 $\varepsilon$ 是单位当且仅当 $N(z)=1$。

**定理 3.5.2** 高斯整数的单位是 1、−1、i 和 −i。

**定义 3.5.6（高斯素数）** 如果非零高斯整数 $\pi$ 不是单位，而且只能够被单位和它的相伴整除，则称 $\pi$ 为高斯素数。

**定理 3.5.3** 如果 $\pi$ 是高斯素数，而且 $N(\pi)=p$，$p$ 是有理素数，则 $\pi$ 和 $\overline{\pi}$ 是高斯素数，而 $p$ 不是高斯素数。

## 【3.5.2 Gaussian Prime Factors】

设 $a$、$b$、$c$、$d$ 是整数，$a+b$j 和 $c+d$j 是复数，其中 $\mathrm{j}^2=-1$。如果存在整数 $e$ 和 $f$ 使得 $c+d\mathrm{j}=(a+b\mathrm{j})(e+f\mathrm{j})$，则 $a+b$j 是 $c+d$j 的因子。

如果复数 $a+b$j 的因子只有 1、−1、$-a-b$j 和 $a+b$j，则复数 $a+b$j 是高斯素数，其中 $a$ 和 $b$ 是整数。例如，1+j、1−j、1+2j、1−2j、3 和 7 是高斯素数。

5 的高斯素数因子是：1+2j 和 1−2j，或者 2+j 和 2−j，或者 −1−2j 和 −1+2j，或者 −2−j 和 −2+j。

请编写一个程序，求出一个正整数的所有高斯素数因子。

**输入**

每一行给出一个测试用例，每个测试用例给出一个正整数 $n$。

**输出**

对每个测试用例输出一行，给出 $n$ 的高斯素数因子。如果 $a+b$j 是 $n$ 的高斯素数因子，如果 $b\neq 0$，则 $a>0$，$|b|\geqslant a$；如果 $b=0$，则输出 $a$。

| 样例输入 | 样例输出 |
|---|---|
| 2<br>5<br>6<br>700 | Case #1: 1+j, 1−j<br>Case #2: 1+2j, 1−2j<br>Case #3: 1+j, 1−j, 3<br>Case #4: 1+j, 1−j, 1+2j, 1−2j, 7 |

提示：按 $a$ 的升序输出高斯素数因子；如果有多于一个因子有相同的 $a$，则按 $b$ 的绝对值升序输出。如果两个共轭因子共存，则具有正虚部的共轭因子先于具有负虚部的共轭因子。

试题来源：ACM Manila 2006

在线测试：POJ 3361，UVA 3196

**试题解析**

高斯素数有如下性质：

（1）如果一个素数 $p\equiv 3 \pmod 4$，那么该素数 $p$ 就是一个高斯素数。

（2）对于复数 $a+b$j，如果 $a^2+b^2$ 是一个素数，那么复数 $a+b$j 是一个高斯素数。

所以，对给出的正整数 $n$ 进行素数分解，然后在根据高斯素数的两条性质，就可以获取高斯素数因子。

**参考程序**

```
#include<cstdio>
#include<cmath>
#include<cstring>
#include<algorithm>
using namespace std;
#define MAXN 1005
struct ele                                          // 复数 a+bj
{
    int a, b;
    bool operator < (const ele &c) const            // 比较复数，用于输出排序
    {
        if(a==c.a)
        {
            if(abs(b)==abs(c.b))
                return b>c.b;
            else
                return abs(b)<abs(c.b);
        }
        else
            return a<c.a;
    }
}e[MAXN];
int up;
void get(int p)
{
    if((p-3)%4==0) e[up].a=p, e[up++].b=0; // 素数 p ≡ 3(mod 4)，那么 p 就是一个高斯素数
    else
```

```
    {
        for(int i=1;i*i<=p;i++)
        {
            int j=sqrt(1.0*(p-i*i));
            if(i*i+j*j==p)      //如果 a²+b² 是一个素数，那么复数 a+bj 是一个高斯素数
            {
                e[up].a=i, e[up++].b=j;
                e[up].a=i, e[up++].b=-j;
                break;
            }
        }
    }
}
int main()
{
    int cas=1,n;
    while(scanf("%d",&n)!=EOF)  //输入测试用例正整数 n
    {
        up=0;
        for(int i=2;i*i<=n;i++)
            if(n%i==0)
            {
                get(i);
                while(n%i==0) n/=i;
            }
        if(n>1) get(n);
        sort(e,e+up);
        printf("Case #%d:",cas++);
        for(int i=0;i<up;i++)
        {
            printf(" %d",e[i].a);
            if(e[i].b<0)
            {
                if(e[i].b==-1) printf("-j");
                else printf("%dj",e[i].b);
            }
            else if(e[i].b>0)
            {
                if(e[i].b==1) printf("+j");
                else printf("+%dj",e[i].b);
            }
            if(i<up-1) printf(",");
        }
        printf("\n");
    }
    return 0;
}
```

### 【3.5.3 Gauss Prime】

在 17 世纪末，著名的数学家高斯（Gauss）发现了一种特殊的数。这些整数的形式都是 $a+b\sqrt{-k}$ 。它们的加法和乘法定义如下：

$$(a+b\sqrt{-k})+(c+d\sqrt{-k})=(a+c)+(b+d)\sqrt{-k}$$

$$(a+b\sqrt{-k})*(c+d\sqrt{-k})=(a*c-b*d*k)+(a*d+b*c)\sqrt{-k}$$

可以证明这些整数的加法和乘法构成了微积分中的“虚二次域”的结构。

在 $k=1$ 的情况下，这些数是常见的复数。

在 $a$ 和 $b$ 都是整数的情况下，这些数被称为“高斯整数”，这正是二次代数中人们最感兴趣的情况。

众所周知，每个整数都可以分解为若干素数的乘积（算术基本定理，或唯一因子分解定理）。

素数是只能被 1 及自身整除的整数。在高斯整数中，也有类似的概念。

如果一个高斯整数不能分解成其他高斯整数的乘积（0、1、−1 除外），我们称之为“高斯素数”或“不可除”。

这里要注意，0、1 和 −1 不被视为高斯素数，但 $\sqrt{-k}$ 是高斯素数。

然而，唯一因子分解定理对于任意的 $k$ 并不适用。例如，在 $k=5$ 的情况下，6 可以用两种不同的因子分解方法：6=2*3，$6=(1+\sqrt{-5})*(1-\sqrt{-5})$。

由于近 200 年来数学的进步，已经证明只有 9 个整数可以作为 $k$，这样唯一因子分解定理就满足了。这些整数是 $k\in\{1, 2, 3, 7, 11, 19, 43, 67, 163\}$。

**输入**

输入的第一行给出整数 $n$（$1<n<100$），后面的 $n$ 行每行给出一个测试用例，包含两个整数 $a$ 和 $b$（$0\leqslant a\leqslant 10\,000$，$0<b\leqslant 10\,000$）。

**输出**

为了使这个问题不太复杂，本题设定 $k$ 为 2。

对于输入的每个测试用例，判断 $a+b\sqrt{-2}$ 是不是高斯素数，并在一行中输出 "Yes" 或者 "No"。

**样例说明**

(5, 1) 不是高斯素数，因为 (5, 1)=(1,−1)*(1, 2)。

| 样例输入 | 样例输出 |
|---|---|
| 2<br>5 1<br>3 4 | No<br>Yes |

试题来源：AOAPC I: Beginning Algorithm Contests--Training Guide (Rujia Liu)

在线测试：UVA 1415

**试题解析**

如果 $a=0$，则 $a+b\sqrt{-2}$ 肯定不是高斯素数；如果 $a\neq 0$，则判断 $(a+b\sqrt{-2})(a-b\sqrt{-2})=a^2+2b^2$ 是不是素数。如果 $a^2+2b^2$ 是素数，$a+b\sqrt{-2}$ 就不能分解，是高斯素数；否则，就不是。

**参考程序**

```
#include <cstdio>
#include <cstring>
#include <cmath>
bool is_prime (int n) {            // 素数判定
    int m = sqrt(n+0.5);
```

```
    for (int i = 2; i <= m; i++)
        if (n % i == 0)
            return false;
    return true;
}
bool judge (int a, int b) {                         // 判断 a²+2b² 是不是素数
    if (a == 0)
        return false;
    return is_prime(a*a+2*b*b);
}
int main () {
    int cas;
    scanf("%d", &cas);                              // 测试用例数 cas
    while (cas--) {
        int a, b;
        scanf("%d%d", &a, &b);                      // 输入测试用例
        printf("%s\n", judge(a, b) ? "Yes" : "No"); // 处理和输出结果
    }
    return 0;
}
```

## 3.6 相关题库

### 【3.6.1 Prime Frequency】

给出一个仅包含字母和数字（0～9、A～Z及a～z）的字符串，请计算频率（字符出现的次数），并仅给出哪些字符的频率是素数。

**输入**

输入的第一行给出一个整数 $T$（$0<T<201$），表示测试用例个数。后面的 $T$ 行每行给出一个测试用例：一个字母－数字组成的字符串。字符串的长度是小于2001的一个正整数。

**输出**

对输入的每个测试用例输出一行，给出一个输出序列号，然后给出在输入的字符串中频率是素数的字符。这些字符按字母升序排列。所谓“字母升序”是指按ASCII值升序排列。如果没有字符的频率是素数，输出 "empty"。

| 样例输入 | 样例输出 |
|---|---|
| 3<br>ABCC<br>AABBBBDDDDD<br>ABCDFFFF | Case 1: C<br>Case 2: AD<br>Case 3: empty |

试题来源：Bangladesh National Computer Programming Contest

在线测试：UVA 10789

**提示**

先离线计算出 [2, 2200] 的素数筛 $u[]$。然后每输入一个测试串，以ASCII码为下标统计各字符的频率 $p[]$，并按照ASCII码递增的顺序（$0 \leqslant i \leqslant 299$）输出频率为素数的字符（即 $u[p[i]]=1$ 且ASCII码值为 $i$ 的字符）。若没有频率为素数的字符，则输出失败信息。

## 【3.6.2　Twin Primes】

双素数（Twin Primes）形式为 $(p, p+2)$，术语“双素数”由 Paul Stäckel（1892—1919）给出，前几个双素数是 (3, 5)、(5, 7)、(11, 13)、(17, 19)、(29, 31)、(41, 43)。在本题中请给出第 $S$ 对双素数，其中 $S$ 是输入中给出的整数。

**输入**

输入小于 10 001 行，每行给出一个整数 $S$（$1 \leqslant S \leqslant 100\,000$），表示双素数对的序列编号。输入以 EOF 结束。

**输出**

对于输入的每一行，输出一行，给出第 $S$ 对双素数。输出对的形式为 ($p_1$，空格 $p_2$)，其中“空格”是空格字符（ASCII 32）。本题设定第 100 000 对的素数小于 20 000 000。

| 样例输入 | 样例输出 |
|---|---|
| 1<br>2<br>3<br>4 | (3, 5)<br>(5, 7)<br>(11, 13)<br>(17, 19) |

试题来源：Regionals Warmup Contest 2002

在线测试：UVA 10394

 **提示**

设双素数对序列为 ans[]，其中 ans[$i$] 存储第 $i$ 对双素数的较小素数（$1 \leqslant i \leqslant$ num）。ans[] 的计算方法如下：

- 使用筛选法计算出 [2，20 000 000] 的素数筛 $u$[]。
- 按递增顺序枚举该区间的每个整数 $i$：若 $i$ 和 $i+2$ 为双素数对（$u[i]$&&$u[i+2]$），则双素数对序列增加一个元素（ans[++num]=$i$）。

在离线计算出 ans[] 的基础上，每输入一个编号 $s$，则代表的双素数对为 (ans[$s$], ans[$s$]+2)。

## 【3.6.3　Less Prime】

设 $n$ 为一个整数，$100 \leqslant n \leqslant 10\,000$，请找到素数 $x$，$x \leqslant n$，使得 $n-p*x$ 最大，其中 $p$ 是整数，使得 $p*x \leqslant n<(p+1)*x$。

**输入**

输入的第一行给出一个整数 $M$，表示测试用例的个数。每个测试用例一行，给出一个整数 $N$，$100 \leqslant N \leqslant 10\,000$。

**输出**

对每个测试用例，输出一行，给出满足上述条件的素数。

| 样例输入 | 样例输出 |
|---|---|
| 5<br>4399<br>614<br>8201<br>101<br>7048 | 2203<br>311<br>4111<br>53<br>3527 |

试题来源：III Local Contest in Murcia 2005

在线测试：UVA 10852

**提示**

要使得 $n-p\times x$ 最大（$x$ 为素数，$p$ 为整数，$p\times x\leqslant n<(p+1)\times x$），则 $x$ 为所有小于 $n$ 的素数中，被 $n$ 除后余数最大的一个素数。由此得出算法：

先离线计算出 [2, 11 111] 的素数表 su[]，表长为 num。然后每输入一个整数 $n$，则枚举小于 $n$ 的所有素数，计算 $\text{tmp}=\max\limits_{1\leqslant i\leqslant \text{num}}\{n\%\text{su}[i]|\text{su}[i]<n\}$，满足条件的素数即为对应 tmp=$n$%su[$k$] 的素数 su[$k$]。

## 【3.6.4 Prime Words】

一个素数是仅有两个约数的数：其本身和数字 1。例如，1、2、3、5、17、101 和 10 007 是素数。

本题输入一个单词集合，每个单词由 a ～ z 以及 A ～ Z 的字母组成。每个字母对应一个特定的值，字母 a 对应 1，字母 b 对应 2，以此类推，字母 z 对应 26；同样，字母 A 对应 27，字母 B 对应 28，字母 Z 对应 52。

一个单词的字母的总和是素数，则这个单词是素单词（prime word）。请编写程序，判定一个单词是否为素单词。

**输入**

输入给出一个单词集合，每个单词一行，有 $L$ 个字母，$1\leqslant L\leqslant 20$。输入以 EOF 结束。

**输出**

如果一个单词字母的和为素数，则输出 "It is a prime word."；否则输出 "It is not a prime word."。

| 样例输入 | 样例输出 |
|---|---|
| UFRN<br>contest<br>AcM | It is a prime word.<br>It is not a prime word.<br>It is not a prime word. |

试题来源：UFRN-2005 Contest 1

在线测试：UVA 10924

**提示**

由于字母对应数字的上限为 52，而单词的长度上限为 20，因此首先使用筛选法，离线计算出 [2, 1010] 的素数筛 $u$[]。

然后每输入一个长度为 $n$ 的单词，计算单词字母对应的数字和 $x=\sum\limits_{i=1}^{n}(s[i]-'a'+1|s[i]\in\{'a'..'z'\},s[i]-'A'+27|s[i]\in\{'A'..'Z'\}$。如果 $x$ 为 [2, 1010] 中的一个素数（$u[x]=1$），则该单词为素单词；否则该单词为非素单词。

## 【3.6.5 Sum of Different Primes】

一个正整数可以以一种或多种方式表示为不同素数的总和。给出两个正整数 $n$ 和 $k$，

请计算将 $n$ 表示为 $k$ 个不同的素数的和会有几种形式。如果是相同的素数集，则被认为是相同的。例如 8 可以被表示为 3+5 和 5+3，就被认为是相同的。

如果 $n$ 和 $k$ 分别为 24 和 3，答案为 2，因为有两个总和为 24 的集合 {2, 3, 19} 和 {2, 5, 17}，但不存在其他的总和为 24 的 3 个素数的集合。如果 $n=24$，$k=2$，答案是 3，因为存在 3 个集合 {5, 19}、{7, 17} 以及 {11, 13}。如果 $n=2$，$k=1$，答案是 1，因为只有一个集合 {2}，其总和为 2。如果 $n=1$，$k=1$，答案是 0，因为 1 不是素数，不能将 {1} 计入。如果 $n=4$，$k=2$，答案是 0，因为不存在两个不同素数的集合，总和为 4。

请编写一个程序，对给出的 $n$ 和 $k$，输出答案。

**输入**

输入由一系列的测试用例组成，最后以一个空格分开的两个 0 结束。每个测试用例一行，给出以一个空格分开的两个正整数 $n$ 和 $k$。本题设定 $n \leqslant 1120$，$k \leqslant 14$。

**输出**

输出由若干行组成，每行对应一个测试用例，一个输出行给出一个非负整数，表示对相应输入中给出的 $n$ 和 $k$ 有多少答案。本题设定答案小于 $2^{31}$。

| 样例输入 | 样例输出 |
|---|---|
| 24 3<br>24 2<br>2 1<br>1 1<br>4 2<br>18 3<br>17 1<br>17 3<br>17 4<br>100 5<br>1000 10<br>1120 14<br>0 0 | 2<br>3<br>1<br>0<br>0<br>2<br>1<br>0<br>1<br>55<br>200102899<br>2079324314 |

试题来源：ACM Japan 2006

在线测试：POJ 3132，ZOJ 2822，UVA 3619

**提示**

设 su[] 为 [2, 1200] 的素数表，$f[i][j]$ 为 $j$ 拆分成 $i$ 个素数和的方案数（$1 \leqslant i \leqslant 14$, $su[i] \leqslant j \leqslant 1199$）。显然，$f[0][0]=1$。

首先，采用筛选法计算素数表 su[]，表长为 num。然后每输入一对 $n$ 和 $k$，使用动态规划方法计算 $k$ 个不同素数的和为 $n$ 的方案总数：

```
枚举 su[] 表中的每个素数 su[i] (1≤i≤num);
     按递减顺序枚举素数个数 j (j = 14…1);
          按递减顺序枚举前 j 个素数的和 p (p = 1199…su[i]);
               累计 su[i] 作为第 j 个素数的方案总数 f[j][p] +  = f[j-1][p-su[i]];
```

最后得出的 $f[k][n]$ 即为问题的解。

## 【3.6.6　Gerg's Cake】

Gerg 正在举办派对，他邀请了他的朋友来参加。$p$ 个朋友已经到达，但 $a$ 个朋友来晚了。为了招待他的客人，他试图和他的客人们玩一些团队游戏，但他发现不可能将 $p$ 个客人划分成多于 1 人的人数相同的组。

幸运的是，他还有一个备份计划——他希望在他的朋友之间分享一个蛋糕。蛋糕是一个正方形的形状，Gerg 一定要把蛋糕切成大小相等的正方块。他希望给 $a$ 个还没有到的朋友每人预留一块，其余切块在 $p$ 个已经到达的客人之间均匀地进行划分。他不准备给自己留一块蛋糕。他能做到吗？

**输入**

输入包含若干测试用例，每个测试用例在一行中给出如上所述的一个非负的整数 $a$ 和一个正整数 $p$，$a$ 和 $p$ 都是 32 位无符号整数。最后一行给出 "−1 −1"，程序不用处理。

**输出**

对每个测试用例，如果蛋糕可以被公平地划分，则输出 "Yes"；否则输出 "No"。

| 样例输入 | 样例输出 |
|---|---|
| 1 3<br>1024 17<br>2 101<br>0 1<br>−1 −1 | Yes<br>Yes<br>No<br>Yes |

*试题来源*：2005 ACM ICPC World Finals Warmup 2

*在线测试*：UVA 10831

 **提示**

本题给出一个非负的整数 $a$ 和一个正整数 $p$，问一块蛋糕是否可以被公平地划分为 $a+n*p$ 个相等大小的块？

本题要求计算 $x^2=a+n*p$ 是否有解，其中 $n$ 为整数。公式两边同时对 $p$ 取模可得 $x^2\equiv a(\bmod p)$。应用费马小定理，得 $x^{p-1}\equiv a^{(p-1)/2}\equiv 1(\bmod p)$。因此本题只需要检查 $a^{(p-1)/2}\equiv 1(\bmod p)$ 是否成立。如果成立，就有解；否则就无解。计算的时间复杂度为 $O(\log p)$。

本题存在特例，例如 $a\equiv 0(\bmod p)$，$p=1$ 或 $p=2$。

## 【3.6.7 Widget Factory】

部件厂生产若干种不同类型的部件。每个部件由技术熟练的技术工人精心制造。制造一个部件所需的时间取决于它的类型：简单的部件只需要 3 天，但最复杂的部件可能需要多达 9 天。

工厂目前正处于完全混乱的状态：最近，工厂被一个新老板收购，而新老板几乎解雇了所有人。新的员工对制造部件一无所知，也似乎没有人记得制造每个不同的部件需要多少天。当一个客户预订了一批部件，而工厂却不能告诉他制造所需的商品需要多少天是非常尴尬的。幸运的是，对每个技术工人，他何时开始为工厂工作，何时被工厂解雇，以及他制造了什么类型的部件，工厂都有记录。但问题是，工厂的记录没有明确给出技术工人开始工作和离职的确切日期，而是只给出一周中的某一天；而且，这方面的资料只在某些情况下是有帮助的：例如，如果一个技术工人在一个周二开始工作，制造了 1 个类型 41 的部件，并在周五被解雇，那么我们就知道，制造 1 个类型 41 部件需要 4 天。请通过这些记录（如果可能）计算制造不同类型的部件需要的天数。

**输入**

输入给出若干测试用例，每个测试用例的第一行给出两个整数：$1 \leqslant n \leqslant 300$，不同类型的种类数；$1 \leqslant m \leqslant 300$，记录的数目。这一行的后面给出 $m$ 条记录的描述，每条记录描述由两行组成，第一行给出该技术工人制造的部件的总数 $1 \leqslant k \leqslant 10\,000$，然后给出他星期几开始工作，又在星期几被解雇。星期几用字符串 "MON" "TUE" "WED" "THU" "FRI" "SAT" 和 "SUN" 给出。第二行给出用空格分开的 $k$ 个整数，这些数在 1 和 $n$ 之间，表示这一技术工人制造的不同类型的部件。例如，下面的两行表示一个技术工人在周三开始为工厂干活，制造了 1 个类型 13 的部件、一个类型 18 的部件、一个类型 1 的部件，然后再制造一个类型 13 的部件，最后在周日被解雇。

4 WED SUN

13 18 1 13

注意技术工人一周工作 7 天，在第一天和最后一天之间，他们每天都在工厂里工作。（如果你想要周末和假期，那么你就不可能成为一名技术工人！）

输入以测试用例 $n=m=0$ 结束。

注意：对于海量输入，建议使用 "scanf"，以避免 TLE。

**输出**

对于每个测试用例，输出一行，给出由空格分隔的 $n$ 个整数：制造不同类型的部件所需要的天数。在第一个数字之前及最后一个数字之后，没有空格，而在两个数字之间有一个空格。如果有一个以上的解，则输出 "Multiple solutions."；如果确定相应于输入无解，则输出 "Inconsistent data."。

| 样例输入 | 样例输出 |
|---|---|
| 2 3<br>2 MON THU<br>1 2<br>3 MON FRI<br>1 1 2<br>3 MON SUN<br>1 2 2<br>10 2<br>1 MON TUE<br>3<br>1 MON WED<br>3<br>0 0 | 8 3<br>Inconsistent data. |

*试题来源*：ACM Central Europe 2005

*在线测试*：POJ 2947，UVA 3529

**提示**

设 $x_i$ 表示制造第 $i$ 种部件的所需天数，$t_{ij}$ 表示第 $j$ 个工人做了多少个第 $i$ 种部件，$1 \leqslant i \leqslant n$，$1 \leqslant j \leqslant m$。

对每个工人 $j$ 都可以排出同余方程组 $\sum_i t_{ij} \times x_i \equiv a_j \pmod 7$，其中 $a_j$ 表示第 j 个工人从开

始至结束至少经过的天数，例如 TUE 到 MON 就是 6。这样就可以用高斯消元法求解 $x$ 了：

- 若出现自由元，则表明有多解；
- 若系数矩阵某一行向量为 0，而增广阵对应的变量值非为 0，则无解。

注意：如果有解，最终答案应从 0 ～ 6 映射至 3 ～ 9，因为制造一个部件所需的时间为 3 ～ 9 天。

## 【3.6.8 青蛙的约会】

两只青蛙在网上相识了，它们聊得很开心，于是觉得很有必要见一面。它们很高兴地发现它们住在同一条纬度线上，于是约定各自朝着对方那里跳，直到碰面为止。可是它们出发之前忘记了一件很重要的事情，既没有问清楚对方的特征，也没有约定见面的具体位置。不过青蛙们都是很乐观的，它们觉得只要一直朝着某个方向跳下去，总能碰到对方。但是除非这两只青蛙在同一时间跳到同一点上，不然是永远都不可能碰面的。为了帮助这两只乐观的青蛙，要求编写一个程序来判断这两只青蛙是否能够碰面，以及会在什么时候碰面。

我们把这两只青蛙分别叫作青蛙 A 和青蛙 B，并且规定纬度线上东经 0 度处为原点，由东往西为正方向，单位长度 1 米，这样就得到了一条首尾相接的数轴。设青蛙 A 的出发点坐标是 $x$，青蛙 B 的出发点坐标是 $y$。青蛙 A 一次能跳 $m$ 米，青蛙 B 一次能跳 $n$ 米，两只青蛙跳一次所花费的时间相同。纬度线总长 $L$ 米。现在请求出它们跳了几次以后才会碰面。

**输入**

输入包括多个测试数据。每个测试数据包括一行 5 个整数 $x$、$y$、$m$、$n$ 和 $L$，其中 $x \neq y$，$m$、$n \neq 0$，$L>0$。$m$、$n$ 的符号表示相应的青蛙的前进方向。

**输出**

对于每个测试数据，在单独一行里输出碰面所需要的跳跃次数，如果永远不可能碰面则输出一行 "Impossible"。

| 输入样例 | 输出样例 |
| --- | --- |
| 1 2 3 4 5 | 4 |

试题来源：浙江 NOI 2002

在线测试：POJ 1061

 **提示**

首先计算两只青蛙出发时相隔的距离对纬度线总长的模 $D=(y-x)\%L$，两只青蛙跳跃一次的距离差对纬度线总长的模 $S=(m-n)\%L$（$D$ 和 $S$ 取最小正整数）。显然，若 $D=0$，说明两只青蛙在同一出发点，无须为碰面而跳跃；若 $D \neq 0$ 且 $S=0$，则由于两只青蛙跳跃一次的距离相同而永远不可能碰面。

若 $D\%\mathrm{GCD}(S, L) \neq 0$，则两只青蛙无法碰面，否则计算同余方程 $S*x \equiv D(\mathrm{mod})L$ 中 $x$ 的最小正整数解。

## 【3.6.9 Count the factors】

请编写一个程序，计算一个正整数的不同的素因子个数。

**输入**

输入给出一个正整数的序列，每个数一行，最大值是 1 000 000，以数字 0 输入结束，

0不作为测试用例。

**输出：**

对每个输入值，输出一行，格式按样例输出。

| 样例输入 | 样例输出 |
|---|---|
| 289384 | 289384 : 3 |
| 930887 | 930887 : 2 |
| 692778 | 692778 : 5 |
| 636916 | 636916 : 4 |
| 747794 | 747794 : 3 |
| 238336 | 238336 : 3 |
| 885387 | 885387 : 2 |
| 760493 | 760493 : 2 |
| 516650 | 516650 : 3 |
| 641422 | 641422 : 3 |
| 0 | |

试题来源：2004 Federal University of Rio Grande do Norte Classifying Contest-Round 2

在线测试：UVA 10699

 **提示**

先使用筛选法离线计算出 [2, 1200] 的素数表 su[]，表长为 num。然后通过下述方法计算 $x$ 的不同素因子数 $k$：

顺序搜索素数表 su[]，若 $x$ 能够分解出因子 su[i]，则 $k$++。然后让 $x$ 连续除 su[$i$]，直至无法再分解出 su[$i$] 因子为止。

若搜索完素数表 su[] 后，$x$ 仍未被除尽（$x>1$），则 $k$++。

**【3.6.10　Prime Land】**

在素数国（Prime Land）的每个人都使用素数库系统（Prime Base Number System），在这一系统中，每个正整数 $x$ 表示如下：设 $\{p_i\}_{i=0}^{\infty}$ 表示所有素数的递增序列。已知 $x>1$ 可以表示为素数因子的幂的乘积的形式，这样的形式是唯一的。这表明存在整数 $k_x$，以及确定的整数 $e_{k_x}, e_{k_x-1}, \cdots, e_1, e_0 (e_{k_x} > 0)$，使得 $x = p_{k_x}^{e_{k_x}} \times p_{k_x-1}^{e_{k_x-1}} \times \cdots \times p_1^{e_1} \times p_0^{e_0}$；序列 $(e_{k_x}, e_{k_x-1}, \cdots, e_1, e_0)$ 是 $x$ 在素数库系统中的表示。

在素数库系统中，数值计算有点不寻常，甚至有点困难。在素数国的孩子学习数字的加减需要几年的时间，但乘法和除法运算则非常简单。

最近，有人从计算机国（Computer Land）回来度假，在计算机国，已经开始使用计算机，计算机可以使得素数库系统的加减运算非常简单。为了说明这一点，回来的人决定做一个实验，让计算机做“减一”操作。

请帮助素数国的人编写相应的计算机程序。

因为实际的原因，素数表示为 $p_i$ 和 $e_i$ 序列，其中 $e_i>0$。$p_i$ 的次序为降序。

**输入**

输入由若干行（至少一行）组成，除了最后一行，每行给出大于 2、小于或等于 32 767 的一个正整数的素数表示，在一行中，所有的数字都用一个空格分开。最后一行给出数字 0。

**输出**

对每个测试用例，输出一行。如果在输入行中 $x$ 是一个正整数，输出行给出以素数库表示的 $x-1$，所有的数字用一个空格分开。输入的最后一行不予处理。

| 样例输入 | 样例输出 |
| --- | --- |
| 17 1<br>5 1 2 1<br>509 1 59 1<br>0 | 2 4<br>3 2<br>13 1 11 1 7 1 5 1 3 1 2 1 |

试题来源：ACM Central Europe 1997

在线测试：POJ 1365，ZOJ 1261，UVA 516

**提示**

首先，离线计算区间 [2, 32 767] 的素数表。

然后，对于每个测试用例（$x$ 在素数库系统中的表示），通过 $x=p_{k_x}^{e_{k_x}}\times p_{k_x-1}^{e_{k_x-1}}\times\cdots\times p_1^{e_1}\times p_0^{e_0}$ 来计算 $x$。

最后，将 $x-1$ 转化为在素数库系统中的表示，并输出。

## 【3.6.11 Prime Factors】

一个整数 $g>1$ 被称为素数（Prime Number），当且仅当它的约数是它本身和 1，否则就被称为合数（Composite Number）。例如，21 是合数，而 23 是素数。可以将一个正整数 $g$ 分解为若干素因子，即如果对所有的 $i$，$f_i>1$，并且对 $i<j$，$f_i\leqslant f_j$，那么 $g=f_1\times f_2\times\cdots\times f_n$ 是唯一的。

有一类有趣的素数被称为梅森素数（Mersenne Prime），其形式为 $2^p-1$。在 1772 年，Euler 证明 $2^{31}-1$ 是素数。

**输入**

输入由一个整数序列组成，每行给出一个整数 $g$，$-2^{31}<g<2^{31}$，但不会是 $-1$ 和 1。输入结束行为一个值 0。

**输出**

对输入的每一行，程序输出一行，由输入数及其素因子组成。对一个输入数 $g>0$，$g=f_1\times f_2\times\cdots\times f_n$，其中每个 $f_i$ 是一个素数（对 $i<j$，$f_i\leqslant f_j$），输出行的格式是 $g=f_1\times f_2\times\cdots\times f_n$。如果 $g<0$，$|g|=f_1\times f_2\times\cdots\times f_n$，则输出行的格式是 $g=-1\times f_1\times f_2\times\cdots\times f_n$。

| 样例输入 | 样例输出 |
| --- | --- |
| -190 | -190=-1×2×5×19 |
| -191 | -191=-1×191 |
| -192 | -192=-1×2×2×2×2×2×2×3 |
| -193 | -193=-1×193 |
| -194 | -194=-1×2×97 |
| 195 | 195=3×5×13 |
| 196 | 196=2×2×7×7 |
| 197 | 197=197 |
| 198 | 198=2×3×3×11 |
| 199 | 199=199 |
| 200 | 200=2×2×2×5×5 |
| 0 | |

试题来源：ACM East Central Region 1997

在线测试：UVA 583

**提示**

首先，离线计算区间 $[2,\sqrt{2^{31}}]$ 的素数表。

然后，对于每输入一个整数 $x$，如果 $x$ 是负数，则素因子式前添加'−'，并通过 $x=(-1)*x$ 将之转化为正整数，然后通过试除素数表中每个素数计算和输出 $x$ 的每个素因子。

## 【3.6.12 Perfect Pth Powers】

如果对某个整数 $b$，$x=b^2$ 成立，则称 $x$ 为完美平方。相似地，如果对某个整数 $b$，$x=b^3$ 成立，则称 $x$ 为完美立方。以此类推，如果对某个整数 $b$，$x=b^p$ 成立，则称 $x$ 为完美 $p$ 次幂。给出整数 $x$，请确定最大的 $p$，使得 $x$ 为完美 $p$ 次幂。

**输入**

每个测试用例一行，给出 $x$，$x$ 的值至少为2，在C、C++和Java的int类型范围内（32位），在最后一个测试用例后给出仅包含0的一行。

**输出**

对每个测试用例，输出一行，给出使得 $x$ 是完美 $p$ 次幂的最大整数 $p$。

| 样例输入 | 样例输出 |
|---|---|
| 17<br>1073741824<br>25<br>0 | 1<br>30<br>2 |

试题来源：Waterloo local 2004.01.31

在线测试：POJ 1730，ZOJ 2124

**提示**

正整数 $x$ 分解为素因子次幂的形式 $x=p_1^{e1}p_2^{e2}\cdots p_k^{ek}$，使得 $x$ 是完美 $p$ 次幂的最大整数 $p=\text{GCD}(e_1, e_2, \cdots, e_k)$。

## 【3.6.13 Factovisors】

对于非负整数 $n$，阶乘函数 $n!$ 定义如下：

$$0!=1$$

$$n!=n*(n-1)! \quad (n>0)$$

如果存在一个整数 $k$ 使得 $k*a=b$，则称 $a$ 整除 $b$。

**输入**

程序输入由若干行组成，每行给出两个非负的整数 $n$ 和 $m$，它们都小于2^31。

**输出**

对每个输入行，输出一行，说明 $m$ 是否整除 $n!$，格式见样例输出。

| 样例输入 | 样例输出 |
|---|---|
| 6 9 | 9 divides 6! |
| 6 27 | 27 does not divide 6! |
| 20 10000 | 10000 divides 20! |
| 20 100000 | 100000 does not divide 20! |
| 1000 1009 | 1009 does not divide 1000! |

试题来源：2001 Summer keep-fit 1

在线测试：UVA 10139

**提示**

将正整数 $m$ 分解为素因子次幂的形式 $m=\prod_{i=1}^{k} p_i^{e_i}$。$m$ 能够整除 $n!$ 当且仅当 $n!$ 一定能够分解出包含素因子 $p_1$，$p_2$，…，$p_k$ 的素因子次幂形式 $n!=\prod_{i=1}^{t} p_i^{e_i'}$，其中 $\{p_1, p_2, \cdots, p_k\}$ 是 $\{p_1', p_2', \cdots, p_t'\}$ 的子集，且 $e_i' \geqslant e_i$。

为了避免计算 $n!$ 时产生内存溢出，提高分解素因子的时效，可直接由 $n$ 计算出 $n!$ 中 $p_i$ 的素因子次幂 $e_i'=\sum_{j=1}^{k}\left\lfloor \frac{n}{p_i^j} \right\rfloor (p^{k+1}>n)$ 。

要注意的是：0 不能整除 $n!$；如果 $m \leqslant n$，则 $m$ 整除 $n!$。

## 【3.6.14 Farey Sequence】

对任意整数 $n$，$n \geqslant 2$，Farey 序列（Farey Sequence）$F_n$ 是按递增顺序的不可约的有理数 $a/b$ 的集合，其中 $0<a<b \leqslant n$，并且 GCD$(a, b)=1$。前几个是

$F_2=\{1/2\}$

$F_3=\{1/3, 1/2, 2/3\}$

$F_4=\{1/4, 1/3, 1/2, 2/3, 3/4\}$

$F_5=\{1/5, 1/4, 1/3, 2/5, 1/2, 3/5, 2/3, 3/4, 4/5\}$

请计算 Farey 序列 $F_n$ 中项的个数。

**输入**

给出若干测试用例，每个测试用例一行，包含一个正整数 $n$（$2 \leqslant n \leqslant 10^6$）。在两个测试用例之间没有空行。用一个包含 0 的一行结束输入。

**输出**

对每个测试用例，输出一行，给出 $N(n)$——Farey 序列 $F_n$ 中项的个数。

| 样例输入 | 样例输出 |
|---|---|
| 2 | 1 |
| 3 | 3 |
| 4 | 5 |
| 5 | 9 |
| 0 | |

试题来源：POJ Contest, Author:Mathematica@ZSU

在线测试：POJ 2478

**提示**

由 Farey 序列的定义可以看出，$F_i$ 为分母 2…i 且与分子不可约的有理数集合（$2 \leqslant i \leqslant n$）。设 $F_i$ 中的项数为 $F[k]$；$F_i$ 中含分母 $i$ 的项数为 $f_i'$。

由于每项的分子与分母 $i$ 互质，因此与 $i$ 互质的整数个数即为 $f_i'$。显然，$f_i'$ 是欧拉 $\varphi$ 函数 $\varphi(i)$ 的值。在计算出 $f_i'$ 的基础上，可直接递推 Farey 序列 $F_i$ 中的项数：

$$F[i]=\begin{cases} f_i' & i=2 \\ F[i-1]+f_i' & 3 \leqslant i \leqslant n \end{cases}$$

在离线计算出 $F[]$ 的基础上，每输入一个整数 $k$，便可直接获得答案 $F[k]$。

## 【3.6.15 Irreducible Basic Fractions】

一个分数 $m/n$ 是基本的（basic），如果 $0 \leqslant m<n$；它是不可约的（irreducible），如果 $GCD(m, n)=1$。给出一个正整数 $n$，本题要求找到分母为 $n$ 的不可约的基本分数（irreducible basic fraction）的数量。

例如，分母为 12 的所有基本分数在还没有约分前是

$$\frac{0}{12}, \frac{1}{12}, \frac{2}{12}, \frac{3}{12}, \frac{4}{12}, \frac{5}{12}, \frac{6}{12}, \frac{7}{12}, \frac{8}{12}, \frac{9}{12}, \frac{10}{12}, \frac{11}{12}$$

约分产生

$$\frac{0}{12}, \frac{1}{12}, \frac{1}{6}, \frac{1}{4}, \frac{1}{3}, \frac{5}{12}, \frac{1}{2}, \frac{7}{12}, \frac{2}{3}, \frac{3}{4}, \frac{5}{6}, \frac{11}{12}$$

所以，分母为 12 的不可约基本分数有如下 4 个：

$$\frac{1}{12}, \frac{5}{12}, \frac{7}{12}, \frac{11}{12}$$

**输入**

每行输入给出一个正整数 $n$（<1 000 000 000），$n$ 为 0 表示输入结束（程序不处理这一终止值）。

**输出**

对于输入中给出的每个 $n$，输出一行，给出 $n$ 为分母的不可约基本分数的数目。

| 样例输入 | 样例输出 |
|---|---|
| 12<br>123456<br>7654321<br>0 | 4<br>41088<br>7251444 |

试题来源：2001 Regionals Warmup Contest

在线测试：UVA 10179

**提示**

$m/n$ 不可约分当且仅当 $GCD(m, n)=1$，而满足 $n \leqslant m$ 且 $GCD(m, n)=1$ 的 $m$ 有 $\varphi(n)$ 个，所以 $n$ 为分母的不可约基本分数的数目是 $\varphi(n)$。

## 【3.6.16 LCM Cardinality】

一对数字有唯一的最小公倍数（LCM），但一个 LCM 可以是很多对数的 LCM。例如

12 是 (1, 12)、(2, 12)、(3, 4) 等的 LCM。对于一个给出的正整数 $N$，LCM 等于 $N$ 有多少对不同的整数被称为整数 $N$ 的 LCM 基数。本题请找出一个整数的 LCM 基数。

**输入**

输入最多有 101 行，每行给出一个整数 $N$（$0<N\leqslant 2*10^9$）。输入以包含一个 0 的一行结束，程序不用处理这一行。

**输出**

除了输入的最后一行，对输入的每一行输出一行，给出两个整数 $N$ 和 $C$，其中 $N$ 是输入的整数，$C$ 是其 LCM 基数，两个数用一个空格分开。

| 样例输入 | 样例输出 |
|---|---|
| 2<br>12<br>24<br>101101291<br>0 | 2 2<br>12 8<br>24 11<br>101101291 5 |

试题来源：UVa Monthly Contest August 2005

在线测试：UVA 10892

 **提示**

$N$ 的基数指的是最小公倍数为 $N$ 的数对的个数。假设其中一对整数为 $A$ 和 $B$，则 $A$ 和 $B$ 可以表示为素数因子的幂的乘积，即 $A=\prod_i p_i^{a_i}$，$B=\prod_i p_i^{b_{ii}}$。$A$ 和 $B$ 的最小公倍数 $N$=LCM($A, B$)$=\prod_i p_i^{C_{ii}}$，其中 $\forall i$，$c_i$=max{$a_i$，$b_i$}。设 $f[i]$ 为 $N$ 的前 $i$ 个素数因子的 LCM 基数。

$N$ 的前 $i-1$ 个素数因子对应的数对有两种情况：

- $\forall j<i$，$c_j=a_j=b_j$。假设 $a_i=c_i$，那么只有 $b_i=0\cdots c_i$，产生数对（$c_i$，0)，($c_i$，1)，…，($c_i$，$c_i$)，合计 $c_i+1$ 个数对。
- 其他情况。共有 $2*c_i+1$ 个数对 $(0, c_i), (1, c_i), \cdots, (c_i-1, c_i), (c_i, c_i-1), \cdots, (c_i, 0), (c_i, c_i)$。

综上可得递推式：$f[i]=(f[i-1]-1)*(2*c_i+1)+c_i+1$。

【3.6.17 GCD Determinant】

称集合 $S=\{x_1, x_2, \cdots, x_n\}$ 是封闭因子，如果对任意的 $x_i\in S$ 及 $x_i$ 的任意除数 $d$，$d\in S$ 成立。构造一个 GCD（最大公约数）矩阵 $(S)=(s_{ij})$，其中 $s_{ij}$=GCD($x_i$, $x_j$)，即 $s_{ij}$ 为 $x_i$ 和 $x_j$ 的最大公约数。给出封闭因子集合 $S$，计算行列式的值：

$$D_n=\begin{vmatrix} \mathrm{GCD}(x_1,x_1) & \mathrm{GCD}(x_1,x_2) & \mathrm{GCD}(x_1,x_3) & \cdots & \mathrm{GCD}(x_1,x_n) \\ \mathrm{GCD}(x_2,x_1) & \mathrm{GCD}(x_2,x_2) & \mathrm{GCD}(x_2,x_3) & \cdots & \mathrm{GCD}(x_2,x_n) \\ \mathrm{GCD}(x_3,x_1) & \mathrm{GCD}(x_3,x_2) & \mathrm{GCD}(x_3,x_3) & \cdots & \mathrm{GCD}(x_3,x_n) \\ \vdots & \vdots & \vdots & & \vdots \\ \mathrm{GCD}(x_n,x_1) & \mathrm{GCD}(x_n,x_2) & \mathrm{GCD}(x_n,x_3) & \cdots & \mathrm{GCD}(x_n,x_n) \end{vmatrix}$$

**输入**

输入包含若干测试用例，每个测试用例先给出一个整数 $n$（$0<n<1000$），表示 $S$ 的基

数。第二行给出 $S$ 的元素 $x_1, x_2, \cdots, x_n$。已知每个 $x_i$ 是一个整数，$0<x_i<2*10^9$。输入数据是正确的，以 EOF 结束。

**输出**

对每个测试用例，输出 $D_n$ mod 1000000007 的值。

| 样例输入 | 样例输出 |
|---|---|
| 2<br>1 2<br>3<br>1 3 9<br>4<br>1 2 3 6 | 1<br>12<br>4 |

试题来源：ACM Southeastern European Regional Programming Contest 2008

在线测试：POJ 3910，UVA 4190

**试题解析**

设 $a_i$ 是矩阵的行 (GCD($x_i$, $x_1$) GCD($x_i$, $x_2$) GCD($x_i$, $x_3$) ⋯ GCD($x_i$, $x_n$))，$a_{ij}$ 表示矩阵中的元素 GCD($x_i$, $x_j$)。

对矩阵 $D_n$ 进行线性变换 $a_b - \sum\limits_{(d|b)\&\&(d\neq b)} a_d$，变换的顺序必须保证 $a_b$ 做变换前，所有满足 $(d \mid b)\&\&(d\neq b)$ 的 $a_d$ 都已经完成了变换。

可以证明，在对 $a_b$ 做了变换之后，$a_{ij}=\begin{cases}0 & \text{GCD}(x_i,x_j)<x_i\\ \varphi(x_i) & \text{GCD}(x_i,x_j)=x_i\end{cases}$。

**证明**：首先，行列式的值 $D_n$ 与封闭因子集合中元素 $x_1, x_2, \cdots, x_n$ 的顺序无关。对于任意一组输入，先将 $x_1, x_2, \cdots, x_n$ 按递增排序，再将排序后的序列重新命名为 $x_1, x_2, \cdots, x_n$。显然，$a_1$ 变换前后是一样的，$a_1$=（1 1 1 ⋯1），满足假设。

假设对于 $(d \mid b)\&\&(d\neq b)$ 的 $a_d$ 都完成了变换，并且都满足假设。现在对 $a_b$ 做变换。对于 $a_{bj}$ 可以有两种情况：

- GCD($x_b$, $x_j$)<$x_b$。令 $t$=GCD($x_b$, $x_j$)，对每个 $d'\,|t$ 都有 $d' \mid b$，此时 $a_{b'j}=\varphi(x_{d'})$。而对于每个不能整除 $t$ 但能够整除 $b$ 的 $d'$，都有 GCD($x_{d'}$, $x_j$)<$x_{d'}$，所以 $a_{d'j}=0$。由于 $\sum\limits_{d|n}\varphi(d)=n$，可知变换后 $a_{bj}=0$。
- GCD($x_b$, $x_j$)=$x_b$。由于 $\sum\limits_{d|n}\varphi(d)=n$，可得 $\varphi(n)=n-\sum\limits_{(d|n)\&\&(d\neq n)}\varphi(d)$，可知变换后 $a_{bj}=\varphi(x_b)$。

首先，将 $x_i$ 从小到大排序；然后，建立试题描述中的 GCD 矩阵 $M$；再按上述步骤对 $M$ 的每行进行线性变换，这个过程不会改变其行列式的值。对此矩阵的每行进行变换后，这个矩阵必然是一个上三角矩阵。而矩阵的对角线上的每个元素正好为这行所对应 $x_i$ 值的欧拉函数值。由此得到结论 $\det(M)=\prod\limits_{i=1}^{n}\varphi(x_i)$。

## 【3.6.18　GCD & LCM Inverse】

给出两个正整数 $a$ 和 $b$，我们可以很容易地计算 $a$ 和 $b$ 的最大公约数（Greatest

Common Divisor，GCD）和最小公倍数（Least Common Multiple，LCM）。但如果反其道而行之呢？也就是说，给出 GCD 和 LCM，求 $a$ 和 $b$。

**输入**

输入包含多个测试用例，每个测试用例给出两个正整数 GCD 和 LCM。本题设定这两个数都小于 $2^{63}$。

**输出**

对每个测试用例，按升序输出 $a$ 和 $b$。如果有多组解，输出 $a+b$ 最小的那一对。

| 样例输入 | 样例输出 |
|---|---|
| 3 60 | 12 15 |

试题来源：POJ Achilles

在线测试：POJ 2429

**提示**

设 LCM=LCM($a$, $b$)，GCD=GCD($a$, $b$)，$a$ 和 $b$ 是 $a*b$=LCM*GCD，并且是 $a+b$ 最小的那一对。

首先，计算 $N=\frac{\text{LCM}}{\text{GCD}}$。如果 $N==1$，则 $a+b$ 最小的那一对是（GCD，LCM）；否则计算 $(a, b)$。

设 $a=t*\text{GCD}$，则 $b=\frac{\text{LCM}}{t}=\frac{N*\text{GCD}}{t}$。所以，$a:b=t:\frac{N}{t}$。显然，$a+b$ 是最小的等价于 $t+\frac{N}{t}$ 也是最小的。计算 $t$ 的方法如下。

正整数 $N$ 表示为素因子的幂的积 $N=\prod_{i=1}^{k} p_i^{e_i}$，用数组 $a$[] 来表示 $N$ 的素因子的幂的积，其中 $a[i]=p_i^{e_i}$，$1\leqslant i\leqslant k$。

递归函数 dfs(0, 1, $N$) 计算 $t$。

```
void dfs(i, t', n){  //i 是 N 的素因子次幂表 a[] 的指针，a:b=t'，n 为 LCM/GCD
    if (i==m+1){                                //若 a[] 表分析完
        if ((minx==-1) || (t'+n/t' <minx)){    //若未计算出 a+b 或 a+b 为目前最小，则记下
            minx= t'+n/t';
            t= t';
        }
        return;                                 //回溯
    }
    dfs(i+1, t'*a[i], n);                       //a:b=t'*a[i]，分析 N 的第 i+1 个素因子
    dfs(i+1, t', n);                            //a:b=t'，分析 N 的第 i+1 个素因子
}
```

递归 dfs(0，1，$N$) 后得出 $t$。若 $t^2>N$，则 $t=N/t$。由此得出满足条件的数对 ($t*$GCD, LCM/$t$)。

## 【3.6.19 The equation】

给出方程 $ax+by+c=0$，求出有多少对整数解 $(x, y)$ 满足 $x1\leqslant x\leqslant x2$，$y1\leqslant y\leqslant y2$。

**输入**

按顺序给出 $a$、$b$、$c$、$x1$、$x2$、$y1$、$y2$，所有数的绝对值都小于 $10^8$。

**输出**

直接输出答案。

| 样例输入 | 样例输出 |
|---|---|
| 1 1 -3<br>0 4<br>0 4 | 4 |

在线测试：SGU 106，LightOJ 1306

 **试题解析**

首先，对于方程 $ax+by+c=0$，讨论其特例。

（1）如果 $a==0$，$b==0$，并且 $c\neq0$，则无解。如果 $a==0$，$b==0$，并且 $c==0$，则整数根的数目为 $((x2-x1+1)*(y2-y1+1))$。

（2）如果 $a==0$ 并且 $b\neq0$，则 $by=c$。如果 $c$ 不是 $b$ 的倍数，或 $c/b$ 不是 $[y1, y2]$ 中的元素，则无解；否则对在 $[x1, x2]$ 中的每个 $x$，$(x, c/b)$ 是整数根。

（3）如果 $b==0$ 并且 $a\neq0$，则和 [2] 相同。

（4）如果 $c$ 不是 GCD$(a, b)$ 的倍数，则无解。

然后，解答过程如下。

（1）方程式 $ax+by+c=0$ 写为 $ax+by=-c$。

（2）如果 $a$ 是负数，则 $a$ 的值取反；而且如果 $a$ 的值取反，则 $x$ 的值也取反。也就是说，区间 $[x1, x2]$ 改为 $[-x2, -x1]$。对于 $b$ 和 $y$，也是一样。

（3）采用扩展欧几里得算法计算初始解 $x_0$ 和 $y_0$。

（4）计算方程的整数根 $(x, y)$，$x=x_0+k*b, y=y_0-k*a, k\in Z$。如果 $x\in[x1, x2]$ 且 $y\in[y1, y2]$，$(x, y)$ 是一个整数根。

此外，除法运算中有一个问题，即如何将实数转换为整数。对于上界，向下取整；对于下界，向上取整。例如，如果 $2.5\leqslant k\leqslant5.5$，则 $k$ 可以是 3、4、5；如果 $-5.5\leqslant k\leqslant-2.5$，则 $k$ 可以是 $-3$、$-4$、$-5$。

## 【3.6.20 Uniform Generator】

计算机模拟通常需要随机数。产生伪随机数的方法之一是使用如下形式的函数：

$$seed(x+1)=[seed(x)+STEP]\ \%\ MOD \qquad 其中 \% 是取模操作符$$

这样的函数将产生介于 0 和 MOD−1 之间的伪随机数（seed）。这种形式函数的一个问题是，它们将一遍又一遍地生成相同的模式。为了尽量减少这种影响，就要仔细选择 STEP 和 MOD 的值，使得所有的值在 0 和 MOD-1 之间（包含 0 和 MOD-1）均匀分布。

例如，如果 STEP=3，MOD=5，函数以重复循环产生伪随机数序列 0、3、1、4、2。在本实例中，在 0 和 MOD−1 之间（包含 0 和 MOD−1）的所有数字由函数的每次 MOD 迭代产生。这里要注意，由产生相同的 seed$(x+1)$ 的函数的特性，每次 seed$(x)$ 出现意味着如果一个函数产生所有在 0 和 MOD−1 之间的值，通过每次 MOD 迭代均匀产生伪随机数。

如果 STEP=15，MOD=20，函数产生序列为 0、15、10、5（如果初始的伪随机数不是 0，就产生其他的循环序列）。这是一个 STEP 和 MOD 的糟糕的选择，因为不存在初始的伪随机数能产生从 0 到 MOD−1 的所有的值。

你的程序要确定是否选择的 STEP 和 MOD 的值能产生伪随机数的均匀分布。

**输入**

输入的每一行给出一个整数的有序对 STEP 和 MOD（1≤STEP, MOD≤100 000）。

**输出**

对于输入的每一行，在从第 1 列到第 10 列向右对齐输出 STEP 的值，从第 11 列到第 20 列向右对齐输出 MOD 的值，从第 25 列开始向左对齐输出 "Good Choice" 或 "Bad Choice"；如果选择的 STEP 和 MOD 的值在 MOD 个值产生的时候，能产生在 0 和 MOD−1 之间的所有值，则输出 "Good Choice"；否则输出 "Bad Choice"。在每个测试用例输出后，程序要输出一个空行。

| 样例输入 | 样例输出 |
| --- | --- |
| 3 5<br>15 20<br>63923 99999 | 3　　5　Good Choice<br>15　　20　Bad Choice<br>63923　　99999　Good Choice |

试题来源：ACM South Central USA 1996

在线测试：POJ 1597，ZOJ 1314，UVA 408

 **提示**

可按照如下方法确定伪随机数是否为均匀分布。设 $seed_i$ 为第 $i$ 次产生的伪随机数。按照题意，伪随机数产生的函数为 $seed_{i+1}=(seed_i+step)\%\ MOD$。

从 $seed_0$ 出发，连续迭代上述函数 MOD−1 次：如果产生的 MOD−1 个伪随机数为 [1⋯MOD−1]，则产生的伪随机数是均匀分布的；否则是非均匀分布的。

# 第4章

# 组合分析的编程实验

组合分析又称“组合论”或“组合数学”，源于“棋盘麦粒问题”“Hanoi 塔问题”等数学游戏，是数学的一个分支，研究集合中元素的排列、组合和枚举，及其数学性质。由于计算机科学的蓬勃发展，各种要求编程求解的组合问题大量出现，也使得通过组合分析的知识编程解决实际问题成为算法设计的一个重要组成部分。

本章围绕下面几个问题展开实验：

- 排列的生成
- 排列和组合的计数
- 容斥原理与鸽笼原理
- 波利亚定理
- 生成函数与递推关系
- 快速傅里叶变换（FFT）

## 4.1 生成排列的实验范例

本节的实验基于字典序思想，对于当前排列生成下一个排列以及全部的排列。

### 4.1.1 按字典序思想生成下一个排列

字典序法就是按字典排序的思想逐一产生所有排列。设当前排列为 $(p)=p_1\cdots p_{i-1}p_i\cdots p_n$，按字典序思想生成下一个排列 $(q)$ 的方法如下：

（1）从右向左，计算最后一个增序的尾元素的下标 $i$：$i=\max\{j \mid p_{j-1}<p_j\}$。

（2）找 $p_{i-1}$ 后面比 $p_{i-1}$ 大的最后一个元素的下标 $j$：$j=\max\{k \mid k \geqslant i,\ p_{i-1}<p_k\}$。

（3）互换 $p_{i-1}$ 与 $p_j$，得到 $p_1\cdots p_{i-2}\boxed{p_j}\ p_i\,p_{i+1}\cdots p_{j-1}\boxed{p_{i-1}}\ p_{j+1}\cdots p_n$。

（4）反排 $p_j$ 后面的元素，使其递增，得到 $(q)=p_1\cdots p_{i-2}\,p_j\ \boxed{p_n\cdots p_{j+1}\,p_{i-1}\,p_{j-1}\cdots p_{i+1}\,p_i}$。

例如，排列 $(p)=2763541$，按照字典式排序，它的下一个排列应为 $(q)=2764135$。计算过程如下：

（1）$276\underline{35}41$（找到最后一个增序 35）。

（2）$27635\underline{4}1$（找在 3 后面比 3 大的最后一个数 4）。

（3）$276\underline{4}5\underline{3}1$（交换 3 和 4 的位置）。

（4）$2764\underline{135}$（把 4 后面的 531 反序排列为 135，即得到下一个排列 $(q)$）。

**【4.1.1.1 ID Codes】**

在 2084 年，大独裁者（Big Brother）终于出现了，尽管晚出现了一个世纪。为了对人民进行更有效的控制，从法律上和秩序上防微杜渐，独裁政府决定采取彻底的措施——所有人必须将一个微小的微型计算机植入他们的左手手腕。这台计算机包含所有的个人信息以及一个发射器，把人们的一举一动由一台中央计算机记录下来，并进行监控。（这一过程的另一个作用是缩短了整形外科医生的等待队列。)

每台微型计算机的一个必要部分是一个唯一的识别码，该识别码由多达 50 个字符组成，这些字符来自 26 个小写字母。对于给出的任意一个识别码，字符集合的选择则有些偶然。识别码被烙在芯片中，对制造商来说，将其他识别码重新排列产生新的识别码比用字母的不同选择来生产新的识别码更容易。因此，一旦选择了一个字母集合，在改变这个集合之前，所有可能的识别码可从中导出。

例如，假设确定一个识别码 'a' 出现 3 次，'b' 出现 2 次，'c' 出现 1 次，那么在这些条件下可以有 60 个识别码，其中 3 个是：

abaabc

abaacb

ababac

这 3 个识别码从上到下以字典序排列。在由字符集产生的所有识别码中，这些识别码按这一次序连续出现。

请编写一个程序，帮助生成这些识别码。程序接收不超过 50 个小写字母的序列（可以包含重复的字符），如果存在该序列的后继识别码，则输出后继识别码；如果给出的识别码是字符集序列的最后一个码字，则输出 "No Successor"。

**输入**

输入由一系列的行组成，每一行给出一个字符串，表示一个识别码，输入以包含一个 # 的一行结束。

**输出**

对于每个识别码，输出一行，或者是后继识别码，或者是 "No Successor"。

| 样例输入 | 样例输出 |
|---|---|
| abaacb<br>cbbaa<br># | ababac<br>No Successor |

试题来源：New Zealand Contest 1991

在线测试：POJ 1146，UVA 146

**试题解析**

所谓后继识别码，即为按字典序要求生成的下一个排列。设给出的识别码是 $s_0s_1s_2\cdots s_{l-1}$，则计算方法如下：

(1) 找最后一个增序的尾元素的下标：$i=\max\{j \mid s_{j-1}<s_j\}$。

(2) 如果 $i=0$，则说明当前识别码为最大排列，不存在后继识别码，失败退出。

(3) 否则，找 $s_{i-1}$ 后面比 $s_{i-1}$ 大的最后一个元素 $s_j$ 的下标：$j=\max\{k \mid s_{i-1}<s_k\}$。

(4) 互换 $s_{i-1}$ 与 $s_j$，得到 $s_0\cdots s_{i-2}\, s_j\, s_i s_{i+1}\cdots s_{j-1}\, s_{i-1}\, s_{j+1}\cdots s_{l-1}$。

(5) 反排 $s_j$ 后面的序列，得到后继识别码 $(q)=s_0\cdots s_{i-2}\, s_j\, s_{l-1}\cdots s_{j+1} s_{i-1} s_{j-1}\cdots s_{i+1}\, s_i$。

**参考程序**

```
# include <cstdio>
# include <cstring>
# include <cstdlib>
```

```
# include <iostream>
# include <string>
# include <cmath>
# include <algorithm>
using namespace std;
typedef long long int64;
char s[60];int l;                                    //长度为 1 的识别码
int get() {          //若 s 的后继识别码存在，则计算后继识别码 s，并返回 1；否则返回 0
      int i=l-1;
      while (i>0&&s[i-1]>=s[i])     i--;             //找最后一个增序
       if (!i)      return 0;                        //若当前排列为最后一个排列，则返回 0
      int mp=i;                                      //找最后小于 s_{i-1} 者 s_mp
      for (int j=i+1;j<l;j++) {
          if(s[j]<=s[i-1])     continue;
          if(s[j]<s[mp])     mp=j;
      }
      swap(s[mp],s[i-1]);                            //互换 s_{i-1} 与 s_mp
      sort(s+i,s+l);                                 //反排 s_i 后面的数
      return 1;                                      //返回存在后继识别码的标志
}
int main() {
      while (~scanf("%s",s)&&s[0]!='#'){             //反复输入识别码，直至输入 '#' 为止
            l=strlen(s);                             //计算识别码的长度
            if(get())       printf("%s\n",s);        //若存在后继识别码，则输出；
                                                     //否则输出失败信息
            else      printf("No Successor\n");
      }
      return 0;
}
```

按字典序思想不仅可以生成 $p_1\cdots p_{i-1}p_i\cdots p_n$ 的下一个排列，而且能够计算 $n$ 个元素集合 $S=\{a_1, a_2,\cdots, a_n\}$ 的 $r$ 组合，其中 $a_1<a_2<\cdots<a_n$。设当前集合 $S$ 的 $r$ 组合是 $\{a_{k_1}, a_{k_2},\cdots, a_{k_r}\}$，其中 $1\leqslant k_1<k_2<\cdots<k_r\leqslant n$。显然，集合 $S$ 的第一个 $r$ 组合是 $\{a_1, a_2,\cdots, a_r\}$，最后一个 $r$ 组合是 $\{a_{n-r+1}, a_{n-r+2},\cdots, a_n\}$。

如果 $S$ 的当前 $r$ 组合 $\{a_{k_1}, a_{k_2},\cdots, a_{k_r}\}$ 不是 $\{a_{n-r+1}, a_{n-r+2},\cdots, a_n\}$，则下一个 $r$ 组合计算如下。

设 $i$ 是使 $a_{k_j}<a_{n-k_r+k_j}$ 的最大的下标 $k_j$。基于字典序，下一个 $r$ 组合是 $\{a_{k_1},\cdots, a_{k_{j-1}}, a_{k_{j+1}}, \cdots, a_{k_r}, a_{k_r+1}\}$。所以，对于 $r$ 组合 $\{a_{k_1}, a_{k_2},\cdots, a_{k_r}\}$，计算下一个 $r$ 组合的算法如下：

- $i=\max\{k_j \mid a_{k_j}<a_{n-k_r+k_j}\}$。
- $a_i \leftarrow a_{i+1}$，其中 $k_j\leqslant i\leqslant k_r$。

### 4.1.2　按字典序思想生成所有排列

在按字典序生成下一个排列的基础上，可得出生成所有排列的方法：

将最小字典序的排列作为第 1 个排列，然后反复使用字典序思想生成下一个排列，直至最后的正序不存在，即最大字典序的排列已生成为止。

【4.1.2.1　Generating Fast, Sorted Permutation】

生成排列一直是计算机科学中的一个重要问题。在本题中，请对一个给定的字符串按升序产生排列。算法必须有效率。

**输入**

输入的第一行给出一个整数 $n$，表示后面给出多少字符串。后面的 $n$ 行给出 $n$ 个字符

串。字符串只包含字母和数字，不包含任何空格。字符串的最大长度为 10。

**输出**

对于每个输入的字符串，按升序输出所有可能的排列。字符串的处理大小写敏感，排列不重复。在每个测试用例处理后输出一个空行。

| 样例输入 | 样例输出 |
|---|---|
| 3<br>ab<br>abc<br>bca | ab<br>ba<br><br>abc<br>acb<br>bac<br>bca<br>cab<br>cba<br><br>abc<br>acb<br>bac<br>bca<br>cab<br>cba |

试题来源：TCL Programming Contest，2001

在线测试：UVA 10098

**试题解析**

设字符串 $s$ 的长度为 $l$，题目要求按升序生成 $l!$ 个可能的排列。计算方法如下。

递增排序 $s$，生成第 1 个排列，以后的每个排列按照下述方法计算：

（1）找最后一个增序：$i=\max\{j \mid s_{j-1}<s_j\}$。

（2）找最后小于 $s_{i-1}$ 的元素下标：$j=\max\{k \mid s_{i-1}<s_k\}$。

（3）互换 $s_{i-1}$ 与 $s_j$，得到 $s_0\cdots s_{i-2}s_j s_i s_{i+1}\cdots s_{j-1}s_{i-1}s_{j+1}\cdots s_{l-1}$。

（4）反排 $s_j$ 后面的数，得到下一个排列 $(q)=s_0\cdots s_{i-2}\ s_j s_{l-1}\cdots s_{j+1}s_{i-1}s_{j-1}\cdots s_{i+1}s_i$。

这个过程一直进行到 $i=0$ 为止。至此 $l!$ 个可能的排列全部生成。

**参考程序**

```
# include <cstdio>
# include <cstring>
# include <cstdlib>
# include <iostream>
# include <string>
# include <cmath>
# include <algorithm>
using namespace std;
typedef long long int64;
char s[60];int l;                                        //长度为 l 的识别码
int get(){       //若存在后继排列，则计算后继排列并返回 1；否则返回 0
```

```
        int i=l-1;                                       //找最后一个增序
    while(i>0&&s[i-1]>=s[i])i--;
        if(!i)      return 0;                            //若所有排列生成，则返回 0
        int mp=i;                                        //找最后小于 s_{i-1} 者 s_mp
        for(int j=i+1;j<l;j++){
            if(s[j]<=s[i-1])     continue;
            if(s[j]<s[mp])    mp=j;
        }
        swap(s[mp],s[i-1]);                              //互换 s_{i-1} 与 s_mp
        sort(s+i,s+l);                                   //反排 s_i 后面的数
        return 1;                                        //返回后继排列存在标志
}
int main(){
        int casen;scanf("%d",&casen);                    //输入字符串数
        while(casen--){
                scanf("%s",s);                           //输入当前字符串
                l=strlen(s);                             //计算当前字符串长度
                sort(s,s+l);                             //递增排序当前字符串
                printf("%s\n",s);                        //输出第 1 个排列
                while(get())     printf("%s\n",s);       //输出所有排列
                printf("\n");
        }
        return 0;
}
```

## 4.2 排列组合计数的实验范例

本节的实验为排列组合计数的实验，即计算具有某种特性的对象有多少。实验内容包括如下三个部分：

- 一般的排列组合计数公式。
- 两种特殊的排列组合计数公式。
- 多重集的排列数和组合数。

### 4.2.1 一般的排列组合计数公式

$P(n, r)$ 表示从 $n$ 个不同元素中取 $r$ 个元素，并按次序排列的排列数，$P(n, r)=\dfrac{n!}{(n-r)!}$。

若从 $n$ 个不同元素中取出 $r$ 个元素，而不考虑其次序，则称为从 $n$ 中取 $r$ 个组合，其组合数表示为 $C(n, r)=\dfrac{n!}{r!\times(n-r)!}$（也表示为 $\dbinom{n}{r}$）。

在程序中，可以使用两种优化的方法来计算 $C(n，r)$。

**方法 1** 连乘 $r$ 个整商：

$$C(n,r)=\frac{(n-r+1)\times(n-r+2)\times\cdots\times n}{1\times2\times\cdots\times r}=\frac{n-r+1}{r}\times\frac{n-r+2}{r-1}\times\cdots\times\frac{n}{1}$$

对于 $r$ 个连续的自然数 $(n-r+1), (n-r+2), \cdots, n$，必定有一个数能被 $r$ 整除，也必定有一个数能被 $r-1$ 整除，以此类推。因此，在运算过程中，按分母从大到小及时进行分子与分母的相除运算；然后，连乘 $r$ 个整商。

**方法 2** 利用二项式系数公式：

$C(i,j)=C(i-1,j)+C(i-1,j-1)$，即 $C[i][0]=1$，并且 $C[i][j]=C[i-1][j]+C[i-1][j-1]$。

**【4.2.1.1　Binomial Showdown】**

有多少种方法可以从 $n$ 个元素中不考虑顺序地选择 $k$ 个元素？请编写一个程序来计算这个数字。

**输入**

输入包含一个或多个测试用例。每个测试用例一行，给出两个整数 $n$（$n \geqslant 1$）和 $k$（$0 \leqslant k \leqslant n$）。输入以 $n=k=0$ 终止。

**输出**

对每个测试用例，输出一行，给出所要求的数。本题设定这个数在整数范围内，也就是说，小于 $2^{31}$。

注意：结果在整数范围内，算法要保证所有的中间结果也在整数范围内。测试用例将达到极限。

| 样例输入 | 样例输出 |
|---|---|
| 4 2<br>10 5<br>49 6<br>0 0 | 6<br>252<br>13983816 |

试题来源：Ulm Local 1997

在线测试：POJ 2249，ZOJ 1938

**试题解析**

直接使用方法 1（连乘 $k$ 个整商）：

$$C(n,k)=\frac{(n-k+1)\times(n-k+2)\times\cdots\times n}{1\times 2\times\cdots\times k}=\frac{n-k+1}{k}\times\frac{n-k+2}{k-1}\times\cdots\times\frac{n}{1}$$

在运算过程中，按分母从大到小及时进行分子与分母的相除运算。

**参考程序**

```
# include <cstdio>
# include <cstring>
# include <cstdlib>
# include <iostream>
# include <string>
# include <cmath>
# include <algorithm>
using namespace std;
typedef long long int64;
int64 work(int64 n,int64 k){                    //计算 C(n, k)
        if(k>n/2)     k=n-k;                    //根据组合公式，可以减少枚举量
        int64 a=1,b=1;
        for(int i=1;i<=k;i++){                  //顺序进行 k 次运算
                a*=n+1-i;                       //计算前 i 项运算结果的分子、分母
                b*=i;
                if(a%b==0)     a/=b,b=1;        //整商处理
        }
        return a/b;                             //返回 C(n, k)
}
```

```
int main(){
        int n,k;
        while(~scanf("%d %d",&n,&k)&&n){     //反复输入n和k，直至输入两个0为止
                printf("%lld\n",work(n,k)); //计算和输出C(n, k)
        }
        return 0;
}
```

【4.2.1.2 Combinations】

如果$N$和/或$M$非常大，快速计算从$N$件物品中取$M$件物品有多少种取法，将是一个非常大的挑战。现在将挑战作为竞赛，请进行这样一项计算：

输入：$5\leqslant N\leqslant 100$；$5\leqslant M\leqslant 100$；$M\leqslant N$

计算 $C=N!/(N-M)!M!$ 的精确值。

本题设定$C$的最后值是32位的Pascal LongInt或一个C long类型的值。对于本题，100! 的精确值是：

93 326 215 443 944 152 681 699 238 856 266 700 490 715 968 264 381 621 468 592 963 895 217 599 993 229 915 608 941 463 976 156 518 286 253 697 920 827 223 758 251 185 210 916 864 000 000 000 000 000 000 000 000

**输入**

输入为一行或多行，每行给出0个或多个空格、一个值$N$、一个或多个空格、一个值$M$。输入的最后一行以$N=M=0$为结束，程序读到这一行结束。

**输出**

程序以如下形式输出：

$N$ things taken $M$ at a time is $C$ exactly.

| 样例输入 | 样例输出 |
|---|---|
| 100 6<br>20 5<br>18 6<br>0 0 | 100 things taken 6 at a time is 1192052400 exactly.<br>20 things taken 5 at a time is 15504 exactly.<br>18 things taken 6 at a time is 18564 exactly. |

试题来源：UVA Volume III 369

在线测试：POJ 1306，UVA 369

根据二项式系数公式 $c[i][j]=c[i-1,j]+c[i-1,j-1]$ 解题。

初始时，设 $c[i][0]=1$（$0\leqslant i\leqslant 101$）。然后双重枚举$i$和$j$（$1\leqslant i\leqslant 100$，$1\leqslant j\leqslant 100$），直接按照二项式系数公式递推 $c[i][j]$。

在离线计算出 $c[][]$ 的基础上，每输入一对$n$和$m$，直接输出解 $c[n][m]$。

**参考程序**

```
# include <cstdio>
# include <cstring>
# include <cstdlib>
# include <iostream>
# include <string>
```

```
# include <cmath>
# include <algorithm>
using namespace std;
typedef unsigned long long int64;
unsigned int c[110][110];                                  //c[i][j] 即为 C(i, j)
void pp(){                                                 //根据二项式系数公式递推 c[][]
        for (int i=0;i<102;i++)  c[i][0]=1;
  for (int i=1;i<101;i++)
          for(int j=1;j<101;j++)  c[i][j]=c[i-1][j-1]+c[i-1][j];
}
int main(){
        pp();                                              //离线计算 c[][]
        int n,m;
        while (~scanf("%d %d",&n,&m)&&(n||m))  //反复输入 n 和 m，直至输入两个 0 为止
                printf("%d things taken %d at a time is %u exactly.\n",n,m,
c[n][m]);                                                  //输出 c(n, m)
        return 0;
}
```

【4.2.1.3 Packing Rectangles】

给出 4 个矩形块，找出一个最小的封闭矩形将这 4 个矩形块放入，但不得相互重叠。所谓最小的封闭矩形是指该矩形的面积最小。

所有的 4 个矩形的边都与封闭矩形的边相平行，图 4-1 给出铺放 4 个矩形的 6 种方案。这 6 种方案只是可能的基本铺设方案，其他方案可以由这 6 种基本方案通过旋转和镜像反射得到。

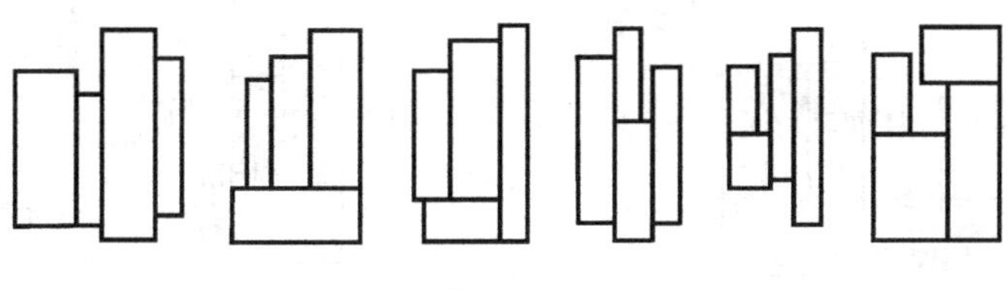

图 4-1

可能存在满足条件且有着同样面积的各种不同的封闭矩形，你要输出所有这些封闭矩形的边长。

**输入**

输入 4 行，每行用两个正整数来表示一个给定的矩形块的两个边长。矩形块的每条边的边长范围最小是 1，最大是 50。

**输出**

输出的总行数为解的总数加 1。第 1 行是一个整数，表示封闭矩形的最小面积；接下来的每一行都表示一个解，由整数 $P$ 和 $Q$ 表示，并且 $P \leqslant Q$。这些行根据 $P$ 的大小按升序排列，小的行在前，大的行在后，且所有行都应是不同的。

| 样例输入 | 样例输出 |
| --- | --- |
| 1 2<br>2 3<br>3 4<br>4 5 | 40<br>4 10<br>5 8 |

试题来源：IOI 1995

在线测试：POJ 1169

试题解析

**1. 求封闭矩形的长和宽**

本题给出了铺放4个矩形的6种方案。本题关键是计算6种方案的封闭矩形的面积。

设铺放在封闭矩形中的4个矩形用数组 $t[0\cdots3]$ 表示，对矩形 $t[i]$，其长和宽分别为 $t[i].x$ 和 $t[i].y$，$0\leqslant i\leqslant3$。

对于每个矩形，有两种方式将它铺放在封闭矩形里：水平铺放或垂直铺放。显然，如果一个矩形的铺放方式改变，则其长和宽互换。

基于本题描述，铺放4个矩形的6种方案分析如下。

**铺放方案1：**

4个矩形（$t[0]$、$t[1]$、$t[2]$ 和 $t[3]$）按序铺放，如图4-2所示。对铺放方案1，封闭矩形 $p$ 的长度和宽度为 $p.x=\max\{t[0].x, t[1].x, t[2].x, t[3].x\}$，$p.y=t[0].y+t[1].y+t[2].y+t[3].y$。

**铺放方案2：**

在封闭矩形 $p$ 中有两个部分：上部分和下部分。如图4-3所示。上部分顺序铺放 $t[0]$、$t[1]$ 和 $t[2]$，下部分横放 $t[3]$。对铺放方案2，封闭矩形 $p$ 的长度和宽度为 $p.x=\max\{t[0].x, t[1].x, t[2].x\}+t[3].y$，$p.y=\max\{t[3].x, t[0].y+t[1].y+t[2].y\}$。

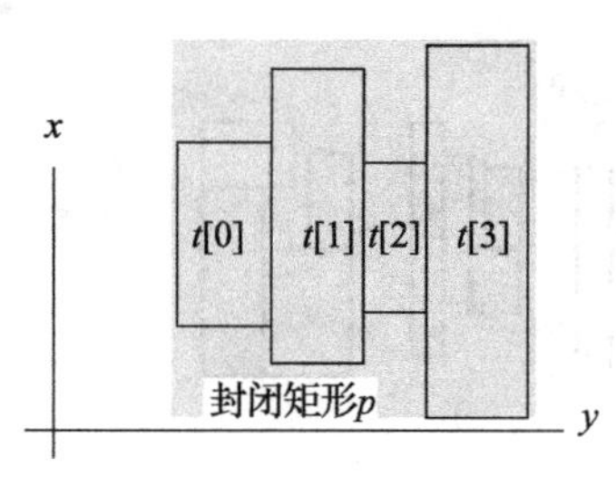


图　4-2

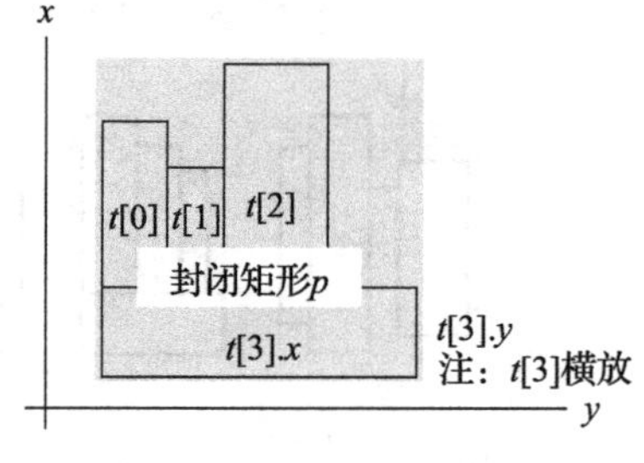


图　4-3

**铺放方案3：**

在封闭矩形 $p$ 中有两个部分：左部分和右部分。如图4-4所示。左部分分上下两层：下层铺放 $t[2]$，上层顺序叠放 $t[0]$ 和 $t[1]$，$t[2]$ 和 $t[1]$ 右对齐。右部分铺放 $t[3]$。对铺放方案3，封闭矩形 $p$ 的长度和宽度为 $p.x=\max\{\max\{t[0].x, t[1].x\}+t[2].x, t[3].x)\}$，$p.y=\max\{t[0].y+t[1].y, t[2].y\}+t[3].y$。

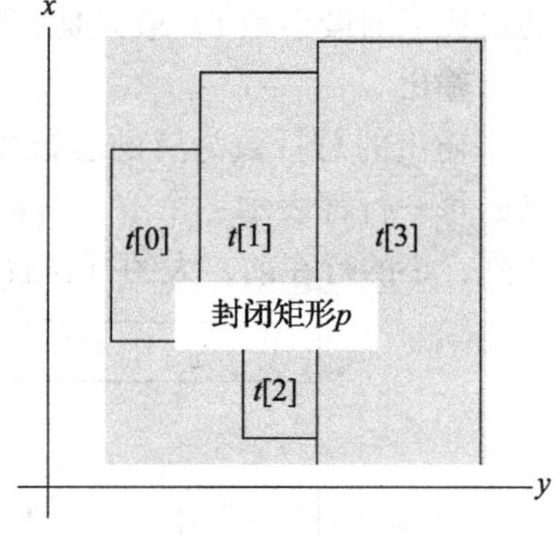


图　4-4

**铺放方案4和5：**

铺放方案4和5有一个共同的特征：在封闭矩形 $p$ 中，两个矩形块 $t[1]$ 和 $t[2]$ 叠放在一起；另两个矩形块 $t[0]$ 和 $t[3]$ 分别单个铺放。如图4-5所示。因此可将这两个方案归为一类，即封闭矩阵分左、中、右三部分。封闭矩形 $p$ 的长度和宽度为 $p.x=\max\{t[1].x+t[2].x, t[0].x, t[3].x\}$，$p.y=t[0].y+t[3].y+\max\{t[1].y, t[2].y\}$。

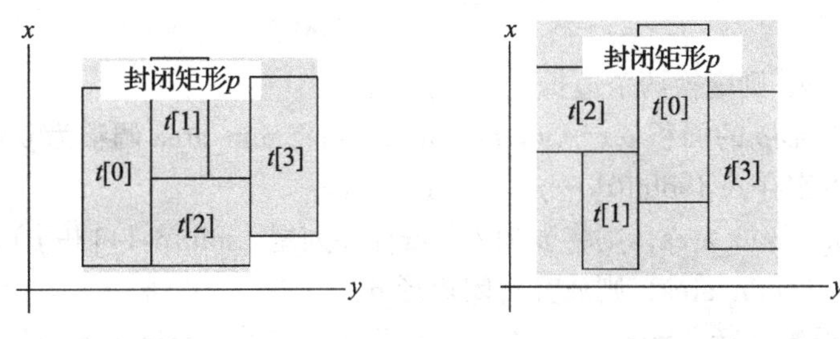


图 4-5

**铺放方案 6:**

在封闭矩形 $p$ 中，4 个矩形块按两行、每行两块的格式，互不重叠地铺放在其中，同时满足 $t[1].x \leqslant t[3].x \leqslant t[0].x+t[1].x$，且 $t[0].y \leqslant t[1].y$。但上下各两块的铺放方案有两种互异形式。所有上下各两块的铺放方案都是由这两种方案通过旋转和镜象反射后得出的，如图 4-6 所示。显然，这两种方案得出的封闭矩形 $p$ 的长度和宽度为 $p.x=\max\{t[0].x+t[1].x, t[2].y+t[3].x\}$，$p.y=\max\{t[0].y+t[2].x, t[1].y+t[3].y\}$。

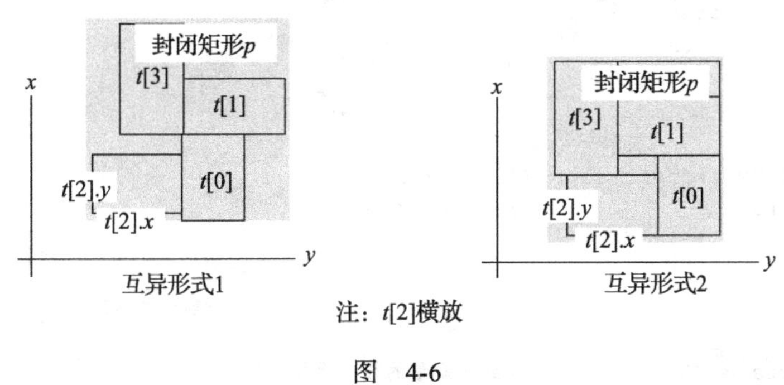


图 4-6

有了封闭矩形 $p$ 的两条边长，则可通过 $p.x*p.y$ 得出 $p$ 的面积。

**2. 通过枚举法求最小矩形**

我们采用枚举法来枚举 4 个矩形块排列的所有可能情况。方法如下：

枚举 4 个矩形块序号的全排列方案（$a, b, c, d$）（$0 \leqslant a, b, c, d \leqslant 3, a \neq b \neq c \neq d$），且 $r[a \cdots d]$ 存入 $t[0\cdots3]$，设 4 个矩形块的边长分别为 $r[i].x$ 和 $r[i].y$，$0 \leqslant i \leqslant 3$，并枚举每个矩阵块的铺放形式，即 $v[i]=\begin{cases}0 & \text{矩形垂直铺放}\\1 & \text{矩形水平铺放}\end{cases}$，$0 \leqslant i \leqslant 3$。

若发现其中矩形 $t[i]$ 为水平铺放（$v[i]=1$，$0 \leqslant i \leqslant 3$），则交换该矩形的长和宽（$t[i].x \leftrightarrow t[i].y$）。

输入 4 个矩形，每个矩形有两种铺放方式。所以，有 4!*24 不同的 $t[0\cdots3]$。对于每个 $t[0\cdots3]$，依据 6 种基本铺放方案可能产生 5 种封闭矩形面积。所以，$r[0\cdots3]$ 共产生 4!*24*5=2880 个可能的封闭矩形面积。显然，逐一比较这些封闭矩形面积的大小，即可得出最小面积 min_area。

设 soln[0…ps] 存储面积为 min_area 的封闭矩形序列，序列中每个封闭矩形的两条边长按 soln[$i$].$x$ 的递增顺序排列（soln[$i$].$x \leqslant$ soln[$i$].$y$，$0 \leqslant i \leqslant$ ps）。

初始时 min_area=∞，soln[] 的尾指针 ps=0。然后，枚举计算每个在 $r[0\cdots3]$ 中的封闭

矩形 $p$:

- 如果 $p.x>p.y$，则交换两条边长（$p.x \leftrightarrow p.y$）。
- 如果封闭矩形 $p$ 的面积 $p.x*p.y<$min_area，则将 min_area 调整为 $p.x*p.y$，$p$ 作为唯一的最佳方案存入（soln[0] ← $p$，ps=1）。
- 如果 $p.x*p.y=$min_area，则将 $p$ 加入 soln[] 序列尾（soln[ps++] ← $p$）。
- 如果 $p.x*p.y>$min_area，则放弃封闭矩形 $p$。

随着枚举过程的进行，min_area 递减，直至枚举结束，min_area 即为最小封闭矩形面积。

根据输出格式需要，先按照边长 $x$ 为第一关键字、边长 $y$ 为第二关键字排序 soln[0…ps]，并删除其中边长 $x$ 和 $y$ 相同的相邻元素，最后逐行输出序列中每个封闭矩形的两条边长 $x$ 和 $y$。

**参考程序**

```
#include <fstream>
#include <iostream>
#include <vector>
#include <algorithm>
using namespace std;


#define MAX 0x7fffffff        //定义无穷大
typedef struct                //矩形块的结构定义
{
int x;                        //两条边长
int y;
}rec;
int min_area = MAX;           //封闭矩形的最小面积初始化
rec soln[1000];               //最小封闭矩形序列，长度为 ps
int ps = 0;
rec r[4];                     //输入的 4 个矩形块
rec t[4];                     //计算最小封闭矩形中使用的矩形块序列
rec zero={0,0};               //当前最小封闭矩形的两条边长初始化
int v[4];                     //矩形块铺放方式序列
inline void make(rec p)       //根据当前封闭矩形 p 调整最小封闭矩形序列 soln[]
{
if(p.x>p.y)                   //p 的两条边按边长递增顺序排列
{
  p.x = p.x ^ p.y; p.y = p.x ^ p.y; p.x = p.x ^ p.y;
}
if(min_area > p.x*p.y)        //若 p 的面积为目前最小，则作为唯一方案存入 soln[0]
{
  min_area = p.x*p.y;
  ps = 0;
  soln[ps++] = p;
}
else if(min_area==p.x*p.y)    //若 p 的面积等于目前最小面积，则加入 soln[] 序列尾
{
  soln[ps++] = p;
}
}
void search()                 //使用枚举法计算面积最小的封闭矩形序列 soln[0]…soln[ps]
```

```
{
int i;
for(int a=0;a<4;a++)            //枚举4个矩形块序号的全排列(a,b,c,d)
for(int b=0;b<4;b++)
for(int c=0;c<4;c++)
for(int d=0;d<4;d++)
{
  if(a != b)
  if(a != c)
  if(a != d)
  if(b != c)
  if(b != d)
  if(c != d)
  {
   for(v[0]=0;v[0]<2;v[0]++)   //枚举4个矩形块的放入方式(横或竖)
    for(v[1]=0;v[1]<2;v[1]++)
     for(v[2]=0;v[2]<2;v[2]++)
      for(v[3]=0;v[3]<2;v[3]++)
      {
       t[0]=r[a]; t[1]=r[b]; t[2]=r[c]; t[3]=r[d];        //得出矩形块序列
       for(i=0;i<4;i++)         //交换横放矩形块的边长
        if(v[i] == 1)
        {
         t[i].x = t[i].x ^ t[i].y; t[i].y = t[i].x ^ t[i].y; t[i].x = t[i].x ^
         t[i].y;
        }
       rec p=zero;              //铺放方案1:封闭矩形p的两条边长初始化
       p.x = max(t[0].x,max(t[1].x,max(t[2].x,t[3].x))); //计算p的两条边长
       p.y = t[0].y + t[1].y + t[2].y + t[3].y;
       make(p);                 //根据p调整最小封闭矩形序列soln[]
       if(p.x == 10 && p.y == 8) p=p;
       p = zero;                //铺放方案2:封闭矩形p的两条边长初始化
       p.x=max(t[0].x,max(t[1].x,t[2].x))+t[3].y;         //计算p的两条边长
       p.y = max(t[0].y+t[1].y+t[2].y,t[3].x);
       make(p);                 //根据p调整最小封闭矩形序列soln[]
       if(p.x == 10 && p.y == 8) p=p;
       p=zero;                  //铺放方案3:封闭矩形p的两条边长初始化
       p.x=max(max(t[0].x,t[1].x)+t[2].x,t[3].x);         //计算p的两条边长
       p.y = max(t[0].y+t[1].y,t[2].y)+t[3].y;
       make(p);                 //根据p调整最小封闭矩形序列soln[]
       if(p.x == 10 && p.y == 8) p=p;
       p=zero;                  //铺放方案4和5:当前封闭矩形p的两条边长初始化
       p.x=max(t[0].x,max(t[1].x+t[2].x,t[3].x));         //计算p的两条边长
       p.y = t[0].y + max(t[1].y,t[2].y) + t[3].y ;
       make(p);                 //根据p调整最小封闭矩形序列soln[]
       if(p.x == 10 && p.y == 8) p=p;
       if(t[0].y>t[1].y) continue;
       //铺放方案6:若4个矩形块不符合t[1].x≤t[3].x≤t[0].x+t[1].x且t[0].y≤t[1].y
       //的条件,则继续枚举
       if(t[3].x > t[0].x+t[1].x) continue;
       if(t[3].x<t[1].x) continue;
       p = zero;                //当前封闭矩形p的两条边长初始化
       p.x = max(t[0].x+t[1].x,t[2].y+t[3].x);            //计算p的两条边长
       p.y = max(t[1].y+t[3].y,t[0].y+t[2].x);
       make(p);                 //根据p调整最小封闭矩形序列soln[]
       if(p.x == 6 && p.y == 6) p=p;
```

```
        }
    }
}
}
bool comp(rec a,rec b)              //判别封闭矩形a和b大小的比较函数（边长x为第一关键字、
                                    //边长y为第二关键字）
{
if(a.x<b.x) return 1;
else if(a.x == b.x && a.y<b.y) return 1;
else return 0;
}
bool comp2(rec a,rec b)             //判别封闭矩形a和b相同（边长x和y相等）的比较函数
{
return a.x==b.x && a.y==b.y;
}
int main()
{
for(int i=0;i<4;i++)                //输入4个矩形块的两条边长
{
  cin>>r[i].x>>r[i].y;
}
search();          //使用枚举法计算面积最小的封闭矩形序列soln[0]…soln[ps]
//按边长x为第一关键字、边长y为第二关键字排序soln[0]…soln[ps]，删除其中相邻的重复矩形
//(边长x和y相同)后得出尾指针t
sort(&soln[0],&soln[ps],comp);
rec *t = unique(&soln[0],&soln[ps],comp2);
cout<<min_area<<endl;               //输出封闭矩形的最小面积min_area
for(rec *i=&soln[0];i!=t;i++)       //按格式要求输出面积为min_area的所有封闭矩形的两条边长
  cout<<(*i).x<<" "<<(*i).y<<endl;
return 0;
}
```

**定理 4.2.1.1（Pascal三角形/杨辉三角形定理）** 对于任意的 $1\leqslant m<n$，有 $C(n, m)=C(n-1, m)+C(n-1, m-1)$。

**证明**：令 $X$ 是 $n-1$ 元集合，$a\notin X$，则 $C(n, m)$ 为 $Y=X\cup\{a\}$ 的 $m$- 元素子集的个数。$Y$ 的 $m$- 元素子集分为两类：

- $Y$ 的不包含 $a$ 的子集。
- $Y$ 的包含 $a$ 的子集。

第一类子集相当于从 $X$ 中选取 $m$ 个元素，所以组合数是 $C(n-1, m)$；第二类子集相当于选取 $a$ 后再从 $X$ 中选取 $m-1$ 个元素，所以组合数是 $C(n-1, m-1)$。根据加法原理，$C(n, m)=C(n-1, m)+C(n-1, m-1)$。■

**【4.2.1.4 Code】**

传输和存储信息都要求编码系统最大限度地利用可用的空间。众所周知，编码系统是一个将一个数与一个字符序列相关联的系统。单词由英文字母a～z（26个字符）中的字符组成。在这些单词中，我们只考虑字母以字典序排列的单词（每个字符都小于下一个字符）。

编码系统的工作原理如下：

- 单词按其长度的递增顺序排列。
- 长度相同的单词按字典序排列（字典中的顺序）。

我们通过编号对这些单词进行编码，从 a 开始，如下所示：

a -1

b - 2

...

z - 26

ab - 27

...

az - 51

bc - 52

...

vwxyz - 83681

...

给出一个单词，如果它可以根据这个编码系统进行编码，就请给出其编码。

**输入**

在一行中给出一个单词，有如下限定：

- 单词最大长度为 10 个字母。
- 英文字母表 26 个字符。

**输出**

输出给出单词的编码，如果单词无法编码，则输出 0。

| 样例输入 | 样例输出 |
|---|---|
| bf | 55 |

试题来源：Romania OI 2002

在线测试：POJ 1850

**试题解析**

首先，判断输入的单词 str 是否按字典序排列，如果按字典序排列，则进入下一步，否则输出 0。

设 len 为单词 str 的长度。按字典序排列和编码规则，单词 str 的编码是：长度小于 len 的所有字符串个数 + 长度等于 len 但字典序的值比 str 小的字符串个数 +1。

计算长度小于 len 的所有字符串个数，分析如下：

长度为 1 的字符串 a ~ z（26 个字符），字符串个数为 $C(26, 1)$。

长度为 2 的字符串，以 a 为首字符，字符串个数为 $C(25, 1)$；以 b 为首字符，字符串个数为 $C(24, 1)$……以 y 为首字符，字符串个数为 $C(1, 1)$。所以长度为 2 的字符串的个数是 $C(25, 1)+C(24, 1)+\cdots+C(1, 1)$。根据杨辉三角形定理，$C(n, m)=C(n-1, m)+C(n-1, m-1)$，则 $C(n-1, m)=C(n-2, m)+C(n-2, m-1)$，可得 $C(n, m)=C(n-1, m-1)+C(n-2, m-1)+C(n-2, m)$；又因为 $C(0, 0)=0$，如果 $s<t$，$C(s, t)=0$，所以可以推出 $C(n,m)=\sum_{i=1}^{n-1}C(i,m-1)$，因此长度为 2 的字符串的个数是 $C(25, 1)+C(24, 1)+\cdots+C(1, 1)=C(26, 2)$。同理可证，长度为 3 的字符串的个数是 $C(26, 3)$……长度为 $k$ 的字符串的个数是 $C(26, k)$，$1\leqslant k\leqslant 26$。

由此，长度小于 len 的所有字符串的个数是 $\sum_{i=1}^{len-1} C(26,i)$。

接下来，计算长度等于 len 但字典序的值比 str 小的字符串的个数。枚举 str 的每个字符位置 $i$，$0 \leqslant i \leqslant len-1$，计算当前位置比 str 小的字符串个数并累计。

最后，把前面找到的所有字符串的个数之和再加上 1，就是 str 的值。

**参考程序**

```
#include<cstdio>
#include<iostream>
#include<cstring>
#include<cmath>
using namespace std;
char str[20];                              // 单词
int c[27][27];                             // 组合表
void yanghui()                             // 计算组合表 c[i][j](1≤i≤26, 0≤j≤i)
{
    memset(c,0,sizeof(c));
    c[0][0]=1;
    for(int i=1;i<=26;i++)
    {
        for(int j=0;j<=i;j++)
        {
            c[i][j]=c[i-1][j-1]+c[i-1][j];
        }
    }
    c[0][0]=0;
}
int main()
{
    int len,sum;                   // 单词长度为 len，前面找到所有字符串的个数之和为 sum
    yanghui();                             // 预处理：计算组合表 c[][]
    while(~scanf("%s",str))                // 反复输入单词
    {
        len=strlen(str);
        for(int i=0;i<len-1;i++)           // 判断当前单词是否符合升序要求
        {
            if(str[i]>=str[i+1])
            {
                cout<<0<<endl;             // 若不满足升序要求，则输出 0 并退出
                return 0;
            }
        }
        sum=0;                             // 计算长度比 str 小的字符串的个数 sum
        for(int i=1;i<len;i++)
            sum+=c[26][i];
        // 计算长度等于 len 但值比 str 小的字符串个数
        char last='a'; // 按照升序要求，当前字符的最小值为 last。第一个字符的最小值为 'a'
        for(int i=0;i<len;i++)             // i 为 str 的指针，对每一个位置枚举
        {
            for(char j=last;j<str[i];j++) // 按照升序规则，当前位置值比 str 小的字符串数
                                           // c['z'-j][len-i-1] 计入 sum
            {
                sum+=c['z'-j][len-i-1];
```

```
            }
            last=str[i]+1;                    //记下当前字符升序的最小值
        }
        cout<<sum+1<<endl;                    //输出单词 str 的编码
    }
    return 0;
}
```

### 4.2.2 两种特殊的排列组合计数公式

#### 1. Catalan 数

Catalan 数列是序列 $C_0, C_1, \cdots, C_n, \cdots$，其中 $C_0=1$，$C_1=1$，$C_n=C_0\,C_{n-1}+C_1\,C_{n-2}+\cdots+C_{n-1}\,C_0$，$n\geqslant 2$。

Catalan 数列的公式是 $C_n=\dfrac{C(2n,n)}{n+1}$（$n=0, 1, 2, \cdots$）或 $C_n=\dfrac{4n-2}{n+1}*C_{n-1}$（$n>1$）。

（1）序列 $1, \cdots, n$ 入栈，$C_n$ 是出栈的排列数。

**证明**：设 $C_n$ 是序列 $1, \cdots, n$ 入栈后出栈的排列数。显然，$C_0=1$，$C_1=1$。对于 $C_n$，$n\geqslant 2$，如果第一个出栈的数是 $k$，则 $k$ 将序列 $1, \cdots, n$ 分成两个子序列：序列 $1, \cdots, k-1$（长度为 $k-1$，已经入栈）；序列 $k+1, \cdots, n$（长度为 $n-k$，尚未入栈）。由乘法原理，如果第一个出栈的数是 $k$，设出栈的排列数为 $f_k$，则 $f_k=C_{k-1}*C_{n-k}$。因为 $1\leqslant k\leqslant n$，根据加法原理，将 $k$ 取不同值的排列数相加，得到总的排列数 $C_n=C_0\,C_{n-1}+C_1\,C_{n-2}+\cdots+C_{n-1}\,C_0$。 ■

（2）对一个有 $n+2$ 条边的凸多边形（$n\geqslant 1$），用连接顶点的不相交的对角线将该凸多边形拆分为若干三角形，$C_n$ 是拆分的方法数。

**证明**：对于三角形（$n=1$）和凸四边形（$n=2$），命题成立。对于凸 $m$（$m\geqslant 5$）边形，凸 $m$ 边形的任意一条边必定属于某一个三角形，所以以凸 $m$ 边形的某一条边为基准，设这条边的两个顶点为起点 $P_1$ 和终点 $P_m$，将该凸多边形的顶点依序标记为 $P_1, P_2, \cdots, P_m$，再在该凸多边形中找任意一个不属于这两个点的顶点 $P_k$（$2\leqslant k\leqslant m-1$），以此来构成一个三角形，用这个三角形把一个凸多边形划分成两个凸多边形：一个由 $P_1, P_2, \cdots, P_k$ 构成的凸 $k$ 边形；一个由 $P_k, P_{k+1}, \cdots, P_m$ 构成的凸 $m-k+1$ 边形。

如果把 $P_k$ 视为确定的一点，设 $f(k)$ 是一个凸 $k$ 多边形的拆分的方法数，则根据乘法原理，拆分的方法数是一个凸 $k$ 多边形的拆分的方法数乘以一个凸 $m-k+1$ 多边形的拆分的方法数，即选择顶点 $P_k$ 的拆分的方法数是 $f(k)*f(m-k+1)$。又因 $2\leqslant k\leqslant m-1$，根据加法原理，将 $k$ 取不同值的拆分的方法数，得到总的拆分方法数 $f(m)=f(2)f(m-2+1)+f(3)f(m-3+1)+\cdots+f(m-1)f(2)$。

对照 Catalan 数列的公式，得出 $f(n)=C_{n-2}$（$n=2, 3, 4, \cdots$）。

所以，命题成立。 ■

（3）$C_n$ 是具有 $n$ 个节点二叉树的个数。

（4）给出 $n$ 对括号，括号正确配对的字符串的个数为 $C_n$。

可以将括号分割看成构成二叉树的情形。

【4.2.2.1 Game of Connections】

这是一个很小但是很古老的游戏。请以顺时针的顺序在地上写下连续的数 $1, 2, 3, \cdots, 2n-1, 2n$，形成一个圆圈；然后，画一些直线线段，将这些数连接成整数的数对。每一个数都必须连接到另一个数，而且没有两条线段是相交的。

这是一个简单的游戏，是不是？但是当写下来 $2n$ 个数后，你能告诉大家可以用多少不同的方式将这些数连接成对吗？

**输入**

输入的每行给出一个正整数 $n$，最后一行则给出整数 -1。本题设定 $1 \leqslant n \leqslant 100$。

**输出**

对每个 $n$，输出一行，给出将 $2n$ 个数连接成对会有多少种连法。

| 样例输入 | 样例输出 |
| --- | --- |
| 2<br>3<br>-1 | 2<br>5 |

试题来源：ACM Shanghai 2004 Preliminary

在线测试：POJ 2084，ZOJ 2424

**试题解析**

先确定一个点，然后枚举其他点与这个点相连的线段，设线段左边有 $i$ 对点，则其右边有 $n-i-1$ 对点，可得递推公式 $C_n = \sum_{i=0}^{n-1} C_i \times C_{n-i-1}$，这一递推公式就是 Catalan 数列的递推公式。

为了提高效率，先离线计算出 Catalan 数列 $C_0, \cdots, C_{120}$。由于 Catalan 数的上限超出了标准整数类型的取值范围，因此需要采用高精度运算。

**参考程序**

```
# include <cstdio>
# include <cstring>
# include <algorithm>
# include <iostream>
using namespace std;
struct BIGNUM{                                  //定义 BIGNUM 的结构类型，用于高精度运算
    short s[200],l;                             //整数数组为 s[]，其长度为 l
}c[120];                                        //Catalan 数列，其中 c[i]=C_i
BIGNUM operator*(BIGNUM a,int b){               //a←a*b，其中 a 为整数数组，b 为整数
        for(int i=0;i<a.l;i++)        a.s[i]*=b;    //a 的各位数先乘 b
        for(int i=0;i<a.l;i++){                     //a 的各位数规整为十进制数
                a.s[i+1]+=a.s[i]/10;
                a.s[i]%=10;
        }
    while(a.s[a.l]!=0){                         //处理 a 的最高位的进位
            a.s[a.l+1]+=a.s[a.l]/10;
            a.s[a.l]%=10;
            a.l++;
        }
    return a;
}
BIGNUM operator/(BIGNUM a,int b){               //a←a/b，其中 a 为整数数组，b 为整数
        for(int i=a.l-1;i>0;i--){               //从 a 的最高位出发，逐位除以 b
            a.s[i-1]+=(a.s[i]%b)*10;
            a.s[i]/=b;
    }
```

```
        a.s[0]/=b;
        while(a.s[a.l-1]==0)        a.l--;   //计算实际位数
        return a;
    }
    void print(BIGNUM a){                      //输出整数数组 a
            for(int i=a.l-1;i>=0;i--){
                    printf("%d",a.s[i]);
            }
        printf("\n");
    }
    int n;
    int main(){
            c[0].l=1;c[0].s[0]=1;              //Catalan 数的初始值 C0=1
            for(int i=0;i<=101;i++)  //根据递推公式 Cn=(4n-2)/(n+1)*Cn-1 离线计算 Catalan 数列
                    c[i+1]=(c[i]*(4*i+2))/(i+2);
            while(~scanf("%d",&n)){            //反复输入 n，直至输入负值为止
                    if(n<0)      break;
                    print(c[n]);               //输出 Cn
            }
        return 0;
    }
```

### 2. Bell 数和 Stirling 数

Bell 数是集合的划分数，也是一个集合上等价关系的数目。Bell 数为 $B_0, B_1, \cdots, B_n, \cdots$，其中 $B_n$ 是包含 $n$ 个元素的集合的划分方法的数目。显然 $B_0=1$，$B_1=1$，$B_2=2$，$B_3=5$，…，$B_{n+1}=\sum_{k=0}^{n} C(n,k)B_k$。

第一类 Stirling 数表示将 $n$ 个不同元素放入 $k$ 个环排列中的方式的数目，其中 $S(n, 0)=0$，$S(1, 1)=1$，$S(n, k)=S(n-1, k-1)+(n-1)*S(n-1, k)$。

**证明**：设 $n$ 个不同元素 $a_1, \cdots, a_n$ 放入 $k$ 个环排列中的方式数为 $S(n, k)$。在放置过程中，有两种互不相容的情况：

- $\{a_n\}$ 是 $k$ 个环排列中的一个，即把 $\{a_1,\cdots, a_{n-1}\}$ 划分为 $k-1$ 个环排列，$\{a_n\}$ 作为一个环排列，则划分数是 $S(n-1, k-1)$。
- 如果 $\{a_n\}$ 不是 $k$ 个环排列中的一个，即 $a_n$ 与其他元素构成一个环排列。则首先把 $\{a_1,\cdots, a_{n-1}\}$ 划分成 $k$ 个环排列，则划分数为 $S(n-1, k)$。然后再把 $a_n$ 加入 $k$ 个环排列的一个中，则有 $n-1$ 种加入方式。因此，由乘法原理，划分数为 $(n-1)*S(n-1, k)$。

将加法原理应用于上述两种情况，得 $S(n, k)=S(n-1, k-1)+(n-1)*S(n-1, k)$，$n>1$，$k\geqslant 1$。 ■

第二类 Stirling 数是将 $n$ 个元素的集合划分为 $k$ 个不为空的子集的方式的数目，$S(n, n)=S(n, 1)=1$，$S(n, k)=S(n-1, k-1)+k*S(n-1, k)$。

证明过程与第一类 Stirling 数相似，对于 $k$ 个非空子集，当 $\{a_n\}$ 不是 $k$ 个子集中的一个时，将 $a_n$ 加入 $k$ 个子集的一个中，有 $k$ 种加入方式。

显然，每个 Bell 数都是第二类 Stirling 数的和，$B_n=\sum_{k=1}^{n} S(n,k)$，其中 $S(n, k)$ 是一个第二类 Stirling 数。

Bell 数和第二类 Stirling 数可以通过构建 Bell 三角形 $a$ 得到。Bell 三角形的形式类似于杨辉三角形，构建方法如下：

- 第一行第一项是 1（$a[1, 1]=1$）。
- 对于 $n>1$，第 $n$ 行第一项等于第 $n-1$ 行最后一项 ($a[n, 1]=a[n-1, n-1]$)。
- 对于 $m, n>1$，第 $n$ 行第 $m$ 项等于它左边和左上方的两个数之和：$a[n, m]=a[n, m-1]+a[n-1, m-1]$。

结果如下：

```
1
1    2
2    3    5
5    7    10   15
15   20   27   37   52
52   67   87   114  151  203
203  255  322  409  523  674  877
877  1080 1335 1657 2066 2589 3263 4140
...
```

每行首项是 Bell 数，每行之和是第二类 Stirling 数。

【4.2.2.2 Bloques】

小 Joan 有 $N$ 块大小不同的积木，他要在海滩上搭建城市，一座城市由一组建筑物组成。在沙滩上的一块积木就可以被视为一幢建筑，但如果将一块积木放在另一块积木之上，就可以搭建更高的建筑了。在一块积木之上最多只能放一块积木。他可以将几块积木一块接一块地像堆栈一样垒在一起，搭建一幢建筑。然而，他不能将大积木放在小积木之上，因为这会使积木堆栈倒下。一块积木可以用一个自然数来说明，表示其大小。

建筑之间的次序没有关系。也就是说，

1 3

2 4

和

3 1

4 2

是一样的建筑。

本题要求计算使用 $N$ 块积木可以构建的可能的不同城市的数目。用 #($N$) 表示大小为 $N$ 的不同城市的数目。如果 $N=2$，只有两座可能的城市。

City #1:

1 2

在这座城市中，大小为 1 和 2 的积木可以被放在沙滩上：

City #2:

1

2

在这座城市中，大小为 1 的积木放在大小为 2 的积木之上，而大小为 2 的积木放在沙滩上，所以，#(2)=2。

**输入**

一个非负的整数序列，每个数一行。最后一个数 0 表示结束。每个自然数小于 900。

**输出**

对于输入中的每个自然数 *I*，输出一行，给出一对数 *I*, #(*I*)。

| 样例输入 | 样例输出 |
|---|---|
| 2 | 2, 2 |
| 3 | 3, 5 |
| 0 | |

*试题来源*：Contest ACM-BUAP 2005

*在线测试*：UVA 10844

**试题解析**

题目要求计算出一个集合被分成几个不相交的非空子集的方案数，这符合 Bell 数的定义，#(*N*) 即 $B_n$。这里需要注意的是，由于 Bell 数的上限超出了任意整数类型的范围，因此需采用高精度运算。

我们先通过 Bell 三角形的方法离线计算出范围内的每个 Bell 数。以后每输入一个 *n*，即可从表中直接取得答案。

**参考程序**

```
# include <cstdio>
# include <cstring>
# include <cstdlib>
# include <iostream>
# include <string>
# include <cmath>
# include <algorithm>
using namespace std;
typedef unsigned long long int64;
int64 m=1e10;                              // 带 10 位数字压缩的高精度运算
struct Bigint{                             // 定义名为 Bigint 的结构类型，用于高精度运算
    int l;int64 s[200];          // 高精度数组为 s[]，每个元素为 10 位十进制数，其长度为 l
    void read(int64 x){                    // 将整数 x 转化为高精度数组 s[]
            l=-1; memset(s,0,sizeof(s))
            do {
                    s[++l]=x%m;
                    x/=m;
            } while(x);
    }
    void print(){                          // 输出高精度数组 s[]
            printf("%llu",s[l]); // s[l] 按实际位数输出，s[l-1]…s[0] 按照 10 位一组输出
            for(int i=l-1;i>=0;i--)  printf("%010llu",s[i]);
    }
} dp[2][1000],ans[1000];      // Bell 三角形中，(i, j) 的元素值为 dp[i&1][j]；(i-1, j)
                              // 的元素值为 dp [(i&1)^1][j]，i 对应的 Bell 数为 ans[i+1]
Bigint operator+(Bigint a,Bigint &b){      // 高精度加法 a←a+b
       a.l=max(a.l,b.l);int64 d=0;         // 计算加法次数，进位初始化
       for(int i=0;i<= a.l;i++) {          // 从低位出发，逐项相加
              a.s[i]+=d+b.s[i];
```

```
                d=a.s[i]/m;a.s[i]%=m;
        }
        if(d)    a.s[++a.l]=d;       //处理最高位的进位
        return a;
}
int n;
void getans(int id,int n){            //当前行的奇偶标志为 id，元素数为 n，计算每列元素值
        int i=id^1;                   //取得上一行的奇偶标志
        for(int j=1;j<=n-1;i++) dp[id][j+1]=dp[i][j]+dp[id][j]; //计算当前行每一
                                                                 //元素的值
}
void work(){                          //离线计算范围内的所有 Bell 数
        dp[1][1].read(1);ans[2]=dp[0][1]=ans[1]=dp[1][1];    //Bell 三角形初始化，
                                                              //B1=B0=1
        for(int i=2;i<=900;i++){      //自上而下递推每一行
                getans(i&1,i);        //计算第 i 行每个元素的值
                dp[(i&1)^1][1]=ans[i+1]=dp[i&1][i]; //i+1 行的首元素即为 Bi 和 i 行的尾元素
        }
}
int main(){
        work();
        while(~scanf("%d",&n)&&n){                //反复输入整数 n，直至输入 0 为止
            printf("%d, ",n);  ans[n+1].print(); //输出 n 和对应的 Bell 数
            printf("\n");
        }
        return 0;
}
```

【4.2.2.3 Rhyme Schemes】

一首诗（或一首长诗的诗节）的韵律是指在诗中哪些行与其他行押韵。例如，一首五行打油诗（一种通俗幽默的短诗，由五行组成，韵律的形式为 aabba）如下：

If computers that you build are quantum

Then spies of all factions will want 'em

Our codes will all fail

And they'll read our email

`Til we've crypto that's quantum and daunt'em

（作者：Jennifer 和 Peter Shor（http://www.research.att.com/~shor/notapoet.html））

上面的 aabba 的韵律，表示第一行、第二行和第五行押韵，并且第三行和第四行押韵。

对于一首四行诗或一段四行的诗节，则有 15 种可能的韵律：aaaa、aaab、aaba、aabb、aabc、abaa、abab、abac、abba、abbb、abbc、abca、abcb、abcc、abcd。

请编写一个程序，计算一首 *n* 行诗或一段 *n* 行诗节的韵律的数目，其中 *n* 是输入值。

**输入**

输入是一个整数 *n* 组成的序列，每个一行，以 0 表示输入的结束。*n* 是一首诗的行数。

**输出**

对于每个输入的整数 *n*，程序先输出 *n* 的值，后面跟一个空格，然后给出一首 *n* 行诗的韵律的数目，这个数字是至少 12 位的正确的十进制数（在计算时使用双精度浮点数）。

| 样例输入 | 样例输出 |
| --- | --- |
| 1 | 1 1 |
| 2 | 2 2 |
| 3 | 3 5 |
| 4 | 4 15 |
| 20 | 20 51724158235372 |
| 30 | 30 846749014511809120000000 |
| 10 | 10 115975 |
| 0 | |

试题来源：ACM Greater New York 2003

在线测试：POJ 1671，ZOJ 1819，UVA 2871

**试题解析**

把诗的 $n$ 行视为 $n$ 个元素的集合，诗的每一行视为一个元素，诗的韵律可以被视为 $k$ 个不为空的子集。设 $n$ 行诗的韵律的数目为 $S(n, k)$，则 $S(n, n)=S(n, 1)=1$；如果诗的第 $n$ 行被单独放入一个非空集合，则此前的前 $n-1$ 行诗被放入 $k-1$ 个非空子集，韵律的数目为 $S(n-1, k-1)$；如果诗的第 $n$ 行被放入 $k$ 个不同的非空集合中，则韵律的数目为 $k*S(n-1, k)$。根据加法原理，$S(n, k)=S(n-1, k-1)+k*S(n-1, k)$。

对于 $1\leqslant k\leqslant n$，$n$ 行诗分为 $k$ 个非空子集的韵律的数目符合第二类 Stirling 数的定义，而 $n$ 行诗的韵律的总数则符合 Bell 数的定义。

首先，根据 $S(n, k)=S(n-1, k-1)+k*S(n-1, k)$，函数 getDP 用于离线计算第二类 Stirling 数；然后，根据输入的 $n$，以及 $B_n=\sum_{k=1}^{n} S(n,k)$，在主程序中计算 Bell 数。

**参考程序**

```
#include<stdio.h>
#include<iostream>
#include<string>
#include<string.h>
#include<math.h>
#include<functional>
#include<algorithm>
#include<vector>
#include<queue>
using namespace std;
const int maxn =105;
const int inf = 1<<30;// 0x7f;
typedef __int64 LL;
int n,k;
double dp[maxn][maxn];
void getDP()  //计算第二类 Stirling 数
{
        memset( dp,0,sizeof(dp) );
      for( int i = 1; i < maxn; i ++ ){
          dp[1][i] = 0;
          dp[i][1] = 1;
      }
    for( int i = 2; i < maxn; i ++ ){
```

```
        for( int j = 2; j <= i; j ++ ){
            dp[i][j] = dp[i-1][j-1] + dp[i-1][j]*j;
                }
    }
}
int main()
{
    getDP();
    while( scanf("%d",&n) != EOF,n )
        {
        double ans = 0;
        for( int i = 1; i <= n; i ++ ) //每个Bell数都是第二类Stirling数的和，Bn= ∑(k=1..n) S(n,k)
            ans += dp[n][i];
          printf("%d %.0f\n",n,ans);
    }
return 0;
}
```

### 4.2.3 多重集的排列数和组合数

多重集是可重复出现的元素组成的集合。若多重集中不同元素个数为 $k$，称该多重集为 $k$ 元多重集。多重集中元素 $a_i$ 出现的次数 $n_i$ 称为元素 $a_i$ 的重数。若有限多重集 $S$ 有 $a_1$, $a_2$, …, $a_k$ 共 $k$ 个不同元素，且 $a_i$ 的重数为 $n_i$，则 $S$ 可记为 $\{n_1 \cdot a_1, n_2 \cdot a_2, \cdots, n_k \cdot a_k\}$。

**定理 4.2.3.1** 设多重集 $S=\{n_1 \cdot a_1, n_2 \cdot a_2, \cdots, n_k \cdot a_k\}$，且 $n=n_1+n_2+\cdots+n_k=|S|$，则 $S$ 的全排列数是 $\dfrac{n!}{n_1! \times n_2! \times \cdots \times n_k!}$。

**证明**：多重集 $S$ 的一个排列就是它的 $n$ 个元素的一个全排列。$S$ 中有 $n_1$ 个 $a_1$，在排列时占据 $n_1$ 个位置，所以 $n_1$ 个 $a_1$ 的排列就是从 $n$ 个位置中无序选取 $n_1$ 个位置，其排列数为 $C(n, n_1)$。以此类推，对 $n_2$ 个 $a_2$ 的排列则是从剩下的 $n-n_1$ 中无序选取 $n_2$ 个，其排列数为 $C(n-n_1, n_2)$……

由乘法原理，$S$ 的全排列数是 $C(n, n_1)\times C(n-n_1, n_2)\times\cdots\times C(n-n_1-\cdots-n_{k-1}, n_k)$。所以，$S$ 的全排列数是 $\dfrac{n!}{n_1! \times n_2! \times \cdots \times n_k!}$。■

【4.2.3.1 X-factor Chains】

给出一个正整数 $X$，长度为 $m$ 的 $X$ 因子链是一个整数序列：$1=X_0, X_1, X_2, \cdots, X_m=X$。这一序列满足 $X_i<X_{i+1}$，并且 $X_i \mid X_{i+1}$，其中 $a \mid b$ 表示 $a$ 整除 $b$。

现在，请求 $X$ 因子链的最大长度，以及具有最大长度的 $X$ 因子链的数目。

**输入**

输入包含若干测试用例，每个测试用例给出正整数 $X$（$X \leqslant 2^{20}$）。

**输出**

对于每个测试，输出 $X$ 因子链的最大长度，以及具有最大长度的 $X$ 因子链的数目。

| 样例输入 | 样例输出 |
|---|---|
| 2 | 1 1 |
| 3 | 1 1 |
| 4 | 2 1 |
| 10 | 2 2 |
| 100 | 4 6 |

试题来源：POJ Monthly--2007.10.06, ailyanlu@zsu

在线测试：POJ 3421

**试题解析**

基于 $X$ 因子链的定义可知，将正整数 $X$ 分解为其质因数相乘的形式后，$X$ 因子链中任何一个数必定是这些质因数的某个组合。并且，对于任意相邻的两个数，后面的数必定是在前面的数的质因数组合的基础上，再乘上另外的一个质因数。

构造多重集 $S=\{n_1 \cdot a_1, n_2 \cdot a_2, \cdots, n_k \cdot a_k\}$，其中 $a_1, a_2, \cdots, a_k$ 是 $X$ 的质因数，$n_i \times a_i \mid X$，而 $(n_i+1) \times a_i$ 不是 $X$ 的因子，$1 \leqslant i \leqslant k$。$X$ 因子链的最大长度就是多重集 $S$ 的基数，而具有最大长度的 $X$ 因子链的数目是多重集 $S$ 的全排列数。

**参考程序**

```
#include <iostream>
#include <cstdio>
#include <cstring>
using namespace std;
const int maxn = 1000 + 5;
typedef long long ll;
ll n, id, cnt;
ll factor[maxn][2];     //0 存底数，1 存指数
void get_fac(ll n)
{
    for(ll i = 2; i*i <= n; i++)
    {
        if(n % i)     continue;
        factor[++id][0] = i;
        factor[id][1] = 0;
        while(n % i == 0)
        {
            factor[id][1]++;
            n /= i;
          }
    }
    if(n != 1)
    {
        factor[++id][0] = n;
        factor[id][1] = 1;
          }
}
ll computes(ll x)
{
    ll res = 1;
    for(ll i = x; i >= 1; i--)     res *= i;
    return res;
}
int main()
{
    while(cin >> n)
    {
        id = 0;
        get_fac(n);
```

```
        ll res = 0;
        for(int i = 1; (ll)i <= id; i++)      res += factor[i][1];
                cnt = computes(res);     //计算 res!
        for(int i = 1; (ll)i <= id; i++)      cnt /= computes(factor[i][1]);
        cout << res << " " << cnt << endl;
    }
    return 0;
}
```

【4.2.3.2　Bar Codes】

条形码由交替的黑条和白条组成，从左边的黑条开始。每个条的长度有若干个单位的宽。图 4-7 显示了一个条形码，由 4 个条组成，长度为 1+2+3+1=7 个单位。

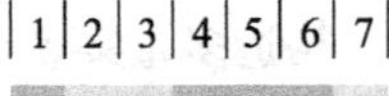


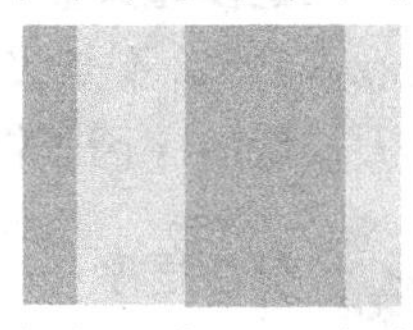


图 4-7

BC(*n*, *k*, *m*) 是一个表示条形码的集合，表示条形码有 *k* 条，条形码延伸的长度为 *n* 个单位，每个条至多 *m* 个单位宽。例如，图 4-7 表示的条形码属于集合 BC(7, 4, 3)，而不属于 BC(7, 4, 2)。

图 4-8 给出了 BC(7, 4, 3) 的所有 16 个条形码，每个 '1' 表示黑色单元，每个 '0' 表示白色单元。这些条形码按字典序出现。在冒号（：）左边的数字是对应的条形码的排名。图 4-7 的条形码在 BC(7, 4, 3) 中排名第 4。

| | |
|---|---|
| 0: 1000100 | 8: 1100100 |
| 1: 1000110 | 9: 1100110 |
| 2: 1001000 | 10: 1101000 |
| 3: 1001100 | 11: 1101100 |
| 4: 1001110 | 12: 1101110 |
| 5: 1011000 | 13: 1110010 |
| 6: 1011100 | 14: 1110100 |
| 7: 1100010 | 15: 1110110 |

图 4-8

**输入**

程序输入为标准输入。输入的第一行给出整数 *n*、*k* 和 *m*（$1 \leq n, k, m \leq 33$）。第二行给出整数 *s*（$0 \leq s \leq 100$）。接下来的 *s* 行，每行给出 BC(*n*, *k*, *m*) 中的某个条形码，'0' 和 '1' 的表示如图 4-8 所示。

**输出**

程序输出为标准输出。第一行给出 BC(*n*, *k*, *m*) 中条形码的数目，接下来的 *s* 行，每行给出在输入中相应的条形码的排名。

| 样例输入 | 样例输出 |
|---|---|
| 7 4 3<br>5<br>1001110<br>1110110<br>1001100<br>1001110<br>1000100 | 16<br>4<br>15<br>3<br>4<br>0 |

试题来源：IOI 1995

在线测试：POJ 1173

**试题解析**

本题的条形码 BC(*n*, *k*, *m*) 可以视为多重集 $S=\{n_1 \cdot a_1, n_2 \cdot a_2, \cdots, n_k \cdot a_k\}$ 的方案数，其中 $n=n_1+n_2+\cdots+n_k$，$0<n_i \leq m$。

本题可以转换为这样的模型：有 *n* 个小球，放入 *k* 个不同的盒子，每个盒子最多装 *m* 个小球，至少装 1 个小球，求方案数。

设 $d[i][j]$ 表示在 $i$ 个盒子里放 $j$ 个小球的方案数。

显然，初始值 $d[0][0]=1$，并且 $d[i][0]=0$（$i>0$）。

对于 $d[i][j]$（$i>0$，$j>0$），考虑第 $j$ 个小球：

- 如果第 $j$ 个小球放在了一个新的盒子里，那么前面的 $j-1$ 个球放在第 $i-1$ 个盒子里，这种情况下，方案数为 $d[i-1][j-1]$。又因为每个盒子最多装 $m$ 个球，所以第 $j-1$ 个盒子在 $i-1$ 个球中最多可以放从第 $i-m$ 个球到第 $i-1$ 个球（此时第 $j-1$ 个盒子里放了 $m$ 个球）。由于第 $j$ 个球放在第 $i$ 个盒子里，在第 $i-1$ 个盒子里放入其他 $j-m-1$ 个球的状态是不合法的，所以第 $j$ 个小球放在了一个新的盒子里（第 $i$ 个盒子）的方案数是 $d[i-1][j-1]-d[i-1][j-1-m]$。
- 如果第 $j$ 个小球没有放在一个新的盒子里，即第 $j$ 个小球放在第 $i$ 个盒子里，则方案数为 $d[i][j-1]$。

所以，根据加法原理，在 $i$ 个盒子里放 $j$ 个小球的方案数是 $d[i][j]=d[i][j-1]+d[i-1][j-1]-d[i-1][j-1-m]$。

计算条形码的排名序号，首先将长度为 $n$、条数为 $k$ 的二进制条形码转换成长度为 $k$ 的向量，例如，长度为 7、条数为 4 的二进制条形码 1101110 表示为长度为 4 的向量 2131（2 个 1，1 个 0，3 个 1，1 个 0）。那么，排在 2131 之前的条形码可以分为：1???（1 个 1，后面是长度为 6、条数为 3 的条形码）；22??（2 个 1，2 个 0，后面是长度为 3、条数为 2 的条形码）；23??（2 个 1，3 个 0，后面是长度为 2、条数为 2 的条形码）；211?（2 个 1，1 个 0，1 个 1，后面是长度为 3、条数为 1 的条形码）；212?（2 个 1，1 个 0，2 个 1，后面是长度为 2、条数为 1 的条形码）。

由已经计算的 $d[i][j]$ 可知，$d[3][6]=7$，$d[2][3]=1$，$d[2][2]=2$，$d[1][3]=1$，$d[1][2]=1$，总计为 $7+1+2+1+1=12$，所以 1101110 的排名序号为 12。

## 参考程序

```
#include <cstdio>
#include <cstring>
#include <algorithm>
#include <iostream>
using namespace std;
int n, k, m;
int d[50][50];       //前 i 堆有 n 个物品的方案数
int s;
char str[100][50];
int getid(int s)     //获取第 s 个字符串的 id
{
    int tp[50], ntp=0;
    int last = 1;
    for(int i=1; i<n; i++)
    {
        if(str[s][i] != str[s][i-1])
            tp[ntp++]=last, last=0;
        last++;
    }
    if(last!=0) tp[ntp++] = last;
    int res = 0;
    int u = n;
```

```
    for(int i=0; i<ntp-1; i++)
    {
        if(i%2==0) //1
        {
            for(int j=1; j<tp[i]; j++)
                if(u>=j) res += d[k-i-1][u-j];
        }
        else       //0
        {
            for(int j=m; j>tp[i]; j--)
                if(u>=j) res += d[k-i-1][u-j];
        }
        u -= tp[i];
    }
    return res;
}
int main()
{
    cin>>n>>k>>m;
    d[0][0] = 1;
    for(int i=1; i<=k; i++)
        for(int j=1; j<=n; j++)
        {
            d[i][j] = d[i][j-1] + d[i-1][j-1];
            if(j-m-1>=0)
                d[i][j] -= d[i-1][j-m-1];
        }
    int res1 = d[k][n];
    cin>>s;
    for(int i=0; i<s; i++)
        cin>>str[i];
    cout<<res1<<endl;
    for(int i=0; i<s; i++)
    {
        int res2 = getid(i);
        cout<<res2<<endl;
    }
    return 0;
}
```

## 4.3　鸽笼原理与容斥原理的实验范例

本节给出鸽笼原理、容斥原理和Ramsey定理的应用实验。

### 4.3.1　利用鸽笼原理求解存在性问题

鸽笼原理（Pigeonhole Principle）也被称为抽屉原理、鞋盒原理，是解决存在性问题的常用方法，最先是由德国数学家狄利克雷（Dirichlet）提出来的。利用这一原理，可以解决一些相当复杂甚至令人感到无从下手的存在性问题。鸽笼原理可以由三种形式表述。

**定理4.3.1.1（鸽笼原理1）** 将$n+1$个元素放入$n$个集合内，则至少有一个集合有不少于两个元素（$n$为正整数）。

**定理4.3.1.2（鸽笼原理2）** 把$m$个元素任意放入$n$（$n<m$）个集合里，则至少有一个集合有不少于$\left\lceil \frac{m}{n} \right\rceil$个元素。

**定理 4.3.1.3（鸽笼原理 3）** 把无穷多个元素放入有限个集合里，则至少有一个集合有无穷多个元素。

鸽笼原理的证明很简单，通过反证法即可证明。

应用鸽笼原理解题的一般步骤：

（1）分析题意，分清什么是“元素”，什么是“集合”。

（2）构造集合。这是关键的一步。根据题目条件和结论，结合有关的数学知识，抓住最基本的数量关系，设计和确定解决问题所需的集合及其个数，为应用鸽笼原理奠定基础。

（3）应用鸽笼原理解题。

**【4.3.1.1 Find a multiple】**

输入给出 $N$（$N\leqslant 10\,000$）个正整数，每个数不大于 15 000，这些数可以相同。请在给出的数中选一些数（$1\leqslant \text{few} \leqslant N$），使得被选的数的总和是 $N$ 的倍数（即 $N*k$= 被选数的总和，$k$ 是某个自然数）。

**输入**

输入的第一行给出整数 $N$，接下来的 $N$ 行，每行给出集合的一个整数。

**输出**

本题设定不可能输出数字 0。在输出的第一行给出被选择数字的数目，然后以任意的次序输出这些被选择的数。

如果有多于一个集合的数具有所要求的性质，只输出一个。

| 样例输入 | 样例输出 |
|---|---|
| 5<br>1<br>2<br>3<br>4<br>1 | 2<br>2<br>3 |

试题来源：Ural Collegiate Programming Contest 1999

在线测试：POJ 2356，Ural 1032

**试题解析**

对于本题，先证明下述命题：

对于一个有 $N$ 个自然数 $a_1, \cdots, a_N$ 的序列，存在一个子序列 $a_l, \cdots, a_r$，$\sum_{i=l}^{r} a_i$ 可以被 $N$ 整除。

**证明：** 设 $B_i=\sum_{k=1}^{i} a_k$，$i=1, 2, \cdots, N$。

如果存在一个 $B_i$ 被 $N$ 整除，$i=1, 2, \cdots, N$，则命题成立；否则序列 $B_1, B_2, \cdots, B_N$ 除以 $N$ 产生 $N$ 个余数，余数的取值区间是 $[1, N-1]$。

余数的取值区间 $[1, N-1]$ 被视为 $N-1$ 个集合，而产生的 $N$ 个余数被视为元素。则将 $N$ 个元素放入 $N-1$ 个集合内，根据鸽笼原理 1，必定存在 $B_j$ 和 $B_i$，$B_j \% N == B_i \% N$，$1\leqslant j< i\leqslant N$。所以 $(B_i-B_j) \%N == 0$，即 $\sum_{k=j+1}^{i} a_k$ 可以被 $N$ 整除。 ■

**参考程序**

```
# include <stdio.h>
int a[10004],s[10004],mod[10004],n;
void print(int s,int t){        // 输出 a[s]…a[t]
    printf("%d\n",t-s+1);       // 输出被选数字的个数
    for(int i=s;i<=t;i++)       // 输出被选数字
        printf("%d\n",a[i]);
}
int main(){
    scanf("%d",&n);             // 输入整数个数 n
    for(int i=1;i<=n;i++){
        scanf("%d",a+i);        // 输入第 i 个整数
        s[i]=s[i-1]+a[i];       // 累计前 i 个整数的和
        if(s[i]%n==0){          // 若前 i 个整数的和能被 n 整除，则输出前 i 个数并退出程序
            print(1,i);
            break;
        }else     if(!mod[s[i]%n]){
        // 否则若前 i 个整数的和除以 n 的余数未生成过，则下标 i 进入“余数鸽笼”；否则输出
        // a[“余数鸽笼”里的下标 +1]…a[i] 并退出程序
                mod [s[i]%n]=i;
            }else{
                    print(mod[s[i]%n]+1,i);
                    break;
                }
     }
    return 0;
}
```

### 4.3.2　容斥原理应用实验

容斥原理用于计算有限集的并集中的元素个数。容斥原理如下：

设 $A_1, \cdots, A_n$ 是有限集，$S$ 是一个包含 $A_1, \cdots, A_n$ 的有限全集。

$$\left|A_1 \cup A_2 \cup \cdots \cup A_n\right| = \sum_{i=1}^{n}|A_i| - \sum_{1\leqslant i_1<i_2\leqslant n}\left|A_{i_1} \cap A_{i_2}\right| + \sum_{1\leqslant i_1<i_2<i_3\leqslant n}\left|A_{i_1} \cap A_{i_2} \cap A_{i_3}\right| - \cdots + (-1)^{n-1}\left|A_1 \cap A_2 \cap \cdots \cap A_n\right|$$

$$\left|\overline{A_1 \cup A_2 \cup \cdots A_n}\right| = \left|\overline{A_1} \cap \overline{A_2} \cdots \cap \overline{A_n}\right| = |S| - \left|A_1 \cup A_2 \cup \cdots \cup A_n\right|$$

其中 $|A_i|$ 是集合 $A_i$ 的基数，$1 \leqslant i \leqslant n$。

对集合 $A_1, \cdots, A_n$ 使用容斥原理，有 $C(n, 2)=n(n-1)/2$ 个 2- 集合的并运算，有 $C(n, 3)=n(n-1)(n-2)/3!$ 个 3- 集合并运算，以此类推。

这里给出容斥原理的应用实验用于解决两类问题：计算并集的元素个数和计算错排的方案数。

【4.3.2.1　Tmutarakan Exams】

University of New Tmutarakan 要培养一流的心算专家。要进入这所大学学习，就必须能熟练地进行计算。其中一个系的入学考试如下：要求考生找出 $K$ 个不同的数字，这些数字有一个大于 1 的公约数。所有的数字都不能大于一个指定的数字 $S$。数字 $K$ 和 $S$ 在考试开始时给出。为了避免抄袭，一组解只能被承认一次（承认最先提交这组解的人）。

去年，给出的数字是 $K=25$，$S=49$，但是很不幸，没有人能够通过考试。并且，后来系里最有头脑的人证明了并不存在一组数字可以满足有关性质。今年，为了避免这样的情况，教务长请你来帮忙。你要找到 $K$ 个不同的数字组成的集合的数目，使这些数有一个大于 1 的公约数，并且所有的数字都不能大于一个给定的数字 $S$。当然，这样的集合数量应该与该系新招学生的最大数目相等。

**输入**

输入给出数字 $K$ 和 $S$（$2 \leqslant K \leqslant S \leqslant 50$）。

**输出**

输出该系新生的最大可能数量（也就是解的数量）。如果这个数字不大于 10000，请输出这个数字，否则应该输出 10000。

| 样例输入 | 样例输出 |
|---|---|
| 3 10 | 11 |

*试题来源*：USU Open Collegiate Programming Contest March’2001 Senior Session

*在线测试*：Ural 1091

**试题解析**

任何自然数可拆分成不同素数幂的乘积形式。

枚举公约数 $i$（$2 \leqslant i \leqslant s$），在 $1 \cdots s$ 中含公约数 $i$ 的数字个数为 $d=\left\lfloor \frac{s-i}{i} \right\rfloor+1$，从中取 $k$ 个数字的组合数为 $C(d, k)$，每个 $k$ 组合中的数都含公约数 $i$。

- 若公约数 $i$ 是素数，则 $C(d, k)$ 被累计入新生数。
- 若公约数 $i$ 是两个素数的积，则由于当前新生数中 $C(d, k)$ 被累计两次，根据容斥原理，要从当前新生数中减去被重复计算的 $C(d, k)$。

因为 $s$ 的范围很小，而 $k$ 的最小值为 2，在 50 以内只有 2*3*5=30 和 2*3*7=42 为三个素数的积，我们可以不用考虑 3 个以上素数的积。设 ans 是该系新生的最大可能数，顺序枚举 $[2 \cdots s]$ 中的每个数 $i$：

if（$i$ 是素数）ans += $C\left(\left\lfloor \frac{s-i}{i} \right\rfloor+1, k\right)$

else if（$i$ 是两个素数的积）ans−=$C\left(\left\lfloor \frac{s-i}{i} \right\rfloor+1, k\right)$

最后输出上限在 10000 内的 ans 值（ans>10000?10000:ans）。

**参考程序**

```
# include <cstdio>
# include <algorithm>
# include <iostream>
using namespace std;
typedef long long int64;
bool pp[60];                    //素数筛
int64 c[60][60];                //c[n][m]是C(n, m)
int k,s;
void cal_prime() {              //筛素数
    pp[0]=pp[1]=1;
```

```
    for(int i=2;i<=50;i++){
            if(pp[i])    continue;
            for(int j=i*2;j<=50;j+=i)            pp[j]=1;
        }
}
void cal_number(){             //利用二项式系数公式预处理组合数c[][]
    for(int i=0;i<=50;i++) c[i][0]=1;
    for(int i=1;i<=50;i++)
      for(int j=1;i<=50;j++)     c[i][j]=c[i-1][j]+c[i-1][j-1];
}
inline bool pxp(int a){        //判断a是否为两个素数的积
      for(int i=2;i<=50;i++)
if(a%i==0&&!pp[i]&&!pp[a/i]&&i!=a/i)     return true;
    return false;
}
int work(){                    //计算和返回对应数字k和s时解的数量
    int64 ans=0;               //解的数量初始化
    for(int i=2;i<=s;i++){
            if(!pp[i]){        //若i 是素数，则加上组合数：ans+=C(⌊(s-i)/i⌋+1, k)
                  int cnt=0;
                  for(int j=i;j<=s;j+=i)cnt++;
                  ans+=c[cnt][k];
          }else if(pxp(i)){ //若i 是两个不同质数的积，则减去组合数：ans-=C(⌊(s-i)/i⌋+1, k)
                       int cnt=0;
                       for(int j=i;j<=s;j+=i)     cnt++;
                       ans-=c[cnt][k];
                  }
        }
    return ans>10000?10000:ans; //返回解的数量
}
int main(){
    cal_prime();                        //构建素数筛p[]
    cal_number();                       //预处理组合数c[][]
    scanf("%d %d",&k,&s);               //输入整数k和s，输出解的数量
    cout<<work()<<endl;
    return 0;
}
```

【4.3.2.2　Fruit Ninja】

水果忍者（Fruit Ninja）是一个在世界范围内都很著名的游戏，Edward很擅长玩这个游戏。然而，Edward在多次打破纪录之后，他认为在该游戏中取得高分太容易了，他准备写一个类似水果忍者的、更具挑战性的游戏。不久，Edward开始了他的新计划："中国制造的水果忍者"。

根据Edward的设计，游戏中有$n$种水果；在新游戏开始时，屏幕上会出现$m$个水果。此外，为了让游戏展示更多色彩，有些种类的水果的数量是有限制的。例如，Edward可以规定屏幕上显示的苹果数量应该小于3，桃子的数量应该大于1。

Edward也是一名数学爱好者，因此，他想知道在游戏开始时屏幕上显示的水果组合的总数。

**输入**

输入包含多个测试用例，在测试用例之间用一个空行分隔。

每个测试用例的第一行给出两个正整数 $n$ 和 $m$。其中，$n$ 表示水果的不同种类数；$m$ 是在游戏开始时屏幕上出现的水果的数目。接下来的 $k$ 行表示一些水果的数量的限制，$k \leqslant n$。每一行描述的格式是 "[FruitName]: [less|greater] than [x]"，表示水果（名称为 FruitName）的数量要小于（大于）$x$，$x$ 的取值区间为 [0, 10 000 000]。

对于所有的测试用例，$0 \leqslant n \leqslant 16$，$1 \leqslant m \leqslant 10\ 000\ 000$。本题设定，在试题描述中的水果名称是不同的，由小写拉丁字母构成，并且长度小于 10。$n=0$ 表示输入结束，对于 $n=0$ 不必处理。

**输出**

对于每个测试用例，在一行中输出一个整数：在游戏开始时屏幕上显示的水果组合的总数 (mod 100 000 007)。

| 样例输入 | 样例输出 |
|---|---|
| 2 5<br>apple: less than 3<br>peach: greater than 1<br><br>1 18<br>apple: less than 0<br><br>4 10<br>fan: less than 1<br>rou: less than 7<br>tang: less than 6<br>cai: greater than 4<br><br>0 1 | 3<br>0<br>21 |

提示：第一个样例输入有 3 种组合：0 个苹果和 5 个桃子；1 个苹果和 4 个桃子；2 个苹果和 3 个桃子。

第二个样例输入，很显然，苹果的数量不可能小于 0，所以答案为 0。

试题来源：ZOJ Monthly, August 2012

在线测试地址：ZOJ 3638

**试题解析**

本题题意：给出 $n$ 种水果，每一种水果的数目没有限制。从中取出 $m$ 个水果，对这些水果的数量有限制：

- 限制条件 1：某种水果数量小于 $x$。
- 限制条件 2：某种水果数量大于 $x$。

问有多少组合情况？

$n$ 种水果可以表示为 $n$ 元多重集 $S=\{\infty \cdot a_1, \infty \cdot a_2, \cdots, \infty \cdot a_n\}$，则从 $S$ 中取 $m$ 个水果是 $S$ 的 $m$- 组合数 $C(n+m-1, m)$。如果其中一种水果至少要取 $x$ 个，则组合数是 $C(n+m-x-1, m-x)$。设 $x$ 是所有那些“至少”要取多少个水果的数量和，则组合数是 $C(n+m-x-1, m-x)$。

解决限制条件 1 采用与解决限制条件 2 相类似的方法，并采用容斥原理公式 $\left|\overline{A_1 \cup A_2 \cup \cdots \cup A_n}\right| = |S| - |A_1 \cup A_2 \cup \cdots \cup A_n|$，用并集计数的方法求解组合数，其中 $A_i$ 表示“第

$i$类水果至少要取$x$个”。在应用容斥原理时，用二进制数枚举所有情况。然后，按照容斥原理的公式，对水果种类数是奇数的组合数做相减运算，对水果种类数是偶数的组合数做相加运算。

设输入中有cnt种水果满足限制条件1，每种水果的上限存储在$a$[]中，$m'$为去除满足限制条件2后的水果总数；枚举cnt位二进制数的所有可能情况$i$（$0 \leqslant i < 2^{cnt}-1$），搜索$i$的每个值为1的二进制位的位数ones，累计$a$[]中下标为这些位序号的上限和temp。若ones为奇数，则减去$C(n+m'-1-\text{temp}, n-1)$；若为偶数，则累加$C(n+m'-1-\text{temp}, n-1)$。

**参考程序**

```
#include <iostream>
#include <cstdio>
#include <cstring>
using namespace std;
#define mod 100000007
typedef long long ll;
const int maxn = 200;
int n,m;
int a[maxn],cnt = 0;  //上限序列a[]，即存储满足限制条件1的每种水果上限，长度为cnt
ll x,y,d;
void exgcd(ll a,ll b) //扩展欧几里得
{
    if(b==0) {
        x=1;
        y=0;
        d=a;
    }
    else {
        exgcd(b,a%b);
        ll t=x%mod;
        x=y%mod;
        y=(t-a/b*x)%mod;
    }
}
ll C(ll a,ll b)                     //计算和返回C(a,b)
{
    if(a<b||a<0||b<0) return 0;
    ll ret=1,ret1=1;
    for(int i=0; i<b; i++) ret=ret*(a-i)%mod,ret1=ret1*(i+1)%mod;
    //ret=ret*quickmod(ret1,mod-2)%mod; 费马定理求逆元
    exgcd(ret1,mod);                //欧几里得求逆元
    ret=(ret*(x+mod)%mod)%mod;
    return ret;
}
int main()
{
     char s[100],s1[1000],s2[maxn],str[1000];
    while(scanf("%d%d",&n,&m) != EOF) { //反复输入水果的不同种类数n和水果总数m，直至
                                         //n == 0 && m == 1为止
        if(n == 0 && m == 1) break;
        cnt = 0;                    //满足限制条件1的水果种类数初始化
        memset(a,0,sizeof(a));      //上限序列初始化
        gets(str);                  //输入第一种水果的数量限制
```

```
        while(1){
            if(!gets(str)) break; //若输入完所有水果的限制，则退出循环
            if(strlen(str) < 2) break;
            int temp;                //水果限制数
            sscanf(str,"%s %s %s %d",s,s1,s2,&temp);  //输入限制情况
            if(s1[0] == 'g') {   //若名为 s 的水果满足限制条件 2，则 m 减少 temp+1
                m -= temp + 1;
            }
            else {               //若名为 s 的水果满足限制条件 1，则其上限 temp 送入 a[]
                a[cnt++] = temp;
            }
        }
        if(m < 0) {    //若满足限制条件 1 的水果总数大于输入的水果总数，则测试用例无解
            printf("0\n");
            continue;
        }
        ll ans = 0;    //水果组合的总数初始化
        ll all = (1<<cnt);
        for(ll i = 0;i < all; i++) {      //枚举 0≤i<2^cnt-1
            int ones = 0;        //计算 i 的二进制位为 1 的位数 ones 和 a[] 中这些位
                                 //所代表的水果总数 temp
            int temp = 0;
            for(int j = 0;j < cnt; j++) {
                if((1<<j)&i) {
                    ones++;
                    temp += a[j];
                }
            }
            if(ones&1)           //对水果种类数是奇数的组合数做相减运算，对水果种类数是
                                 //偶数的组合数做相加运算
                ans -= C(n+m-1-temp,n-1);
            else
                ans += C(n+m-1-temp,n-1);
        }
        ans = (ans%mod+mod)%mod; //水果组合的总数取模后输出
        printf("%lld\n",ans);
    }
    return 0;
}
```

**计算错排的方案数**

错排是对一个集合的元素进行排列，使得每个元素都不在自己原来的位置。错排数是每个元素都不在自己原来位置的排列数。

利用容斥原理可以求解错排数。设有 $n$ 个元素 $a_1, a_2, \cdots, a_n$，$a_i$ 的原来位置是第 $i$ 个位置，$1\leqslant i\leqslant n$；$A_i$ 为 $a_i$ 在第 $i$ 个位置的全体排列。因为 $a_i$ 不动，所以 $|A_i|=(n-1)!$。

同理，$|A_i\cap A_j|=(n-2)!$，$1\leqslant i,j\leqslant n$，$i\neq j$。

……

因此，对于 $n$ 个元素 $a_1, a_2, \cdots, a_n$，$a_i$ 的每个元素都不在自己原来位置的排列数（错排数）$D_n=\left|\overline{A_1}\cap\overline{A_2}\cap\cdots\overline{A_n}\right|=n!-C(n,1)(n-1)!+C(n,2)\,(n-2)!-\cdots=n!\left(1-\frac{1}{1!}+\frac{1}{2!}-\cdots+(-1)^n\frac{1}{n!}\right)$。

由上可见，用容斥原理求解错排数，需要计算阶乘 1!，…，$n$！，比较费时费力。下面给出 $D_n$ 的递推公式。

设有 $n$ 个元素 $a_1, a_2, \cdots, a_n$，错排数目为 $D_n$。任取其中一个元素 $a_i$，错排产生有两种情况：

- $a_i$ 与其他 $n-1$ 个元素之一互换，其余 $n-2$ 个元素错排。根据乘法原理，共产生 $(n-1)\ D_{n-2}$ 个错排。
- $a_i$ 以外的 $n-1$ 个元素先错排，然后 $a_i$ 与其中每个元素互换。根据乘法原理，共产生 $(n-1)\ D_{n-1}$ 个错排。

使用加法原理综合上述情况，可得出递推式：

$$D_1=0;\ D_2=1;\ D_n=(n-1)(D_{n-2}+D_{n-1})，其中\ n>2$$

注意：当 $n$ 较大时，错排数可能会超过任何整数类型允许的范围。在这种情况下一般采用高精度运算，以避免数据溢出。

【4.3.2.3　Sweet Child Makes Trouble】

孩子总是让父母感到甜蜜，但有时他们也会让父母感到痛苦。在本题中，我们看一下丁丁，一个五岁的小男孩，如何给他的父母带来麻烦。丁丁是一个快乐的男孩，总是忙着做一些事情，但他所做的事情并不总是让他的父母感到愉快。他最喜欢玩家里的东西，如他父亲的手表或他母亲的梳子。在玩了以后，他就把这些东西放在其他地方。丁丁非常聪明，有着很好的记忆力。为了让他的父母感觉事情更糟，他从来没有把他玩的东西放回原来的地方。

想象一下，在一个早晨，丁丁“偷”了家里的三样东西，那么，把这些东西不放置在原来的地方，他会有多少种方式？丁丁也不愿意给他的父母带来太多的麻烦，所以，他不会将任何东西放在一个全新的地方，他只是置换这些东西所在的地方。

**输入**

输入由若干个测试用例组成。每个测试用例给出一个小于或等于到 800 的正整数，表示丁丁放家里的东西的数量。每个整数一行。−1 作为输入终止，程序不用处理这一情况。

**输出**

对每个测试用例，输出一个整数，表示丁丁可以有多少种方法重新排列他取出的东西。

| 样例输入 | 样例输出 |
| --- | --- |
| 2<br>3<br>4<br>−1 | 1<br>2<br>9 |

*试题来源*：The FOUNDATION Programming Contest 2004

*在线测试*：UVA 10497

**试题解析**

丁丁从不把他玩的东西放回原来的地方，目标是计算重新排列的方案数。显然这是一个典型的错排计数问题。我们使用递推的方法求解。

由于物件数的上限为 800，产生的错排数超出了任何整数类型的数值范围，因此需采用高精度运算。

为了提高计算时效，我们先离线计算出 $D_1 \cdots D_{800}$。以后每输入一个整数 $n$，直接输出答案 $D_n$ 即可。

### 参考程序

```
# include <cstdio>
# include <cstring>
# include <cstdlib>
# include <iostream>
# include <string>
# include <cmath>
# include <algorithm>
using namespace std;
typedef unsigned long long int64;
int64 m=1e10;                                  //高精度数组 s 的每个元素为 10 位十进制数
struct Bigint{                                 //定义 Bigint 的结构类型，用于高精度运算
        int64 s[1000];int l;                   //高精度数组为 s[]，其长度为 l
        Bigint(){l=0; memset(s,0,sizeof(s))}   //高精度数组初始化
        void operator *=(int x){               //s←s*x，其中 s 为高精度数组，x 为整数
                int64 d=0;                     //进位初始化
                for(int i=0;i<=l;i++){         //逐项相乘
                        d+=s[i]*x;s[i]=d%m;
                        d/=m;
                }
                while(d){                      //处理最高项的进位
                    s[++l]=d%m;
                    d/=m;
                }
        }
        void print(){
            printf("%llu",s[l]);               //按实际位数输出 s 的最高项
            for(int i=l-1;i>=0;i--)            //按照 10 位一组的格式输出以后的每一项
                    printf("%010llu",s[i]);
        }
        void set(int64 a){                     //将整数 a 转化为高精度数组 s
            s[l]=a%m;a/=m;
            if(a)     l++,s[l]=a%m;
        }
}    dp[1000];                                 //1, 2, …, n 的错排数为 dp[n]，即 Dn
Bigint operator+(Bigint b,Bigint&a){           //b←b+a，其中 b 和 a 为高精度数组
        int64 d=0;                             //进位初始化
        b.l=max(b.l,a.l);                      //计算相加的项数
        for(int i=0;i<= b.l;i++)               //逐项相加
        {
                b.s[i]+=d+a.s[i];
                d=b.s[i]/m;b.s[i]%=m;
            }
        if(d)    b.l++,b.s[b.l]=d;             //处理最高位的进位
        return b;
}
int n;
int main(){
        dp[1].set(0);dp[2].set(1);             //dp[1]=0, dp[2]=1
        for(int i=3;i<=800;i++) dp[i]=dp[i-2]+dp[i-1],dp[i]*=(i-1); //离线计算 dp[]
        while(~scanf("%d",&n)&&~n){            //反复输入 n，直至输入 -1
```

```
            dp[n].print();printf("\n"); //输出1,2, …, n的错排数
        }
        return 0;
}
```

### 4.3.3 Ramsey 定理的应用

**定理 4.3.3.1**　对于任何一个具有6个节点的简单图，要么它包含一个三角形，要么它的补图包含一个三角形。

**证明：** 设6个节点的简单图为 $G$。考察 $G$ 中的任意一个节点 $a$，那么，另外5个节点中的任何一个节点，要么在 $G$ 中与 $a$ 邻接，要么在 $G'$（$G$ 的补图）中与 $a$ 邻接。这样，就可以把5个节点分成两类：在 $G$ 中与 $a$ 邻接，或在 $G'$ 中与 $a$ 邻接。

因此，根据鸽笼原理，必有一类至少含有3个节点，不妨假设其中的3个节点 $b$、$c$、$d$ 与 $a$ 邻接。

如果 $b$、$c$、$d$ 间有边相连，则命题成立；否则在补图中 $b$、$c$、$d$ 任意两点间有边相连，命题成立。■

由上述定理，可以推出 Ramsey 定理。

**定理 4.3.3.2（Ramsey 定理）**　6个人中至少存在3人相互认识或者相互不认识。

**定义 4.3.3.1（Ramsey 数）**　对于正整数 $a$ 和 $b$，对应于一个整数 $r$，使得 $r$ 个人中或有 $a$ 个人相互认识，或有 $b$ 个人互不认识；或有 $a$ 个人互不认识，或有 $b$ 个人相互认识。这个数 $r$ 的最小值用 $R(a, b)$ 来表示。

所以，$R(3, 3)=6$。

Ramsey 数还有若干推论：$R(3, 4)=9$，$R(4, 4)=18$。

**定理 4.3.3.3**　Ramsey 数有如下性质。

- $R(a, b)=R(b, a)$，$R(a, 2)=2$。
- 对任意的整数 $a, b \geqslant 2$，$R(a, b)$ 存在。
- 对任意的整数 $a, b$，$R(a, b) \leqslant R(a-1, b)+R(a, b-1)$；如果 $a, b \geqslant 2$，且 $R(a-1, b)$ 和 $R(a, b-1)$ 是偶数，则 $R(a, b) \leqslant R(a-1, b)+R(a, b-1)-1$。
- $R(a, b) \leqslant C(a+b-2, a-1)$。

**【4.3.3.1　Friend-Graph】**

众所周知，小团体不利于团队的发展。因此，在一个好的团队里不应该有任何小团体。

在 $n$ 个成员的团队中，如果有三个或更多成员彼此不是朋友，或者有三个或更多成员彼此是朋友，那么具有这种情况的团队就是一个坏团队；否则，这个团队就是好团队。

一家公司将对自己公司的每一个团队进行评估。已知团队有 $n$ 个成员，并已知这 $n$ 个成员之间所有的朋友关系。请判断这个团队是不是一个好团队。

**输入**

输入的第一行给出测试用例的数量 $T$，然后给出 $T$ 个测试用例，$T \leqslant 15$。

每个测试用例的第一行给出一个整数 $n$，表示在这个团队里人员的数量，$n \leqslant 3000$。

接下来给出 $n-1$ 行，第 $i$ 行给出 $n-i$ 个数，其中 $a_{ij}$ 表示第 $i$ 个成员和第 $j+i$ 个成员之间的关系，0表示两人不是朋友，1表示两人是朋友。

**输出**

如果这个团队是一个好团队，则输出 "Great Team!"；否则输出 "Bad Team!"。

| 样例输入 | 样例输出 |
| --- | --- |
| 1<br>4<br>1 1 0<br>0 0<br>1 | Great Team! |

试题来源：CCPC 2017 Preliminary

在线测试：HDOJ 6152

**试题解析**

根据 Ramsey 定理，$R(3, 3)=6$。如果 $n\geqslant 6$，则团队肯定是坏团队。否则，将测试用例表示为一个有 $n$ 个点的图，每个点表示团队的一个成员，如果两个成员是朋友，则对应的两点之间有一条边相连。然后，分情况进行分析：

- 如果 $n=5$，只有每个点的度为 2 时，团队才是好团队，否则，任意添加一条边或删除一条边，团队就是坏团队。
- 如果 $n=4$，则如果有一个点的度数为 3，或者为 0，团队是坏团队（证明参见定理证明），否则就是好团队。
- 如果 $n=3$，则如果每个点的度数都是 2 或 0，团队是坏团队；否则就是好团队。
- 如果 $n\leqslant 2$，则团队是好团队。

**参考程序**

```
#include<cstdio>
#include<cmath>
#include<iostream>
#include<string.h>
using namespace std;
#define MAXN 3001
int a[MAXN][MAXN];
long du[MAXN];
int flag = 0;
int main() {
    int T;                              // 测试用例的数量 T
    scanf("%d", &T);
    while (T--)                         // 每次循环处理一个测试用例
    {
        int n;                          // n: 在这个团队里人员的数量
        flag = 0;
        memset(du, 0, sizeof(du));
        scanf("%d", &n);
        if (n >= 6) {                   // n≥6, 则团队是坏团队
            printf("Bad Team!\n");
            flag = 1;
        }
        for (int i = 1; i < n; i++)     // 将测试用例表示为一个 n 个点的图
        {
            for (int j = i+1; j <= n; j++)
            {
                scanf("%d", &a[i][j]);
```

```
                if (a[i][j] == 1) {
                    du[i]++;
                    du[j]++;
                }
            }
        }
        if (n == 5) {                    //n=5 的情况
            for (int i = 1; i <= n; i++)
            {
                if (du[i] != 2) {
                    printf("Bad Team!\n");
                    flag = 1;
                    break;
                }
            }
        }
        if (n==4)                        //n=4 的情况
        {
            for (int i = 1; i <= n; i++) {
                if(du[i] == 3 || du[i] == 0) {
                    printf("Bad Team!\n");
                    flag = 1;
                    break;
                }
            }
        }
        if (n == 3)                      //n=3 的情况
        {
            if (du[1] == 0 && du[3] == 0 && du[2] == 0) {
                printf("Bad Team!\n");
                flag = 1;
            }
            if (du[1] == 2 && du[3] == 2 && du[2] == 2) {
                printf("Bad Team!\n");
                flag = 1;
            }
        }
        if (flag == 0)                 //n≤2 的情况
        {
            printf("Great Team!\n");
        }
    }
    return 0;
}
```

## 4.4　Pólya 计数公式的实验范例

### 1. 群和置换群

**定义 4.4.1（群）** 一个群是一个集合 $G$ 和一个在集合 $G$ 上被称为 $G$ 的群法则的操作，这一操作将任意两个元素 $a$ 和 $b$ 合成为一个新元素，表示为 $a*b$ 或 $ab$。$(G, *)$ 满足下述 4 个条件。

- 封闭性：对于任意 $a, b\in G$，$a*b\in G$。
- 结合律：对于任意 $a, b, c\in G$，$(a*b)*c=a*(b*c)$。

- 存在单位元素：在 $G$ 中存在一个元素 $e$，使得对于任意 $a\in G$，$e*a=a*e=a$。
- 存在逆元素：对于任意 $a\in G$，在 $G$ 中存在元素 $b$，使得 $a*b=b*a=e$，其中 $e$ 是单位元素。

例如，$G=\{-1, 1\}$，$(G, *)$ 是群。

如果 $G$ 是有限集，则 $(G, *)$ 是有限群；否则 $(G, *)$ 是无限群。

**定义 4.4.2（置换）** 设集合 $A$ 由 $n$ 个不同元素 $a_1, a_2, \cdots, a_n$ 组成。$A$ 中的元素之间的一个置换是 $a_1$ 被 $A$ 中的某个元素 $b_1$ 所取代，$a_2$ 被 $A$ 中的某个元素 $b_2$ 所取代……$a_n$ 被 $A$ 中的某个元素 $b_n$ 所取代，并且 $b_1, b_2, \cdots, b_n$ 互不相同。

**定义 4.4.3（置换群）** 一个置换群是一个群 $(G, *)$，其元素是 $\{a_1, a_2, \cdots, a_n\}$ 的置换，而 * 是置换的合成。

也就是说，置换群的元素是置换，操作是置换的合成。Pólya 计数公式基于置换群。

对于 $\{a_1, a_2, \cdots, a_n\}$，有 $n!$ 个置换。如果 $f$ 是 $\{a_1, a_2, \cdots, a_n\}$ 的一个置换，置换可以用一个 $2*n$ 的数组标识：

$$\begin{pmatrix} a_1 & a_2 & \ldots & a_n \\ f(a_1) & f(a_2) & \ldots & f(a_n) \end{pmatrix}$$

例如，$\{1, 2, 3, 4\}$ 有置换 $f_1$ 和 $f_2$：

$$f_1=\begin{pmatrix}1&2&3&4\\3&1&2&4\end{pmatrix},\ f_2=\begin{pmatrix}1&2&3&4\\4&3&2&1\end{pmatrix},\ f_1f_2=\begin{pmatrix}1&2&3&4\\3&1&2&4\end{pmatrix}\begin{pmatrix}1&2&3&4\\4&3&2&1\end{pmatrix}=\begin{pmatrix}1&2&3&4\\2&4&3&1\end{pmatrix}$$

$f_1 f_2$ 被称为置换 $f_1$ 和 $f_2$ 的合成。相似地，$f_2 f_1=\begin{pmatrix}1&2&3&4\\4&3&2&1\end{pmatrix}\begin{pmatrix}1&2&3&4\\3&1&2&4\end{pmatrix}=\begin{pmatrix}1&2&3&4\\4&2&1&3\end{pmatrix}$。所以，$f_1 f_2\neq f_2 f_1$。

一个置换可以表示为若干循环节的乘积。例如，$\begin{pmatrix}1&2&3&4&5\\4&3&1&5&2\end{pmatrix}=(1\ 4\ 5\ 2\ 3)$，$\begin{pmatrix}1&4&5&2&3\\5&1&4&2&3\end{pmatrix}=(1\ 5\ 4)(2)(3)=(1\ 5\ 4)$，$\begin{pmatrix}1&2&3&4&5\\3&1&2&5&4\end{pmatrix}=(1\ 3\ 2)(4\ 5)$。

如果置换 $f=(1\ 2\ \cdots\ n)$，则 $f^n=(1)(2)\ \cdots\ (n)=e$。

2 阶循环 $(i\ j)$ 叫作 $i$ 和 $j$ 的对换或换位。任何一个循环节都可以表示为若干换位之积。

例如，$(1\ 2\ 3)=\begin{pmatrix}1&2&3\\2&3&1\end{pmatrix}=\begin{pmatrix}1&2&3\\2&1&3\end{pmatrix}\begin{pmatrix}2&1&3\\2&3&1\end{pmatrix}=\begin{pmatrix}1&2&3\\2&1&3\end{pmatrix}\begin{pmatrix}1&2&3\\3&2&1\end{pmatrix}=(1\ 2)(1\ 3)$。

如果一个置换可以分解成奇数个换位之积，叫作奇置换；若可分解成偶数个换位之积，叫作偶置换。例如，（1 2 3）是偶置换。

**2. 共轭类**

设 $S_n$ 是 $\{1, 2, \cdots, n\}$ 的所有置换。例如，$\{1, 2, 3, 4\}$ 的所有置换 $S_4=\{(1)(2)(3)(4), (1\ 2), (1\ 3), (1\ 4), (2\ 3), (2\ 4), (3\ 4), (1\ 2\ 3), (1\ 2\ 4), (1\ 3\ 2), (1\ 3\ 4), (1\ 4\ 2), (1\ 4\ 3), (2\ 3\ 4), (2\ 4\ 3), (1\ 2\ 3\ 4), (1\ 2\ 4\ 3), (1\ 3\ 2\ 4), (1\ 3\ 4\ 2), (1\ 4\ 2\ 3), (1\ 4\ 3\ 2), (1\ 2)(3\ 4), (1\ 3)(2\ 4), (1\ 4)(2\ 3)\}$。

$S_n$ 中的一个置换 $P$ 可以分解成若干互不相交的循环节乘积，记为 $P=\underbrace{(a_1\ a_2 \cdots a_{k_1})(b_1\ b_2 \cdots b_{k_2})\cdots(h_1\ h_2 \cdots h_{k_l})}_{l\text{项循环}}$，其中 $k_1+k_2+\cdots+k_l=n$。

设 $C_k$ 是 $k$ 阶循环节的次数，$k=1\cdots n$，$k$ 阶循环节表示为 $(k)^{C_k}$，则置换 $S_n$ 可以表示为

$(1)^{C_1}(2)^{C_2}...(n)^{C_n}$。如果 $C_i=0$，则 $(i)^{C_i}$ 可以被忽略，$i=1\cdots n$。显然，$\sum_{k=1}^{n} kC_k = n$。

例如，在 $S_4$ 中，具有相同格式的置换如下所示：

- $(1)^0(2)^2(3)^0(4)^0$，也就是 $(2)^2$，有 3 个置换：(1 2)(3 4)，(1 3)(2 4) 和 (1 4)(2 3)。
- $(1)^1(3)^1$ 有 8 个置换：(1 2 3)，(1 2 4)，(1 3 2)，(1 3 4)，(1 4 2)，(1 4 3)，(2 3 4) 和 (2 4 3)。
- $(1)^2(2)^1$ 有 6 个置换：(1 2)，(1 3)，(1 4)，(2 3)，(2 4) 和 (3 4)。
- $(1)^4$ 只有 1 个置换：(1)(2)(3)(4)。
- $(4)^1$ 有 6 个置换：(1 2 3 4)，(1 2 4 3)，(1 3 2 4)，(1 3 4 2)，(1 4 2 3) 和 (1 4 3 2)。

**定义 4.4.4（共轭类）** 在 $S_n$ 中具有相同格式的置换全体被称为与该格式相应的共轭类。

**定理 4.4.1** 在 $S_n$ 中属于共轭类 $(1)^{C_1}(2)^{C_2}\cdots(n)^{C_n}$ 的置换的个数是 $\dfrac{n!}{C_1!\cdots C_n!1^{C_1}2^{C_2}\cdots n^{C_n}}$。

例如，在 $S_4$ 中，所有共轭类的置换数如下：

共轭类 $(2)^2$ 有 $\dfrac{4!}{2!*2^2}=3$ 个置换；共轭类 $(1)^1(3)^1$ 有 $\dfrac{4!}{1!*3}=8$ 个置换；共轭类 $(1)^2(2)^1$ 有 $\dfrac{4!}{2!*2}=6$ 个置换；共轭类 $(1)^4$ 有 $\dfrac{4!}{4!}=1$ 个置换；共轭类 $(4)^1$ 有 $\dfrac{4!}{4}=6$ 个置换。

设 $G$ 是 $\{1, 2, \cdots, n\}$ 的置换群，显然 $G$ 是 $S_n$ 的一个子群。

**定义 4.4.5（$K$ 不动置换类）** 设 $K$ 是 $\{1, 2, \cdots, n\}$ 中的一个数。$G$ 中使 $K$ 保持不变的置换全体，记为 $Z_K$，叫作 $G$ 中使 $K$ 不动的置换类，或简称 $K$ 不动置换类。

例如，$G=\{e, (1\ 2), (3\ 4), (1\ 2)(3\ 4)\}$。$Z_1=\{e, (3\ 4)\}$；$Z_2=\{e, (3\ 4)\}$；$Z_3=\{e, (1\ 2)\}$；$Z_4=\{e, (1\ 2)\}$。$e$ 是单位元。显然，$Z_K$ 是 $G$ 的子群，$K$ 是 $\{1, 2, 3, 4\}$ 中的一个数。对于 $G$，在这一置换下，1 可以置换为 2，2 可以置换为 1，3 可以置换为 4，4 可以置换为 3。但 1 或 2 不可能置换为 3 或 4，而且 3 或 4 也不可能置换为 1 或 2。所以，1 和 2 在一个等价类中，3 和 4 在另一个等价类中。

设 $G$ 是 $\{1, 2, \cdots, n\}$ 的置换群，$K$ 是 $\{1, 2, \cdots, n\}$ 中的一个数。在这一置换下，$\{1, 2, \cdots, n\}$ 可以被划分为若干等价类，$K$ 所属的等价类记为 $E_K$。

例如，$G=\{e, (1\ 2), (3\ 4), (1\ 2)(3\ 4)\}$。1 和 2 在一个等价类中，3 和 4 在另一个等价类中。$E_1=E_2=\{1, 2\}$，$E_3=E_4=\{3, 4\}$。因此，对于数 $K$，$1\leqslant K\leqslant 4$，置换群 $G$ 有对应的等价类 $E_K$ 和不动置换类 $Z_K$。

**3. Burnside 引理和 Pólya 计数公式**

**定理 4.4.2** 设 $G$ 是 $\{1, 2, \cdots, n\}$ 的置换群，$K$ 是 $\{1, 2, \cdots, n\}$ 中的一个数，则 $|E_K|*|Z_K|=|G|$。

例如，$G=\{e, (1\ 2), (3\ 4), (1\ 2)\ (3\ 4)\}$；$E_1=E_2=\{1, 2\}$，$E_3=E_4=\{3, 4\}$；$|E_1|=|E_2|=|E_3|=|E_4|=2$；$Z_1=Z_2=\{e, (3\ 4)\}$，$Z_3=Z_4=\{e, (1\ 2)\}$；$|Z_1|=|Z_2|=|Z_3|=|Z_4|=2$。则 $|E_1|*|Z_1|=|E_2|*|Z_2|=|E_3|*|Z_3|=|E_4|*|Z_4|=4=|G|$。

又例如，在 $S_4$ 中，偶置换 $A_4=\{(1)(2)(3)(4), (1\ 2\ 3), (1\ 2\ 4), (1\ 3\ 2), (1\ 3\ 4), (1\ 4\ 2), (1\ 4\ 3), (2\ 3\ 4), (2\ 4\ 3), (1\ 2)(3\ 4), (1\ 3)(2\ 4), (1\ 4)(2\ 3)\}$。$E_1=\{1, 2, 3, 4\}$，$Z_1=\{e, (2\ 3\ 4), (2\ 4\ 3)\}$，则 $|E_1|*|Z_1|=4\times 3=12=|A_4|$。

设 $G=\{\alpha_1, \alpha_2, \cdots, \alpha_m\}$ 是一个在 $\{1, 2, \cdots, n\}$ 上的置换群，其中 $\alpha_1=e$；$\alpha_k$ 可以被记为一个若干循环节的乘积，$c_1(\alpha_k)$ 是置换 $\alpha_k$ 中 1 阶循环节的个数，$k=1, 2, \cdots, m$。例如，$G=\{e, (1\ 2), (3\ 4), (1\ 2)\ (3\ 4)\}$；$\alpha_1=e=(1)(2)(3)(4)$，$c_1(\alpha_1)=4$；$\alpha_2=(1\ 2)=(1\ 2)(3)(4)$，$c_1(\alpha_2)=2$；

$\alpha_3=(3\ 4)=(1)(2)\ (3\ 4)$，$c_1(\alpha_3)=2$；$\alpha_4=(1\ 2)\ (3\ 4)$，$c_1(\alpha_4)=0$。

**Burnside 引理** 设 $G=\{\alpha_1, \alpha_2, \cdots, \alpha_m\}$ 是 $\{1, 2, \cdots, n\}$ 的置换群，$l$ 是 $G$ 在 $\{1, 2, \cdots, n\}$ 上引出的不同的等价类的个数。$l=\frac{1}{|G|}[c_1(\alpha_1)+c_1(\alpha_2)+\cdots+c_1(\alpha_m)]$。

根据 Burnside 引理，$G$ 在 $\{1, 2, 3, 4\}$ 上引出的不同的等价类的个数 $l=\frac{1}{4}(4+2+2+0)=2$，也就是 $\{1, 2\}$ 和 $\{3, 4\}$。

在集合 $X$ 的置换群作用下，Burnside 引理也可以用于计算 $X$ 的非等价的着色数。例如，一个正方形被划分为 4 个小正方形，并用两种颜色对这 4 个正方形着色，有 16 种可能的着色，如图 4-9 所示。

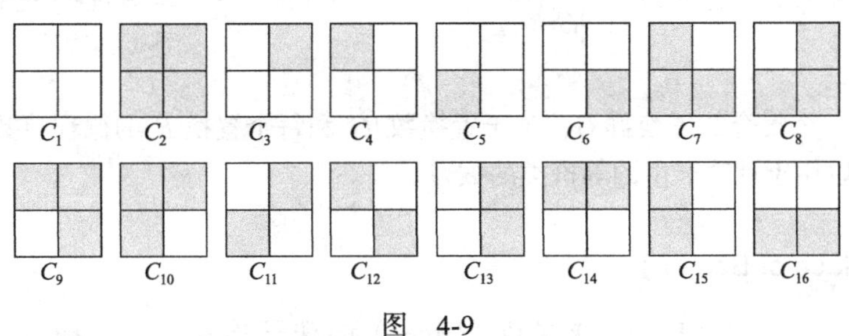


图 4-9

这些正方形逆时针转 90°、180° 和 270°，则是这 16 种着色的另外 3 个置换，这些置换可以表示为若干循环节的乘积。

- 旋转 0°：$P_1=(C_1)(C_2)(C_3)(C_4)(C_5)\cdots(C_{16})$，则 $c_1(P_1)=16$。
- 旋转 90°：$P_2=(C_1)(C_2)(C_3\ C_4\ C_5\ C_6)(C_7\ C_8\ C_9\ C_{10})(C_{11}\ C_{12})(C_{13}\ C_{14}\ C_{15}\ C_{16})$，则 $c_1(P_2)=2$。
- 旋转 180°：$P_3=(C_1)(C_2)(C_3\ C_5)(C_4\ C_6)(C_7\ C_9)(C_8\ C_{10})(C_{11})(C_{12})(C_{13}\ C_{15})(C_{14}\ C_{16})$，则 $c_1(P_3)=4$。
- 旋转 270°：$P_4=(C_1)(C_2)(C_3\ C_4\ C_5\ C_6)(C_7\ C_8\ C_9\ C_{10})(C_{11}\ C_{12})(C_{13}\ C_{14}\ C_{15}\ C_{16})$，则 $c_1(P_4)=2$。

所以，$G=\{P_1, P_2, P_3, P_4\}$，$|G|=4$，根据 Burnside 引理，不相同的着色数为 $l=\frac{1}{4}(16+2+4+2)=6$。相应的 6 个不相同的着色如图 4-10 所示。

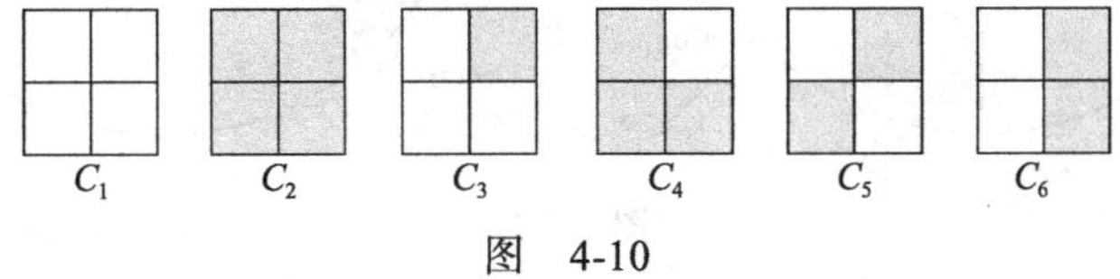


图 4-10

可将这 4 个小正方形分别标为 1、2、3 和 4，如图 4-11 所示。

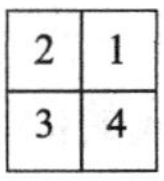

| 2 | 1 |
|---|---|
| 3 | 4 |

图 4-11

将这一正方形逆时针旋转 0°、90°、180° 和 270°，并用置换群 $G=\{P_1, P_2, P_3, P_4\}$ 来表示这些旋转，置换数 $|G|=4$。设 $c(P_i)$ 是 $P_i$ 的循环节数，$i=1, 2, 3, 4$。所以，$P_1=(1)(2)(3)(4)$，

$c(P_1)=4$；$P_2=(1\ 2\ 3\ 4)$，$c(P_2)=1$；$P_3=(1\ 3)(2\ 4)$，$c(P_3)=2$；$P_4=(4\ 3\ 2\ 1)$，$c(P_4)=1$。

设 $m$ 是颜色数，如果在 $P_i$ 中每个循环节着上相同的颜色，则着色数 $m^{c(P_i)}$ 是在置换 $P_i$ 下的着色数。例如，在上例中，用两种颜色对置换 $P_1$ 的 4 个循环节着色，则在置换 $P_1$ 下着色数 $2^{c(P_1)}=2^4=c_1(P_1)=16$。同理，对于 $P_2$、$P_3$、$P_4$，每个循环节着上相同的颜色，则着色数 $2^{c(P_2)}=2^1=c_1(P_2)=2$，$2^{c(P_3)}=2^2=c_1(P_3)=4$，且 $2^{c(P_4)}=2^1=c_1(P_4)=2$。

显然，根据 Burnside 引理，不相同的着色数为 $l=\frac{1}{4}(16+2+4+2)=6$。基于此，Pólya 计数公式如下。

**Pólya 计数公式**　设 $G$ 是 $n$ 个元素的置换群 $\{P_1, P_2, \cdots, P_k\}$，用 $m$ 种颜色给这 $n$ 个元素着色。则不相同的着色数为 $l=\frac{1}{|G|}(m^{c(P_1)}+m^{c(P_2)}+\cdots+m^{c(P_k)})$，其中 $c(P_i)$ 是置换 $P_i$ 的循环节数，$i=1\cdots k$。

如果存在一个集合的置换群 $G$，基于置换数 $|G|$ 和每个置换 $P_i$ 的循环节数 $c(P_i)$，Pólya 计数公式也可以用于计算产生的等价类的数目。

## 【4.4.1　Necklace of Beads】

红色（Red）、蓝色（Blue）或绿色（Green）的珠子连在一起，构成一个环形的 $n$（$n<24$）颗珠子的项链，如图 4-12 所示。如果围绕着环形项链的中心进行的旋转或按对称轴的翻转产生的重复都被忽视，项链有多少种不同的形式？

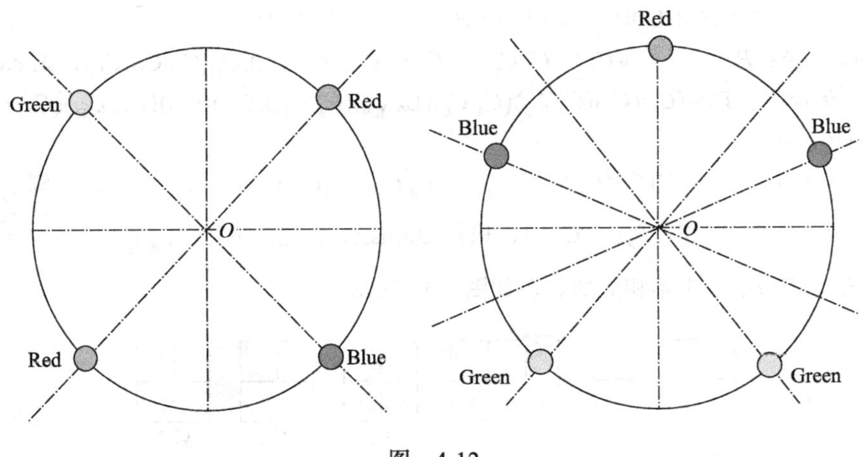


图　4-12

**输入**

输入给出若干行，每行给出一个输入数据 $n$。$-1$ 表示输入结束。

**输出**

每行对应一个输入数据，给出不同形式的数目。

| 样例输入 | 样例输出 |
|---|---|
| 4<br>5<br>−1 | 21<br>39 |

试题来源：ACM Xi'an 2002

在线测试：POJ 1286，UVA 2708

## 试题解析

设 $a$ 为当前置换，其中 $a_j$ 为 $j$ 位置被置换的珠子序号（$1 \leqslant j \leqslant n$）。

依次进行 $i$ 次旋转和翻转（$0 \leqslant i \leqslant n-1$）。

- 第 $i$ 次旋转：珠子 $j$ 被珠子 $(j+i)\%n+1$ 置换，即 $a_j=(j+i)\%n+1$。计算当前置换 $a$ 的循环节数 $c_i$，以 3 种颜色涂染当前置换的 $n$ 颗珠子的方案数为 $3^{c_i}$。
- 第 $i$ 次翻转：由于沿对称轴翻转，$j$ 位置的珠子与（$n+1-j$）位置的珠子交换，即 $a_j \leftrightarrow a_{n+1-j}$（$1 \leqslant j \leqslant n$）。计算当前置换 $a$ 的循环节数 $c_i'$，以 3 种颜色涂染当前置换的 $n$ 颗珠子的方案数为 $3^{c_i'}$。

显然，一共进行了 $2*n$ 次置换。根据 Pólya 计数公式，可计算项链的不同形式数：

$$l=\frac{1}{2n}\sum_{i=1}^{n}(3^{c_i}+3^{c_i'})$$

## 参考程序

```
# include <cstdio>
# include <cstring>
# include <cstdlib>
# include <iostream>
# include <string>
# include <cmath>
# include <algorithm>
using namespace std;
typedef long long int64;
int n,vis[30],lab[30]; //lab[] 为当前置换，即珠子 j 被珠子 lab[j] 置换；j 的置换标志为 vis[j]
int64 qpow(int64 a,int64 b){                          // 通过反复平方法计算和返回幂 a^b
        int64 ans=1;
        while(b){
                if(b&1)     ans*=a;
                a*=a;b>>=1;
    }
        return ans;
}
int getloop(){                                         // 计算和返回当前置换的循环节数
        memset(vis,0,sizeof(vis));
        int cnt=0;
        for(int i=1;i<=n;i++) {
                 if(vis[i])     continue; // 若计算出 i 所在的循环节，则枚举 i+1；否则
                                          // 增加 1 个循环，标志 i 所在循环节的所有元素
                cnt++;
                int j=i;
                do{
                        vis[j]=1;
                        j=lab[j];
                }while(!vis[j]);
        }
        return cnt;                                     // 返回当前置换的循环节数
}
```

```
void work(){                                          //计算n颗珠子的项链有多少种不同的形式
        if(!n){                                       //n=0特判
              printf("0\b");
              return;
          }
        int64 ans=0;
        for(int i=0;i<n;i++){                          //依次进行旋转和翻转
              for(int j=1;j<=n;j++) lab[j]=(j+i)%n+1;     //计算第i次旋转的置换
              ans+=qpow(3,getloop()); //累计3种颜色涂染当前置换的n颗珠子的方案数
              for(int j=1;j<=n/2;j++) swap(lab[j],lab[n+1-j]); //计算第i次翻转
                                                                //的置换
              ans+=qpow(3,getloop()); //累计3种颜色涂染当前置换的n颗珠子的方案数
        }
        ans/=(n*2);                                    //方案总数除置换次数即为答案
        printf("%lld\n",ans);
}
int main(){
        while(~scanf("%d",&n)&&~n)work(); //反复输入n，计算和输出问题解，直至输入0为止
        return 0;
}
```

## 【4.4.2 Toral Tickets】

对于一个长方形的橡胶板，先将橡胶板较长的两边黏到一起，形成一个圆桶，然后将两个圆桶底面黏接到一起，形成一个类似救生圈的形状，这就被称为一个 tore。在 Eisiem 星球上，乘客的交通票也计划设计成 tore 的形式。每个 tore 由一张长方形的包含了 $N\times M$ 方格的黑色橡胶板做成，若干方格则被白色标识，对交通票的出发地和目的地进行编码。

在乘客买票的时候，出票的机器取橡胶板，对一些方格标识，给出乘客的路线，然后将交通票给乘客。接下来，乘客就要用胶水按上述形成 tore 的方式黏交通票。注意这张板的内侧和外侧是可以被区分的。这样的 tore 是有效的交通票。

如果原来的板是正方形，就有两种不同的方法来形成 tore。

交通票的质量很好，胶水黏合也非常好，不可能有缝，但也导致一些问题。不同的黑色橡胶板可能产生同一个 tore，而且，相同的黑色橡胶板也会导致看上去有点不同的 tore。

Eisiem 的交通公司希望知道，可以识别多少不同的路线，下述条件要被满足：

- 不同的 tore 表示不同路线的交通票；
- 如果对某些路线标志了一些橡胶板产生 tore，这个 tore 不能用于另一条路线。

请帮交通公司计算所能组织的不同路线的数目。

**输入**

输入的每一行给出 $N$ 和 $M$（$N\leqslant 1, M\leqslant 20$）。

**输出**

对每个测试用例，输出 Eisiem 交通公司可以组织的路线数。

| 样例输入 | 样例输出 |
|---|---|
| 2 2<br>2 3 | 6<br>13 |

试题来源：Petrozavodsk Summer Trainings 2003, 2003-08-23（Andrew Stankevich's Contest #2）

在线测试：ZOJ 2344，SGU 208

### 试题解析

由上而下、由左而右给长方形的每个方格标号 1…$n\times m$。长方形共产生 $n\times m$ 类置换，其中长方形的每个方格循环左移 $i$ 格、循环下移 $j$ 格属于一类置换（$0\leqslant i\leqslant n-1$，$0\leqslant j\leqslant m-1$）。

该类置换又细分成如下置换：

①不旋转：方格 $k$ 被方格 $y*n+x$ 置换。

②旋转 180°：方格 $k$ 被方格 $(m-1-y)*n+(n-1-x)$ 置换。

若为正方形（$m==n$），又多出两种置换：

③旋转 90°：方格 $k$ 被方格 $(m-1-x)*n+y$ 置换。

④旋转 270°：方格 $k$ 被方格 $x*n+(n-1-y)$ 置换。

其中 $x=(k\%n+i)\%n$，$y=(k/n+j)\%m$。

分别计算长方形在该类置换方式①②③④下的循环节数 $c_{ij}^1$、$c_{ij}^2$（$n==m$ 时，增加 $c_{ij}^3$、$c_{ij}^4$）。

显然，若 $n\neq m$，则总共产生 $s=2*n*m$ 个置换；若 $n=m$，则总共产生 $s=4*n*m$ 个置换。由于每个方格有两种方式可供选择，相当于用两种颜色涂色。将这些要素代入波利亚定理公式，可得出不同路线数 $l=\frac{1}{s}\sum\limits_{0\leqslant i\leqslant n-1,0\leqslant j\leqslant m-1}(2^{c_{ij}^1}+2^{c_{ij}^2}(+2^{c_{ij}^3}+2^{c_{ij}^4}\,|n=m))$。

注意：由于 $n$ 和 $m$ 的上限为 20，因此产生的不同路线数可能超出任何整数类型允许的数值范围，因此需采用高精度运算。另外，为了提高运算时效，可先离线计算出 2 的幂表。

### 参考程序

```
# include <cstdio>
# include <cstring>
# include <iostream>
# include <algorithm>
using namespace std;
struct BIGNUM{                          //定义结构体 BIGNUM，用于高精度运算
    int s[200];                         //高精度数组 s[]，实际长度为 l
    int l;
}     ans,two[405]; //Eisiem 交通公司可以组织的路线数为 ans; two[i] 为 2^i

inline BIGNUM operator*(BIGNUM a,int b){ //计算 a←a*b，其中 a 为高精度数组，b 为整数
    for(int i=0;i< a.l;i++)a.s[i]*=b;
    for(int i=0;i< a.l;i++){
        a.s[i+1]+=a.s[i]/10;
        a.s[i]%=10;
    }
    while(a.s[a.l]){                    //处理进位
        a.s[a.l+1]+=a.s[a.l]/10;
        a.s[a.l]%=10;
        a.l++;
    }
    return a;                           //返回 a*b
}
inline BIGNUM operator+(BIGNUM a,BIGNUM b){ //计算 a←a+b，其中 a 和 b 为高精度数组
    a.l=max(a.l,b.l);
```

```
    for(int i=0;i< a.l;i++)a.s[i]+=b.s[i];
    for(int i=0;i< a.l;i++){
        a.s[i+1]+=a.s[i]/10;
        a.s[i]%=10;
    }
    while(a.s[a.l]){                          //处理进位
        a.s[a.l+1]+=a.s[a.l]/10;
        a.s[a.l]%=10;
        a.l++;
    }
    return a;                                 //返回 a+b
}
inline BIGNUM operator/(BIGNUM a,int b){ //计算 a←a/b，其中 a 为高精度数组，b 为整数
  for(int i=a.l-1;i>0;i--){
         a.s[i-1]+=(a.s[i]%b)*10;
         a.s[i]/=b;
    }
    a.s[0]/=b;
    while(!a.s[a.l-1])    a.l--;
    return a;                                 //返回 a/b
}
void print(BIGNUM a){                        //输出高精度数 a
    for(int i=a.l-1;i>=0;i--){
          printf("%d",a.s[i]);
    }
    printf("\n");
}
void cal_two(){                               //2^i
    two[0].l=1;two[0].s[0]=1;
    for(int i=1;i<=400;i++)
        two[i]=two[i-1]*2;
}
int n,m,p[4][500],nm,vis[500];               //长方形规模为 n*m，置换 i 中替代 j 的元素序号
                                              //为 p[i][j]；元素 j 被置换的标志为 vis[j]
int circle(int la){                           //计算置换 la 的循环节数
    int a=0;                                  //循环节数初始化
    memset(vis,0,sizeof(vis));
    for(int i=0;i< nm;i++) {                  //枚举每个元素
        if(!vis[i])    a++;                   //若元素 i 未置换，则循环节数 +1
        vis[i]=1;                             //设元素 i 置换标志
        for(int j=p[la][i];!vis[j];j=p[la][j]) //元素 i 所在循环节内的元素设置换标志
            vis[j]=1;
    }
    return a;                                 //返回置换 la 的循环节数
}
void work(){                                  //计算和输出 Eisiem 交通公司可以组织的路线数
    int div=0;
    memset(ans.s,0,sizeof(ans.s));            //路线数初始化为 0
    ans.l=0;
    for(int i=0;i<n;i++)                      //枚举每个方格循环左移和循环下移的格子数 i 和 j
      for(int j=0;j<m;j++)     {
for(int k=0;k<nm;k++)     {
                         int x=(k%n+i)%n,y=(k/n+j)%m;
                         p[0][k]=y*n+x;         //旋转 0°
                         p[1][k]=(m-1-y)*n+(n-1-x);  //旋转 180°
                          if(n==m){             //正方形，旋转 90°、270°
```

```
                p[2][k]=(m-1-x)*n+y;  p[3][k]=x*n+(n-1-y);        }
            }
            div+=2;                                  //累计置换数
            ans=ans+two[circle(0)];                  //累计 2^不旋转置换的循环节数
            ans=ans+two[circle(1)];                  //累计 2^旋转180°置换的循环节数
            if(n==m){                                //正方形
                div+=2;
                ans=ans+two[circle(2)];              //累计 2^旋转90°置换的循环节数
                ans=ans+two[circle(3)];              //累计 2^旋转270°置换的循环节数
            }
        }
      ans=ans/div;
      print(ans);                                    //输出答案
}
int main(){
    cal_two();                                       //计算 2 的幂表
    while(~scanf("%d %d",&n,&m)){                    //反复输入长方形的行数和列数
        if(n<m)    swap(n,m);                        //保证行数不小于列数
        nm=n*m;                                      //计算格子数
        work();    //计算和输出 Eisiem 交通公司可以组织的路线数
    }
    return 0;
}
```

## 【4.4.3 Color】

*N* 种颜色的珠子连在一起构成一个环形的 *N* 颗珠子的项链（$N \leqslant 1\,000\,000\,000$）。请计算可以产生多少不同的项链。要注意项链可以不用光所有 *N* 种颜色，并且环形项链围绕着中心的旋转所产生的重复都要被略去。

输出的答案用数 *P* 取模。

**输入**

输入的第一行给出一个整数 *X*（$X \leqslant 3500$），表示测试用例的数目。接下来的 *X* 行每行给出两个数字 *N* 和 *P*（$1 \leqslant N \leqslant 1\,000\,000\,000$，$1 \leqslant P \leqslant 30\,000$），表示一个测试用例。

**输出**

对每个测试用例，输出一行，给出答案。

| 样例输入 | 样例输出 |
|---|---|
| 5<br>1 30000<br>2 30000<br>3 30000<br>4 30000<br>5 30000 | 1<br>3<br>11<br>70<br>629 |

试题来源：POJ Monthly, Lou Tiancheng

在线测试：POJ 2154

**试题解析**

**方法 1：应用 Pólya 定理**

一个朴素的想法是直接考虑每个旋转，计算其循环节个数，再使用 Pólya 方法求出不

等价类的总数。但是可以发现本题的特殊地方在于只考虑旋转等价，不考虑翻转等价，考虑一个旋转 $s$ 的置换，我们有 $a_i=a_{(i+k*s)\%n}$，其中 $a_i$ 表示第 $i$ 个珠子，这些珠子都在一个循环节中，根据数论知识，我们可得 $s$ 的倍数对 $n$ 的模分别为 0, $d$, $2*d$, …, $n-d$，其中有 $d=\mathrm{GCD}(n, s)$，这有 $\frac{n}{d}$ 个不同的数，这样我们能确定此时不同的循环节数目为 $\frac{n}{\frac{n}{d}}=d$ 个。代入 Pólya 公式，可得 $\mathrm{ans}=\frac{1}{n}\sum_{i=0}^{n-1}n^{\mathrm{GCD}(n,i)}$。

这样，算法复杂度就降到了 $O(n*\log_2 n)$ 级别，但是在这道题中 $n$ 的范围过大，显然，还需要再次进行优化。

**方法 2：使用欧拉函数**

换一个角度，枚举每个循环节长度，可以考虑这个长度的旋转 $s$ 的置换共有多少个。对于所有 $\mathrm{GCD}(i, n)=k$ 的 $i$，都可得 $\frac{i}{k}$ 与 $\frac{n}{k}$ 互质，而与 $\frac{n}{k}$ 互质的数有 $\varphi\left(\frac{n}{k}\right)$个（$\varphi$为欧拉函数）。最终可得到公式 $\mathrm{ans}=\frac{1}{n}\sum_{p|n}\varphi\left(\frac{n}{p}\right)*n^p=\sum_{p|n}\varphi\left(\frac{n}{p}\right)*n^{p-1}$。

枚举 $p$ 需要 $O(\sqrt{n})$ 的时间，而此范围内计算一个数的欧拉函数需要 $O(\sqrt{\sqrt{n}})$ 的时间，最终算法的复杂度大约是 $O(n^{\frac{3}{4}})$ 级别的。

方法 2 说明，Pólya 定理求解置换作用下产生的等价类个数固然是好，但未必最好。“条条大路通罗马”，不妨突破思维定式，看看有没有正确且效率更高的解法。下面给出方法 2 的程序示例。有兴趣的读者可以自行编写方法 1 的解答程序。

**参考程序**

```
# include <cstdio>
# include <cstring>
# include <cstdlib>
# include <iostream>
# include <string>
# include <cmath>
# include <algorithm>
using namespace std;
typedef long long int64;
bool np[50000];                         //筛
int prime[50000],pn,lim=50000;          //素数表为 prime[]，表长为 pn，素数的上限为 lim
int n,p;
void pp(){                              //计算 [2…lim-1] 的素数表 prime[] ，表长为 pn
        np[0]=np[1]=1;                  //滤去合数 0 和 1
        for(int i=2;i<lim;i++){         //枚举筛中的最小素数
                if(np[i])    continue;
                prime[pn++]=i;                                  //i 进入素数表
                for(int j=i*2;j<lim;j+=i)    np[j]=1; //将 i 的倍数从筛中滤去
        }
}
int phi(int n){                                                 //计算欧拉函数 φ(n) %p
        int ans=n;
        for(int i=0;i<pn&&prime[i]*prime[i]<=n;i++){   //枚举 n 的每个素因子
                if(n%prime[i]!=0)    continue;
```

```
                ans-=ans/prime[i];
                do{                             //去除n中以prime[i]为底的幂
                    n/=prime[i];
                }while(n%prime[i]==0);
        }
        if(n!=1)    ans-=ans/n;
        return ans%p;
}
int exp_m(int64 a,int b){                      //使用反复平方法计算(a^b)%p
        int ans=1,x=a%p;
        while(b){
                if(b&1)     ans=(ans*x)%p;
                x=(x*x)%p;
                b>>=1;
        }
        return ans;                             //返回(a^b)%p
}
int main(){
        int casen;                              //测试用例数
        pp();                                   //计算素数表
        scanf("%d",&casen);                     //输入测试用例数
        while(casen--){
                int ans=0,i;
                scanf("%d %d",&n,&p);           //输入珠子数和模
                for(i=1;i*i<n;i++){ //枚举n的每个因子i，计算ans=(∑_{i^2<n,n%i=0} φ(n/i)*n^(i-1)+φ(i)*n^(n/i-1) % p)
                    if(n%i!=0)      continue;
                     ans+=(((phi(n/i)%p)*exp_m(n,i-1))+((phi(i)%p)*exp_m(n,n/
                     i-1)));
                     ans%=p;
            }
            if(i*i==n){                         //若n==i^2，则ans=(ans+φ(i)*n^(i-1))%p
                    ans+=((phi(i)%p)*exp_m(n,i-1));
                    ans%=p;
                }
            printf("%d\n",ans);                 //输出不同的项链数对p取模
        }
        return 0;
}
```

## 4.5 生成函数与递推关系的实验范例

### 4.5.1 幂级数型生成函数

**定义 4.5.1.1（幂级数型生成函数）** 设 $a_0, a_1, a_2, \cdots, a_n, \cdots$ 是一个数列，构造形式幂级数 $f(x)=a_0+a_1x+a_2x^2+\cdots+a_nx^n+\cdots$，称 $f(x)$ 是数列 $a_0, a_1, a_2, \cdots, a_n, \cdots$ 的幂级型生成函数。

幂级型生成函数可用来求解多重集的组合计数的问题。

【4.5.1.1 Dividing】

Marsha 和 Bill 收藏了一批大理石。他们想要在他们之间分割收藏的大理石，使得他俩拥有相等的大理石份额。如果所有大理石的价值相同，那么就很容易，因为他们只要将他们的收藏一分为二就可以了。但不幸的是，一些大理石比较大，或者比其他的大理石更漂

亮。所以，Marsha 和 Bill 开始给每块大理石赋一个值—— 一个在 1 与 6 之间的自然数。现在他们想平分这些大理石，使每个人得到的总价值相同。但不幸的是，他们意识到，以这种方式划分大理石是不可能的（即使所有的大理石的总价值是偶数）。例如，如果有一块大理石的价值为 1，一块大理石的价值为 3，两块大理石的价值为 4，那么它们不可能被分成具有相等价值的大理石集合。因此，他们要求你写一个程序，确定是否有一种公平划分大理石的方法。

**输入**

在输入的每一行描述一个要被分割的大理石的集合。行中包含六个非负整数 $n_1, \cdots, n_6$，其中 $n_i$ 是价值为 $i$ 的大理石的数目。所以，上述例子可以用行 "1 0 1 2 0 0" 描述。大理石价值的总数不超过 20000。

输入文件的最后一行是 "0 0 0 0 0 0"；程序不必处理这一行。

**输出**

对于每个集合，输出 "Collection #*k*:"，其中 *k* 是测试用例的编号，然后输出 "Can be divided." 或 "Can't be divided."。

在每个测试用例后，输出一个空行。

| 样例输入 | 样例输出 |
| --- | --- |
| 1 0 1 2 0 0<br>1 0 0 0 1 1<br>0 0 0 0 0 0 | Collection #1:<br>Can't be divided.<br><br>Collection #2:<br>Can be divided. |

试题来源：ACM Mid-Central European Regional Contest 1999

在线测试地址：POJ 1014，ZOJ 1149，UVA 711

**试题解析**

每一个测试用例（一个要被分割的大理石的集合）表示为六个非负整数 $n_1,\cdots,n_6$，其中 $n_i$ 是价值为 $i$ 的大理石的数目。所以，一个要被分割的大理石的集合是一个多重集。对于价值为 $i$ 的大理石，组合数可以表示为幂级数型生成函数 $f_i(x)=1+x^i+x^{2i}+\cdots+x^{n_i\times i}$，$1\leqslant i\leqslant 6$。

大理石的集合是一个多重集，其组合计数用幂级数型生成函数表示：

$$f(x)=(1+x+x^2+\cdots+x^{n_1})(1+x^2+x^4+\cdots+x^{2n_2})\cdots(1+x^6+x^{12}+\cdots+x^{6n_6})$$

设这个大理石的集合的总价值为 value。如果 value 是奇数，则大理石集合不可划分；否则，如果在 $f(x)$ 中 x^(value/2) 的系数不为 0，即存在公平划分的组合，则大理石集合可以公平划分；否则大理石集合不可划分。

当任意一种大理石的数目 $n_i$（$1\leqslant i\leqslant 6$）比较大时，程序会超时，需要剪枝优化，有如下定理：

对于任意一种大理石的数目 $n_i$（$1\leqslant i\leqslant 6$），当 $n_i\geqslant 8$ 时，如果 $n_i$ 为奇数，则 $n_i=11$；如果 $n_i$ 为偶数，则 $n_i=12$。

**参考程序**

```
#include <iostream>
```

```
#include <cstdio>
#include <algorithm>
#include <map>
#include <vector>
#include <cstring>
#include <cmath>
using namespace std;
typedef long long ll;
const int maxn = 6e3+10;
int a[10],c1[maxn],c2[maxn];
int judge(int n)                    //剪枝操作，对某一价值大理石数目 n≥8 的处理，避免 TLE
{
    if(n&1) return 11;
    return 12;
}
int solve(int value)                //返回 x^(value/2) 的系数
{
   value/=2;                        //总价值的一半
   memset(c1,0,sizeof(c1));         //c1 用于存储最终结果
   memset(c2,0,sizeof(c2));         //c2 用于保留中间结果
   for(int i=0;i<=a[1];i++) c1[i]=1;                  //第一个表达式初始化
   for(int i=2;i<=6;i++){
    for(int j=0;j<=value;j++) //遍历第二个表达式的指数，找到对应系数非 0 的数
      if(c1[j]){
        for(int k=0;k+j<=value&&k<=i*a[i];k+=i) //后一表达式遍历
            c2[j+k]+=c1[j];
     }
     memcpy(c1,c2,sizeof(c2));
     memset(c2,0,sizeof(c2));
   }
   if(c1[value]) return c1[value];
   return 0;
}
int main()
{
   int count=1;
   while(1){
    int sum=0;
    for(int i=1;i<=6;i++){
       cin>>a[i];
       if(a[i]>=8) a[i]=judge(a[i]);
       sum+=i*a[i];
    }
    if(sum==0) break;               //跳出循环
    else if(sum&1) cout<<"Collection #"<<count++<<":"<<endl<<"Can't be divide
d."<<endl;                          //剪枝操作，奇数肯定不能均分
    else{
      cout<<"Collection #"<<count++<<":"<<endl;
      if(solve(sum)) cout<<"Can be divided."<<endl;
      else cout<<"Can't be divided."<<endl;
    }
    cout<<endl;                     //注意每组数据之间有一个空行
   }
   return 0;
}
```

### 4.5.2 指数型生成函数

**定义 4.5.2（指数型生成函数）** 设 $a_0, a_1, a_2, \cdots, a_n, \cdots$ 是一个数列，构造形式幂级数 $f(x)=\sum_{r=0}^{\infty}\frac{a_r}{r!}x^r=a_0+a_1x+\frac{a_2}{2!}x^2+\cdots+\frac{a_n}{n!}x^n+\cdots$，称 $f(x)$ 是数列 $a_0, a_1, a_2, \cdots, a_n, \cdots$ 的指数型生成函数。

指数型生成函数可用来求解多重集的排列计数的问题。

数列 1, 1, 1, ⋯的指数型生成函数为 $e^x=\sum_{n=0}^{\infty}\frac{x^n}{n!}=1+x+\frac{x^2}{2!}+\frac{x^3}{3!}+\cdots$，由此给出泰勒级数公式：

$$e^{kx}=\sum_{n=0}^{\infty}\frac{(kx)^n}{n!}$$

$$e^{-x}=\sum_{n=0}^{\infty}(-1)^n\frac{x^n}{n!}=1-x+\frac{x^2}{2!}-\frac{x^3}{3!}+\cdots$$

$$\frac{1}{2}(e^x+e^{-x})=1+\frac{x^2}{2!}+\frac{x^4}{4!}+\cdots$$

$$\frac{1}{2}(e^x-e^{-x})=x+\frac{x^3}{3!}+\frac{x^5}{5!}+\cdots$$

【4.5.2.1 Blocks】

Panda 接到了一项任务：给一排方格着色。Panda 是一个聪明的孩子，他想到了一个着色的数学问题：假如在一排中有 $N$ 个方格，每个方格可以着红色、蓝色、绿色或黄色。由于一些神秘的原因，Panda 希望红色方格和绿色方格的数量都是偶数。在这样的条件下，Panda 想知道对这些方格着色会有多少种不同的方法。

**输入**

第一行给出整数 $T$（$1\leqslant T\leqslant 100$），表示测试用例的数目。接下来的 $T$ 行每行给出一个整数 $N$（$1\leqslant N\leqslant 10^9$），表示方格的数目。

**输出**

对每个测试用例，在一行中输出方格着色的方法数。因为答案可能会相当大，所以结果要用 10 007 取余。

| 样例输入 | 样例输出 |
|---|---|
| 2<br>1<br>2 | 2<br>6 |

试题来源：PKU Campus 2009 (POJ Monthly Contest-2009.05.17), Simon

在线测试：POJ 3734

**试题解析**

多重集的排列计数用指数型生成函数求解。因为红色方格和绿色方格的数量是偶数，所以生成函数 $f(x)=\left(1+\frac{x^2}{2!}+\frac{x^4}{4!}+\cdots\right)^2\left(1+x+\frac{x^2}{2!}+\frac{x^3}{3!}+\cdots\right)^2$。

根据泰勒级数，$e^x=1+x+\frac{x^2}{2!}+\frac{x^3}{3!}+\cdots$，$e^{-x}=1-x+\frac{x^2}{2!}-\frac{x^3}{3!}+\cdots$，则生成函数 $f(x)=e^{2x}\times$

$\left(\frac{e^x+e^{-x}}{2}\right)^2$。所以，$f(x)=\frac{e^{4x}+2e^{2x}}{4}$。

因为在 $e^{kx}$ 中 $\frac{x^n}{n!}$ 的系数是 $k^n$，所以 $f(x)$ 中 $\frac{x^n}{n!}$ 的系数是 $\frac{4^n+2^{n+1}}{4}$。

**参考程序**

```
#include<iostream>
#include<cstdio>
#include<cstring>
#include<algorithm>
#define p 10007
using namespace std;
int n,T;
int quickpow(int num,int x) //计算 num^x
{
    int ans=1; int base=num;
    while (x) {
        if (x&1) ans=ans*base%p;
        x>>=1;
        base=base*base%p;
    }
    return ans;
}
int main()
{
     scanf("%d",&T);          //T: 测试用例的数目
     while (T--) {
        scanf("%d",&n);       //n: 方格的数目
        int t=quickpow(4,n)+quickpow(2,n+1);
        t=(t%p+p)%p;
        printf("%d\n",t*quickpow(4,p-2)%p);
    }
}
```

### 【4.5.2.2 Chocolate】

在 2100 年，ACM 巧克力将成为世界上最受欢迎的食物之一。

“绿色、橙色、棕色、红色……”，彩色糖衣外壳可能是 ACM 巧克力最吸引人的特征。你见过多少种颜色的 ACM 巧克力？现在，据说 ACM 要从 24 种颜色的调色板中挑选颜色来做出美味的巧克力。

有一天，Sandy 用一大包 ACM 巧克力玩了一个游戏，这包巧克力有 5 种颜色（绿色、橙色、棕色、红色和黄色）。每次他从包里拿出一块巧克力，就放在桌子上。如果桌子上有两块颜色相同的巧克力，他就把它们都吃了。他发现了一件非常有趣的事情，在大多数时间，桌子上总是有两块或三块巧克力。

现在，就有这样的问题：如果在包中有 $c$ 种颜色的 ACM 巧克力（颜色分布均匀），那么从包中取出 $n$ 块巧克力之后，在桌子上恰好有 $m$ 块巧克力的概率是多少？可以写一个程序来回答这个问题吗？

**输入**

本题输入包含若干测试用例，每个测试用例一行。每个测试用例给出 3 个非负整数：$c$（$c\leqslant 100$）、$n$ 和 $m$（$n, m\leqslant 1\,000\,000$）。输入用仅有一个 0 的一行来结束。

**输出**

对每个测试用例，输出一行，给出一个实数，精确到小数点后 3 位。

| 样例输入 | 样例输出 |
| --- | --- |
| 5 100 2<br>0 | 0.625 |

试题来源：ACM Beijing 2002

在线测试：POJ 1322，ZOJ 1363，UVA 2522

**试题解析**

因为某种颜色的巧克力被取出第 2 块的时候，这两块巧克力就会被吃掉，也就是说，在桌子上，每种巧克力要么只有一个，要么没有，所以 $m \leqslant c$，并且 $(n-m)\%2 == 0$。因此，在给出的测试用例中，如果 $(n-m)\%2 \neq 0$，或者 $m>n$，或者 $m>c$，那么概率为 0。

现在讨论 $(n-m)\%2 == 0$，$m \leqslant n$，并且 $m \leqslant c$ 的情况。

在包中有 $c$ 种颜色的巧克力（颜色分布均匀），从包中取出 $n$ 块巧克力，由于每次从包中取出每种颜色的巧克力的概率是相等的，所以 $n$ 次取走巧克力的排列数是 $c^n$，本题用指数型生成函数来解决。

在桌子上恰好有 $m$ 块巧克力，就是在 $c$ 种巧克力中 $m$ 种巧克力被取出的次数为奇数，另外的 $c-m$ 种巧克力被取出的次数为偶数。对应的指数型生成函数为

$$f(x)=\left(\frac{x}{1!}+\frac{x^3}{3!}+\frac{x^5}{5!}+\cdots\right)^m\left(1+\frac{x^2}{2!}+\frac{x^4}{4!}+\cdots\right)^{c-m}$$

由泰勒级数公式，$\dfrac{\mathrm{e}^x-\mathrm{e}^{-x}}{2}=\dfrac{x}{1!}+\dfrac{x^3}{3!}+\dfrac{x^5}{5!}+\cdots$，$\dfrac{\mathrm{e}^x+\mathrm{e}^{-x}}{2}=1+\dfrac{x^2}{2!}+\dfrac{x^4}{4!}+\cdots$，所以，$f(x)=\dfrac{(\mathrm{e}^x-\mathrm{e}^{-x})^m(\mathrm{e}^x+\mathrm{e}^{-x})^{c-m}}{2^c}$。设在 $f(x)$ 中 $x^n$ 的系数为 $f_n$，则我们所要求解的桌子上恰好有 $m$ 块巧克力的排列数为 $f_n \times n! \times C(c, m)$，其中 $n!$ 是指数型生成函数需要乘的，而 $C(c, m)$ 是因为在 $c$ 种巧克力中不确定是哪 $m$ 种巧克力被取了奇数次。所以，在桌子上恰好有 $m$ 块巧克力的概率是 $\dfrac{f_n \times n! \times C(c,m)}{c^n}$。

为了简便，把 $\mathrm{e}^x$ 视为一个整体，现在考虑将 $(\mathrm{e}^x-\mathrm{e}^{-x})^m(\mathrm{e}^x+\mathrm{e}^{-x})^{c-m}$ 展开得到每个 $\mathrm{e}^{kx}$ 中的 $x^n$ 的系数，然后将它们加起来。根据二项式定理和多项式相乘的公式，枚举 $(\mathrm{e}^x-\mathrm{e}^{-x})^m$ 中每个 $\mathrm{e}^x$ 的指数 $i$，则 $\mathrm{e}^{-x}$ 的指数为 $m-i$。再枚举 $(\mathrm{e}^x+\mathrm{e}^{-x})^{c-m}$ 中每个 $\mathrm{e}^x$ 的指数 $j$，则 $\mathrm{e}^{-x}$ 的指数为 $c-m-j$。由这两项得到的 $\mathrm{e}^{kx}$ 中的 $k$ 值为 $2*(i+j)-c$，并由 $m-i$ 的奇偶性确定正负。因此，这两项相对于 $x^n$ 的系数是 $\dfrac{k^n}{n!}\times C(m,i)\times C(c-m,j)\times(-1)^{m-i}$，再乘以 $\dfrac{n!}{c^n}$，得 $\left(\dfrac{k}{c}\right)^n\times C(m,i)\times C(n-m,j)\times(-1)^{m-i}$。将每个 $\mathrm{e}^{kx}$ 中的 $x^n$ 的系数加起来，得 $T=\sum\left(\dfrac{k}{c}\right)^n\times C(m,i)\times C(n-m,j)\times(-1)^{m-i}$，则在桌子上恰好有 $m$ 块巧克力的概率是 $\dfrac{T\times C(c,m)}{2^c}$。

**参考程序**

```
#include<iostream>
```

```
#include<cstdio>
#include<cstring>
#include<algorithm>
#include<cmath>
#define N 100
using namespace std;
double C[N+3][N+3];
int c,m,n;
double quickpow(double num,int x) //计算 num^x
{
    double ans=1; double base=num;
    while (x) {
        if (x&1) ans=ans*base;
        x>>=1;
        base=base*base;
    }
    return ans;
}
int main()
{
    for (int i=0;i<=N;i++) C[i][0]=1;
    for (int i=1;i<=N;i++)
     for (int j=1;j<=i;j++) C[i][j]=C[i-1][j-1]+C[i-1][j];
    while (true) {
        scanf("%d",&c);
        if (!c) break;
        scanf("%d%d",&n,&m);        //输入测试用例
        if ((n-m)%2||m>c||m>n) {    //概率为 0 的情况
            printf("0.000\n");
            continue;
        }
        double ans=0;
        for (int i=0;i<=m;i++)
         for (int j=0;j<=c-m;j++) {
            double k=2.0*(i+j)-c;
            if ((m-i)&1) ans-=quickpow(k*1.0/c,n)*C[m][i]*C[c-m][j];
            else ans+=quickpow(k*1.0/c,n)*C[m][i]*C[c-m][j];
         }
        ans/=quickpow(2.0,c);
        ans*=C[c][m];
        printf("%.3lf\n",ans);
    }
}
```

### 4.5.3 递推关系

递推关系是离散变量之间变化规律中常见的一种方式，与生成函数一样是解决计数问题的有力工具。对数列 $\{u_n\}$，如从某项后，$u_n$ 前 $k$ 项可推出 $u_n$ 的普遍规律，就称为递推关系。利用递推关系和初值，求出序列的通项表达式 $u_n$，称为递推关系的求解。

【4.5.3.1 Tri Tiling】

给出一个 $3\times n$（$0\leqslant n\leqslant 30$）的矩阵，要求用 $1\times 2$ 的多米诺骨牌来覆盖，问有多少种完美覆盖的方式?

图 4-13 是一个 $3\times 12$ 的矩阵用 $1\times 2$ 的多米诺骨牌完美覆盖的一个样例。

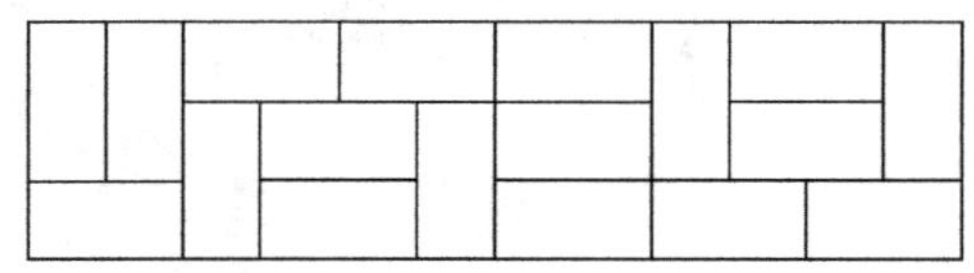

图 4-13

**输入**

输入给出多个测试用例，每个测试用例一行，给出一个 $n$ 值，$0 \leqslant n \leqslant 30$。输入 -1 的一行表示结束。

**输出**

对每一行的 $n$ 值，输出 $3\times n$ 矩阵的不同完美覆盖的总数。

| 样例输入 | 样例输出 |
|---|---|
| 2<br>8<br>12<br>-1 | 3<br>153<br>2131 |

试题来源：Waterloo local 2005.09.24

在线测试地址：POJ 2663，ZOJ 2547

**试题解析**

当 $n$ 为奇数时，$3\times n$ 是奇数，所以 $3\times n$ 矩阵不可能被 $1\times 2$ 的多米诺骨牌完美覆盖，完美覆盖数为 0。

当 $n$ 为偶数时，$3\times n$ 矩阵的任何一个 $1\times 2$ 的多米诺骨牌完美覆盖必定由且仅由 $3\times 2$，$3\times 4$，…，$3\times n$ 的不可分割的小矩形（不能继续分割产生被 $1\times 2$ 多米诺骨牌完美覆盖的更小的 $3\times x$ 小矩形）构成。

设 $a[i]$ 为 $n=i$ 时 $3\times n$ 矩阵被 $1\times 2$ 的多米诺骨牌完美覆盖的方法数，则 $a[0]=1$。

$3\times 2$ 被 $1\times 2$ 的多米诺骨牌完美覆盖如图 4-14 所示，有 3 种方法覆盖，所以 $a[2]=3$。

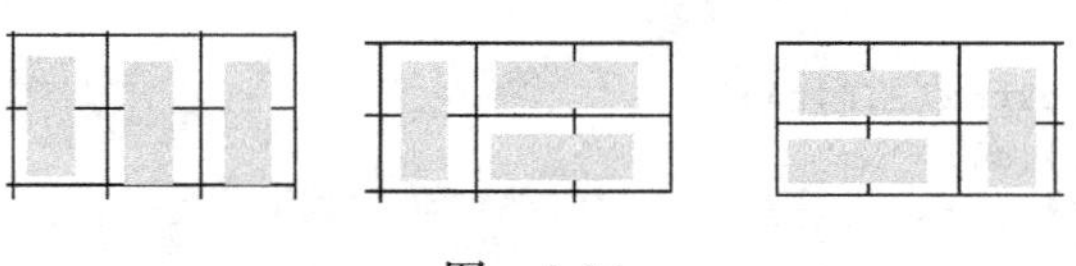

图 4-14

$3\times 4$ 被 $1\times 2$ 的多米诺骨牌完美覆盖，产生的不可分割的小矩形如图 4-15 所示，有两种方法覆盖。

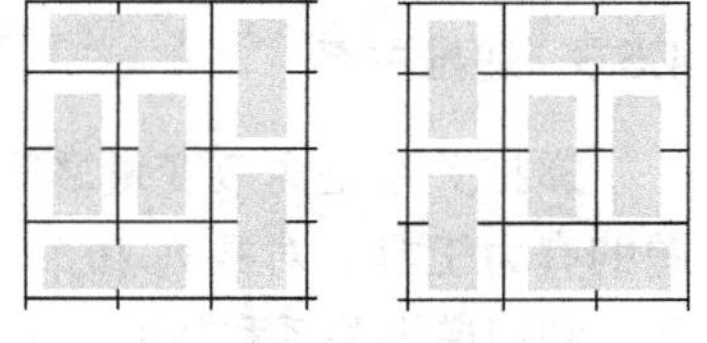

图 4-15

$3\times 6$，$3\times 8$，…被 $1\times 2$ 的多米诺骨牌完美覆盖，产生的不可分割的小矩形的情况，和 $3\times 4$ 被 $1\times 2$ 的多米诺骨牌完美覆盖类似，都是有两种方法覆盖。

$a[i]$ 可以是 $3\times(i-2)$ 的矩形加上一个 $3\times 2$ 的不可分割的小矩形组成的，也可以是 $3\times(i-4)$ 的矩形加上一个 $3\times 4$ 的不可分割的小矩形组成的，同理，也可以是 $3\times(i-6)$ 的矩形加上 $3\times 6$ 的不可分割的小矩形组成的……$a[i]$ 也可以是一个 $3\times i$ 的不可分割的矩形，有两种方法覆盖。所以，$a[i]=3*a[i-2]+2*(a[i-4]+a[i-6]+\cdots+$

$a[0]$)（公式 1），$a[i-2]=3*a[i-4]+2*(a[i-6]+\cdots a[0])$（公式 2），由公式 1 和公式 2，得递推公式 $a[i]=4*a[i-2]-a[i-4]$，$i$ 是大于等于 4 的偶数。

**参考程序**

```
#include <stdio.h>
#include <stdlib.h>
int main()
{
    int i,n;
    long long int a[31];
    a[0]=1;                        //n=0 时，完美覆盖的方法数 1
    a[2]=3;                        //n=2 时，完美覆盖的方法数 3
    for(i=4;i<=30;i+=2){           //离线计算完美覆盖的方法数
        a[i]=4*a[i-2]-a[i-4];      //完美覆盖的方法数递推公式 a[i]=4*a[i-2]-a[i-4]
    }
    while(scanf("%d",&n)&&n!=-1){  //输入测试用例 n 值
        if(n%2==1){                //n 为奇数时，完美覆盖数为 0
            printf("0\n");
            continue;
        }
        else                       //n 为偶数时，输出结果
            printf("%I64d\n",a[n]);
    }
    return 0;
}
```

【4.5.3.2 Attack on Titans】

几个世纪以前，人类面临着一个新的敌人：Titan。人类和新发现的敌人之间力量差异是巨大的。没过多久，人类就被驱赶到了灭绝的边缘。幸运的是，幸存下来的人类建了三堵墙：Maria 墙、Rose 墙和 Sina 墙。由于墙的保护，人类和平地生活了一百多年。

但不久，突然出现了一个巨大的 Titan。顷刻间，Maria 墙被推倒，人类日常的和平生活也随之结束。Maria 墙失守之后，人类退守 Rose 墙。于是人类开始意识到，躲在墙的后面等于死亡，他们应该对 Titan 进行反击。

因此，最强壮的 Levi 上尉受命组建一个由 $N$ 人组成的特种作战小队，编号从 1 到 $N$，每个编号分配给一名士兵。特种作战小队的士兵来自三个不同的单位：守备部队（Garrison）、侦察兵（Recon）以及宪兵（Military Police）。守备部队在城墙上保卫城市；侦察兵冒着生命危险，在敌方的领土上与 Titan 战斗；而宪兵则在城内维持秩序，为国王服务。为了让特种作战小队更加强大，Levi 要了解不同单位之间的差异，他必须满足一些条件。

守备部队擅长团队合作，所以 Levi 要求至少有 $M$ 个守备部队士兵有连续的号码。另一方面，侦察兵都是人类军队的精英力量，不会超过 $K$ 个侦察兵被分配到连续的号码。假设每个单位的兵员数量是无限的，Levi 想知道有多少种方式来组建特种作战小队。

**输入**

有多个测试用例，每个测试用例给出 3 个用空格分开的整数 $N$（$0<N<1\ 000\ 000$）、$M$（$0<M<10\ 000$）和 $K$（$0<K<10\ 000$）。

**输出**

对每个测试用例，输出方式数 mod 1 000 000 007。

| 样例输入 | 样例输出 |
|---|---|
| 3 2 2 | 5 |

提示：对样例输入和输出，守备部队（Garrison）、侦察兵（Recon）以及宪兵（Military Police）分别表示为 G、R 和 P，合理的安排是：GGG，GGR，GGP，RGG，PGG。

试题来源：ZOJ Monthly, January 2014

在线测试：ZOJ 3747

## 试题解析

给 $N$ 个士兵排队，每个士兵有三种类型 G、R、P 可选，求解至少有 $M$ 个连续的 G 士兵，至多有 $K$ 个连续的 R 士兵的排列种数。

由于问题中又是“至多连续”又是“至少连续”，难以处理，所以要将问题中“至少连续”转化成“至多连续”的情况：设集合 $A$ 是“至少有 $M$ 个连续的 G 士兵，并且至多有 $K$ 个连续的 R 士兵”组成的集合，集合 $B$ 是“至多有 $N$ 个连续的 G 士兵，并且至多有 $K$ 个连续的 R 士兵”组成的集合，集合 $C$ 是“至多有 $M-1$ 个连续的 G 士兵，并且至多有 $K$ 个连续的 R 士兵”组成的集合，则 $A=B-C$。

设 $dp[i][j]$ 表示前 $i$ 个士兵，当第 $i$ 个士兵是第 $j$ 种兵（设定 G 为 0、R 为 1、P 为 2）时，至多有 $u$ 个连续的 G 士兵，并且至多有 $v$ 个连续的 R 士兵的排列个数。这里的 $u$ 和 $v$ 是固定的。

分别考虑第 $i$ 个士兵是第 $j$ 种兵（设定 G 为 0、R 为 1、P 为 2）时 $dp[i][j]$ 的值：

- 当第 $i$ 个士兵是 P 士兵时，不会对连续的 R 和 G 产生影响，即 $dp[i][2]=dp[i-1][0]+dp[i-1][1]+dp[i-1][2]$。
- 当第 $i$ 个士兵是 G 士兵时，如果 $i\leqslant u$，则不会改变 $u$ 个连续的 G 这个限制条件，所以 $dp[i][0]=dp[i-1][0]+dp[i-1][1]+dp[i-1][2]$；如果 $i=u+1$，要排除前面的 $u$ 个位置都放了 G 的情况，所以 $dp[i][0]=dp[i-1][0]+dp[i-1][1]+dp[i-1][2]-1$；如果 $i>u+1$，要排除从 $i-1$ 到 $i-u$ 位置都放了 G 的情况，所以 $dp[i][0]=dp[i-1][0]+dp[i-1][1]+dp[i-1][2]-dp[i-u-1][1]-dp[i-u-1][2]$。
- 对于 R 士兵，则与上述的 G 士兵类似：当第 $i$ 个士兵是 R 士兵时，如果 $i\leqslant v$，则不会改变 $v$ 个连续的 R 这个限制条件，所以 $dp[i][1]=dp[i-1][0]+dp[i-1][1]+dp[i-1][2]$；如果 $i=v+1$，要排除前 $v$ 个位置都放了 R 的情况，$dp[i][1]=dp[i-1][0]+dp[i-1][1]+dp[i-1][2]-1$；如果 $i>v+1$，要排除从 $i-1$ 到 $i-v$ 位置都放了 R 的情况，$dp[i][1]=dp[i-1][0]+dp[i-1][1]+dp[i-1][2]-dp[i-v-1][0]-dp[i-v-1][2]$。

初始化时，$dp[0][2]=1$，$dp[0][0]=dp[0][1]=0$。令 $u$ 分别等于 $N$ 和 $M-1$，$v$ 等于 $K$，进行两次递推，得到的结果相减即答案。

## 参考程序

```
#include <bits/stdc++.h>
#define MAX 1000000+100
#define MOD 1000000007
using namespace std;
typedef long long ll;
int n,m,k;
ll dp[MAX][3];//dp[i][0]：表示第 i 个位置放 0（G 士兵）的方法数目，一直放满 N 个位置
```

```
ll solve(int u,int v)
{
  //初始化
  dp[0][0] = dp[0][1] = 0;
  dp[0][2] = 1;
  ll sum = 0;
  for (int i=1;i<=n;++i)
   {
        sum = ( dp[i-1][0] + dp[i-1][1] + dp[i-1][2] )%MOD;
        dp[i][2] = sum;
        //对于G士兵
        if ( i <= u)
          dp[i][0] = sum;
        else if ( i == u +1) dp[i][0] = sum-1;
        else dp[i][0] = (sum - dp[i-u-1][1] - dp[i-u-1][2] ) % MOD;
        //对于R士兵
        if ( i <= v)
          dp[i][1] = sum;
        else if ( i == v +1) dp[i][1] = sum-1;
        else dp[i][1] = ( sum - dp[i-v-1][0] - dp[i-v-1][2] ) % MOD;
   }
   return  ( ( dp[n][0] + dp[n][1] + dp[n][2] ) % MOD );
}
int main ()
{
  while(~scanf("%d%d%d",&n,&m,&k))
  {
    ll ans = solve(n,k);
    cout << ( ( (ans - solve(m-1,k))%MOD +MOD ) % MOD) << endl;
    //注意减法可能出现负数，取模的时候要特别处理一下
  }
    return 0;
}
```

## 4.6 快速傅里叶变换的实验范例

多项式 $A(x)=a_0+a_1x+a_2x^2+\cdots+a_{n-1}x^{n-1}$ 有两种表示法：系数表示法和点值表示法。

在拙作《数据结构编程实验：大学程序设计课程与竞赛训练教材》（第 2 版）的 4.1 节中，我们阐述了多项式的系数表示法，并给出了实验范例。系数表示法是用一个系数向量 $(a_0, a_1, a_2, \cdots, a_{n-1})$ 来表示多项式 $A(x)=a_0+a_1x+a_2x^2+\cdots+a_{n-1}x^{n-1}$。

点值表示法是用 $n$ 个点值对组成的集合 $\{(x_1, A(x_1)), (x_2, A(x_2)), \cdots, (x_n, A(x_n))\}$ 来表示多项式 $a_0+a_1x+a_2x^2+\cdots+a_{n-1}x^{n-1}$，其中 $x_1, x_2, \cdots, x_n$ 互不相同。设多项式 $A(x)$ 的点值表示是 $\{(x_1, A(x_1)), (x_2, A(x_2)), \cdots, (x_n, A(x_n))\}$，多项式 $B(x)$ 的点值表示是 $\{(x_1, B(x_1)), (x_2, B(x_2)), \cdots, (x_n, B(x_n))\}$，则多项式 $A(x)+B(x)$ 的点值表示是 $\{(x_1, A(x_1)+B(x_1)), (x_2, A(x_2)+B(x_2)), \cdots, (x_n, A(x_n)+B(x_n))\}$，而多项式 $A(x)*B(x)$ 的点值表示是 $\{(x_1, A(x_1)*B(x_1)), (x_2, A(x_2)*B(x_2)), \cdots, (x_n, A(x_n)*B(x_n))\}$。

多项式的系数表示和点值表示的关系如下：

$$\begin{pmatrix} 1 & x_1 & x_1^2 & \cdots & x_1^{n-1} \\ 1 & x_2 & x_2^2 & \cdots & x_2^{n-1} \\ \vdots & \vdots & \vdots & & \vdots \\ 1 & x_n & x_n^2 & \cdots & x_n^{n-1} \end{pmatrix} \begin{pmatrix} a_0 \\ a_1 \\ \vdots \\ a_{n-1} \end{pmatrix} = \begin{pmatrix} A(x_1) \\ A(x_2) \\ \vdots \\ A(x_n) \end{pmatrix}$$

因此，给定多项式 $A(x)$ 的点值表示，可以唯一地确定多项式 $A(x)$ 的系数 $a_0, a_1, a_2, \cdots, a_{n-1}$：

$$\begin{pmatrix} a_0 \\ a_1 \\ \vdots \\ a_{n-1} \end{pmatrix} = \begin{pmatrix} 1 & x_1 & x_1^{\ 2} & \cdots & x_1^{\ n-1} \\ 1 & x_2 & x_2^{\ 2} & \cdots & x_2^{\ n-1} \\ \vdots & \vdots & \vdots & & \vdots \\ 1 & x_n & x_n^{\ 2} & \cdots & x_n^{\ n-1} \end{pmatrix}^{-1} \begin{pmatrix} A(x_1) \\ A(x_2) \\ \vdots \\ A(x_n) \end{pmatrix}$$

由点值表示求出多项式系数和由多项式求解多项式点值表示互逆，其算法的时间复杂度都是 $O(n^2)$。

由系数表示法转为点值表示法的过程，称为**离散傅里叶变换**（Discrete Fourier Transform，DFT）；把一个多项式的点值表示法转化为系数表示法的过程，就是**离散反傅里叶变换**（Inverse Discrete Fourier Transform，IDFT）。

**快速傅里叶变换**（Fast Fourier Transformation，FFT）就是通过取某些特殊的 $x$ 的点值来加速 DFT 和 IDFT 的过程。

在本节，设 $n$ 是 2 的幂。如果复数 $w$ 满足 $w^n=1$，则复数 $w$ 是 $n$ 次单位复数根；$n$ 次单位复数根有 $n$ 个，对于 $k=0, 1, \cdots, n-1$，这些根是 $e^{2\pi ik/n}$（$e^{iu}=\cos u+i\sin u$）。值 $w_n=e^{2\pi i/n}$ 称为主 $n$ 次单位根，其他 $n$ 次单位复数根都是 $w_n$ 的幂次。

$n$ 个 $n$ 次单位复数根 $w_n^0, w_n^1, \cdots, w_n^{n-1}$ 在乘法意义下形成一个群。

例如，在复平面上，$w_8^0, w_8^1, \cdots, w_8^7$ 的值如图 4-16 所示。

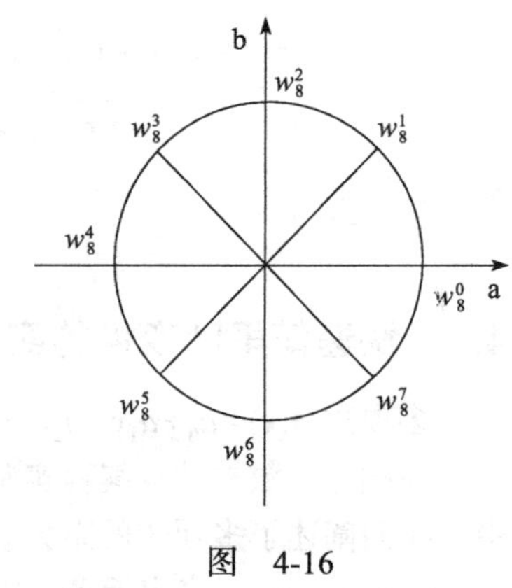

图　4-16

$n$ 次单位复数根的性质如下。

**定理 4.6.1（消去引理）** 对于任何整数 $n\geqslant 0$、$k\geqslant 0$ 以及 $d>0$，$w_{dn}^{dk}=w_n^k$。

**推论 4.6.1** 对于任意偶数 $n>0$，$w_n^{n/2}=w_2=-1$。

**定理 4.6.2（折半引理）** 如果偶数 $n>0$，那么 $n$ 个 $n$ 次单位复数根的平方的集合就是 $n/2$ 个 $n/2$ 次单位复数根的集合。

例如，在复平面上，$w_4^0$、$w_4^1$、$w_4^2$、$w_4^3$ 的值为 1、i、−1、−i。平方的集合就是 {1, −1}。

**定理 4.6.3（求和引理）** 对于任意整数 $n\geqslant 1$ 和不能被 $n$ 整除的非负整数 $k$，有 $\sum_{j=1}^{n-1}(w_n^k)^j=0$。

我们将阐述用 $n$ 次单位复数根，在 $O(n\lg n)$ 时间内完成 DFT 和 IDFT。对于多项式 $A(x)=a_0+a_1x+a_2x^2+\cdots+a_{n-1}x^{n-1}$，通过添加系数为 0 的高阶系数，可以使得 $n$ 是 2 的幂。

设多项式 $A(x)=a_0+a_1x+a_2x^2+\cdots+a_{n-1}x^{n-1}$ 以系数表示法给出，系数向量为 $(a_0, a_1, a_2, \cdots, a_{n-1})$。要求计算 $A(x)$ 在 $w_n^0, w_n^1, \cdots, w_n^{n-1}$ 处的值，给出 $A(x)$ 的点值表示。设 $A(x)$ 对 $k=0, 1, \cdots, n-1$，$A(w_n^k)=\sum_{j=0}^{n-1}a_jw_n^{kj}$，而且向量 $y=(A(w_n^0), A(w_n^1), \cdots, A(w_n^{n-1}))$ 是系数向量 $a=(a_0, a_1, a_2, \cdots, a_{n-1})$ 的离散傅里叶变换（DFT），记为 $y=\text{DFT}_n(a)$。

利用复数单位根的特殊性质，采用分治策略，在 $O(n\lg n)$ 时间内计算 $\text{DFT}_n(a)$，思想如下：

设 $A_0(x)=a_0+a_2x+\cdots+a_{n-2}x^{n/2-1}$，$A_1(x)=a_1+a_3x+\cdots+a_{n-1}x^{n/2-1}$，则 $A(x)=A_0(x^2)+xA_1(x^2)$，求 $A(x)$ 在 $w_n^0, w_n^1, \cdots, w_n^{n-1}$ 处的值的方法如下。

设 $k<n/2$，则 $A(w_n^k)=A_0((w_n^k)^2)+w_n^k A_1((w_n^k)^2)=A_0(w_n^{2k})+w_n^k A_1(w_n^{2k})=A_0(w_{n/2}^k)+w_n^k A_1(w_{n/2}^k)$，而 $A(w_n^{k+n/2})=A_0(w_n^{2k+n})+w_n^{k+n/2} A_1(w_n^{2k+n})=A_0(w_n^{2k} w_n^n)+w_n^k w_n^{n/2} A_1(w_n^{2k} w_n^n)=A_0(w_n^{2k} w_n^n)+w_n^k w_n^{n/2} A_1(w_n^{2k} w_n^n)=A_0(w_n^{2k})-w_n^k A_1(w_n^{2k})=A_0(w_{n/2}^k)-w_n^k A_1(w_{n/2}^k)$。所以，只要知道 $A_0(w_{n/2}^k)$ 和 $A_1(w_{n/2}^k)$，就可以计算 $A(w_n^k)$ 和 $A(w_n^{k+n/2})$。

算法模板如下：

```
void DFT(Complex* a, int len){
    if (len==1) return;
    Complex* a0=new Complex[len/2];
    Complex* a1=new Complex[len/2];
    for (int i=0; i<len; i+=2){
        a0[i/2]=a[i];
        a1[i/2]=a[i+1];
    }
    DFT(a0, len/2); DFT(a1, len/2);
    Complex wn(cos(2*Pi/len),sin(2*Pi/len));
    Complex w(1,0);
    for (int i=0; i<(len/2); i++){
        a[i]=a0[i]+w*a1[i];
        a[i+len/2]=a0[i]-w*a1[i];
        w=w*wn;
    }
    return;
}
```

上述递归的 DFT 算法可以通过迭代进行优化。例如，对于多项式 $A(x)=a_0+a_1x+a_2x^2+a_3x^3+a_4x^4+a_5x^5+a_6x^6+a_7x^7$，第一步分治，$(a_0, a_1, a_2, a_3, a_4, a_5, a_6, a_7)$ 转换为 $(a_0, a_2, a_4, a_6)$，$(a_1, a_3, a_5, a_7)$；第二步分治，转换为 $(a_0, a_4)$，$(a_2, a_6)$，$(a_1, a_5)$，$(a_3, a_7)$；第三步分治，转换为 $(a_0)$，$(a_4)$，$(a_2)$，$(a_6)$，$(a_1)$，$(a_5)$，$(a_3)$，$(a_7)$。所以有下表。

| 元素原位置 | 0 | 1 | 2 | 3 | 4 | 5 | 6 | 7 |
|---|---|---|---|---|---|---|---|---|
| 原位置的二进制表示 | 000 | 001 | 010 | 011 | 100 | 101 | 110 | 111 |
| 元素重排位置 | 0 | 4 | 2 | 6 | 1 | 5 | 3 | 7 |
| 重排位置的二进制表示 | 000 | 100 | 010 | 110 | 001 | 101 | 011 | 111 |

也就是说，每个位置分治后的最终位置为其位置的二进制表示翻转后得到的位置。所以，我们可以在 $O(n)$ 时间内预处理第 $i$ 位最终的位置 pos[$i$]（for ($i$=0; $i$ <= $n-1$; $i$++) pos[$i$]=(pos[$i$ >> 1] >> 1)|(($i$&1) << (bit−1));），先对原序列进行变换，把每个数放在最终的位置上，然后再一步一步向上合并。

DFT 的迭代算法模板如下：

```
void DFT(Complex a[]){
for (int i=0; i<len; i++)                          //pos[i]: i 的二进制翻转后的位置
  if (i<pos[i])
     swap(a[i], a[pos[i]]);                        //把每个数放在最终的位置上
for (int i=2,mid=1; i<=len; i<<=1,mid<<=1){        //len: 多项式最高次项, i: 合并到哪一层
   Complex wm(cos(2.0*pi/i), sin(2.0*pi/i));
   for (int j=0; j<len; j+=i){                     //j: 枚举合并区间
```

```
            Complex w(1,0);
            for (int k=j; k<j+mid; k++,w=w*wm){    //k: 枚举区间内的下标
                Complex l=a[k], r=w*a[k+mid];
                a[k]=l+r;
                a[k+mid]=l-r;
            }
        }
}
return;
}
```

给出多项式 $A(x)=a_0+a_1x+a_2x^2+\cdots+a_{n-1}x^{n-1}$ 在 $w_n^0, w_n^1, \cdots, w_n^{n-1}$ 处的点值表示，在 $O(n\lg n)$ 时间内计算其系数表示，即计算 IDFT，方法如下。

因为 $\begin{pmatrix} A(w_n^0) \\ A(w_n^1) \\ \vdots \\ A(w_n^{n-1}) \end{pmatrix} = \begin{pmatrix} 1 & 1 & 1 & \cdots & 1 \\ 1 & w_n^1 & w_n^2 & \cdots & w_n^{n-1} \\ \vdots & \vdots & \vdots & & \vdots \\ 1 & w_n^{n-1} & w_n^{2(n-1)} & \cdots & w_n^{(n-1)(n-1)} \end{pmatrix} \begin{pmatrix} a_0 \\ a_1 \\ \vdots \\ a_{n-1} \end{pmatrix}$，则多项式系数表示为 $\begin{pmatrix} a_0 \\ a_1 \\ \vdots \\ a_{n-1} \end{pmatrix} = \begin{pmatrix} 1 & 1 & 1 & \cdots & 1 \\ 1 & w_n & w_n^2 & \cdots & w_n^{n-1} \\ \vdots & \vdots & \vdots & & \vdots \\ 1 & w_n^{n-1} & w_n^{2(n-1)} & \cdots & w_n^{(n-1)(n-1)} \end{pmatrix}^{-1} \begin{pmatrix} A(w_n^0) \\ A(w_n^1) \\ \vdots \\ A(w_n^{n-1}) \end{pmatrix}$，则可以推出 $\begin{pmatrix} 1 & 1 & 1 & \cdots & 1 \\ 1 & w_n & w_n^2 & \cdots & w_n^{n-1} \\ \vdots & \vdots & \vdots & & \vdots \\ 1 & w_n^{n-1} & w_n^{2(n-1)} & \cdots & w_n^{(n-1)(n-1)} \end{pmatrix}^{-1}$ 在 $(j, k)$ 处的元素为 $w_n^{-kj}/n$，其中 $0 \leqslant j, k \leqslant n-1$；$a_j = \dfrac{1}{n}\sum_{k=0}^{n-1} A(w_n^k)w_n^{-kj}$，其中 $0 \leqslant j \leqslant n-1$。因此，可以在 $O(n\lg n)$ 时间内计算其系数表示。

因此，IDFT 只要将所有 $w_n^m$ 换成 $w_n^{m+(n-1)/2}$，也就是所有的虚部取相反数，再将最终结果除以 $n$，就是 IDFT 的过程了。

因此，FFT 加速 DFT 和 IDFT 过程的算法模板如下。

```
const double DFT=2.0, IDFT=-2.0;
void FFT(Complex a[], double mode){                    //第二个参数确定是DFT还是IDFT
for (int i=0; i<len; i++)                              //pos[i]: i的二进制翻转后的位置
  if (i<pos[i])
     swap(a[i], a[pos[i]]);                            //把每个数放在最终的位置上
for (int i=2,mid=1; i<=len; i<<=1,mid<<=1){            //len: 多项式最高次项，i: 合并到哪一层
   Complex wm(cos(2.0*pi/i), sin(2.0*pi/i));
   for (int j=0; j<len; j+=i){                         //j: 枚举合并区间
       Complex w(1,0);
       for (int k=j; k<j+mid; k++,w=w*wm){             //k: 枚举区间内的下标
           Complex l=a[k], r=w*a[k+mid];
           a[k]=l+r;
           a[k+mid]=l-r;
       }
   }
}
if (mode==IDFT)                                        //IDFT
 for (int i=0; i<len; i++)
    a[i].x/=len;
return;
}
```

两个系数表示的多项式直接相乘，其时间复杂度为 $O(n^2)$。基于上述讨论，利用 FFT 进行两个多项式乘法运算的算法如下，其时间复杂度为 $O(n\lg n)$。

（1）补 0：在两个多项式的前面补 0，得到两个 $2n$ 次多项式，设系数向量分别为 $a_1$ 和 $a_2$。

（2）DFT：利用 FFT 在 $O(n\lg n)$ 时间内计算 $y_1=\mathrm{DFT}(a_1)$ 和 $y_2=\mathrm{DFT}(a_2)$，其中 $y_1$ 和 $y_2$ 分别是两个多项式在 $2n$ 次单位复数根处的各个取值，给出两个多项式的点值表示。

（3）计算两个多项式相乘的点值表示：把两个向量 $y_1$ 和 $y_2$ 的每一维对应相乘，得到向量 $y$，以此给出两个多项式乘积的点值表示，其时间复杂度为 $O(n)$。

（4）IDFT：利用 FFT 在 $O(n\lg n)$ 时间内计算 $C=\mathrm{IDFT}(y)$，其中 $C$ 就是两个多项式乘积的系数向量。

## 【4.6.1 Bull Math】

公牛的数学比母牛好得多。它们能够将大整数相乘，并得到正确的答案；或者，只是公牛们自己这么说而已。农夫约翰想知道它们的运算答案是否正确。请帮农夫约翰检查公牛们的答案。读取两个正整数（每个正整数不超过 40 位），计算它们的乘积。输出为正常数字（没有额外的前导零）。

农夫约翰要求你独力完成，不要使用特殊的库函数进行乘法运算。

**输入**

第 1 行和第 2 行，每行给出一个十进制数。

**输出**

输出一行，给出两个输入数字的精确乘积。

| 样例输入 | 样例输出 |
|---|---|
| 11111111111111<br>1111111111 | 12345679011110987654321 |

试题来源：USACO 2004 November

在线测试：POJ 2389

**试题解析**

高精度整数的乘法也可以和多项式乘法运算一样，利用 FFT 在 $O(n\lg n)$ 时间内计算：个位数视为常数项，十位数视为一次项的系数，百位数视为二次项的系数，以此类推。

**参考程序**

```
#include <iostream>
#include <algorithm>
#include <cstdio>
#include <cstring>
#include <cstdlib>
#include <complex>
using namespace std;
const int N=100000;
typedef complex<double> c;
char a[N],b[N];                          // 需要相乘的两个数，以高精度方式存储
```

```
c F[N*2],A[N*2], B[N*2];
int ans[N*2];
int rev(int x,int n){                          //计算每个位置分治后的最终位置
    int ret=0;
    for(int i=0;(1<<i)<n;i++) ret=(ret<<1)|((x&(1<<i))>0);
    return ret;
}
void fft(c *a,int n,int f){                    //FFT，f 确定是 DFT 还是 IDFT
    for(int i=0;i<n;i++) F[rev(i,n)]=a[i]; //初始化，计算每个位置分治后的最终位置
    for(int i=2;i<=n;i<<=1){
        c wn=c(cos(2*acos(-1)*f/i),sin(2*acos(-1)*f/i));
        for(int j=0;j<n;j+=i){
            c w=1;
            for(int k=j;k<j+i/2;k++){
                c u=F[k],t=w*F[k+i/2];
                F[k]=u+t,F[k+i/2]=u-t,w*=wn;
            }
        }
    }
    for(int i=0;i<n;i++) a[i]=F[i]/=(f==-1?n:1);
}
int main(){
    scanf("%s%s",a,b);                         //输入测试用例
    int len1=strlen(a),len2=strlen(b),n1=1,n2=1,n=1;
    while(n1<=len1) n1<<=1;
    while(n2<=len2) n2<<=1;
    while(n<2*max(n1,n2)) n<<=1;
    for(int i=0;i<n;i++) A[i]=(i<len1?a[len1-i-1]-'0':0);   //转换为高精度数
    for(int i=0;i<n;i++) B[i]=(i<len2?b[len2-i-1]-'0':0);
    fft(A,n,1); //DFT
    fft(B,n,1);
    for(int i=0;i<n;i++) A[i]*=B[i];
    fft(A,n,-1); //IDFT
    for(int i=0;i<n;i++) ans[i]=int(A[i].real()+0.5);
    for(int i=0;i<n-1;i++) ans[i+1]+=ans[i]/10,ans[i]%=10;   //处理进位
    bool f=0;
    for(int i=n-1;i>=0;i--) ans[i]?printf("%d",ans[i]),f=1:f||!i?printf("0"):0;
                                               //输出结果
}
```

## 4.7　相关题库

### 【4.7.1　Common Permutation】

给出两个小写字母的字符串 $a$ 和 $b$，输出最长的小写字母字符串 $x$，使得存在 $x$ 的一个排列是 $a$ 的子序列，同时也存在 $x$ 的一个排列是 $b$ 的子序列。

**输入**

输入有若干行。连续的两行组成一个测试用例，也就是说，第 1 和 2 行构成一个测试用例，第 3 和 4 行构成一个测试用例，等等。每个测试用例的第一行是字符串 $a$，第二行是字符串 $b$。每个字符串一行，至多由 1000 个小写字母组成。

**输出**

对每个测试用例，输出一行，给出 $x$。如果有若干个 $x$ 满足上述要求，选择按字母序列

的第一个。

| 样例输入 | 样例输出 |
|---|---|
| pretty<br>women<br>walking<br>down<br>the<br>street | e<br>nw<br>et |

试题来源：World Finals Warm-up Contest, University of Alberta Local Contest
在线测试：UVA 10252

**提示**

试题要求按递增顺序输出两串公共字符的排列。计算方法如下：

设 $S_1=a_1a_2\cdots a_{l_a}$，$S_2=b_1b_2\cdots b_{l_b}$。

首先，分别统计 $S_1$ 中各字母的频率 $c_1[i]$ 和 $S_2$ 中各字母的频率 $c_2[i]$（$1\leqslant i\leqslant 26$，其中字母 'a' 对应数字 1，字母 'b' 对应数字 2……字母 'z' 对应数字 26）。

然后，计算 $S_1$ 和 $S_2$ 的公共字符的排列：递增枚举 $i$（$1\leqslant i\leqslant 26$），若 $i$ 对应的字母在 $S_1$ 和 $S_2$ 中同时存在（($c_1[i]\neq 0$) && ($c_2[i]\neq 0$)），则字母 'a'+$i$ 在排列中出现 $k=\min\{c_1[i], c_2[i]\}$ 次。

## 【4.7.2 Anagram】

给出一个字母的集合，请编写一个程序，产生从这个集合能构成的所有可能的单词。例如：给出单词 "abc"，程序产生这三个字母的所有不同的组合——输出单词 "abc"、"acb"、"bac"、"bca"、"cab" 和 "cba"。

程序从输入中获取一个单词，其中的一些字母会出现一次以上。对一个给出的单词，程序产生相同的单词只能一次，而且这些单词按字母升序排列。

**输入**

输入给出若干单词。第一行给出单词数，然后每行给出一个单词。一个单词由 A 到 Z 的大写或小写字母组成。大写字母和小写字母被认为是不同的，每个单词的长度小于 13。

**输出**

对输入中的每个单词，输出这个单词的字母产生的所有不同的单词。输出的单词按字母升序排列。大写字母排在相应的小写字母前，即 'A'<'a'<'B'<'b'<…<'Z'<'z'。

| 样例输入 | 样例输出 |
|---|---|
| 3<br>aAb<br>abc<br>acba | Aab<br>Aba<br>aAb<br>abA<br>bAa<br>baA<br>abc<br>acb<br>bac |

（续）

| 样例输入 | 样例输出 |
|---|---|
| | bca<br>cab<br>cba<br>aabc<br>aacb<br>abac<br>abca<br>acab<br>acba<br>baac<br>baca<br>bcaa<br>caab<br>caba<br>cbaa |

试题来源：ACM Southwestern European Regional Contest 1995

在线测试：POJ 1256，UVA 195

**提示**

有不同的策略来解决这个问题。最有效的策略是首先对输入词中的字母进行排序，然后直接生成所有可能的无重复的变位词。

## 【4.7.3 How Many Points of Intersection?】

给出两行，在第一行有 $a$ 个点，在第二行有 $b$ 个点。我们用直线将第一行的每个点与第二行的每个点相连接。这些点以这样的方式排列，使得这些线段之间相交的数量最大。为此，不允许两条以上的线段在一个点上相交。在第一行和第二行中的相交点不被计入，在两行之间允许两条以上的线段相交。给出 $a$ 和 $b$ 的值，请计算 $P(a, b)$ 在两行之间相交的数量。例如，在图 4-17 中 $a$=2，$b$=3，该图表示 $P(2, 3)$=3（交点为 $A$、$B$ 和 $C$）。

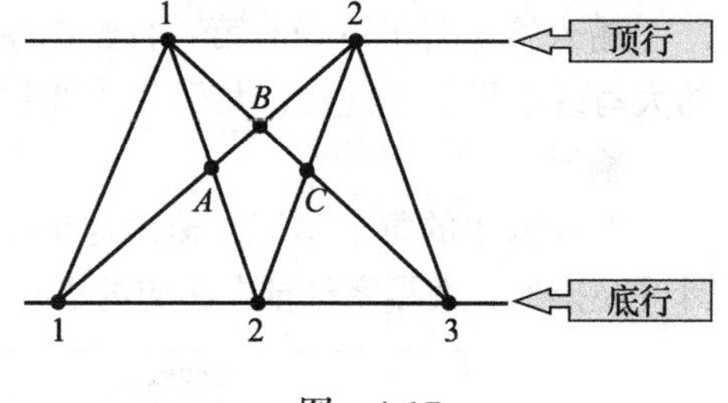


图 4-17

**输入**

输入的每行给出两个整数 $a$（$0<a\leqslant 20\,000$）和 $b$（$0<b\leqslant 20\,000$）。输入以 $a$=$b$=0 的一行为结束标志，这一测试用例不用处理。测试用例数最多 1200 个。

**输出**

对输入的每一行，输出一行，给出序列编号，然后给出 $P(a, b)$ 的值。本题设定输出值在 64 位有符号整数范围内。

| 样例输入 | 样例输出 |
|---|---|
| 2 2<br>2 3<br>3 3<br>0 0 | Case 1: 1<br>Case 2: 3<br>Case 3: 9 |

试题来源：Bangladesh National Computer Programming Contest, 2004

在线测试：UVA 10790

**提示**

如 3 线交于一点，则一定可以通过左右移动一个点使其交点分开，上面线段上的两点与下面线段上的两点可以产生一个交点。按照乘法原理，$P(a, b)=C(a, 2)*C(b, 2)$。

## 【4.7.4 Permutations】

某个集合的排列是该集合到自身的一一对应，或者不正式地说，就是对集合中的元素进行重新排列。例如，集合 {1,2,3,4,5} 的一个排列如下：

$$P(n)=\begin{pmatrix}1 & 2 & 3 & 4 & 5\\4 & 1 & 5 & 2 & 3\end{pmatrix}$$

这一记录定义排列 $P$ 如下：$P(1)=4, P(2)=1, P(3)=5$，等等。

表达式 $P(P(1))$ 的值是什么？很明显，$P(P(1))=P(4)=2$，$P(P(3))=P(5)=3$。可以看到如果 $P(n)$ 是一个排列，那么 $P(P(n))$ 也是一个排列。

$$P(P(n))=\begin{pmatrix}1 & 2 & 3 & 4 & 5\\2 & 4 & 3 & 1 & 5\end{pmatrix}$$

用 $P^2(n)=P(P(n))$ 来标识排列。这一定义的一般形式为：$P(n)=P^1(n), P^k(n)=P(P^{k-1}(n))$。在这些排列中有一个非常重要——还原：

$$E_N(n)=\begin{pmatrix}1 & 2 & 3 & \cdots & n\\1 & 2 & 3 & \cdots & n\end{pmatrix}$$

对每个 $k$ 满足下述关系：$(E_N)^k=E_N$。以下的陈述是正确的（这里不进行证明，可以自己证明）：设 $P(n)$ 是一个 $N$ 个元素集合的排列，存在一个自然数 $k$，$P^k=E_N$。使得 $P^k=E_N$ 的最小的自然数 $k$ 被称为排列 $P$ 的一个序列。

给出一个排列，找到其序列。

**输入**

输入的第一行给出一个自然数 $N$（$1\leqslant N\leqslant 1000$），表示集合中要重新排列的元素个数。在第二行给出范围从 1 到 $N$ 的用空格分开的 $N$ 个自然数，这些自然数定义了一个排列——$P(1), P(2),\cdots, P(N)$。

**输出**

输出一个自然数，这一排列的序列。答案不超过 $10^9$。

| 样例输入 1 | 样例输出 1 |
|---|---|
| 5<br>4 1 5 2 3 | 6 |
| **样例输入 2** | **样例输出 2** |
| 8<br>1 2 3 4 5 6 7 8 | 1 |

试题来源：Ural State University Internal Contest October’2000 Junior Session

在线测试：POJ 2369

**提示**

排列 $P(1)$，$P(2)$，…，$P(N)$ 对应一个置换，计算置换中每个循环节内元素的个数。显然，所有循环节内元素个数的最小公倍数即为使得 $P_k=E_N$ 的最小自然数 $k$。

## 【4.7.5　Coupons】

麦片食品盒里的优惠券编号从 1 到 $n$（$n$ 种不同类型的优惠券），每个食品盒有一张任一类型的优惠券，要给一份奖品。要收集齐一整套的 $n$ 张优惠券（每种类型的优惠券至少一张），预计需要多少盒麦片盒？

**输入**

输入由一个行序列组成，每行一个正整数 $n$，$1 \leqslant n \leqslant 33$，表示优惠券集合的基数。输入以 EOF 结束。

**输出**

对于每个输入行，输出收集齐一整套的 $n$ 张优惠券，预期要麦片盒的平均数。如果答案是整数，则输出该数字；如果答案不是整数，则输出答案的整数部分，然后输出一个空格，再按下述格式输出适当的分数。小数部分不能减少。在输出行后不能有后续空格。

| 样例输入 | 样例输出 |
| --- | --- |
| 2<br>5<br>17 | 3<br>  5<br>11 --<br>   12<br>   340463<br>58 ------<br>   720720 |

试题来源：Math Lovers' Contest, Source: University of Alberta Local Contest

在线测试：UVA 10288

**提示**

假设共有 $n$ 种优惠券，现在收集到了 $k$ 种，买了 $E_k$ 个盒子。考虑下一次操作的期望代价。一次拿到优惠券的概率为 $\frac{n-k}{n}$，两次拿到优惠券的概率为 $\frac{n-k}{n}*\frac{k}{n}$，以此类推，得到递推式 $E_{k+1}=E_k+\frac{n-k}{n}\sum_{i=0}^{\infty}(i+1)\left(\frac{k}{n}\right)^i$。

使用公式 $\sum_{k=0}^{\infty}kx^k=\frac{x}{(1-x)^2}$（对 $\sum_{k=0}^{\infty}x^k=\frac{1}{(1-x)}$ 两边求导得到）对上述公式中的 $\frac{n-k}{n}\sum_{i=0}^{\infty}(i+1)\left(\frac{k}{n}\right)^i$ 求和，可以得到 $E_{k+1}=E_k+\frac{n}{n-k}$。对此数列求通项，得 $E_n=n*\sum_{i=1}^{n}\frac{1}{i}$。

## 【4.7.6　Pixel Shuffle】

在位图中移动像素有时产生随机的图像。然而重复移动足够多的次数，最终会恢复到最初的图像。这并不奇怪，因为“移动”意味着在一个图像的元素上采用一个一一对应的映射（或排列），而这样的映射是有限次的（如图 4-18 所示）。

程序输入一个整数 $n$，以及一系列的定义一个 $n\times n$ 图像的“移动” $\varphi$ 的基本转换。程序计算最少次数 $m$（$m>0$），使得 $m$ 次应用 $\varphi$ 产生最初的 $n\times n$ 图像。

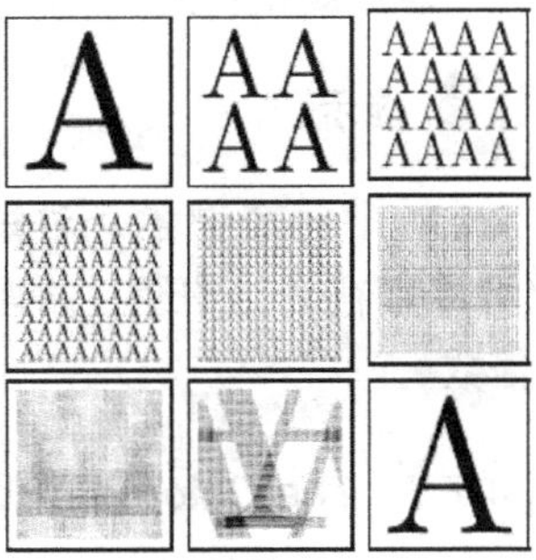

图　4-18

**输入**

输入由两行组成，第一行给出整数 $n$（$2\leqslant n\leqslant 2^{10}$，$n$ 为偶数），$n$ 是图像的大小，一个图像表示为一个 $n\times n$ 的像素矩阵图像（$a_i^j$），其中 $i$ 是行号，$j$ 是列号。在左上角的像素是 0 行 0 列。

第二行给出一个非空的列表，最多 32 个单词，单词间用空格分开。有效的单词是关键词 id、rot、sym、bhsym、bvsym、div 和 mix，或者是后面跟着“-”。每个关键词表示一个基本转换（如图 4-19 所示），关键词“−”表示关键词的反向转换。

id，同一（identity）。没有变化：$b_i^j=a_i^j$（如图 4-19a 所示）。

rot，逆时针旋转 90°（如图 4-19b 所示）。

sym，水平对称（horizontal symmetry）：$b_i^j=a_i^{n-1-j}$（如图 4-19c 所示）。

bhsym，在图像的下半部分应用水平对称：当 $i\geqslant n/2$，$b_i^j=a_i^{n-1-j}$；否则，$b_i^j=a_i^j$（如图 4-19d 所示）。

bvsym，在图像的下半部分应用垂直对称（$i\geqslant n/2$）（如图 4-19e 所示）。

div，分割（division）。第 0，2，…，$n-2$ 行变成第 0，1，…，第 $n/2-1$ 行，而第 1，3，…，$n-1$ 行则变成第 $n/2$，$n/2+1$ 行，…，$n-1$ 行（如图 4-19f 所示）。

mix，行混合（row mix）。第 $2k$ 行和第 2k+1 行交错，在新的图像中，第 $2k$ 行的像素是 $a_{2k}^0$，$a_{2k+1}^0$，$a_{2k}^1$，$a_{2k+1}^1$，…，$a_{2k}^{n/2-1}$，$a_{2k+1}^{n/2-1}$，而第 $2k+1$ 行的像素是 $a_{2k}^{n/2}$，$a_{2k+1}^{n/2}$，$a_{2k}^{n/2+1}$，$a_{2k+1}^{n/2-1}$，…，$a_{2k}^{n-1}$，$a_{2k+1}^{n-1}$（如图 4-19g 所示）。

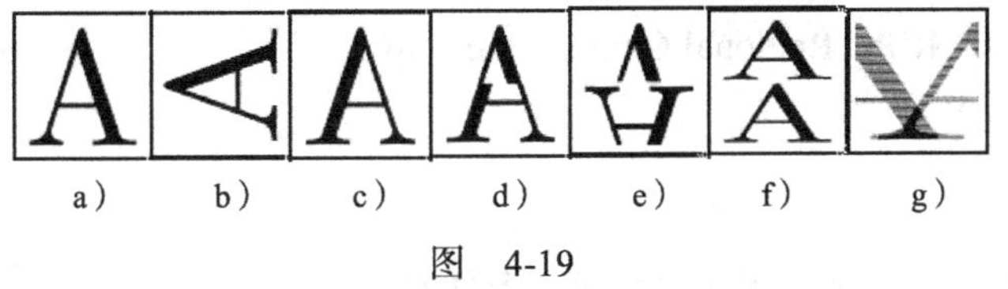

a)　b)　c)　d)　e)　f)　g)

图　4-19

例如，rot- 是逆时针旋转 90° 的反向操作，也就是顺时针旋转 90°。最后，列表 $k_1, k_2,\cdots, k_p$ 表示组合的转换 $\varphi=k_1k_2\cdots k_p$。例如，"bvsym rot-" 是这样的转换：首先，顺时针旋转 90°；然后在图像的下半部分应用垂直对称（如图 4-20 所示）。

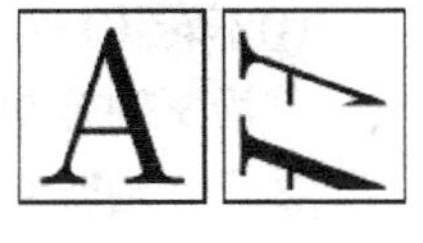

图　4-20

**输出**

程序输出一行，给出最小值 $m$（$m>0$），使得 $m$ 次应用 $\varphi$ 产生最初的 $n\times n$ 图像。本题设定，对所有的输入，$m<2^{31}$。

| 样例输入 1 | 样例输出 1 |
| --- | --- |
| 256<br>rot-div rot div | 8 |
| 样例输入 2 | 样例输出 2 |
| 256<br>bvsym div mix | 63457 |

试题来源：ACM Southwestern Europe 2005

在线测试：POJ 2789，UVA 3510

**提示**

枚举每个像素，对每个像素不断进行操作，得到要这个像素返回原位所需的次数（此像素在变化中经过的像素可以不用重复计算），最终答案为每个像素所需次数的最小公倍数。

### 【4.7.7 The Colored Cubes】

一个立方体的所有6个面都被涂上油漆，每个面均匀地涂一种颜色。对 $n$ 种不同颜色的油漆的一个选择成立时，可以产生多少不同的立方体？

两个立方体被称为“不同”，如果不能将一个立方体旋转到这样一个位置使得它和另外一个颜色看上去相同。

**输入**

输入的每行给出一个整数 $n$（$0<n<1000$），表示不同颜色的数量。输入以 $n=0$ 结束，程序不用处理这一行。

**输出**

对输入的每一行产生一行输出，给出使用相应的颜色数目可以产生多少不同的立方体。

| 样例输入 | 样例输出 |
|---|---|
| 1<br>2<br>0 | 1<br>10 |

试题来源：2004 ICPC Regional Contest Warmup 1

在线测试：UVA 10733

**提示**

6面立方体群，共计24个置换，构成一个群 $G$：

①不转（1个置换）；

②沿 $x$ 轴转90°，180°，270°（3个置换）；

③沿 $y$ 轴转90°，180°，270°（3个置换）；

④沿 $z$ 轴转90°，180°，270°（3个置换）；

⑤绕对边中心转（6个置换）；

⑥绕体对角线转1次（4个置换），转2次（4个置换）。

依次枚举24个置换，求出每个置换的循环节数，代入Polya公式就可以得出解。因为这个置换群是固定的，与颜色无关。

实际上，可通过数学分析得出 $G$ 中1个置换（①类置换）有6个循环节数；3个置换（⑤类置换）有4个循环节数；12个置换（②③④⑤类置换）有3个循环节数；8个置换（⑥类置换）有2个循环节数。

显然，若不同颜色数为 $n$，则产生的不同立方体数 $S=\frac{1}{24}(n^6+3*n^4+12*n^3+8*n^2)$。

**【4.7.8　Binary Stirling Numbers】**

第二类 Stirling 数 S($n$, $m$) 是将 $n$ 个元素组成的一个集合划分成 $m$ 个非空子集的方法数。例如，有七种方法将一个 4 个元素的集合划分成两个非空子集：

{1, 2, 3} ∪ {4}、{1, 2, 4} ∪ {3}、{1, 3, 4} ∪ {2}、{2, 3, 4} ∪ {1}、{1, 2} ∪ {3, 4}、{1, 3} ∪ {2, 4} 和 {1, 4} ∪ {2, 3}。

可以用一个递归，对于所有 $m$ 和 $n$，计算 S($n$, $m$)：

- S(0, 0)=1；
- 如果 $n$>0，S($n$, 0)=0；
- 如果 $m$>0，S(0, $m$)=0；
- 如果 $n$, $m$>0，S($n$, $m$)=$m$ S($n$−1, $m$)+S($n$−1, $m$−1)。

你的任务就“简单”多了，给出满足 $1 \leqslant m \leqslant n$ 的整数 $n$ 和 $m$，计算 S($n$, $m$) 的奇偶性，即 S($n$, $m$) mod 2。

例如，S(4, 2) mod 2=1。

本题要求：请编写一个程序，对于每个测试用例，读取两个正整数 $n$ 和 $m$，计算 S($n$, $m$) mod 2，并输出结果。

**输入**

输入的第一行给出一个正整数 $d$，表示测试用例的数目，$1 \leqslant d \leqslant 200$。然后给出测试用例。

第 $i$+1 行给出第 $i$ 个测试用例：用一个空格分隔开的两个整数 $n_i$ 和 $m_i$, $1 \leqslant m_i \leqslant n_i \leqslant$ 10^9。

**输出**

输出 $d$ 行，每行对应一个测试用例，第 $i$ 行给出 0 或 1，表示 S($n_i$, $m_i$) mod 2 的值，$1 \leqslant i \leqslant d$。

| 样例输入 | 样例输出 |
|---|---|
| 1<br>4 2 | 1 |

*试题来源*：ACM Central Europe 2001

*在线测试*：POJ 1430，ZOJ 1385

**提示**

第二类 Stirling 数 S($n$, $k$) 的奇偶性等价于 C($z$, $w$) 的奇偶性：S($n$, $k$)≡C($z$, $w$) mod 2，其中 $z=n-\left\lceil\frac{k+1}{2}\right\rceil$，$w=\left\lfloor\frac{k-1}{2}\right\rfloor$。因为 $C(z, w)=\frac{z!}{(z-w)! \times w!}$，所以，判断 C($z$, $w$) 的奇偶性只需要计算和比较 C($z$, $w$) 展开式中分子和分母所含的因子 2 的个数，如果分子所含的因子 2 的个数多于分母所含的因子 2 的个数，则结果是偶数，输出 "0"；否则，输出 "1"。

**【4.7.9　Halloween treats】**

每年的万圣节都会有同样的问题：在那一天，不管有多少孩子来拜访，每位邻居只愿意拿出一定数量的糖果；所以如果一个孩子来晚了，他就可能一无所获。为了避免冲突，孩子们决定把所得的糖果全部放在一起，然后在他们之间平均分配。根据去年的万圣节经验，他们知道从每个邻居那里能得到糖果的数量。由于孩子们更在乎公平，而不是他们得到的糖果的数量，所以他们准备在邻居中选择一个邻居的子集去拜访，使得在分享糖果的时候，每个孩子都能得到同样数量的糖果。如果有剩下没有被分出去的糖果，他们就会不满意。

请帮助孩子们，给出一个解决问题的办法。

**输入**

输入包含若干测试用例。

每个测试用例的第一行给出两个整数 $c$ 和 $n$（$1 \leqslant c \leqslant n \leqslant 100\,000$），分别表示孩子和邻居的数量。下一行给出 $n$ 个用空格分开的整数 $a_1, \cdots, a_n$（$1 \leqslant a_i \leqslant 100\,000$），其中 $a_i$ 表示如果孩子们拜访邻居 $i$，从他那里可以得到的糖果的数量。

在最后的一个测试用例之后，跟着两个 0，表示结束。

**输出**

对于每个测试用例，输出一行孩子们选择的邻居的索引（索引 $i$ 对应给孩子们糖果总数 $a_i$ 的邻居 $i$）。如果没有解决办法，则输出 "no sweets" 代替。注意，如果有几个解决方案，每个孩子都至少得到一个糖果，可以输出其中任何一个方案。

| 样例输入 | 样例输出 |
|---|---|
| 4 5<br>1 2 3 7 5<br>3 6<br>7 11 2 5 13 17<br>0 0 | 3 5<br>2 3 4 |

*试题来源*：Ulm Local 2007

*在线测试地址*：POJ 3370

**提示**

给出两个整数 $c$ 和 $n$（$1 \leqslant c \leqslant n \leqslant 100\,000$），然后给出 $n$ 个整数 $a_1, \cdots, a_n$（$1 \leqslant a_i \leqslant 100\,000$），要求从 $n$ 个整数序列中找到若干数，使得它们的和刚好是 $c$ 的倍数，输出这些整数的序号。

设 Sum[$i$] 为序列中前 $i$ 项的和。

如果 Sum[$i$] 是 $c$ 的倍数，则直接输出前 $i$ 项的序号；否则，如果没有任何的 Sum[$i$] 是 $c$ 的倍数，则因为 $c \leqslant n$，根据鸽巢原理，必定存在 $i$ 和 $j$，$i<j$，使得 Sum[$i$] % $c$ == Sum[$j$] % $c$，即第 $i+1$ 项数到第 $j$ 项数的和为 $c$ 的倍数，则输出第 $i+1$ 项到第 $j$ 项的序号。

## 【4.7.10　Let it Bead】

“Let it Bead”公司在加州 Monterey 市 Cannery 街 700 号的楼上。从公司名称可以推断出，该公司的业务是珠子。他们的公关部门发现顾客对于购买有色手镯感兴趣。然而，有超过 90% 的顾客坚持她们的手镯必须是独一无二的。想象一下，如果两位女士戴着同样的手镯出现在同一个派对上，会发生什么！请帮助老板估算，要获取最大利润，可以生产多少不同的手镯。

手镯是 $s$ 个珠子组成的环状序列，每个珠子的颜色是 $c$ 种不同颜色中的一种。手镯的环是封闭的，也就是说，没有起点或终点，也没有方向。假设每种颜色的珠子的数量都是无限的。对于 $s$ 和 $c$ 的不同值，请计算可以制作出的不同手镯的数量。

**输入**

输入的每一行给出一个测试用例，一个测试用例包含两个整数：先给出可用的颜色的数量 $c$，然后是手镯的长度 $s$。输入以 $c=s=0$ 结束。$c$ 和 $s$ 都是正数，由于手镯制造机器中的技术困难，$cs \leqslant 32$，即它们的乘积不超过 32。

**输出**

对于每个测试用例，输出一行，给出独一无二的手镯的数量。

图 4-21 显示 8 个不同的手镯，这些手镯用 2 种颜色和 5 颗珠子制成。

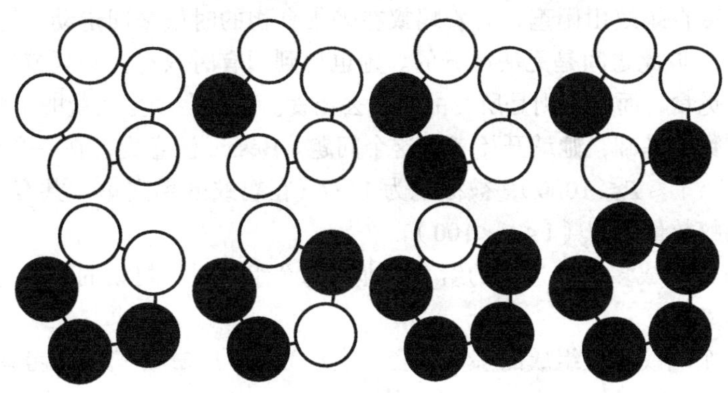

图 4-21

| 样例输入 | 样例输出 |
|---|---|
| 1 1 | 1 |
| 2 1 | 2 |
| 2 2 | 3 |
| 5 1 | 5 |
| 2 5 | 8 |
| 2 6 | 13 |
| 6 2 | 21 |
| 0 0 | |

*试题来源*：Ulm Local 2000

*在线测试地址*：POJ 2409，ZOJ 1961

 **提示**

本题应用 Pólya 计数公式求解：用 $c$ 种颜色给 $s$ 个珠子着色，且 $s$ 个珠子的置换群为 $\{P_1, P_2, \cdots, P_k\}$，则不同手镯的数量为 $l=\frac{1}{|G|}(c^{c(P_1)}+c^{c(P_2)}+\cdots+c^{c(P_k)})$，其中 $c(P_i)$ 是置换 $P_i$ 的循环节数，$i=1\cdots k$。所以，对于本题，关键要推导出置换群有多少置换，以及每个置换的循环节有多少。

在本题中允许两种置换：旋转和翻转。

- 旋转：对于旋转，有 $s$ 个置换，将手镯的环顺时针旋转 $i$ 格，则由此产生的循环节的个数为 $\mathrm{GCD}(s, i)$，其中 $i=1, 2, 3, 4, \cdots, s$。
- 翻转：如果 $s$ 是奇数，则将每个珠子作为对称轴来翻转，置换数是 $s$，每个置换的循环节的个数都是 $s/2+1$；如果 $s$ 是偶数，则可以将过每两个对角的珠子的对角线作为对称轴来翻转，置换数是 $s/2$，每个置换的循环节的个数是 $s/2+1$；也可以将不过对角珠子的对角线作为对称轴来翻转，则置换数同样是 $s/2$，而每个置换的循环节的个数是 $s/2$。

所以，置换群有 $2s$ 个置换。将上述结果代入 Pólya 计数公式，即可计算出不同手镯的数量。

【4.7.11 Ant Counting】

一天，Bessie 在蚂蚁山闲逛，看着蚂蚁在采集食物的时候来回走动，她就想到，很多蚂蚁是兄弟姐妹，彼此之间是无法区分的。她也想到，有时只有一只蚂蚁出来觅食，有时是一些蚂蚁出来觅食，而有时则是所有的蚂蚁去觅食。这就会产生大量的不同的蚂蚁组合。

Bessie 有点数学基础，她就开始考虑这个问题。Bessie 注意到，在一个蚂蚁的巢穴里，有 $T$ 个蚂蚁家族（$1 \leqslant T \leqslant 1000$），被标记为 $1 \cdots T$（在蚂蚁的巢穴里一共有 $A$ 只蚂蚁）。每个蚂蚁家族的蚂蚁数量为 $N_i$（$1<N_i<100$）。

这些蚂蚁可以组成多少个这样的组合，即在每个组合里，蚂蚁的数量为 $S, S+1, \cdots, B$（$1 \leqslant S \leqslant B \leqslant A$）？

例如，由 3 个蚂蚁家族组成的多重集合被表示为 {1, 1, 2, 2, 3}，不考虑排列，蚂蚁可能的组合如下。

- 每个组合 1 只蚂蚁，则有 3 个组合：{1}，{2}，{3}。
- 每个组合 2 只蚂蚁，则有 5 个不同的组合：{1, 1}，{1, 2}，{1, 3}，{2, 2}，{2, 3}。
- 每个组合 3 只蚂蚁，则有 5 个不同的组合：{1, 1, 2}，{1, 1, 3}，{1, 2, 2}，{1, 2, 3}，{2, 2, 3}。
- 每个组合 4 只蚂蚁，则有 3 个不同的组合：{1, 2, 2, 3} {1, 1, 2, 2} {1, 1, 2, 3}。
- 每个组合 5 只蚂蚁，则有 1 个组合：{1, 1, 2, 2, 3}。

给出上述数据，请计算蚂蚁可能的组合的数目。

**输入**

第一行：4 个空格分开的整数，即 $T$、$A$、$S$ 和 $B$。

第 2 行到第 $A+1$ 行：每行给出一个整数，表示在蚂蚁巢穴里的一只蚂蚁。

**输出**

第一行：每个集合的基数从 $S$ 到 $B$（包含 $S$ 和 $B$）的组合数目。集合 {1, 2} 和集合 {2,1} 是一样的，不要重复计算。输出这个数字的最后 6 位数，不带前导 0 或空格。

| 样例输入 | 样例输出 |
|---|---|
| 3 5 2 3<br>1<br>2<br>2<br>1<br>3 | 10 |

样例输入解释：

蚂蚁的家族为（1…3），一共有 5 只蚂蚁，组合中集合的基数为 2 或 3，可以构成的组合数有多少？

样例输出解释：

5个基数为2的蚂蚁集合，5个基数为3的蚂蚁集合。

试题来源：USACO 2005 November Silver

在线测试：POJ 3046

**提示**

设 ant[$i$] 表示第 $i$ 个蚂蚁家族中蚂蚁的数量，dp[$i$][$j$] 表示前 $i$ 个蚂蚁家族中选 $j$ 只蚂蚁可以组成的组合数。

dp[$i$][$j$] 有两种情况：第 $i$ 个蚂蚁家族中蚂蚁不选或者至少选一只蚂蚁。如果不选，则组合数为 dp[$i-1$][$j$]；如果至少选一只蚂蚁，那么 dp[$i$][$j-1$] 包含在前 $i$ 个蚂蚁家族中第 $i$ 个蚂蚁家族已经选了 ant[$i$] 只蚂蚁的组合数，也就是 dp[$i-1$][$j-$ant[$i$]$-1$]，但 dp[$i$][$j$] 在第 $i$ 个蚂蚁家族已经选了最多 ant[$i$] 只蚂蚁，所以组合数是 dp[$i$][$j-1$]$-$dp[$i-1$][$j-$ant[$i$]$-1$]。

所以，根据加法原理，dp[$i$][$j$]$=$dp[$i-1$][$j$]$+$dp[$i$][$j-1$]$-$dp[$i-1$][$j-$ant[$i$]$-1$]。

## 【4.7.12 Ignatius and the Princess III】

"嗯，第一个问题似乎太简单了。我以后会告诉你，你有多愚蠢。" FENG 5166 说。

"第二个问题是，给定一个正整数 $N$，我们定义如下方程：$N=a[1]+a[2]+a[3]+\cdots+a[m]$；$a[i]>0$，$1\leqslant m\leqslant N$。我的问题是，对于给定的 $N$，你能找到多少个不同的方程。例如，假设 $N$ 为 4，可以发现：

4=4;

4=3+1;

4=2+2;

4=2+1+1;

4=1+1+1+1。

所以，当 $N$ 为 4 时，结果是 5。注意，"4=3+1" 和 "4=1+3" 在这个问题上是相同的。现在，请你来解答这个问题吧！"

**输入**

输入包含若干测试用例，每个测试用例给出一个如上所述的正整数 $N$（$1\leqslant N\leqslant 120$），输入以 EOF 结束。

**输出**

对于每个测试用例，输出一行，给出一个整数 $P$，表示有多少个不同的方程。

| 样例输入 | 样例输出 |
|---|---|
| 4<br>10<br>20 | 5<br>42<br>627 |

在线测试：HDOJ 1028

**提示**

本题是一道经典的采用幂级数型生成函数解答的试题。给定一个正整数 $N$，产生的整数分划的组合计数用幂级数型生成函数 $f(x)=(1+x+x^2+\cdots+x^N)\ (1+x^2+x^4+\cdots+x^{2N})\ (1+x^3+$

$x^6+\cdots+x^{3N}$) $\cdots$ ($1+x^N+x^{2N}+\cdots+x^{N\times N}$) 表示。所以，多项式相乘之后，$x^N$ 的系数即为对于给定的 $N$，能有多少个不同的方程的组合数。

【4.7.13 放苹果】

把 $M$ 个同样的苹果放在 $N$ 个同样的盘子里，允许有的盘子空着不放，问共有多少种不同的分法（用 $K$ 表示）？5，1，1 和 1，5，1 是同一种分法。

**输入**

第一行是测试数据的数目 $t$（$0\leqslant t\leqslant 20$）。以下每行均包含两个整数 $M$ 和 $N$，以空格分开，$1\leqslant M$，$N\leqslant 10$。

**输出**

对输入的每组数据 $M$ 和 $N$，用一行输出相应的 $K$。

| 样例输入 | 样例输出 |
| --- | --- |
| 1<br>7 3 | 8 |

在线测试：POJ 1664

 **提示**

本题解法 1，分析递推关系，给出其递推函数。设把 $M$ 个同样的苹果放在 $N$ 个同样的盘子里的分法为函数 apple($M$, $N$)，分析如下：

- 如果 $M=1$（只有一个苹果），或者 $N=1$（只有一个盘子），则只有一种分法，即 apple(1, $N$)=apple($M$, 1)=1。
- 如果 $M<N$，把 $M$ 个同样的苹果放在 $N$ 个同样的盘子里的分法和把 $M$ 个同样的苹果放在 $M$ 个同样的盘子里的分法是一样的，即 apple($M$, $N$)=apple($M$, $M$)。
- 如果 $M\geqslant N$，则有两种情况。一种情况是，所有盘子都放有苹果，也就是说，每个盘子里至少有一个苹果，$M$ 个苹果中有 $N$ 个苹果在 $N$ 个盘子里各放一个，其余 $M-N$ 个苹果放在 $N$ 个盘子里，分法是 apple($M-N$, $N$)。另一种情况是，至少有一个盘子里没有放苹果，分法是 apple($M$, $N-1$)。根据加法原理，apple($M$, $N$)=apple($M-N$, $N$)+apple($M$, $N-1$)。

根据递推关系，给出程序。

本题也可以直接采用幂级数型生成函数求解，和【4.7.12 Ignatius and the Princess III】类似，幂级数型生成函数 $f(x)=(1+x+x^2+\cdots+x^N)(1+x^2+x^4+\cdots+x^{2N})(1+x^3+x^6+\cdots+x^{3N})\cdots$，多项式相乘之后，$x^M$ 的系数就是放苹果的分法。

# 第 5 章

# 贪心法的编程实验

贪心算法（Greedy Algorithm，又称贪婪算法）用于解决多阶段的优化问题。所谓贪心算法，是在总体最优策略无法给出的情况下，每一步的选择都是求局部最优解：当求目标函数值最大时，选择当前最大值；当求目标函数值最小时，选择当前最小值。

产生最小生成树的 Kruskal 算法、求解单源最短路径问题的 Dijkstra 算法、生成 Huffman 树的 Huffman 算法等都采用贪心算法的思想。应当注意的是，使用贪心法能否得到最优解，是必须加以证明的。例如，采用贪心算法求解货郎担问题（Traveling SalesMan Problem）的最邻近方法，可以举出反例说明该算法是一个近似算法，而货郎担问题的最优算法还未找到。

本章将围绕三个方面展开贪心法的编程实验：

- 体验贪心法内涵的实验。
- 在数据有序化的基础上尝试贪心法的实验。
- 在综合类试题中使用贪心法的实验贪心算法。

## 5.1 体验贪心法内涵的实验范例

贪心算法的核心是根据题意选取能产生问题最优解的贪心策略。然后，在每一个阶段，贪心算法根据贪心策略给出局部最优解。例如，产生最小生成树的 Kruskal 算法，贪心策略就是每一步从边集中选取一条权值最小的边，若该条边的两个顶点分属不同的树，则将该边加入，即把两棵树合成一棵树。

对于 Kruskal 算法、Dijkstra 算法、Huffman 算法等，我们都可以证明，最优解可以通过一系列局部最优的选择即贪心选择来求解。

对于具体的最优化问题，是否适用于贪心法求解，按照贪心法得到的全局解是否一定最优，没有一个通用的判定方法。但适用于贪心法求解的最优化问题一般具有两个特点：

- 最优子结构——问题的最优解包含子问题的最优解（必要性）。
- 贪心选择性质——可通过做局部最优（贪心）选择来达到全局最优解（可行性）。

在本节中，我们首先讨论采用贪心算法求解的经典问题：背包问题、任务调度问题、区间调度问题。在此基础上，再通过两个实例使大家体验和掌握贪心算法的内涵。

### 5.1.1 贪心法的经典问题

背包问题（Knapsack Problem）描述如下：给定 $n$ 个物品和一个背包，物品 $i$ 重量为 $w_i$，价值为 $p_i$，其中 $w_i>0$，$p_i>0$，$1\leqslant i\leqslant n$。如果将物品 $i$ 的 $x_i$（$0\leqslant x_i\leqslant 1$）部分装入背包，则获得价值 $p_i\,x_i$，背包的载荷能力为 $M$。背包问题的目标是使背包里所放物品的总价值最高，即在约束条件 $\sum_{i=1}^{n} w_i x_i\leqslant M$ 下，使目标 $\sum_{i=1}^{n} p_i x_i$ 达到最大。

在背包的载荷能力限定的情况下，每次把当前单位价值最高的物品放入背包。不难证明，这样做可以使得背包里所放物品的总价值最高。所以，求解背包问题的算法步骤如下：

```
for (i=1; i<=n; i++)
        vi=pi/wi;                    //计算每个物品的单位价值
对物品的单位价值 vi 由高到低排序，1≤i≤n;
W=0; P=0;                            //W：背包中已经放置物品的总重量；P：背包中已经放置物品的总价值
while (W<M)
{ 取当前 vi 最高的物品 i;              //贪心策略：每次把当前单位价值最高的物品放入背包
 if (M-W-wi≥0) {
        W+= wi;  P+= pi;             //物品 i 放入背包
        }
 else {
        a=(M-W)/ wi;
        W+= awi;   P+= api;          //物品 i 部分 a 放入背包
        }
}
```

【5.1.1.1　FatMouse' Trade】

FatMouse 准备了 $M$ 磅猫粮，它想和守卫仓库的猫进行交易，以获取仓库里的食物 Javabean。

仓库里有 $N$ 个房间，在第 $i$ 间房间里有 $J[i]$ 磅 Javabean，需要用 $F[i]$ 磅猫粮来进行交换。FatMouse 不必买房间里的全部 Javabean，它可以给猫 $F[i]*a\%$ 磅猫粮，来换取 $J[i]*a\%$ 磅的 Javabean，其中 $a$ 是一个实数。现在 FatMouse 给你布置家庭作业，请告诉它，它最多能够获得多少磅 Javabean。

**输入**

输入包含多个测试用例。每个测试用例的第一行给出两个非负整数 $M$ 和 $N$，接下来的 $N$ 行每行给出两个非负整数 $J[i]$ 和 $F[i]$，最后一个测试用例是两个 -1，所有整数的值不超过 1000。

**输出**

对于每个测试用例，在一行上输出一个 3 位小数的实数，这个实数是 FatMouse 能够通过交易得到的最大数量的 Javabean。

| 样例输入 | 样例输出 |
| --- | --- |
| 5 3<br>7 2<br>4 3<br>5 2<br>20 3<br>25 18<br>24 15<br>15 10<br>-1 -1 | 13.333<br>31.500 |

试题来源：Zhejiang Provincial Programming Contest 2004

在线测试：ZOJ 2109

**试题解析**

本题要求计算 FatMouse 能够通过交易得到的最大数量的 Javabean。

首先，计算 *J*[*i*] 除以 *F*[*i*]，结果为 *a*[*i*]；然后，对数组 *a* 按由大到小的顺序进行排序。在交易的时候，FatMouse 为了获得最多的 Javabean，要先交易 *a*[*i*] 值大的，这样就能确保获得最多的 Javabean。

**参考程序**

```
#include <iostream>
#include <cstdio>
#include <cstdlib>
#include <cstring>
#include <vector>
#include <set>
#define MAXN 10005
#define RST(N)memset(N, 0, sizeof(N))
#include <algorithm>
using namespace std;
typedef struct Mouse_ {
    double J, F; //J[i] 磅 Javabean 可以换 F[i] 磅猫粮
    double a;     //J[i] 除以 F[i]，结果为 a[i]
}Mouse;
int n, m;
vector <Mouse> v;
vector <Mouse> ::iterator it;
bool cmp(const Mouse m1, const Mouse m2)              //比较 a[i] 的大小
{
    if(m1.a != m2.a) return m1.a > m2.a;
    else return m1.F < m2.F;
}
int main()
{
    while(~scanf("%d %d", &n, &m)) {                  //输入测试用例第一行
        if(n == -1 && m == -1) break;
        Mouse mouse;
        v.clear();
        for(int i=0; i<m; i++) {
            scanf("%lf %lf", &mouse.J, &mouse.F); //每个房间的 Javabean 可换多少猫粮
            mouse.a = mouse.J/mouse.F;                //J[i] 除以 F[i]，结果为 a[i]
            v.push_back(mouse);
        }
        sort(v.begin(), v.end(), cmp);                //对 a 按由大到小的顺序进行排序
        double sum = 0;
        for(int i=0; i<v.size(); i++) {               //背包问题的算法
            if(n > v[i].F) {
                sum += v[i].J;
                n -= v[i].F;
            }else {
                sum += n*v[i].a;
                break;
            }
        }
        printf("%.3lf\n", sum);
    }
    return 0;
}
```

任务调度（Task Schedule）问题描述如下：给定 $n$ 项任务，每项任务的开始时间为 $s_i$，结束时间为 $e_i$（$1 \leqslant i \leqslant n$，$0 \leqslant s_i < e_i$），且每项任务只能在一台机器上完成，每台机器一次只能完成一项任务。如果任务 $i$ 和任务 $j$ 满足 $e_i \leqslant s_j$ 或 $e_j \leqslant s_i$，则任务 $i$ 和任务 $j$ 是不冲突的，可以在一台机器上完成。任务调度就是以不冲突的方式，用尽可能少的机器完成 $n$ 项任务。

设 $n$ 项任务组成的集合为 $T$，所使用的最少机器台数为 $m$。贪心策略是每次都安排当前最小开始时间的任务，这样，新添加的机器就尽可能地少了。求解任务调度的算法步骤如下：

```
对 n 项任务的开始时间进行升序排序；m=0;
while (T≠Ø) {
从 T 中删除当前最小开始时间的任务 i；// 贪心策略：每次选择当前最小开始时间的任务
if (任务 i 和已经执行的任务不冲突)
     安排任务 i 在空闲的机器上完成；
else {
     m++; // 添加一台新机器
     任务 i 在新机器 m 上完成；
     }
}
```

【5.1.1.2 Schedule】

有 $n$ 项加工任务，第 $i$ 项加工任务的开始时间为 $s_i$，结束时间为 $e_i$（$1 \leqslant i \leqslant n$）。有若干台机器。任何两个在完成加工的时间段上有交集的任务都不能在同一台机器上完成。每台机器的工作时间定义为 $time_{end}$ 和 $time_{start}$ 的差，其中，$time_{end}$ 是关机的时间，而 $time_{start}$ 是开机的时间。本题设定，一台机器在 $time_{start}$ 和 $time_{end}$ 之间不会停机。请计算完成所有的加工任务所需要机器的最少数量 $k$，以及当仅使用 $k$ 台机器时，所有的工作时间的最小总和。

**输入**

输入的第一行给出整数 $t$（$1 \leqslant t \leqslant 100$），表示测试用例的个数。每个测试用例的第一行给出一个整数 $n$（$0 < n \leqslant 100\,000$），接下来 $n$ 行中的每一行给出两个整数 $s_i$ 和 $e_i$（$0 \leqslant s_i < e_i \leqslant 1e9$）。

**输出**

对于每个测试用例，输出两个整数，分别表示最少机器台数和所有机器所用的工作时间的总和。

| 样例输入 | 样例输出 |
|---|---|
| 1<br>3<br>1 3<br>4 6<br>2 5 | 2 8 |

试题来源：2017 Multi-University Training Contest-Team 10

在线测试：HDOJ 6180

 **试题解析**

本题是经典的任务调度问题。

首先，对于每个测试用例，输入 $n$ 项加工任务的开始时间和结束时间，一共有 $2n$ 个时间点。对这 $2n$ 个时间点按升序进行排序，如果有相同的时间点，则结束时间点排在前，开始时间点排在后。每个时间点用 pair<int, int> 表示，其中，前一个（first）表示时间点的时间值，后一个（second）表示这个时间点是开始时间还是结束时间。如果是某项任务的开始时间，则 second 取值为 1；否则，second 取值为 -1。

然后，num 表示当前运行的机器数量，ans 表示到当前一共开过多少台机器。从前到后对 $2n$ 个时间点进行扫描：

- 如果当前时间点是某项任务的开始时间，则 num 增加 1，如果这台机器是新添加的机器，则该时间点的时间值作为机器的开机时间；调整到当前一共开过的机器的数量。
- 如果当前时间点是某项任务的结束时间，则当前时间点的时间值作为机器的关机时间，num 减少 1。

在完成加工任务后，累加所有机器的关机和开机时间的差，作为所用机器的工作时间的总和。其中，*l*[] 表示每台机器的开机时间，*r*[] 表示每台机器的关机时间。这里要说明，*l*[*i*] 是机器 *i* 的开机时间，但 *r*[*i*] 是某一台机器（不一定是机器 *i*）的关机时间，所有机器的关机和开机时间的差是所用的工作时间的总和。

**参考程序**

```
#include <cstdio>
#include <cstring>
#include <algorithm>
using namespace std;
typedef long long ll;
const int INF = 0x3f3f3f3f;
const int N = 1e5 + 10;
typedef pair<int, int> pii;             //时间点，前一个表示时间点的时间值，后一个表
                                        //示这个时间点是开始时间还是结束时间
pii a[2 * N];                           //2n 个时间点
int l[N], r[N];                         //l[]：机器的开机时间，r[]：机器的关机时间
int main()
{
    int T;                              //测试用例数
    scanf("%d", &T);
    while (T--)                         //每次循环处理一个测试用例
    {
        int n;                          //n 项加工任务
        scanf("%d", &n);
        for (int i = 1; i <= n; i++)    //输入 n 项加工任务的开始时间和结束时间
        {
            int left, right;
            scanf("%d%d", &left, &right);
            a[2 * i - 1] = pii(left, 1); //1 为开始时间，2 为结束时间
            a[2 * i] = pii(right, -1);
        }
        sort(a + 1, a + 2 * n + 1);     //对这 2n 个时间点按升序进行排序
        memset(l, -1, sizeof(l));
        memset(r, -1, sizeof(r));
        int num = 0, ans = 0;           //num 表示当前运行的机器数量，ans 表示到当前
                                        //一共开过多少台机器
        for (int i = 1; i <= 2 * n; i++) //从前到后对 2n 个时间点进行扫描
```

```
        {
            if (a[i].second == 1)          // 如果当前时间点是某项任务的开始时间
            {
                num++;
                if (l[num] == -1) l[num] = r[num] = a[i].first;  // 机器 num 是新开
                                                                  // 的机器
                ans = max(ans, num);
            }
            else                           // 如果当前时间点是某项任务的结束时间
            {
                r[num] = a[i].first;
                num--;
            }
        }
        ll sum = 0;                        // sum: 所有机器所用的工作时间的总和
        for (int i = 1; i <= ans; i++) sum += r[i] - l[i];   // 累加所有机器的关机
                                                              // 和开机时间的差
        printf("%d %lld\n", ans, sum);
    }
    return 0;
}
```

区间调度问题描述如下：给定 $n$ 项任务，每项任务的开始时间为 $s_i$，结束时间为 $e_i$（$1 \leqslant i \leqslant n$，$0 \leqslant s_i < e_i$），只有一台机器，机器一次只能完成一项任务。这台机器最多能完成多少项任务？

区间任务调度问题用贪心法求解，贪心策略是每次选取结束时间最早的任务来完成，这样就可以让机器完成尽可能多的任务。

【5.1.1.3　Gene Assembly】

随着大量的基因组 DNA 序列数据被获得，在这些序列中寻找基因（基因组 DNA 中负责蛋白质合成的部分）变得越来越重要。众所周知，对于真核生物（相应于原核生物），这一过程更为复杂，因为存在干扰基因组序列中基因编码区域的垃圾 DNA。也就是说，一个基因由几个编码区域（被称为外显子，exon）组成。众所周知，外显子在蛋白质合成过程中的排列顺序是保持不变的，但外显子的数目和长度是任意的。

大多数的基因发现算法有两个步骤：第一步，搜索可能的外显子；第二步，试图通过寻找一个具有尽可能多的外显子的链，来组装一个可能最大的基因。这条链必须遵循外显子在基因组序列中出现的顺序。如果外显子 $i$ 的末端在外显子 $j$ 的开始端之前，则称外显子 $i$ 出现在外显子 $j$ 之前。

本题要求，给出一组可能的外显子，找到具有尽可能多的外显子的链，这些外显子可以组装起来生成一个基因。

**输入**

输入给出若干测试用例。每个测试用例首先给出序列中可能的外显子的个数 $0<n<1000$。接下来的 $n$ 行每行给出一对整数，表示外显子在基因组序列中的开始位置和结束位置。本题设定基因组序列最多有 50 000 个碱基。输入以给出单个 0 的一行结束。

**输出**

对于每个测试用例，程序通过枚举链中的外显子，输出一行，给出具有可能最多的外显子的链。如果有多个链具有相同数量的外显子，输出其中的任何一个。

| 样例输入 | 样例输出 |
|---|---|
| 6<br>340 500<br>220 470<br>100 300<br>880 943<br>525 556<br>612 776<br>3<br>705 773<br>124 337<br>453 665<br>0 | 3 1 5 6 4<br>2 3 1 |

试题来源：ACM South America 2001

在线测试：ZOJ 1076，UVA 2387

本题是一道经典的采用贪心法求解区间调度的试题，对于每个可能的外显子的区间，按照区间的右端点从小到大排序。然后，每次选取区间右端点小的外显子，同一个位置只能放一个外显子。

**参考程序**

```
#include<cstdio>
#include<string>
#include<cstring>
#include<iostream>
#include<cmath>
#include<algorithm>
using namespace std;
typedef long long ll;
const int INF =0x3f3f3f3f;
const int maxn= 1000   ;
int n;
struct Seg                          //外显子表按照区间右端点递增的顺序排列
{
    int le,ri,ind;
    bool operator<(const Seg y)const
    {
        return ri<y.ri;
    }
}a[maxn+5];
int main()
{
   while(~scanf("%d",&n)&&n)    //反复输入外显子的个数n，直至输入0为止
   {
       for(int i=1;i<=n;i++)    //输入每个外显子区间的左右端点
       {
           scanf("%d%d",&a[i].le,&a[i].ri);
           a[i].ind=i;          //记下该外显子的序号
       }
```

```
        sort(a+1,a+1+n);             //按照区间右端点递增顺序对外显子表排序
        int now=a[1].ri+1;           //第 2 个外显子的左端位置至少从第 1 个外显子右端位置 +1 开
                                     //始，因为一个位置不能由两个外显子同时占用
        cout<<a[1].ind;              //输出右端点位置最小的外显子序号
        for(int i=2;i<=n ;i++)       //搜索左端点不在 now 左方的外显子，将其右端点位置 +1 设为
                                     //now，并输出该外显子的序号
        {
            if(a[i].le < now )  continue;

            now=a[i].ri+1;
            cout<<" "<<a[i].ind;
        }
        cout<<endl;                  //当前测试用例处理完毕，换行
    }
    return 0;
}
```

### 5.1.2　体验贪心法内涵

由 5.1.1 节可知，用贪心法设计算法的特点是一步一步地进行，根据解决问题的贪心策略，在每一步都要获得局部最优解。

在掌握了贪心法经典问题的基础上，下面通过两个实例来进一步体验贪心法的内涵。

【5.1.2.1　Pass-Muraille】

在魔术表演中，穿墙术是非常受欢迎的，魔术师在一个预先设计好的舞台上表演穿越若干面墙壁。在每次穿越墙壁的表演中，魔术师有一个有限的穿墙能量，可通过至多 $k$ 面墙。墙壁被放置在一个网格状的区域中。图 5-1 给出了舞台的俯视图，图中所有墙的厚度是一个单元，但长度不同。本题设定没有一个方格会在两面墙或更多面墙中。观众选择一列方格。穿墙魔术师从图的上方沿着一列方格向下走，穿过路上遇到的每一面墙，到达图的下方。如果试图走的那一列要穿过的墙超过 $k$ 面，他将无法完成这个节目。例如，对于图 5-1 所示的舞台，一个穿墙者在 $k$=3 的情况下，从上到下可以选择除第 6 列以外的任何一列。

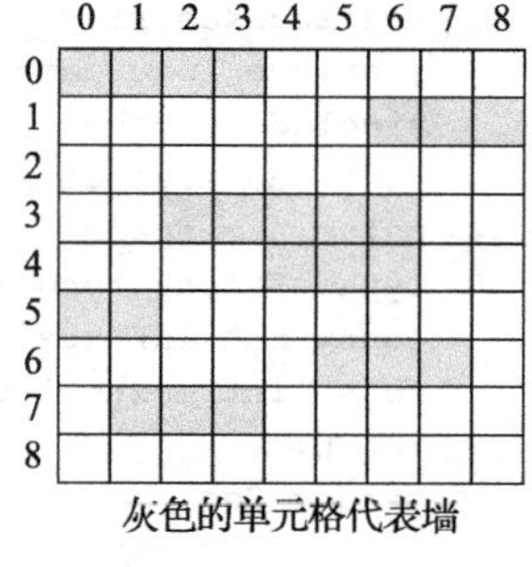


图　5-1

给出穿墙魔术师的能量以及一个表演舞台，要求在舞台上拆除最少数量的墙，使得穿墙魔术师可以沿任意观众选择的列穿过所有的墙。

**输入**

输入的第一行给出一个整数 $t$（$1 \leqslant t \leqslant 10$），表示测试用例的个数，然后给出每个测试用例的数据。每个测试用例的第一行给出两个整数 $n$（$1 \leqslant n \leqslant 100$）和 $k$（$0 \leqslant k \leqslant 100$），$n$ 表示墙的面数，$k$ 表示穿墙魔术师可以通过的墙的最大面数。在这一行后给出 $n$ 行，每行包含两个（$x, y$）对，表示一面墙的两个端点坐标。坐标是小于等于 100 的非负整数，左上角方格的坐标为（0, 0）。下面给出的第二个测试样例对应图 5-1。

**输出**

对每个测试用例，输出一行，给出一个整数，表示最少拆除墙的面数，使得穿墙魔术师能从上方任何一列开始穿越。

| 样例输入 | 样例输出 |
| --- | --- |
| 2<br>3 1<br>2 0 4 0<br>0 1 1 1<br>1 2 2 2<br>7 3<br>0 0 3 0<br>6 1 8 1<br>2 3 6 3<br>4 4 6 4<br>0 5 1 5<br>5 6 7 6<br>1 7 3 7 | 1<br>1 |

提示：墙与 X 轴平行。

试题来源：ACM Tehran 2002 Preliminary

在线测试：POJ 1230，ZOJ 1375

**试题解析**

从左往右扫描每一列，要使得拆墙数最少，必须保证左方舞台可穿越的情况下被拆墙数最少，因此本题具备最优子结构的特点。本题关键是怎样通过做局部最优（贪心）选择来达到全局最优解。

若当前列的墙数 $D \leqslant K$，则不处理；若当前列的墙数 $D>K$，则需拆 $D-K$ 面墙。对于拆除哪些墙，采取这样一个贪心策略：在当前列所有的有墙格中，选择右方最长的 $D-K$ 面墙拆除。

由于当前列左方的舞台都可穿越，所有影响穿越的墙从当前列开始，因此途经当前列的所有面墙中，往右的墙格越多，影响穿越的列范围就越大，也就越应被拆除。这个简单逻辑引出了上述贪心策略。从左往右扫描每一列，在每一列做这样的贪心选择，被拆墙的面数肯定是最少的。

**参考程序**

```
#include<iostream>
using namespace std;
int t,n,k,x,y,x1,y2,max_x,max_y,sum_s=0;
//测试用例数为 t，墙数为 n，穿墙者可通过的墙的最大面数为 k，墙的端点坐标为 (x,y) 和 (x1, y2)，
//所有墙的最大列坐标为 max_x，最大行坐标为 max_y，最少拆除墙的面数为 sum_s
int map[105][105];                                  // (i, j) 所在的墙序号为 map[i][j]
int main()
{
   scanf("%d",&t);                                  //输入测试用例数
   while(t--)                                       //依次处理每个测试用例
   {
      memset(map,0,sizeof(map));                    //初始时舞台未有墙
      max_x=0;                                      //墙的最大行列坐标初始化
      max_y=0;
      sum_s=0;                                      //最少拆除墙的面数初始化
      scanf("%d %d",&n,&k);                         //输入墙数和穿墙者可通过的墙的最大面数
      for (int i=1;i<=n;i++)
      {
         scanf("%d %d %d %d",&x,&y,&x1,&y2);  //输入第 i 面墙的两个端点坐标
```

```
        if (x>max_x)max_x=x;                       //调整墙的最大行列坐标
        if (x1>max_x)max_x=x1;
        if(y>max_y)max_y=y;
        if (x<x1)                                  //标记第 i 面墙
            for (int j=x;j<=x1;j++) map[j][y]=i;
        else
          for (int j=x1;j<=x;j++) map[j][y]=i;
      }
      for (int i=0;i<=max_x;i++)                   //由左而右扫描每一列
      {
            int tem=0;                             //统计第 i 列中墙的格子数
            for (int j=0;j<=max_y;j++)
  if (map[i][j]>0) tem++;
            int offset=tem-k;
            if (offset>0)         //若第 i 列中墙的格子数大于 k，则需要拆 offset 面墙，
                                  //将 offset 计入最少拆除墙的面数
            {
                sum_s+=offset;
                while(offset--)
                {
                      int max_s=0,max_bh;
                      for (int k=0;k<=max_y;k++) //搜索 i 列每个有墙的格子
                      {
                           if (map[i][k]>0)
                    //若 (i, k) 为有墙格，则统计 k 行 i 列右方属于同堵墙的格子数 tem_s
                           {
                                 int tem_s=0;
                                 for (int z=i+1;z<=max_x;z++)
                                   if (map[z][k]==map[i][k]) tem_s++;
                                       else  break;
                                 if (max_s<tem_s) //若该堵墙的格子数最多，则记下
                                 {
                                    max_s=tem_s; max_bh=k;
                                 }
                           }
                      }
                      for (int a=i;a<=i+max_s;a++) map[a][max_bh]=0;
                      //拆除含格子数最多的墙（第 max_bh 行上第 i 列开始的 max_s 个格子）
                }
            }
      }
      printf("%d\n",sum_s);                        //输出最少拆除墙的面数
   }
   return 0;
}
```

这是一道相对简单的贪心题，比较容易判定其解法的最优性。下面给出一道稍有难度的试题。需要读者经过缜密的分析推理，得出贪心处理的度量标准。

【5.1.2.2 Tian Ji—The Horse Racing】

这是一个在中国历史上很著名的故事。

大约2300年前，田忌是齐国的将军，他喜欢与齐王和其他人一起玩赛马。

田忌和齐王都有三匹不同类型的赛马，即下等马、中等马和上等马。规则是有三轮比赛，每一匹马只能在一轮中使用。单轮胜者从失败者那里获得两百银元。

因为齐王是齐国最有权势的人，齐王有很好的马，在每类赛马中他的马都比田忌的马

好。因此，每次都是齐王赢田忌六百银元。

田忌为此很不高兴，直到他遇见了孙膑，孙膑是中国历史上最有名的军事家之一。由于孙膑使用一个小窍门，使得田忌赢了齐王两百银元。

这是一个相当简单的小窍门。田忌用下等马对齐王的上等马，他肯定会输掉这一轮。但随后他的中等马击败齐王的下等马，而他的上等马击败齐王的中等马。如何评价田忌赛马？

你可能会发现，赛马问题可以简单地被视为一个二分图最大匹配问题。在一边画上田忌的马，另一边画上齐王的马。当田忌的一匹马能击败齐王的一匹马，就在这两匹马之间画一条边，表示要建立这一对马的关系（如图 5-2 所示）。因此，赢得尽可能多轮的问题就是找到这个图的最大匹配。如果出现平局，问题就变得很复杂，就要给所有可能的边分配权重 0、1 或 −1，并找到一个最大加权完善的匹配。

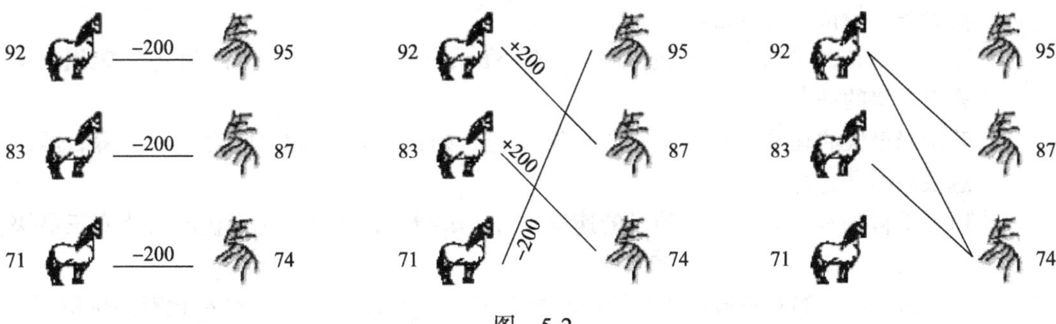


图　5-2

然而，赛马问题是二分图匹配的一个非常特殊的情况，马匹的速度决定这幅图——速度快的顶点击败速度慢的顶点。在这种情况下，加权二分匹配算法是处理这个问题的非常先进的工具。

在这个问题中，请编写一个程序来解决匹配问题的特殊情况。

**输入**

输入由多达 50 个测试用例组成，每个测试用例的第一行给出一个正整数 $n$（$n \leqslant 1000$），表示在每一边的马匹数目；在第 2 行给出 $n$ 个整数，表示田忌的马匹的速度；第 3 行给出 $n$ 个整数，表示齐王的马匹的速度。最后一个测试用例后以一个 '0' 结束输入。

**输出**

对每个测试用例，输出一行，给出一个整数，即田忌赢得银币的最大数目。

| 样例输入 | 样例输出 |
|---|---|
| 3<br>92 83 71<br>95 87 74<br>2<br>20 20<br>20 20<br>2<br>20 19<br>22 18<br>0 | 200<br>0<br>0 |

试题来源：ACM Shanghai 2004

在线测试：POJ 2287，ZOJ 2397，UVA 3266

**试题解析**

本题可以“一题多解”，二分图匹配算法、动态规划方法都可用来解这道题，但最为简单和高效的是贪心算法。下面给出贪心策略的分析。

首先，将田忌和齐王的马按马的速度递增顺序分别排列，得到递增序列 $A$ 和 $B$，其中田忌的马为 $A=a_1\cdots a_n$，齐王的马为 $B=b_1\cdots b_n$。

- 若田忌最慢的马快于齐王最慢的马（$a_1>b_1$），则将 $a_1$ 和 $b_1$ 比，因为齐王最慢的马 $b_1$ 一定输，输给田忌最慢的马 $a_1$ 合适。
- 若田忌最慢的马慢于齐王最慢的马（$a_1<b_1$），则将 $a_1$ 和 $b_n$ 比，因为 $a_1$ 一定会输，输给齐王最快的马合适。
- 若田忌最快的马快于齐王最快的马（($a_n>b_n$)，则将 $a_n$ 和 $b_n$ 比，因为 $a_n$ 一定赢，赢齐王最快的马合适。
- 若田忌最快的马慢于齐王最快的马（$a_n<b_n$)，则将 $a_1$ 和 $b_n$ 比，因为 $b_n$ 一定赢，赢田忌最慢的马合适。
- 田忌最慢的马和齐王最慢的马的速度相等（$a_1=b_1$），并且田忌最快的马比齐王最快的马快（$a_n>b_n$）时，将 $a_n$ 和 $b_n$ 比。
- 田忌最快的马和齐王最快的马的速度相等（$a_n=b_n$）时，则将 $a_1$ 和 $b_n$ 比有最优解。

上述贪心策略给出了田忌赛马的过程。

**参考程序**

```
#include<cstdio>
#include<cstring>
#include<algorithm>
using namespace std;
int a[1010],b[1010];                          //田忌和齐王的马速序列
int main()
{
    int n;
    while(scanf("%d",&n),n)                   //输入田忌和齐王马的匹数
    {
        for(int i=1; i<=n; i++)   scanf("%d",&a[i]); //输入田忌 n 匹马的速度
        for(int i=1; i<=n; i++)   scanf("%d",&b[i]); //输入齐王 n 匹马的速度
        sort(a+1,a+1+n);                      //按照马速递增顺序排列田忌的 n 匹马
        sort(b+1,b+1+n);                      //按照马速递增顺序排列齐王的 n 匹马
        int tl=1,tr=n,ql=1,qr=n;              //A 序列的首尾指针和 B 序列的首尾指针初始化
        int sum=0;                            //田忌赢得的银币数初始化
        while(tl<=tr)                         //若比赛未进行完
        {
            if(a[tl]<b[ql])                   //若田忌最慢的马慢于齐王最慢的马，则田忌最慢的
                                              //马与齐王最快的马比，输一场
            {
                qr--;tl++;sum=sum-200;
            }
            else if(a[tl]==b[ql])             //若田忌最慢的马与齐王最慢的马速度相同
```

```
        {
            while(tl<=tr&&ql<=qr)   //循环，直至田忌或齐王的马序列空为止
            {
                if(a[tr]>b[qr])       //若田忌最快的马快于齐王最快的马，则田忌最快的
                                      //马与齐王最快的马比，赢一场
                {
                    sum+=200;tr--;qr--;
                }
                else                  //否则若田忌最慢的马慢于齐王最快的马，则田忌最
                                      //慢的马与齐王最快的马比，输一场，退出 while
                {
                    if(a[tl]<b[qr])  sum-=200;
                    tl++;qr--; break;
                }
            }
        }
        else                          //若田忌最慢的马快于齐王最慢的马，则田忌最慢的
                                      //马与齐王最慢的马比，赢一场
        {
            tl++;ql++;sum=sum+200;
        }
    }
    printf("%d\n",sum);             //输出田忌赢得的银币数
  }
  return 0;
}
```

## 5.2 利用数据有序化进行贪心选择的实验范例

贪心算法的核心是根据题意选取贪心的量度标准，因此，往往要将输入数据排成按这种量度标准所要求的顺序，然后，在此基础上展开贪心选择。本节将结合实例，讨论利用数据有序化进行贪心选择的解题策略。

### 【5.2.1 Shoemaker's Problem】

制鞋工有 $N$ 个活（来自客户的订单）要完成。制鞋工每天只能做一个订单上的活。本题对于第 $i$ 项订单，给出整数 $T_i$（$1 \leqslant T_i \leqslant 1000$），表示制鞋工完成这一订单要花费的天数。对于第 $i$ 项订单，从制鞋工开工开始算，延迟一天就要缴纳罚金 $S_i$（$1 \leqslant S_i \leqslant 10\ 000$）分。请帮助制鞋工编写一个程序，给出一个总的罚金最少的订单工作的序列。

**输入**

首先在第一行给出一个正整数，表示测试用例的个数。然后给出一个空行，在两个连续测试用例之间也给出一个空行。

每个测试用例的第一行给出一个整数 $N$（$1 \leqslant N \leqslant 1000$），后面的 $N$ 行每行给出两个整数，分别按次序给出时间和罚金。

**输出**

对每个测试用例，按样例格式输出，在输出的连续两个测试用例之间有空行分隔。

程序输出罚金最少的订单工作序列。每个订单用输入中的编号表示。所有的整数在一行中给出，用一个空格分开。如果有多个可能的解，输出按字典序排列的第一个解。

| 样例输入 | 样例输出 |
|---|---|
| 1<br><br>4<br>3 4<br>1 1000<br>2 2<br>5 5 | 2 1 3 4 |

试题来源：Second Programming Contest of Alex Gevak，2000

在线测试：UVA 10026

## 试题解析

第 $i$ 项订单延误 1 天，则规定的工作时间内每天需缴纳罚金 $S_i / T_i$，这个数值为第 $i$（$1 \leqslant i \leqslant n$）项订单罚金的影响程度。显然，要使得 $n$ 个订单的总罚金最少，罚金影响程度越大的工作应越早完成。但如果存在多项罚金影响程度相同的活，则按照字典序要求，编号小的在先。由此得出算法如下。

每项订单的度量标准为罚金的影响程度最小。贪心的实现方法以罚金的影响程度为主关键字（顺序递减）、编号为次关键字（顺序递增）将 $n$ 项工作排成一个序列。这个序列就是罚金最少的工作序列。

## 参考程序

```
#include<iostream>
#include<cstdlib>
#include<cstdio>
#include<cmath>
#include<cstring>
#include<algorithm>
using namespace std;
const int maxN=1010;                //工作数的上限
struct job
{
    double a;                       //单位时间的罚金
    int num;                        //编号
} p[maxN];                          //罚金序列
int n;
void init()
{
    double a1,a2;
    scanf("%d",&n);                 //输入工作数
    for (int i=1;i<=n;i++)          //依次输入每项工作的时间和罚金
    {
        scanf("%lf%lf",&a1,&a2);
        p[i].a=a2/a1;p[i].num=i;    //计算比值，记录编号
    }
}
bool cmp(job x,job y)               //按照单位时间罚金为第 1 关键字（递减）、编号为第 2 关键
                                    //字（递增）比较工作 x 和 y 的大小
{
```

```
    if ((x.a>y.a)||((x.a==y.a)&&(x.num<y.num))) return true;
    return false;
}
void work()                          //按照单位时间罚金为第1关键字（递减）、编号为第2关键
                                     //字（递增）排序p序列的工作，形成罚金最少的工作序列
{
    sort(p+1,p+n+1,cmp);             //排序
    for (int i=1;i<n;i++) printf("%d ",p[i].num); //输出排序后n项工作的编号
    printf("%d\n",p[n].num);
}
int main()
{
    int t;
    scanf("%d",&t);                  //输入测试用例数
    for (int i=1;i<=t;i++)           //依次处理每个测试用例
    {
        if (i>1) printf("\n");
        init();                      //输入当前测试用例的数据
        work();                      //计算和输出罚金最少的工作序列
    }
    return 0;
}
```

## 【5.2.2 Add All】

如本题的名称所示，本题给出的任务是将一个集合中的数相加。但是仅仅让你写一个C/C++程序将集合中的数相加可能会让你感到屈尊，因此本题增加了一些创造性。

加法操作要求算价钱，而价钱是两个被加数的总和。因此，将1和10相加，要付价钱为11。如果要加1、2和3，有几种方法：

| | | |
|---|---|---|
| 1+2=3, cost=3<br>3+3=6, cost=6<br>Total=9 | 1+3=4, cost=4<br>2+4=6, cost=6<br>Total=10 | 2+3=5, cost=5<br>1+5=6, cost=6<br>Total=11 |

本题给出的任务是将一个集合中的数相加，使得价钱最小。

**输入**

每个测试用例先给出一个正整数 $N$（$2 \leqslant N \leqslant 5000$），后面给出 $N$ 个正整数（全部小于100 000）。输入以一个 $N$ 为0的测试用例结束。这一测试用例不用被处理。

**输出**

对每个测试用例，在一行中输出相加的最小的价钱。

| 样例输入 | 样例输出 |
|---|---|
| 3<br>1 2 3<br>4<br>1 2 3 4<br>0 | 9<br>19 |

试题来源：UVa Regional Warmup Contest 2005

在线测试：UVA 10954

## 试题解析

在一个包含 $N$ 个正整数的集合中，每次选两个数相加，一共要进行 $N-1$ 次相加，本题要求 $N-1$ 个数和的总和最小。

每次相加，被加的两个数从集合中删除，数和进入集合。显然，要使得 $N-1$ 个数和的总和最小，贪心策略是每次选择当前集合中两个最小的数相加。

由于小根堆的根值最小且易于维护，因此采用小根堆作为数集的存储结构。

## 参考程序

```
#include<iostream>
#include<cstdio>
#include<cstdlib>
#include<cmath>
#include<cstring>
#include<algorithm>
using namespace std;
const int maxN=5010;                          //数集的规模上限
int n,a[maxN];                                //堆长为 n，堆为 a[]
void sift(int i)                              //将以 i 为根的子树调整为堆
{
    a[0]=a[i];                                //暂存 a[i]
    int k=i<<1;                               //计算左儿子指针 k
    while (k<=n)
    {
        if ((k<n)&&(a[k]>a[k+1])) k++;        //计算左右儿子中较小者的下标 k
        if (a[0]>a[k]) { a[i]=a[k];i=k;k=i<<1;} else k=n+1;
        //若 k 位置的值小于子根，则上移至父亲位置；否则退出循环
    }
    a[i]=a[0];                                //将子根值送入腾出的 i 位置
}
void work()                                   //计算和输出相加的最小价钱
{
    for (int i=n >> 1;i;i--) sift(i);         //建立小根堆
    long long ans=0;                          //相加的最小的价钱初始化
    while (n!=1)
    {
        swap(a[1],a[n--]);                    //取出堆首的最小数（与堆尾交换，堆长 -1）
sift(1);                                      //重新调整堆
        a[1]+=a[n+1];ans+=a[1];sift(1);       //两个最小数相加，调整堆
    }
    cout << ans << endl;                      //输出相加的最小价钱
}
int main()
{
    while (scanf("%d",&n),n)                  //反复输入数的个数，直至输入 0 为止
    {
        for (int i=1;i<=n;i++) scanf("%d",&a[i]);   //输入 n 个数
        work();                               //计算和输出相加的最小价钱
    }
    return 0;
}
```

**【5.2.3 Wooden Sticks】**

$n$ 根木棍组成一堆，每根棍子的长度和重量事先知道。这些木棍要被木工机器一个接一个地处理，机器准备处理一根棍子需要的时间被称为启动时间。启动时间与清洁操作、机器中的工具和外形有关。木工机器的启动时间如下：

（1）第一根木棍的启动时间是 1 分钟。

（2）在处理好长度为 $l$，重量为 $w$ 的一根木棍后，如果下一根长度为 $l'$ 且重量为 $w'$ 的木棍满足 $l \leqslant l'$ 并且 $w \leqslant w'$，则机器对下一根木棍不需要启动时间，否则需要 1 分钟来启动。

给出 $n$ 根木棍组成的一堆，请求出处理这一堆木棍的最小启动时间。例如，如果有 5 根木棍，长度和距离组成的对是 (9, 4)、(2, 5)、(1, 2)、(5, 3) 和 (4, 1)，那么最小的启动时间是 2 分钟，处理的对的序列是 (4, 1)、(5, 3)、(9, 4)、(1, 2)、(2, 5)。

**输入**

输入包含 $T$ 个测试用例，在输入的第一行给出测试用例的数目（$T$）。每个测试用例由两行组成：第一行为一个整数 $n$，$1 \leqslant n \leqslant 5000$，表示这一测试用例中木棍的个数；第二行则给出 $2n$ 个正整数 $l_1, w_1, l_2, w_2, \cdots, l_n, w_n$，每个值最多为 10 000，其中 $l_i$ 和 $w_i$ 分别是第 $i$ 根木棍的长度和重量，这 $2n$ 个整数用一个或多个空格分开。

**输出**

输出以分钟为单位的最小启动时间，每个测试用例一行。

| 样例输入 | 样例输出 |
|---|---|
| 3<br>5<br>4 9 5 2 2 1 3 5 1 4<br>3<br>2 2 1 1 2 2<br>3<br>1 3 2 2 3 1 | 2<br>1<br>3 |

*试题来源*：ACM Taejon 2001

*在线测试*：POJ 1065，ZOJ 1025，UVA 2322

**试题解析**

对当前长度为 $l$ 且重量为 $w$ 的木棍来说，如果下一根长度为 $l'$ 且重量为 $w'$ 的木棍满足 $l \leqslant l'$ 并且 $w \leqslant w'$，则机器对下一根木棍不需要启动时间。为了尽可能减少启动时间，引出贪心法所用的度量标准：在未使用的木棍中优先选择长度最小的木棍，在长度相等的情况下优先选择重量小的木棍。

首先，对木棍进行非降序排序，每个木棍的结构为 $(l, w)$，以 $l$（长度）为主关键字，$w$（重量）为次关键字，即（$l_1,w_1$）<（$l_2,w_2$）的条件是 $l_1<l_2 \,\|\, (l_1 == l_2 \;\&\&\; w_1<w_2)$。

然后，在排序的基础上依次进行贪心选择。

初始时，启动时间 $c=0$，将木棍排序序列的第 1 根木棍标志为 cur。然后反复进行如下操作：

步骤 1：将序列 cur 位置后的所有可以处理的木棍设为已经处理，机器加工这些木棍不需要启动时间。

步骤 2：启动时间 c++。

步骤 3：顺序搜索木棍排序序列中第 1 根未被处理的木棍。如果不存在未被处理的木棍，则输出最小启动时间 c，结束程序；否则该木棍记为 cur，转步骤 1。

**参考程序**

```
#include <iostream>
using namespace std;
const int N = 5000;
struct node{                                //定义木棍为结构类型 node
    node& operator=(node &n){
            l=n.l, w=n.w, isUsed=n.isUsed; //记录木棍 n 的长度、重量和使用标记
           return *this;
    }
    bool operator>(node &n){               //比较木棍的大小
        return l>n.l || (l==n.l && w>n.w);
    }
    void swap(node &n){                    //交换木棍
        node tmp=*this;
        *this=n;
        n=tmp;
    }
    int l, w;
    bool isUsed;
}A[N];                                      //木棍序列 A[] 的元素为 node 的结构类型
int main()
{
    int t, n, i, j, k;
    cin >> t;                               //输入测试用例数
    for(i=0;i<t;i++){                       //依次处理每个测试用例
        cin >> n;
        for(j=0;j<n;j++){                   //输入每个木棍的长度和重量，并标记未用过
            cin >> A[j].l >> A[j].w;
            A[j].isUsed=false;
        }
        for(j=1;j<n;j++)                    //以长度为第 1 关键字、重量为第 2 关键字排序 A
            for(k=1;k<=n-j;k++)
                if(A[k-1] > A[k])
                    A[k-1].swap(A[k]);
        node cur = A[0];                    //木棍 0 为当前最后被用过的木棍
        A[0].isUsed=true;
        int c=0;                            //启动时间初始化
        while(true){
            for(j=1;j<n;j++)                //在未使用的木棍中，将长度和重量不小于当前木棍的所
                                            //有木棍设为使用状态
 if(A[j].isUsed==false)
                if(A[j].l >= cur.l && A[j].w >= cur.w){
                    A[j].isUsed=true;
                    cur = A[j];
                }
            c++;                            //启动时间 +1
            for(j=1;j<n;j++) if(A[j].isUsed==false){
            //寻找第 1 根未使用的木棍，标记该木棍为最后被用过的木棍，并退出 for 循环
```

```
                cur = A[j];
                A[j].isUsed=true;
                break;
            }
            if(j==n) break;         //若所有木棍都使用了，则退出 while 循环
        }
        cout << c << endl;          //输出最小启动时间
    }
    return 0;
}
```

## 【5.2.4 Radar Installation】

假定海岸线是一条无限长的直线，陆地在海岸线的一侧，大海在海岸线的另一侧，而每个小岛是大海中的一个点。在海岸线上安装的雷达只能覆盖距离 $d$，因此在海上的一个岛屿如果和雷达的距离在 $d$ 以内，它就在雷达的覆盖半径内。

本题采用笛卡尔坐标系统，将海岸线定义为 $x$ 轴。大海在 $x$ 轴的上方，陆地在 $x$ 轴的下方。给出海中每个岛屿的位置，以及所安装雷达的覆盖距离，请编写一个程序，找到要覆盖所有的岛屿需要安装的雷达的最少数量。岛屿的位置是用其（$x$, $y$）坐标来表示的。

**输入**

输入包含若干测试用例。每个测试用例的第一行给出两个整数 $n$（$1 \leqslant n \leqslant 1000$）和 $d$，其中 $n$ 是大海中的岛屿数量，$d$ 则是所安装雷达的覆盖距离；然后的 $n$ 行每行给出两个整数，表示每个岛屿的坐标位置。在测试用例之间用一个空行分开。输入以包含两个 0 的一行结束。

**输出**

对每个测试用例，输出一行，给出测试用例编号以及需要安装的雷达的最小数目；如果无解，则输出 "-1"。

| 样例输入 | 样例输出 |
|---|---|
| 3 2<br>1 2<br>-3 1<br>2 1<br><br>1 2<br>0 2<br><br>0 0 | Case 1: 2<br>Case 2: 1 |

试题来源：ACM Beijing 2002

在线测试：POJ 1328，ZOJ 1360，UVA 2519

### 试题解析

首先，将每个岛屿转化为雷达能覆盖其位置的海岸线上的一条线段。设岛屿位置为 $(x, y)$，则在海岸线从 $(x-h, 0)$ 到 $(x+h, 0)$ 的这条线段上放置一个雷达，就能够覆盖这个岛

屿，其中 $h=\sqrt{d^2-y^2}$（如图 5-3 所示）。

然后，对岛屿转化的线段进行排序：以线段右端点为主关键字（顺序递增），左端点为次关键字（顺序递增），排列 *n* 条岛屿转化的线段。贪心所用的度量标准是每个岛屿线段放且仅放一个雷达。实现的方法是依次扫描每条岛屿线段：

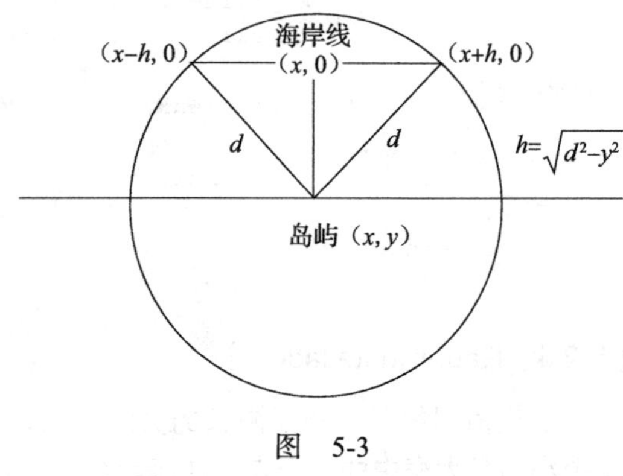

图　5-3

- 若当前岛屿线段未被雷达覆盖（即线段左端点在上一个雷达位置的右方），则在该线段右端点处放一个雷达。
- 若当前岛屿线段已被雷达覆盖，则继续扫描下一条岛屿线段。

## 参考程序

```
#include <iostream>
#include <cstdio>
#include <algorithm>
#include <cmath>
using namespace std;
const int maxn = 1010; //线段数的上限
struct tt {
    double l,r;          //左右端点
} p[maxn];               //线段序列，第 i 个岛屿被表示为线段 [p[i].l, p[i].r]
int n,d;                 //n: 岛屿数目；d: 雷达覆盖半径
bool flag;
void init( ) {           //输入岛屿位置，计算相应线段
    flag = true;
    int i;
    double x,y;
    for(i = 1 ; i <= n ; ++i){
        scanf("%lf%lf",&x,&y);
        if(d < y){      //如果 d<y，无解
            flag = false;
    }
    double h = sqrt(d*d - y*y);
    p[i].l = x - h;
    p[i].r = x + h;
    }
}
bool cmp (tt a, tt b){ //以右端点为第 1 关键字、左端点为第 2 关键字比较线段 a 和 b 的大小
    if( b.r - a.r > 10e-7){
        return true;
    }
    if(abs(a.r - b.r) < 10e-7 && ( b.l - a.l > 10e-7)) {
        return true;
    }
    return false;
}
void work( ) {           //计算和输出需安装的最少雷达数
    if( d == -1){ printf("-1\n");  return ;  }
```

```
        sort(p+1,p+1+n,cmp);                    //线段排序
        int ans = 0;                            //初始化要放置的雷达的最小数
        double last = -10000.0;                 //安装雷达的位置初始化
        int i;
        for(i = 1 ; i <= n ; ++i){              //逐条扫描线段
            if(p[i].l <= last){                 //线段上有雷达
              if(p[i].r <= last){
              last = p[i].r;
              }
            continue;
            }
        ans++;                                  //右端点放一个雷达
        last = p[i].r;
        }
    printf("%d\n",ans);                         //输出结果t
    }
    int main(){
    int counter = 1;
    while(scanf("%d%d",&n,&d)!=EOF,n||d){       //输入测试用例
        printf("Case %d: ",counter++);          //测试用例编号
        init();
        if(!flag){
            printf("-1\n");
        }else{
            work();
        }
        }
    return 0;
    }
```

## 5.3 在综合性的P类问题中使用贪心法的实验范例

在现实世界中，可以将待解的问题分为两大类。

- P类问题，它存在有效算法，可求得最优解。
- NPC类问题，这类问题到目前为止人们尚未找到求得最优解的有效算法，这就需要编程者根据自己对题目的理解设计出求解方法。

不能因为贪心处理所用的许多度量标准所得到的解仅是该量度意义下的最优解，而不一定是问题的最优解，就断言贪心法仅适用于NPC类问题，实际上贪心法也成功地应用于许多P类问题，例如Kruskal、Prim、Dijkstra、哈夫曼编码等图论算法就体现了“贪心”思想。

可使用贪心法求解的P类问题形式多样，有的可用贪心策略直接求解，前面所列举的试题基本属于简单的P类问题；有的P类问题属于综合性的，即不能归于单一的算法。如果在局部环节上运用贪心策略，不仅不会与其他算法形成冲突，甚至会为它们创造便利，使问题得到极大简化，使程序实现具有更高的效率。

### 【5.3.1 Color a Tree】

Bob对树的数据结构非常感兴趣，一棵树是一个有向图，有一个特定的节点只有出度，被称为树的根，从根到树的每个其他节点只有唯一的一条路径。

Bob打算用一支铅笔为树的所有节点着色，一棵树有$N$个节点，编号为1, 2, …, $N$。假设对一个节点着色要用一个单位时间，并且只有在对一个节点着好色以后，才可以对另一

个节点着色。此外，在一个节点的父节点已经被着好色以后，才能对这个节点着色。显然，Bob 只能首先对根进行着色。

每个节点都有一个"着色费用因子" $C_i$。每个节点的着色费用基于 $C_i$ 和 Bob 完成这个节点的着色时间。起始时间被设置为 0，如果节点 $i$ 的着色完成时间是 $F_i$，那么节点 $i$ 的着色费用是 $C_i*F_i$。

例如，一棵树有 5 个节点，如图 5-4 所示。每个节点的着色费用因子是 1、2、1、2 和 4。Bob 可以对这棵树按 1、3、5、2、4 的次序着色，最小的总着色费用是 33。

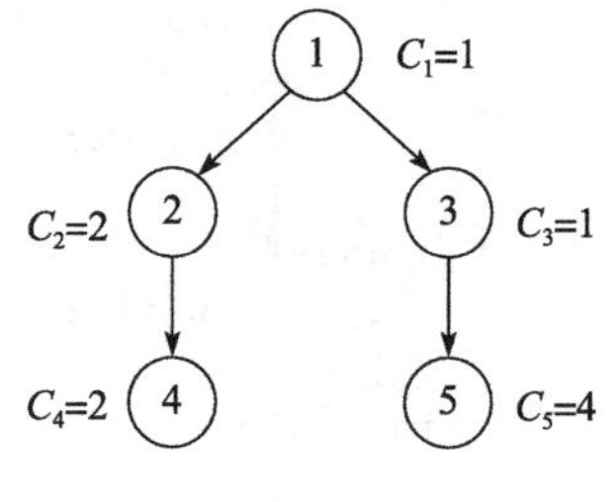


图　5-4

给出一棵树以及每个节点的着色费用因子，请帮助 Bob 找到对所有节点着色可能的最小着色费用。

**输入**

输入包含若干测试用例，每个测试用例的第一行给出两个整数 $N$ 和 $R$（$1 \leqslant N \leqslant 1000, 1 \leqslant R \leqslant N$），其中 $N$ 是一棵树的节点数，$R$ 是根节点的节点编号。第二行给出 $N$ 个整数，第 $i$ 个整数是 $C_i$（$1 \leqslant C_i \leqslant 500$），表示节点 $i$ 的着色费用因子。接下来的 $N-1$ 行每行给出两个用空格分开的节点编号 $V_1$ 和 $V_2$，表示树的一条边的两个端点，$V_1$ 是 $V_2$ 的父亲节点，每条边仅出现一次，且所有的边都被列出。

$N=0$ 和 $R=0$ 表示输入结束，程序不必处理。

**输出**

对每个测试用例输出一行，给出 Bob 对所有节点着色的最小着色费用。

| 样例输入 | 样例输出 |
|---|---|
| 5 1<br>1 2 1 2 4<br>1 2<br>1 3<br>2 4<br>3 5<br>0 0 | 33 |

**试题来源**：ACM Beijing 2004

**在线测试**：POJ 2054，ZOJ 2215，UVA 3138

**试题解析**

着色费用取决于两个因素：每个节点的着色费用因子和着色时间。着色费用因子是给定的，关键是计算节点的着色顺序。

由于着色按照先父后子的顺序进行，因此在输入边的时候设置每个节点的父指针（如果输入未给出树边端点的父子关系，则可通过 dfs 搜索计算每个节点的父指针）。

可将着色过程看作一个合并过程，对于父子边（$k, x$），着色父亲 $k$ 后才能着 $x$，将节点 $x$ 并入节点 $k$。但问题是，在父亲有多个儿子的情况下，如何确定着色顺序呢？

设 now[$i$] 为被合并到 $i$ 的所有节点的费用平均值，cnt[$i$] 为节点 $i$ 合并的节点数。初始时，now[$i$]= 节点 $i$ 的着色费用因子，cnt[$i$]=1（$1 \leqslant i \leqslant n$）。在 $x$ 被着色后，节点 $x$ 被并入节点 $k$，节点 $k$ 的费用平均值和合并的节点数调整为 $\text{now}[k]=\dfrac{\text{now}[k]*\text{cnt}[k]+\text{now}[x]*\text{cnt}[x]}{\text{cnt}[k]+\text{cnt}[x]}$，cnt[$k$]=cnt[$k$]+

cnt[$x$]。这样的合并过程进行 $n-1$ 次。每次合并的度量标准是：在未着色的节点中选择 now 值最大的节点，即平均费用越大的节点越先着色。显然这是一个贪心策略，实现算法如下：

```
依次进行 n-1 次合并：
  在根以外未被合并的节点中寻找费用最大的节点 k；
  设节点 k 合并标志；
  确定其父 f 和 k 的着色顺序；
  沿 k 的父指针寻找离 k 最近且还未被合并的节点 f，调整 now[f] 和 cnt[f]；
最后从根出发，沿着色顺序表计算 Bob 对所有节点着色的最小着色费用
```

ans= $\sum_{i=1}^{n}$ i* 着色顺序表中第 i 个节点的着色费用因子。

## 参考程序

```
#include<iostream>
#include<cstdlib>
#include<cstdio>
#include<cmath>
#include<cstring>
#include<algorithm>
using namespace std;
const int maxN=1100;        // 节点数的上限
int root,n,fa[maxN],l[maxN],next[maxN],cnt[maxN],c[maxN],e[maxN][maxN];
// 根为 root；n 为节点数；fa[] 记录每个节点的父亲；next[] 为着色顺序表，x 节点着色之后着色节点
// next[x]；cnt[] 记录每个节点合并了多少个节点；c[] 为节点的着色费用因子；e[][] 为树的邻接矩阵
double now[maxN];           // 记录合并之后每个节点的着色费用
void init()                 // 输入 n 个节点的着色费用因子和边信息，构造邻接矩阵 e[][]
{
    int x,y;
    memset(e,0,sizeof(e));
    for (int i=1;i<=n;i++) scanf("%d",&c[i]);
    for (int i=1;i<n;i++) { scanf("%d%d",&x,&y);e[x][++e[x][0]]=y;e[y][++e[y][0]]=x;}
}
void dfs(int x)             // 计算树中每个节点的父指针
{
    int y;
    for (int i=1;i<=e[x][0];i++)         // 递归 x 的每个儿子，将其父指针设为 x
    {
        y=e[x][i];
        if (fa[y]==0) { fa[y]=x;dfs(y);}
    }
}
void addedge(int x,int y)    // 确定 x 和 y 的着色顺序，即 y 紧跟在 x 最近着色的树枝后被着色
{
    while (next[x]) x=next[x];
    next[x]=y;
}
void work()                                 // 计算和输出最小着色费用
{
    memset(fa,0,sizeof(fa));                // 每个节点的父指针初始化为空
    fa[root]=-1;
    dfs(root);                               // 遍历以 root 为根的树，确立父子关系
    for (int i=1;i<=n;i++) now[i]=c[i];   // 合并后每个节点的着色费用初始化
    bool flag[maxN];                        // 节点被合并的标志
    int k,f;
```

```
    double max;
    //初始时，设置每个节点未被合并，着色的后继指针为空，合并的节点数为1
    memset(flag,1,sizeof(flag));  memset(next,0,sizeof(next));
    for (int i=1;i<=n;i++) cnt[i]=1;
    for (int i=1;i<n;i++)                    //依次进行n-1次合并
    {
        max=0;                               //在根以外未被合并的节点中寻找费用最大的节点k
        for (int j=1;j<=n;j++)
            if ((j!=root)&&(flag[j])&&(max<now[j]))
            {
                max=now[j];k=j;
            }
            f=fa[k];addedge(f,k);                 //计算k的父亲，确定k与父亲的着色顺序
            while (!flag[f]) f=fa[f];            //沿父指针寻找离k最近且还未被合并的
                                                  //节点f，即合并后k的父节点
        flag[k]=false;                           //设节点k合并标志
        now[f]=(now[f]*cnt[f]+now[k]*cnt[k])/(cnt[f]+cnt[k]);
        //合并后f的着色费用为合并到一起的所有节点的着色费用的平均值
        cnt[f]+=cnt[k];                           //将k合并的节点数累计入f合并的节点数
    }
    int p=root,ans=0;                             //从根出发，沿着色顺序计算对所有节点
                                                  //着色的最小着色费用
    for (int i=1;i<=n;i++)
    {
        ans+=i*c[p];p=next[p];
    }
    printf("%d\n",ans);                           //输出最小着色费用
}
int main()
{
    while (scanf("%d%d",&n,&root),n+root) //反复输入节点数和根，直至输入2个0为止
    {
        init();            //输入n个节点的着色费用因子和边信息，构造邻接矩阵e[][]
        work();            //计算和输出最小着色费用
    }
    return 0;
}
```

**【5.3.2　Copying Books】**

在书本印刷被发明之前，制作一本书的拷贝非常困难，所有的内容都要手工重写，从事这一工作的人也被称为抄书员（scriber）。将一本书交给一位抄书员，几个月后他完成这本书的拷贝。最著名的一位抄书员生活在15世纪，他叫Xaverius Endricus Remius Ontius Xendrianus（XEROX）。无论怎样，这项工作是非常让人烦恼和乏味的，加快工作进度的唯一方法是雇佣更多的抄书员。

有个剧场要上演一部著名的古典悲剧。演出的剧本被划分为许多本书，并且演员需要这些书的许多拷贝。因此他们雇佣了许多抄书员制作这些书的拷贝。假设有 $m$ 本书（编号1，2，…，$m$），每本书的页数不同（$p_1$，$p_2$，…，$p_m$），要给每一本书做一份拷贝。要将这些书在 $k$ 位抄书员中划分工作，$k \leqslant m$。每本书仅分配给一个抄书员，并且每位抄书员得到一个连续的书的序列。这就意味着，存在一个数的连续增量序列 $0=b_0<b_1<b_2<\cdots<b_{k-1}\leqslant b_k=m$ 使得第 $i$ 个抄书员得到一个书的序列，数目在 $b_{i-1}+1$ 和 $b_i$ 之间。为所有的书制作拷贝所需要的时间由分配了最多工作的抄书员决定。所以，我们的目标是将分配给一个抄书

员的最多页数最小化。请找出最佳分配。

**输入**

输入由 $N$ 个测试用例组成，输入的第一行仅包含正整数 $N$，然后给出测试用例。每个测试用例包括两行，第一行给出两个整数 $m$ 和 $k$，$1 \leqslant k \leqslant m \leqslant 500$，第二行给出用空格分开的整数 $p_1$，$p_2$，…，$p_m$。所有这些值都是正整数且小于 10 000 000。

**输出**

对于每个测试用例输出一行，将输入的序列 $p_1$，$p_2$，…，$p_m$ 划分为 $k$ 个部分，使得每个部分的和的最大值尽可能小。用斜线字符（'/'）分隔这些部分。在两个连续的数字之间，以及在数字和斜线字符之间，只有一个空格。

如果有多于一个解，输出给第一个抄书员分配工作最小的解，然后输出给第二个抄书员分配工作最小的解，以此类推。但每个抄书员必须至少分配一本书。

| 样例输入 | 样例输出 |
| --- | --- |
| 2<br>9 3<br>100 200 300 400 500 600 700 800 900<br>5 4<br>100 100 100 100 100 | 100 200 300 400 500 / 600 700 / 800 900<br>100 / 100 / 100 / 100 100 |

试题来源：ACM Central European Regional Contest 1998

在线测试：POJ 1505，ZOJ 2002，UVA 714

## 试题解析

若最大工作量为 $x$ 可行，则减少最大工作量，以寻找最大工作量的最小值；否则，加大最大工作量，以寻找最大工作量的最小值。所以，二分查找是最佳的办法。

现在问题的核心是如何判断最大工作量 $x$ 是否可行。题目要求 $k$ 位抄书员的工作量由左而右是递增的，即前面抄书员的工作量要尽量小，以保证后面抄书员的工作量尽量大。为此，我们设计一个贪心策略：由后往前扫描每本书，该书使用当前抄书员的度量标准是"加入该书后的页数不超过 $x$ 且剩余每个抄书员至少可处理一本书"。

如果该书符合这个度量标准，则交由当前抄书员制作拷贝；否则新增一个抄书员，交由新抄书员处理，该书前加斜线字符（'/'）。

显然，如果 $k$ 位抄书员被用完，而 $m$ 本书的拷贝还未完成，则最大工作量 $x$ 不可行；否则，如果在未超出 $k$ 位抄书员的情况下，完成 $m$ 本书的拷贝，则最大工作量 $x$ 可行。

在二分查找出最大工作量的最小值 min 后，通过上述贪心算法即可得出 $k$ 位抄书员分配工作的方案。

## 参考程序

```
#include<iostream>
#include<cstdlib>
#include<cstdio>
#include<cmath>
#include<cstring>
#include<algorithm>
```

```
using namespace std;
const int maxN=510;               //书本数的上限
int n,m,a[maxN];                  //n本书、m个抄书员，书的序列为a[]
long long sum;                    //总页数
bool flag[maxN];                 //记录在这本书后面是否被划分开
void init()                       //输入当前测试用例的信息
{
    sum=0;
    scanf("%d%d",&n,&m);          //输入书本数和抄书员数
    for (int i=1;i<=n;i++)        //读入每本书的页数，累计总页数
    {
        scanf("%d",&a[i]);sum+=a[i];
    }
}
bool judge(long long lmt)         //判断最大工作量为lmt时是否可行
{                                 //判断第i本书是否需要更换抄书员，有两个限制：不超过lmt;
                                  //剩余所有抄书员至少有一本书处理
                     //从后往前划分，使得在小于lmt前提下，越靠后的抄书员处理的页数尽量多
    memset(flag,0,sizeof(flag));
    int cnt=m;                    //从第m个抄书员出发
    long long now=0;              //当前抄书员处理的页数初始化
    for (int i=n;i;i--)           //倒序扫描每本书
    {
        if ((now+a[i]>lmt)||(i<cnt))        //若加上第i本书后的工作量超过lmt，或者剩余
                                            //的每个抄书员不能做到至少处理一本书
        {
            now=a[i];cnt--;flag[i]=true; //更换抄书员
            if (cnt==0) return false;       //需要更多的抄书员完成lmt工作量，失败退出
        }
        else now+=a[i];                     //第i本书的页数累计到当前抄书员
    }
    return true;                            //最大工作量为lmt时可行
}
void work()                                 //计算和输出当前测试用例的解
{
    long long l=0,r=sum,mid;                //初始区间为[l, sum]，中间指针为mid
    for (int i=1;i<=n;i++) if (l<a[i]) l=a[i]; //计算书的最大页数
    while (l!=r)                            //在[l, r]区间反复二分
    {
        mid=(l+r)>>1;                       //计算中间指针
        if (judge(mid)) r=mid;else l=mid+1;
        //若最大工作量为mid时可行，则在左子区间寻找最大工作量的最小值；否则在右子区间寻找
    }
    judge(l);                               //计算最大工作量的最小值为l时的划分方案
    for(int i=1;i<=n;i++)                   //输出划分方案
    {
        printf("%d",a[i]);                  //第i本书在当前抄书员内
        if (i<n) printf(" ");
        if (flag[i]) printf("/ ");         //第i本书后被分配新的抄书员
    }
    printf("\n");
}
int main()
{
    int t;
    scanf("%d",&t);                         //输入测试用例数
```

```
    for (int i=1;i<=t;i++)          // 依次处理每个测试用例
    {
        init();                     // 输入第 i 个测试用例的信息
        work();                     // 计算和输出第 i 个测试用例的解
    }
    return 0;
}
```

## 5.4 相关题库

### 【5.4.1 Stripies】

生化学家发明了一种很有用的生物体，叫 stripies（实际上，最早的俄罗斯名叫 polosatiki，不过科学家为了申请国际专利时方便，不得不起了另一个英文名）。stripies 是透明、无定型的，群居在一些像果冻那样有营养的环境里。stripies 大部分时间处于移动中，当两条 stripies 碰撞时，这两条 stripies 就融合产生一条新的 stripies。经过长时间的观察，科学家发现当两条 stripies 碰撞融合在一起时，新的 stripies 的重量并不等于碰撞前两条 stripies 的重量。不久又发现两条重量为 $m_1$ 和 $m_2$ 的 stripies 碰撞融合在一起，其重量变为 2*sqrt($m_1$*$m_2$)。科学家很希望知道有什么办法可以限制一群 stripies 总重量的减少。

请编写程序来解决这个问题。本题设定 3 条或更多的 stripies 从来不会碰撞在一起。

**输入**

第一行给出 $N$（$1 \leqslant N \leqslant 100$），表示群落中 stripies 的数量。后面的 $N$ 行每行为一条 stripie 的重量，范围为 1 ～ 1000。

**输出**

输出 stripies 群落可能的最小总重量，精确到小数点后两位。

| 样例输入 | 样例输出 |
|---|---|
| 3<br>72<br>30<br>50 | 120.00 |

试题来源：ACM Northeastern Europe 2001, Northern Subregion

在线测试：POJ 1862，ZOJ 1543，Ural 1161

 **提示**

设群落中 $n$ 条 stripies 的重量分别为 $m_1, m_2, \cdots, m_n$。经过 $n-1$ 次碰撞后的总重量为 $W = 2^{n-1}\left((m_1 m_2)^{\frac{1}{2^{n-1}}} m_3^{\frac{1}{2^{n-2}}} \cdots m_n^{\frac{1}{2}}\right)$。

显然，如果 $m_1, m_2, \cdots, m_n$ 按照重量递减的顺序排列，得出的总重量 $W$ 是最小的。

### 【5.4.2 The Product of Digits】

请寻找一个最小的正整数 $Q$，$Q$ 各个位置上的数字乘积等于 $N$。

**输入**

输入给出一个整数 $N$（$0 \leqslant N \leqslant 10^9$）。

**输出**

输出一个整数 $Q$，如果这个数不存在，则输出 $-1$。

| 样例输入 | 样例输出 |
| --- | --- |
| 10 | 25 |

试题来源：USU Local Contest 1999

在线测试：Ural 1014

 **提示**

分解 $N$ 的因子的度量标准：尽量分解出大因子。

有两个特例：

$$N=0，Q=0$$
$$N=1，Q=1$$

否则采取贪心策略，按从9到2的顺序分解 $N$ 的因子：先试将 $N$ 分解出尽量多的因子9；再试分解出尽量多的因子8……若最终分解后的结果不为1，则无解，否则因子由小到大组成最小的正整数 $Q$。

### 【5.4.3 Democracy in Danger】

假设在Caribbean盆地中有一个国家，所有决策需经过公民大会上的多数投票才能执行。当地的一个政党希望权力尽可能地合法，要求改革选举制度。他们的主要论点是，岛上的居民最近增加了，不再轻易举行公民大会。

改革的方式如下：投票者被分成 $K$ 个组（不一定相等），在每个组中对每个问题进行投票，而且，如果一个组半数以上的成员投“赞成”票，那么这个组就被认为投“赞成”票，否则这个组就被认为投“反对”票。如果超过半数的组投“赞成”票，决议就被通过。

开始岛上的居民高兴地接受了这一做法，然而，引入这一做法的党派可以影响投票组的构成。因此，他们就有机会对不是多数赞同的决策施加影响。

例如，有3个投票组，人数分别是5人、5人和7人，那么，对于一个政党，只要在第一组和第二组各有3人支持就足够了，有6个人赞成，而不是9个人赞成，决议就能通过。

请编写程序，根据给出的组数和每组的人数，计算通过决议至少需要多少人赞成。

**输入**

第一行给出 $K$（$K \leqslant 101$），表示组数；第二行给出 $K$ 个数，分别是每一组的人数。$K$ 以及每组的人数都是奇数。总人数不会超过9999人。

**输出**

支持某个党派对决策产生影响至少需要的人数。

| 样例输入 | 样例输出 |
| --- | --- |
| 3<br>5 7 5 | 6 |

试题来源：Autumn School Contest 2000

在线测试：Ural 1025

**提示**

把每组人数从小到大排序，总共 $n$ 组，则需要有 $\left\lfloor \frac{n}{2} \right\rfloor$ +1 组同意，即人数最少的前 $\left\lfloor \frac{n}{2} \right\rfloor$ +1 组。对于一个人数为 $k$ 的组需要同意，则需要有 $\left\lfloor \frac{k}{2} \right\rfloor$ +1 人同意。

由此得出贪心策略：人数最少的前 $\left\lfloor \frac{n}{2} \right\rfloor$ +1 组中，每组取半数刚过的人数。

【5.4.4 Box of Bricks】

小 Bob 喜欢玩方块砖，他把一块放在另一块的上面堆砌起来，堆成不同高度的栈。“看，我建了一面墙。”他告诉姐姐 Alice。“不，你要让所有的栈有相同的高度，这样才建了一面真正的墙。”Alice 反驳说。Bob 考虑了一下，认为姐姐是对的。因此他开始一块接一块地重新安排砖块，让所有的栈都有相同的高度（如图 5-5 所示）。但由于 Bob 很懒惰，他要移动砖块的数量最少。你能帮助他吗？

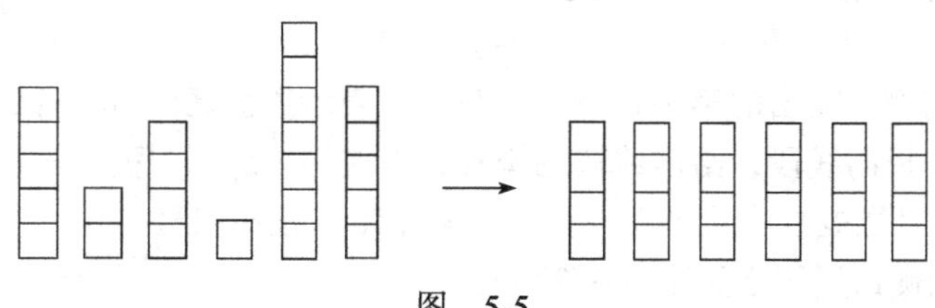

图　5-5

**输入**

输入由若干组测试用例组成。每组测试用例的第一行给出整数 $n$，表示 Bob 建的栈的数目。下一行给出 $n$ 个数字，表示 $n$ 个栈的高度 $h_i$，本题设定 $1 \leqslant n \leqslant 50$，并且 $1 \leqslant h_i \leqslant 100$。

砖块的总数除以栈的数目是可除尽的。也就是说，重新安排砖块使得所有的栈有相同的高度是可以的。

输入由 $n=0$ 作为结束，程序对此不必处理。

**输出**

对每个测试用例，首先如样例输出所示，输出测试用例编号。然后输出一行 "The minimum number of moves is $k$."，其中 $k$ 是移动砖块使所有的栈高度相同的最小数。在每个测试用例后输出一个空行。

| 样例输入 | 样例输出 |
| --- | --- |
| 6<br>5 2 4 1 7 5<br>0 | Set #1<br>The minimum number of moves is 5. |

*试题来源*：ACM Southwestern European Regional Contest 1997

*在线测试*：POJ 1477，ZOJ 1251，UVA 591

**提示**

设平均值 $\text{avg} = \frac{\sum_{i=1}^{n} h_i}{n}$，avg 即为移动后栈的相同高度。

第 $i$ 个栈中砖被移动的度量标准：若 $h_i$>avg，则栈中有 $h_i$−avg 块砖被移动。

贪心使用这个度量标准是正确的，因为砖被移动到高度低于 avg 的栈中。由于砖块总数除以栈的数目是可除尽的，因此这些栈中的砖是不用再移动的。由此得出最少移动的砖数 $\text{avg}=\sum_{i=1}^{n}(h_i-\text{avg}|h_i>\text{avg})$。

## 【5.4.5 Minimal coverage】

给出直线上的若干条线段，直线是 $X$ 轴，线段的坐标为 $[L_i, R_i]$。求最少要用多少条线段可以覆盖区间 $[0, m]$。

**输入**

输入的第一行给出测试用例的数目，后面给出一个空行。

每个测试用例首先给出一个整数 $M$（$1 \leqslant M \leqslant 5000$），对于接下来的若干行，每行以 "$L_i$ $R_i$"（$|L_i|, |R_i| \leqslant 50\,000, i \leqslant 100\,000$）表示线段。每个测试用例以 "0 0" 为结束。

两个测试用例之间用一个空行分开。

**输出**

对每个测试用例，输出的第一行是一个数字，表示覆盖区间 $[0, m]$ 的最少线段数。接下来若干行表示选择的线段，给出线段的坐标，按左端（$L_i$）排序。程序不处理 "0 0"。若无解，即 $[0, m]$ 不可能被给出的线段覆盖，则输出 "0"（没有引号）。

在两个连续的测试用例之间输出一个空行。

| 样例输入 | 样例输出 |
| --- | --- |
| 2<br><br>1<br>-1 0<br>-5 -3<br>2 5<br>0 0<br><br>1<br>-1 0<br>0 1<br>0 0 | 0<br><br>1<br>0 1 |

试题来源：USU Internal Contest March'2004

在线测试：UVA 10020，Ural 1303

**提示**

把所有线段按左端点为第一关键字、右端点为第二关键字递增排序（$L_i \leqslant L_{i+1} \| ((L_i == L_{i+1}) \&\& (R_i < R_{i+1}))$，$1 \leqslant i \leqslant$ 线段数 $-1$）。

选取覆盖线段的度量标准：在所有左端点被覆盖的线段中找右端点最远的线段。

贪心实现的过程：

设当前线段覆盖到的位置为 now；所有左端点被覆盖的线段中可以覆盖最远的位置为 len，该线段为 k。初始时 ans=now=len=0。

```
依次分析序列中的每条线段：
    if (Li≤now)&&(len< Ri) { len= Ri; k=i;}
     if (Li+1 >now) && (now<len) { now=len ; 将线段 k 作为新增的覆盖线段; }
        if (now≥m) 输出覆盖线段并退出程序;
```

分析了所有线段后 now<$m$，说明无法覆盖 [0, $m$]，无解退出。

## 【5.4.6 Annoying painting tool】

你想知道一个恼人的绘画工具是什么吗？首先，本题所讲的绘画工具仅支持黑色和白色，因此，图片是一个像素组成的矩形区域，像素不是黑色就是白色。其次，只有一个操作来改变像素的颜色。

选择一个由 $r$ 行 $c$ 列的像素组成的矩形，这个矩形完全在一个图片内。作为操作的结果，在矩形内的每个像素会改变其颜色（从黑到白，从白到黑）。

最初，所有的像素都是白色的。创建一个图片，应用上述操作数次。你能描绘出自己心中的那幅图片吗？

**输入**

输入包含若干测试用例。每个测试用例的第一行给出 4 个整数 $n$、$m$、$r$ 和 $c$（$1 \leqslant r \leqslant n \leqslant 100, 1 \leqslant c \leqslant m \leqslant 100$），然后的 $n$ 行每行给出要画的图的一行像素。第 $i$ 行由 $m$ 个字符组成，描述在结束绘画时第 $i$ 行的像素值（'0' 表示白色，'1' 表示黑色）。

最后一个测试用例后的一行给出 4 个 0。

**输出**

对每个测试用例，输出产生最终绘画结果需要操作的最小数；如果不可能，则输出 −1。

| 样例输入 | 样例输出 |
|---|---|
| 3 3 1 1<br>010<br>101<br>010<br>4 3 2 1<br>011<br>110<br>011<br>110<br>3 4 2 2<br>0110<br>0111<br>0000<br>0 0 0 0 | 4<br>6<br>−1 |

试题来源：Ulm Local 2007

在线测试：POJ 3363

 **提示**

进行一次操作的度量标准：当前子矩阵左上角的像素和目标矩阵的对应像素的颜色不同。贪心策略如下。

由左而右、自上而下枚举子矩阵的左上角 $a[i][j]$（$1 \leq i \leq n-r+1$，$1 \leq j \leq m-c+1$）。

若左上角像素的颜色与目标矩阵对应元素的颜色不同（$a[i][j]!=b[i][j]$），则操作次数 $c$+1；子矩阵内所有像素的颜色取反（$a[k][l]$^=1，$i \leq k \leq i+k-1$，$j \leq l \leq j+c-1$）。

最后再检验一遍当前矩阵 $a[][]$ 和目标矩阵 $b[][]$ 是否完全一样。若还有不一样的地方，则说明无解；否则 $c$ 为产生最终绘画结果需要操作的最少次数。

## 【5.4.7 Troublemakers】

每所学校都有“麻烦制造者”（troublemaker）——那些孩子使教师的生活苦不堪言。一个麻烦制造者还是可以管理的，但是当把若干对麻烦制造者放在同一个房间里时，教学就变得非常困难。在 Shaida 夫人的数学课上有 $n$ 个孩子，其中有 $m$ 对麻烦制造者。情况变得很差，使得 Shaida 夫人决定将一个班级分成两个班级。请帮 Shaida 夫人将麻烦制造者的对数至少减少一半。

**输入**

输入的第一行给出测试用例数 $N$，然后给出 $N$ 个测试用例。每个测试用例的第一行给出 $n$（$0 \leq n \leq 100$）和 $m$（$0<m<5000$），然后的 $m$ 行每行给出一对整数 $u$ 和 $v$，表示 $u$ 和 $v$ 在同一个房间里的时候，他们是一对麻烦制造者。孩子编号从 1 到 $n$。

**输出**

对于每个测试用例，先输出一行 "Case #x:"，后面给出 $L$——要转到另一间房间的孩子的数目，下一行列出那些孩子。在两个房间中麻烦制造者对数的总数至多是 $m/2$。如果不可能，则输出 "Impossible." 代替 $L$，然后输出一个空行。

| 样例输入 | 样例输出 |
|---|---|
| 2<br>4 3<br>1 2<br>2 3<br>3 4<br>4 6<br>1 2<br>1 3<br>1 4<br>2 3<br>2 4<br>3 4 | Case #1: 3<br>1 3 4<br>Case #2: 2<br>1 2 |

试题来源：Abednego's Graph Lovers' Contest, 2006

在线测试：UVA 10982

 **提示**

以孩子为节点，每对麻烦制造者之间相连，构造无向图 $G$。设两个班级分别对应集合 $s[0]$ 和集合 $s[1]$，其中 $s[1]$ 中的人数较少。

依次确定每个孩子 $i$（$1 \leq i \leq n$）所在的班级：将孩子 1 ～孩子 $i$-1 中与孩子 $i$ 结对制造麻烦的孩子划分成 $s[0]$ 和 s[1] 集合。若 $s[1]$ 中的孩子数较少，则孩子 $i$ 送入 $s[1]$ 集合，否则送入 $s[0]$ 集合。这也是孩子 $i$ 转移到另一间房间的度量标准。算法如下：

```
依次搜索每个节点 i (1≤i≤n):
    统计节点 1…i-1 中与节点 i 有边相连的点在集合 s[0] 和集合 s[1] 的点数;
    若 s[1] 中的点数较少，则节点 i 送入 s[1] 集合; 否则孩子 i 送入 s[0] 集合;
最后 s[1] 集合中的节点对应要转到另一间房间的孩子。
```

## 【5.4.8 Constructing BST】

BST（Binary Search Tree，二叉搜索树）是一个用于搜索的有效数据结构。在一个 BST 中，所有左子树中的元素小于根，右子树中的元素大于根（如图 5-6 所示）。

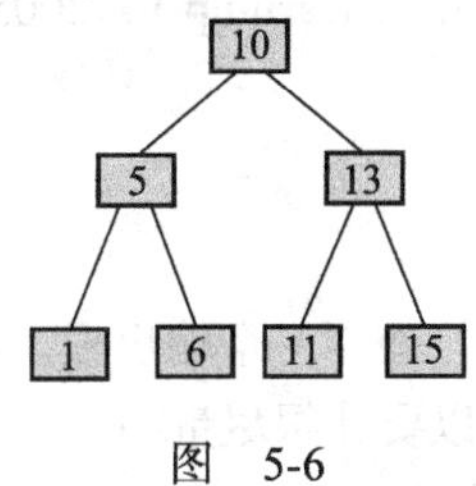


图 5-6

我们通常通过连续地插入元素来构造 BST，而插入元素的顺序对于树的结构有很大的影响，如图 5-7 所示。

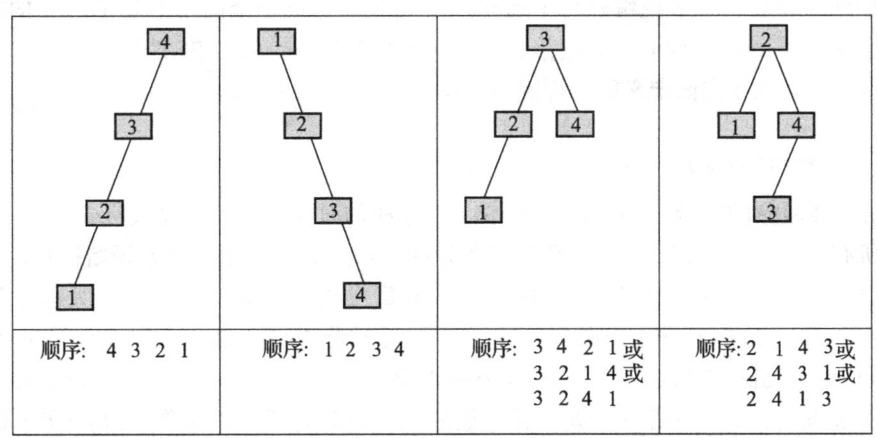


图 5-7

在本题中，我们要给出从 1 到 $N$ 的整数来构造 BST，使树的高度至多为 $H$。BST 的高度定义如下：

- 没有节点的 BST 的高度为 0。
- 否则，BST 的高度等于左子树和右子树高度的最大值加 1。

存在若干顺序可以满足这一要求。在这种情况下，取小数字排在前的序列。例如，对于 $N$=4，$H$=3，我们给出的序列是 1 3 2 4，而不是 2 1 4 3 或 3 2 1 4。

**输入**

每个测试用例给出两个正整数 $N$（$1 \leqslant N \leqslant 10\,000$）和 $H$（$1 \leqslant H \leqslant 30$）。输入以 $N$=0，$H$=0 结束，不用处理这一情况。至多有 30 个测试用例。

**输出**

对于每个测试用例，输出一行，以 "Case #:" 开始，其中 '#' 是测试用例的编号；然后

在这一行中给出 $N$ 个整数的序列，在一行的结束没有多余的空格。如果无法构造这样的树，则输出 "Impossible."。

| 样例输入 | 样例输出 |
|---|---|
| 4 3<br>4 1<br>6 3<br>0 0 | Case 1: 1 3 2 4<br>Case 2: Impossible.<br>Case 3: 3 1 2 5 4 6 |

试题来源：ACM ICPC World Finals Warmup 1，2005

在线测试：UVA 10821

提示

试题要求输出 BST 的前序遍历，即第一个输出根。因为“如果若干顺序可以满足这一要求，取小数字排在前的序列”，所以要让根尽量小。

对于把编号为 1 到 $n$ 的节点排成一个高度不高于 $h$ 的 BST，左右子树的节点数不应超过 $2^{h-1}-1$。根节点的度量标准是：若根的右侧可以放满节点，则根的编号 root 为 $n-(2^{h-1}-1)$；否则根的编号 root 为 1，即根编号 root=max{1，$n-(2^{h-1}-1)$}。

之后问题就转化成了把编号为 1 到 root−1 的节点排成一个高度不高于 $h-1$ 的左 BST 子树和把编号为 root+1 到 $n$ 的节点排成一个高度不高于 $h-1$ 的右 BST 树。

上述贪心解法是递归定义的，可递归解决。

## 【5.4.9 Gone Fishing】

John 打算去钓鱼，他有 $h$（$1\leqslant h\leqslant 16$）个小时的时间。在这一地区有 $n$（$2\leqslant n\leqslant 25$）个湖，所有的湖都是沿着一条单向路顺序可达的，John 必须从第 1 个湖开始钓鱼，但是他可以在任何一个湖结束此次钓鱼的行程。John 每次在一个湖钓完鱼后，只能走到下一个湖继续钓鱼。John 从第 $i$ 个湖到第 $i+1$ 个湖需要走 $5\times t_i$ 分钟的路（$0<t_i\leqslant 192$），例如，$t_3=4$ 表示 John 从第 3 个湖到第 4 个湖需要走 20 分钟。为了规划钓鱼安排，John 收集了有关湖的信息。对第 $i$ 个湖，在开始的 5 分钟能钓到的鱼的数量为 $f_i$（$f_i\geqslant 0$），以后每 5 分钟钓到的鱼的数量减少 $d_i$（$d_i\geqslant 0$）（在本题中，以 5 分钟作为单位时间），如果在某个 5 分钟区间预期钓到的鱼的数量小于或等于 $d_i$，则在下一个 5 分钟在这个湖中就没有鱼可钓了。为了使规划简单，John 假定没有其他人在钓鱼，不会对预期钓鱼有影响。

**输入**

输入给出若干测试用例，每个测试用例的第一行给出 $n$，第二行给出 $h$，第三行给出 $n$ 个整数，表示 $f_i$（$1\leqslant i\leqslant n$），第四行给出 $n$ 个整数 $d_i$（$1\leqslant i\leqslant n$），最后一行给出 $n-1$ 个整数 $t_i$（$1\leqslant i\leqslant n-1$）。输入以 $n=0$ 的测试用例结束。

**输出**

对每个测试用例，输出预期钓到的最大数量的鱼，以及在每个湖钓鱼的分钟数，用逗号分开（在一行内输出，即使超过了 80 个字符），在下一行给出预期钓到的鱼的数量。

如果存在多个计划，选择在第一个湖停留时间最长的；如果还是有多个计划，则选择在第二个湖停留时间最长的，以此类推。在两个测试用例之间插入一个空行。

| 样例输入 | 样例输出 |
|---|---|
| 2<br>1<br>10 1<br>2 5<br>2<br>4<br>4<br>10 15 20 17<br>0 3 4 3<br>1 2 3<br>4<br>4<br>10 15 50 30<br>0 3 4 3<br>1 2 3<br>0 | 45, 5<br>Number of fish expected: 31<br><br>240, 0, 0, 0<br>Number of fish expected: 480<br><br>115, 10, 50, 35<br>Number of fish expected: 724 |

试题来源：ACM East Central North America 1999

在线测试：POJ 1042，UVA 757

 **提示**

显然，在解答中不会走回头路，也就是说，John 从起点走到终点，经过某个湖时钓鱼，之后不再返回这个湖。

假设 John 钓鱼的终点为第 ed 个湖，那么怎样计算 John 以第 ed 个湖作为终点时能钓到的最多鱼的数量呢？

选择在哪个湖钓鱼的贪心度量标准是，在时间允许的情况下，选择当前可以钓鱼最多的湖。贪心实现的方式如下：

```
开始，每个湖可钓的鱼数 f2[i] 设为最初 5 分钟能钓到的鱼数 f_i，该湖钓鱼的时间 tt[i] 为 0(1≤i≤ed)；可用作钓鱼的总时间 h2=h- Σ_{i=1}^{ed} t_i，因为最优必然不走回头路；当前钓到的总鱼数 now=0;
    然后反复进行如下操作，直至用完钓鱼总时间（h2≤0）为止：
        寻找这一次能钓最多鱼的湖 p，即 f2[p]= max_{1≤i≤ed}{f2[i]}；
            钓鱼的剩余时间 h2-=5; 湖 p 停留的时间 tt[p]+=5;
            钓到的鱼数 now+=f2[p];
            湖 p 可钓的鱼数 f2[p] =max(f2[p]-d_p, 0)
最后，若 ed 湖结束时所钓的鱼最多（ans<now），则 ans=now，将每湖钓鱼的时间 tt[] 记入 ans_tt[];
```

显然，依次枚举终点 ed（$1 \leq ed \leq n$），最后得出的 ans 即为能钓到的最大鱼和钓鱼方案 ans_tt[]。

## 【5.4.10 Saruman's Army】

Saruman the White 要带领他的军队沿着一条从 Isengard 到 Helm's Deep 的笔直道路前进。为了看到部队的行进，Saruman 在部队中分发了被称为 palantir 的可见石。每个 palantir 的最大有效范围是 $R$，要由军队中的一些部门来携带（也就是说，palantir 不允许在空中“自由浮动”）。为了帮助 Saruman 控制军队，请确定 Saruman 需要的 palantir 的最少数量，以确保他的每个部下都在某个 palantir 的 $R$ 之内。

**输入**

输入包含若干测试用例。每个测试用例的第一行给出整数 $R$，表示每个 palantir 的最大有效范围（$0 \leqslant R \leqslant 1000$）；整数 $n$，表示 Saruman 军队中部门的数量（$1 \leqslant n \leqslant 1000$）。接下来的一行给出 $n$ 个整数，表示每个部门的位置 $x_1, \cdots, x_n$（$0 \leqslant x_i \leqslant 1000$）。输入以测试用例 $R=n=-1$ 标志结束。

**输出**

对于每个测试用例，输出一个整数，表示所需 palantir 的最少数。

| 样例输入 | 样例输出 |
| --- | --- |
| 0 3<br>10 20 20<br>10 7<br>70 30 1 7 15 20 50<br>−1 −1 | 2<br>4 |

样例说明：在第一个测试用例中，Saruman 可以在位置 10 和位置 20 放一个 palantir。这里，请注意，一个有效范围为 0 的 palantir 可以覆盖在位置 20 的两个部门。

在第二个测试用例中，Saruman 可以在位置 7（覆盖在位置 1、位置 7 和位置 15 的部门）、位置 20（覆盖在位置 20 和位置 30 的部门）、位置 50 和位置 70 放置 palantir。这里，请注意，palantir 必须分配给部门，不允许“自由浮动”。因此，Saruman 不能将 palantir 放置在位置 60，来覆盖在位置 50 和位置 70 的部门。

试题来源：Stanford Local 2006

在线测试：POJ 3069

 **提示**

一共 $n$ 个点，位置为 $x_1, \cdots, x_n$，可以在每个点上放置 palantir，每个 palantir 可以覆盖的半径为 $R$，问至少放置多少个 palantir，使得所有点都能覆盖。

首先，对 $n$ 个点按位置进行排序；然后，每次对第一个未被 palantir 覆盖的点，取其半径 $R$ 范围最远未被覆盖的点，放置 palantir，标志半径 $R$ 范围内的点为覆盖点，直至所有点被覆盖。

第6章

# 动态规划方法的编程实验

在现实中有一类活动，其过程可以分成若干个互相联系的阶段，在它的每一个阶段都需要做出决策，从而使整个过程达到最好的活动效果。在各个阶段，决策依赖于当前状态，也引起状态的转移，而一个决策序列就是在变化的状态中产生出来的，故有“动态”的含义。我们称这种解决多阶段决策问题的方法为动态规划（Dynamic Programming，DP）方法，简称为DP方法，如图6-1所示。

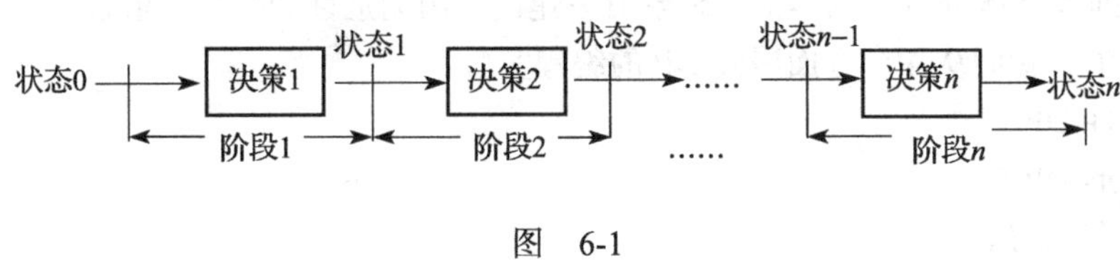


图　6-1

DP方法的指导思想是，在每一决策步上，列出各种可能的局部解，然后按某些条件，舍弃那些肯定不能得到最优解的局部解。每一步都经过这样的筛选后，就能大大减少工作量。DP依据的是所谓“最优化原理”，它可以陈述为：“一个最优的决策（判定）序列具有以下性质：不论初始状态和第一步的决策是什么，余下的决策必须相对于前一次决策所产生的新状态构成一个最优决策序列。”换言之，如果有一个决策序列，它包含非局部最优的决策子序列时，该决策序列一定不是最优的。

满足最优性原理的问题可以试着使用DP方法来求解，而适用DP方法求解的问题必须具备两条性质。

- 最优化原理：问题的最优策略的子策略也是最优的，满足最优化原理的问题必须拥有最优子结构的性质。
- 无后效性：将各阶段按照一定的次序排列好之后，对于某个给定阶段的状态，其未来的决策不受这个阶段以前各阶段状态的影响。换句话说，每个状态都是过去历史的一个完整总结。

DP方法与贪心法既有相同之处又有不同之处。相同的是两者都属于最优化问题的求解，面对的问题都必须具备最优子结构的性质，满足最优化原理。不同的是，贪心法是从问题源出发，每一步都采取逼近最优解的贪心选择，直至找到问题的解；而DP则要从考虑问题的子问题入手，通过枚举和比较相关子问题的解来确定当前问题的最优解。相对贪心法，由于DP需要存储和比较子问题的解，因此无论是时间效率和空间效率都要逊于贪心法，是一种以时空效率换正确的技术；但相对于求解同类问题的搜索算法，DP直接从记忆表中取出子问题的解，避免了重复计算，可将原本指数级的时间复杂度降为多项式级。但在实现过程中需要通过记忆表存储产生过程中的各种状态，所以它的空间复杂度一般要大于搜索算法，是一种以空间换时间的技术。正是由于DP需要回顾子问题的这一特性，因此DP可用于求解所有可行方案。DP的计算步骤大致如下：

（1）确定问题的决策对象。

（2）对决策过程划分阶段。

（3）对各阶段确定状态变量。

（4）根据状态变量确定费用函数和目标函数。

（5）建立各阶段状态变量的转移过程，确定状态转移方程。

由上述计算步骤的广义和原则性表述可以看出，DP 是对求解最优化问题或可行方案的一种途径、一种思想方法，而不是一种模式化的算法，不像组合分析、数论或高级数据结构、计算几何中的许多经典算法那样，具有一个标准的数学表达式和明确清晰的解题方法。虽然 DP 面对的问题需具备最优化原理和无后效性的性质，但这类问题呈现方式各异，适用的条件不同，因而 DP 的方法因题而异，不可能千篇一律，更不可能存在一种“放之四海而皆准”的普适性方法。在应用 DP 方法解题时，除了要正确理解其基本概念的内涵外，还必须具体问题具体分析，以丰富的想象力去建模，用创造性的技巧去求解。

在本章中，我们从 4 个方面展开 DP 的编程实验：

（1）线性 DP。

（2）树形 DP。

（3）状态压缩 DP。

（4）单调优化 DP。

其中（1）（2）给出 DP 的两种实现方式，（3）（4）给出 DP 的两种优化方法。

## 6.1　线性 DP 的实验范例

### 6.1.1　初步体验线性 DP 问题

首先，通过一个简单实例了解什么是多阶段决策问题，DP 是怎样解决多阶段决策问题的：给出一张地图（如图 6-2 所示），节点代表城市，两节点间的连线代表道路，线上的数字代表城市间的距离。试找出从节点 1 到节点 10 的最短路径。

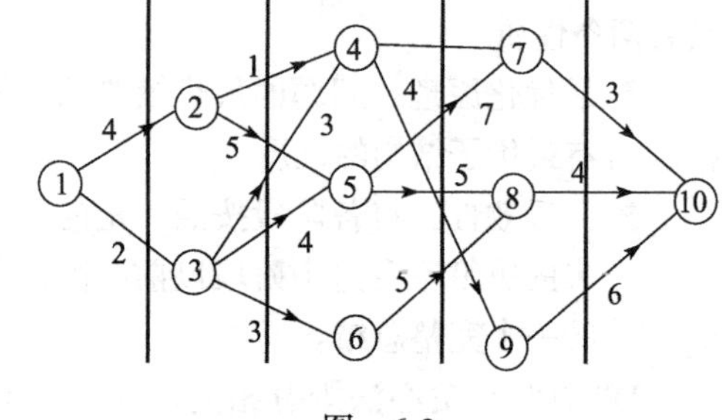

图　6-2

上述问题可采用穷举法求解：把从节点 1 至节点 10 的所有路径完全列举出来，分别计算路径长度，在此基础上比较，找出其中长度最小的一条路径。虽然，这种蛮力方法能解决问题，但其运算量随节点数的增加呈指数级增长，其效率实在太低。下面给出 DP 的基本概念和线性 DP 的一般方法。

- **阶段 $k$ 和状态 $s_k$：** 把问题分成 $n$ 个有顺序且相互联系的阶段，$1 \leqslant k \leqslant n$。例如图 6-2 表示问题被划分成 5 个阶段。状态 $s_k$ 为第 $k$ 阶段的某个出发位置。通常一个阶段包含若干状态，状态相对阶段而言，例如图 6-2 中的阶段 3 就有节点 4、5、6。
- **决策 $u_k$ 和允许决策的集合 $D_k(s_k)$：** 从第 $k-1$ 阶段的一个状态演变到第 $k$ 阶段某状态的选择为决策 $u_k$。通常可达到该状态的决策不止一个，这些状态组成了集合 $D_k(s_k)$。例如，在图 6-2 中，到节点 5 有两个决策可选择，即 $2 \rightarrow 5$ 和 $3 \rightarrow 5$，所以 $D_3(5)=\{2，3\}$。由始点至终点的一个决策序列简称策略，例如，在图 6-2 中，

1 → 3 → 5 → 8 → 10 即为一个策略。

- **状态转移方程和最优化概念：** 前一阶段的终点就是后一阶段的起点，前一阶段的决策选择导出了后一阶段的状态，这种关系描述了由第 $k$ 阶段到第 $k+1$ 阶段状态的演变规律，称为状态转移方程。最优化概念是指经过状态转移方程所确定的运算以后，使全过程的总效益达到最优。

状态转移方程的一般形式为$f_k(s_k)=\mathop{\text{opt}}\limits_{u_k\in D_k(s_k)} g\left(f_{k-1}\left(T_k(s_k,u_k)\right),u_k\right)$，其中 $T_k(s_k, u_k)$ 是由 $s_k$ 和 $u_k$ 所关联的第 $k-1$ 阶段的某个状态 $s_{k-1}$，$f_{k-1}(T_k(s_k, u_k))$ 即为该状态的最优解；$g(x, u_k)$ 是定义在数值 $x$ 和决策 $u_k$ 上的一个函数，即 $g(f_{k-1}(T_k(s_k, u_k)), u_k)$ 是 $s_{k-1}$ 通过决策 $u_k$ 取得 $s_k$ 的解；opt 表示最优化，根据具体问题分别表示为 max 或 min。由于 $u_k$ 仅是决策集合 $D_k(s_k)$ 中的一个，因此只有通过枚举 $D_k(s_k)$ 中的每个决策，才能得出 $s_k$ 的最优解。我们从初始状态（$f_1(s_1)$ 为某个初始值）出发，按照状态转移方程计算至最后第 $n$ 个阶段的目标状态，即可得出最优解 $f_n$(目标状态)。如果去掉最优化要求 opt，可得出初始状态至目标状态的所有可行方案。

在图 6-2 中，若对于阶段 3 的节点 5，可选择 1-2-5 和 1-3-5 这两条路径，后者的费用要小于前者。假设在所求的节点 1 到节点 10 最短路径中要经过节点 5，那么在节点 1 到节点 5 就应该取 1-3-5。也就是说，当某阶段节点确定时，后面各阶段路线的发展就不受这点以前各阶段的影响。反之，到该点的最优决策也不受该点以后的发展影响。为此，将整个计算过程划分成 5 个计算轮次，从阶段 1 开始，往后依次求出节点 1 到阶段 2、3、4、5 各节点的最短距离，最终得出答案。在计算过程中，到某阶段上一个节点的决策，只依赖于上一阶段的计算结果，与其他无关。例如，已求得从节点 1 到节点 5 的最优值是 6，到节点 6 的最优值是 5，那么要求到下一阶段的节点 8 的最优值，只需比较 min{6+5，5+5} 即可。由此得出状态转移方程：

$$\begin{cases} f_i(1)=0 & i=1 \\ f_i(k)=\mathop{\min}\limits_{\text{节点}j\text{和}k\text{邻接}}\{f_{i-1}(j)+(j,k)\text{的权值}\} & 2\leqslant i\leqslant 5 \end{cases}$$

问题解为 $f_5(10)$。

如果 DP 面对的问题是线性序列或图且决策序列呈线性关系的话，则可采用枚举方法求解线性 DP 问题：

```
for ( 顺推阶段 i)
{
    for (枚举阶段 i 中的所有状态 j (j∈S_i))
    { for (枚举阶段 i-1 中与状态 j 相关联的状态 k(k∈S_{i-1}))
        { 计算 f_i(j)= opt_{u_k∈D_k(k)} g(f_{i-1}(k),u_k) }

    }
}
```

## 【6.1.1.1 Brackets Sequence】

我们定义合法的括号序列如下：

- 空序列是一个合法的序列。
- 如果 $S$ 是一个合法的序列，那么 $(S)$ 和 $[S]$ 都是合法的序列。
- 如果 $A$ 和 $B$ 是合法的序列，那么 $AB$ 是合法的序列。

例如，下面给出的序列是合法的括号序列：

(), [], (()), ([]), ()[], ()[()]

而下面的序列则不是合法的括号序列：

(，[，)，)(，([)]，([(]

给出序列的字符 '('、')'、'[' 和 ']'，请找出包含给出字符序列作为子序列的最短的合法括号序列。字符串 $a_1 a_2 \cdots a_n$ 被称为字符串 $b_1 b_2 \cdots b_m$ 的子序列，如果存在这样的索引 $1 \leqslant i_1 < i_2 < \cdots < i_n \leqslant m$，使得对所有的 $1 \leqslant j \leqslant n$，$a_j = b_{i_j}$。

**输入**

输入包含在一行中给出的至多 100 个括号（字符 '('、')'、'[' 和 ']'），其中没有其他字符。

**输出**

输出一行，给出包含给出序列作为子序列的具有最小可能长度的合法括号序列。

| 样例输入 | 样例输出 |
|---|---|
| ([(] | ()[()] |

试题来源：ACM Northeastern Europe 2001

在线测试：POJ 1141，ZOJ 1463，Ural 1183，UVA 2451

**试题解析**

设阶段 $r$ 为子序列的长度（$1 \leqslant r \leqslant n-1$），状态 $i$ 为当前子序列的首指针（$0 \leqslant i \leqslant n-r$）。由当前子序列的首指针 $i$ 和长度 $r$ 可以得出尾指针 $j=i+r$。当前子序列 $s_i \cdots s_j$ 需要添加的最少字符数为 dp[$i$, $j$]。显然，当子序列长度为 1 时，dp[$i$, $i$]=1（$0 \leqslant i <$ strlen($s$)）；当子序列长度大于 1 时，分析如下：

若 ($s_i$='[' && $s_j$=']') || ($s_i$='(' && $s_j$=')')，则 $s_i \cdots s_j$ 需要添加的最少字符数等于 $s_{i+1} \cdots s_{j-1}$ 需要添加的最少字符数，即 dp[$i$, $j$]=dp[$i$+1, $j$−1]；否则需要二分 $s_i \cdots s_j$，决策产生最少添加字符数的中间指针 $k$（$i \leqslant k < j$），即 dp[$i$, $j$]= $\min\limits_{i \leqslant k < j}$ (dp[$i$, $k$]+dp[$k$+1, $j$])。我们通过记忆表 path[][] 存储所有子问题的解：

$$\text{path}[i][j] = \begin{cases} -1 & s_i\text{与}s_j\text{括号匹配} \\ \text{左右子序列的最佳划分位置}k & \text{其他} \end{cases}$$

在经过 DP 得到记忆表 path[][] 后，可通过递归求出最短的合法括号序列。

**参考程序**

```
#include<cstdio>
#include<cstring>
const int N=100;
char str[N];                //初始串
int dp[N][N];               //状态转移方程数组
int path[N][N];             //path[i][j] 存储字符区间 [i, j] 的最佳中间位置
void oprint(int i,int j)  //输出子序列 str [i, j] 的括号方案
{
    if(i>j)                 //返回无效位置
        return;
    if(i==j)                //若子序列 str[i, j] 含一个字符，则对单括号输出匹配的括号对
        {
            if(str[i]=='['||str[i]==']')
                printf("[]");
            else
```

```
            printf("()");
        }
    else if(path[i][j]==-1) //若 str[i] 和 str[j] 匹配，则输出左括号，递归中间子序列，
                            //输出右括号
            {
              printf("%c",str[i]);
              oprint(i+1,j-1);
              printf("%c",str[j]);
            }
        else     //否则分别递归 [i, path[i][j]] 和 [path[i][j]+1, j] 的括号方案
            {
              oprint(i,path[i][j]);
              oprint(path[i][j]+1,j);
            }
}
int main(void)
{
      while(gets(str))
            {
              int n=strlen(str);
              if(n==0)                                      //跳过空行
                  {
                    printf("\n");
                    continue;
                  }
              memset(dp,0,sizeof(dp));                      //清空状态转移方程数组
              for(int i=0;i<n;i++)                          //赋单括号的匹配数
              dp[i][i]=1;
              for(int r=1;r<n;r++)                          //阶段：递推子序列的长度 r
                {
                  for(int i=0;i<n-r;i++)                    //状态：枚举子序列的开始位置
                    {
                      int j=i+r;                            //计算子序列的结束位置
                      dp[i][j]=0x7fffffff;                  //状态转移方程初始化为无穷大
                      if((str[i]=='(' && str[j]==')') || (str[i]=='[' &&
str[j]==']')) //若当前子序列的最外层括号 str[i] 和 str[j] 已经配对，则说明括号中的子序列亦已匹配
                      {
                        dp[i][j]=dp[i+1][j-1];
                        path[i][j]=-1;                      //path=-1 表示 [i, j] 括号匹配
                      }
                      for(int k=i; k<j; k++)                //枚举中间指针 k
                        {
                          if(dp[i][j]>dp[i][k]+dp[k+1][j])
                            //若左右子序列添加的字符数少，记下
                            {
                              dp[i][j]=dp[i][k]+dp[k+1][j];
                              path[i][j]=k;                 //path 表示 i, j 之间从 k 分开
                            }
                        }
                    }
                }
            oprint(0,n-1);                                  //输出具体的括号序列
            printf("\n");
        }
      return 0;
}
```

下面，我们给出线性DP方法在如下3个经典问题上的应用。

- 子集和问题（Subset Sum）
- 最长公共子序列问题（Longest Common Subsequence，LCS）
- 最长递增子序列问题（Longest Increasing Subsequence，LIS）

### 6.1.2 子集和问题

子集和问题（Subset Sum）如下。设$S=\{x_1, x_2, \cdots, x_n\}$是一个正整数的集合，$c$是一个正整数。子集和问题就是判定是否存在$S$的一个子集$S_1$，使得$S_1$中元素的和为$c$。

子集和问题的一个实例是硬币计数问题（Coin Counting）：给出一个由$n$个正整数组成的集合$\{a_1, a_2, \cdots, a_n\}$，$k_1a_1+k_2a_2+\cdots+k_na_n=T$有多少解（对所有的$i, k_i\geqslant 0$）？

可以使用DP方法求解硬币计数问题。设$c[j]$是在$a_1, a_2, \cdots, a_n$中考虑$a_1, a_2, \cdots, a_i$且数的和为$j$的方案数；则目标是计算$c[T]$。为了计算$c[j]$，我们将前$i$个正整数设为阶段（$1\leqslant i\leqslant n$），将$k_1a_1+k_2a_2+\cdots+k_ia_i$的可能数和$j$（$a_i\leqslant j\leqslant T$）设为状态，显然，状态转移方程为$c[j]=c[j]+c[j-a_i]$，其含义为：使用前$i$类硬币时组成的方案数（$c[j]$）= 使用前$i-1$类硬币时组成的方案数（$c[j]$）+ 至少选择了一个第$i$类硬币组成的方案数（$c[j-a_i]$）。

【6.1.2.1 Dollars】

新西兰的货币由100元、50元、20元、10元和5元的纸币以及2元、1元、50分、20分、10分和5分的硬币组成。请编写一个程序，对于任何给出的货币数量，确定可以由多少种方式构成这个数量。更改排列顺序，并不会增加计数。20分由4种方式构成：1×20分、2×10分、10分 +2×5分以及4×5分。

**输入**

输入由一个实数序列组成，每个实数一行，不超过300.00元。每个数字都是有效的，也就是5分的倍数。最后一行给出零（0.00）为结束。

**输出**

对于输入中的每个数量，输出一行，每行由钱的数量（小数部分两位，向右对齐，宽度为6）和构成数量的方式的数目组成，方式数也向右对齐，宽度为17。

| 样例输入 | 样例输出 |
|---|---|
| 0.20<br>2.00<br>0.00 | 0.20　　　　4<br>2.00　　　293 |

试题来源：New Zealand Contest 1991

在线测试：UVA 147

**试题解析**

首先，离线用DP求出范围内的所有答案。由于最小币值是5分，因此本题的11种货币以5分为计算单位。设$b[i]$为第$i$（$1\leqslant i\leqslant 11$）种货币含5分硬币的数量，$a[j]$是用前$i$种货币构成$j$（$0\leqslant j\leqslant 6000$）个5分硬币的方案数。显然，仅用5分硬币构成$j$个5分硬币的方案数为1，即初始值$a[j]=1$，$0\leqslant j\leqslant 6000$。

前$i$（$2\leqslant i\leqslant 11$）种货币构成$j$个5分硬币的方式数是在前$i-1$种货币构成$j$个5分硬币和至少选择了一个第$i$类货币组成$j$个5分硬币的基础上产生，即$a[j]+=a[j-b[i]]$。

然后，在 $a$ 数组的基础上直接处理每个测试数据：若新元为实数 $n$，则构成该数值的方案数为 $a[\lfloor n\times20 \rfloor]$。

本题还可以利用组合数学中的母函数来求解。

**参考程序**

```
#include <cstdio>
long long a[6001];                              //用 11 种货币构成 n 个 5 分的方式数为 a[n]
int b[]={1,2,4,10,20,40,100,200,400,1000,2000}; //各类货币含 5 分的数量
int main(void)
{
    //先离线用 DP 求出范围内的所有答案
    for (int i=0;i<=6000;++i) a[i]=1;           //用 5 分构成所有可能的数值
    for (int i=1;i<11;++i)                      //依次添加每类币值
        {
            for (int j= b[i];j<=6000;++j)       //枚举可使用第 i 类货币每一种可能的数和
                a[j]+=a[j-b[i]];                //前 i-1 种货币构成 j 个 5 分硬币和至少选择了
                                                //一个第 i 类货币组成 j 个 5 分硬币
        }
    while(true)                                 //处理每个测试数据
        {
            double d;
            scanf("%lf",&d);                    //读入数据
            if(d==0.0) break;                   //若检测到结束标志，则退出
            int n=int(d*20.0);                  //转化成 5 分为基本单位
            printf("%6.2lf%17I64d\n",d,a[n]);      //查表输出结果
        }
    return 0;
}
```

### 6.1.3 最长公共子序列问题

给出一个序列，将序列中的一些元素以原来序列中的次序出现，但这些元素不一定相邻，这样产生的序列称为原序列的子序列。例如，对于字符串 "abcdefg"，"abc"、"abg"、"bdf"、"aeg" 都是子序列。而对于字符串 "HIEROGLYPHOLOGY" 和 "MICHAELANGELO"，字符串 "HELLO" 是公共子序列。

最长公共子序列（Longest Common Subsequence，LCS）问题表述为：给出两个序列，找出两个序列的最长公共子序列。

最简单的方法是穷举 $X$ 的所有子序列，一一检查其是否为 $Y$ 的子序列，并随时记录下所发现的最长子序列。显然这种算法对长序列来说是不实际的。因为一个长度为 $m$ 的序列有 $2^m$ 种子序列，这一算法需要付出指数级时间的代价。

可采用 DP 方法求解最长公共子序列问题，关键是定义阶段、状态和决策。

给出两个序列 $x$ 和 $y$，其长度分别为 $m$ 和 $n$，$x$ 和 $y$ 的最长公共子序列 $z$ 计算如下：

设序列 $x=<x_1, x_2, \cdots, x_m>$，其第 $i$ 个前缀为 $x_i' ==<x_1, x_2, \cdots, x_i>$，$i=0, 1, \cdots, m$；序列 $y=<y_1, y_2, \cdots, y_n>$，其第 $i$ 个前缀为 $y_i'==<y_1, y_2, \cdots, y_i>$，$i=0, 1,\cdots, n$；序列 $z=<z_1, z_2, \cdots, z_k>$ 是 $x$ 和 $y$ 的 LCS。例如，如果 $x=<A, B, C, B, D, A, B>$，则 $x_4'=<A, B, C, B>$，且 $x_0'$ 是空序列。

阶段和状态分别是 $x$ 的前缀指针 $i$ 和 $y$ 的前缀指针 $j$，这样可以保证 $x_{i-1}$ 和 $y_{j-1}$ 的 LCS 已经求出。决策是根据 LCS 的三个性质做最优选择。

**性质 1**　如果 $x_m=y_n$，则 $z_k=x_m=y_n$，且 $z'_{k-1}$ 是 $x'_{m-1}$ 和 $y'_{n-1}$ 的 LCS。

**性质 2**　如果 $x_m \neq y_n$，则 $z_k \neq x_m$，并且 $z$ 是 $x'_{m-1}$ 和 $y$ 的 LCS。

**性质 3**　如果 $x_m \neq y_n$，则 $z_k \neq y_n$，并且 $z$ 是 $x$ 和 $y'_{n-1}$ 的 LCS。

设 $c[i,j]$ 是 $x'_i$ 和 $y'_j$ 的 LCS 的长度，

$$c[i,j]=\begin{cases}0 & i=0\text{或}j=0\\ c[i-1,j-1]+1 & i,j>0\text{并且}x_i=y_j\\ \max\{c[i,j-1],c[i-1,j]\} & i,j>0\text{并且}x_i\neq y_j\end{cases}$$

计算 $c[i,j]$ 的时间复杂度为 $O(n^2)$。

**【6.1.3.1　Longest Match】**

一家新开张的侦探社正在努力用侦探们有限的智慧来设计他们之间进行秘密信息传递的技术。因为在这个专业领域是新手，所以他们很清楚自己的信息会被其他团队截获和修改。他们要通过检查被改变的信息部分来猜测其他部分的内容。首先，他们要获取最长的匹配长度。请帮助他们。

**输入**

输入包含若干测试用例。每个测试用例包含两行连续的字符串。也可以出现空行和可打印的非字母的标点符号字符。一行字符串不超过 1000 个字符，每个单词的长度小于 20 个字符。

**输出**

对于输入的每个测试用例，输出一行，先向右对齐按两位宽度输出测试用例编号，然后如样例输出所示输出最长匹配。如果在输入中有空行，则输出 "Blank!"。要把可打印的非字母的标点符号字符作为空格。

| 样例输入 | 样例输出 |
|---|---|
| This is a test.<br>test<br>Hello!<br><br>The document provides late-breaking information<br>late breaking. | 1. Length of longest match: 1<br>2. Blank!<br>3. Length of longest match: 2 |

试题来源：TCL Programming Contest 2001

在线测试：UVA 10100

**试题解析**

我们将字串中连续的字母认作一个单词，依次计算出两个字符串中的单词，其中第 1 个字符串的单词序列为 $T1$.word[1]…$T1$.word[$n$]，第 2 个字符串的单词序列为 $T2$.word[1]…$T2$.word[$m$]。

接下来，将每个单词缩成一个“字符”，使用 LCS 算法计算出两个串的最长公共子序列，该序列的长度即为最长匹配。

**参考程序**

```
#include<iostream>
#include<cstring>
#include<cstdio>
```

```
#include<string>
#include<algorithm>
#define N (1024)
using namespace std;
struct text{                              //待匹配两串的结构类型
    int num;                              //单词数
    string word[1024];                    //单词序列
}t1,t2;
string s1,s2;
int f[N][N];              //s1 中前 i 个单词与 s2 中前 j 个单词中匹配的最多单词数为 f[i, j]
void divide(string s,text &t)//从 s 中截出长度为 t.num 的单词序列 t.word[]
{
    int l=s.size();                       //计算 s 的串长
    t.num=1;
    for(int i=0;i<1000;i++)     t.word[i].clear();
    for(int i=0;i<l;++i)
        if ('A'<=s[i] && s[i]<='Z' || 'a'<=s[i] && s[i]<='z'||'0'<=s[i]&&s[i]<='9')
               t.word[t.num]+=s[i];
        else     ++t.num;
    int now=0;
    for(int i=1;i<=t.num;i++)     if(!t.word[i].empty())     t.word[++now]=t.word[i];
    t.num=now;
}
int main(void)
{
    int test=0;                           //测试用例编号初始化
    while (!cin.eof())
    {
        ++test;                           //计算测试用例编号
        getline(cin,s1);                  //读字串 s1
        divide(s1,t1);                    //从 s1 中截出长度为 t1.num 的单词序列 t1.word[]
        getline(cin,s2);                  //读字串 s2
        divide(s2,t2);                    //从 s2 中截出长度为 t2.num 的单词序列 t2.word[]
        printf("%2d. ",test);             //输出测试用例编号
        if(s1.empty() || s2.empty())      //输入中有空行
        {
            printf("Blank!\n");
            continue;
        }
        memset(f,0,sizeof(f));            //初始化
        for (int i=1;i<=t1.num;++i)       //递推 s1 中的单词
            for (int j=1;j<=t2.num;++j)   //递推 s2 中的单词
            { //计算 s1 中前 i 个单词与 s2 中前 j 个单词中匹配的最多单词数
                f[i][j]=max(f[i-1][j],f[i][j-1]);
                if (t1.word[i]==t2.word[j])
                    f[i][j]=max(f[i][j],f[i-1][j-1]+1);
            }
        printf("Length of longest match: %d\n",f[t1.num][t2.num]);
        //输出 s1 和 s2 中匹配的最多单词数
    }
    return 0;
}
```

### 6.1.4 最长递增子序列问题

设 $A=<a_1, a_2, \cdots, a_n>$ 是由 $n$ 个不同的实数组成的序列，$A$ 的递增子序列 $L$ 是这样一

个子序列 $L=<a_{k_1}, a_{k_2}, \cdots, a_{k_m}>$，其中 $k_1<k_2<\cdots<k_m$ 且 $a_{k_1}<a_{k_2}<\cdots<a_{k_m}$。最长递增子序列（Longest Increase Subsequence，LIS）问题就是求 $A$ 的最长递增子序列，也就是说，求最大的 $m$ 值。

有三种 DP 方法可用于最长递增子序列问题的计算。

**方法 1：LIS 问题转化为 LCS 问题**

把 LIS 问题转化为 LCS 问题来求解。设序列 $X=<b_1, b_2, \cdots, b_n>$ 是对序列 $A=<a_1, a_2, \cdots, a_n>$ 按递增排好序的序列。显然，$X$ 与 $A$ 的最长公共子序列即为 $A$ 的最长递增子序列。这样，求 LIS 的问题就转化为求 LCS 的问题了。

这一算法的效率分析如下：对序列 $A$ 进行排序，产生序列 $X$，用时 $O(n\log_2(n))$；计算序列 $A$ 和 $X$ 的最长公共子序列，用时 $O(n^2)$。所以，总的时间复杂度为 $O(n\log_2(n)+n^2)$。

显然，在递增序列 $X$ 已知的前提下，使用方法 1 是最为简便的。

**方法 2：DP 方法**

设 $f(i)$ 是序列 $A$ 中以 $a_i$ 为尾的最长递增子序列的长度。显然 $f[1]=1$，$f(i)=\max\limits_{1\leqslant j\leqslant i-1}\{f(j) \mid a_j<a_i\}+1$，则 $f(n)$ 即为 $A$ 的最长递增子序列的长度。显然，使用 DP 方法的时间复杂度为 $O(n^2)$。

**方法 3：二分查找**

第二种 DP 方法在计算每一个 $f(i)$ 时，都要找出最大的 $f(j)$，其中 $j<i$。由于 $f(j)$ 没有顺序，只能顺序查找满足 $a_j<a_i$ 最大的 $f(j)$，如果能将让 $f(j)$ 有序，就可以使用二分查找，这样算法的时间复杂度就可能降到 $O(n\log_2 n)$。用一个数组 $B$ 来存储“子序列的”最大递增子序列的尾元素，即 $B[f(j)]=a_j$。在计算 $f(i)$ 时，在数组 $B$ 中用二分查找法找到满足 $j<i$ 且 $B[f(j)]=a_j<a_i$ 的最大的 $j$，并将 $B[f[j]+1]$ 置为 $a_i$。

下面给出这三种 DP 方法的范例。

【6.1.4.1 History Grading】

在计算机科学中的许多问题是按一定的约束最大化某些测量值。在一次历史考试中，要求学生按时间顺序排列若干历史事件。将所有事件按正确的次序排列的学生将得满分，但对于那些将历史事件一次或多次不正确排列的学生，应该如何给他们的部分分数呢？

部分分数的某些可能性包括：

- 每个事件排名与其正确的排名匹配，得 1 分。
- 在事件的最长序列（并不一定是相邻的）中以相对正确的次序排列的每个事件得 1 分。

例如，如果 4 个事件正确的排列为 1 2 3 4，那么次序 1 3 2 4 根据第一条规则得 2 分（事件 1 和 4 排列位置正确），根据第 2 条规则得 3 分（事件次序 1 2 4 和 1 3 4 相对的次序都是正确的）。

请编写一个程序，采用第 2 条规则为这样的问题评分。

给出 $n$ 个事件 1，2，⋯，$n$ 按时间排列的顺序 $c_1$，$c_2$，⋯，$c_n$，其中 $1\leqslant c_i\leqslant n$，表示按时间顺序事件 $i$ 的排列位置。

**输入**

输入的第一行给出一个整数 $n$，表示事件的数量，$2\leqslant n\leqslant 20$。第二行给出 $n$ 个整数，表示 $n$ 个按时间顺序的正确排列。在后面的若干行中，每行给出 $n$ 个整数，表示某个学生对 $n$ 个事件给出的按时间顺序的排列，所有的行每行给出 $n$ 个数字，范围是 $[1\cdots n]$，在一行中每个数字仅出现一次，用一个或多个空格分开。

**输出**

对于每个学生给出的事件排列，程序要在一行中输出这一排列的得分。

| 样例输入 1 | 样例输出 1 |
|---|---|
| 4<br>4 2 3 1<br>1 3 2 4<br>3 2 1 4<br>2 3 4 1 | 1<br>2<br>3 |

| 样例输入 2 | 样例输出 2 |
|---|---|
| 10<br>3 1 2 4 9 5 10 6 8 7<br>1 2 3 4 5 6 7 8 9 10<br>4 7 2 3 10 6 9 1 5 8<br>3 1 2 4 9 5 10 6 8 7<br>2 10 1 3 8 4 9 5 7 6 | 6<br>5<br>10<br>9 |

试题来源：Internet Programming Contest 1991

在线测试：UVA 111

**试题解析**

设正确排列为 st[]，其中 $t$ 时刻发生的事件序号为 st[$t$]；当前学生给出的排列为 ed[]，其中 $t$ 时刻发生的事件序号为 ed[$t$]。显然，st[] 与 ed[] 的最长公共子序列即为 ed[] 的最长递增子序列，其长度即当前学生的最大得分。可以使用方法 1 求出这个得分。

**参考程序**

```
#include<iostream>
#include<cstring>
#include<cstdio>
using namespace std;
int n;                              //事件数
int f[30][30];                      //状态转移方程
int st[30];                         //正确排列中 t 时刻发生的事件序号为 st[t]
int ed[30];                         //当前学生排列中 t 时刻发生的事件序号为 ed[t]
int tmp[30];                        //n 个事件发生时间的排列
int main(void)
{
    freopen("111.in","r",stdin);
    freopen("HG.out","w",stdout);
    scanf("%d",&n);                 //输入事件数
    for(int i=1;i<=n;++i)           //输入 n 个整数，表示 n 个按时间顺序的正确排列，记下每个
                                    //事件发生时间对应的事件序号
    {
        cin >> tmp[i];
        st[tmp[i]]=i;
    }
    while(!cin.eof())               //反复输入每个学生对 n 个事件给出的按时间顺序的排列
    {
```

```
        for(int i=1;i<=n;++i)    //输入当前学生对 n 个事件给出的按时间顺序的排列，记下每个
                                 //事件发生时间对应的事件序号
        {
            cin >> tmp[i];
            ed[tmp[i]]=i;
        }
        if(cin.eof()) break;
        memset(f,0,sizeof(f));
        for(int i=1;i<=n;++i)    //计算 st[] 与 ed[] 的 LCS
            for(int j=1;j<=n;++ j)
            {
                f[i][j]=max(f[i-1][j],f[i][j-1]);
                if(st[i]==ed[j])
                    f[i][j]=max(f[i][j],f[i-1][j-1]+1);
            }
        cout << f[n][n] << endl; //输出当前学生排列的最大得分
    }
    return 0;
}
```

### 【6.1.4.2　滑雪】

Michael 喜欢滑雪，这并不奇怪，因为滑雪的确很刺激。可是为了获得速度，滑的区域必须向下倾斜，而且当你滑到坡底，不得不再次走上坡或者等待升降机来载你。Michael 想知道在一个区域中最长的滑坡。区域由一个二维数组给出，数组中的每个数字代表点的高度。下面是一个例子：

```
 1   2   3   4   5
16  17  18  19   6
15  24  25  20   7
14  23  22  21   8
13  12  11  10   9
```

当且仅当高度减小，一个人可以从某个点滑向上下左右相邻的四个点之一。在上面的例子中，一条可滑行的滑坡为 24-17-16-1。当然 25-24-23-…-3-2-1 更长。事实上，这是最长的一条。

**输入**

输入的第一行表示区域的行数 $R$ 和列数 $C$（$1 \leqslant R, C \leqslant 100$）。下面是 $R$ 行，每行有 $C$ 个整数，代表高度 $h$，$0 \leqslant h \leqslant 10\,000$。

**输出**

输出最长区域的长度。

| 样例输入 | 样例输出 |
|---|---|
| 5 5<br>1 2 3 4 5<br>16 17 18 19 6<br>15 24 25 20 7<br>14 23 22 21 8<br>13 12 11 10 9 | 25 |

试题来源：SHTSC 2002 第一试（周咏基命题）

在线测试：POJ 1088

## 试题解析

试题要求计算的滑坡是一条节点高度递减且依次相邻的最长路径。如果以高度作为关键字的话，这条路径是最长的递减子序列。我们采用类似方法 2 求解，不同的是：

- 先将 $R*C$ 个点按高度递减的顺序进行排序。
- 在上述序列中通过方法 2 计算一个含点数最多的滑坡。注意，当且仅当两个点相邻时才可进行状态转移。

## 参考程序

```
#include <iostream>
#include <cstdlib>
using namespace std;
struct stDP                                  // 动规结构
{
    int nSteps;                              // 以本格子为最后一个格子时最长滑雪区域的区域长度
    int nRow;                                // 格子的行
    int nCol;                                // 格子的列
};
int nR;                                      // 区域的行数
int nC;                                      // 区域的列数
int grids[100][100];                         // 区域的相邻矩阵
stDP dp[10000];                              // 状态转移方程
int nMaxSteps=1;                             // 最长滑雪区域的长度
int compare( const void* p1, const void* p2 ) // 排序的比较函数
{
    stDP *q1=(stDP *)p1;
    stDP *q2=(stDP *)p2;
    if(grids[q1->nRow][q1->nCol]<grids[q2->nRow][q2->nCol])
        return -1;
    else if(grids[q1->nRow][q1->nCol]>grids[q2->nRow][q2->nCol])
        return 1;
    else
        return 0;
}
int main(void)
{
    cin>>nR>>nC;                             // 读区域的行数和列数
    int k=0;                                 // dp 数组的长度初始化
    for (int i=0;i<nR;++i)
        {
            for (int j=0;j<nC;++j)
                {
                    cin>>grids[i][j];        // 读入当前格的高度
                    dp[k].nSteps=1;          // 当前格设为最长区域的尾格子，长度初始化为 1
                    dp[k].nRow=i;
                    dp[k].nCol=j;
                    ++k;
    }
}
qsort(dp,k,sizeof(stDP),compare);            // 按高度递减排列 dp[] 中的格子
for (int i=1;i<k;++i)
{
```

```
        int r1=dp[i].nRow;                    //取出 dp[] 中第 i 个格子的行列位置
        int c1=dp[i].nCol;
        for (int j=0;j<i;++j)                 //依次取出前面的每个格子 j
            {
                int r2=dp[j].nRow;
                int c2=dp[j].nCol;
                if(r1==r2 && c1==c2+1 || r1==r2 && c1==c2-1 ||c1==c2 && r1==r2+1
|| c1==c2 && r1==r2-1)  //若 dp 中第 i 个格子和第 j 个格子同行相邻或者同列相邻，且从第 i 个格子滑
                        //到第 j 个格子路径更长，则保存，并调整最长区域的长度
                {
                    if(dp[i].nSteps<dp[j].nSteps+1)
                    { dp[i].nSteps=dp[j].nSteps+1;
                      nMaxSteps=nMaxSteps>dp[i].nSteps?nMaxSteps:dp[i].nSteps;
                    }
                }
            }
        }
        cout<<nMaxSteps<<endl;                //输出最长区域的长度
        return 0;
    }
```

【6.1.4.3　Wavio Sequence】

Wavio 是一个整数序列，具有如下的有趣特性：

- Wavio 的长度是奇数，即 $L=2*n+1$。
- Wavio 序列的前 $n+1$ 个整数是一个严格的递增序列。
- Wavio 序列的后 $n+1$ 个整数是一个严格的递减序列。
- 在 Wavio 序列中，没有两个相邻的整数是相同的。

例如 1, 2, 3, 4, 5, 4, 3, 2, 0 是一个长度为 9 的 Wavio 序列，但 1, 2, 3, 4, 5, 4, 3, 2, 2 不是一个合法的 Wavio 序列。在本问题中，给出一个整数序列，请找出给出序列中的一个子序列，这个子序列是具有最长长度的 Wavio 序列。例如，给出的序列为：

1 2 3 2 1 2 3 4 3 2 1 5 4 1 2 3 2 2 1

最长的 Wavio 序列为 1 2 3 4 5 4 3 2 1，因此输出 9。

**输入**

输入的测试用例的个数小于 75 个。每个测试用例的描述如下，输入以文件结束符结束。

每个测试用例以一个正整数 $N$（$1 \leqslant N \leqslant 10\,000$）开始，在后面的行给出 $N$ 个整数。

**输出**

对输入的每个测试用例，在一行中输出最长的 Wavio 序列的长度。

| 样例输入 | 样例输出 |
| --- | --- |
| 10<br>1 2 3 4 5 4 3 2 1 10<br>19<br>1 2 3 2 1 2 3 4 3 2 1 5 4 1 2 3 2 2 1<br>5<br>1 2 3 4 5 | 9<br>9<br>1 |

试题来源：The Diamond Wedding Contest: Elite Panel's 1st Contest 2003

在线测试：UVA 10534

## 试题解析

设原序列为 $A=a_1\cdots a_n$，LIS[$k$] 为 [$a_1\cdots a_k$] 中最长递增子序列的长度，LDS[$k$] 为 [$a_k\cdots a_n$] 中最长递减子序列的长度。

首先，使用方法 3 计算序列 $A$ 中以 $a_i$ 为尾的前缀的最长递增子序列的长度 $f[i]$，其中 $1\leqslant i\leqslant k$；$\text{LIS}[k]=\max\limits_{1\leqslant i\leqslant k}\{f[i]\}$。

然后，再使用方法 3 计算序列 $A$ 中以 $a_i$ 为首的后缀的最长递减子序列的长度 $f[i]$，其中 $k\leqslant i\leqslant n$；$\text{LDS}[k]=\max\limits_{k\leqslant i\leqslant n}\{f[i]\}$。

如果以 $k$ 为 Wavio 序列的中间指针的话，左右端等长的元素数应取 min{LIS[$k$], LDS[$k$]}，则 Wavio 序列的长度为 ans[$k$]=2*min{LIS[$k$], LDS[$k$]}−1。

显然，依次枚举中间指针 $k$，得到 Wavio 序列的最大长度 $\text{ans}=\max\limits_{1\leqslant k\leqslant n}\{\text{ans}[k]\}$。

## 参考程序

```
#include<cstdio>
#include<cstring>
using namespace std;
const int MAXN = 10010,INF = 2147483647;
int N,A[MAXN],F[MAXN],G[MAXN],L[MAXN]; //整数个数为N, 原序列为A[], 递增序列为L[],
                                       //f[] 同LIS[], G[] 同LDS[]
int binary(int l,int r,int x)          //返回递增序列L[l, r]中不大于x的元素数
{
    int mid;
    l = 0; r = N;
    while (l<r)
    {
        mid = (l+r)>>1;
        if (L[mid+1]>=x) r = mid; else l = mid+1;
    }
    return l;
}
inline int min(int x,int y) { return (x<y) ? (x) : (y); } //返回min{x, y}
int main()
{
    int i,j,k,Ans;
    while (scanf("%d",&N) != EOF)      //反复输入整数个数N,直至输入EOF为止
    {
        for (i=1;i<=N;i++) scanf("%d",A+i);        //输入N个整数，构建数组A
        for (i=1;i<=N;i++) L[i]=INF; L[0]=-INF-1;  //递增序列L初始化
        for (i=1;i<=N;i++)                         //右推A的每个元素
        {
            F[i]=binary(1,N,A[i])+1;   //计算递增序列L中A[i]的插入位置
            if (A[i]<L[F[i]]) L[F[i]]=A[i];        //若L中目前未插入A[i]，则插入
        }
        for (i=1;i<=N;i++) L[i]=INF; L[0]=-INF-1;  //递增序列L初始化
        for (i=N;i>=1;i--)                         //左推A的每个元素
        {
            G[i]=binary(1,N,A[i])+1;   //计算递增序列L中A[i]的插入位置
            if (A[i] < L[G[i]]) L[G[i]]=A[i];     //若L中目前未插入A[i]，则插入
        }
```

```
        Ans=0;                              //两个方向上严格递增序列的最大长度初始化
        for (i=1;i<=N;i++)  //依次以A[]的每个元素为中间元素，调整两端等长的最多元素数
            if ((k = min(F[i],G[i])) > Ans) Ans = k;
        printf("%d\n",Ans*2-1);             //输出最长的Wavio序列长度
    }
    return 0;
}
```

## 6.2 0-1背包问题

在5.1.1节的背包问题和任务调度问题中，我们给出了背包问题的实验范例。在这一基础上，本节给出0-1背包问题（0-1 Knapsack Problem）的实验范例。

### 6.2.1 基本的0-1背包问题

基本的0-1背包问题描述如下：给定$n$个物品和一个背包，物品$i$重量为$w_i$，价值为$p_i$，其中$w_i>0$，$p_i>0$，$1\leqslant i\leqslant n$；每个物品或者装入背包，或者不装入背包。背包的载荷能力为$M$。基本的0-1背包问题的目标是在$n$个物品中寻找一个子集$S$，使背包里所放物品的总重量不超过$M$，即在约束条件$\sum_{i\in S} w_i \leqslant M$限制下，使背包中物品的价值总和$\sum_{i\in S} p_i$达到最大。

用动态规划算法对基本的0-1背包问题进行分析。设$B(i, w)$表示选择物品$\{1, 2, \cdots, i\}$的一个子集且重量限制为$w$的最优解的值，则对于每个$w\leqslant M$, $B(0, w)=0$；对于第$i$件物品，有放入背包（$B(i, w)=B(i-1, w-w_i)+p_i$）和不放入背包（$B(i, w)=B(i-1, w)$）两种选择。所以，$B(i, w)$计算公式如下：

$$B(i,w)=\begin{cases}B(i-1,w) & w_i>M\\ \max\{B(i-1,w),B(i-1,w-w_i)+p_i\} & \text{其他情况}\end{cases}$$

因此，求解基本的0-1背包问题的算法步骤如下。

```
输入：n个物品组成的集合，物品i重量为wi，价值为pi；背包的载荷能力M；
输出：对于w=0，…，M，在总重量最多为w的条件下，使得n个物品集的子集的价值B[w]达到最大；
for (w=0; w≤M; w++)                    //初始化
    B[w]=0;
for (i=1; i≤n; i++)                     //阶段：递推n个物品
    for (w=M; w≥wi; w--)                //状态：枚举重量限制
        if (B[w- wi]+ pi> B[w])         //决策：若第i件物品放入背包较优，则调整
            B[w]= B[w- wi] + pi;
```

**【6.2.1.1 Charm Bracelet】**

Bessie去商场的珠宝店，看到一个迷人的手镯。她想用$N$（$1\leqslant N\leqslant 3402$）个小装饰品来装饰这个手镯。在Bessie给出的小装饰品列表中，每个小装饰品$i$都有一个重量$W_i$ ($1\leqslant W_i\leqslant 400$)，和一个期望因子$D_i$ ($1\leqslant D_i\leqslant 100$)，每个小装饰品最多只能在手镯上装饰一次。Bessie只能买小装饰品的总重量不超过$M$ ($1\leqslant M\leqslant 12\,880$) 的手镯。

本题给出小装饰品的总重量限制作为约束条件，并给出了小装饰品重量和期望因子的列表，请计算小装饰品的期望因子可能的最大总和。

**输入**

第1行：两个用空格分隔的整数$N$和$M$。

第2行到第$N$+1行：第$i$+1行用两个空格分隔的整数$W_i$和$D_i$描述小装饰品$i$。

**输出**

输出一行，给出一个整数，它是在总重量约束下所能达到的期望因子值的最大和。

| 样例输入 | 样例输出 |
|---|---|
| 4 6<br>1 4<br>2 6<br>3 12<br>2 7 | 23 |

*试题来源*：USACO 2007 December Silver

*在线测试*：POJ 3624

**试题解析**

给出 $N$ 个小装饰品，每个小装饰品 $i$ 都有一个重量 $W_i$ 和一个期望因子 $D_i$，每个小装饰品只有加到手镯上和不加到手镯上两种选择，小装饰品的总重量限制为 $M$，求手镯能够承载的小装饰品的期望因子值的最大和。所以本题是基本的 0-1 背包问题。

本题采用基本的 0-1 背包问题的算法求解。

**参考程序**

```
#include<iostream>
#include<cstdio>
#include<string.h>
#include<algorithm>
using namespace std;
int dp[12881]; //最大总重量不超过 12880, 下标表示重量, dp 存的是不超过该总重量能得到的最大期望值
int wi[3405];  //小装饰品的重量
int di[3405];  //小装饰品的期望值
int main()
{
    int n,m;
    scanf("%d%d",&n,&m);                    //n 个小装饰品, 总重量限制为 m
    for(int i=0;i<n;i++)
        scanf("%d%d",&wi[i],&di[i]);        //小装饰品重量和期望因子的列表
    memset(dp,0,sizeof(dp));                //清零
    for(int i=0;i<n;i++)                    //阶段
        for(int j=m;j>=wi[i];j--)           //状态
            dp[j]=max(dp[j],dp[j-wi[i]]+di[i]);  //决策: 在放入或不放入第 i 个小
                                                 //装饰品之间选择最优方案
    printf("%d\n",dp[m]);                   //输出在总重量 m 约束下所能达到的最大期望因子值和
}
```

### 6.2.2 完全背包

完全背包问题描述如下：给出 $n$ 种物品和一个载荷能力为 $M$ 的背包，每种物品都有无限件，物品 $i$ 重量为 $w_i$，价值为 $p_i$，其中 $w_i>0$，$p_i>0$，$1 \leqslant i \leqslant n$。求将哪些物品装入背包，可使得使背包里所放物品的总重量不超过 $M$，且背包中物品的价值总和达到最大。

完全背包问题和基本的 0-1 背包问题非常类似，区别就是在完全背包问题中，每种物品有无限件。如果从每种物品的角度考虑，求解完全背包问题的策略由对某种物品取或者不取变成了取 0 件、取 1 件、取 2 件等很多种。按基本的 0-1 背包问题求解算法的思路，设 $f[i][v]$ 表示前 $i$ 种物品恰放入一个载荷能力为 $v$ 的背包的最大价值，则状态转移方程为 $f[i][v]=\max\{f[i-1][v-k*w[i]]+k*p[i] \mid 0 \leqslant k*w[i] \leqslant v\}$。

因此，求解完全背包问题的算法步骤如下：

```
for (i=1; i≤n; i++)                          // 阶段：枚举每个物品
    for (v=0; v≤M; v++)                       // 状态：枚举背包载荷能力
        for (k=1; k≤v div w[i]; k++)          // 决策
            f[i][v]=max{ f[i-1][v], f[i-1][v-k*w[i]]+k*p[i]}
```

完全背包问题有两个简单的优化：

- **优化 1**：精简第一维，即 $f[v]$ 表示前 $i$ 种物品恰放入一个容量为 $v$ 的背包的最大价值，状态转移方程为 $f[j]=\max\{f[j], f[j-k*w[i]]+k*p[i]\}$，$1 \leqslant k \leqslant \left\lfloor \frac{v}{w[i]} \right\rfloor$。
- **优化 2**：如果两件物品 $i$ 和 $j$ 满足 $p_i \leqslant p_j$ 且 $w_i \geqslant w_j$，则将物品 $i$ 去掉，不用考虑。

【6.2.2.1　Dollar Dayz】

农夫 John 去了在 Cow Store 的 Dollar Days，发现有无限数量的工具在出售。在他第一次去的时候，这些工具以 1 美元、2 美元和 3 美元的价格出售。农夫 John 正好有 5 美元，他可以买每件 1 美元的工具 5 个；或者买每件 3 美元的工具 1 个，然后买每件 2 美元的工具 1 个；等等。如果农夫 John 把所有的钱花在买工具上，那么就一共有 5 种不同的组合方式，如下所示：

1 @ US$3+1 @ US$2

1 @ US$3+2 @ US$1

1 @ US$2+3 @ US$1

2 @ US$2+1 @ US$1

5 @ US$1

请编写一个程序，计算农夫 John 在 Cow Store 花费 $N$ 美元（$1 \leqslant N \leqslant 1000$）可以购买工具的方式数，工具的价格成本从 1 美元到 $K$ 美元（$1 \leqslant K \leqslant 100$）。

**输入**

输入一行，给出两个用空格分隔的整数 $N$ 和 $K$。

**输出**

输出一行，给出农夫 John 花费他的钱的方式数。

| 样例输入 | 样例输出 |
| --- | --- |
| 5 3 | 5 |

试题来源：USACO 2006 January Silver

在线测试：POJ 3181

**试题解析**

给出两个整数 $N$ 和 $K$。从多重集 $\{\infty \cdot 1, \infty \cdot 2, \cdots, \infty \cdot K\}$ 中找出一个多重子集，元素的和为 $N$，一共有多少组合方法？

设 dp[$i$][$j$] 表示农夫 John 花费 $j$ 美元购买前 $i$ 种工具（价格分别为 1, 2, …, $i$ 美元）的方式数，对于第 $i$ 种工具，决策是不买或者至少买一个。不买的话，方式数是 dp[$i-1$][$j$]；

至少买一个的话，方式数是 dp[$i$][$j-i$]。所以 dp[$i$][$j$]=dp[$i-1$][$j$]+dp[$i$][$j-i$]。

由于本题的数据范围较大，而 long long 可以存储 19 位，因此，将超过 19 位的部分称为高位部分（如果存在），19 位以内的部分称为低位部分。设两个 long long 类型的变量 dp1[ ] 和 dp2[ ]，其中 dp1[ ] 存储高位部分，dp2[ ] 存储低位部分。这样，就可以按照题目要求的数据规模存储和输出方式数了。

**参考程序**

```
#include<iostream>
using namespace std;
int n, k;          // John 的钱数 n，工具价格成本的上限 k
long long MOD = 1;
long long dp1[1005], dp2[1005];  // John 花费 j 美元购买前 i 种工具的方式数的高位部分为 dp1
                                 // [j]，低位部分为 dp2[j]
int main()
{
    scanf("%d%d", &n, &k);                // 输入 John 的钱数和工具价格成本的上限
    for (int i = 0; i < 18; i++)          // MOD=10^18
        MOD *= 10;
    dp2[0] = 1;                           // 初始化：工具数和钱数为
    for (int i = 1; i <= k; i++)          // 递推工具数
        for (int j = 0; j <= n; j++)      // 枚举 John 的钱数
        {
            if (j - i >= 0)               // 买第 i 种工具
            {
                dp1[j]=dp1[j]+dp1[j-i]+(dp2[j]+dp2[j-i])/MOD; // 算出 i，j 对应的高位
                dp2[j] = (dp2[j] + dp2[j - i]) % MOD;       // 算出低位
            }
            else  // 不买第 i 种工具
            {
                dp1[j] = dp1[j];
                dp2[j] = dp2[j];
            }
        }
    if (dp1[n]) printf("%lld", dp1[n]);  // 若方式数高于 19 位，则输出高位部分
    printf("%lld\n", dp2[n]);            // 输出方式数的低位部分
    return 0;
}
```

### 【6.2.2.2　Piggy-Bank】

ACM 在做任何事情之前，必须编制预算以获得必要的财政经费支持，而财政经费则来自“不可逆转的束缚货币”（Irreversibly Bound Money，IBM）。这一做法的思想很简单。某个 ACM 成员只要有一点零钱，他就要把所有的硬币都扔进一个储蓄罐。这个过程是不可逆的，如果不打破储蓄罐的话，硬币就不能被取出。在足够长的时间之后，储蓄罐里就会有足够的钱来支持所有需要进行的工作。

但是储蓄罐有一个大问题，就是不能确定里面有多少钱。这就有可能在我们把储蓄罐打碎之后，结果却发现钱不够。我们希望能够避免这种情况，唯一可能的方法就是称一下储蓄罐的重量，然后试着猜测里面有多少硬币。本题设定，我们能够精确地确定储蓄罐的重量，并且知道每一种硬币的重量。本题需要确定在储蓄罐里可以保证有的最低总金额。请找出最坏的情况，确定储蓄罐内的最小的现金量。我们需要你的帮助，不要过早地打碎储蓄罐。

**输入**

输入给出 $T$ 个测试用例。在输入的第一行给出测试用例的数目 $T$。每个测试用例的第一行给出两个整数 $E$ 和 $F$，表示空的储蓄罐和装满硬币的储蓄罐的重量，这两个重量均以克为单位。储蓄罐的重量不会超过 10 公斤，也就是说，$1 \leqslant E \leqslant F \leqslant 10\,000$。在测试用例的第二行给出一个整数 $N$（$1 \leqslant N \leqslant 500$），给出在给定的货币体系中硬币的种类数量。接下来的 $N$ 行，每行给出两个整数 $P$ 和 $W$（$1 \leqslant P \leqslant 50\,000, 1 \leqslant W \leqslant 10\,000$）表示一种硬币，$P$ 是该种硬币的面值，$W$ 是该种硬币的重量，单位是克。

**输出**

对于每个测试用例，输出一行。该行输出 "The minimum amount of money in the piggy-bank is X."，其中 $X$ 是给定硬币总重量，储蓄罐内可以达到的最小金额。如果对于给出的硬币重量，无法计算出储蓄罐内的最小金额，则输出一行 "This is impossible."。

| 样例输入 | 样例输出 |
| --- | --- |
| 3<br>10 110<br>2<br>1 1<br>30 50<br>10 110<br>2<br>1 1<br>50 30<br>1 6<br>2<br>10 3<br>20 4 | The minimum amount of money in the piggy-bank is 60.<br>The minimum amount of money in the piggy-bank is 100.<br>This is impossible. |

*试题来源*：ACM Central Europe 1999

*在线测试*：POJ 1384，ZOJ 2014，HDOJ 1114

**试题解析**

本题给出硬币的种类数量 $n$，每种硬币的面值 val[$i$] 和重量 cost[$i$]，以及硬币总重量 $m$（装满硬币的储蓄罐的重量 – 空的储蓄罐的重量），求解储蓄罐内可以达到的最小金额。由于每一种硬币可以有无限个，所以本题是完全背包问题。

设 dp[$i$][$j$] 表示只用前 $i$ 种硬币，且当总重量达到 $j$ 克时的最小金额，则 dp[$i$][$j$]=min{dp[$i-1$][$j$], dp[$i$][$j-$cost[$i$]]+val[$i$]}，前者表示第 $i$ 种硬币一个都不选，后者表示至少选一个第 $i$ 种硬币。

因为本题的目标是求解储蓄罐内可以达到的最小金额，所以初始化时所有 dp 都为 INF（无穷大），且 dp[0]=0。（如果要求解储蓄罐内可以达到的最大金额，那么应该初始化为 –1。）本题的解为 dp[$n$][$m$]，如果 dp[$n$][$m$] 为 INF，则说明 $m$ 克是一个不可达的状态。

本题 dp 数组为一维，下标为硬币重量。

**参考程序**

```
#include<cstdio>
#include<cstring>
```

```
#include<algorithm>
using namespace std;
const int maxn=10000+5;     //硬币总重量的上限
#define INF 1e9
int n;                      //硬币种数
int m;                      //硬币的总重量
int dp[maxn];               //目前选择硬币的总重量达到 j 克时的最小金额 dp[j]
int cost[maxn];             //每种硬币的重量
int val[maxn];              //每种硬币的面值
int main()
{
    int T; scanf("%d",&T); //测试用例的数目 T
    while(T--)              //依次处理每个测试用例
    {
        int m1,m2;
        scanf("%d%d%d",&m1,&m2,&n); //空的储蓄罐和装满硬币的储蓄罐的重量分别是 m1 和 m2,
                                     //以及硬币的种类数量 n
        m=m2-m1;            //计算硬币总重量
        for(int i=1;i<=n;i++)
            scanf("%d%d",&val[i],&cost[i]);                 //硬币的面值和重量
        for(int i=0;i<=m;i++) dp[i]=INF;                    //初始化
        dp[0]=0;            //硬币总重量为 0 时的最小金额为 0
        for(int i=1;i<=n;i++)                               //递推每种硬币
        {
            for(int j=cost[i];j<=m;j++)
                dp[j] = min(dp[j], dp[j-cost[i]]+val[i]);
        }
        if(dp[m]==INF) printf("This is impossible.\n"); //输出结果
        else printf("The minimum amount of money in the piggy-bank is %d.\n", dp[m]);
    }
    return 0;
}
```

### 6.2.3 多重背包

多重背包问题描述如下：给定 $n$ 种物品和一个载荷能力为 $M$ 的背包，物品 $i$ 重量为 $w_i$，数量为 $\mathrm{num}_i$，价值为 $p_i$，其中 $w_i>0$，$p_i>0$，$\mathrm{num}_i>0$，$1\leqslant i\leqslant n$。求解将哪些物品装入背包，可使得使背包里所放物品的总重量不超过 $M$，且背包中物品的价值总和达到最大。

相应于完全背包问题，多重背包问题的每个物品多了数目限制，因此初始化和递推公式都需要更改一下。设 $f[i][v]$ 表示前 $i$ 种物品放入一个载荷能力为 $v$ 的背包的最大价值。初始化时，只考虑第一件物品，$f[1][v]=\min\{p_1*\mathrm{num}_1, p_1*v/w_1\}$。计算考虑前 $i$ 件物品放入一个载荷能力为 $v$ 的背包的最大价值 $f[i][v]$ 时，递推公式考虑两种情况：要么第 $i$ 件物品一件也不放，就是 $f[i-1][v]$，要么第 $i$ 件物品放 $k$ 件，其中 $1\leqslant k\leqslant(v/w_i)$；对于这 $k+1$ 种情况，取其中的最大价值即为 $f[i][v]$ 的值，即 $f[i][v]=\max\{f[i-1][v], (f[i-1][v-k*w_i]+k*p_i\}$。

【6.2.3.1　Space Elevator】

奶牛们要上太空了！它们计划建造一座太空电梯作为登上太空的轨道：电梯是一个巨大的、由块组成的塔，有 $K$（$1\leqslant K\leqslant 400$）种不同类型的块用于建造塔。类型 $i$ 的块的高度为 $h_i$（$1\leqslant h_i\leqslant 100$），块的数量为 $c_i$（$1\leqslant c_i\leqslant 10$）。由于宇宙射线可能造成损害，在塔中，由类型 $i$ 的块组成的部分不能超过最大高度 $a_i$（$1\leqslant a_i\leqslant 40\,000$）。

请帮助奶牛们建造最高的太空电梯，根据规则，太空电梯是块堆叠起来的。

**输入**

第1行：给出整数 $K$。

第2行到第 $K+1$ 行：每行给出3个用空格分隔的整数，即 $h_i$、$a_i$ 和 $c_i$，其中第 $i+1$ 行描述类型 $i$ 的块。

**输出**

输出一行，给出整数 $H$，表示可以建造的塔的最大高度。

| 样例输入 | 样例输出 |
|---|---|
| 3<br>7 40 3<br>5 23 8<br>2 52 6 | 48 |

**样例输出说明**

自底向上：3块类型2的块，然后堆叠3块类型1的块，再叠上6块类型3的块。在4块类型2的块上堆叠3块类型1的块是不符合规则的，因为最顶端的类型1的块高度超过40。

试题来源：USACO 2005 March Gold

在线测试：POJ 2392

**试题解析**

有 $n$ 种不同类型的块，第 $i$ 类块的数量为 $c_i$，每个块的高度为 $h_i$，允许这种类型的块达到的最高高度为 $a_i$，求将这些块组合能达到的最高高度。

首先，给这些块按能达到的最高高度递增排序，这样就能使塔的高度最大；排序后按多重背包算法计算每一个塔高的可行性。设 dp[$k$] 为建造高度 $k$ 的塔的可行性，则 dp[$k$]=dp[$k$]|dp[$k-$num[$i$].$h_i$]，其中 $0 \leqslant i \leqslant n-1$，$1 \leqslant j \leqslant$ num[$i$].$c_i$，$k$=num[$i$].$a_i \cdots$ num[$i$].$h_i$。最后，按照可能塔高的递减顺序搜索 dp[]，第一个 dp[$i$]=1 的塔高 $i$ 即为塔的最大高度。

**参考程序**

```
#include<iostream>
#include<cmath>
#include<cstdio>
#include<algorithm>
#include<cstring>
using namespace std;
struct node{                    //定义名为 node 的结构体
    int ci,hi,ai;               //该类型块的数量 ci、高度 hi 和最高高度 ai
    bool operator < (const node &a)const //以最高高度 ai 为关键字比较结构块的大小
    {
        return ai<a.ai;
    }
}num[500];                      //结构数组 num[500] 存储各类块
bool cmp(node a,node b)         //以最高高度为关键字，比较结构块 a 和 b 的大小
{
    return a.ai<b.ai;
}
int dp[40010];                  //dp[i] 为建造高度 i 的塔的可行性
int main() {
    int n;
```

```
    scanf("%d",&n);                              //输入块的种类数
    for(int i=0;i<n;i++)                         //输入每种块的高度、最高高度和数量
        scanf("%d%d%d",&num[i].hi,&num[i].ai,&num[i].ci);
    sort(num,num+n);                             //按照最高高度递增顺序排列 num[]
    dp[0]=1;                                     //初始化：塔高可以为 0
    for(int i=0;i<n;i++)                         //枚举块的种类
    {
        for(int j=1;j<=num[i].ci;j++)            //递增枚举第 i 类块的数量
        {
            for(int k=num[i].ai;k>=num[i].hi;k--) //按照递减顺序枚举第 i 类块的总高度
                dp[k]|=dp[k-num[i].hi];          //计算加入 1 个 i 类块后塔高为 k 的可行性
        }
    }
     for(int i=40000;i>=0;i--)                   //按照递减顺序枚举高度
         if(dp[i]==1){                           //若能够建造高度为 i 的塔，则输出最大塔高 i
             printf("%d\n",i);break;
         }
    return 0;
}
```

### 6.2.4 混合背包

在基本的 0-1 背包、完全背包和多重背包的基础上，将三者混合起来。也就是说，有的物品只可以取一次或不取（基本的 0-1 背包），有的物品可以取无限次（完全背包），有的物品可以取的次数有一个上限（多重背包），就是混合背包问题。

一般情况下，先考虑 0-1 背包与完全背包的混合，因为 0-1 背包与完全背包的第一重循环都是递增枚举物品数 $1 \le i \le n$，而第二重循环枚举重量限制 $w$ 时逆序：0-1 背包是递减的，完全背包递增。因此可以放在一起处理：

```
for (i=1; i≤n; i++)                              //按照递增顺序递推物品数
    if 物品 i 属于基本的 0-1 背包
        {  for (w=M; w≥wi; w--)                   //按照递减顺序枚举重量限制
                B(i, w)=max{B(i-1, w-wi)+pi, B(i-1, w)}
         }
    else if 物品 i 属于完全背包
            { for (w=0; w≤M; w++)                  //按照递增顺序枚举背包载荷能力
                for (k=1; k≤w div wi; k++)        //按照递增顺序枚举物品 i 的数量
                    B(i, w)=max{ B(i-1, w), B(i-1,w-k*wi)+k*pi }

            }
        else                                       //物品 i 属于多重背包
            计算多重背包的状态转移方程 B(i, w);
```

有些综合性问题往往是由简单问题叠加而来的，这在混合背包问题中得到了充分体现。基本的 0-1 背包、完全背包、多重背包都属于简单的基本背包问题。

在混合背包问题中，只要能够判别出当前物品属于这三类基本背包问题中的哪一类，并使用该类背包算法按最优性要求决策当前物品放还是不放入背包，便可以迎刃而解。由此可见，只要基础扎实，领会 0-1 背包、完全背包、多重背包这三种基本背包问题的思想，就可以化繁为简，分而治之，将综合性的背包问题拆分成若干基本的背包问题来解决。

【6.2.4.1　Coins】

Silverland 的人们使用硬币，硬币的面值为 $A_1, A_2, A_3, \cdots, A_n$ “Silverland 元”。有一天，

Tony 打开他的钱箱，发现里面有一些硬币。他决定在附近的一家商店买一只非常漂亮的手表。他想要按照价格准确地支付（没有找零），他知道价格不会超过 $m$，但他不知道手表的准确价格。

请编写一个程序，输入 $n, m, A_1, A_2, A_3, \cdots, A_n$ 以及 $C_1, C_2, C_3, \cdots, C_n$，其中 $C_1, C_2, C_3, \cdots, C_n$ 对应于 Tony 发现的面值为 $A_1, A_2, A_3, \cdots, A_n$ 的硬币的数量；然后，计算 Tony 可以用这些硬币支付多少的价格（价格从 1 到 $m$）。

**输入**

输入给出若干测试用例。每个测试用例的第一行给出两个整数 $n$（$1 \leqslant n \leqslant 100$）和 $m$（$m \leqslant 100\,000$）。第二行给出 $2n$ 个整数，对应于 $A_1, A_2, A_3, \cdots, A_n$ 和 $C_1, C_2, C_3, \cdots, C_n$（$1 \leqslant A_i \leqslant 100\,000, 1 \leqslant C_i \leqslant 1000$）。最后一个测试用例后给出两个 0，表示输入结束。

**输出**

对于每个测试用例，输出一行，给出答案。

| 样例输入 | 样例输出 |
|---|---|
| 3 10<br>1 2 4 2 1 1<br>2 5<br>1 4 2 1<br>0 0 | 8<br>4 |

试题来源：做男人不容易系列：是男人就过 8 题 --LouTiancheng 题

在线测试：POJ 1742

**试题解析**

本题给出 $n$ 种硬币，设第 $i$ 种硬币的面值为 $A[i]$，数量为 $C[i]$，求这些硬币能够组成从 1 到 $m$ 中的哪些数字？

对于第 $i$ 种硬币，如果 $A[i]*C[i] \geqslant m$，则可以把第 $i$ 种硬币的数量视为无穷，也就是说，作为一个完全背包来求解；否则，就作为一个多重背包来求解。

**参考程序**

```
#include<stdio.h>
#include<algorithm>
#include<string.h>
#include<iostream>
#define N 1005
#define M 100005
using namespace std;
int  A[105],C[105],W[N]; //A[i]、C[i] 为第 i 种硬币的面值和数量，可组成第 k 个数字为 W [k]
bool dp[M];                  //可组成数字 v 的可行性 dp[v]
int main()
{
    int n,m;
    while(scanf("%d%d",&n,&m)!=EOF,n+m)   //反复输入硬币种类数 n 和价格上限 m
    {
        memset(dp,0,sizeof(dp));
        for(int i=1; i<=n; i++)
        {
```

```
            scanf("%d",&A[i]);  //输入硬币的面值A[i]
        }
        for(int i=1; i<=n; i++)
        {
            scanf("%d",&C[i]);  //输入硬币的数量C[i]
        }
        int k = 1;
        dp[0]=1;  //初始化: 0元方案是存在的
        int ans = 0;
        for(int i=1; i<=n; i++)
        {
            if(C[i]*A[i]>=m) {  //如果A[i]*C[i]≥m, 第i种硬币作为完全背包问题处理
                for(int v = A[i];v<=m;v++){
                    if(!dp[v]&&dp[v-A[i]])  {
                        dp[v]=true;
                        ans++;
                    }
                }
            }else{              //第i种硬币作为多重背包来处理
                int t = 1;
                while(C[i]>0){
                    if(C[i]>=t){
                        W[k]=A[i]*t;
                        C[i]-=t;
                        t = t<<1;
                    }else{W[k]=A[i]*C[i];C[i]=0;}
                    for(int v=m;v>=W[k];v--){
                        if(!dp[v]&&dp[v-W[k]]) { //当dp[v-W[k]]存在时, 推导出dp[v]
                            dp[v]=true;
                            ans++;
                        }
                    }
                    k++;
                }
            }
        }
        printf("%d\n",ans);      //输出用这些硬币支付的价格数
    }
    return 0;
}
```

【6.2.4.2 The Fewest Coins】

农夫 John 到城里去买一些农具。John 是一个非常有效率的人，他总是以这样一种方式来买货物：最少数量的硬币易手，也就是他用来支付的硬币的数量加上他收到的找零的硬币数量要最小化。请帮助他确定这个最小值是多少。

农夫 John 想购买 $T(1 \leqslant T \leqslant 10\,000)$ 美分的商品。货币体系有 $N(1 \leqslant N \leqslant 100)$ 种不同的硬币，其面值为 $V_1, V_2, \cdots, V_N(1 \leqslant V_i \leqslant 120)$。农夫 John 有面值为 $V_1$ 的硬币 $C_1$ 枚，面值为 $V_2$ 的硬币 $C_2$ 枚……面值为 $V_N$ 的硬币 $C_N$ 枚（$0 \leqslant C_i \leqslant 10\,000$）。店主则拥有所有的硬币无限枚，并且总是以最有效的方式进行找零（尽管农夫 John 必须确保以能够进行正确的找零方式付款）。

**输入**

第一行：两个用空格分隔的整数 $N$ 和 $T$。

第二行：$N$个用空格分隔的整数，分别为 $V_1, V_2, \cdots, V_N$。

第三行：$N$个用空格分隔的整数，分别为 $C_1, C_2, \cdots, C_N$。

**输出**

输出一行，给出一个整数，在支付和找零中使用硬币的最小数。如果农夫 John 支付和接收准确的找零是不可能的，输出 −1。

| 样例输入 | 样例输出 |
|---|---|
| 3 70<br>5 25 50<br>5 2 1 | 3 |

**样例数据说明**

农夫 John 用一个 50 美分和一个 25 美分的硬币，付给店主 75 美分，获得 5 美分的找零，所以在交易中一共使用了 3 枚硬币。

试题来源：USACO 2006 December Gold

在线测试：POJ 3260

**试题解析**

农夫 John 有不同面值的硬币，每种面值的硬币有若干枚。他用这些硬币买农具，而店主则有所有的硬币无限枚，可以找零。

所以，首先用完全背包预处理找零 $j$ 的时候最少需要多少硬币，然后用多重背包处理付款 $j$ 的时候最少需要多少硬币，最后将两个加起来，求最小值。

**参考程序**

```
#include <cstdio>
#include <cstring>
#include <algorithm>
using namespace std;
const int inf = 0x3f3f3f3f;
int N, T;
int V[100 + 10];        //V[i] 为第 i 种硬币的面值
int C[100 + 10];        //C[i] 为第 i 种硬币的数量
int back[30000 + 10];   //找零为 j 时需要的最少的硬币的数量
int f[30000 + 10];      //付款为 j 时所需要的最少的硬币数量
void CompletePack(int cost, int weight) //完全背包，其中当前硬币的 1 个单位含硬币数 weight，
                                        //面值为 cost
{
    for(int j=cost; j<=30000; j++)      //递增枚举付款数 j
        if(f[j]>f[j-cost]+weight && f[j-cost]!=inf)
        //若付款 j-cost 的方案存在且加入总面值为 cost、数量单位为 weight 的硬币后硬币数最少，
        //则调整 f[j]
            f[j] = f[j-cost] + weight;
    return ;
}
void ZeroOnePack(int cost, int weight)  //基本的 0-1 背包
{
    for(int j=30000; j>=cost; j--)
        if(f[j]>f[j-cost]+weight && f[j-cost]!=inf)
            f[j] = f[j-cost] + weight;
```

```
    return ;
}
void MultiPack(int cost, int weight, int number)  //多重背包
{
    if(cost*number>30000)                    //若剩余硬币总值超过上限，则计算完全背包
    {
        CompletePack(cost, weight);
        return ;
    }
    int k = 1;                               //否则转化为二进制的基本 0-1 背包
    while(k < number)
    {
        ZeroOnePack(k*cost, k*weight);       //以 k 枚当前硬币为 1 个单位（面值为 k*cost，
                                             //含硬币 k*weight 枚）计算基本 0-1 背包
        number -= k;                         //调整剩余单位数
        k *= 2;
    }
    ZeroOnePack(number*cost, number*weight);
    //以剩余硬币为 1 个单位（面值为 number*cost，含硬币 number*weight 枚）计算基本 0-1 背包
}
int main()
{
    while(scanf("%d%d", &N, &T) == 2)      //反复输入硬币种类数 N 和商品价格 T
    {
        for(int i=0; i<N; i++)               //输入每种硬币的面值
            scanf("%d", &V[i]);
        for(int i=0; i<N; i++)               //输入每种硬币的数量
            scanf("%d", &C[i]);
        memset(back, 0x3f, sizeof(back));
        //用完全背包预处理找零为 j 时所需的最少硬币数 back[j]
        back[0] = 0;                         //找零为 0 时所需的最少硬币数为 0
        for(int i=0; i<N; i++)               //递增枚举硬币种类数 i
            for(int j=V[i]; j<=30000; j++)  //递增枚举找零数 j
                if(back[j]>back[j-V[i]]+1 && back[j-V[i]]!=inf)
                //若找零 j-V[i] 的方案存在且加入 1 枚第 i 种硬币后使得找零为 j 的硬币数最少，则
                //该硬币数设为 back[j]
                    back[j] = back[j-V[i]] + 1;
        memset(f, 0x3f, sizeof(f));
        f[0] = 0;                            //付款 0 的硬币数为 0
        for(int i=0; i<N; i++)               //枚举每种硬币，以 1 枚硬币为单位计算多重背包
            MultiPack(V[i], 1, C[i]);
        int res = inf;
        for(int i=T; i<=30000; i++)          //按递增顺序枚举付款数 i
        {
            if(back[i-T]!=inf&&f[i]!=inf&&back[i-T]+f[i]<res)
            //若付款 i 和还款 i-T 的方案存在且使用的硬币数目前最少，则记下
                res = back[i-T] + f[i];
        }
        //若支付和找零不可能实现，则输出 -1，否则输出支付和找零中使用硬币的最小数
        if(res == inf)
            printf("-1\n");
        else
            printf("%d\n", res);
    }
    return 0;
}
```

### 6.2.5　二维背包

二维费用的背包问题是指对于每件物品，具有两种不同的费用，即选择一件物品必须同时付出这两种代价。问怎样选择物品可以得到最大的价值。

设这两种代价分别为代价1和代价2，两种代价可付出的最大值，即两种背包容量分别为 $V$ 和 $U$；第 $i$ 件物品所需的两种代价分别为 $a[i]$ 和 $b[i]$，价值为 $w[i]$。费用加了一维，所以状态也增加一维。设 $f[i][v][u]$ 表示前 $i$ 件物品付出两种代价分别为 $v$ 和 $u$ 时可获得的最大价值。状态转移方程为 $f[i][v][u]=\max\{f[i-1][v][u], f[i-1][v-a[i]][u-b[i]]+w[i]\}$。

如前述方法，也可以将三维数组精简为二维数组：当每件物品只可以取一次时，变量 $v$ 和 $u$ 采用逆序的循环；当物品有完全背包问题时，采用顺序循环；当物品有多重背包问题时，拆分物品。

有时“二维费用”的条件以两种隐含的方式给出。

（1）要求最多只能取 $M$ 件物品：这事实上相当于每件物品多了一种“件数”的费用，每个物品的件数费用均为1，可以付出的最大件数费用为 $M$。换句话说，设 $f[v][m]$ 表示付出费用 $v$、最多选 $m$ 件时可得到的最大价值，则根据物品的类型（基本0-1、完全、多重）用不同的方法循环更新，最后在 $f[0\cdots V][0\cdots M]$ 范围内寻找答案。

（2）要求恰取 $M$ 件物品：显然，是在 $f[0\cdots V][M]$ 范围内寻找答案。

【6.2.5.1　Tug of War】

在当地办公室组织的野餐会上要进行一场拔河比赛。在拔河比赛中，野餐者被分为两个队，每个人必须在其中的一个队或另一个队；两个队的人数相差不得超过1人；每个队成员的总体重应尽可能地接近。

**输入**

输入的第一行给出参加野餐会的人数 $n$。接下来给出 $n$ 行。第一行给出第1人的体重，第二行给出第2人的体重，以此类推。每个人的体重都是1～450之间的整数。最多有100人参加野餐。

**输出**

输出一行，给出两个数字：一个队成员的总体重，另一个队成员的总体重。如果这两个数字不同，先给出比较小的数字。

| 样例输入 | 样例输出 |
| --- | --- |
| 3<br>100<br>90<br>200 | 190 200 |

*试题来源*：Waterloo local 2000.09.30

*在线测试*：POJ 2576

试题解析

本题给出 $n$ 个人的体重分别为 $w[1], w[2], \cdots, w[n]$，要求将这 $n$ 个人分为两队，人数相差不得大于1，两队成员的体重总和最接近。

设 $f[n][i][j]$ 表示考虑 $n$ 个人时，第1队成员能否达到体重和为 $i$，且人数为 $j$ 的状态。

则初始值$f[0][0][0]=1$，状态转移方程$f[k][i][j]=f[k-1][i][j]$，或者$f[k-1][i-w[k]][j-1]$，$i \geqslant w[k]$ && $j \geqslant 1$，其中 $1 \leqslant k \leqslant n$，$0 \leqslant i \leqslant k*450$，$0 \leqslant j \leqslant k$。

## 参考程序

```
#include <iostream>
#include <cstring>
#include <algorithm>
using namespace std;
bool f[45010][110];  // 当前阶段第 1 队成员的体重和为 i、人数为 j 的存在标志为 f[i][j]
int w[110];                                   // n 个人的体重序列
struct poj2576 {                              // 定义结构体 poj2576
    int n;                                    // 人数
    void work() {                             // 成员函数 work()
        while (cin >> n) {                    // 反复输入人数 n
            int total = 0;
            for (int i = 1; i <= n; i++) {    // 输入每个人的体重 w[i]，累计体重和 total
                cin >> w[i];
                total += w[i];
            }
            memset(f, 0, sizeof(f));          // 状态转移方程初始化
            f[0][0] = 1;
            for (int k = 1; k <= n; k++) {    // 阶段：顺推前 k 个人
                for (int i = k * 450; i >= 0; i--) {
                    for (int j = k; j >= 0; j--) {
                    // 状态：按递减顺序枚举第 1 队成员的体重和 i，按递减顺序枚举第 1 队成员的
                    // 人数 j
                        f[i][j] = f[i][j];
                        // f[i][j] 初始时为前 k-1 个人中第 1 队成员体重和 i、人数 j 的存在标
                        // 志。若为 true，则前 k 个人的 f[i][j]=true；若为 false，则看是否
                        // 允许第 1 队加入成员 k 且 f[i - w[k]][j - 1] 是否为 true。若可以，
                        // 则说明在前 k-1 个人的基础上，给第 1 队加上成员 k 即可达到第 1 队成
                        // 员的体重和 i 且人数 j 的结果，即前 k 个人的 f[i][j]=true
                        if (i >= w[k] && j >= 1)
                            f[i][j] = f[i][j] || f[i - w[k]][j - 1];
                    }
                }
            }
            int Sum, Min = 1 << 30; // 第 1 队的体重和为 Sum，两队体重的最小差值初始化
            for (int i = 0; i <= 45000; i++) {     // 枚举第 1 队的体重和 i
                for (int j = n >> 1; j <= (n + 1) >> 1; j++) {
                // 枚举第 1 队的人数 ⌊n/2⌋ ≤ j ≤ ⌊(n+1)/2⌋
                    if (f[i][j] && abs(total - 2 * i) < Min) {
                    // 若第 1 队的体重和 i 和人数 j 存在且两队体重的差值目前最少，则调整答案中
                    // 第 1 队人数 Sum 和两队体重的最小差值 Min
                        Sum = i;
                        Min = abs(total - 2 * i);
                    }
                }
            }
            if (Sum > total - Sum)            // 两队人数递增排序后输出
                Sum = total - Sum;
            cout << Sum << " " << total - Sum << endl;
        }
```

```
        }
    };
    int main()
    {
        poj2576 solution; //调用结构体 poj2576
        solution.work();  //执行结构体中的成员函数 work()
        return 0;
    }
```

### 6.2.6　分组背包

分组背包问题描述如下：给定 $n$ 个物品和一个载荷能力为 $M$ 的背包，物品 $i$ 重量为 $w_i$，价值为 $p_i$，其中 $w_i>0$，$p_i>0$，$1\leqslant i\leqslant n$。这 $n$ 个物品被划分为若干组，每组中的物品互相冲突，最多选一件放入背包。求将哪些物品装入背包，可以使这些物品的重量总和不超过 $M$，且价值总和最大。

这个问题变成了每组物品有若干种策略：是选择本组的某一件，还是一件都不选。也就是说设 $f[k][v]$ 表示前 $k$ 组物品重量为 $v$ 时的最大价值，则有 $f[k][v]=\max\{f[k-1][v], f[k-1][v-w[i]]+p[i]$ 且物品 $i$ 属于第 $k$ 组 $\}$。

将代表组数的第一维省略，使之变成一维。分组背包的算法如下：

```
for 所有的组 k
    for (v=0; v<=M; v++ )
        for 所有属于组 k 的物品 i
            f[v]=max{f[v], f[v- w[i]]+ p[i]};
```

上述算法的三层循环顺序保证了每一组内的物品最多只有一个会被添加到背包中。

分组背包问题将彼此互斥的若干物品称为一个组，为解题提供了思路。不少背包问题的变形都可以转化为分组背包问题，由分组的背包问题进一步可定义“泛化物品”的概念，(即物品没有固定的费用和价值，而是它的价值随着分配给它的费用而变化)，这十分有利于解题。

【6.2.6.1　Balance】

Gigel 有一种奇特的“天平”，他想保持其平衡。这一装置实际上不同于任何其他普通的天平。

这一“天平”两个臂的重量可以忽略不计，每个臂的长度为 15。一些钩子被挂在臂上，Gigel 要从他收集的 $G$（$1\leqslant G\leqslant 20$）个砝码中挂一些砝码在钩子上，已知这些砝码的重量不同，在 1 ～ 25 之间。Gigel 可以调整钩子上挂的砝码，但他要用上所有的砝码。

最后，Gigel 利用他在全国信息学奥林匹克竞赛上获得的经验，设法平衡了这个“天平”。现在，他想知道有多少种方法可以使“天平”达到平衡。

给出钩子的位置和砝码的集合，请编写一个程序来计算平衡“天平”可能的数目。

本题设定，对于每个测试用例，保证至少存在一个平衡方案。

**输入**

输入结构如下：

第一行给出数字 $C$（$2\leqslant C\leqslant 20$）和 $G$（$2\leqslant G\leqslant 20$）。

接下来的一行给出 $C$ 个整数（这些数字是不同的，按升序排序），范围为 −15…15，表示钩子所在的位置；每个数字表示相对于 $X$ 轴上“天平”中心的位置（当没有挂砝码时，这一“天平”是平衡的，并且与 $X$ 轴对齐；数字的绝对值表示钩子与“天平”中心之间的距离，数字正负号表示钩子所在的平衡臂："-"表示左臂，"+"表示右臂）。

再接下来的一行给出 $G$ 个不同的、按升序排列的自然数，范围为 1 ～ 25，表示砝码的重量值。

**输出**

输出给出数字 $M$，表示保持平衡的可能性数量。

| 样例输入 | 样例输出 |
|---|---|
| 2 4<br>-2 3<br>3 4 5 8 | 2 |

试题来源：Romania OI 2002

在线测试：POJ 1837

### 试题解析

本题给出有一个"天平"，两个臂上在不同的位置有 $C$ 个钩子，可以挂砝码，有 $G$ 个砝码要全部挂上去，问把全部砝码挂在钩子上并保持平衡，有多少种方法？

设 dp[$i$][$v$] 为前 $i$ 个砝码挂到"天平"上的力矩和为 $v$ 的方案数。所有的砝码都要挂在钩子上，一个砝码的所有位置为一组，所以用分组背包解题。由于力矩 = 力 × 力臂，所以 dp[$i$][$v$+$H$[$j$]*$G$[$i$]] 的组成是用第 $i$ 个砝码、第 $j$ 个钩子去跟 dp[$i$-1][$v$] 组合，也就是说 dp[$i$][$v$+$H$[$j$]*$G$[$i$]]=dp[$i$][$v$+$H$[$j$]*$G$[$i$]]+dp[$i$-1][$v$]。

### 参考程序

```
#include<stdio.h>
#include<string.h>
int dp[25][15005];
int main()
{
    int hn,gn,H[25],G[25],mid0=7500;
    //hn 为钩子数，H[] 为钩子的位置序列。gn 为砝码数，G[] 为砝码的重量序列。设 15000 为最大力
    //矩和，由于左臂上钩子的位置为"+"，右臂上钩子的位置为"-"，因此平衡的力矩和为 7500，设为
    //常量 mid0
    while(scanf("%d%d",&hn,&gn)>0)      //反复输入钩子数 hn 和砝码数 gn
    {
        for(int i=1;i<=hn; i++)         //输入每个钩子的位置
            scanf("%d",&H[i]);
        for(int i=1;i<=gn; i++)         //输入每个砝码的重量
            scanf("%d",&G[i]);
        memset(dp,0,sizeof(dp));
        dp[0][mid0]=1;                  //不挂砝码的平衡状态数为 1
        for(int i=0;i<gn; i++)          //递增枚举砝码数 i
            for(int v=0;v<=15000;v++)   //递增枚举力矩 v
            if(dp[i][v])                //若已计算出前 i 个砝码组成力矩和 v 的方案数
            {
                for(int j=1;j<=hn; j++)
                //枚举每个钩子 j：若第 i+1 个砝码挂到第 j 个钩子产生的力矩和在范围内，则第 i+1
                //个砝码、第 j 个钩子与 dp[i][v] 组合成 dp[i+1][v+H[j]*G[i+1]]
                    if(v+H[j]*G[i+1]>=0&&v+H[j]*G[i+1]<=15000)
                        dp[i+1][v+H[j]*G[i+1]]+=dp[i][v];
            }
```

```
        printf("%d\n",dp[gn][mid0]);  //输出保持平衡的方案数
    }
}
```

【6.2.6.2 Diablo III】

《暗黑破坏神3》(Diablo III)是一款动作角色扮演游戏。在几天前,《暗黑破坏神3》发布了《夺魂之镰》(Reaper of Souls, ROS),疯狂的电子游戏迷Yuzhi得知这个消息时,欣喜若狂:"我太兴奋了!我太兴奋了!我想再杀一次暗黑破坏神!"

ROS引入了许多新的特性和变化。例如,游戏中的玩家有两个新属性:伤害和韧性。伤害属性表示玩家每秒可以造成暗黑破坏神的伤害量,而韧性属性则是玩家可以承受的遭到伤害总量。

为了打败暗黑破坏神,Yuzhi需要为自己选择最合适的装备。一个玩家可以从13个设备槽中最多带走13件装备:Head(头)、Shoulder(肩)、Neck(颈)、Torso(躯干)、Hand(手)、Wrist(手腕)、Waist(腰)、Legs(腿)、Feet(脚)、Shield(盾牌)、Weapon(武器)以及2 Fingers(2根手指)。还有一种特殊的设备:Two-Handed(双手),Two-Handed在设备槽中占据了Weapon槽和Shield槽。

每种装备在伤害属性和韧性属性上有着不同的值,比如一只手套,标志着"30-20",就意味着如果一个玩家从设备槽的Hand槽中选择了它来装备,那么这个玩家在伤害属性值上增加30,在韧性属性值上增加20。而一个玩家总的伤害量和韧性量是这个玩家身体上所有装备的伤害量和韧性量之和。一个没有任何装备的玩家的伤害量和韧性量都为0。

Yuzhi收藏了$N$件装备。为了不输掉和暗黑破坏神的战斗,他的韧性量必须至少为$M$。此外,他还想要尽快地解决战斗,这也就意味着他获得装备的伤害量要尽可能地大。请帮助Yuzhi,确定他应该使用哪些装备。

**输入**

输入有若干测试用例。输入的第一行给出整数$T$,表示测试用例的数目。对于每个测试用例:

第一行给出2个整数$N$($1 \leq N \leq 300$)和$M$($0 \leq M \leq 50\,000$)。接下来的$N$行描述装备。第$i$行给出一个字符串$S_i$及两个整数$D_i$和$T_i$($1 \leq D_i, T_i \leq 50\,000$),其中$S_i$是在集合{"Head", "Shoulder", "Neck", "Torso", "Hand", "Wrist", "Waist", "Legs", "Feet", "Finger", "Shield", "Weapon", "Two-Handed"}中给出的装备类型,而$D_i$和$T_i$则是装备的伤害量和韧性量。

**输出**

对每个测试用例,输出Yuzhi能够获得的最大伤害量;如果他不能达到所要求的韧性量,则输出−1。

| 样例输入 | 样例输出 |
|---|---|
| 2<br>1 25<br>Hand 30 20<br>5 25<br>Weapon 15 5<br>Shield 5 15<br>Two-Handed 25 5<br>Finger 5 10<br>Finger 5 10 | −1<br>35 |

试题来源：The 14th Zhejiang University Programming Contest

在线测试：ZOJ 3769

本题给出 13 种装备，每种装备可能会有多件，而每件装备有两个属性：伤害属性和韧性属性。Yuzhi 要从他收藏的 $N$ 件装备中选取装备，要求是：

（1）在 13 种装备中，一般每种装备只取一件，但 Finger 可以取两件。如果 Yuzhi 装备了 Two-Handed，那么他就不可以装备 Shield 和 Weapon 中的任意一种；反之，如果 Yuzhi 装备了 Shield 和 Weapon 中的任意一种，那么他也就不可以再装备 Two-Handed。

（2）装备的目标是韧性值要大于等于 $M$，而伤害值最高，并输出最高伤害值。如果韧性值达不到 $M$，则输出 -1。

本题采用分组背包算法求解。对于 Two-Handed，把它和 Weapon 与 Shield 当作一种商品，并且 Weapon 与 Shield 的组合也放在一起。这样在挑选时就不会起冲突了。类似地，Finger 及其组合放在一起，当作一种商品，这样也不会有冲突。

设 dp[$i$][$j$] 是前 $i$ 种装备韧性值为 $j$ 时的最大伤害值，则是否可以选取第 $i$ 种装备是建立在前 $i-1$ 种装备选取的基础上的，也就是 dp[$i$][$j$]=max (dp[$i$][$j$], dp[$i-1$][$j$])，这样只需要遍历第 $i$ 种装备的每一件即可，过程类似于 BFS。

```
#include <queue>
#include <vector>
#include <stdio.h>
#include <stdlib.h>
#include <string.h>
#include <iostream>
#include <algorithm>
using namespace std;
char cnt[50][50]={"Head", "Shoulder", "Neck", "Torso", "Hand", "Wrist", "Waist",
"Legs", "Feet", "Finger", "Shield", "Weapon", "Two-Handed"}; //cnt[i] 存储第 i 种装备的字串
int found(char s[]){
    int i;
    for(i=0;i<13;i++)
        if(strcmp(s,cnt[i])==0)
        return i;
}
struct node{            //容器元素类型为名为 node 的结构体，用于存储一个装备
    int x,y;            //成员有韧性值 x 和伤害值 y
    node(int a,int b){
        x=a,y=b;
    }
};
vector<node> G[20];    //动态数组 G[20]，数组元素为存储所有同类装备的容器，容器元素的数据类
                        //型为结构体 node，其成员有韧性值 x 和伤害值 y
int cmp(vector<node> x,vector<node> y){ //比较函数：比较容器 x 和 y 的大小，即比较两类
                                        //装备的数量大小
    return x.size()>y.size();
}
int dp[305][50005];    //dp[i][j] 是前 i 种装备韧性值为 j 时的最大伤害值
```

```
int main(){
    char str[105];                      //装备串
    int n,m,i,j,k,t,a,b,tmp,len;
    scanf("%d",&t);                     //输入测试用例数
    while(t--){                         //依次处理每个测试用例
        scanf("%d%d",&n,&m);  //输入装备数 n 和韧性值的下限 m
        for(i=0;i<13;i++)        //动态数组 G[] 初始化
            G[i].clear();
        for(i=0;i<n;i++){       //输入每种装备的字串 str、伤害值 b 和韧性值 a，建立 G[]
            scanf("%s %d %d",str,&b,&a);
            G[found(str)].push_back(node(a,b));
        }
        tmp=G[9].size();         //计算 Finger 装备的个数
        for(i=0;i<tmp;i++){     //将所有 Finger 的情况合并
            for(j=i+1;j<tmp;j++)
            G[9].push_back(node(G[9][i].x+G[9][j].x,G[9][i].y+G[9][j].y));
        }
        tmp=G[10].size();        //计算 Shield 装备的个数
        for(i=0;i<tmp;i++){     //将 Shield 和 Weapon 合并
            for(j=0;j<G[11].size();j++)
            G[10].push_back(node(G[10][i].x+G[11][j].x,G[10][i].y+G[11][j].y));
        }
        for(j=0;j<G[11].size();j++)                  //把 Shield 和 Weapon 合并
            G[10].push_back(node(G[11][j].x,G[11][j].y));
        for(j=0;j<G[10].size();j++)                  //并且和 Two-Handed 合并
            G[12].push_back(node(G[10][j].x,G[10][j].y));
        G[10].clear(),G[11].clear();
        sort(G,G+13,cmp);                            //按照每种武器的数量从大到小排序
        memset(dp,-1,sizeof(dp));                    //可以快速增加有用的状态
        dp[0][0]=0;
        for(i=1;i<=13;i++){      //递增枚举装备种类 i
            len=G[i-1].size(); //计算前 i-1 种装备的数量
            for(j=0;j<=m;j++){ //递增枚举韧性值 j
                dp[i][j]=max(dp[i][j],dp[i-1][j]);   //比较 dp[i][j] 和 dp[i-1][j]
                                                     //的大小，调整 dp[i][j]
                if(dp[i-1][j]==-1)  //若未计算出前 i-1 种装备韧性值为 j 时的伤害情况，
                                    //则进行 j 的下一次循环
                    continue;
                for(k=0;k<len;k++){              //变成一个分组背包
                    tmp=min(m,j+G[i-1][k].x);    //第 i-1 种装备集中的第 k 个装备的
                                                 //韧性值计入 j 后不得高于 m
                    dp[i][tmp]=max(dp[i][tmp],dp[i-1][j]+G[i-1][k].y);
                    //调整 dp[i][tmp]
                }
            }
        }
        printf("%d\n",dp[13][m]);  //输出 Yuzhi 能够获得的最大伤害值
    }
    return 0;
}
```

### 6.2.7 有依赖的背包

有依赖的背包问题是基本的0-1背包的变形。与基本的0-1背包不同的是，物品之间存在某种“依赖”的关系。也就是说，如果物品 $i$ 依赖于物品 $j$，则表示如果要选物品 $i$，

则必须先选物品 $j$。

我们将不依赖于别的物品的物品称为“主件”，依赖于某主件的物品称为“附件”，则所有的物品由若干主件和依赖于每个主件的一个附件集合组成。

首先对主件 $i$ 的“附件集合”先进行一次 0-1 背包，得到费用依次为 $0\cdots V-c[i]$ 所有这些值时相应的最大价值 $f'[0\cdots V-c[i]]$。那么这个主件及它的附件集合相当于 $V-c[i]+1$ 个物品的物品组，其中费用为 $c[i]+k$ 的物品的价值为 $f'[k]+w[i]$。也就是说，原来指数级的策略中有很多策略都是冗余的，通过一次 0-1 背包后，将主件 $i$ 转化为 $V-c[i]+1$ 个物品的物品组，然后再在所有的物品组中计算最优解。

【6.2.7.1 Consumer】

FJ 要去买东西，而在买东西之前，他需要一些箱子来装要买的不同种类的东西。每个箱子都被指定装一些特定种类的东西（也就是说，如果他要买这些东西中的一种，就必须事先购买箱子）。每种东西都有价值。现在 FJ 有 $w$ 美元用于购物，他打算用这些钱买到具有最高价值的东西。

**输入**

输入的第一行给出两个整数 $n$（箱子的数目，$1\leqslant n\leqslant 50$）和 $w$（FJ 手里有的美元的数量，$1\leqslant w\leqslant 100\,000$）；然后给出 $n$ 行，每行给出数字 $p_i$（第 $i$ 个箱子的价格，$1\leqslant p_i\leqslant 1000$）、$m_i$（第 $i$ 个箱子可以携带的商品数量，$1\leqslant m_i\leqslant 10$），以及 $m_i$ 对数字——价格 $c_j$（$1\leqslant c_j\leqslant 100$）以及价值 $v_j$（$1\leqslant v_j\leqslant 1\,000\,000$）。

**输出**

对于每个测试用例，输出 FJ 可以买到的东西的最大价值。

| 样例输入 | 样例输出 |
|---|---|
| 3 800<br>300 2 30 50 25 80<br>600 1 50 130<br>400 3 40 70 30 40 35 60 | 210 |

试题来源：2010 ACM-ICPC Multi-University Training Contest（2）——Host by BUPT

在线测试：HDOJ 3449

**试题解析**

本题是典型的有依赖的背包试题，每个箱子是主件，每个箱子所对应的物品是它的附件，有依赖的背包的过程就是把一组主件和附件集合中的附件进行 0-1 背包处理，然后把主件加到 0-1 后的组里，然后再在所有的集合中选择最优的 dp 的值。

设 FJ 有钱 $V$，给出 $n$ 个箱子可选择，每个箱子可以选择 $m$ 个物品，要买物品前必须先买箱子，箱子花费 $q$；物品价格为 $w[i]$，价值为 value$[i]$。dp$[i][j]$ 表示前 $i$ 个箱子花钱为 $j$ 时的最大价值。

首先，当输入当前箱子的时候，要进行初始化工作，箱子的价格是 $q$，如果花费不超过 $q$，则价值 dp$[i][j]$ 赋值为 $-$INF。如果花费超过 $q$，则在上一组的基础上进行转移，但是要注意，买箱子不能获得相应的价值。

当选择这个箱子里面的物品时，对这些物品进行 0-1 背包处理。然后修正，这个箱子及其物品选或者不选，取较大值。

**参考程序**

```
#include<stdio.h>
#include<string.h>
#include<algorithm>
using namespace std;
#define INF 1<<29
int n,V,m,q;            //箱子数 n，FJ 手里的美元数 V，当前箱子可携带的商品数 m 和箱子价格 q
int w[11],value[11];    //当前箱子中商品的价格序列 w[] 和价值序列 value[]
int dp[51][100003];     //dp[i][j] 表示前 i 个箱子花钱为 j 时的最大价值
int main()
{
    int i, j, x;
    while(~scanf("%d%d", &n, &V ))  //反复输入箱子数 n 和 FJ 手里的美元数 V
    {
        memset(dp,0,sizeof(dp));    //dp[][] 初始化
        for(i=1; i<=n; i++)         //依次处理每个箱子的信息
        {
            scanf("%d%d", &q, &m);  //输入第 i 个箱子的价格 q 和可携带的商品数 m
            for(x=1; x<=m; x++) //输入第 i 个箱子中每个商品的价格 w[x] 和价值 value[x]
                scanf("%d%d",&w[x],&value[x]);
            for(j=0; j<=q; j++)     //所有花费不超过 q 的价值 dp[i][j] 赋值为 -INF
                dp[i][j]=-INF;
            for(j=q; j<=V ; j++)    //在上一组的基础上进行转移，但是没有价值
                dp[i][j]=dp[i-1][j-q];
            for(x=1; x<=m; x++)     //对可以放入当前箱子里的所有物品进行 0-1 背包
                for(j=V ; j>=w[x]; j--)
                    dp[i][j]=max(dp[i][j],dp[i][j-w[x]]+value[x]);
            //如果选 dp[i][j]，说明选了当前组的物品和箱子；如果选 dp[i-1][j]，说明没有选
            //当前组的物品和箱子
            for(j=0; j<=V ; j++)
                dp[i][j]=max(dp[i][j],dp[i-1][j]);
        }
        printf("%d\n",dp[n][V ]);   //输出 FJ 可以买到的东西的最大价值
    }
    return 0;
}
```

## 6.3　树形 DP 的实验范例

线性 DP 面对的问题一般为线性序列或图，但若可用 DP 求解的问题是以树为背景，或者各阶段联系呈现树状关系的话，则可采用树形 DP 的方法。由于树为无环的连通图，具有明显的层次关系，因此采用 DP 方法求解树的最优化问题是非常适宜的。

树形 DP 过程一般可以分为两个部分。

（1）如果问题是一棵隐性树（即不直接以树为背景），则需要将问题转化为一棵显性树，并存储各阶段的树状联系。

（2）在“树”的数据结构上进行 DP，但其求解方式与线性 DP 有所不同：

- 计算顺序不同。线性 DP 有两种方向，即顺推与逆推；而树形 DP 亦有两个方向，由根至叶的先根遍历方向下的计算方式在实际问题中很少运用，一般采用的是由叶至根的后根遍历，即子节点将有用信息向上传递给父节点，逐层上推，最终由根得出最优解。

- 计算方式不同。线性 DP 采用的是传统的迭代形式，而树形 DP 是通过记忆化搜索实现的，因此采用的是递归方式。

【6.3.1 Binary Apple Tree】

有一棵苹果树，如果树枝有分叉，一定是分两叉（没有只有一个儿子的节点）。这棵树共有 $N$ 个节点（叶子点或者树枝分叉点），编号为 1 ～ $N$，树根编号一定是 1。我们用树枝两端连接的节点的编号来描述树枝。图 6-3 是一棵有 4 个树枝的树。

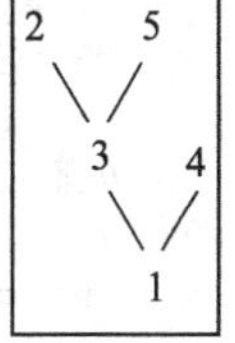

图 6-3

现在树枝条太多了，需要剪枝。但是一些树枝上长有苹果。给定需要保留的树枝数量，求出最多能留住多少苹果。

**输入**

第 1 行有 2 个数 $N$ 和 $Q$（$1 \leqslant Q \leqslant N$，$1 < N \leqslant 100$）。$N$ 表示树的节点数，$Q$ 表示要保留的树枝数量。

接下来的 $N-1$ 行描述树枝的信息。每行 3 个整数，前两个是树枝连接节点的编号，第 3 个数是这个树枝上苹果的数量。

每个树枝上的苹果不超过 30 000 个。

**输出**

一个数，即最多能留住的苹果的数量。

| 样例输入 | 样例输出 |
|---|---|
| 5 2<br>1 3 1<br>1 4 10<br>2 3 20<br>3 5 20 | 21 |

试题来源：Ural State University Internal Contest '99 #2

在线测试：Ural 1018

**试题解析**

本题给出的苹果树是一棵显性树，要求计算其中含 $Q$ 条边（即含 $Q+1$ 个节点），并且边权之和最大的一棵子树。对每个分支节点来说，有三种选择：要么剪去左子树，要么剪去右子树，要么在将节点数合理分配给左右子树。需要在这三种选择中做出使边权和最大的最佳决策。

设以 $x$ 为根、含 $k$ 个节点的子树的最大边权和（包括 $x$ 通往父节点的边权）为 $g[x][k]$。我们从叶节点出发，按照自底向上的后序遍历顺序对这棵树的每个节点进行 DP。DP 的状态转移方程如下。

若 $x$ 为叶节点，则 $g[x][k]$ 为 $x$ 通往父节点的边权；否则枚举 $k-1$ 个节点分配在左右子树的所有可能方案，从中找出最佳方案，即

$$g[x][k]=\begin{cases}0 & k=0\\ x\text{通往父节点的边权} & x\text{为叶节点}\\ x\text{通往父节点的边权}+\max\limits_{0\leqslant i\leqslant k-1}\{g[x\text{的左儿子}][i]+g[x\text{的右儿子}][k-i-1]\} & x\text{为非叶节点}\end{cases}$$

直至向上倒退至根 root 为止。最后结果为 $ans=g[root][Q+1]$。

**参考程序**

```
#include <cstdio>
#include <cstdlib>
#include <cstring>
#define Max(a,b) ((a)>(b)?(a):(b))
#define N (256)
using namespace std;
int n,m,ne,x,y,z; //节点数为n，要保留的树枝数为m，边序号为ne，树枝边为(x,y)，权为z
int id[N],w[N],v[N],next[N],head[N],lch[N],rch[N],f[N];
//第i条边的邻接点为id[i]，边权为w[i]，后继指针为next[i]，节点x的邻接表指针为head[x]，
//二叉树中节点i的左儿子为lch[i]、右儿子为rch[i]、父亲为f[i]，通往父节点的边权为v[i]
int g[N][N];                          //状态转移方程
void add(int x,int y,int z)           //将权值为z的树枝边(x, y)加入邻接表
{
    id[++ne]=y; w[ne]=z; next[ne]=head[x]; head[x]=ne;
}
void dfs(int x)                       //从节点x出发，构造二叉树
{
for (int p=head[x];p;p=next[p])       //搜索x的所有邻接边p
 if (id[p]!=f[x])                     //若边p的邻接点非x的父亲，则作为x的左(或右)儿子
    {
     if (!lch[x]) lch[x]=id[p]; else rch[x]=id[p];
     f[id[p]]=x;v[id[p]]=w[p];dfs(id[p]); //x作为边p的邻接点的父亲，设定边权，继续
                                          //递归边p的邻接点
    }
}
int dp(int x,int k)                   //从x出发，构造含k个节点且能留住最多苹果数的子树
{
    if (!k) return 0;                 //若子树空，则返回0
    if (g[x][k]>=0) return g[x][k];   //若已计算出结果，则返回结果
    if (!lch[x]) return (g[x][k]=v[x]); //若x为叶子，则返回x通往父节点的边权
    for (int i=0;i<k;++i)             //计算k个节点分配在左右子树的最佳方案
        g[x][k]=Max(g[x][k],dp(lch[x],i)+dp(rch[x],k-i-1));
    g[x][k]+=v[x];                    //计入x通往父节点的边权
    return g[x][k];                   //返回结果
}
int main()
{
    scanf("%d%d",&n,&m);              //输入节点数和要保留的树枝数
    for (int i=1;i<n;++i)             //输入n-1个树枝相连的节点和树枝上的苹果数，构造邻接表
    {
        scanf("%d%d%d",&x,&y,&z);
        add(x,y,z);
        add(y,x,z);
    }
    dfs(1);                           //从节点x出发，构造二叉树
    memset(g,255,sizeof(g));
    printf("%d\n",dp(1,m+1)); //从节点1出发，计算含m+1个节点且能留住最多苹果数的子树，
                              //返回最多苹果数
    return 0;
}
```

## 【6.3.2　Anniversary Party】

Ural大学有$N$个职员，编号为$1\sim N$。他们有从属关系，也就是说他们的关系就像

一棵以校长为根的树，父节点就是子节点的直接上司。每个职员有一个快乐指数。现在有一个周年庆宴会，要求与会职员的快乐指数最大。但是，没有职员愿意和直接上司一起与会。

**输入**

第一行一个整数 $N(1\leqslant N\leqslant 6000)$。

接下来 $N$ 行，第 $i+1$ 行表示 $i$ 号职员的快乐指数 $R_i(-128\leqslant R_i\leqslant 127)$。

接下来 $N-1$ 行，每行输入一对整数 "$L$ $K$"，表示 $K$ 是 $L$ 的直接上司。

最后一行输入 0 0。

**输出**

输出最大的快乐指数。

| 样例输入 | 样例输出 |
|---|---|
| 7<br>1<br>1<br>1<br>1<br>1<br>1<br>1<br>1 3<br>2 3<br>6 4<br>7 4<br>4 5<br>3 5<br>0 0 | 5 |

试题来源：Ural State University Internal Contest October'2000 Students Session

在线测试：POJ 2342，Ural 1039

**试题解析**

Ural 大学的从属关系实际上是一棵以校长为根的隐性树。对树中的任何一个分支节点 $u$ 来说，以其为根的子树的最大快乐指数和有两个可能值：

- 不包含 $u$ 的快乐指数。
- 包含 $u$ 的快乐指数。

如果子树的最大快乐指数和不包含 $u$ 的快乐指数，则子树的最大快乐指数和即为 $u$ 的所有子子树（以 $u$ 的儿子为根的子树）的最大快乐指数和的累加，而每棵子子树的最大快乐指数和是在包含 $u$ 的儿子或不包含 $u$ 的儿子中取最大值。

如果子树的最大快乐指数和包含 $u$ 的快乐指数，则在不包含 $u$ 的最大快乐指数和的基础上再加上 $u$ 的快乐指数即可。设 $F[u][0]$ 为不包括 $u$ 的快乐指数情况下，以 $u$ 为根的子树的最大快乐指数和；$F[u][1]$ 为包括 $u$ 的快乐指数情况下，以 $u$ 为根的子树的最大快乐指数和。

显然，初始时 $F[u][0]=0$，$F[u][1]=u$ 的快乐指数（$1\leqslant u\leqslant n$）。然后从叶节点出发，按

照自底向上后序遍历顺序和下述状态转移方程，对这棵树的每个节点进行 DP：

$$F[u][0]=\sum_{v\in u\text{的儿子集}}\max\{F[V][0],F[V][1]\}$$

$$F[u][1]=F[u][1]\text{（即 }u\text{ 的快乐指数）}+F[u][0]$$

直至倒退至根 root 为止。最后结果为 ans=max{$F$[root][0]，$F$[root][1]}。

## 参考程序

```
#include<cstdio>
#include<cstring>
using namespace std;
const int MAXN = 6010;                        //节点数的上限
int N,root,Ri[MAXN],F[MAXN][2],son[MAXN],bro[MAXN];
//节点数为 N，快乐指数序列为 Ri[]，根为 root，儿子序列为 son[]，兄弟序列为 bro[]，状态转移方
//程为 F[][]
bool is_son[MAXN];                            //父标志序列
void init()                                   //输入信息，构造树的邻接表
{
    int i,j,k;
    scanf("%d",&N);                           //输入职员数，边数初始化
    for (i=1;i<=N;i++) scanf("%d",Ri+i);      //输入每个职员的快乐指数
    memset(son,0,sizeof(son)); memset(is_son,0,sizeof(is_son)); //存储好各个节点的儿子
    for (i=1;i<N;i++)
    {
        scanf("%d%d",&j,&k);                  //k 是 j 的直接上司
        bro[j] =son[k]; son[k] = j;           //j 进入 k 的邻接表
        is_son[j] = true;                     //设 j 有父亲的标志
    }
    for (i=1;i<=N;i++)                        //计算树的根，即无父标志的节点
        if (!is_son[i]) root = i;
}
inline int max(int x,int y) { return (x>y)?(x):(y); }
void DP(int u)                                //通过树形 DP 计算 F[u][0] 和 F[u][1]
{
    int v;
    F[u][0] = 0; F[u][1] = Ri[u];             //子根的 F 值初始化
    for (v=son[u]; v; v=bro[v])               //递归 u 的每棵子树
    {
        DP(v);
        F[u][0]+=max(F[v][0],F[v][1]); //计算除去 u 的快乐指数情况下其子树的最大快乐指数和
        F[u][1]+=F[v][0];          //计算保留 u 的快乐指数情况下其子树的最大快乐指数和
    }
}
void solve()                                  //计算和输出最大的快乐指数
{
    DP(root);                                 //通过树形 DP 计算 F[root][0] 和 F[root][1]
    printf("%d\n",max(F[root][0],F[root][1])); //输出最顶头上司去或不去情况的最大值
}
int main()
{
    init();                                   //输入信息，构造树的邻接表
    solve();                                  //计算和输出最大的快乐指数
    return 0;
}
```

## 6.4 状态压缩 DP 的实验范例

在有些问题中，单元状态可以用 0 和 1 来表示，状态可以表示为 0 和 1 组成的字符串。例如，棋盘中的格子可以表示为字符串，棋盘的状态也可以表示为字符串。我们称之为状态压缩。状态压缩的动态规划可以通过按位运算来实现。

### 【6.4.1 Nuts for nuts....】

Ryan 和 Larry 要吃坚果，他们知道这些坚果在岛上的某些地方。由于他们很懒，但又很贪吃，所以他们想知道找到每颗坚果要走的最短路径。

请编写一个程序来帮助他们。

**输入**

先给出 $x$ 和 $y$，$x$ 和 $y$ 的值都小于 20；然后给出 $x$ 行，每行 $y$ 个字符，表示这一区域的地图，每个字符为 "."、"#" 或 "L"。Larry 和 Ryan 当前在的位置表示为 "L"，坚果在的位置表示为 "#"，它们都可以向 8 个相邻的方向走一步。至多有 15 个位置有坚果。"L" 仅出现一次。

**输出**

在一行中，输出从 "L" 出发，收集所有的坚果，再返回到 "L" 的最少步数。

| 样例输入 | 样例输出 |
| --- | --- |
| 5 5<br>L....<br>#....<br>#....<br>.....<br>#....<br>5 5<br>L....<br>#....<br>#....<br>.....<br>#.... | 8<br>8 |

试题来源：UVA Local Qualification Contest，2005

在线测试：UVA 10944

**试题解析**

将 Larry 和 Ryan 的位置和所有坚果设为节点，记录下所有节点的几何坐标，其中（$x_0$，$y_0$）为 Larry 和 Ryan 的位置，（$x_i$，$y_i$）为第 $i$（$1 \leqslant i \leqslant n$）颗坚果的位置，并计算出节点间相对距离的矩阵 map[][]，其中节点 $i$ 与节点 $j$ 间的相对距离 $map[i][j]=\max\left\{\left|x_i-x_j\right|,\left|y_i-y_j\right|\right\}$。

将目前坚果收集的情况组合成状态，用一个 $n$ 位二进制数（$b_{n-1},\cdots,b_0$）表示，其中 $b_i=0$ 代表当前第 $i+1$ 颗坚果未被收集，$b_i=1$ 代表当前第 $i+1$ 颗坚果被收集。设目前坚果被收集的状态值为 $j$，其中最后被收集的坚果为 $i$，最少步数为 $f[i][j]$。显然，Larry 和 Ryan 收集每一颗坚果的最少步数为 $f[i][2^{i-1}]=map[0][i]$（$1 \leqslant i \leqslant n$）。下面分析状态转移方程。定义如下。

阶段 $i$：按照递增顺序枚举状态值（$0 \leqslant i \leqslant 2^n-1$）。

状态 $j$：枚举状态 $i$ 中最后被收集的坚果 $j$（$1 \leqslant j \leqslant n$，$i \ \& \ 2^{j-1} \neq 0$）。

决策 $k$：枚举 $i$ 状态外的坚果 $k$（$1 \leqslant k \leqslant n$，$i \ \& \ 2^{k-1}=0$），判断再收集坚果 $k$ 是否为更优决策。若是，调整 $f[k][i+2^{k-1}]$ 的值，即 $f[k][i+2^{k-1}]=\min\{f[k][i+2^{k-1}],\ f[j][i]+\text{map}[j][k]\}$。

收集 $n$ 颗果子后，若最后收集果子 $i$，则到达其位置的最少步数为 $f[i][2^n-1]$，加上返回 Larry 和 Ryan 位置的步数 $\text{map}[0][i]$，该方案的总步数为 $f[i][2^n-1]+\text{map}[0][i]$。

最后，比较每颗可能被最后收集的果子 $i$($1 \leqslant i \leqslant n$)，从中找出最少步数 $\text{ans}=\min\limits_{1\leqslant i\leqslant n}\{f[i][2^n-1]+\text{map}[0][i]\}$。

## 参考程序

```
#include <cstdio>
#include <cstring>
#define Max(a,b) ((a)>(b)?(a):(b))
#define Inf (1<<20)
#define N (30)
#define M (65536)
using namespace std;
int f[N][M];        //坚果被收集的状态值为 j，其中最后被收集的果子为 i，最少步数为 f[i][j]
char s[N];                  //当前行信息
int map[N][N];              //节点 i 与节点 j 间的距离为 map[i][j]
int x[N],y[N];              //节点的坐标序列
int num,n,m,ans,maxz;       //坚果数为 num，地图规模为 n*m，最优方案的步数为 ans，所有坚果
                            //被收集的状态值为 maxz
int Abs(int x) { if(x>0) return x; return -x; }  //|x|
void Update(int &x,int y) { if(x>y) x=y; } //x←max{x, y}
int main()
{
    while (scanf("%d%d",&n,&m)!=EOF)           //输入地图规模
    {
        num=0;
        for(int i=0;i<n;++i)
        //输入每行信息，统计坚果数 num，建立节点的坐标序列，其中 (x[0], y[0]) 为 Larry 和 Ryan 的
        //当前位置，x[1…num] 和 y[1…num] 为 num 颗坚果的位置
        {
            scanf("%s",s);
            for(int j=0;j<m;++j)
                if(s[j]=='#') { x[++num]=i; y[num]=j; } else
                if(s[j]=='L') { x[0]=i; y[0]=j; }
        }
        if(!num) {printf("0\n"); continue; }
        for(int i=0;i<=num;++i)  //计算节点间的距离，即横向距离与竖向距离的最大值
            for (int j=0;j<=num;++j)  map[i][j]=Max(Abs(x[i]-x[j]),Abs(y[i]-y[j]));
        maxz=(1<<num)-1;         //计算所有坚果被收集的状态值
        for(int i=0;i<=maxz;++i) //状态转移方程初始化
            for(int j=0;j<=num;++j)  f[j][i]=Inf;
            for(int i=1;i<=num;++i)  f[i][1<<(i-1)]=map[0][i];
                                              //计算第 1 步收集各坚果的步数
        for(int i=0;i<maxz;++i)               //枚举当前坚果被收集的状态 i
        {
           for(int j=1;j<=num;++j) if (i & (1<<(j-1)))  //枚举最后被收集的坚果 j
```

```
                for(int k=1;k<=num;++k)  //枚举i状态外的坚果k，调整k被收集的最优步数
            if(!(i & (1<<(k-1))))Update(f[k][i+(1<<(k-1))],f[j][i]+map[j][k]);
        }
        ans=Inf;
        for (int i=1;i<=num;++i)     //枚举收集最后一棵被收集的坚果i(返回"L"位置的最少步
                                     //数为f[i][maxz]+map[i][0]),调整最优方案的步数
            Update(ans,f[i][maxz]+map[i][0]);
        printf("%d\n",ans);          //输出最优方案的步数
    }
    return 0;
}
```

## 【6.4.2 Mondriaan's Dream】

著名的荷兰画家Piet Mondriaan对正方形和长方形非常着迷。一天晚上，在完成了“厕所系列”的画作（他在卫生纸上作画，纸上画满了正方形和长方形）之后，他梦见以不同方式将宽为2高为1的小长方形填充到一个大长方形中，如图6-4所示。

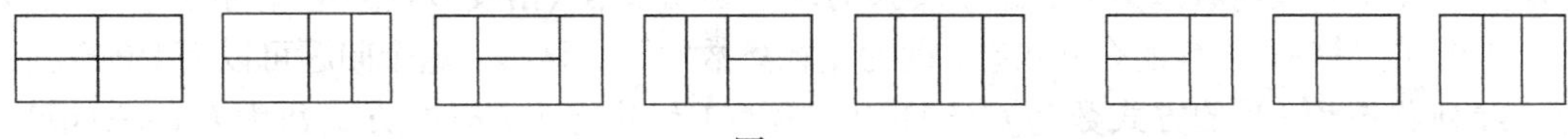

图 6-4

Piet Mondriaan需要一台计算机来计算填充一个大长方形可以有多少种方式，尺寸是整数值。请帮他编写程序，让他的梦想成真。

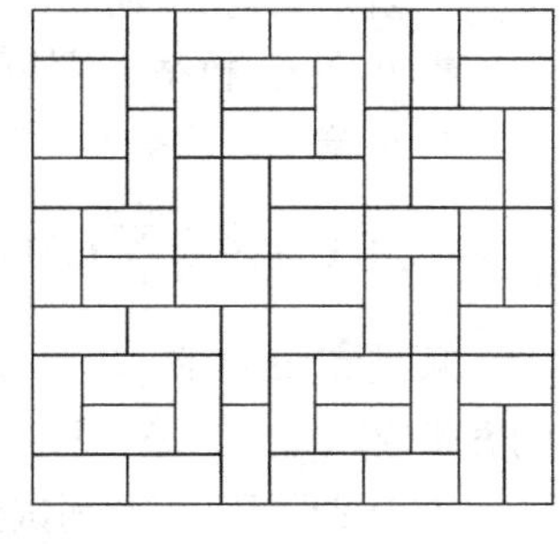

图 6-5

**输入**

输入包含若干测试用例。每个测试用例由两个整数组成：大长方形的高度 $H$ 和宽度 $W$。输入以 $H=W=0$ 终止。否则 $1 \leqslant H, W \leqslant 11$。

**输出**

对于每个测试用例，输出对给出的长方形填充 $2\times1$ 小长方形的不同方式数。假设给定的大长方形是方向确定的，即对称的铺设方法要计数多次（如图6-5所示）。

| 样例输入 | 样例输出 |
|---|---|
| 1 2 | 1 |
| 1 3 | 0 |
| 1 4 | 1 |
| 2 2 | 2 |
| 2 3 | 3 |
| 2 4 | 5 |
| 2 11 | 144 |
| 4 11 | 51205 |
| 0 0 | |

*试题来源*：Ulm Local 2000

*在线测试*：POJ 2411，ZOJ 1100

**试题解析**

首先，如果长方形面积 $n\times m$ 为奇数，则不可能填满 $2\times1$ 或 $1\times2$ 的小长方形，方式数

为0。

在计算过程中，如果以单独的格子作为状态的话，恐怕无从入手。我们以列上的 $n$ 个方格组合成一个状态，用二进制数 $D=(d_{n-1}, d_{n-2}, \cdots, d_0)$ 来表示，其中

- 若 $d_i=0$，表明当前列和前一列的第 $i+1$ 个格子未填入 1×2 的小长方形。
- 若 $d_i=1$，表明当前列和前一列的第 $i+1$ 个格子填入 2×1 的小长方形。

为了保证可用一个整数存储列状态，需要行数尽可能少。因此若 $m<n$，则 $n$ 和 $m$ 对换。

首先通过回溯法计算出列状态间的相邻关系矩阵 map[][]，其中

$$\text{map}[x][y]=\begin{cases}\text{true} & \text{列状态为}x\text{和}y\text{的两列可以相邻}\\ \text{false} & \text{列状态为}x\text{和}y\text{的两列不可以相邻}\end{cases}$$

为了保证在第1列至第 $m$ 列的范围内填充 2×1 或 1×2 的小长方形，虚拟第0列的状态为全1、第 $m+1$ 列的状态为全0。我们将列状态设为节点，若两个列状态可以相邻，则对应节点间连边。构造出的有向图具有明显的阶段特征：第 $i$ 列可与第 $i-1$ 列相邻的所有列状态组成第 $i$ 个阶段的状态集。试题便转换为求解初始节点（出发节点为第0列的全1状态）与目标节点（第 $m+1$ 列的全0状态）间的路径条数问题。显然，这个问题可以用DP解决。设第 $i$ 列状态为 $j$ 时的方式数为 $f[i\&1][j]$，第 $i-1$ 列状态为 $k$ 时的方式数为 $f[1-i\&1][k]$。显然，第1列所有状态的方式数为 $f[1][i]=\text{map}[2^n-1][i]$（$0\leqslant i\leqslant 2^n-1$）。

下面，分析状态转移方程。

- 阶段 $i$：由左而右递推每一列（$2\leqslant i\leqslant m+1$）。
- 状态 $j$：枚举 $i$ 列的所有可能状态（$0\leqslant j\leqslant 2^n-1$）。
- 决策 $k$：枚举 $i-1$ 列上所有可与状态 $j$ 相邻的状态（$0\leqslant k\leqslant 2^n-1$, $\text{map}[k][j]=\text{true}$），

$$f[i\&1][j]=\sum_{k=0}^{2^n-1}(f[1-(i\&1)][k]\mid \text{map}[k][j]=\text{true})。$$

顺推完 $m+1$ 阶段后，$f[(m+1)\&1][0]$ 即为 $n\times m$ 的长方形填充 2×1 或 1×2 的小长方形的方式数。

由于试题需要反复测试数据，而长方形的行列顺序无关紧要，因此每计算出 $f[(m+1)\&1][0]$ 后，将其记入记忆表 ans[$n$][$m$] 和 ans[$m$][$n$]。以后每输入一个长方形的长宽，若 ans 表中对应的元素值非零，则可直接输出结果，避免重复计算。

## 参考程序

```
#include <cstdio>
#include <cstdlib>
#include <cstring>
using namespace std;
int n,m;
bool map[2049][2049];      //列状态x和列状态y可以相邻的标志为map[x][y]
long long f[2][2049];      //由左而右递推每一列。第i列状态为j时的方式数为f[i&1][j]，第
                           //i-1列状态为k时的方式数为f[1-i&1][k]
long long ans[13][13]; //n×m的长方形被2×1的小长方形覆盖的方式数为ans[n][m]和ans[m][n]
void dfs(int x,int i,int z) //已知列状态x，递归计算所有可相邻的列状态z，得出map[x][z]
{
    if (i>n) { map[x][z]=true; return; }     //若分析完当前列的n个格子，则确定列状态x
                                             //和z间可以相邻
    if((~x)&(1<<(i-1)))
```

```
    //在 x 的第 i-1 个二进制位为 0 的情况下，设定 z 的第 i-1 个二进制位为 1，递归当前列的 i+1 个格
    //子。若 x 的第 i(i<n) 个二进制位为 0，则递归当前列的 i+2 个格子
    {
        dfs(x,i+1,z+(1<<(i-1)));
        if ((i<n) && ((~x) & (1<<i))) dfs(x,i+2,z);
    } else dfs(x,i+1,z);  //若 x 的第 i-1 个二进制位为 1，则递归当前列的 i+1 个格子
}
int main()
{
    scanf("%d%d",&n,&m);  //输入第 1 个大长方形的高度和宽度
    while (n)
    {           //若已计算出不同的方式数，则输出，并输入下一个大长方形的高度和宽度；否则若面积
                //为奇数，则输出不同的方式数为 0，并输入下一个大长方形的高度和宽度
        if (ans[n][m]) { printf("%lld\n",ans[n][m]); scanf("%d%d",&n,&m); continue; }
        if ((n*m) & 1) { printf("0\n"); scanf("%d%d",&n,&m); continue; }
        memset(map,0,sizeof(map));
        memset(f,0,sizeof(f));
        if (m<n) { int t=n; n=m; m=t; }          //大长方形的宽度大于高度
        for (int i=0;i<(1<<n);++i) dfs(i,1,0); //计算列状态间的相邻关系 map[][]
        for (int i=0;i<(1<<n);++i) f[1][i]=map[(1<<n)-1][i]; //计算第 1 列所有列状态
                                                              //的方式数
        for (int i=2;i<=m+1;++i)                 //由左而右递推每一列
        {
            memset(f[i&1],0,sizeof(f[i&1]));
            for (int j=0;j<(1<<n);++j)           //枚举第 i 列的状态 j
                for (int k=0;k<(1<<n);++k)       //枚举可与状态 j 相邻的所有状态 k，累计 k
                                                 //作为第 i-1 列状态的方式数
                    if (map[k][j]) f[i&1][j]+=f[1-(i&1)][k];
        }
        printf("%lld\n",f[(m+1)&1][0]);          //输出 n×m 的长方形填充 2×1 小长方形的不
                                                 //同的方式数
        ans[n][m]=f[(m+1)&1][0]; ans[m][n]=f[(m+1)&1][0]; //结果对称，为以后测试备用
        scanf("%d%d",&n,&m);                     //输入下一个大长方形的高度和宽度
    }
    return 0;
}
```

## 6.5 单调优化 1D/1D DP 的实验范例

虽然 DP 利用记忆表存储已经计算过的子问题的解，避免了重复计算，减少了冗余，但是记忆表中的子问题解并非个个有用。如果引用了对最终结果无意义的子问题解，也是一种冗余计算。为了尽可能避免冗余计算，DP 中经常采用一种 1D/1D 的单调优化技术。

所谓 1D/1D 指的是状态数为 $O(n)$，每一个状态的决策量为 $O(n)$。直接求解 1D/1D 方程的时间复杂度一般为 $O(n^2)$，而 1D/1D DP 通过合理的组织与优化，可将绝大多数 1D/1D 方程的时间复杂度优化到 $O(n\log_2 n)$ 乃至 $O(n)$。这种优化技术的存储结构一般为单调队列，单调队列与一般队列有所不同。

- 有序性：队列元素单调递增（或单调递减）。
- 双端操作：可删除队首和队尾元素（入队依然在队尾进行）。

维护单调队列的办法（以单调递增序列为例）如下：

- 如果队列长度一定，先判断队首元素是否在规定范围内，如果超范围，则队首元素出队。

- 每次插入元素时和队尾元素比较，将队尾所有大于插入值的元素删除，使得元素插入后满足队列的单调性。

1D/1D DP 的单调优化技术一般针对下述三类经典模型。

### 6.5.1 经典模型 1：利用决策代价函数 w 的单调性优化

设 $f(x)=\min\limits_{i=1}^{x-1}\{f[i]+w[i,x]\}$，其中决策代价函数 $w$ 满足四边形不等式的单调性质：

假如用 $k(x)$ 表示状态 $x$ 取到最优值时的决策，则决策单调性表述为：$\forall i\leqslant j,k(i)\leqslant k(j)$ 当且仅当 $\forall i\leqslant j,w[i,j]+w[i+1,j+1]\leqslant w[i+1,j]+w[i,j+1]$。

判断其决策代价函数 $w$ 是否满足四边形不等式单调性质的办法有很多，既可以通过数学推理，亦可以采用统计分析法：手算或通过写一个朴素算法打出决策表来观察。至于采用哪种判断方法视具体情况而定。这里讨论的重点是，怎样利用这一单调性质提高计算效率。

如果沿着“$f(x)$ 的最优决策是什么”这个思路进行思考的话，则会产生不理想的结果。例如，枚举决策从 $k(x-1)$ 开始比从 1 开始好，虽然能降低常数时间，但不可能起到实质性的优化；再如，从 $k(x-1)$ 开始枚举决策、更新 $f(x)$，一旦发现决策 $u$ 不如决策 $u+1$ 好，就停止决策过程，选取决策 $u$ 作为 $f(x)$ 的最终决策。这样时间效率虽有提高，但可惜是不正确的，因为决策单调性并没有保证 $f(j)+w[j,x]$ 有什么好的性质。

换一个思维角度，思考对于一个已经计算出来的状态 $f(j)$：$f(j)$ 能够更新的状态有哪些？虽然这样做的结果，可能会导致中间某些状态的决策暂时不是最优的，但是当算法结束的时候，所有状态对应的决策一定是最优的。

一开始，当 $f(1)$ 的函数值被计算出来时，所有状态的当前最优决策都是 1，决策表形式为：

$$[\,1\,1\cdots1\,1\,];$$

现在，显然 $f(2)$ 的值已经确定了：它的最优决策只能是 1。我们用决策 2 来更新这个决策表。由于决策的单调性，更新后的新决策表只能是这样的形式：

$$[\,\underline{1\,1\cdots1\,1}\,\underline{2\,2\cdots2\,2}\,]$$

这意味着可以使用二分法来查找“转折点”。因为如果在一个点 $x$ 上决策 2 更好，则所有比 $x$ 大的状态都是决策 2 更好；如果 $x$ 上决策 1 更好，则所有比 $x$ 小的状态都是决策 1 更好。

现在决策 1 和决策 2 都已经更新完毕，则 $f(3)$ 也已确定，现在用决策 3 来更新所有状态。根据决策单调性，决策表只能有以下两种类型：

$$[\,\underline{1\,1\cdots1\,1}\,\underline{2\,2\cdots2\,2}\,\underline{3\,3\cdots3\,3}\,]$$

$$[\,\underline{1\,1\cdots1\,1}\,\underline{3\,3\cdots3\,3}\,\underline{3\,3\cdots3\,3}\,]$$

而如下形式的决策表绝对不会出现：

$$[\,\underline{1\,1\cdots1\,1}\,\underline{3\,3\cdots3\,3}\,\underline{2\,2\cdots2\,2}\,]$$

因此，采用如下更新算法。

**步骤 1**：考察决策 2 的区间 $[b,\ e]$ 的 $b$ 点上是否决策 3 更优：如果是（在 $b$ 点上决策 3 优于决策 2），则全部抛弃决策 2，将此区间划归决策 3；否则在决策 2 的区间 $[b,\ e]$ 中二分查找转折点。

**步骤 2**：如果决策 2 全部被抛弃，则用同样方法考察决策 1。

推演到这一步，决策单调性的实现算法已经浮出了水面：使用一个**单调队列**来维护数据，单调队列中的每个节点设两个域，包括：

- 状态区间 $[a, b]$ 的左右指针 $a$ 和 $b$。
- 计算区间 $[a, b]$ 中每个状态值的最优决策 $k$。

单调队列中节点的两个域同时单调且区间相互连接，由此得出算法。设

队列 $q$ 的首尾指针为 $l$ 和 $r$。

队首的状态区间为 $[a_l, b_l]$，决策点为 $s_l$。

队尾的状态区间为 $[a_{r-1}, b_{r-1}]$，决策点为 $s_{r-1}$。

计算过程如下：

```
l←r←0; ar←1; br←n, sr←0; r++ } //状态区间 [1, n] 和决策点 0 入队;
for (int i=1;i<=n;++i) {                    //按照递增顺序枚举每个决策 i
    While(bl<i) do l++;                     //出队操作，使得队首区间覆盖 i 为止
    f[i]=f[sl]+w[sl+1, i];                  //以 sl 为决策，计算 i 的状态值 f[i]
    while(l!=r){                            //若队列不空，则在队尾端进行维护队列单调性的操作
        if(f[i]+w[i+1, ar-1]<f[sr-1]+w[sr-1+1, ar-1]) r--; //通过队尾删除操作，保证计算 f[ar-1]
                                                           //时使用原决策点 sr-1 比 i 好
        else{                               //在计算 f[ar-1] 时使用原决策点 sr-1 较优
            if(f[sr-1]+w[sr-1+1,br-1]>f[i]+w[i+1,br-1]) //若计算 f[br-1] 时使用 i 作决策点
                                                         //比 sr-1 更好
                { 在 [ar-1, br-1] 中二分查找转折点 k;
                  br-1←k-1;        //队尾区间调整为 [ar-1, k-1]，该区间依然使用决策点 sr-1
                }
            if(k≤n) {ar←k; br←n; sr←i; r++} //[k, n] 和决策点 i 入队
            break;
        }
    }
    if (l=r) {ar←i+1; br←n; sr←i; r++} //若队列空，则 [i+1, n] 和决策点 i 入队
}
输出最优值 f[n];
```

由于一个决策出单调队列之后再也不会进入，所以均摊时间为 $O(1)$，又由于存在二分查找且状态数为 $O(n)$，所以整个算法的时间复杂度为 $O(n\log_2 n)$。

**【6.5.1.1 玩具装箱】**

有 $n$ 个玩具需要装箱，每个玩具的长度为 $c[i]$，规定在装箱的时候，必须严格按照给出的顺序进行，并且同一个箱子中任意两个玩具之间必须且只能间隔一个单位长度，换句话说，如果要在一个箱子中装编号为 $i \sim j$ 的玩具，则箱子的长度必须且只能是 $l = j - i + \sum_{k=i}^{j} c[k]$，规定每一个长度为 $l$ 的箱子的费用是 $p = (l - L)^2$，其中 $L$ 是给定的一个常数。现在要求使用最少的代价将所有玩具装箱，箱子的个数无关紧要。

**输入**

第 1 行为玩具个数 $N$ 和箱子费用的系数 $L$。

第 2 ~ $N$+1 行为 $N$ 个玩具的长度为 $c[1] \cdots c[n]$。

**输出**

将所有玩具装箱使用的最少代价。

试题来源：HNOI2008

在线测试：BZOJ 1010 http://www.lydsy.com/JudgeOnline/problem.php?id=1010

## 试题解析

如果将玩具看作状态的话，则状态数为 $O(n)$，每一个状态的决策量为 $O(n)$，是一个典型的 1D/1D DP 问题。设 $f(x)$ 为前 $x$ 个玩具装箱使用的最少代价，状态转移方程如下：

$$f(x)=\min_{i-1}^{x-1}\{f(i)+w[i+1,x]\}$$

其中 $w[i,\ j]$ 为玩具 $i$…玩具 $j$ 装入一个箱子的费用，即 $w[i,\ j]=\left(j-i+\sum_{k=i}^{j}c[k]-L\right)^2$。

如果将每个状态的决策 $k[x]$ 打印出来列成一张表，会发现 $\forall i\leqslant j,k(i)\leqslant k(j)$。这就说明决策是单调的，于是采用下述方法进行优化。

依次处理每个玩具 $i$（$1\leqslant i\leqslant n$）：

（1）若队首区间在 $i$ 的左方，则出队，直至队首区间覆盖 $i$ 为止。

（2）根据队首区间的决策 $s$ 计算 $i$ 的状态值 $f[i]=f[s]+w[s+1,i]$。

（3）若队列不空，则维护队列的单调性。

这样，每个元素进队一次、出队一次，每次维护队列单调性的时间为 $O(\log_2 n)$，使得整个算法的时间复杂度优化到了 $O(n\log_2 n)$。

**注：** 上述算法并非最优算法。实际上还可以将时间复杂度降至 $O(n)$，我们将在经典模型 3 中介绍这一优化方法。

## 参考程序

```
# include <cstdio>
using namespace std;
typedef long long int64;
int64 c[600000],dp[600000],n,l,L;    //前 i 个玩具的长度和为 c[i]，前 i 个玩具装箱使用的
                                     //最少代价为 dp[i]；玩具数为 N，箱子费用系数为 L
struct node{                         //队列元素的结构类型
    int l,r,s;                       //决策点 s，所在决策区间为 [l, r]
    node(int l_=0,int r_=0,int s_-0):l(l_),r(r_),s(s_){}
    //node 为队列元素，存储决策区间的左右指针和决策点
} que[600000];int qf,qr;             //队列为 que[]，首尾指针为 qf 和 qr
int64 cost(int l,int r){             //计算装入玩具 l…r 的箱子长度
    return r-l+c[r]-c[l-1];
}
# define sqr(a)  ((a)*(a))          //定义 a²

int64 calv(int x,int a){             //按照单调性要求计算 dp[a]=dp[x]+w[x+1, a]
    if(x>=a)    return 1e16;         //若决策点 x 不小于 a，则返回 ∞；否则
    int64 l=cost(x+1,a);             //计算箱子装入玩具 x+1…玩具 a 的长度
    return dp[x]+sqr(l-L);           //返回 dp[a]=dp[x]+w[x+1, a]
}

int main(){
    scanf("%d %lld",&n,&L);          //输入玩具数 N 和箱子费用系数
    for(int i=1;i<=n;i++) scanf("%lld",c+i),c[i]+=c[i-1];
```

```
    //输入每个玩具的长度c[i]，统计前i个玩具的长度和
    que[qr++]=node(1,n,0);                //初始区间[1…n]和决策点0入队
    for(int i=1;i<=n;i++){                //顺序搜索每个玩具i
        while(que[qf].r<i)    qf++;  //若i在队首区间外，则出队，直至队首区间覆盖i为止
        dp[i]=calv(que[qf].s,i);          //根据队首区间的决策计算i的状态值
        int l,r;
        while(qf!=qr){                    //若队列不空，则维护队列的单调性
            if(calv(que[qr-1].s,que[qr-1].l)>calv(i,que[qr-1].l)) qr--;
            //比较队尾决策点和i：若使用i作为决策点可使队尾决策区间左端点的状态值更优，则删
            //除队尾元素
            else{
                    if(calv(que[qr-1].s,que[qr-1].r)<calv(i,que[qr-1].r))
r=que[qr-1].r+1;      //否则，若计算区间右端点的状态值时使用原决策点比i好，则i并入决策区间
                    else{                 //否则二分查找队尾区间中的转折点l
                            l=que[qr-1].l,r=que[qr-1].r;
                            while(l+1<r){
                                int mid=(l+r)>>1;
                                if(calv(que[qr-1].s,mid)<calv(i,mid))    l=mid;
                                else    r=mid;
                            }
                    }
                //转折点作为队尾区间的右端点，[r, n]和决策点i入队，并退出while循环
                que[qr-1].r=r-1;
                if(l<=n)    que[qr++]=node(r,n,i);
                break;
            }
        }
        if(qf==qr) que[qr++]=node(i+1,n,i); //若队列空，则区间[i+1, n]和决策点i入队
    }
    printf("%lld\n",dp[n]);
    return 0;
}
```

### 6.5.2 经典模型2：利用决策区间下界的单调性优化

我们再来看一类特殊的 $w$ 函数：$\forall i\leqslant j<k, w[i,j]+w[j,k]=w[i,k]$。

显然，这一类函数亦是满足决策单调性的。但不同的是，由于这一类函数的特殊性，因此可以用一种更加简洁、更有借鉴意义的方法来解决。

由于 $w$ 函数满足 $\forall i\leqslant j<k, w[i,j]+w[j,k]=w[i,k]$，因此总可以找到一个特定的一元函数 $w'[x]$，使得 $\forall i\leqslant j, w[i,j]=w'[j]-w'[i]$，这样，假设状态 $f(x)$ 的某一个决策是 $k$，有 $f(x)=f(k)+w[k,x]=f(k)+w'[x]-w'[k]=g[k]+w'[x]-w'[1]$，其中 $g[k]=f(k)-w[1,k]$

显然，一旦 $f(k)$ 被确定，相应地 $g(k)$ 也被确定。更加关键的是，无论 $k$ 值如何，$w'[x]-w'[1]$ 总是一个常数，换句话说，可以把方程写成 $f(x)=\min\limits_{k=1}^{x-1}\{g(k)\}+w[1,x]$。不难发现，这个方程是无意义的，因为 $\min\limits_{k=1}^{x-1}\{g(k)\}$ 可以用一个变量直接存储；但若在 $k$ 的下界上加上一个受制于 $x$ 的限制，那么这个方程就有意义了。于是引出了经典模型2：

$f(x)=\operatorname*{opt}\limits_{k=b[x]}^{x-1}\{g(k)+w[x]\}$，其中决策区间的下界 $b[x]$ 随 $x$ 单调下降。

这个方程怎么解呢？注意到这样一个性质：假设在最优性要求为 min 的情况下，如果存在两个数 $j$、$k$，使得 $j \leqslant k$ 且 $f(k) \leqslant f(j)$，则决策 $j$ 是毫无用处的。因为根据 $b[x]$ 的单调特性，如果 $j$ 可以作为合法决策，那么 $k$ 一定可以作为合法决策，又因为 $k$ 比 $j$ 要优（注意：在这个经典模型中“优”是绝对的，是与当前正在计算的状态无关的），所以说，如果把待决策表中的决策按照 $k$ 排序的话，则 $f(k)$ 必然是不降的。这个分析方法同样可用于 opt 为 max 的情况，只是单调方向取反而已。因此可以使用一个单调队列来维护决策表。单调队列中每个元素一般存储的是两个值：决策位置 $x$ 和状态值 $f(x)$。对于每一个状态 $f(x)$ 来说，计算过程分为以下两步。

**步骤 1**：不在决策区间内的队首元素相继出队，直至队首元素在决策区间为止。此时，队首元素就是状态 $f(x)$ 的最优决策。

**步骤 2**：计算 $g(x)$，通过不断删除不符合单调性质的队尾元素，保证 $g(x)$ 插入队尾后队列的单调性。

重复上述步骤，直至计算出所有状态的 $f(x)$ 值。不难看出其均摊时间复杂度是 $O(1)$，所以整个算法的时间复杂度为 $O(n)$。

**【6.5.2.1　瑰丽华尔兹】**

你跳过华尔兹吗？当音乐响起时，你随着旋律滑动舞步，是不是有一种漫步仙境的惬意？

众所周知，跳华尔兹时，最重要的是有好的音乐。但是很少有几个人知道，世界上最伟大的钢琴家一生都漂泊在大海上，他的名字叫丹尼・布德曼・T. D. 莱蒙・1900，朋友们都叫他 1900。

1900 在 20 世纪的第一年出生在往返于欧美的邮轮弗吉尼亚号上。很不幸，他刚出生就被抛弃，成了孤儿。1900 孤独地成长在弗吉尼亚号上，从未离开过这个摇晃的世界。也许是对他命运的补偿，上帝派可爱的小天使艾米丽照顾他。可能是天使的点化，1900 拥有不可思议的钢琴天赋：从未有人教，从没看过乐谱，但他却能凭着自己的感觉弹出最沁人心脾的旋律。当 1900 的音乐获得邮轮上所有人的欢迎时，他才 8 岁，而此时，他已经乘着海轮往返欧美大陆 50 余次了。虽说是钢琴奇才，但 1900 还是个孩子，他有着和一般男孩一样的好奇和调皮，只不过更多一层浪漫色彩罢了。

这是一个风雨交加的夜晚，海风卷起层层巨浪拍打着弗吉尼亚号，邮轮随着巨浪剧烈的摇摆。船上的新萨克斯手迈克斯・托尼晕船了，1900 招呼托尼和他一起坐到舞厅里的钢琴上，然后松开了固定钢琴的闸，于是，钢琴随着海轮的倾斜滑动起来。准确地说，我们的主角 1900、钢琴、邮轮随着 1900 的旋律一起跳起了华尔兹，随着“嘣嚓嚓”的节奏，托尼的晕船症也奇迹般地消失了。后来托尼在回忆录上这样写道：

*大海摇晃着我们*
*使我们转来转去*
*快速地掠过灯和家具*
*我意识到我们正在和大海一起跳舞*
*真是完美而疯狂的舞者*

晚上在金色的地板上快乐地跳着华尔兹是不是很惬意呢？也许，我们忘记了一个人，那就是艾米丽，她可没闲着：她必须在适当的时候施展魔法帮助 1900，不让钢琴碰上舞厅里的家具。

不妨认为舞厅是一个 $N$ 行 $M$ 列的矩阵，矩阵中的某些方格上堆放了一些家具，其他则是空地。钢琴可以在空地上滑动，但不能撞上家具或滑出舞厅，否则会损坏钢琴和家具，引来难缠的船长。每个时刻，钢琴都会随着船体倾斜的方向向相邻的方格滑动一格，相邻的方格可以是向东、向西、向南或向北的。而艾米丽可以选择施魔法或不施魔法：如果不施魔法，则钢琴会滑动；如果施魔法，则钢琴会原地不动。

艾米丽是一个天使，她知道每段时间船体的倾斜情况。她想使钢琴在舞厅里滑行的路程尽量长，这样 1900 会非常高兴，同时也有利于治疗托尼的晕船。但艾米丽还太小，不会算，所以希望你能帮助她。

**输入**

输入文件的第一行包含 5 个数 $N$、$M$、$x$、$y$ 和 $K$。$N$ 和 $M$ 描述舞厅的大小，$x$ 和 $y$ 为钢琴的初始位置；我们对船体倾斜情况是按时间的区间来描述的，且从 1 开始计算时间，比如“在 [1, 3] 时间里向东倾斜，[4, 5] 时间里向北倾斜”，因此这里的 $K$ 表示区间的数目。

以下 $N$ 行，每行 $M$ 个字符，描述舞厅里的家具。第 $i$ 行第 $j$ 列的字符若为 '.'，则表示该位置是空地；若为 'x'，则表示有家具。

以下 $K$ 行，顺序描述 $K$ 个时间区间，格式为 $s_i$ $t_i$ $d_i$ ($1\leqslant i\leqslant K$)，表示在时间区间 $[s_i, t_i]$ 内，船体都是向 $d_i$ 方向倾斜的。$d_i$ 为 1、2、3、4 中的一个，依次表示北、南、西、东（分别对应矩阵中的上、下、左、右）。输入保证区间是连续的，即

$$s_1=1$$
$$s_i=t_{i-1}+1\ (1<i\leqslant K)$$
$$t_K=T$$

**输出**

输出文件仅有一行，包含一个整数，表示钢琴滑行的最长距离（即格子数）。

| 样例输入 | 样例输出 |
|---|---|
| 4 5 4 1 3<br>..xx.<br>.....<br>...x.<br>.....<br>1 3 4<br>4 5 1<br>6 7 2 | 6 |

**【样例说明】**

钢琴的滑行路线如下：

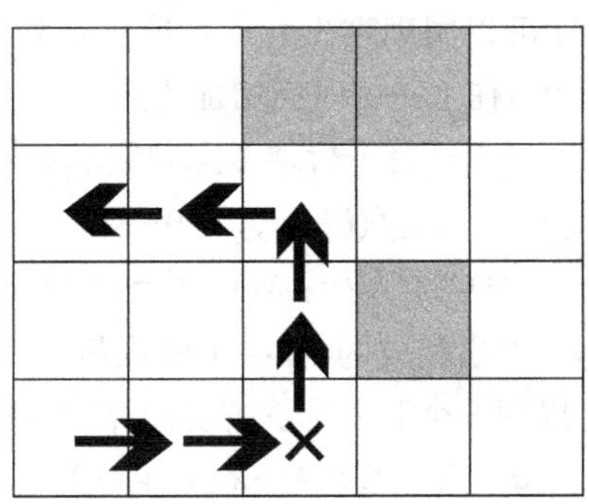

钢琴在“x”位置上时天使使用一次魔法，因此滑动总长度为6。

**【评分方法】**

本题没有部分分，程序的输出只有和我们的答案完全一致才能获得满分，否则不得分。

**【数据范围】**

50%的数据中，$1 \leqslant N, M \leqslant 200$，$T \leqslant 200$；

100%的数据中，$1 \leqslant N, M \leqslant 200$，$K \leqslant 200$，$T \leqslant 40\,000$。

试题来源：NOI 2005

在线测试：BZOJ 1499 http://www.lydsy.com/JudgeOnline/problem.php?id=1499

**试题解析**

我们对钢琴的滑动趋势是按时间的区间来描述的，且从1开始计算时间，比如“在[1, 3]时间里向东滑动，[4, 5]时间里向北滑动”，一共有$K$个时间区间（$N, M \leqslant 200$，$K \leqslant 200$）。

设$f(i, x, y)$表示保证“第$i$段时间区间结束后，钢琴停在坐标（$x, y$）”的情况下，最长能滑动的距离。并且定义：$T(i)$表示第$i$段时间区间的长度，$D(i)$表示第$i$段时间区间内的风向，1表示东，2表示西，3表示南，4表示北。$f$的转移方程是：

$$f(i,x,y)=\begin{cases}\max\{f(i-1,x,y-s)+s\} & D(i)=1\\ \max\{f(i-1,x,y+s)+s\} & D(i)=2\\ \max\{f(i-1,x-s,y)+s\} & D(i)=3\\ \max\{f(i-1,x+s,y)+s\} & D(i)=4\end{cases}$$

转移条件是：

每个时间单位最多滑动一格，也就是滑动距离不能超过$T(i)$，$s \leqslant T(i)$。

若在$D(i)$的反方向（因为我们这里是利用前面的结果倒推，所以是反方向）上，离（$x, y$）最近的障碍物距离为$E(x, y)$，则$s<E(x, y)$。这是因为钢琴不能经过障碍物所在的格子，并且不能出边界。

边界条件是：

$$f(0,x,y)=\begin{cases}f(0,x,y)=0 & x=x0\wedge y=y0\\ f(0,x,y)=\infty & x\neq x0\vee y\neq y0\end{cases}$$

该算法的时间复杂度是$O(n^3k)$，只能通过50%的数据，因此需要进行优化。

由于只能直线滑动，所以每次状态转移都是线性的，取$f[i-1][][]$的最大值。我们可以想办法加快取最大值，由此引出单调队列！

由于$f$的转移方程实际上是根据$D(i)$的不同而不同，我们只着重分析第$i$段时间区间内的风向$D(i)$的一种情况，就可以同理推出其他情况。不妨设$D(i)=1$（向东，即从下向上滑，最下面的状态时间就是0，往上一格时间增加1）。

当$D(i)=1$时，实际上我们可以一行一行地考虑如何求F值。

$$\begin{aligned}f(i,x,y)&=\max\{f(i-1,x,y-s)+s\}\\&=\max\{f(i-1,x,y-s)-(y-s)\}+y\end{aligned}$$

事实上我们可以对每个$y$，求出相应的（$y-s$）的取值区间。随着$y$的增加，（$y-s$）区间的左右边界都递增。这样可以用一个队列维护需要计算的状态。设

$$a_k=f(i-1,x,k)-k\ (k=y-s)$$

$$f[i,x,y]=\max_{k\in(y-s)\text{的取值区间}}\{a_k\}+y$$

显然，$s\nearrow\rightarrow k\searrow\rightarrow a_k\nearrow$。维护一个元素值递减的序列 $P$，满足

$$P_1<P_2<P_3<\cdots<P_m$$

$$a_{P_1}>a_{P_2}>a_{P_3}>\cdots>a_{P_m}$$

若 $k$ 当前的取值区间为 $[A, B]$，有 $P_1\geqslant A$。在维护 $[A, B]$ 时，需要以下操作。

①若队尾 $a_{P_m}<a_B$，则删除无用的 $a_{P_m}$（因为可以证明状态 $a_{P_m}$ 在以后永远不会用到），直至队尾元素值大于 $a_B$ 为止。将 $a_B$ 插入队尾。

②若队首 $P_1<A$，则说明 $P_1$ 不在区间 $[A, B]$ 内，删除 $P_1$，直至 $P_1\geqslant A$ 为止。

③取出队首元素，即区间 $[A, B]$ 的最大状态值。

这样每个元素进队一次，出队一次。每次取最大值的操作复杂度是 $O(1)$。所以计算一行的复杂度就优化到了 $O(N)$。

在 $D(i)=2, 3, 4$ 的时候也可以同样处理。整个算法的时间复杂度就优化到了 $O(N^2k)$。

## 参考程序

```
# include <cstdio>
# include <cstring>
# include <cmath>
using namespace std;
int mvx[4]={1,-1,0,0},mvy[4]={0,0,1,-1};                //水平增量和垂直增量
int most[256][256][4],vis[256][256][4],dp[202][202][202];
//(x,y) 沿 d 方向滑动的最长距离为 most[x][y][d]; 滑动标志为 vis[x][y][d]，第 id 个时间段结束
//时到达 (i,j) 位置的最大滑动距离为 dp[id][i][j]
int map[256][256],sx,sy,n,m,K; //舞厅的大小为 n×m; 矩阵为 map[][]，其中 (i,j) 为空地，则
                               //map[i][j]=1; 钢琴的初始位置为 (sx,sy); 时间区间数为 K

int dfs(int x,int y,int d){          //递归计算钢琴从 (x,y) 出发沿 d 方向滑动的最长距离
    if(!map[x][y])     return -1;    //若 (x,y) 有障碍物，则返回 -1
    if(vis[x][y][d]) return most[x][y][d]; //返回 (x,y) 沿 d 方向滑动的最长距离
    vis[x][y][d]=1;                        //设定 (x,y) 沿 d 方向滑动的标志
    return most[x][y][d]=1+dfs(x+mvx[d],y+mvy[d],d);   //递归计算滑动的最长距离
}

void getmost(){                                    //计算钢琴滑动的最长距离矩阵 most[][][]
    for(int i=1;i<=n;i++)
      for(int j=1;j<=m;j++)
        for(int k=1;k<=4;k++) if(map[i][j]&&!vis[i][j][k]) dfs(i,j,k);
}

int que[400],qf,qr,f[400];           //存储行（列）位置的队列为 que[]，存储当前最长滑动距
                                     //离的队列为 f[]，队列的首尾指针为 qf 和 qr

void dodp(int id,int d,int l){       //计算第 id 个时间段结束时可达范围（倾斜方向为 d，滑
                                     //动区间长度为 l）内每个位置的最大滑动距离 dp[id][][]
    if(!(d>>1))                      //若风向为上下，则顺推每一列
        for(int i=1;i<=m;i++){
            int end=d?n+1:0,step=d?1:-1;qf=qr=0;  //计算结束行和步长值，队列空
            for(int j=d?1:n;j!=end;j+=step){       //按照步长值搜索每个可达行
              if(dp[id-1][j][i]>=0){ //若第 id-1 个时间段结束时到达 (j,i) 位置的最大滑
                                     //动距离已求出，则删除队尾的无用元素
```

```
                    while(qf!=qr&&dp[id-1][j][i]>f[qr-1]+fabs(j-que[qr-1]))    qr--;
                    f[qr]=dp[id-1][j][i],que[qr++]=j; //第 id-1 个时间段结束时到达 (j,i)
                                                      //的最大滑动距离和行位置 j 入队
                }
            //不在当前行区间的队首元素出队
            while(qf!=qr&&(fabs(j-que[qf])>l||fabs(j-que[qf])>most[j][i][d]))qf++;
            if(qf!=qr) dp[id][j][i]=f[qf]+fabs(j-que[qf]);
            //以队尾为决策点，计算 id 个时间段结束时到达 (j,i) 的最大滑动距离
            }
        }
        else for(int i=1;i<=n;i++){                              //若风向为左右，则顺推每一行
                int end=d&1?m+1:0,step=d&1?1:-1;qf=qr=0;  //计算结束列和步长值，队列空
                for(int j=d&1?1:m;j!=end;j+=step){           //按照步长值搜索每个可达列
                  if(dp[id-1][i][j]>=0){ //若第 id-1 个时间段结束时到达 (i,j) 的最大滑动
                                         //距离已求出，则删除队尾的无用元素
                    while(qf!=qr&&dp[id-1][i][j]>f[qr-1]+fabs(j-que[qr-1]))    qr--;
                    f[qr]=dp[id-1][i][j],que[qr++]=j; //第 id-1 个时间段结束时到达 (i,j)
                                                      //的最大滑动距离和列位置 j 入队
                  }
                  //不在当前列区间的队首元素出队
                  while(qf!=qr&&(fabs(j-que[qf])>l||fabs(j-que[qf])>most[i][j][d])) qf++;
                         if(qf!=qr)dp[id][i][j]=f[qf]+fabs(j-que[qf]);
                         //以队尾为决策点，计算 id 个时间段结束时到达 (j,i) 的最大滑动距离
                }
        }
}

int main(){                                                   //处理测试用例
    scanf("%d %d %d %d %d\n",&n,&m,&sx,&sy,&K); //输入舞厅的大小、钢琴初始位置和时间区间数
    for(int i=1;i<=n;i++){                                    //输入舞厅信息，建立矩阵 map[][]
        for(int j=1;j<=m;j++){
            char c=getchar();
            if(c=='.') map[i][j]=1;
        }
        scanf("\n");
    }
    getmost();                                                //计算钢琴滑动的最长距离矩阵 most[][][]
    memset(dp,-1,sizeof(dp));                                 //dp 中的元素除钢琴初始位置为 0 外其余为 -1
    dp[0][sx][sy]=0;
    for(int i=1;i<=k;i++){                                    //阶段：顺推每个时间区间
        int a,b,d;scanf("%d%d%d",&a,&b,&d);d--; //输入第 i 个时间区间 [a,b] 和倾斜方向 d
        dodp(i,d,b-a+1);                                      //计算 dP[i][][]
    }
    int ans=0;
    for(int i=1;i<=n;i++)                                     //计算和输出钢琴滑行的最长距离
        for(int j=1;j<=m;j++) ans=max(ans,dp[K][i][j]);
    printf("%d\n",ans);
    return 0;
}
```

### 6.5.3 经典模型 3：利用最优决策点的凸性优化

经典模型 3 的初始模型如下：

$$f(x)=\min_{i=1}^{x-1}\{a[x]*f[i]+b[x]*g[i]\}$$

这个初始模型比较抽象且涵盖范围很广，因为 $a[x]$、$b[x]$ 不一定是常量，只要它们与决策无关都可以接受；另外 $f(i)$ 和 $g(i)$ 不管是常量还是变量都没有关系，只要它们是一个由最优的 $f(x)$ 决定的二元组就可以了。因此，很难直接从模型表象看出什么可优化的地方。为此，通过代数恒等式变形将模型转换成如下形式：

$$f(n)=\min_{i=1}^{n-1}\{a[n]*x[i]+b[n]*y[i]\}$$

其中 $x(i)$、$y(i)$ 都是可以在常数时间内通过 $f(i)$ 唯一决定的二元组。

怎样求解上述经典模型呢？显然，这个模型的解与平面上的线性规划有关。我们以 $x(i)$ 为横轴、$y(i)$ 为纵轴建立平面直角坐标系，使得 $f(i)$ 所决定的二元组可用坐标系中的一个点表示。目标是计算

$$\text{Min } p=ax+by\text{，其中 } a=a[n]\text{，}b=b[n]$$

化成 $y=-\frac{a}{b}x+\frac{p}{b}$，假设 $b>0$（反之亦然），则任务是使得这条直线的纵截距最小。可以想象：有一条斜率已经确定的直线和一堆点 $X=\{x_i\}$，选出其中一个点使得 $p$ 最小。很明显，这个点在点集 $X$ 的凸包上（相当于直线从负无穷往上平移，第一个碰到的点必然是凸包上的点）。

可以发现，根据 $a$ 的定义，决策直线的斜率 $-\frac{a}{b}$ 随 $i$ 单调递增，并且点的横坐标 $x$ 也是随 $i$ 单调递增的！为此，必须维护一个下凸的凸包（因为要求最小值）。随着 $i$ 的增加，状态 $i$ 的决策点一定是单调向右移动的，这也正好证明了决策的单调性！（图 6-6 中箭头所指的点为 $f(i)$。）

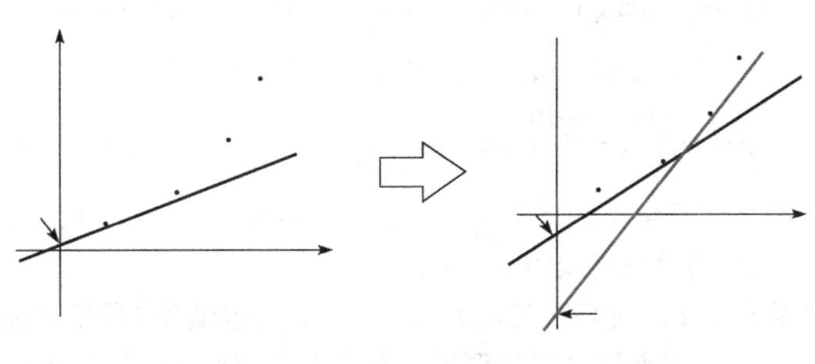

图 6-6

这个时候，有一个重要的性质凸显出来：**所有最优决策点都在平面点集的凸包上。**

这样一来，具体的算法步骤就水到渠成了。

维护一个单调队列 $D$，存储凸包的点坐标（$x$，$y$）。根据决策单调的性质：如果一个决策没有成为当前状态的最优决策，那么就永远也不可能成为后面状态的最优决策，所以决策指针单调右移。

**1. 查找最优决策点**

我们来看对于当前状态 now，怎样查找最优决策。设 $D$ 的队首指针为 $l$、队尾指针为 $r$。寻找最优决策的伪代码如下：

```
While a[n]*D[l].x+b[n]*D[l].y>=a[n]*D[l+1].x+b[n]*D[l+1].y Do l++;
```

上述代码充分应用了决策单调的性质。

### 2. 插入当前点

当前状态 now 所对应的二元组（$x$，$y$）计算完毕，看怎么插入单调队列 $D$。由于 now 所对应的（$x$，$y$）必然是凸包上的点，因此可用 Graham 的维护方式不断弹栈（注意维护下凸型 Graham 的方向），最后再插入：

```
while (l<r && now 在 D_r D_{r-1} 的右方 ) r--        // 弹出队尾的非凸包点
    D[++r]=now;                                      // 使得 now 成为凸包点
```

注意：如果决策指针也被弹栈了，那么决策指针应当指向当前状态（决策单调！）。

**时间复杂度分析：**主过程里有一重循环，复杂度为 $O(n)$。重要的是 while 那段。前面说过，决策指针单调右移，所以 while 总共加起来也是 $O(n)$，又由于每个点最多出队一次、入队一次，所以最后的时间复杂度是 $O(n)$。

### 【6.5.3.1　玩具装箱】

题意如【6.5.1.1　玩具装箱】。

**试题解析**

玩具装箱的动态规划方程：$f(x)=\min\limits_{i-1}^{x-1}\{f(i)+(x-i-1+\sum\limits_{k=i+1}^{x}c[k]-L)^2\}$。

下面，我们试图通过数学变换将其变成经典模型 3。为了简化计算，设 $\text{sum}[x]=\sum\limits_{i=1}^{x}c[i]$，

则 $f(x)=\min\limits_{i-1}^{x-1}\{f(i)+(x-i-1-L+\text{sum}[x]-\text{sum}[i])^2\}=\min\limits_{i-1}^{x-1}\{f(i)+((\text{sum}[x]+x-1-L)-(\text{sum}[i]+i))^2\}$。

不妨设 $a[x]=\text{sum}[x]+x-1-L$, $b[i]=\text{sum}[i]+i$，显然这两个量都是常量，则

$$f(x)=\min_{i-1}^{x-1}\{f(i)+(a[x]-b[i])^2\}=\min_{i-1}^{x-1}\{f(i)+b^2[i]-2a[x]b[i]\}+a^2[x]$$

问题明朗了。设平面直角坐标系中 $x(i)=b[i]$，$y(i)=f(i)+b^2[i]$，则问题变成 $\min p=y-2ax$，其对应的线性规划的目标直线为 $y=p+a^2$。

回顾定义不难看出，$a[x]$ 随着 $x$ 的增大而增大，$x(i)$ 也随着 $i$ 的增大而增大。因此，问题中直线斜率单调减，数据点横坐标单调增，符合经典模型 3 中最简单的情形，使用单调队列维护凸壳可以在 $O(n)$ 的时间内解决本题。

**参考程序**

```
struct point{
    long long x,y;
    } now,D[50010];          // 当前状态的二元组为 now，队列为 D[]
int L,R,N,W;                 // 队列的首尾指针为 L 和 R，玩具数为 N，费用系数为 W
long long C[500010];         // 前 i 个玩具的长度和为 C[]
inline long long xmul(point a,point b,point c){   // 计算 ba 与 ca 的叉积
        return (b.x-a.x)*(c.y-a.y)-(b.y-a.y)*(c.x-a.x);
}
int main(){
    scanf("%d%d",&N,&W);          // 输入玩具数和费用系数
    for (int i=1;i<=N;i++){       // 输入每个玩具的长度
```

```
            scanf("%lld",&C[i]);
            C[i]+=C[i-1];                               //计算前 i 个玩具的长度和
        }
        for (int i=1;i<=N;i++){                         //顺推每个玩具
            while(L<R&&D[L].y-2*(i+C[i]-W-1)*D[L].x>=D[L+1].y-2*(i+C[i]-W-1)*D[L+1].x) L++;
                    //若队列不空，则反复删除非最优决策的队首元素，直至保持队列的最优性质为止
            now.x=i+C[i];                               //计算新状态的二元组
            now.y=D[L].y-2*(i+C[i]-W-1)*D[L].x+(i+C[i]-W-1)*(i+C[i]-W-1)+(i+C[i])*
(i+C[i]);
            while (L<R&&xmul(D[R-1],D[R],now)<=0) R--; //去除队尾凸包外的节点，维护凸壳
            D[++R]=now;                                 //新状态的二元组进入队列
            }
    printf("%lld\n",D[R].y-(N+C[N])*(N+C[N]));        //输出将所有玩具装箱的最少代价
    return 0;
    }
```

上述求解经典模型 3 的方法必须满足以下条件：随着计算状态的逐步推进，直线的斜率单调变化，同时 $x$ 或者 $y$ 也要单调变化。

但问题是，如果其中之一或者两者均不满足条件，那又该怎么办呢？有一点是要肯定的：最优决策点依然在凸包上。但是查找最优决策点和插入当前点看似毫无规律。我们以斜率和横坐标 $x$ 都不满足单调性且要求计算最大值（即维护上凸的凸包）为例，分析计算方法。

（1）查找最优决策点

观察图 6-7（加粗直线代表当前状态对应的直线，其斜率 $k=-\frac{a}{b}$）。

由图 6-7 可见，如果一个点成为最优决策点的话，设凸包上左邻点和它连线的斜率为 $k_1$，凸包上右邻点和它连线的斜率为 $k_2$，那么必然有 $k_2 \leqslant k \leqslant k_1$（我们可以设最左边的点的 $k_1=+\infty$，最右边的点的 $k_2=-\infty$）。根据这个单调性，查找最优决策就可以用二分查找来在 $O(\log_2 n)$ 时间内完成。

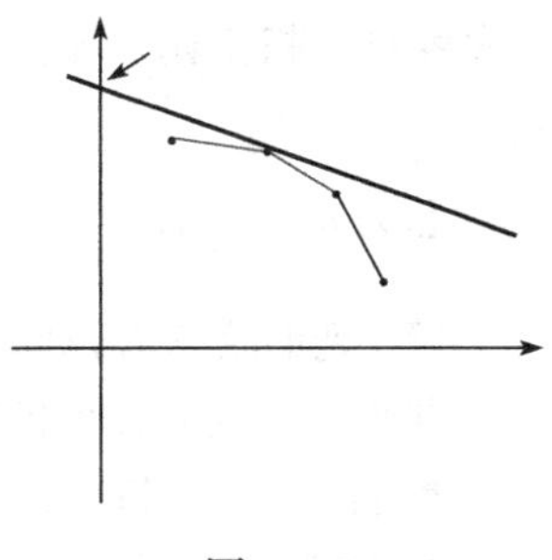
图　6-7

（2）插入当前点

因为要维护凸包，所以先二分查找到在数组中应该插入的位置，然后对两边进行 Graham 式凸包维护。办法如下：

- 以横坐标为关键字建立平衡二叉树 Splay。
- 二分查找最优决策点，计算状态值。
- 插入节点：将该节点的横坐标 $a$ 插入 Splay。

接下来，要对左子树和右子树进行凸性维护。以左子树为例（右子树类似）：

首先，二分查找出离当前点最近且满足凸包性质（因为是上凸形，所以斜率单调减）的点 $b$。然后根据 Graham 的特点——被删掉的点一定是连续的一段，我们可以将点 $b$ 伸展到根节点，$a$ 伸展到根的右子树，那么 $a$ 的右子树肯定是要被删的点，直接将其删除。但要注意的是 $a$ 不一定是凸包上的点，所以维护完左右子树后还要检查 $a$ 是否符合凸包要求，不行的话依然要将其删掉。

查找和插入的过程都可以在 $O(\log_2 n)$ 时间内完成，因此总的时间复杂度为 $O(n\log_2 n)$，但实现起来比较复杂。由于篇幅所限，我们仅给出算法思想，供读者求解同类问题时参考。

## 6.6 相关题库

### 【6.6.1 Tri Tiling】

有多少种方法可以在一个 $3\times n$ 的矩形中平铺一个 $2\times 1$ 的多米诺骨牌？

图 6-8 给出一个 $3\times 12$ 矩形中平铺的样例。

**输入**

输入包含若干测试用例，以包含 -1 的一行结束。每个测试用例包含一个整数 $n$（$0\leqslant n\leqslant 30$）。

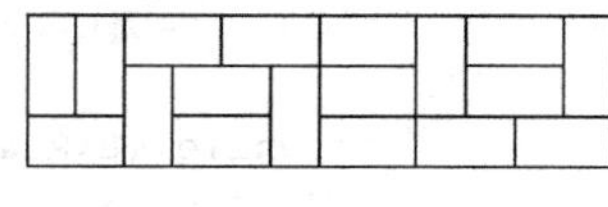

图 6-8

**输出**

对每个测试用例，输出一个整数，给出可能的平铺数。

| 样例输入 | 样例输出 |
|---|---|
| 2<br>8<br>12<br>-1 | 3<br>153<br>2131 |

*试题来源：*Waterloo local 2005.09.24

*在线测试：*POJ 2663，ZOJ 2547，UVA 10918

**提示**

设 $i$ 列的状态为二进制数 $j$（$0\leqslant i\leqslant n-1$，$0\leqslant j\leqslant 7$），0 代表对应格被多米诺骨牌占据，1 代表对应格空闲。显然，（0，$i$）的状态为 $c=j\&1$，（1，$i$）的状态为 $b=\left\lfloor\frac{j}{2}\right\rfloor\&1$，（2，$i$）的状态为 $a=\left\lfloor\frac{j}{4}\right\rfloor$。

第 $i$ 列的状态为 $j$ 时前 $i$ 列的平铺总数为 dp[$i$][$j$]。显然初始时 dp[0][0]=1。

我们从左向右逐列进行列状态压缩的动态规划：

- 若（1，$i$）和（2，$i$）被多米诺骨牌占据（!$a$&&!$b$=1），则 dp[$i$+1][!$c$]+=dp[$i$][$j$]。
- 若（0，$i$）和（1，$i$）被多米诺骨牌占据（!$b$&&!$c$=1），则 dp[$i$+1][(!$a$)*4]+=dp[$i$][$j$]。
- dp[$i$+1][(!$a$)*4+(!$b$)*2+(!$c$)]+=dp[$i$][$j$]。

最后，得出的 dp[$n$][0] 即为问题的解。

### 【6.6.2 Marks Distribution】

在一次考试中，学生要参加 $N$ 门课程的考试，总共获得了 $T$ 分。他通过了所有的 $N$ 门课程，在每门课程通过的最小分数是 $P$。请计算学生获得这些分数的方式。例如，如果 $N$=3、$T$=34、$P$=10，那么三门课程学生可以取得的分数情况如表 6-1 所示。

表 6-1

| | 课程 1 | 课程 2 | 课程 3 |
|---|---|---|---|
| 1 | 14 | 10 | 10 |

（续）

| | 课程 1 | 课程 2 | 课程 3 |
|---|---|---|---|
| 2 | 13 | 11 | 10 |
| 3 | 13 | 10 | 11 |
| 4 | 12 | 11 | 11 |
| 5 | 12 | 10 | 12 |
| 6 | 11 | 11 | 12 |
| 7 | 11 | 10 | 13 |
| 8 | 10 | 11 | 13 |
| 9 | 10 | 10 | 14 |
| 10 | 11 | 12 | 11 |
| 11 | 10 | 12 | 12 |
| 12 | 12 | 12 | 10 |
| 13 | 10 | 13 | 11 |
| 14 | 11 | 13 | 10 |
| 15 | 10 | 14 | 10 |

因此有 15 个解，所以 $F(3, 34, 10)=15$。

**输入**

在输入的第一行给出一个正整数 $K$，然后给出 $K$ 行，每行一个测试用例。每个测试用例给出 3 个正整数，分别是 $N$、$T$ 和 $P$，$N$、$T$ 和 $P$ 的值最多是 70。本题设定最终的答案是符合标准的 32 位整数。

**输出**

对每个输入，在一行中输出 $F(N、T、P)$ 的值。

| 样例输入 | 样例输出 |
|---|---|
| 2<br>3 34 10<br>3 34 10 | 15<br>15 |

*试题来源*：4th IIUC Inter-University Programming Contest, 2005

*在线测试*：UVA 10910

**提示**

设 dp[$i$][$j$] 表示通过 $i$ 门功课、分数为 $j$ 的情况。所以，dp[1][$j$]=1，其中 $P \leqslant j \leqslant T$。并且，

dp[$i$][$j$]= $\sum_{k=P}^{j-P} \mathrm{dp}[i-1][j-k] \Big| j-k \geqslant P$，$2 \leqslant i \leqslant N$，$P \leqslant j \leqslant T$。最后得出的 dp[$N$][$T$] 是问题的解。

## 【6.6.3 Chocolate Box】

最近我的一个朋友 Tarik 成为 ACM 区域赛的食品委员会委员。给他 $m$ 个可以区分的盒子，他要把 $n$ 种不同类型的巧克力放进这些盒子中。一种巧克力被放进某个盒子的概率是 $\frac{1}{m}$。一个或多个盒子为空的概率是什么？开始他认为这是一项容易的工作，但不久他发现

这非常难。因此，请帮他解决这个问题。

**输入**

输入的每一行给出两个整数，$n$ 表示巧克力的类型总数，$m$ 表示不同盒子的数目（$m \leq n < 100$）。一个包含 -1 的一行表示结束。

**输出**

对每个测试用例计算概率，精确到小数点后 7 位。输出格式如下。

| 样例输入 | 样例输出 |
|---|---|
| 50 12<br>50 12<br>-1 | Case 1: 0.1476651<br>Case 2: 0.1476651 |

试题来源：The FOUNDATION Programming Contest 2004

在线测试：UVA 10648

 **提示**

设 dp[$i$][$j$] 表示放了第 $i$ 个巧克力时共有 $j$ 个盒子内有巧克力的概率。则 dp[1][1]=1，dp[$i$][$j$]=dp[$i-1$][$j$]*$f(j)$+dp[$i-1$][$j-1$]*$f(m-j+1)$，其中 $f(x)=\frac{x}{m}$，表示将一个巧克力放入 $x$ 个特定盒子的概率（$2 \leq i \leq n$，$1 \leq j \leq m$）。

显然，最后答案为 1-dp[$n$][m]。

### 【6.6.4 A Spy in the Metro】

特工 Maria 被派到 Algorithms 市执行一项特别危险的任务。经过了几个惊心动魄的事件之后，我们发现她在 Algorithms 市地铁的始发站，正在看时刻表。Algorithms 市地铁是由一个单线运行两种方向的列车组成，因此它的时刻表并不复杂。

Maria 要在 Algorithms 市地铁终点站与当地的间谍接头。Maria 知道有一个强大的组织在追踪她。她也知道，如果在车站等候的话，她被抓的风险就很大，而隐藏在行驶的列车中则相对安全，所以她决定尽可能地躲在行驶的列车里，无论列车是向前行驶还是向后行驶。Maria 都需要知道一个时间表，要在所有的站等待时间最少，并能及时赶到终点站进行接头。请写一个程序，为 Maria 找到一个总的等待时间最佳的时间表。

Algorithms 市地铁系统有 $N$ 个站，从 1 到 $N$ 顺序编号，地铁列车双向行驶：从第 1 站（始发站）到最后一站（终点站），以及从最后一站（终点站）到第 1 站（始发站）（如图 6-9 所示）。对于在两个相邻的站之间行驶的地铁列车的时间是固定的，因为所有列车以相同的速度行驶。在每一站，地铁停非常短的时间，为了简便起见，可以忽略。因为 Maria 是一个身手非常敏捷的特工，如果相对行驶的两列列车同时在一个站停下，她也可以换乘。

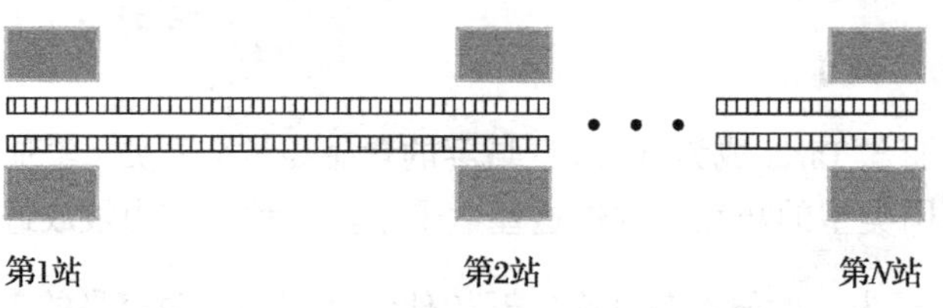


图 6-9

**输入**

输入包含若干测试用例，每个测试用例 7 行，形式如下。

- 第 1 行：整数 $N$（$2 \leqslant N \leqslant 50$），表示站的个数。
- 第 2 行：整数 $T$（$0 \leqslant T \leqslant 200$），表示接头的时间。
- 第 3 行：$N-1$ 个整数 $t_1, t_2, \cdots, t_{N-1}$（$1 \leqslant t_i \leqslant 20$），表示地铁列车在两个连续的车站之间的行驶时间：$t_1$ 表示在第 1 站和第 2 站之间的行驶时间，$t_2$ 表示在第 2 和第 3 站之间的行驶时间，以此类推。
- 第 4 行：整数 $M_1$（$1 \leqslant M_1 \leqslant 50$），表示离开第 1 站的列车的数量。
- 第 5 行：$M_1$ 个整数 $d_1, d_2, \cdots, d_{M_1}$（$0 \leqslant d_i \leqslant 250$ 且 $d_i < d_{i+1}$），表示地铁列车离开第 1 站的时间。
- 第 6 行：整数 $M_2$（$1 \leqslant M_2 \leqslant 50$），表示离开第 $N$ 站的地铁列车的数量。
- 第 7 行：$M_2$ 个整数 $e_1, e_2, \cdots, e_{M_2}$（$0 \leqslant e_i \leqslant 250$ 且 $e_i < e_{i+1}$），表示地铁列车离开第 $N$ 站的时间。

最后一个测试用例后，给出仅包含一个 0 的一行。

**输出**

对每个测试用例，输出一行，给出测试用例编号（从 1 开始）和一个整数，表示按最优的时间表在站上总的等待时间，如果 Maria 无法进行接头，输出单词 "impossible"。根据样例输出的格式输出。

<table>
<tr><th>样例输入</th><th>样例输出</th></tr>
<tr><td>4<br>55<br>5 10 15<br>4<br>0 5 10 20<br>4<br>0 5 10 15<br>4<br>18<br>1 2 3<br>5<br>0 3 6 10 12<br>6<br>0 3 5 7 12 15<br>2<br>30<br>20<br>1<br>20<br>7<br>1 3 5 7 11 13 17<br>0</td><td>Case Number 1: 5<br>Case Number 2: 0<br>Case Number 3: impossible</td></tr>
</table>

试题来源：ACM World Finals 2003

在线测试：UVA 2728

**提示**

首先，我们递推从第 1 站（始发站）发出的每辆地铁列车到达各站的时间 $x_1[][]$ 和从第 $N$ 站（终点站）发出的每辆地铁列车到达各站的时间 $x_2[][]$，其中，从第 1 站出发，顺向行驶的第 $i$ 辆地铁列车到达第 $j$ 站的时间为 $x_1[i][j]$：

$$x_1[i][j]=\begin{cases}\text{第}i\text{辆地铁列车的发车时间} & j=1\\ x_1[i][j-1]+\text{第}(j-1)\text{站到第}j\text{站的行驶时间} & j>1\end{cases}$$

而逆向行驶的第 $i$ 辆地铁列车到达第 $j$ 站的时间为 $x_2[i][j]$：

$$x_2[i][j]=\begin{cases}\text{第}i\text{辆地铁列车的发车时间} & j=N\\ x_2[i][j+1]+\text{第}(j+1)\text{站到第}j\text{站之间的行驶时间} & j<N\end{cases}$$

我们将每一时刻地铁列车到达各站的等待时间作为状态，要使得该时刻列车到达各站的等待时间最少，则前一时刻地铁列车到达各站的等待时间也必须最少，满足最优子结构的性质，因此可以用 DP 的方法解决。

设 $f[j][k]$ 为 $j$ 时刻到达 $k$ 站前的最少等待时间，显然，$f[0][1]=0$。

阶段 $i$：递推接头前的每一时刻（$0\leqslant i\leqslant T-1$）。

状态 $k$：枚举每个车站（$0\leqslant k\leqslant N$）。

决策：分顺向和逆向两部分。

- 枚举顺向列车中在 $i$ 时刻后到达 $k$ 站的列车 $j$（$1\leqslant j\leqslant$ 站 1 发出的列车数，$i\leqslant x_1[j][k]$），计算该车到达 $k+1$ 站时刻前的最少等待时间 $f[x_1[j][k+1]][k+1]=\min\{f[x_1[j][k+1]][k+1], f[i][k]+x_1[j][k]-i\}$。
- 枚举逆向列车中在 $i$ 时刻后到达 $k$ 站的列车 $j$（$1\leqslant j\leqslant$ 站 $N$ 发出的列车数，$i\leqslant x_2[j][k]$），计算该车到达 $k-1$ 站时刻前的最少等待时间 $f[x_2[j][k-1]][k-1]=\min\{f[x_2[j][k-1]][k-1], f[i][k]+x_1[j][k]-i\}$。

由于各列车到达 $k+1$ 站（或 $k-1$）站的时刻可能超出 $i$，因此需要作进一步处理：若 $i$ 时刻到达 $k$ 站的等待时间增加 1 个时间单位较优，则调整 $f[i+1][k]=\min\{f[i+1][k], f[i][k]+1\}$。

显然，若 $f[T][N]$ 为 DP 前的初始值，则说明 Maria 无法进行接头；否则 $f[T][N]$ 为她在 $T$ 时刻在 $N$ 站接头前最少的等待时间。

## 【6.6.5　A Walk Through the Forest】

由于 Jimmy 的意外使得工作更加困难，这些天 Jimmy 在工作上的压力很大。在艰苦的一天工作后，为了放松自己，他喜欢走着回家。他的办公室在森林的一边，他的家在森林的另一边。一次美好穿过森林的步行，看着小鸟和花栗鼠是让人相当愉快的。

森林非常美，Jimmy 每天走不同的路回家，他还要在天黑前回家，所以他需要一条路径走向他家。对于两个点 $A$ 和 $B$，如果从 $B$ 到他家有一条路径比任何一条从 $A$ 到他家的路径短，那么他就考虑走从 $A$ 到 $B$ 的路径。请计算 Jimmy 可以走多少条不同的路径通过森林。

**输入**

输入由若干测试用例组成，输入的最后一行仅包含 0。Jimmy 已经对每个路口从 1 开始编号，他的办公室编号为 1，他家编号为 2。每个测试用例的第一行给出路口数 $N$ 和连接

两点的路径数 $M$，其中 $1<N\leqslant 1000$；其后的 $M$ 行每行给出一对路口 $a$ 和 $b$ 以及一个表示路口 $a$ 和路口 $b$ 之间的整数距离 $d$，$1\leqslant d\leqslant 1\,000\,000$。对每一条路，两个方向 Jimmy 都可以选。在一对路口之间，最多有一条路连接。

**输出**

对每个测试用例，输出一个整数，表示通过森林的不同路径的数目。本题设定这个数目不超过 2 147 483 647。

| 样例输入 | 样例输出 |
|---|---|
| 5 6<br>1 3 2<br>1 4 2<br>3 4 3<br>1 5 12<br>4 2 34<br>5 2 24<br>7 8<br>1 3 1<br>1 4 1<br>3 7 1<br>7 4 1<br>7 5 1<br>6 7 1<br>5 2 1<br>6 2 1<br>0 | 2<br>4 |

*试题来源*：Waterloo local 2005.09.24

*在线测试*：POJ 2662，UVA 10917

 **提示**

以路口为节点，连接两路口的路径作边，路口间的距离作为边权，构造一个带权无向图。办公室为节点 1，家为节点 2。由于 Jimmy 无论在哪个路口，总是选择离家最短的路径走，因此，先使用 Dijkstra 算法计算各节点至节点 2 的最短路径 dist[]，其中 dist[$i$] 为节点 2 与节点 $i$ 间的最短路长。设 $f[x]$ 为节点 $x$ 至节点 2 的路径数，则

$$f[x]=\begin{cases}1 & x=2\\ \sum_{i=1}^{n}(f[i]\,|\,(i,x)\in E\ \&\&\ \text{dist}[i]<\text{dist}[x]) & x\neq 2\end{cases}$$

采用记忆化搜索的递归办法计算 $f[]$。显然，$f[1]$ 为 Jimmy 通过森林的不同路径数。

### 【6.6.6 炮兵阵地】

司令部的将军们打算在 $N\times M$ 的网格地图上部署他们的炮兵部队。一个 $N\times M$ 的地图由 $N$ 行 $M$ 列组成，地图的每一格可能是山地（用 "H" 表示），也可能是平原（用 "P" 表示），如图 6-10 所示。在每一格平原地形上最多可以布置一支炮兵部队（山地上不能够部署炮兵部队），一支炮兵部队在地图上的攻击范围如图 6-10 中黑色区域所示。

如果在地图中的灰色所标识的平原上部署一支炮兵部队，则图 6-10 中黑色的网格表示它能够攻击到的区域：沿横向左右各两格，沿纵向上下各两格。图上其他白色网格均攻击不到。从图上可见炮兵的攻击范围不受地形的影响。

| P | P | H | P | H | H | P | P |
|---|---|---|---|---|---|---|---|
| P | H | P | H | P | H | P | P |
| P | P | P | H | H | H | P | H |
| H | P | H | P | P | P | P | H |
| H | P | P | P | P | H | P | H |
| H | P | P | H | P | H | H | P |
| H | H | H | P | P | P | P | H |

图　6-10

现在，将军们规划如何部署炮兵部队，在防止误伤的前提下（保证任何两支炮兵部队之间不能互相攻击，即任何一支炮兵部队都不在其他支炮兵部队的攻击范围内），在整个地图区域内最多能够摆放多少我军的炮兵部队。

**输入**

第一行包含两个由空格分割开的正整数，分别表示 $N$ 和 $M$。

接下来的 $N$ 行，每一行含有连续的 $M$ 个字符（'P' 或者 'H'），中间没有空格。按顺序表示地图中每一行的数据，$N \leqslant 100$，$M \leqslant 10$。

**输出**

仅一行，包含一个整数 $K$，表示最多能摆放的炮兵部队的数量。

| 样例输入 | 样例输出 |
|---|---|
| 5 4<br>PHPP<br>PPHH<br>PPPP<br>PHPP<br>PHHP | 6 |

试题来源：NOI 2001

在线测试：POJ 1185

**提示**

设当前行的状态为一个 $m$ 位二进制数 $X=x_{m-1}\cdots x_0$，其中 $x_i=0$ 代表当前行的第 $i+1$ 格为安全格，$x_i=1$ 代表当前行的第 $i+1$ 格被攻击。

由炮兵部队攻击的区域（沿横向左右各两格，沿纵向上下各两格）可以看出，如果当前行为合法行的话，则当前行不会出现相邻格同 1、相隔位同 1 的情况，且与之相邻的两行的行状态间不会出现同一个二进制位同 1 的情况。

我们将 $0\cdots2^m-1$ 中所有合法的行状态存储在数组 $d[]$ 中，将每个合法行状态中 1 的个数存储在数组 $b[]$ 中，其中 $d[i]$ 为第 $i$ 个合法行状态对应的二进制数，该二进制数中 1 的个数为 $b[i]$（$1\leqslant i\leqslant \text{num}$）。

显然，若第 $i$ 个、第 $j$ 个、第 $k$ 个合法行状态可以相邻，则 $(!(d[i]\&d[j])\&\&!(d[i]\&d[k])\&\&!(d[j]\&d[k]))=\text{true}$。我们将任意 3 个合法行状态是否可相邻的情况存储在数组 map[][][] 中，其中 $\text{map}[i][j][k]=\begin{cases}\text{true} & d\text{表中第}i、j、k\text{个合法行状态可以相邻}\\ \text{false} & d\text{表中第}i、j、k\text{个合法行状态不可以相邻}\end{cases}$（$1\leqslant i,j,k\leqslant \text{num}$）。

我们先根据列数 $m$ 计算出 $d[]$、$b[]$ 和 map[][]，然后分析地图每行的状态（'P' 对应 1，'H' 对应 0）：若第 $i$ 行的状态 $c[i]$ 相与 $d[l]$ 结果仍为 $d[l]$（$(d[l]\&c[i])==d[l]$），则说明第 $i$

行为第 $l$ 个合法行状态。

将每行信息压缩成状态后，很容易看出问题的最优子结构和重叠子问题的特征，此时便可以使用 DP 方法求解。

设第 $i-1$、$i$ 行的合法状态在 $b[]$ 表的序号为 $j$ 和 $k$ 时，前 $i$ 行安放的最多炮兵部队数为 $f[i][j][k]$。显然，$f[1][1][i]=b[i]$（$1 \leqslant i \leqslant num$，$(d[i]\&c[1])==d[i]$）。

阶段 $i$：自上而下递推每一行（$1 \leqslant i \leqslant n-1$）。

状态 $j$ 和 $k$：枚举第 $i-1$、$i$ 行的合法状态序号（$1 \leqslant j, k \leqslant num$，$f[i][j][k] \neq 0$）。

决策 $l$：若第 $i+1$ 行的合法状态 $l$ 可与合法状态 $k$ 和 $j$ 相邻（$1 \leqslant l \leqslant num$，$((c[i+1]\&d[l])==d[l])\&\&map[j][k][l]$），则调整最优解

$$f[i+1][k][l]=\max(f[i+1][k][l], f[i][j][k]+b[l])$$

经过 $n-1$ 阶段后，计算出 $n$ 行上方相邻各种合法行时的炮兵部队数，需要从中找出炮兵部队数 ans= $\max\limits_{1\leqslant i\leqslant num, 1\leqslant j\leqslant num}\{f[n][i][j]\}$。

## 【6.6.7 Common Subsequence】

一个给出序列的子序列是从这个给出的序列中按序取出的一些元素（可能为空）。给出一个序列 $X=<x_1, x_2, \cdots, x_m>$，另一个序列 $Z=<z_1, z_2, \cdots, z_k>$ 是 $X$ 的子序列，如果存在一个 $X$ 的下标的严格递增序列 $<i_1, i_2, \cdots, i_k>$，使得对所有的 $j=1, 2, \cdots, k$，$x_{ij}=z_j$。例如，$Z=<a, b, f, c>$ 是 $X=<a, b, c, f, b, c>$ 的子序列，下标序列为 <1, 2, 4, 6>。给出两个序列 $X$ 和 $Y$，本题要求找到 $X$ 和 $Y$ 最大长度公共子序列的长度。

**输入**

程序输入为标准输入，输入的每个测试用例是两个字符串，表示给出的序列。序列用多个空格分开。输入数据是正确的。

**输出**

标准输出。对每个测试用例，输出一行，给出最大长度公共子序列的长度。

| 样例输入 | 样例输出 |
|---|---|
| abcfbc abfcab | 4 |
| programming contest | 2 |
| abcd mnp | 0 |

*试题来源*：ACM Southeastern Europe 2003

*在线测试*：POJ 1458，ZOJ 1733，UVA 2759

**提示**

本题是纯粹的 LCS 问题，直接使用 DP 方法解决。

## 【6.6.8 Lazy Cows】

农夫 John 很后悔在牧场用高档化肥，因为草长得非常快以至于他的奶牛吃草不再需要走动。因此，奶牛长得非常大，而且也变得很懒惰……冬天快到了，农夫 John 想建一些谷仓作为那些不能动的奶牛的住所，并认为他应该围绕着奶牛当前的位置建造谷仓，因为这些奶牛不会自己行走到谷仓，不管谷仓如何能遮风避雨或舒适。

奶牛放牧的牧场被表示为一个 2×B（1≤B≤15 000 000）的方格矩阵，其中的一些方格中有一头奶牛，另一些方格为空，如下图所示，牧场里有 N（1≤N≤1000）头奶牛占据这些方格。

| | | | | | | | |
|---|---|---|---|---|---|---|---|
| cow | | | | cow | cow | cow | cow |
| cow | cow | cow | | | | | |

出于节俭，农夫 John 准备只建 K（1≤K≤N）间矩形谷仓（围墙与牧场的边平行），总的面积要占用最少数量的方格。每个谷仓占一个矩形组的方格，不会存在两个谷仓重叠，当然谷仓要覆盖所有包含奶牛的方格。

例如，在上图中，如果 K=2，那么最优解是一个 2×3 的谷仓和一个 1×4 的谷仓，覆盖了总共 10 个单位的方格。

**输入**

第 1 行：3 个被空格分开的整数 N、K 和 B。

第 2 行到第 N+1 行：两个被空格分开的、范围在（1, 1）到（2, B）的整数，给出包含每头奶牛的方格的坐标，不会有一个方格包含两头以上的奶牛。

**输出**

第 1 行：覆盖了全部奶牛的 K 个谷仓所占据的最小面积。

| 样例输入 | 样例输出 |
|---|---|
| 8 2 9<br>1 2<br>1 6<br>1 7<br>1 8<br>1 9<br>2 2<br>2 3<br>2 4 | 10 |

试题来源：USACO 2005 USOpen Gold

在线测试：POJ 2430

 **提示**

这是一道状态压缩 DP 题。设 dp[i][j][k] 表示前 i 列被 j 个谷仓占据，并且当前状态为 k 的最佳解；其中 k==1 表示只有第一行被一个谷仓占据，k==2 表示只有第二行被一个谷仓占据，k==3 表示第一行和第二行被一个谷仓占据，k==4 表示第一行和第二行被两个不同的谷仓占据。

【6.6.9 Longest Common Subsequence】

给出两个字符串序列，输出两个序列的最长公共子序列的长度。例如，下述两个序列：

abcdgh

aedfhr

最长公共子序列为 adh，长度为 3。

**输入**

输入由若干对的行组成。每对的第一行给出第一个字符串，第二行给出第二个字符串。每个字符串一行，至多由 1000 个字符组成。

**输出**

对于输入的每对子序列，输出一行，给出一个符合上述要求的整数。

| 样例输入 | 样例输出 |
|---|---|
| a1b2c3d4e<br>zz1yy2xx3ww4vv<br>abcdgh<br>aedfhr<br>abcdefghijklmnopqrstuvwxyz<br>a0b0c0d0e0f0g0h0i0j0k0l0m0n0o0p0q0r0s0t0u0v0w0x0y0z0<br>abcdefghijklmnzyxwvutsrqpo<br>opqrstuvwxyzabcdefghijklmn | 4<br>3<br>26<br>14 |

试题来源：November 2002 Monthly Contest

在线测试：UVA 10405

**提示**

典型的 LCS 问题。

**【6.6.10　Make Palindrome】**

按定义，回文（palindrome）是一个倒转以后也不改变的字符串。"MADAM" 就是一个很好的回文实例。对一个字符串测试其是否为回文是一项简单的工作。但是产生回文则可能不是容易的。

我们制造一个回文产生器，输入一个字符串，返回一个回文。可以很容易地证明，对于一个长度为 $n$ 的字符串，要使得它变成回文，就要加入不超过 $n-1$ 个字符，例如 "abcd" 产生其回文 "abcdcba"；"abc" 产生其回文 "abcba"。但对于程序员，生活不是这样容易！！如果可以将字符插入在字符串的任何位置，请找一个将给定字符串变成回文所需要字符的最少数目。

**输入**

每个输入行仅由小写字母组成。输入的字符串大小最多为 1000。输入以 EOF 结束。

**输出**

对每个输入，在一行内输出用一个空格分开的字符的最小数目和一个回文。如果可以有多个这样的回文，任何一个都可以。

| 样例输入 | 样例输出 |
|---|---|
| abcd | 3 abcdcba |
| aaaa | 0 aaaa |
| abc | 2 abcba |
| aab | 1 baab |
| abababaabababa | 0 abababaabababa |
| pqrsabcdpqrs | 9 pqrsabcdpqrqpdcbasrqp |

试题来源：The Real Programmers'Contest -2 -A BUET Sprinter Contest 2003

在线测试：UVA 10453

提示

首先，计算给出的字符串及其反向序列的最长公共子序列。这就给出了在回文中重叠的字符。然后在字符串中添加其余字符，产生最短的回文。

【6.6.11 Vacation】

你计划休息一下，外出旅行，但你并不知道应该去哪座城市。因此，你向父母寻求帮助。你妈妈说："我的儿子，你一定要去 Paris、Madrid、Lisboa 和 London，但仅按这一顺序是很好玩的。"接着你的父亲说："儿子，如果你计划去旅行，就先去 Paris，然后去 Lisboa，然后去 London，再往后，至少要去 Madrid。我知道我在说什么。"

因为你没有预想到这样的情况，现在你就有些困惑。你担心，如果按照父亲的建议，则会伤害你的母亲。但你也担心，如果按照母亲的建议，则会伤害父亲。而且情况还会变得更糟，如果你根本不理会他们的建议，你就伤害了他们两人。

因此，你决定用更好的方法来遵循父母的建议。所以，首先，你认识到 London-Paris-Lisboa-Madrid 这一顺序满足父母两人的建议；之后，你会说，你不能去 Madrid，即使你非常喜欢 Madrid。

如果按你父亲建议的 London-Paris-Lisboa-Madrid 这一顺序，两个顺序 Paris-Lisboa 和 Paris-Madrid 能同时满足你父母的建议，在这一情况下，你只能去两座城市。

你要在将来避免类似的问题，并且，如果他们的旅行建议范围更大呢？可能你不能很容易地找到更好的方式。所以，你决定编写一个程序来帮助自己完成这个任务。每一个城市用大写字母、小写字母、数字和空格这样的字符表示。因此，最多可以去 63 个不同的城市，但有些城市可能会去不止一次。

如果用 "a" 表示 Paris，"b" 表示 Madrid，"c" 表示 Lisboa，"d" 表示 London，那么你母亲的建议是 "abcd"，你父亲的建议是 "acdb"（或第 2 个实例 "dacb"）。

程序输入两个旅行序列，输出可以旅行通过多少城市，以满足你父母的建议，且经过的城市数量最多。

**输入**

输入由若干城市序列对组成。输入以 "#" 字符结束（没有引号），程序也不必对此进行处理。每个旅行序列单独一行，由合法的字符组成（定义如上）。所有的旅行序列在一行中给出，至多 100 座城市。

**输出**

对每个序列对，在一行中输出下述信息：

```
Case #d: you can visit at most K cities.
```

其中 $d$ 表示测试用例的编号（从 1 开始），$K$ 是你满足你父母建议所能去的最多的城市数。

| 样例输入 | 样例输出 |
|---|---|
| abcd<br>acdb<br>abcd<br>dacb<br># | Case #1: you can visit at most 3 cities.<br>Case #2: you can visit at most 2 cities. |

试题来源：2001 Universidade do Brasil (UFRJ). Internal Contest Warmup
在线测试：UVA 10192

提示

母亲说的旅行序列为字串 1，父亲说的旅行序列为字串 2，两个字串的最长公共子序列所含的字母数即为满足父母建议所能去的最多城市数，显然，这是一个典型的 LCS 问题。

【6.6.12　Is Bigger Smarter?】

有些人认为大象越大就越聪明。为了反驳这一点，请在大象的数据集合中采集一个尽可能大的子集，并把它作为一个序列，使得随着大象的重量增加，大象的智商（IQ）下降。

输入给出一串大象的数据，每头大象一行，以文件结束符终止。每头大象的数据由一对整数组成：第一个数表示大象的重量，以公斤为单位；第二个数表示大象的智商，以 IQ 点的百分比为单位。两个整数在 1 ～ 10 000 之间，称第 $i$ 个数据行的数据为 $W[i]$ 和 $S[i]$。输入数据最多包含 1000 头大象的信息。两头大象可以有相同的重量，相同的智商，甚至重量和智商都相同。

程序要求输出一系列数据行，第一行给出一个整数 $n$，后面的 $n$ 行每行给出一个正整数（每个数表示一头大象）。如果这 $n$ 个整数是 $a[1], a[2],\cdots, a[n]$，则情况为 $W[a[1]]<W[a[2]]<\cdots<W[a[n]]$，并且 $S[a[1]]>S[a[2]]>\cdots>S[a[n]]$。为了答案正确，$n$ 要尽可能地大。所有的不等式要严格成立：重量要递增，智商要递减。对于给出的输入答案要正确。

| 样例输入 | 样例输出 |
| --- | --- |
| 6008 1300<br>6000 2100<br>500 2000<br>1000 4000<br>1100 3000<br>6000 2000<br>8000 1400<br>6000 1200<br>2000 1900 | 4<br>4<br>5<br>9<br>7 |

试题来源：The’silver wedding’contest 2001
在线测试：UVA 10131

提示

本题是一道典型的动态规划（最长递增子序列）的试题。首先，对 $n$ 头大象以其重量为第 1 关键字，IQ 为第 2 关键字进行排序，然后，计算这个序列的最长递增子序列。

【6.6.13　Stacking Boxes】

根据维数考虑一个 $n$ 维的箱子。二维的情况下，箱子（2，3）可以表示箱子长为 2 宽为 3；三维的情况下，箱子（4，8，9）可以表示一个 4×8×9 的箱子（长，宽，高）。在六维的情况下，箱子（4，5，6，7，8，9）表示什么并不清楚，但我们可以分析箱子的特性，例如其维数的总和。

本题请分析一组 $n$ 维箱子的特性。你要确定箱子的最长嵌套字符串，也就是一个箱子的序列 $b_1, b_2, \cdots, b_k$，使得每个 $b_i$ 嵌套在 $b_{i+1}$ 中（$1 \leqslant i<k$）。

箱子 $D=(d_1, d_2, \cdots, d_n)$ 嵌套在箱子 $E=(e_1, e_2, \cdots, e_n)$ 中，如果存在 $d_i$ 的重新排列使得在重新排列后每一维小于箱子 $E$ 中的相应维。这相应于翻转箱子 $D$ 看其是否能放进箱子 $E$ 中。然而，因为任何重排都可以，所以箱子 $D$ 可以被扭曲，而不仅仅是翻转（见下例）。

例如，箱子 $D=(2, 6)$ 嵌套在箱子 $E=(7, 3)$ 中，因为 $D$ 可以重排为（6, 2）使得每一维都小于 $E$ 中的相应维。箱子 $D=(9, 5, 7, 3)$ 无法嵌套入箱子 $E=(2, 10, 6, 8)$ 中，因为不存在 $D$ 的重排列满足嵌套性质，但 $F=(9, 5, 7, 1)$ 可以嵌套在 $E$ 中，因为 $F$ 可以被重排为（1, 9, 5, 7）嵌套在 $E$ 中。

形式化定义嵌套如下：箱子 $D=(d_1, d_2, \cdots, d_n)$ 嵌套在箱子 $E=(e_1, e_2, \cdots, e_n)$ 中，如果存在一个 $1\cdots n$ 排列 $\pi$ 使得（$d\pi_{(1)}, d\pi_{(2)}, \cdots, d\pi_{(n)}$）“适合”（$e_1, e_2, \cdots, e_n$），即对于所有的 $1 \leqslant i<n$，$d\pi_{(i)} \leqslant e_i$。

**输入**

输入由一系列的箱子序列组成。每个箱子序列在开始的第一行给出序列中箱子的数量 $k$，然后给出箱子的维数 $n$（在同一行中）。

在这一行后给出 $k$ 行，每行一个箱子，每个箱子给出用一个或多个空格分开的 $n$ 个量值。第 $i$（$1 \leqslant i \leqslant k$）行给出第 $i$ 个箱子的量值。

输入中可以有若干个箱子序列。程序处理所有的序列，对每个序列，确定 $k$ 个箱子最长的嵌套字符串和嵌套字符串的长度（在字符串中箱子的数量）。

在本题中，最大维数是 10，最小维数是 1。在一个序列中箱子的最大数量是 30。

**输出**

对于输入的每个箱子序列，在一行中输出最长嵌套字符串的长度，并在下一行中给出一个箱子的列表，按序包含了这个字符串。表示“最小的”或“最深处的”箱子的字符串先给出，下一个箱子（如果存在）列在第二个，以此类推。

箱子按在输入中的顺序进行编号（第一个箱子为 box 1，以此类推）。

如果有多于一个最长嵌套字符串，那么输出任何一个都可以。

| 样例输入 | 样例输出 |
|---|---|
| 5 2<br>3 7<br>8 10<br>5 2<br>9 11<br>21 18<br>8 6<br>5 2 20 1 30 10<br>23 15 7 9 11 3<br>40 50 34 24 14 4<br>9 10 11 12 13 14<br>31 4 18 8 27 17<br>44 32 13 19 41 19<br>1 2 3 4 5 6<br>80 37 47 18 21 9 | 5<br>3 1 2 4 5<br>4<br>7 2 5 6 |

试题来源：Internet Programming Contest 1990

在线测试：UVA 103

提示

本题是一道最长递增子序列的试题。要求确定箱子 $a$ 是否可以嵌套在箱子 $b$ 中。

首先，对每个箱子，其维数（$s_1, s_2, s_3, \cdots, s_n$）进行排序，使得对于所有的 $i<j$，$s_i \leqslant s_j$。

其次，对箱子进行排序，对于两个箱子 $a$ 和 $b$，如果对于所有的 $i$，$a_i \leqslant b_i$，则 $a<b$。

最后，通过最长递增子序列来计算结果。

本题的时间复杂度为 $O(n^2)$。

【6.6.14 Function Run Fun】

我们都爱递归，是吗？考虑一个三个参数的递归函数 $w(a, b, c)$:

$$w(a,b,c)=\begin{cases}1 & a\leqslant 0\text{或}b\leqslant 0\text{或}c\leqslant 0\\ w(20,20,20) & a>20\text{或}b>20\text{或}c>20\\ w(a,b,c-1)+w(a,b-1,c-1)-w(a,b-1,c) & a<b\text{并且}b<c\\ w(a-1,b,c)+w(a-1,b-1,c)+w(a-1,b,c-1)-w(a-1,b-1,c-1) & \text{其他}\end{cases}$$

这是一个很容易实现的函数。计算本题时，如果直接实现，对于并不很大的 $a$、$b$ 和 $c$ 值（例如，$a=15$，$b=15$，$c=15$），由于巨大的递归，程序要运行若干小时。

**输入**

程序的输入是一系列的三元组，每个三元组一行，结束标志为 −1 −1 −1。采用上述技术，请有效地计算 $w(a, b, c)$ 并输出结果。

**输出**

对每个三元组输出 $w(a, b, c)$ 的值。

| 样例输入 | 样例输出 |
|---|---|
| 1 1 1 | w (1, 1, 1)=2 |
| 2 2 2 | w (2, 2, 2)=4 |
| 10 4 6 | w (10, 4, 6)=523 |
| 50 50 50 | w (50, 50, 50)=1048576 |
| −1 7 18 | w (−1, 7, 18)=1 |
| −1 −1 −1 | |

试题来源：ACM Pacific Northwest 1999

在线测试：POJ 1579，ZOJ 1168

提示

本题用记忆化搜索的办法求解。设记忆表 a[][][]，其中 a[x][y][z] 存储 $w(x, y, z)$ 的递归结果。对于 $w(x, y, z)$：

- 如果（$x\leqslant 0 \,\|\, y\leqslant 0 \,\|\, z\leqslant 0$），返回 1。
- 如果（$x>20 \,\|\, y>20 \,\|\, z>20$），返回 $w(20, 20, 20)$。
- 如果（$x<y$ && $y<z$），则 a[x][y][z] 记忆 $w(x, y, z-1)+w(x, y-1, z-1)-w(x, y-1, z)$ 的结果；否则 a[x][y][z] 记忆 $w(x-1, y, z)+w(x-1, y-1, z)+w(x-1, y, z-1)-w(x-1, y-1, z-1)$ 的结果。

【6.6.15 To the Max】

给出一个正整数和负整数的二维数组，一个子矩阵是在整个数组内大小为 1×1 或更大的相邻的子数组。矩阵的总和是矩阵中所有元素的总和。在本题中具有最大总和的子矩阵被称为最大子矩阵。

例如，对于数组：

| | | | |
|---|---|---|---|
| 0 | –2 | –7 | 0 |
| 9 | 2 | –6 | 2 |
| –4 | 1 | –4 | 1 |
| –1 | 8 | 0 | –2 |

最大子矩阵是左下角：

| | |
|---|---|
| 9 | 2 |
| –4 | 1 |
| –1 | 8 |

总和是 15。

**输入**

输入给出一个 $N\times N$ 的整数数组。输入的第一行给出一个正整数 $N$，表示平方的二维数组的大小。然后按以行为主的顺序给出 N^2 个用空格和换行分开的整数，也就是说，先给出第一行的所有数字，从左到右；然后再给出第二行的所有数字，从左到右；以此类推。$N$ 最大为 100，数组中数字的范围在 [–127, 127] 中。

**输出**

输出最大的子矩阵的总和。

| 样例输入 | 样例输出 |
|---|---|
| 4<br>0 –2 –7 0 9 2 –6 2<br>–4 1 –4 1 –1<br><br>8 0 –2 | 15 |

试题来源：ACM Greater New York 2001

在线测试：POJ 1050，ZOJ 1074，UVA 2288

 **提示**

本题输入一个整数矩阵，要求计算最大子矩阵的和。

设 *max* 是最大子矩阵的和，初始时，*max*=–10 000；设数组 *m* 是输入的矩阵数组。

首先，输入矩阵数组 *m*。对于矩阵的第 *i* 行，$ma_i$ 是该行最大的连续整数的和，$1\leqslant i\leqslant N$。在数组 *m* 输入之后，基于每一行最大的连续整数的和，求出 $max=\max\limits_{1\leqslant i\leqslant N}\{ma_i\}$。

然后，从第一行开始，自上而下地用 for 循环语句处理每一行：对于 for 语句处理的当前行，将当前行下面行对应列的整数逐行地加到当前行上，并求该行最大的连续整数的和；如果求出的最大的连续整数的和大于 *max*，则对 *max* 进行调整。在 for 循环语句结束后，*max* 就是最大子矩阵的和。

## 【6.6.16 Robbery】

警探 Robstop 很生气。昨晚，一家银行被抢劫，但没有抓到盗贼。今年这已经是第三次发生了。他在权力范围内尽可能快地做了一切来抓捕盗贼：所有出城的道路都被封锁，使得盗贼无法逃脱；然后，警探要求在城市里的所有的人往外看是否有盗贼。尽管如此，但他得到的唯一的消息是："我们没有看到盗贼。"

但是这一次，他已经受够了！警探 Robstop 决定分析盗贼是如何逃脱的。要做到这一点，他请你写一个程序，给出警探可以获得的有关盗贼的所有信息，以发现在那段时间盗贼会在哪儿。

巧合的是，被抢劫的银行所在的城市是一个矩形。离开城市的道路在一个特定的时间段 $t$ 内是被封锁的，并且在那段时间，形式如"盗贼在时间 $T_i$ 不在矩形 $R_i$ 中"的观察被报告。本题设定盗贼在每个时间步内至多移动一个单位，请编写一个程序，要设法找到盗贼在每个时间步的确切位置。

**输入**

输入给出若干盗贼的描述。每个盗贼描述的第一行给出 3 个整数 $W$、$H$、$t$（$1 \leqslant W, H, t \leqslant 100$），其中 $W$ 是城市的宽，$H$ 是城市的长，$t$ 是城市被封锁的时间长度。

然后给出一个整数 $n$（$0 \leqslant n \leqslant 100$），表示警探收到消息的数量；接下来给出 $n$ 行（每条消息一行），每行给出 5 个整数 $t_i$、$L_i$、$T_i$、$R_i$、$B_i$，其中 $t_i$ 是给出观察消息的时间（$1 \leqslant t_i \leqslant t$），$L_i$、$T_i$、$R_i$、$B_i$ 分别是被观察的矩形区域的左、顶、右、底（$1 \leqslant L_i \leqslant R_i \leqslant W$，$1 \leqslant T_i \leqslant B_i \leqslant H$）；点（1, 1）是城市的左上角，($W$, $H$) 是城市的右下角。这条消息表示在时刻 $t_i$ 盗贼没有在给出的矩形中。

输入以测试用例 $W=H=t=0$ 结束，程序不用处理这一测试用例。

**输出**

对于每个盗贼，先输出一行 "Robbery #*k*:"，其中 $k$ 是盗贼的编号，有 3 种可能性：

- 如果在考虑了有关消息后，盗贼仍然在城里是不可能的，输出一行 "The robber has escaped."。
- 在所有其他的情况下，假设盗贼还在城里，输出一行，形式为 "Time step *t*: The robber has been at *x*,*y*." 对于每一个时间步，盗贼所在的精确位置可以被推导出（$x$ 和 $y$ 分别是在时间步 $t$ 时盗贼所在的列和行），按时间 $t$ 排序输出这些行。
- 如果不能推导出任何事，输出一行 "Nothing known."，并希望警探不要发怒。

每处理一个测试用例后输出一个空行。

| 样例输入 | 样例输出 |
|---|---|
| 4 4 5 | Robbery #1: |
| 4 | Time step 1: The robber has been at 4,4. |
| 1 1 1 4 3 | Time step 2: The robber has been at 4,3. |
| 1 1 1 3 4 | Time step 3: The robber has been at 4,2. |
| 4 1 1 3 4 | Time step 4: The robber has been at 4,1. |
| 4 4 2 4 4 | |
| 10 10 3 | Robbery #2: |
| 1 | The robber has escaped. |
| 2 1 1 10 10 | |
| 0 0 0 | |

试题来源：ACM Mid-Central European Regional Contest 1999
在线测试：POJ 1104，ZOJ 1144，UVA707

**提示**

首先通过输入警探收到的消息构建一个三维矩阵 map[][][]，其中

$$\text{map}[t_i][i][j]=\begin{cases}\text{false} & t_i\text{时刻观察到}(i,j)\\ \text{true} & t_i\text{时刻未观察到}(i,j)\end{cases}\quad (1\leqslant t_i\leqslant t,\ 1\leqslant i\leqslant W,\ 1\leqslant j\leqslant H)$$

为了确保推导的正确性，多次进行如下形式的 DP（例如 5 次），每次先后进行顺向 DP 和逆向 DP，其中

- 顺向 DP：顺推时刻 $k$（$2\leqslant k\leqslant t$），枚举未被观察的每个格子 $(i,j)$（$\text{map}[k][i][j]=$ true，$1\leqslant i\leqslant W$，$1\leqslant j\leqslant H$），根据 $k-1$ 时刻 $(i,j)$ 的四个相邻格是否被观察来确定 $k$ 时刻 $(i,j)$ 的观察状态，即 $\text{map}[k][i][j]=\underset{(i',j')\in(i,j)\text{的相邻格}}{\&\&}\text{map}[k+1][i'][j']$。
- 逆向 DP：倒推时刻 $k$（$k=t-1\cdots1$），枚举未被观察的每个格子 $(i,j)$（$\text{map}[k][i][j]=$ true，$1\leqslant i\leqslant W$，$1\leqslant j\leqslant H$），根据 $k-1$ 时刻 $(i,j)$ 的四个相邻格是否被观察来确定 $k$ 时刻 $(i,j)$ 的观察状态，即 $\text{map}[k][i][j]=\underset{(i',j')\in(i,j)\text{的相邻格}}{\&\&}\text{map}[k+1][i'][j']$。

最后，顺序搜索每个时刻，统计 $t$ 个时刻内未被观察的位置数 cnt，并记下最后一个未被观察位置 $(t_x, t_y)$。

若 cnt=0，则说明盗贼已逃逸；若 cnt>1，则说明推导失败；若 cnt=1，则说明该时刻盗贼所在的精确位置为 $(t_x, t_y)$。

## 【6.6.17 Always on the run】

急刹车的轮胎尖啸声，探照灯搜索的灯光，刺耳的警笛声，随处可见的警车……Trisha Quickfinger 又一次作案了！窃取“Mona Lisa”比预期的要困难，但作为世界上最好的艺术窃贼就要预期到别人无法预期的事情，所以她把包裹好的画框夹在胳膊下，正在搭乘北行的地铁赶往 Charles-de-Gaulle 机场。

但比偷画更严峻的是要摆脱马上会追踪她的警方。Trisha 的计划很简单：在这几天，她将每天一个航班，从一座城市飞往另一座城市。在她确信警方失去了她的踪迹之后，她将飞往 Atlanta，见她的“顾客”(只知道是 P 先生)，把画卖给他。

她的计划由于实际情况变得复杂，即使她偷了昂贵的艺术品，她还是要根据费用预算来实行她的计划。因此 Trisha 希望逃脱航班花最少的钱。但这并不容易，因为航班的价格和可飞的航线每天都是不同的。航空公司的价格和可飞的航线取决于所关联的两个城市和旅行的日期。每两个城市有一个航班时刻表，每隔几天重复一次，对每两个城市和每个方向，重复周期的长度可能会有所不同。

虽然 Trisha 擅长偷画，但是在她预订航班的时候，很容易困惑。所以请你来帮助她。

**输入**

输入给出若干 Trisha 试图逃脱的脚本。每个脚本开头的一行给出两个整数 $n$ 和 $k$，其中 $n$ 是 Trisha 逃脱过程中可以经过的城市的数量，$k$ 是她可以乘坐的航班的数量；城市编号为 1, 2, ⋯, $n$，1 是 Trisha 逃脱的起点，而 $n$ 是 Trisha 逃脱的终点；数据范围是 $2\leqslant n\leqslant 10$，

$1 \leqslant k \leqslant 1000$。

然后给出 $n(n-1)$ 个航班日程，每个一行，描述在每两个可能的城市之间的直达航线，前 $n-1$ 个航班日程给出从城市 1 到其他所有城市（2, 3, …, $n$）的航班，接下来 $n-1$ 行是从城市 2 到其他所有城市（1, 3, 4, …, $n$）的航班，以此类推。

航班日程的描述首先给出整数 $d$，即循环周期的天数，$1 \leqslant d \leqslant 30$。然后是 $d$ 个非负整数，表示航班在第 1 天，第 2 天，…，第 $d$ 天在两个城市之间的票价，0 表示在两个城市之间那一天没有航班。

因此，如果航班日程为 "3 75 0 80"，则表示在第一天航班的票价是 75，第二天没有航班，在第三天航班的票价为 80，然后循环重复：在第四天航班票价为 75，第五天没有航班，以此类推。

输入以 $n=k=0$ 的脚本结束。

**输出**

对于输入中的每个脚本，首先如样例输出所示，输出脚本编号。如果 Trisha 可以从城市 1 出发，每天飞到一个以前没到过的城市，旅行 $k$ 天，最后（$k$ 天以后）到达城市 $n$，那么就输出 "The best flight costs $x$."，其中 $x$ 是 $k$ 次航班所花费的最小费用。

如果无法以这样的方式旅行，输出 "No flight possible."。

在每个脚本之后输出一个空行。

| 样例输入 | 样例输出 |
| --- | --- |
| 3 6<br>2 130 150<br>3 75 0 80<br>7 120 110 0 100 110 120 0<br>4 60 70 60 50<br>3 0 135 140<br>2 70 80<br>2 3<br>2 0 70<br>1 80<br>0 0 | Scenario #1<br>The best flight costs 460.<br><br>Scenario #2<br>No flight possible. |

*试题来源*：ACM Southwestern European Regional Contest 1997

*在线测试*：POJ 1476，ZOJ 1250，UVA 590

**提示**

设城市为节点，直线航班为边，边权为当天的票价。Trisha 每天坐 1 个航班。试题要求计算坐 $k$ 次航班由节点 1 至节点 $n$ 所花费的最小费用。显然，这是一个增设时段要求的最短路径问题。设航班日程表对应的相邻矩阵为 map[][]，其中 map[$i$][$j$].$t$ 为城市 $i$ 和 $j$ 间直达航线的循环周期天数，第 $k$ 天航班的票价为 map[$i$][$j$].arr[$k$]（$1 \leqslant i$，$j \leqslant n$，$1 \leqslant k \leqslant$ map[$i$][$j$].$t$）。

我们采用倒推的 DP 计算最小费用。设第 $i$ 天到达各城市的费用为 dp[($k-i$) & 1] [1…$n$]，上一天到达各城市的费用为 dp[($k-1-i$) & 1] [1…$n$]。由于第 $k$ 天到达城市 $n$，因此初始时 dp[0][$n$]=1。

阶段 $i$：倒推每一天（$i=k-1\cdots0$）。

状态 $j$：枚举第 $i$ 天航班可达的目标城市（$1\leqslant j\leqslant n$）。

决策 $s$：枚举第 $i$ 天航班的起始城市，同时为第 $i-1$ 天航班的目标起始城市（$((1\leqslant s\leqslant n)$ && (dp[($k-1-i$) & 1][$s$]$\neq$0)&&($j\neq s$)&&(map[$j$][$s$].arr[$i$ % map[$j$][$s$].$t$]$\neq$0)）。

$$dp[(k-i)\ \&\ 1][j]=\max\{dp[(K-1-i)\ \&\ 1][s]+map[j][s].arr[i\ \%\ map[j][s].t]\}$$

显然倒推至第 0 天后，若 dp[($k$) & 1][1]=0，则表明失败；否则 $k$ 次航班所花费的最小费用为 dp[($k$) & 1][1]−1。

## 【6.6.18　Martian Mining】

在 Houston 的美国航空航天局航天中心（NASA Space Center），距离德克萨斯州的圣安东尼奥（今年的 ACM 总决赛现场）不到 200 公里。这是训练宇航员完成 Mission Seven Dwarfs 计划的地方，Mission Seven Dwarfs 这一计划是太空探索的下一个巨大飞跃。Mars Odyssey 计划显示，火星表面的 yeyenum 和 bloggium 非常丰富，这些矿石都是一些革命性新药的重要成分，但它们在地球上极为稀少。因此 Mission Seven Dwarfs 计划的目的是在火星上开采这些矿石，并带回地球。

Mars Odyssey 飞船在火星表面发现了含有丰富矿石的一个矩形区域。这一区域被划分为方格，构成 $n$ 行 $m$ 列的一个矩阵，行自东向西，列自北向南。飞船确定了在每个方格中 yeyenum 和 bloggium 的储量。宇航员要在矩形区域西面建一个 yeyenum 的提炼工厂，在北面建一个 bloggium 工厂。请设计传送带系统，使得它们开采最大数量的矿石。

传送带有两种类型：第一种是将矿石从东送到西，第二种是将矿石从南送到北。在每个方格中，可以建两种传送带中的一种，但你不能在同一方格同时建两种传送带。如果两个相同类型的传送带彼此相邻，那么可以把它们连接在一起。例如，在一个方格中开采的 bloggium 可以通过一系列自南向北传送带运到 bloggium 提炼厂。

矿石是非常不稳定的，所以矿石必须以一条直线路径被送到工厂，不能转向。这意味着如果在一个方格中有一条南北传送带，而在这个方格的北面有一条东西传送带，那么在南北传送带上运输的矿石就会被丢失。在某个方格中开采的矿石要被立即放到在这个方格的传送带上（不能在相邻的方格中开始传输）。而且，任何 bloggium 被送到 yeyenum 提炼厂就要被丢失，反之亦然（如图 6-11 所示）。

请编写程序，设计一个传送带系统，使得被开采的矿石的总量最大，即被送到 yeyenum 提炼厂的 yeyenum 和被送到 bloggium 提炼厂的 bloggium 的总量的和最大。

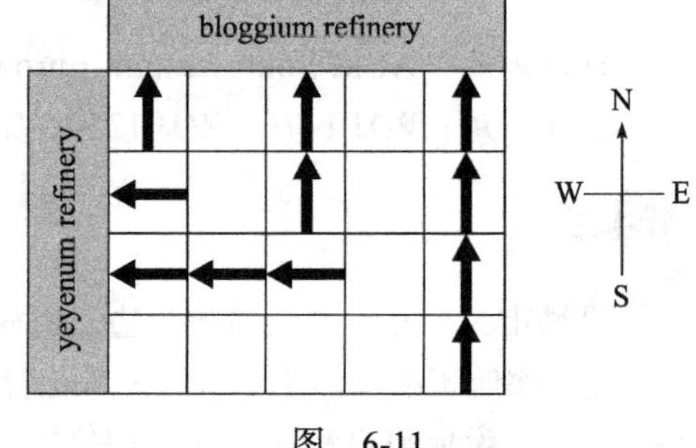

图　6-11

**输入**

输入由若干测试用例组成。每个测试用例第一行给出两个整数：行数 $1\leqslant n\leqslant 500$ 和列数 $1\leqslant m\leqslant 500$，接下来的 $n$ 行描述在每个方格中 yeyenum 的储量，这 $n$ 行的每行给出 $m$ 个整数，第一行相应于最北面的行，整数在 0 ～ 1000 之间。然后的 $n$ 行以相似的方式给出方格中 bloggium 的储量。输入以 $n=m=0$ 结束。

**输出**

对每个测试用例，在单独的一行中输出一个整数：可以被开采的矿石的最大量。

| 样例输入 | 样例输出 |
| --- | --- |
| 4 4<br>0 0 10 9<br>1 3 10 0<br>4 2 1 3<br>1 1 20 0<br>10 0 0 0<br>1 1 1 30<br>0 0 5 5<br>5 10 10 10<br>0 0 | 98 |

*试题来源*：ACM Central Europe 2005

*在线测试*：POJ 2948，UVA 3530

**提示**

设：

yeyenum 的储量矩阵为 $A[][]$。

bloggium 的储量矩阵为 $B[][]$。

$F[i][j]$ 为以（0, 0）为左上角、$(i, j)$ 为右下角的子矩阵中被开采的矿石的最大量。

我们按照自上而下、由左而由的顺序枚举子矩阵的右下角 $(i, j)$（$0 \leqslant i \leqslant n-1$，$0 \leqslant j \leqslant m-1$）。按照这个计算顺序，以（0, 0）为左上角、$(i, j-1)$ 为右下角的子矩阵和以（0, 0）为左上角、$(i-1, j)$ 为右下角的子矩阵的矿石储量已经计算出。宇航员在 $(i, j)$ 位置或往上建一条运载 bloggium 的传送带，或往左建一条运载 yeyenum 的传送带。由此得出，以（0, 0）为左上角、$(i, j)$ 为右下角的子矩阵中被开采的矿石有两种可能储量：

- $F[i][j-1]+j$ 列 $i$ 行上方的 bloggium 储量。
- $F[i-1][j]+i$ 行 $j$ 列左方的 yeyenum 储量。

两者之间取最大值，即

$$F[i][j]=\max\{F[i][j-1]\sum_{k=0}^{i}B[k][j]\ , F[i-1][j]\sum_{k=0}^{j}A[i][k]\ \}$$

显然，最后得出的 $F[n-1][m-1]$ 即为被开采的矿石的最大量。

## 【6.6.19　String to Palindrome】

本题要求你用最少的操作将一串字符串转化为回文。在本题中你有最大的自由，你可以：

- 在任何位置加任何的字符。
- 从任何位置删除任何字符。
- 在任何位置用另外一个字符取代一个字符。

对字符串进行的每项操作会被计为一个单位花费，请给出尽可能低的花费。

例如，对"abccda"进行转化，如果仅仅加入字符，就需要至少两次操作；但如果可以置换任何一个字符，你可以只进行一次操作。希望你能将这一优势发挥到最大功效。

**输入**

输入给出若干测试用例。输入的第一行给出测试用例的数目 $T$（$1 \leqslant T \leqslant 10$）；然后给出

$T$ 个测试用例，每个测试用例一行，是一个仅包含小写字母的字符串。本题设定字符串的长度不超过 1000 个字符。

**输出**

对于输入的每个测试用例，首先输出测试用例的编号，然后输出将给出的字符串转换为回文需要操作的字符的最少数目。

| 样例输入 | 样例输出 |
|---|---|
| 6<br>tanbirahmed<br>shahriarmanzoor<br>monirulhasan<br>syedmonowarhossain<br>sadrulhabibchowdhury<br>mohammadsajjadhossain | Case 1: 5<br>Case 2: 7<br>Case 3: 6<br>Case 4: 8<br>Case 5: 8<br>Case 6: 8 |

试题来源：2004-2005 ICPC Regional Contest Warmup 1

在线测试：UVA 10739

 **提示**

设字串为 $s_1$，…，$s_n$，$s_i$，…，$s_j$ 转变成回文的需要操作的字符的最少数目为 $f[i, j]$（$1 \leqslant i \leqslant j \leqslant n$）。显然

（1）若 $s_i=s_j$，则 $F[i][j]=F[i+1][j-1]$。

（2）若 $s_i \neq s_j$，有 3 种可能操作：

- $s_j$ 插入 $i$ 位置或者删除 $s_i$，即 $F[i+1][j]+1$。
- $s_i$ 插入 $j$ 位置或者删除 $s_j$，即 $F[i][j-1]+1$。
- 用 $s_i$ 取代 $s_j$，或者 $s_j$ 取代 $s_i$，即 $F[i+1][j-1]+1$。

3 种操作取最小值，即 $F[i][j]=\min((F[i+1][j], F[i][j-1], F[i+1][j-1])+1)$。

我们设阶段为子串长度 $l$（$2 \leqslant l \leqslant N$），状态为当前子串的首指针 $i$（$1 \leqslant i \leqslant N-l+1$），得出子串尾指针 $j=i+l-1$。依据上述状态转移方程决策 3 种操作的最优解 $F[i][j]$。

显然，最后得出的 $F[l][N]$ 即为 $s$ 转换为回文需要操作的最少字符数。

【6.6.20 String Morphing】

定义一个特殊的乘法操作符（如表 6-2 所示）。

表 6-2

| Left | Right | | |
|---|---|---|---|
| | *a* | *b* | *c* |
| *a* | *b* | *b* | *a* |
| *b* | *c* | *b* | *a* |
| *c* | *a* | *c* | *c* |

也就是说，$ab=b$，$ba=c$，$bc=a$，$cb=c$……

例如，给出一个字符串 *bbbba* 和字符 *a*，有

$$(b(bb))(ba)=(bb)(ba) \quad [\text{由 } bb=b]$$

$=b(ba)$ ［由 $bb=b$］

$=bc$ ［由 $ba=c$］

$=a$ ［由 $bc=a$］

通过加入适当的括号，按上述乘法表 *bbbba* 能产生 *a*。

请编写一个程序，给出一个字符串变形的步骤，将字符串转换为一个预定的字符；或者，如果不可能通过变形产生预期的字符，则输出 "None exist!"。

**输入**

输入的第一行给出测试用例的编号。每个测试用例两行。第一行是至多 100 个字符的起始字符串，第二行给出目标字符。输入中给出的所有字符范围是 *a* ～ *c*。

**输出**

对每个测试用例，输出若干行，给出将起始字符串转换为目标字符的变形步骤。如果转换方案有多个解答，则变形从左边开始。在两个连续的测试用例之间输出一个空行。

| 样例输入 | 样例输出 |
| --- | --- |
| 2<br>*bbbba*<br>*a*<br>*bbbba*<br>*a* | *bbbba*<br>*bbba*<br>*bba*<br>*bc*<br>*a*<br><br>*bbbba*<br>*bbba*<br>*bba*<br>*bc*<br>*a* |

*试题来源*：Second Programming Contest for Newbies 2006

*在线测试*：UVA 10981

 **提示**

建立字母与数字的对应关系，即 $a=0$，$b=1$，$c=2$，得到乘法操作符转换表 mul，如表 6-3 所示。

表 6-3

| 左操作数 | 右操作数 | | |
| --- | --- | --- | --- |
| | 0 | 1 | 2 |
| 0 | 1 | 1 | 0 |
| 1 | 2 | 1 | 0 |
| 2 | 0 | 2 | 2 |

设区间 $[i,j]$ 产生结果值 $t$ 的标志 $F[i][j][t]$。显然字符串 str 中的每个字符产生自己，即

$$F[i][i][\mathrm{str}[i]-\text{'a'}]=\mathrm{true}$$

Fm 存储结果值产生的方案：

区间 $[i,j]$ 产生结果值 $t$ 的中间指针为 $\mathrm{Fm}[i][j][t][0]$。

左子区间 $[i, \mathrm{Fm}[i][j][t][0]]$ 的结果值为 $\mathrm{Fm}[i][j][t][1]$。

右子区间 $[\mathrm{Fm}[i][j][t][0]+1, j]$ 的结果值为 $\mathrm{Fm}[i][j][t][2]$。

区间 $[i, j]$ 产生结果值 $t$ 的标志为 $F[i][j][t]$。
其中，$1 \leqslant i \leqslant j \leqslant n$，$0 \leqslant t \leqslant 2$。

我们通过 DP 计算 F[][][] 和 Fm[][][]，设

阶段 $l$：递推长度（$2 \leqslant l \leqslant n$）。

状态 $i$：枚举当前子区间的首指针（$1 \leqslant i \leqslant N-l+1$），尾指针 $j=i+l-1$。

决策 $k$、$a$、$b$：枚举中间指针 $k$（$i \leqslant k \leqslant j-1$）和左子区间 $[i, k]$ 产生的字符值 $a$、右子区间 $[k+1, j]$ 产生的字符值 $b$（$0 \leqslant a, b \leqslant 2$, $F[i][k][a]$ && $F[k+1][j][b]$=true），存储 $a$ 乘 $b$ 的结果 $t$（$t$=mul[$a$][$b$], Fm[$i$][$j$][$t$][0]=$k$，Fm[$i$][$j$][$t$][1]=$a$, Fm[$i$][$j$][$t$][2]=$b$, $F[i][j][t]$=true）。

DP 后如果 $F[l][n][0]$=false，则转换失败；否则根据记忆表 Fm[][][] 和乘法操作符转换表 mul[][] 计算字串转换为字符 'a' 的变形步骤。

## 【6.6.21　End up with More Teams】

著名的 ICPC 在这里再次举行，教练们正忙着选拔队伍。在今年，教练们采取新的选拔过程，这和以前的选拔过程不同。以前的选拔是进行很少的几场比赛，排在前三位的选手组成一队，次三位的选手组成另一队，以此类推。今年教练决定采取这样一种方式，即将有希望的队伍（promising team）的成员总数最大化。有希望的队伍被定义为一支队伍成员的能力点（ability point）多达 20 甚至更大。一名队员的能力点表示他作为一个程序员的能力，能力越高越好。

**输入**

输入中有多达 100 个测试用例。每个测试用例两行，第一行给出一个正整数 $n$，表示参加选拔的选手数目，下一行给出 $n$ 个正整数，每个数最多是 30。输入以一个取 0 值的 $n$ 结束。

**输出**

对输入的每个测试用例，输出一行，给出测试用例编号，然后给出可以构成的希望队的最多数目。注意不是强制地将每个人分配到一个队中，每队正好由 3 名队员组成。

**约束**：$n \leqslant 15$。

| 样例输入 | 样例输出 |
|---|---|
| 9<br>22 20 9 10 19 30 2 4 16<br>2<br>15 3<br>0 | Case 1: 3<br>Case 2: 0 |

试题来源：IIUPC 2006

在线测试：UVA 11088

 **提示**

首先按照能力递增的顺序排列队员，得到序列 $a$。然后在 $a$ 序列中按照左 2 右 1（其能力值不小于 20）的方式组队，得到最初的队伍数 ans，剩余队员区间 $[l, r]$ 和人数 $s$（$=n-$ans*3）。

设剩余队员的状态值为 $t$（$0 \leqslant t \leqslant 2^s-1$），$t$ 中第 $i$ 个二进制位为 0，代表剩余队员区间中的第 $i+1$ 个队员被安排进队伍，否则代表该队员仍在剩余队员区间。显然，安排剩余队员前 $t=2^s-1$。设剩余队员的状态值为 $t$ 的情况下，可以组成的最多队数为 $f[t]$。我们使用状态压缩 DP 的方法计算 $f$[]：

- 阶段 $i$：枚举剩余队员的状态值（$0 \leqslant i \leqslant 2^s-1$）。

- 状态 $u$、$v$、$w$：枚举不在剩余队员状态的 3 名队员（$0 \leqslant u \leqslant s-1$，$(i \,\&\, 2^u)=0$；$u+1 \leqslant v \leqslant s-1$，$(i \,\&\, 2^v)=0$；$v+1 \leqslant w \leqslant s-1$，$(i \,\&\, 2^w)=0$）。
- 决策：若这 3 名队员可以组队（$a_{l+u}+a_{l+v}+a_{l+w} \geqslant 20$），则判断组队后是否可使组队数最多，即 $f[i+2^u+2^v+2^w]=\max\{f[i+2^u+2^v+2^w], f[i]+1\}$。

显然，最后的问题解为 $f[2^s-1]+\text{ans}$。

## 【6.6.22 Many a Little makes a Mickle】

如果我们对一些短的、会被使用一次以上的、以某种排列构造长字符串的子字符串进行标识，一个长字符串看上去就不会那么长了。给出一个长字符串，请从给出的集合中选择一些（较短）字符串来构造该长字符串。

请注意：

- 所有的字符串由 33 ～ 127 内的 ASCII 字符组成。
- 任何的短字符串或其倒转的形式可以被使用多次，以构造长字符串。
- 短字符串或其倒转的每次使用被记为这个短字符串的一次出现。

当从这些短字符串中构造长字符串时，要保证短字符串总的出现次数最少。

例如，如果要从集合 {"a","bb","abb"} 构造字符串 "aabbabbabbbb"，那么可以有多种方式完成。"a-abb-abb-abb-bb" 和 "a-abb-a-bba-bb-bb" 是两种可行的构造方式。然而 "a-abb-abb-abb-bb"（5 个子字符串）比 "a-abb-a-bba-bb-bb"（6 个子字符串）好，因为使用的子字符串数量少。请找到可以构造给出字符串的子字符串的最小数目。

**输入**

输入的第一行给出测试用例数 $S$（$S<51$）。然后给出 $S$ 个测试用例。每个测试用例的第一行给出长字符串 $P$（$0<\text{length}(P)<10\,001$），下一行给出可以选择的短字符串的个数 $N$（$0<N<51$），然后的 $N$ 行每行给出一个短字符串 $P_i$（$0<\text{length}(P_i)<101$，$i \geqslant 1, 2, 3, \cdots, N$）。本题设定输入中没有空行。

**输出**

对每个测试用例输出一行。或者输出 "Set *S*: *C* "，或者输出 "Set *S*: Not possible."。如果能够使用给出的字符串构造长字符串，则输出 "Set *S*: *C* "，否则输出 "Set *S*: Not possible."。其中 $S$ 是测试用例编号（按序从 1 到 $S$），$C$ 是构造 $P$ 要用的子字符串的最小次数。格式见样例输出。

| 样例输入 | 样例输出 |
|---|---|
| 2<br>aabbabbabbbb<br>3<br>a<br>bb<br>abb<br>ewu**bbacsecsc<br>4<br>ewu<br>bba<br>cse<br>csc | Set 1: 5.<br>Set 2: Not possible. |

试题来源：Next Generation Contest 1

在线测试：UVA 10860

提示

由于任何短串或其倒转的形式可以被使用多次，因此，先计算每个短串 $P_i = p_{i,1} \cdots p_{i,t}$ 的反串 $P'_i = p_{i,t} \cdots p_{i,1}$（$1 \leqslant i \leqslant n$）。将每个短串及其反串存储在 s[] 表中，其中 s[i] 存储 $P_i$，s[i+n] 存储 $P'_i$, s[] 的表长为 2*n。

接下来使用 KMP 算法计算 s[] 表中每个模式串的匹配指针 next[i][j]，即 s[i] 中的第 j 个字符与长字串 P 中字符匹配失败时，s[i] 中需重新和 P 的该字符进行比较的字符位置；s[i] 中每次匹配的出发位置为 now[i]，显然初始时 now[i]=0（$1 \leqslant i \leqslant 2*n$，$1 \leqslant j \leqslant$ s[i] 的串长）。

由于构造 P 的过程具有阶段性（由左而右逐字符构造长串 P），具备最优子结构（P 的每个前缀使用的短串次数最少）和重叠子问题（需要枚举每个短串，确定使用前一个短串的最佳方案）的特征，因此可以使用 DP 方法计算构造长串 P 要用的短串的最小次数。设长串 P 的前 i 个字符中匹配的最少短串的个数为 F[i]，显然 F[0]=0。初始时设 F[i] 为 ∞（$1 \leqslant i \leqslant$ P 的串长）：

- 阶段 i：递推长串 P 的前缀长度（$1 \leqslant i \leqslant$ P 的串长）。
- 状态 k：顺序搜索 s[] 中的每个字串（$1 \leqslant k \leqslant 2*n$）。
- 决策：从 s[k] 中的 now[k] 位置出发，沿 next[k][] 指针寻找相同于长串 P 中第 i 个字符的位置 j。若 j 为 s[k] 的串尾位置，则调整

  F[i]=min{F[i−s[] 中的第 k 字串的串长 ]+1, F[i]}

  并设 now[k]=0（可重复匹配 s[k]）；否则 now[k]=j（下次匹配从 s[k] 的 j 位置开始）。

DP 结束后，若 F[P 的串长 ] 为 ∞，则说明无解；否则为构造 P 要用短串的最小次数。

## 【6.6.23 Rivers】

几乎整个 Byteland 王国都被森林和河流所覆盖。小点的河汇聚到一起，形成了稍大点的河。就这样，所有的河都汇聚并流进了一条大河，最后这条大河流进了大海。这条大河的入海口处有一个村庄名叫 Bytetown。

在 Byteland 国，有 n 个伐木的村庄，这些村庄都坐落在河边。目前在 Bytetown 有一个巨大的伐木场，它处理着全国砍下的所有木料。木料被砍下后，顺着河流而被运到 Bytetown 的伐木场。Byteland 的国王决定，为了减少运输木料的费用，再额外建造 k 个伐木场。这 k 个伐木场将被建在其他村庄里。这些伐木场建造后，木料就不用都被送到 Bytetown 了，它们可以在运输过程中被第一个碰到的新伐木场处理。显然，如果是伐木场坐落的那个村子，就不用再付运送木料的费用了，它们可以直接被本村的伐木场处理。

注：所有的河流都不会分叉。河流形成一棵树，根节点是 Bytetown（如图 6-12 所示）。

国王的大臣计算出了每个村子每年要产多少木料，你的任务是决定在哪些村子建设伐木场能使得运费最小。运费的计算方法为：每棵树每千米 1 分钱。编一个程序：

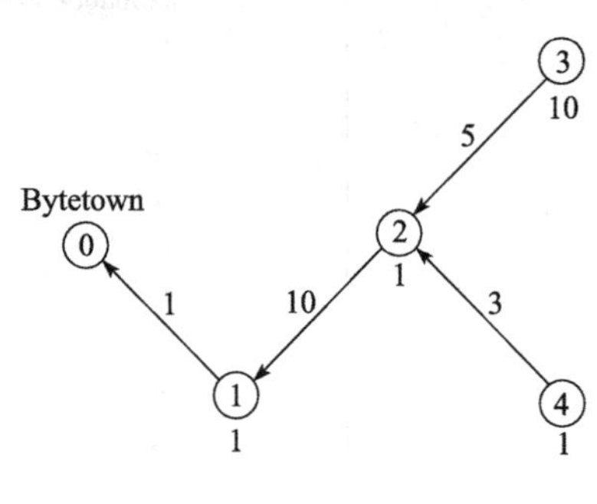


图 6-12

- 从文件读入村子的个数、另外要建设的伐木场的数目、每年每个村子砍伐树木的棵数，以及河流的描述。
- 计算最小的运费并输出。

**输入**

第一行包括两个数 $n(2\leqslant n\leqslant 100)$，$k(1\leqslant k\leqslant 50$，且 $k\leqslant n)$。$n$ 为村庄数，$k$ 为要建的伐木场的数目。除了 Bytetown 外，每个村子依次被命名为 1，2，3，…，$n$，Bytetown 被命名为 0。

接下来 $n$ 行，每行 3 个整数：

- $W_i$——每年 $i$ 村子砍伐多少棵树（$0\leqslant W_i\leqslant 10\ 000$）。
- $V_i$——离 $i$ 村子下游最近的村子（即 $i$ 村子的父节点）（$0\leqslant V_i\leqslant n$）。
- $D_i$——$V_i$ 到 $i$ 的距离（千米）（$1\leqslant D_i\leqslant 10\ 000$）。

保证每年所有的木料流到 Bytetown 的运费不超过 2000 000 000 分。

50% 的数据中 $n$ 不超过 20。

**输出**

输出最小花费，精确到分。

| 样例输入 | 样例输出 |
|---|---|
| 4 2<br>1 0 1<br>1 1 10<br>10 2 5<br>1 2 3 | 4 |

*试题来源*：IOI 2005，Day 2

*在线测试*：BZOJ 1812 http://www.lydsy.com/JudgeOnline/problem.php?id=1812

## 提示

构造一个有向图：将 $n$ 个村庄设为节点 1…$n$，村庄产的木料块数设为节点权值，与下游最近的村子（父亲）间连一条父子边，距离值为边权。节点 0 为 Bytetown，与下游的村庄 1 最近，节点权值为 0。试题要求划出含 $k$ 个节点的子集 $A$ 作为伐木场，$A$ 集外每个节点 $i(i\notin A)$ 与向上最近的 $A$ 集中的节点 $j$（$j\in A$）连一条路径，路径长度 $\times i$ 节点的权值即为村庄 $i$ 的运费。试题要求计算所有村庄的最小运费和，显然，这是一个树形 DP 问题。设

节点 $i$ 的父指针为 pa[$i$]，右儿子为 ch[$i$]，左兄弟指针为 $b[i]$（$1\leqslant i\leqslant n$）

当前节点为 cur，其父为 $r$，以 cur 为根的子树待建 $l$ 个伐木场。最小费用为 $f$[cur][$r$][$l$]。我们采用记忆化搜索的办法计算 $f$[cur][$r$][$l$]，递归函数为 dfs (cur，$r$，$l$，tot)，其中 tot 为 $r$ 通向最近伐木场的路径长度。

递归边界：在 cur 为叶子的情况下（cur==−1），若没有待建的伐木场（$l$==0），则返回 0；否则返回 ∞。

在 cur 非叶子的情况下，有两个方案可供选择。

**1. 在节点 cur 建伐木场**

将剩余的 $l-1$ 个伐木场分配给 cur 的子树（cur 通向最近伐木场的路径长度变为 0）以及 cur 左方的兄弟子树（$r$ 通向最近伐木场的路径长度仍为 tot)，从所有可能方案中计算最小费用和：

$$D1=\min_{0\leqslant i\leqslant l-1}\{\text{dfs}(\text{ch[cur]},\text{cur},i,0)+\text{dfs}(b[\text{cur}],r,l-1-i,\text{tot})\}$$

### 2. 节点 cur 不建伐木场

cur 通向最近伐木场的运费变为 (tot+$d$[cur])*$w$[cur]。将 $l$ 个伐木场分配给 cur 的子树（cur 通向最近伐木场的路径长度变为 tot+$d$[cur]）以及 cur 左方的兄弟子树（$r$ 通向最近伐木场的路径长度仍为 tot），从所有可能方案中计算最小费用和：

$$D2=\min_{0\le i\le}\{\text{dfs}(\text{ch[cur]}, r, \text{i}, \text{tot}+d[\text{cur}])+\text{dfs}(b[\text{cur}], r, l-i, \text{tot})\}+(\text{tot}+d[\text{cur}])*w[\text{cur}]$$

显然，$f$[cur][$r$][$l$] 为两种情况下的最优解，即 $f$[cur][$r$][$l$]=min{$D1$，$D2$}。

题目要求的最小花费为递归函数 dfs (ch[0], 0, $k$, 0) 的值。

## 【6.6.24 Islands and Bridges】

给出一张由岛屿和连接这些岛屿的桥梁组成的地图，众所周知，Hamilton 路径是沿桥梁经过每个岛屿一次且仅一次的路径。在地图上，每个岛屿关联一个正整数。我们称一条 Hamilton 路径是最佳三角 Hamilton 路径，如果它将下述的值最大化。

假设有 $n$ 座岛屿，一条 Hamilton 路径 $C_1C_2\cdots C_n$ 的值为三部分的总和。设 $V_i$ 是岛屿 $C_i$ 的值，第一部分是求路径上所有岛屿的 $V_i$ 值的总和；第二部分是对路径上的每条边 $C_iC_{i+1}$，将乘积 $V_i\times V_{i+1}$ 加入；第三部分是路径中三个连续的岛屿 $C_iC_{i+1}C_{i+2}$ 构成地图中的一个三角形，也就是说，在 $C_i$ 和 $C_{i+2}$ 之间有一座桥，将乘积 $V_i\times V_{i+1}\times V_{i+2}$ 加入。

最佳三角 Hamilton 路径包含许多三角形。可能会有不止一条最佳三角 Hamilton 路径，请找出这样路径的数目。

**输入**

输入的第一行给出一个整数 $q$（$q\le 20$），表示测试用例的个数。每个测试用例的第一行首先给出两个整数 $n$ 和 $m$，分别表示地图中的岛屿数和桥的数量。下一行给出 $n$ 个正整数，第 $i$ 个整数是岛屿 $i$ 的 $V_i$ 值，每个值不超过 100。然后的 $m$ 行的形式为 $x$ $y$，表示在岛屿 $x$ 和岛屿 $y$ 之间有一座桥（双向）。岛屿编号从 1 到 $n$。本题设定不超过 13 座岛屿。

**输出**

对于每个测试用例，输出一行，给出两个整数，用一个空格分隔。第一个数字是最佳三角 Hamilton 路径的最大值，第二个数字给出有多少条最佳三角 Hamilton 路径。如果测试用例不包含 Hamilton 路径，则输出 "0 0"。

注意：路径可以按相反次序给出，仍然被视为同一路径。

| 样例输入 | 样例输出 |
|---|---|
| 2<br>3 3<br>2 2 2<br>1 2<br>2 3<br>3 1<br>4 6<br>1 2 3 4<br>1 2<br>1 3<br>1 4<br>2 3<br>2 4<br>3 4 | 22 3<br>69 1 |

试题来源：ACM Shanghai 2004

在线测试：POJ 2288，ZOJ 2398，UVA 3267

**提示**

岛屿设为节点，桥设为边，岛屿关联的正整数设为节点权，构造一个无向图。回路状态为一个 $n$ 位二进制数 $d_{n-1}\cdots d_0$。若节点 $i$ 在回路中，则 $d_{i+1}=0$；否则 $d_{i+1}=1$。我们以回路的最后一条边和回路状态标志回路。

设 $f[][][]$ 和 WAY[][][] 存储最佳三角 Hamilton 路径，其中回路最后一条边为（$i,j$），回路状态为 $k$ 的路径值为 $f[i][j][k]$，回路所含边数为 WAY[$i$][$j$][$k$]。

队列 $Q1$[]、$Q2$[] 和 $Q3$[] 分别存储当前回路最后一条边的两个端点和回路状态，IN[][][] 存储回路的存在标志。

显然，初始时 $f[i][0][2^{i-1}]$= 节点 $i$ 的权值，WAY[$i$][0][$2^{i-1}$]=1，IN[$i$][0][$2^{i-1}$]=true，$i$、0 和 $2^{i-1}$ 分别存储在队列 $Q1$[]、$Q2$[] 和 $Q3$[] 中（$1\leqslant i\leqslant n$）。

我们使用 BFS 进行状态转移，并统计所有的回路方案。

取出队首的回路（最后一条边为（$y, x$）、状态为 $z$），分析每个与 $x$ 相邻的未访问节点 xt（$(x, \mathrm{xt})\in E$，$z\&(2^{\mathrm{xt}-1})=0$）：

- 回路增加边（$x$, xt），回路状态变为 zt=$z+2^{\mathrm{xt}-1}$，路径值调整为 tmp=$f[x][y][z]$+xt 的权值 +$x$ 和 xt 权值的乘积；若 $y$、$x$ 和 xt 构成三角形（$y$ && ($y$, xt)$\in E$），则 tmp=tmp+$y$、$x$ 和 xt 权值的乘积。
- 若当前 Hamilton 路径值最大（tmp>$f$[xt][$x$][zt]），则更新 $f$[xt][$x$][zt]=tmp，记下路径条数（WAY[xt][$x$][zt]=WAY[$x$][$y$][$z$]）。若该路径在队列中不存在（IN[xt][$x$][zt]==false），则最后边（$x$, xt）和回路状态 zt 进入 $Q1$[]、$Q2$[] 和 $Q3$[] 队列，并设入队标志（IN[xt][$x$][zt]=true）。
- 若当前 Hamilton 路径值相同于目前最大值（tmp==$f$[xt][$x$][zt]），则累计路径条数 WAY[xt][$x$][zt]=WAY[xt][$x$][zt]+WAY[$x$][$y$][$z$]。

上述过程一直进行至队列空为止。

显然，枚举含 $n$ 个节点、最后边不同的所有 Hamilton 路径，最佳三角 Hamilton 路径的最大值为 $max=\max\limits_{1\leqslant i\leqslant n,0\leqslant j\leqslant n,i\neq j}\{F[i][j][2^n-1]\}$。

搜索路径值最大的所有最佳三角 Hamilton 路径，累计路径条数 ans= $\sum\limits_{1\leqslant i\leqslant n,0\leqslant j\leqslant n,1\neq j}(\mathrm{WAY}[i][j][2^n-1]\,\big|\,f[i][j][2^n-1]=\max)$。

最佳三角 Hamilton 路径的条数，在节点数 $n$>1 的情况下为 ans/2（避免无向图的对称性）；若 $n$=1，则为 ans。

### 【6.6.25 Hie with the Pie】

Pizazz 比萨店为其能将比萨尽可能快地送到顾客手中感到骄傲。不幸的是，由于削减开支，现在他们只能雇用一个司机来送比萨。这个司机在送比萨之前，要等 1 个或多个（最多 10 个）要处理的订单。司机希望送货和返回比萨店能走最短的路线，即使路上会走过同一地点或经过比萨店多次。现在请编写一个程序来帮助这个司机。

**输入**

输入由多个测试用例组成。第一行给出一个整数 $n$，表示要送货的订单数，$1 \leqslant n \leqslant 10$。然后有 $n+1$ 行，每行给出 $n+1$ 个整数，表示比萨店（编号为 0）和 $n$ 个地点（编号从 1 到 $n$）之间到达所用的时间。在第 $i$ 行的第 $j$ 个值表示从地点 $i$ 直接到地点 $j$，在路上不去其他地点的时间。注意，由于不同的速度限制和红绿灯，从 $i$ 到 $j$ 通过其他地点可能会比直接走更快；而且，时间值可能不对称，也就是说，直接从地点 $i$ 到 $j$ 所用的时间可能和从地点 $j$ 到地点 $i$ 所用的时间不一样。输入以 $n=0$ 终止。

**输出**

对每个测试用例，输出一个数，表示送完所有的比萨，并返回比萨店所用的最少时间。

| 样例输入 | 样例输出 |
| --- | --- |
| 3<br>0 1 10 10<br>1 0 1 2<br>10 1 0 10<br>10 2 10 0<br>0 | 8 |

*试题来源*：ACM East Central North America 2006

*在线测试*：POJ 3311，UVA 3725

**提示**

设路径状态为一个 $n+1$ 位的二进制数 $D=d_n\cdots d_0$，其中 $d_i=\begin{cases}1 & \text{路径经过节点}i \\ 0 & \text{路径未经节点}i\end{cases}$（$0 \leqslant i \leqslant n$）；

$f[i][k]$ 为节点 0 出发、路径状态为 $k$、最后至节点 $i$ 的最少时间（$0 \leqslant i \leqslant n$，$0 \leqslant k \leqslant 2^{n+1}-1$）。

首先使用 Floyd 算法计算有向图中任两个节点间的最短路 map[][]。显然，初始时 $f[i][2^{i-1}]=\text{map}[0][i]$。接下来，使用状态压缩 DP 的方法计算 $f$[][]：

枚举可能的路径状态 $i$（$0 \leqslant i \leqslant 2^n$）；

枚举节点 $j$ 和 $k$（$1 \leqslant j, k \leqslant n$），其中节点 $j$ 在路径状态 $i$（$i\ \&\ (2^{j-1})=1$），节点 $k$ 不在路径状态 $i$（$i\ \&\ (2^{k-1})=0$），计算 $f[k][i+2^{k-1}]=\min\{f[k][i+2^{k-1}], f[j][i]+\text{map}[j][k]\}$。

显然，经过所有节点后返回节点 0 的最少时间 ans= $\min\limits_{1 \leqslant i \leqslant n}\{f[i][2^n-1]+\text{map}[i][0]\}$。

**【6.6.26　Tian Ji — The Horse Racing】**

具体题目请参见【5.1.2.2　Tian Ji — The Horse Racing】。

**提示**

田忌的马和齐王的马按速度的递减顺序排序。如果齐王按照马从大到小的顺序派出，则田忌每次派出的马一定是最快的或最慢的。因为如果要输给齐王最快的马，一定是用田忌最慢的马合适。如果要赢齐王最快的马，田忌用别的马一定不会优于田忌用最快的马。

设 $f[i][j]$ 代表田忌当前可用马的编号为 $i$ 到 $j$，且当前齐王派出的马的编号为 $j-i+1$ 时可赢银币的最大数目。显然 $f[1][n]$ 是本题的解。则 $f[i][j]=\max(f[i+1][j]+\text{cmp}(a[i], b[j-i+1]), f[i][j-1]+\text{cmp}(a[j], b[j-i+1]))$，其中 $a$[] 代表田忌的马，$b$[] 代表齐王的马，cmp 代表两匹马比赛的结果。

## 【6.6.27 Batch Scheduling（批量任务）】

$N$ 个任务排成一个序列在一台机器上等待完成（顺序不得改变），这 $N$ 个任务被分成若干批，每批包含相邻的若干任务。从时刻 0 开始，这些任务被分批加工，第 $i$ 个任务单独完成所需的时间是 $T_i$。

在每批任务开始前，机器需要启动时间 $S$，而完成这批任务所需的时间是各个任务需要时间的总和（同一批任务将在同一时刻完成）。

每个任务的费用是它的完成时刻乘以一个费用系数 $F_i$。请确定一个分组方案，使得总费用最小。

例如：$S=1$，$T=\{1, 3, 4, 2, 1\}$，$F=\{3, 2, 3, 3, 4\}$。如果分组方案是 $\{1, 2\}$、$\{3\}$、$\{4, 5\}$，则完成时间分别为 $\{5, 5, 10, 14, 14\}$，费用 $C=\{15, 10, 30, 42, 56\}$，总费用就是 153。

**输入**

第一行是 $N$（$1 \leqslant N \leqslant 10\,000$）；第二行是 $S$（$0 \leqslant S \leqslant 50$）。下面 $n$ 行每行有一对数，分别为 $T_i$ 和 $F_i$，均为不大于 100 的正整数，表示第 $i$ 个任务单独完成所需的时间是 $T_i$ 及其费用系数 $F_i$。

**输出**

一个数，最小的总费用。

| 样例输入 | 样例输出 |
|---|---|
| 5<br>1<br>1 3<br>3 2<br>4 3<br>2 3<br>1 4 | 153 |

**注**：本题为原题的简化描述，有关本题的原题详细描述请在华章网站上查看。

*试题来源*：IOI 2002

*在线测试*：POJ 1180

 **提示**

题目有个提示，即任务的顺序不能改变，那么很显然，任务的调度安排是具有阶段性的，可以用 DP 来解决此问题。

**1. 直译式 DP**

由于本题的 DP 方向有正推和倒推两种，我们选择倒推。设 $f(i)$ 为完成第 $i$ 到第 $n$ 个任务的最小费用，$\mathrm{sum}F(i,j)$ 为 $\sum_{k=i}^{j} F(k)$，$\mathrm{sum}T(i,j)$ 为 $\sum_{k=i}^{j} T(k)$。

若新增批次任务 $i\cdots$任务 $j-1$，则完成时间为 $s+\mathrm{sum}T(i, j-1)$，任务 $j$ 至任务 $n$ 后延这段时间，新增费用 $(s+\mathrm{sum}T(i, j-1))*\mathrm{sum}F(j, n)$。由此得到状态转移方程

$$f(i)=\min\{f(j)+(s+\mathrm{sum}T(i, j-1))*\mathrm{sum}F(i, n) \mid (i<j)\}$$

$$\text{边界：} f(n)=T(n)*F(n)$$

算法时间复杂度为 $O(n^2)$。下面寻找优化的途径。

### 2. 利用最优决策点的凸性优化

考察两个决策 $p$、$q$，满足 $i<p<q$。若 $p$ 比 $q$ 更优，即 $f(p)+(s+\mathrm{sum}T(i,p-1))*\mathrm{sum}F(i,n)\leqslant f(q)+(s+\mathrm{sum}T(i,q-1))*\mathrm{sumF}(i,\mathrm{n})$，展开整理得 $(f(p)-f(q))/(\mathrm{sum}T(i,q-1)-\mathrm{sum}T(i,p-1))\leqslant \mathrm{sum}F(i,n)$。

定义平面上的点集 $A$，其中点 $A_k$ 的纵坐标 $y$ 为 $f(k)$，横坐标 $x$ 为 $-\mathrm{sum}T(i,k-1)$，则上式用几何语言描述为：$p$ 比 $q$ 更优当且仅当直线 $<A_p, A_q>$ 的斜率 $\dfrac{y_p-y_q}{x_p-x_q}$ 不大于 $\mathrm{sum}F(i,n)$。

考察决策 $q$、$p$、$r$ 满足 $i<p<q<\mathrm{r}$。设 $g(p,q)$ 表示直线 $<A_p, A_q>$ 的斜率：

$$g(p,q)=\frac{f(p)-f(q)}{\mathrm{sum}T(i,q-1)-\mathrm{sum}T(i,p-1)}$$

**定理 6.6.1** 若 $g(p,q)<g(q,r)$，则 $q$ 一定不是最优决策。

**证明**：

如果 $g(p,q)\leqslant \mathrm{sum}F(i,n)$，则 $p$ 一定比 $q$ 更优（由定义）。

如果 $g(p,q)>\mathrm{sum}F(i,n)$，则假设 $g(q,r)>g(p,q)>\mathrm{sumF}(i,n)$，那么 $q$ 一定不比 $r$ 更优（即连续 3 个决策点 $p$、$q$、$r$ 中，$<A_q, A_r>$ 的斜率大于 $<A_p, A_q>$ 的斜率，则中间决策点 $q$ 非最优决策，可以去掉），如图 6-13 所示。

综上两点，$q$ 一定不是最优决策。

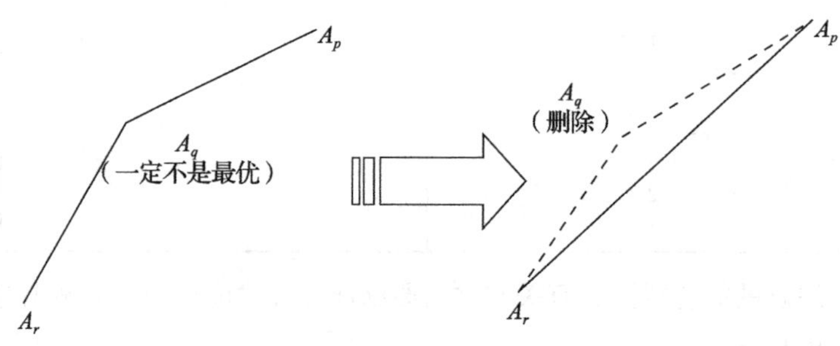


图 6-13

因此有用的决策集合 $k_1, k_2, \cdots, k_m$ 构成一条上凸曲线，我们可以用一个队列维护。由此得出计算状态 $f(i)$ 的算法流程。

（1）根据 $\mathrm{sum}F(i,n)$ 处理队尾：考察当前队尾的两个元素 $p$、$q$，若 $g(p,q)\leqslant \mathrm{sum}F(i,n)$，则 $p$ 比 $q$ 更优，$q$ 不会成为决策点，$q$ 出队，重复上述过程直到只剩下一个元素或者 $g(p,q)>\mathrm{sum}F(i,n)$ 为止。

（2）计算 $f(i)$。设当前队尾元素为 $p$，则 $f(i)=f(p)+(s+\mathrm{sum}T(i,p-1))*\mathrm{sum}F(i,n)$。

（3）根据决策变量 $i$ 处理队首。考察当前队首元素 $p$、$q$，若 $g(i,p)<g(p,q)$，则 $p$ 不会成为决策点，$p$ 出队，重复上述过程直到 $g(i,p)>g(p,q)$ 为止。

（4）决策变量 $i$ 入队。

因为每个决策变量只入队和出队一次，所以该算法的总时间复杂度为 $O(n)$。

# 第7章

# 高级数据结构的编程实验

数据结构所研究的是现实世界中的对象在信息世界里的各种数据表示，以及施于其上的操作。PASCAL 语言的设计者 Niklaus Wirth 有个著名的公式——“算法 + 数据结构 = 程序”，不仅阐述了算法和数据结构的关联，概括了程序设计竞赛选手的知识体系；而且，这也是计算机科学的知识体系结构的核心。

本章主要给出在一般的数据结构教材中不会涉及但比较常用的数据结构，一些算法也以这些数据结构为其存储结构。本章阐述以下内容：

- 后缀数组。
- 线段树。
- 特殊图的处理。

也就是说，对于数据结构的线性表，本章给出后缀数组的相关概念和算法，然后给出后缀数组的实验；对于数据结构的树，本章着重于线段树的实验；对于数据结构的图，本章基于离散数学中有关图论的知识体系，展开欧拉图、哈密顿图、割点、桥、双连通分支等内容的实验。

## 7.1 后缀数组的实验范例

字符串是由零个或多个字符组成的有限序列。一个字符串的后缀是从字符串中某个字符开始，到字符串结尾的子串。后缀数组是对一个字符串的所有后缀进行字典排序而得的数组。后缀数组在模式匹配、Web 搜索、文献检索和数据压缩等方面有着广泛的用途。

### 7.1.1 使用倍增算法计算名次数组和后缀数组

首先，介绍后缀数组的相关术语。

设 $S$ 是一个字符串，其长度为 length ($S$)，在 $S$ 中第 $i$ 个字符是 $S[i]$，$S[i\cdots j]$ 是在 $S$ 中从 $S[i]$ 到 $S[j]$ 的子串，$1 \leqslant i \leqslant j \leqslant$ length ($S$)。$S$ 的后缀数组的元素是从第 $i$ 个字符开始的后缀，$1 \leqslant i \leqslant$ length ($S$)，表示为 suffix ($S$, $i$)，即 suffix ($S$, $i$)=$S[i$..length ($S$)]。为了叙述的方便，对于字符串 $S$，从第 $i$ 个字符开始的后缀记为 suffix ($i$)。图 7-1 是字符串 $S$="aabaaaab" 的后缀数组的实例。

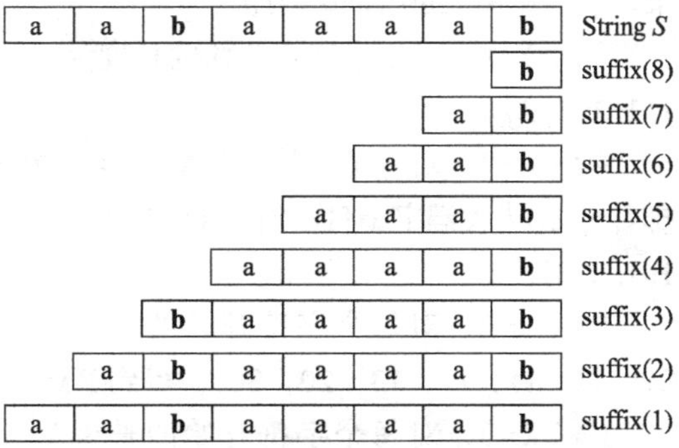

| | | | | | | | | |
|---|---|---|---|---|---|---|---|---|
| a | a | b | a | a | a | a | b | String $S$ |
| | | | | | | | b | suffix(8) |
| | | | | | | a | b | suffix(7) |
| | | | | | a | a | b | suffix(6) |
| | | | | a | a | a | b | suffix(5) |
| | | | a | a | a | a | b | suffix(4) |
| | | b | a | a | a | a | b | suffix(3) |
| | a | b | a | a | a | a | b | suffix(2) |
| a | a | b | a | a | a | a | b | suffix(1) |

图 7-1

在一个字符串的后缀数组中，该字符串的所有后缀按字典序排序。对于一个长度为 $n$ 的字符串，有 $n$ 个不同的后缀。后缀数组 SA 和名次数组 Rank 用来表示

$n$ 个后缀的排序。

**后缀数组 SA**：SA 是一个存储了 1, 2, …, $n$ 的一个排列的整数数组，suffix (SA[$i$])< suffix (SA[$i$+1])，$1 \leqslant i<n$。字符串 $S$ 的 $n$ 个后缀按字典序排序，SA[$i$] 存储第 $i$ 个后缀的开始位置。显然，后缀数组 SA 表示按字典序排列，“排第几的是谁？”，也就是说，哪一个是第 $i$ 个后缀。

**名次数组 Rank**：Rank 是一个与 SA 对应的整数数组，即如果 SA[$i$]=$j$，则 Rank[$j$]=$i$。Rank 表示一个后缀所在的位置，也就是“你排第几？”。

所以，计算后缀数组 SA 是计算名次数组 Rank 的逆运算，Rank=SA$^{-1}$。例如，图 7-2 给出了字符串 "aabaaaab" 的后缀数组 SA 和名次数组 Rank。

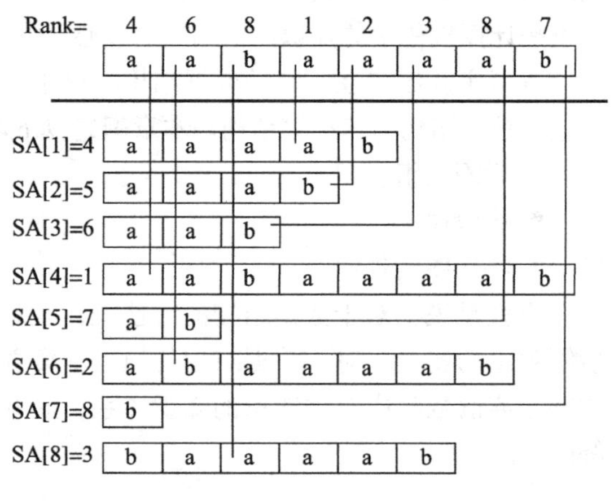


图 7-2

对于一个长度为 $n$ 的字符串来说，如果直接比较任意两个后缀的大小，最多需要比较字符 $n-1$ 次和后缀长度 1 次。也就是说，花 $O(n)$ 时间一定能分出大小。如果有名次数组 Rank，仅用 $O(1)$ 的时间就能比较出任意两个后缀的大小。由于名次数组 Rank 与后缀数组 SA 互逆，因此可以在求出名次数组 Rank 后，直接通过 SA[Rank[$i$]]=$i$（$1 \leqslant i \leqslant n$）计算后缀数组 SA[]。

倍增算法用于计算一个字符串的名次数组 Rank。为了方便计算 Rank，在字符串末添加一个以前未在串中出现且字典序最小的字符，使得子串的长度变为 2 的整数幂。

倍增算法如下：对每个字符开始的长度为 $2^k$ 的子串进行排序，$k \geqslant 0$。每次幂次增加 1，也就是说，每次排序的子串的长度翻倍，并且每次对子串的排序是基于上一轮排序得出的左、右子串的 Rank。设首址为 $i$（$1 \leqslant i \leqslant n$）、长度为 $2^k$ 的字符串当前 Rank 的关键字为 $xy$，其中 $x$ 是首址为 $i$、长度为 $2^{k-1}$ 的左子串排名，即 Rank[$i$]；$y$ 是首址为 $i+2^{k-1}$、长度为 $2^{k-1}$ 的右子串排名，即 Rank[$i+2^{k-1}$]；对每个长度为 $2^k$ 的字符串的排名关键字 $xy$ 进行计数排序，便可得出长度为 $2^k$ 的字符串的 Rank 值。依次类推，当 $2^k$ 大于 $n$ 时，每个字符开始的后缀都一定已经比较出大小，即 Rank 值中没有相同的值。此时的 Rank 值就是最后的结果。以字符串 "aabaaaab" 为例：

（1）$k$=0，对每个字符开始的长度为 $2^0=1$ 的子串进行排序，得到 Rank[1…8]={1, 1, 2, 1, 1, 1, 1, 2}。

（2）$k$=1，对每个字符开始的长度为 $2^1=2$ 的子串进行排序：用两个长度为 1 的字串的排名 $xy$ 作为关键字 $xy$[1…8]={11, 12, 21, 11, 11, 11, 12, 20}，得到 Rank[1…8]={1, 2, 4, 1, 1, 1, 2, 3}。

（3）$k$=2，对每个字符开始的长度为 $2^2=4$ 的子串进行排序：关键字 $xy$[1…8]={14, 21，41，11，12，13，20，30}，得到 Rank[1…8]={4, 6, 8, 1, 2, 3, 5, 7}。

（4）$k$=3，对每个字符开始的长度为 $2^3=8$ 的子串进行排序：关键字 $xy$[1…8]={42, 63，85，17，20，30，50，70}，得到最后结果 Rank[1…8]={4, 6, 8, 1, 2, 3, 5, 7}。

倍增算法的计算过程如图 7-3 所示。

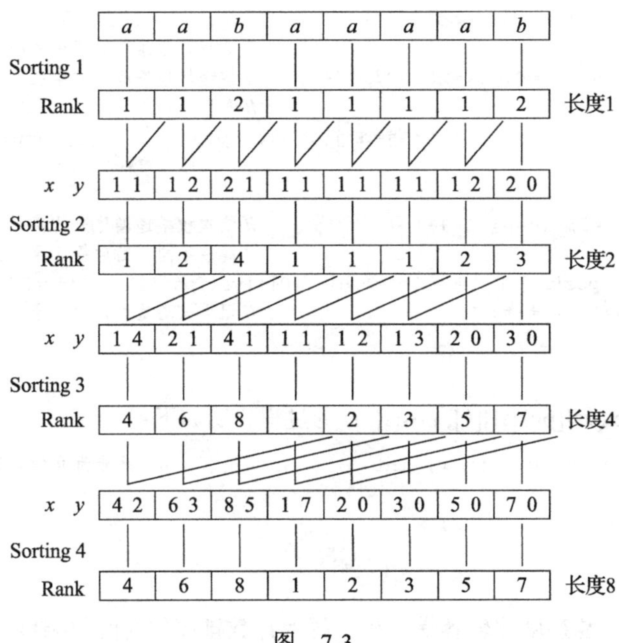


图 7-3

计算名次数组 Rank[ ] 和后缀数组的程序段 get_suffix_array() 如下。

```
struct node{int now, next }d[maxn]; //链表，其中 d[].now 为元素序号，d[].next 为后继指针
int val[maxn][2], c[maxn], Rank[maxn], SA[maxn], pos[maxn], x[maxn];
//x[] 为字串；val[][] 为关键字，其中 x 为 val[][1]，y 为 val[][2]；c[] 存储各元素值在链表 d[]
//的首指针；Rank[] 存储各后缀的名次，其中以 i 为首指针的后缀名次为 Rank[i]；SA[] 存储各名次的
//后缀首指针；pos[] 存储关键字递增序列中的后缀首指针
int n;                              //字串长度
void get_suffix_array( )            //计算名次数组 Rank[] 和后缀数组 SA[]
{
    int t = 1;                      //子串长度初始化
    while (t/2<=n){                 //若可分左右子串，则计算子串长度为 t 的名次数组 Rank[]
      for (int i=1; i<=n; i++) {    //递推首址
        val[i][0]=Rank[i];          //记下左子串的名次（首址为 i、长度为 t/2）
        val[i][1]=(((i+t/2<=n)?Rank[i+t/2]:0));//记下右子串的名次（首址为 i+t/2、长度为 t/2）
        pos[i]=i;                   //递增序列初始化
      }
      radix_sort(1, n);             //val[][0] 和 val[][1] 组合成关键字 xy，计算长度为 t 时的
                                    //Rank[]（子程序说明见后）
      t *= 2;                       //子串长度 ×2
    }
  for (int i=1; i<=n; i++) SA[Rank[i]]=i;   //按照名次递增顺序记下后缀
}
```

其中 radix_sort (1, *n*) 排序关键字 *xy*，其过程说明如下：

```
void radix_sort(int l, int r)   //val[][0] 和 val[][1] 组合成关键字 xy，计算长度为 t 时
                                //的 Rank[l…r]
{
 for (int k =1; k>=0;k --)      //依次排序关键字的 y 域值和 x 域值
{
```

```
            memset(c, 0, sizeof(c));            //各元素值的链表指针为空
            for (int i=r; i>=l; i --)           //倒推区间每个元素的k域值，构建各元素链表d[]
              add_value(val[pos[i]][k], pos[i], i);   //子程序说明见后
            int t = 0;                          //通过计数排序计算递增序列pos
            for (int i =0; i<=20000; i ++)      //按递增顺序枚举元素值，将值为i的链表中的元
                                                //素序号计入pos
              for (int j=c[i]; j; j=d[j].next) pos[++t]=d[j].now;
        }
        int t=0;
        for (int i=1; i<=n; i ++) {             //依次枚举递增序列的指针。若相邻两个名次的关
                                                //键字不同，则后缀序号+1
          if  (val[pos[i]][0]!=val[pos[i-1]][0]||val[pos[i]][1]!=val[pos[i-1]][1]) t++;
          Rank[pos[i]] = t;                     //记下该名次的后缀序号
        }
    }
```

其中 add_value (val[pos[*i*]][*k*], pos[*i*], *i*) 的过程说明如下：

```
    void add_value(int u, int v, int i)        //将值为u、序号为v的元素插入d[i]链表
    {
        d[i].next=c[u]; c[u]=i;
        d[i].now=v;
    }
```

倍增算法的时间复杂度比较容易分析。每次计数排序的时间复杂度为 $O(n)$，排序的次数决定于最长公共子串的长度，最坏情况下的排序次数为 $\log_2 n$ 次，所以总的时间复杂度为 $O(n*\log_2 n)$。

### 7.1.2　计算最长公共前缀

一个字符串 *S* 的后缀数组 SA 可在 $O(n\times\log_2 n)$ 的时间内计算出来。利用 SA 可以做很多事情，比如在 $O(m\times\log_2 n)$ 的时间内进行模式匹配，其中 *m*、*n* 分别为模式串和待匹配串的长度。为了更好地发挥 SA 的作用，我们引入**最长公共前缀**（Longest Common Prefix），这也是字符串处理的一个核心算法。

**性质 7.1.2.1**　设 height[*i*] 是 suffix (SA[*i*−1]) 和 suffix (SA[*i*]) 的最长公共前缀的长度，即，排名相邻的两个后缀的最长公共前缀的长度。那么，对于 *j* 和 *k*，如果 Rank[*j*]<Rank[*k*]，则有以下性质：

suffix (*j*) 和 suffix (*k*) 的最长公共前缀的长度是 {height[Rank[*j*]+1], height[Rank[*j*]+2], height[Rank[*j*]+3], …, height[Rank[*k*]]} 的最小值。

例如，字符串为 "aabaaaab"，求后缀 "abaaaab" 和后缀 "aaab" 的最长公共前缀的长度。

如图 7-4 所示，后缀 "abaaaab" 的名次为 6，即 SA[6]=2，而且 Rank[2]=6；后缀 "aaab" 的名次为 2，即 SA[2]=5，并且 Rank[5]=2。后缀 "abaaaab" 和后缀 "aaab" 的最长公共前缀的长度为 min{height[3], height[4], height[5], height[6]}=min{2, 3, 1, 2}=1。

由性质 7.1.2.1，后缀间的最长公共前缀是一个求集合的最小（或最大）值问题，suffix (*j*) 和 suffix (*k*) 的最长公共前缀为 height 数组在区间 {[Rank[*j*]+1…Rank[*k*]]} 中的最小值。显然，这是一个典型的 RMQ 问题。

要计算后缀间的最长公共前缀，首先必须解决的关键问题是"如何高效地求出 height 数组"。如果按 height[2]，height[3]，…，height[*n*] 的顺序计算，最坏情况下时间复杂度为

$O(n^2)$。这样做并没有利用字符串的性质。为了优化 height 数组的计算顺序，定义 $h[i]$ 为 suffix ($i$) 和前一名次后缀的最长公共前缀的长度，即 $h[i]$=height[Rank[$i$]]。

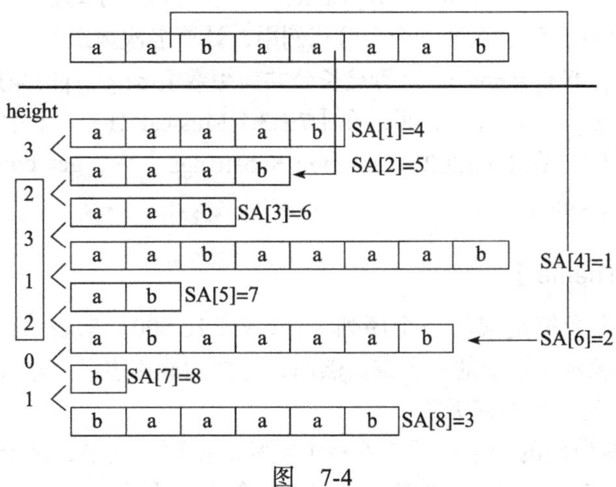


图　7-4

**性质 7.1.2.2**　$h[i] \geqslant h[i-1]-1$。

**证明**：设 suffix ($k$) 是排在 suffix ($i-1$) 前一名的后缀，则它们的最长公共前缀的长度是 $h[i-1]$。那么 suffix ($k+1$) 将排在 suffix ($i$) 的前面（这里要求 $h[i-1]>1$，如果 $h[i-1] \leqslant 1$，原式显然成立）并且 suffix ($k+1$) 和 suffix ($i$) 的最长公共前缀是 $h[i-1]-1$，所以 suffix ($i$) 和在它前一名的后缀的最长公共前缀至少是 $h[i-1]-1$。

显然，我们可按照 $h[1], h[2],\cdots, h[n]$ 的顺序计算公共前缀数组 height[]。在计算过程中充分利用 $h$ 数组的性质，将时间复杂度降为 $O(n)$。下面给出计算 height[] 的程序模板：

```
void get_common_prefix()            // 计算最长公共前缀数组 height[]
{
    memset(h, 0, sizeof(h));        // 所有后缀和前一名次后缀的最长公共前缀长度最初为 0
    for (int i=1; i<=n; i++) {      // 按照递增顺序递推 h[]
      if (Rank[i]==1)               // 若首指针为 i 的后缀的名次为 1，则不存在前一名次的后缀
          h[i]=0;
      else{                         // 否则计算 h[i] 的下限 now(h[i] ≥h[i - 1]-1)，并在
                                    // 此基础上逐个字符地延长最长公共前缀，最终得到 h[i]
          int now=0;
          if (i>1 && h[i-1]>1) now=h[i-1]-1;
          while(now+i<=n&&now+sa[Rank[i]-1]<=n&&x[now+i]==x[now+sa[Rank[i]-1]])
              now ++;
          h[i] = now;
        }
    }
    for (int i =1; i <= n; i ++) height[Rank[i]]=h[i];  // 由 h[] 得到 height[]
}
```

### 7.1.3　后缀数组的应用

后缀数组之所以被广泛应用于字串处理，原因如下。

- 基于名次数组 Rank[] 和最长公共前缀数组 height[]，可避免“蛮力”搜索，以简化和优化算法。

- 计算名次数组 Rank[] 和 height[] 的时空效率较高，且基本上都是由标准的程序段实现的。

因此，许多字串处理都将计算 Rank[] 和 height[] 作为核心子算法。

本节给出三个实验范例。在这三个实验范例中，计算名次数组 Rank[] 时采用了 7.1.1 节给出的程序模板 get_suffix_array( )，计算最长公共前缀数组 height[] 时采用了 7.1.2 节给出的程序模板 get_common_prefix( )。下面，在【7.1.3.1 Musical Theme】中，get_suffix_array() 计算名次数组 Rank[ ]，在【7.1.3.2　Common Substrings】中，get_common_prefix() 计算最长公共前缀数组 height[ ]。

## 【7.1.3.1　Musical Theme】

音乐旋律用 $N$ 个音符组成的一个序列（$1 \leqslant N \leqslant 20\,000$）来表示，每个音符是在 [1, 88] 范围内的整数，表示钢琴上的一个键。然而，这样的旋律表示忽略音乐的时间概念，本题的编程工作有关音符，与时间无关。

许多作曲家构造他们的音乐都围绕着一个重复的主题，其中，这个主题是一个完整旋律的子序列，在我们的表示中是一个整数序列。一个旋律的子序列是一个主题，如果：

- 至少有 5 个音符长。
- 再次在乐曲的其他段出现（潜在的变调）。
- 重复出现的主题间至少有一个是不相交的（也就是说，没有重叠在一起）。

所谓变调，就是加一个正数常量或负数常量到主题子序列内的每个音符上。

给出一段旋律，计算最长主题的长度（音符的数量）。

**输入**

输入包含若干测试用例。每个测试用例的第一行给出整数 $N$，接下来 $N$ 个整数表示音符的序列。

最后一个测试用例后给出一个零。

使用 scanf 代替 cin，以减少输入数据时间。

**输出**

对于每个测试用例，输出一行，给出一个整数，表示最长主题的长度。如果没有主题，输出 0。

| 样例输入 | 样例输出 |
| --- | --- |
| 30<br>25 27 30 34 39 45 52 60 69 79 69 60 52 45 39 34 30 26 22 18 82 78 74 70 66 67 64 60 65 80<br>0 | 5 |

试题来源：做男人不容易系列：是男人就过 8 题 --LouTiancheng

在线测试：POJ 1743

**试题解析**

后缀数组的一个应用是在字符串中计算不可重叠的最长重复子串的长度。首先，我们需要判断两个长度为 $k$ 的子串是否是相同且不重叠的。最长公共前缀的长度，数组 height[]，用于解这一问题。把排序后的后缀分成若干组，其中每组后缀的 height 不小于某个值。例如，字符串为 "aabaaaab"，当 $k$=2 时，其后缀分成了 4 组，如图 7-5 所示。

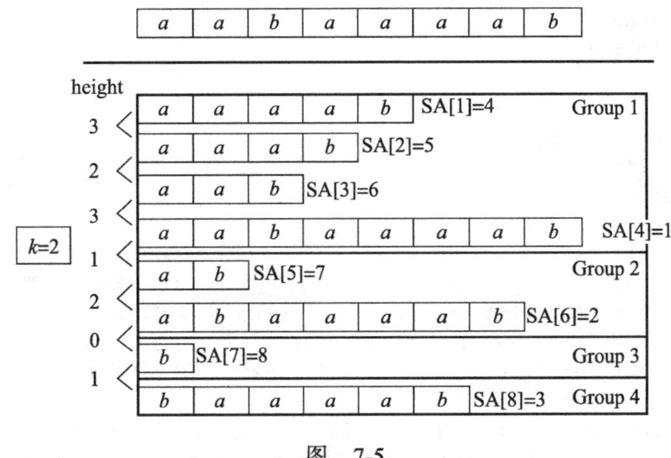


图 7-5

- 第 1 组：height[2]=3，height[3]=2，height[4]=3。本组后缀的 height 值都不小于 2，组内后缀的 SA 值的最大值和最小值之差为 SA[3]−SA[4]=5。
- 第 2 组：height[5]=1，height[6]=2。本组后缀的 height 值都不小于 1，组内后缀的 SA 值的最大值和最小值之差为 SA[5]−SA[6]=5。
- 第 3 组：height[7]=0，组内后缀的 SA 值的最大值和最小值之差为 0。
- 第 4 组：height[8]=1，组内后缀的 SA 值的最大值和最小值之差为 0。

显然，有希望成为最长公共前缀长度不小于 $k$ 的两个后缀一定在同一组。然后对于每组后缀只需判断目前为止后缀的 SA 值的最大值和最小值之差是否不小于 $k$。如果是，则说明存在两个后缀，其公共前缀的长度不小于 $k$，并且互不重叠；否则不存在这样的后缀对。例如，有希望成为最长公共前缀长度不小于 3 的两个后缀在第 1 组（height[2]=height[4]=3）。而组内后缀的 SA 值的最大值和最小值之差为 SA[3]−SA[4]=6−1=5>3，由此得出至少出现 2 次并且不可重叠的最长重复子串为 "aab"。算法中依据 height 值的下限对后缀进行分组的方法，在字串处理中很常用。

基于上述判定性问题后，构造算法如下。

- 首先，输入长度为 $n$ 的字符串 $a$，并进行预处理：相邻两个数字相减（因为题目中存在一个变调的问题），形成一个长度为 $n-1$ 的新数串。
- 其次，计算新数串的最长公共前缀数组 height。
- 然后，使用上述判断条件和二分查找法，计算最长重复子串的长度。
- 最后，若子串长度小于 5，则没有主题；否则最长主题的长度为子串长度 +1，因为最长重复子串是不可相邻而非不可重叠。新数串中长度为 $x$ 的子串对应原数串中长度为 $x+1$ 的子串，若寻找出的重复子串在新数串中相邻，则对应原串就是相交。

显然，二分查找的次数为 $O(\log_2 n)$，每次判断组内（最长公共前缀长度不小于 $x$ 的后缀为同一组）SA 值的最大值和最小值之差是否不小于 $x$，需要 $O(n)$ 时间，因此总的时间复杂度为 $O(n\times\log_2 n)$。

**参考程序**

```
#include <iostream>
#include <cstdio>
```

```
#include <cmath>
#include <cstdlib>
#include <cstring>
#include <string>
#include <map>
#include <utility>
#include <vector>
#include <set>
#include <algorithm>
#define maxn 20010                                        //音乐旋律的长度上限
#define Fup(i,s,t) for (int i=s; i <=t; i ++)             //递增循环
#define Fdn(i,s,t) for (int i = s; i >= t; i --)          //递减循环
#define Path(i,s) for (int i=s; i; i=d[i].next)           //单链表 d[]
using namespace std;
struct node {int now, next;}d[maxn]; //链表,其中 d[].now 为元素序号,d[].next 为后继指针
int val[maxn][2], c[maxn], rank[maxn], sa[maxn], pos[maxn], h[maxn], height[maxn],
x[maxn]; //x[] 为字串; val[][] 为关键字,其中 x 为 val[][1], y 为 val[][2]; c[] 存储各元素值在链
    //表 d[] 的首指针; rank[] 存储各后缀的名次,其中以 i 为首指针的后缀名次为 rank[i]; sa[]
    //存储各名次的后缀首指针; pos[] 存储关键字递增序列中的后缀首指针
int n;                                                    //音乐旋律长度
void add_value(int u, int v, int i)                       //在 d[] 中加一个值
{
    d[i].next = c[u]; c[u] = i;
    d[i].now = v;
}
void radix_sort(int l, int r) //val[][0] 和 val[][1] 合并为 xy, 计算子串长度为 t 的 Rank[l…r]
{
    Fdn(k, 1, 0){
      memset(c, 0, sizeof(c));
      Fdn(i, r, l) add_value(val[pos[i]][k], pos[i], i);
      int t = 0;
        Fup(i, 0, 20000)
            Path(j, c[i])
            pos[++ t] = d[j].now;
    }
    int t = 0;
    Fup(i, 1, n){
        if (val[pos[i]][0] != val[pos[i - 1]][0] || val[pos[i]][1] != val[pos[i - 1]][1])
            t ++;
        rank[pos[i]] = t;
    }
}
bool exist(int len)  //若存在不重叠的、长度为 len 的重复子串,则返回 1; 否则返回 0
{
    int Min = n + 1, Max = 0;                             //SA 的最大值与最小值初始化
    Fup(i, 1, n)                                          //按递增顺序枚举名次
        if (height[i] < len){
        //在 height[i] 小于 len 的情况下,若 SA 的最大值与最小值之差不小于 len,则返回 1; 否
        //则从第 i 个名次开始重新计算 SA 的最大值与最小值
            if (Max - Min >= len)
                return 1;
            Min = Max = sa[i];
        }else{          //在 height[i] 不小于 len 的情况下,调整 SA 的最大值与最小值
            Min = min(Min, sa[i]);
            Max = max(Max, sa[i]);
        }
```

```
        if (Max - Min >= len)  //若SA的最大值与最小值之差不小于len，则返回1；否则返回0
            return 1;
        return 0;
    }
    void get_suffix_array()     //在7.1.1节已经给出
    {
        int t = 1;
        while (t / 2 <= n){
            Fup(i, 1, n){
                val[i][0]=rank[i];
                val[i][1] = (((i + t / 2 <= n) ? rank[i + t / 2] : 0));
                pos[i] = i;
            }
            radix_sort(1, n);
            t *= 2;
        }
        Fup(i, 1, n) sa[rank[i]] = i;
    }
    void get_common_prefix()    //在7.1.2节已经给出
    {
        memset(h, 0, sizeof(h));
        Fup(i, 1, n){
            if (rank[i] == 1)
                h[i] = 0;
            else{
                int now = 0;
                if (i > 1 && h[i - 1] > 1)
                    now = h[i - 1] - 1;
                while (now + i <= n && now + sa[rank[i] - 1] <= n && x[now + i] ==
x[now + sa[rank[i] - 1]])
                    now ++;
                h[i] = now;
            }
        }
        Fup(i, 1, n) height[rank[i]] = h[i];
    }
    int binary_search(int l, int r) //使用二分法计算不可重叠的最长重复子串的长度
    {
        while (l <= r){
            int mid = (l + r) / 2;  //计算中间指针
            if (exist(mid)) //若存在不重叠的、长度为mid的重复子串，则搜索右区间；否则搜索左区间
                l = mid + 1;
            else
                r = mid - 1;
        }
        return r;                        //返回不重叠的最长重复子串的长度
    }
    void solve()                         //计算和输出最长主题的长度
    {
        Fup(i, 1, n - 1)                 //相邻两个音符相减，形成新数串
            rank[i] = x[i]= x[i + 1] - x[i] + 88;
        n --;          //计算新数串的长度
        get_suffix_array();             //计算名次数串Rank[]
        get_common_prefix();            //计算最长公共前缀数组height[]
        int ans = binary_search(0, n) + 1; //使用二分法计算不可重叠的最长重复子串的长度，该长
                                            //度+1即为最长主题的长度（保证任两个子串不能相邻）
```

```
        ans = ((ans < 5) ? 0 : ans);            // 最长主题的长度小于5，则设失败信息
        printf("%d\n", ans);                     // 输出最长主题的长度
    }
    int main()
    {
        while (scanf("%d\n", &n), n > 0){        // 反复输入音乐旋律的长度，直至输入0
            Fup(i, 1, n) scanf("%d", &x[i]);     // 输入音乐旋律
            solve();                             // 计算和输出最长主题的长度
        }
        return 0;
    }
```

【7.1.3.2　Common Substrings】

一个字符串 $T$ 的子字符串被定义为

$$T(i,k)=T_iT_{i+1}\cdots T_{i+k-1},\ 1\leqslant i\leqslant i+k-1\leqslant |T|$$

给出两个字符串 $A$、$B$ 和整数 $K$，定义一个三元组 $(i,j,k)$ 的集合 $S$：

$$S=\{(i,j,k)\mid k\geqslant K, A(i,k)=B(j,k)\}$$

请对特定的 $A$、$B$ 和 $K$ 给出 $|S|$ 的值。

**输入**

输入给出若干测试用例。每个测试用例的第一行给出整数 $K$，接下来的两行分别给出字符串 $A$ 和 $B$。输入以 $K=0$ 结束。$1\leqslant |A|,|B|\leqslant 10^5$，$1\leqslant K\leqslant \min\{|A|,|B|\}$。$A$ 和 $B$ 的字符都是拉丁字母。

**输出**

对每个测试用例，输出整数 $|S|$。

| 样例输入 | 样例输出 |
| --- | --- |
| 2<br>aababaa<br>abaabaa<br>1<br>xx<br>xx<br>0 | 22<br>5 |

试题来源：POJ Monthly--2007.10.06, wintokk

在线测试：POJ 3415

**试题解析**

本题要求计算字符串 $A$ 和字符串 $B$ 中长度不小于 $k$ 的公共子串数。

首先，重新定义 height。height 原定义为相邻两个名次的后缀的最长公共前缀长度。这里，将 height 定义改为相邻两个名次的后缀的最长公共前缀共产生多少个长度为 $k$ 的公共子串。在题意中的公共子串可以相同，因此，如果 $height[i]-k+1>0$，则说明名次为 $i$ 和 $i-1$ 的后缀可以产生 $height[i]-k+1$ 个长度为 $k$ 的公共子串，$height[i]\leftarrow height[i]-k+1$；否则说明这两个后缀不可能产生长度为 $k$ 的公共子串，应予去除，即 $height[i]\leftarrow 0$。由此得出解题的基本思路：

计算 $A$ 的所有后缀和 $B$ 的所有后缀之间的最长公共前缀的长度，把其中最长公共前缀长度不小于 $k$ 的部分全部加起来。

具体方法为：先将字串 $A$ 和 $B$ 连起来，中间用一个没有出现过的字符隔开（例如 '$'）。按 height 值分组后，接下来的工作便是快速地统计每组中后缀之间的最长公共前缀之和。扫描一遍，每遇到一个 $B$ 的后缀就统计与前面的 $A$ 的后缀能产生多少个长度不小于 $k$ 的公共子串，这里 $A$ 的后缀需要用一个单调的栈来高效维护。然后对 $A$ 也这样做一次。

## 参考程序

```
#include <iostream>
#include <cstdio>
#include <cmath>
#include <cstdlib>
#include <cstring>
#include <string>
#include <map>
#include <utility>
#include <vector>
#include <set>
#include <algorithm>
#define maxn 200010
#define Fup(i, s, t) for (int i = s; i <= t; i ++)
#define Fdn(i, s, t) for (int i = s; i >= t; i --)
#define Path(i, s) for (int i = s; i; i = d[i].next)
using namespace std;
struct node {int now, next;}d[maxn]; //链表，其中 d[].now 为元素序号，d[].next 为后继指针
int val[maxn][2], c[maxn], rank[maxn], sa[maxn], pos[maxn], h[maxn], height[maxn],
x[maxn], sta[maxn], num1[maxn], num2[maxn];
 //val[][] 存储键，其中 x 是 val[][0]，y 是 val[][1]; c[] 存储 d[] 中元素 ; Rank[]、SA[] 和
 //height[] 已定义 ; h[i]=height[Rank[i]]; h[i]=height[Rank[i]];
string S, s;                          //测试用例的两个字符串
int n, k;
void add_value(int u, int v, int i)  //将一元素加入 d[]
{
    d[i].next = c[u]; c[u] = i;
    d[i].now = v;
}
void radix_sort(int l, int r)  //val[][0] 和 val[][1] 合并为 xy，计算子串长度为 t 的 Rank[l…r]
{
    Fdn(k, 1, 0){
        memset(c, 0, sizeof(c));
        Fdn(i, r, l)
            add_value(val[pos[i]][k], pos[i], i);
        int t = 0;
        Fup(i, 0, 200000)
            Path(j, c[i])
            pos[++ t] = d[j].now;
    }
    int t = 0;
    Fup(i, 1, n){
        if (val[pos[i]][0] != val[pos[i - 1]][0] || val[pos[i]][1] != val[pos
[i - 1]][1])
            t ++;
        rank[pos[i]] = t;
    }
}
```

```
void get_suffix_array() //7.1.1节给出的程序模板 get_suffix_array(), 计算 Rank[] 和 SA[]
{
    int t = 1;
    while (t / 2 <= n){
        Fup(i, 1, n){
            val[i][0] = rank[i];
            val[i][1] = (((i + t / 2 <= n) ? rank[i + t / 2] : 0));
            pos[i] = i;
        }
        radix_sort(1, n);
        t *= 2;
    }
    Fup(i, 1, n)
        sa[rank[i]] = i;
}
void get_common_prefix()                //7.1.2 节给出的程序模板 get_common_prefix()
{
    memset(h, 0, sizeof(h));
    Fup(i, 1, n){
        if (rank[i] == 1)
            h[i] = 0;
        else{
            int now = 0;
            if (i > 1 && h[i - 1] > 1)
                now = h[i - 1] - 1;
            while (now + i <= n && now + sa[rank[i] - 1] <= n && x[now + i] ==
x[now + sa[rank[i] - 1]])
                now ++;
            h[i] = now;
        }
    }
    Fup(i, 1, n)
        height[rank[i]] = h[i];
}
void get_ans()                                       //计算和输出长度至少为 k 的重复子串数
{
    for (int i=2; i<=n;i++) height[i]-=k-1;
    //所有排名相邻的两个后缀的最长公共前缀长度 - (k-1), 使得名次为 i 和名次为 i-1 的后缀共产生
    //height[i] 个长度至少为 k 的公共子串
  long long sum1 = 0, sum2 = 0, ans = 0;
  int top = 0;                                      //初始时栈空
  for (int i = 2; i <=n; i ++)                      //顺序枚举后缀的名次
    if (height[i]<=0){                              //若排名 i 与排名 i-1 的两个后缀的未产生长
                                                    //度至少为 k 的公共子串, 则重新开始计算
        top=sum1=sum2=0;
     }else{                                         //若排名 i 与排名 i-1 的两个后缀有 height
                                                    //[i] 个长度为 k 的公共子串, 则子串数入栈
          sta[++ top] = height[i];
          if (sa[i-1] <= (int)S.size()){            //若名次为 i-1 的公共前缀在串 1, 则标志入栈,
                                                    //子串数计入 sum1
              num1[top]=1; num2[top]=0;  sum1+= (long long)sta[top];
           }else{  //若名次为 i-1 的公共前缀在串 2, 则标志入栈, 子串数计入 sum2
                num1[top] = 0; num2[top] = 1;  sum2 += (long long)sta[top];
              }
         while (top > 0 && sta[top] <= sta[top-1]){ //若栈顶元素值不大于次栈顶元素,
                                                    //则调整, 维护栈的单调性
```

```
                sum1=sum1-(long long)sta[top-1]*num1[top-1]+(long long)sta[top]*num1
[top-1];
                sum2=sum2-(long long)sta[top-1]*num2[top-1]+(long long)sta[top]*num2
[top-1];
                num1[top-1]+=num1[top];     // 调整次栈顶的标志
                num2[top-1]+=num2[top];
                sta[top-1]=sta[top];        // 栈顶值下移次栈顶
                top --;                     // 出栈
            }
            if (sa[i] <= (int)S.size())
            // 若名次为 i 的公共前缀在串 1，则累计前面串 2 的后缀产生的公共子串数；否则累计前面串 1
            // 的后缀产生的公共子串数
                ans += sum2;
            else
                ans += sum1;
        }
        cout << ans << endl;                // 输出长度至少为 k 的重复子串数
    }
    void init()                             // 输入当前测试用例（两个字符串），并组合进数组 x[]
    {
        cin >> S >> s;
        n = (int)S.size() + s.size() + 1;
        string str = S + '$' + s;
        Fup(i, 1, n)
            x[i] = rank[i] = (int)str[i - 1];
    }
    void solve()                            // 计算长度不小于 k 的公共子串数
    {
        get_suffix_array();
        get_common_prefix();
        get_ans();
    }
    int main()
    {
        ios::sync_with_stdio(false);
        while (cin >> k, k > 0){
            init();
            solve();
        }
        return 0;
    }
```

### 【7.1.3.3　Checking the Text】

Wind 的生日快到了，为了送她一份称心的礼物，Jiajia 去做一项可以赚钱的工作——文字检查。

这项工作非常单调。交给 Jiajia 一个由字符串组成的文本，字符串由英文字母组成，Jiajia 要从当前文本的两个位置同时开始，计算最大的字母匹配数量。匹配过程是逐个字符从左至右进行。

更糟的是，有时老板会在文本前、文本后或中间插入一些字符。Jiajia 要编写一个程序自动工作，要求这个程序速度很快，因为离 Wind 的生日只有几天时间了。

**输入**

输入的第一行给出原始文本。

第二行给出指令数 $n$。接下来的 $n$ 行给出每条指令。有两种格式的指令：

- I *ch* *p*：将一个字符 *ch* 插入到第 $p$ 个字符之前。如果 $p$ 大于当前文本的长度，那么就将该字符插入到文本最后面。
- Q *i* *j*：查询原始文本从第 $i$ 个字符和第 $j$ 个字符开始匹配的长度，不包含插入字符。

本题设定，原始文本的长度不超过 50 000，I 指令的数量不超过 200，Q 指令的数量不超过 20 000。

**输出**

对每条 Q 指令，输出一行，给出最大的匹配长度。

| 样例输入 | 样例输出 |
|---|---|
| abaab<br>5<br>Q 1 2<br>Q 1 3<br>I a 2<br>Q 1 2<br>Q 1 3 | 0<br>1<br>0<br>3 |

试题来源：POJ Monthly--2006.02.26,zgl & twb

在线测试：POJ 2758

**试题解析**

根据题意，Jiajia 要从当前文本的两个位置同时开始，计算最大的字母匹配数量。也就是说，以这两个位置为首指针，从当前文本中截出两个子串，试题要求计算这两个子串的最长公共前缀。

按照最长公共前缀的定义，suffix ($j$) 和 suffix ($k$)（Rank[$j$]<Rank[$k$]）的最长公共前缀长度 为 min{height[Rank[$j$]+1], height[Rank[$j$]+2], height[Rank[$j$]+3], …, height[Rank[$k$]]}，$1\leqslant j<k\leqslant$ length ($S$)。于是，求两个后缀的最长公共前缀可以转化为求某个子区间上的最小 height 值，即转化为一个 RMQ 问题。计算方法如下：

先作预处理，采用动态规划方法求所有名次区间中最小的 height 值，将结果置入一张二维列表 $f$ 中，其中 $f[i, j]$ 为区间 $[j, j+2^i-1]$ 中最小的 height 值。以后每次回答询问，只要花 $O(1)$ 时间从 $f$ 表中直接取出结果即可。

需要注意的是，$f[i, j]$ 存储的是以 $j$ 为首指针、长度为 $2^i$ 的名次区间中最小的 height 值。因此对于任意名次区间 $[a, b]$，最小的 height 值应为

$$\min\left\{f\left[\left\lfloor\log_2(b-a+1)\right\rfloor, a\right], f\left[\left\lfloor\log_2(b-a+1)\right\rfloor, b-2^{\lfloor\log_2(b-a+1)\rfloor}-1\right]\right\}$$

由上可见，对于后缀 suffix[$a$] 和 suffix[$b$] 来说，最大的匹配长度为名次区间 $[l, r]$ 的最小 height 值，其中 $l$=min (Rank[$a$], Rank[$b$])+1，$r$=max (Rank[$a$], Rank[$b$])。

但问题是由于字符的插入，使得字串 $s$ 是动态变化的。是不是每插入一个字符后，都要需要重新计算各名次子区间的最小 height 值呢？不需要。设 cor[$k$] 为初始位置 $k$ 的字符的当前位置；opp[$i$] 为当前第 $i$ 个字符的初始位置；dis[$k$] 为初始位置 $k$ 的字符与右方最近插入字符间的距离。

（1）若后缀 suffix[$a$] 和 suffix[$b$] 的名次相同（$l>r$），则最大匹配长度为后缀 suffix[$a$]

的长度，即 $s$ 的串长 −cor[$a$]+1。

（2）若最大匹配串中未出现插入字符（名次区间 [$l$，$r$] 的最小 height 值小于 dis[$a$] 和 dis[$b$]），则名次区间 [$l$，$r$] 的最小 height 值为最大匹配长度。

（3）否则最大匹配串含最近插入的字符，最大匹配串的长度至少为 len=min (dis[$a$], dis[$b$])，在此基础上通过循环递增 len，循环条件是最大匹配串不允许超出字串 $s$ 的范围（cor[$a$]+len ≤ $s$ 的串长 && cor[$b$]+len ≤ $s$ 的串长）：

若 len+1 后的对应字符不同（$s$ 中第 cor[$a$]+len−1 个字符与第 str[cor[$b$]+len−1] 不同），则确定最大匹配长度为 len；否则若 $s$ 中第 cor[$a$]+len 个字符与第 str[cor[$b$]+len] 个字符非插入字符，则最大匹配长度为 len+ 后缀 suffix[opp[cor[$a$]+len] 和 suffix[opp[cor[$b$]+len]] 中的最大匹配长度；否则 len++，继续循环。

（4）循环结束，则确定 len 为最大匹配长度。

**参考程序**

```
#include <iostream>
#include <cstdio>
#include <cmath>
#include <cstdlib>
#include <cstring>
#include <string>
#include <map>
#include <utility>
#include <vector>
#include <set>
#include <algorithm>
#define maxn 50210                          // 文本长度上限
#define Fup(i, s, t) for (int i = s; i <= t; i ++)
#define Fdn(i, s, t) for (int i = s; i >= t; i --)
#define Path(i, s) for (int i = s; i; i = d[i].next)      // 单链表 d[]
using namespace std;
struct node {int now, next;}d[maxn]; //d[]，其中 d[].now 为元素序号，d[].next 为后继指针
int f[maxn][20];          //f[i, j] 存储在子区间 [j, j+2^i-1] 的最小的 height
int val[maxn][2], c[maxn], rank[maxn], sa[maxn], pos[maxn], h[maxn], height[maxn],
x[maxn], cor[maxn], dis[maxn], opp[maxn];
 //x[] 为字符数组；val[][], x 为 val[][0], y 为 val[][1]; Rank[]、SA[] 和 height[] 如定
 //义；h[i]=height[Rank[i]]; cor[k]、dis[k] 和 opp[i] 也如定义
string str;
int n, k;                                   // 字符串长度，指令数
void add_value(int u, int v, int i) //在 d[i] 中加入一个元素
{
    d[i].next = c[u]; c[u] = i;
    d[i].now = v;
}
void radix_sort(int l, int r) //val[][0] 和 val[][1] 组合构成 xy，计算长度为 t 的 Rank[l…r]
{
    Fdn(k, 1, 0){                           // 对 y 和 x 排序
      memset(c, 0, sizeof(c));
      Fdn(i, r, l) add_value(val[pos[i]][k], pos[i], i);
      int t = 0;
      Fup(i, 0, 50000)
            Path(j, c[i])
            pos[++ t] = d[j].now;
```

```
        }
        int t = 0;
        Fup(i, 1, n){
            if (val[pos[i]][0] != val[pos[i - 1]][0] || val[pos[i]][1] != val[pos
[i - 1]][1])
                t ++;
            rank[pos[i]] = t;
        }
    }
    void get_suffix_array()         //计算Rank[]和SA[]
    {
        int t = 1;                  //子串长度初始化
        while (t / 2 <= n){         //字符串可以划分为左右子串，长度为t的子串的Rank[]被计算
            Fup(i, 1, n){
                val[i][0]=rank[i]; //左子串rank(起始位置i，长度t/2)
                val[i][1] = (((i + t / 2 <= n) ? rank[i + t / 2] : 0));
                //右子串rank(起始位置i+t/2, 长度t/2)
                pos[i] = i;
            }
            radix_sort(1, n);       //val[][0]和val[][1]组合为xy，计算长度为t的Rank[]
            t *= 2;                 //子串长度×2
        }
        Fup(i, 1, n) sa[rank[i]] = i;   //SA[]
    }
    void get_common_prefix()        //计算height[]
    {
        memset(h, 0, sizeof(h));
        Fup(i, 1, n){
            if (rank[i] == 1)
                h[i] = 0;
            else{
                int now = 0;
                if (i > 1 && h[i - 1] > 1)
                    now = h[i - 1] - 1;
                while (now + i <= n && now + sa[rank[i] - 1] <= n && x[now + i] ==
x[now + sa[rank[i] - 1]])
                    now ++;
                h[i] = now;
            }
        }
        Fup(i, 1, n) height[rank[i]] = h[i];  //基于h[]计算height[]
    }
    void get_RMQ()    //计算f[][]，f[i, j]存储子区间[j, j+2^i-1]的最小的height
    {
        Fup(i, 1, n)f[i][0] = height[i];
        Fup(k, 1, (int)(log(n) / log(2)))       //枚举长度(2的整数幂)
          Fup(i, 1, n - (1 << k) + 1)
                f[i][k]=min(f[i][k-1],f[i+(1<<(k - 1))][k-1]);
    }
    int query(int a, int b)         //对suffix[a]和suffix[b]，计算最大匹配字符串的长度
    {
        int head = min(rank[a], rank[b])+1, tail=max(rank[a],rank[b]);
        if (head > tail)
            return (int)str.size() - cor[a] + 1;
        int t = (int)(log(tail - head + 1) / log(2));
        int len = min(f[head][t], f[tail - (1 << t) + 1][t]);
```

```
    if (len < dis[a] && len < dis[b])return len;
    len = min(dis[a], dis[b]);
    while (cor[a] + len <= (int)str.size() && cor[b] + len <= (int)str.size()){
        if(str[cor[a]+len-1]!=str[cor[b]+len-1]) return len;
        if (opp[cor[a] + len] && opp[cor[b] + len])
            return len + query(opp[cor[a] + len], opp[cor[b] + len]);
        len ++;
    }
    return len;
}
void insert(char ch, int pre)       //插入字符ch
{
    int t = (int)str.size();        //str的长度
    pre = min(t + 1, pre);          //插入位置
    str = str + ' ';                //空格插入字符串后面
    Fdn(i, t, pre){
        str[i] = str[i - 1];
        opp[i + 1] = opp[i];        //opp[i]如定义
        if (opp[i])
            cor[opp[i]] = i + 1;    //cor[k]如定义
    }
    opp[pre] = 0;                   //当前第pre个字符是插入字符
    str[pre - 1] = ch;              //插入
    Fdn(i, pre - 1, 1){
        if (!opp[i]) break;
        dis[opp[i]] = min(dis[opp[i]], pre - i);
    }
}
void init()                         //输入文本和指令
{
    cin >> str;                     //文本
    n = (int)str.size();            //文本长度
    Fup(i, 1, n){                   //初始化
        x[i] = rank[i] = (int)str[i - 1];
        cor[i] = i;opp[i] = i;
    }
    cin >> k;                       //指令的数目
}
void solve()                        //逐条执行指令
{
    get_suffix_array();            //计算Rank[]
    get_common_prefix();           //计算height[]
    get_RMQ();                      //在子区间中计算最小的height
    memset(dis, 127, sizeof(dis));
    Fup(i, 1, k){                   //逐条执行指令
        char kind;
        cin >> kind;                //指令格式
        if (kind == 'Q'){           //Q指令
            int a, b;
            cin >> a >> b;
            int ans = query(a, b); //计算并输出匹配的长度
            cout << ans << endl;
        }else{                      //I指令
            char ch;
            int pos;
            cin >> ch >> pos;
```

```
            insert(ch, pos);        // 在第 pos 个位置前插入字符 ch
        }
    }
}
int main()
{
    ios::sync_with_stdio(false);
    init();                         // 输入文本和指令
    solve();                        // 执行指令
    return 0;
}
```

## 7.2 线段树的实验范例

在现实生活中，常遇到与区间有关的操作，比如统计线段并的长度、记录一个区间内子线段的分布、统计落在区间内的数据频率等，并在线段或数据的插入、删除和修改中维护这些特征值。线段树拥有良好的树形二分结构，能够高效地完成这些操作。本节将介绍线段树的各种操作以及一些推广。

### 7.2.1 线段树的基本概念和基本操作

区间树是一棵记为 $T(a, b)$ 的二叉树，其中，区间 $[a, b]$ 表示二叉树的树根。设 $L=b-a$，$T(a, b)$ 递归定义如下：

- $L>1$：区间$\left[a, \left\lfloor\frac{a+b}{2}\right\rfloor\right]$为根的左儿子，区间$\left[\left\lfloor\frac{a+b}{2}\right\rfloor+1, b\right]$为根的右儿子。
- $L=1$：$T(a, b)$ 的左儿子和右儿子分别是叶子 $[a]$ 和 $[b]$。
- $L=0$：也就是说 $a==b$，$T(a, b)$ 是叶子 $[a]$，即元素 $a$。

图 7-6 是一棵根为 [1, 10] 的线段树。

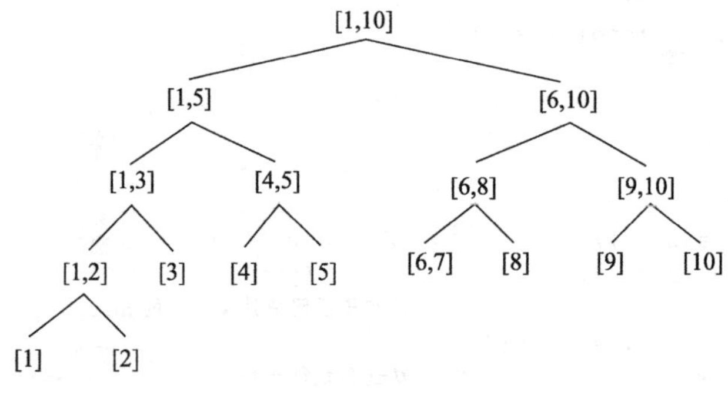


图　7-6

在线段树中，叶节点为区间内的所有数据，内节点不仅表示区间，也表示区间的中点。

可以用一个数组 $a[\,]$ 来存储一棵区间树，如果节点 $a[i]$ 表示区间 $[l, r]$，则左孩子 $a[2\times i+1]$ 表示左子区间$\left[l, \left\lfloor\frac{l+r}{2}\right\rfloor\right]$，右孩子 $a[2\times i+2]$ 表示右子区间$\left[\left\lfloor\frac{l+r}{2}\right\rfloor+1, r\right]$。所以，每个节点不仅存储区间，还可根据需要增设一些特殊的数据域，例如所代表的子区间是否空；如果

不空的话，有多少线段覆盖本子区间，或哪些数据落在本子区间内，以便插入或删除线段时动态维护。

线段树的最基本的操作包括：

- 建立线段树。
- 在区间内插入线段或数据。
- 删除区间内的线段或数据。
- 动态维护线段树。

**1. 对区间 $[l, r]$ 建立线段树**

在对区间 $[l, r]$ 插入或删除线段操作前，需要为该区间建立一棵线段树。依照二分策略将区间 $[l, r]$ 划分出 tot（$tot \geqslant 2\times\log_2(r-l)$）个空的子区间，这些子区间暂且未被任何线段所覆盖。tot 为全局变量，记录一共用到了多少节点。建树前 tot=0。建立线段树 $T(l, r)$ 的过程如下。

```
void build_tree(int l, int r, int i)  // 从节点 i 出发，构造区间 [l, r] 的线段树
{
    节点 i 的数据域初始化；
    if (l == r){                         // 若区间仅一个元素
        设置数据所在的叶节点序号
    }
    int mid=(l+r) / 2;                   // 计算区间的中间指针
    build_tree(l, mid, 2*i);             // 递归左子区间
    build_tree(mid+1, r, 2*i+1);         // 递归右子区间
}
```

在插入、删除线段或数据操作前，一般需要调用 build_tree 过程，设置节点序号和左右指针及数据域初始化。当然也可以直接在算法中设置节点序号和区间，计算中间指针，而不事先调用 build_tree 过程。

**2. 在区间内插入线段或数据**

设线段树 $T(l, r)$ 的根为 $R$，代表区间为 $[l, r]$，现准备插入线段 $[c, d]$：

如果 $[c, d]$ 完全覆盖了 $R$ 代表的区间 $[l, r]$((c£l)&&(r£d))，则 $R$ 节点上的覆盖线段数加 1。

如果 $[c, d]$ 不跨越区间中点 $\left(d\leqslant\left\lfloor\frac{l+r}{2}\right\rfloor \| \left\lfloor\frac{l+r}{2}\right\rfloor+1\leqslant c\right)$，则仅在 $R$ 节点的左子树或者右子树上进行插入。

如果 $[c, d]$ 跨越区间中点 $\left(c\leqslant\left\lfloor\frac{l+r}{2}\right\rfloor \&\& d\geqslant\left\lfloor\frac{l+r}{2}\right\rfloor+1\right)$，则在 $R$ 节点的左子树和右子树上都要进行插入。

注意观察插入的路径，一条待插入区间在某一个节点上进行“跨越”，此后两棵子树上都要向下插入，但是这种跨越不可能多次发生。插入区间的时间复杂度是 $O(\log_2 n)$。

如果往线段树 $T(l, r)$ 中插入数据 $x$，则从根出发二分查找 $x$ 所在的叶位置，插入 $x$。由于在二分查找过程中，$x$ 要么落在左子树要么落在右子树，数据插入不存在“跨越”情况，因此时间复杂度是 $O(\log_2 n)$。

**3. 删除区间内的线段或数据**

设线段树 $T(l, r)$ 的根为 $R$，待删线段为 $[c, d]$。在线段树上删除一个线段与插入的方法

几乎是类似的。要注意的是，只有曾经插入过的线段才能够进行删除，这样才能保证线段树的维护是正确的。

至于在线段树中删除数据，其方法与插入数据的方法几乎是完全类似的。当然，也是只有曾经插入过的数据才能够进行删除，这样才能保证线段树的维护是正确的。

**4. 动态维护线段树**

根据问题的需要，对线段树的每个节点设定状态值，例如，所在区间内覆盖线段的长度是多少；如果后来的线段覆盖先前的线段，当前可见哪些线段；所在区间落入了哪些数据点；等等。如果线段树插入或删除一个子区间或数据，相关节点（即所代表的区间包含了被插入或删除的子区间或数据）的状态值需要及时调整。这就是线段树的动态维护。线段树的动态维护一般分成两类。

- 线段树单点更新的维护，即插入或删除区间内数据后维护线段树。
- 线段树子区间更新的维护，即插入或删除线段后维护线段树。

### 7.2.2　线段树单点更新的维护

若线段树用于数据处理的话，则叶节点代表的区间为一个整数。所谓单点更新指的是在线段树中插入或删除数据 $x$。这一过程是由上而下的，即从根节点出发，通过二分查找确定 $x$ 的叶节点序号；而单点更新的维护是自下而上的，即从 $x$ 对应的叶节点出发，调整至根的路径上每个节点的状态，因为这些节点对应的数值区间都包含数据 $x$。

【7.2.2.1　Buy Tickets】

在春节期间，火车票很难买到，为此我们必须起个大早，去排长队……

春节将至，但非常不幸，Little Cat 仍然被安排东跑西颠。现在，他要坐火车去四川绵阳，参加信息学奥林匹克国家队选拔的冬令营。

此时是凌晨 1 点，外面一片黑暗。寒冷的西北风并没有吓跑排队买票的人们。寒冷的夜晚让 Little Cat 直打哆嗦。为什么不找个问题思考一下呢？这至少比冻死要好！

人们不断地在队列中插队。由于周围太暗，这样做也不会被发现，即使是和插队的人相邻的人。“如果队列中的每个人都被赋予一个确定的值，并且所有插队的人以及插队以后他们所站的位置的信息给了出来，是否可以确定队列中的人们的最终的排列顺序？”Little Cat 想。

**输入**

输入由若干测试用例组成。每个测试用例 $N+1$ 行，其中 $N$（$1\leqslant N\leqslant 200\,000$）在测试用例的第一行给出。接下来的 $N$ 行以 $i$（$1\leqslant i\leqslant N$）的升序每行给出一对值 $\text{Pos}_i$ 和 $\text{Val}_i$。对每个 $i$、$\text{Pos}_i$ 和 $\text{Val}_i$ 的范围和含义如下：

- $\text{Pos}_i\in[0, i-1]$：第 $i$ 个来到队列中的人站在第 $\text{Pos}_i$ 个人的后面，售票窗口被视为第 0 个人，在队列中站在最前面的人被视为第一个人。
- $\text{Val}_i\in[0, 32\,767]$：第 $i$ 个人被赋值 $\text{Val}_i$。

在两个测试用例之间没有空行。程序处理到输入结束。

**输出**

对每个测试用例，输出一行用空格分开的整数，表示在队列中按照人们所站的位置次序给出人们的值。

| 样例输入 | 样例输出 |
|---|---|
| 4<br>0 77<br>1 51<br>1 33<br>2 69<br>4<br>0 20523<br>1 19243<br>1 3890<br>0 31492 | 77 33 69 51<br>31492 20523 3890 19243 |

**提示**：图 7-7 给出了样例输入中的第一个样例。

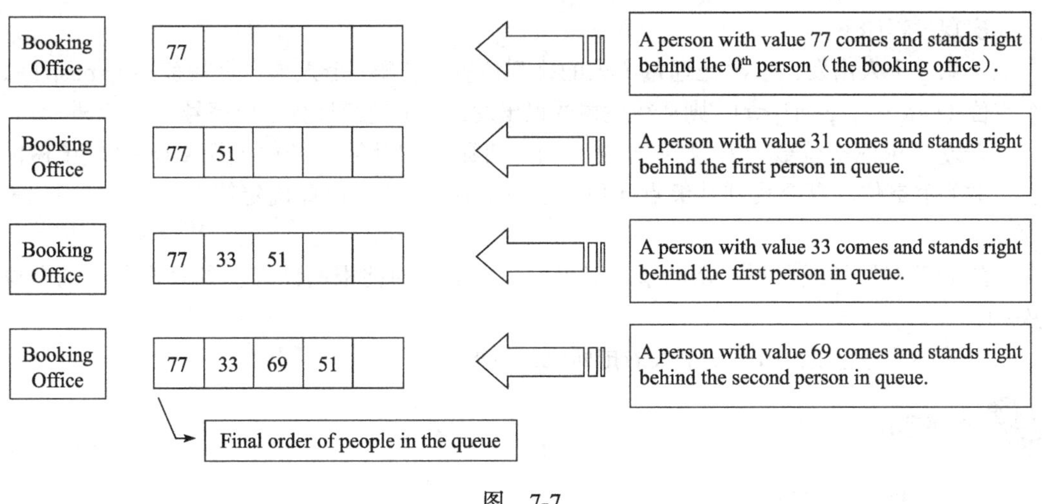


图 7-7

试题来源：POJ Monthly--2006.05.28, Zhu, Zeyuan

在线测试：POJ 2828

### 试题解析

题意概述如下：开始有一个空的序列，有 $n$ 个人要插进去，每个人都有一个属性值。给出每个人插入队列的时候排在第 pos[$i$] 个人后面，最后让你从队首开始依顺序输出每个人的属性值。

这个题目要联想到线段树是需要换个思维的，不能按照题目给出的输入顺序依次处理数据。因为后面的人是会影响前面的人的位置的（如果后面来的人插在前面人的前面，那前面的人的位置会向后移一格）。所以要从后向前处理数据，这样可以保证每次被插入的位置不会再变化。

例如，对于第 2 个样例，样例输入序列是 0 20523 1 19243 1 3890 0 31492。以相反的顺序处理这 4 对值。首先，处理第 4 对值 (pos[4], val[4])：pos[4]=0，val[4]=31492，$j$=pos[4]+1=1，则第 4 个人被插入“当前的”第 $j$ 个空位（也就是“当前的”第一个空位）。然后，处理第 3 对值 (pos[3], val[3])：pos[3]=1，val[3]=3890，$j$=pos[3]+1=2，则第 3 个

人被插入当前的第 $j$ 个空位（当前的第 2 个空位）。接下来，处理第 2 对值 (pos[2], val[2])：pos[2]=1，val[2]=19243，$j$=pos[2]+1=2，则第 2 个人被插入当前第 $j$ 个空位（当前第 2 个空位）。最后，处理第 1 对值 (pos[1], val[1])：pos[1]=0，val[1]=20523，$j$=pos[1]+1=1，则第 1 个人被插入当前第 1 个空位。所以，对于第 2 个样例，按照人们所站的位置次序给出人们的值是 31492 20523 3890 19243。

用线段树的每个节点记录这个区间中的空位置数，每次插入的时候将这个人放在第 pos[$i$] 个空格的地方。因为后面的人如果排在前面的人的前面，那么对前面的人进行操作的时候，那个位置就被占了，前面的人的位置就会向后移一格。这样，我们就可以用线段树进行维护了，每次查询第 pos[$i$] 个空格的位置，然后再改变表示 pos[$i$] 位置的节点状态，实现起来比较简单。设在线段树中，每个节点的状态值为所代表区间的空位数，初始时为区间长度；叶节点代表人。

实现过程如下。

从第 $n$ 个人出发，依次处理每个人的排列位置。若第 $i$ 个人须占据目前第 $j$=pos[$i$]+1 个空位（$i$=$n$…1，pos[$i$]<$i$），则从线段树的根出发，向下递归计算空位序号：

若左子树的空位数 $\geq j$，则递归左子树；否则递归计算右子树上第 $k$=$j$-（左子树的空位数）个空位，直至找到叶节点 $d$（代表区间 [$t$]）为止，由此确定第 $i$ 个人的排列位置为 $t$。

然后动态维护线段树：从叶节点 $d$ 出发，向上将通往根的路径上的每个节点的空位数 -1。

以此类推，直至得出第 1 个人的排列位置为止。

**参考程序**

```
#include <iostream>
#include <cstdio>
#include <cstring>
#include <string>
#include <map>
#include <utility>
#include <algorithm>
#define maxn 200100                          // 人数上限
#define Fup(i, s, t) for (int i = s; i <= t; i ++)
#define Fdn(i, s, t) for (int i = s; i >= t; i --)
using namespace std;
int pos[maxn], val[maxn], size[maxn * 3], ans[maxn], point[maxn];
// 第 i 个人的属性值为 val[i]，插入第 pos[i]+ 个空格位置，排列中第 k 个位置的队员序号为 ans[k]，
// 在线段树中区间 [k] 的叶节点序号为 point[k]；线段树中节点 j 所代表区间的空位数为 size[j]
int n;                                       // 人数
void build_tree(int l, int r, int i)  // 从节点 i 出发，构造区间 [l, r] 的线段树
{
    size[i] = r - l + 1;                     // 存储节点 i 所代表区间的空位置数
    if (l == r){                             // 若区间仅一个元素，则设置该元素的叶节点序号并返回
        point[l] = i;
        return;
    }
    int mid = (l + r) / 2;                   // 计算区间的中间指针
    build_tree(l, mid, i + i);               // 递归左子区间
```

```
        build_tree(mid + 1, r, i + i + 1);     //递归右子区间
    }
    int require(int sum, int l, int r, int i) //计算第 sum 个空位的叶节点序号
    {
        if (l == r)                 //若区间仅剩 1 个元素，则返回该元素
            return l;
        int mid = (l + r) / 2;     //计算中间指针
        if (size[i + i] >= sum) //若左子树的空位数不少于 sum，则递归左子树；否则递归右子树
            return require(sum, l, mid, i + i);
        return require(sum - size[i + i], mid + 1, r, i + i + 1);
    }
    void change(int i)              //线段树维护：从叶节点序号 i 出发向上调整所在子树的空位数
    {
        while (i > 0){
            size[i] --;
            i = i / 2;
        }
    }
    void init()
    {
        Fup(i, 1, n)                //依次输入每个人的位置参数和属性值
            scanf("%d%d\n", &pos[i], &val[i]);
    }
    void solve()                    //计算和输出排列中每个人的属性值
    {
        memset(size, 0, sizeof(size));
        build_tree(1, n, 1);        //构建线段树（以节点 1 为根，代表区间 [1, n]）
        Fdn(i, n, 1){               //从后向前处理数据
            int t = require(pos[i] + 1, 1, n, 1);  //计算排列位置并设定该位置的人员序号
            ans[t] = i;
            change(point[t]);       //动态维护线段树
        }
        Fup(i, 1, n - 1)            //依次输出排列中每个人的属性值
            cout << val[ans[i]] << ' ';
        cout << val[ans[n]] << endl;
    }
    int main()
    {
        while (scanf("%d\n", &n) == 1){        //反复输入人数
            init();                 //依次输入 n 个人的位置参数和属性值
            solve();                //计算和输出排列中 n 个人的属性值
        }
        return 0;
    }
```

### 7.2.3 线段树子区间更新的维护

每次对子序列中数据的调整，也就是子区间的更新。方法基本如同线段树的单点更新，每更新一次子区间，需要自下而上维护整棵线段树。但在频繁更新子区间的情况下，这种方法的效率会十分低下。

为了改善计算实效，引入懒惰标记法。给每个节点设一个标记域：若首次发现节点对应的区间被完全覆盖，则标记该节点；以后若发现节点标记，则先将标记下传给左右儿子后，撤去该节点标记，因为左右子区间亦被完全覆盖，撤去节点标记的目的是避免重复计

算。懒惰标记应包括哪些信息，视子区间更新的具体情况而定。

显然，每次更新子区间时使用局部维护线段树的标记法，比原来动态维护整棵树要省时、省力得多。有三种比较典型的子区间更新：

- 集中更新和动态统计子序列中的数据。
- 计算可见线段。
- 互不相交线段的更新和统计。

**1. 集中更新和动态统计子序列中的数据**

数据区中的数据位置组成一个区间，构成一棵线段树，被集中更新和动态统计的子序列即为其中的一条线段。子序列的每个数增加或减少一个值即为“集中更新”，对子序列的数据进行求和等运算即为“动态统计”。线段树节点的信息一般包括：

- 懒惰标记——覆盖对应区间的增量值。
- 对应区间的统计结果。

【7.2.3.1　A Simple Problem with Integers】

有 $N$ 个整数 $A_1, A_2, \cdots, A_N$。要进行两类操作：一类操作是将某个给定的数在一个给定的区间内加到每个数上；另一类是求以一个给出的区间内的数字的总和。

**输入**

第一行给出两个数字 $N$ 和 $Q$，$1 \leqslant N, Q \leqslant 100\ 000$。

第二行给出 $N$ 个数字，是 $A_1, A_2, \cdots, A_N$ 的初始值，$-1\ 000\ 000\ 000 \leqslant A_i \leqslant 1\ 000\ 000\ 000$。

接下来的 $Q$ 行每行给出一个操作：

- "$C\ a\ b\ c$" 表示将 $c$ 加到 $A_a, A_{a+1}, \cdots, A_b$ 的每个值上面，$-10\ 000 \leqslant c \leqslant 10\ 000$。
- "$Q\ a\ b$" 表示求 $A_a, A_{a+1}, \cdots, A_b$ 的总和。

**输出**

按序对所有的 $Q$ 条操作给出结果，每个结果一行。

| 样例输入 | 样例输出 |
| --- | --- |
| 10 5<br>1 2 3 4 5 6 7 8 9 10<br>Q 4 4<br>Q 1 10<br>Q 2 4<br>C 3 6 3<br>Q 2 4 | 4<br>55<br>9<br>15 |

提示：总和可能会超过 32 位整数。

试题来源：POJ Monthly--2007.11.25, Yang Yi

在线测试：POJ 3468

**试题解析**

使用线段树解题，树中区间对应数字的下标范围，即 $[l, r]$ 对应数字 $A_l, A_{l+1}, \cdots, A_r$。显然，底层叶子从左而右依次代表 $A_1, A_2, \cdots, A_N$ 的初始值。每个节点设两个特征值：

- 特征值 1：子区间的当前数和 $s$，初始时为子区间内初始值的数和。
- 特征值 2：懒惰标记 $v$，即子区间内每个数的增值。如果是 "$C\ a\ b\ v$" 操作，则 $[a, b]$ 所有子区间的 $s$ 值增加 $v*l$（$l$ 为子区间长度）。

每次使用标记法维护线段树时，若发现节点 $i$ 未标记，则退出；否则左右儿子对应的区间被完全覆盖。分别计算左右子区间的数和 $s$，并将节点 $i$ 的标记 $v$ 下传给左右儿子。

设线段树的根为 $i$，对应区间为 $[l, r]$。

对线段树中的子区间 $[tl, tr]$ 求和：

- 若 $[tl, tr]$ 在 $[l, r]$ 外（$tl>r \| tr<1$），则返回 0。
- 若 $[tl, tr]$ 完全覆盖 $[l, r]$（$tl \leqslant l$ && $r \leqslant tr$），则返回节点 $i$ 的数和 $s$。
- 对节点 $i$ 使用标记法，维护线段树。
- 分别递归计算子区间 $[tl, tr]$ 在左子树的数和 $s_1$ 与右子树的数和 $s_2$，返回 $s_1+s_2$。

对线段树中的子区间 $[tl, tr]$ 进行 $+v$ 操作。

- 若 $[tl, tr]$ 在 $[l, r]$ 外（$tl>r \| tr<l$），则返回。
- 若 $[tl, tr]$ 完全覆盖 $[l, r]$（$tl \leqslant l$ && $r \leqslant tr$），则 $[l, r]$ 中的每个数 $+v$，节点 $i$ 的 $s$ 域增加 $v*(r-l+1)$，$v$ 计入节点 $i$ 的 $v$ 域，并返回。
- 对节点 $i$ 使用标记法，维护线段树。
- 分别递归节点 $i$ 的左子树的数和 $s_1$ 与右子树的数和 $s_2$。
- 节点 $i$ 的 $s$ 域值 $=s_1+s_2$。

**参考程序**

```
#include <iostream>
#include <cstdio>
#include <cmath>
#include <cstdlib>
#include <cstring>
#include <string>
#include <map>
#include <utility>
#include <set>
#include <algorithm>
#define maxn 100010                        // 数字个数的上限
using namespace std;
struct node {long long mark,sum;}tree[maxn*4]; // 线段树，其中节点 i 的数和为 tree[i].
                                            // sum，懒惰标记为 tree[i].mark
int x[maxn];                              // 初始值序列
int n, m;                                 // 数字个数、操作次数
void update(int l, int r, int i)          // 标记法维护线段树（根为 i，对应区间 [l, r]）
{
    if (!tree[i].mark) return; // 若节点 i 未标记，则退出；否则左右儿子对应的区间被完全覆盖。
                               // 分别计算左右子区间的数和，并将节点 i 的标记下传给左右儿子
    int mid = (l + r) / 2;
    tree[i + i].sum += tree[i].mark * (long long)(mid - l + 1);
    tree[i + i + 1].sum += tree[i].mark * (long long)(r - mid);
    tree[i+i].mark+=tree[i].mark;
    tree[i+ i+1].mark += tree[i].mark;
    tree[i].mark = 0;                     // 撤去节点 i 的标记
}
long long query(int tl, int tr, int l, int r, int i)
// 计算线段树（根为 i，对应区间 [l, r]）内子区间 [tl, tr] 的数字和
{
    if (tl > r || tr < l)                 // 若 [tl, tr] 在 [l, r] 外，则返回
        return 0;
```

```
    if (tl <= l && r <= tr)  //若 [tl, tr] 覆盖 [l, r]，则返回 [l, r] 中的数和
        return tree[i].sum;
    update(l, r, i);         //标记法维护线段树（根为 i，对应区间 [l, r]）
    int mid = (l + r) / 2;   //分别计算子区间 [tl, tr] 在左子树的数和部分与右子树的数和
                             //部分，返回这两部分的总和
    return query(tl, tr, l, mid, i + i) + query(tl, tr, mid + 1, r, i + i + 1);
}
void add_value(int tl, int tr, int l, int r, int i, int val)
//线段树（根为 i，对应区间 [l, r]）子区间 [tl, tr] 中的每个数 + val
{
    if (tl > r || tr < l)    //若 [tl, tr] 在 [l, r] 外，则返回
        return;
    if (tl<=l && r<=tr){     //若 [tl, tr] 完全覆盖 [l, r]，则 [l, r] 中的每个数 +val
        tree[i].sum += val * (long long)(r - l + 1);
        tree[i].mark += val; //累计 [l, r] 增加的数值作为节点 i 的标记
        return;              //返回
    }
    update(l, r, i);         //标记法维护线段树
    int mid = (l + r) / 2;
    add_value(tl, tr, l, mid, i + i, val);  //递归左右子树
    add_value(tl, tr, mid + 1, r, i + i + 1, val);
    tree[i].sum = tree[i + i].sum + tree[i+ i+1].sum;  //累计左右子树的数和
}
void build_tree(int l, int r, int i)        //构建以 i 为根、对应区间 [l, r] 的线段树
{
    if (l == r){             //边界：设置叶节点的数字值
        tree[i].sum = x[l];
        return;              //返回
    }
    int mid = (l + r) / 2;   //计算中间指针
    build_tree(l, mid, i + i);              //递归左右子树
    build_tree(mid + 1, r, i + i + 1);
    tree[i].sum = tree[i + i].sum + tree[i + i + 1].sum;  //累计左右子区间的数和
}
void solve()                 //依次处理每个操作
{
    memset(tree, 0, sizeof(tree));          //线段树初始化为空
    build_tree(1, n, 1);                    //构建线段树
    scanf("\n");
    for (int i = 1; i <=m; i ++)            //依次处理每个操作
    {
        char ch;
        int l, r, v;
        scanf("%c", &ch);                   //输入第 i 个操作的类别
        if (ch == 'Q'){                     //若为求和操作，则输入区间 [l, r]
            scanf("%d%d\n", &l, &r);
            long long ans = query(l, r, 1, n, 1);   //计算和输出该区间的数字和
            printf("%lld\n", ans);
        }else{               //若为相加操作，则读区间 [l, r] 和该区间每个数的加数 v
            scanf("%d%d%d\n", &l, &r, &v);
            add_value(l, r, 1, n, 1, v);    //区间 [l, r] 中的每个数 +v
        }
    }
}
int main()
{
```

```
    scanf("%d%d\n", &n, &m);                    // 输入数字个数和操作次数
    for (int i = 1; i <=n; i ++)                // 输入 n 个数字的初始值
      scanf("%d", x + i);
    solve();                                    // 依次处理每个操作
    return 0;
}
```

**2. 计算可见线段**

被插入的线段依先后顺序，后面覆盖前面的。计算最终线段和区间中可见的线段数。此时线段树中节点的懒惰标记为覆盖区间的线段序号。

注意，线段树的构建是在离散化处理线段坐标的基础上进行的。

【7.2.3.2 Mayor's posters】

Bytetown 的市民不能忍受在市长选举期间候选人将他们的竞选海报到处张贴。城市管理委员会最后决定，建一堵墙用于张贴竞选海报，并引入下述规则：

- 每个候选人在墙上只能张贴一张海报。
- 所有海报的高度与墙的高度相等，一张海报的宽度是任意的整数个 byte 单位（byte 是 Bytetown 的长度单位）。
- 墙被划分为若干部分，每个部分的宽度为一个 byte 单位。
- 每张海报必须完全地覆盖一段连续的墙体，占整数个部分。

建造的墙有 10 000 000 字节单位长（使得有足够的地方给所有的候选人张贴海报）。在竞选活动开始的时候，候选人将他们的海报张贴到墙上，他们的海报在宽度上不同。而且，有的候选人将他们的海报张贴到墙上，占据了其他候选人张贴的地方。在 Bytetown 的每个人都希望知道在选举前的最后一天谁的海报还可以看到（全部或部分）。

请编写一个程序，给出有关海报大小、在选举墙上张贴的位置和张贴次序的信息，程序求出当所有的海报都张贴以后，可以看到的海报的数目。

**输入**

输入的第一行给出一个数字 $c$，表示测试用例的数目。每个测试用例的第一行给出数字 $1 \leq n \leq 10\,000$。接下来的 $n$ 行按张贴的次序描述海报，第 $i$ 行给出两个整数 $l_i$ 和 $r_i$，分别表示第 $i$ 张海报在墙上占据的左边和右边的部分的编号，$1 \leq i \leq n$，$1 \leq l_i \leq r_i \leq 10\,000\,000$。第 $i$ 张海报张贴上墙，覆盖了墙上的部分编号 $l_i, l_{i+1}, \cdots, r_i$。

**输出**

对于每个测试用例，输出在所有的海报张贴后可以看见的海报的数量。

| 样例输入 | 样例输出 |
|---|---|
| 1<br>5<br>1 4<br>2 6<br>8 10<br>3 4<br>7 10 | 4 |

图 7-8 给出了样例输入的情况。

试题来源：Alberta Collegiate Programming Contest 2003.10.18

在线测试：POJ 2528

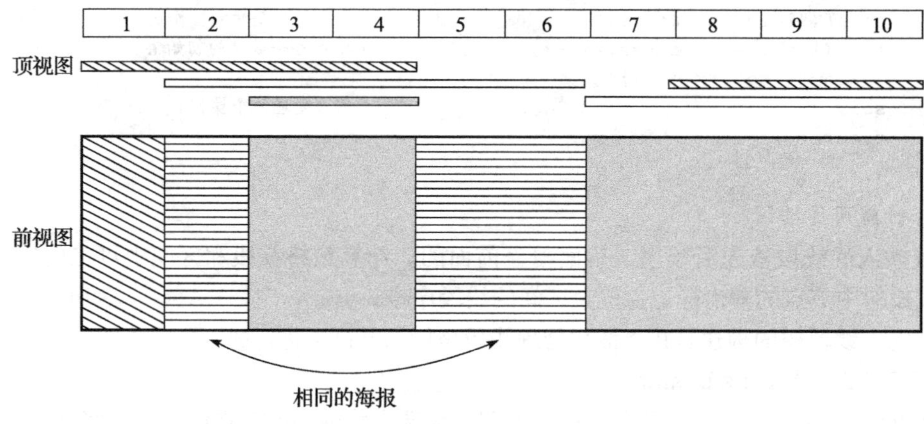


图 7-8

### 试题解析

墙为 [0, 10 000 000] 的区间，张贴一张海报相当于对其中一个子区间进行染色，张贴第 $i$ 张海报就是将第 $i$ 个子区间的颜色变为 $i$（$1\leqslant i\leqslant n$）。区间 [0, 10 000 000] 内最终的颜色种数（前面的颜色可能被后面的颜色所覆盖）即为可见的海报数。

本题是线段树的基础题。线段树上的每个节点记录该区间的颜色（无色为 0，混色为 -1，否则即为所染的颜色）。然后每次对线段树上的一段区间进行修改即可。不过这个题目有一处要注意的细节，整个区间的长度为 10 000 000，而 $n$ 最大只有 10 000，所以要进行离散化，但是也不能进行简单的离散。计算过程如下。

（1）离散化处理：将 $n$ 张海报的左边界、右边界和中间位置存储在数组 $x[1\cdots 3*n]$ 中，然后递增排序 $x[]$，剔除其中重复的坐标。计算位于第 $i$ 张海报的左边界左方的不同坐标数 $l[i]$，位于其右边界左方的不同坐标数 $r[i]$（显然，$l[i]$ 和 $r[i]$ 组成第 $i$ 个线段，该线段的颜色为 $i$，$1\leqslant i\leqslant n$）。

例如，有 3 张不同的海报先后被贴在墙上，子区间为 [1, 5]、[1, 2] 和 [4, 5]。在这 3 张海报被贴上墙之后，区间 [0, 10 000 000] 中有 3 种颜色。对于第 1 张海报，不会大于其左、右边界的坐标数是 1 和 4（坐标分别为 0；0, 1, 2, 4）；对于第 2 张海报，不会大于其左、右边界的坐标数是 1 和 2（坐标分别为 0；0, 1）；对于第 3 张海报，不会大于其左、右边界的坐标数是 3 和 4（坐标分别为 0, 1, 2；0, 1, 2, 4）。

（2）构造线段树：构建一棵以节点 1 为根的线段树，对应区间为 [1，$3n$]，节点的懒惰标记为对应区间的颜色码。依次将 $n$ 条线段填入线段树，并使用标记法维护该线段树。

（3）递归计算可见的线段数：

- 在节点 $i$ 已标记（线段覆盖该区间）的情况下，若线段颜色先前未涂过，则置该颜色，使用标志并返回 1，否则返回 0（避免重复统计）。
- 若节点 $i$ 为叶节点（该点未涂色），则返回 0。
- 分别递归计算左右子区间可见的线段数，返回其和。

### 参考程序

```
#include <iostream>
#include <cstdio>
```

```
#include <cstring>
#include <string>
#include <algorithm>
#define maxn 10010                           //海报数的上限
using namespace std;
bool tab[maxn];                              //颜色码k被使用的标志为tab[k]
int l[maxn], r[maxn], x[maxn*3], num[maxn*3], tree[maxn*12];
//对于第i张海报来说，不大于左边界的不同坐标数为l[i]，不大于右边界的不同坐标数为r[i]；左边界
//坐标为x[3*i-2]，右边界坐标为x[3*i-1]，中间位置坐标为x[3*i]；x[]排序后x[1…j]中不重复
//的坐标数为num[j]；线段树中节点的k标记为tree[k]，即代表区间的颜色码
int c, n;                                    //测试用例数为c，海报数为n
int binary_search(int sum)                   //计算坐标区间[0…sum]中不同的坐标数
{
    int l = 1, r = 3*n;
    while (r >= l){                          //二分查找x[]中坐标值为sum的元素序号r
        int mid = (l + r) / 2;
        if (x[mid] <= sum)
            l = mid + 1;
        else
            r = mid - 1;
    }
    return num[r];                           //返回x[1…r]中不同的坐标数
}
void update(int i)                           //标记法维护线段树
{
    if (!tree[i])                            //若节点i未标记，则返回
        return;
    tree[i+i]=tree[i+i+1]=tree[i];           //节点i的标记下传至左右儿子后撤去
    tree[i] = 0;
}
void change(int tl, int tr, int l, int r, int i, int co)
//在线段树中（根为i，对应区间为[l, r]）插入颜色为co的子区间[tl, tr]
{
    if (tr < l || tl > r)                    //若[tl, tr]在[l, r]外，则退出
        return;
    if (tl<=l && r<=tr){     //若[tl, tr]完全覆盖[l, r]，则记下子根的颜色序号并返回
        tree[i] = co;
        return;
    }
    update(i);                               //标记法维护线段树
    int mid = (l + r) / 2;                   //递归左右子树
    change(tl, tr, l, mid, i+i, co);
    change(tl, tr, mid + 1, r, i + i + 1, co);
}
int require(int l, int r, int i) //计算区间[l, r]（对应以i为子根的线段树）中可见的海报数
{
    int mid = (l+r)/2;                       //计算中间指针
    if (tree[i]){     //在节点i已标记的情况下，若当前颜色先前未涂过，则置该颜色使用标志并返
                      //回1；否则返回0（避免重复统计）
        if (!tab[tree[i]]){
            tab[tree[i]] = 1;
            return 1;
        }
        return 0;
    }
    if (l == r)                              //当前点未覆盖，则返回0
```

```
        return 0;
    return require(l, mid,i+i)+require(mid+1,r,i+i+1); //累计左右子区间可见的海报数
}
void init()                                    //输入和离散化处理海报信息
{
    scanf("%d\n", &n);                         //读海报数
    for (int i = 1; i <=n; i ++){ //依次读入每张海报左右边界，其中第 i 张海报的左边界为
                                  //x[3*i-2]，右边界为 x[3*i-1]，中间位置为 x[3*i]
        scanf("%d%d\n", l + i, r + i);
        x[i+ i+i-2] = l[i]; x[i+i+i-1]=r[i]; x[i+i+i]=(l[i] + r[i])/2;
    }
    sort(x + 1, x + 3 * n + 1);               //递增排序 x[]
    memset(num, 0, sizeof(num));
    for (int i=1;i<=3*n;i++){        //递推 num[]，其中 num[i] 为 x[1…i] 中不同的坐标数
        num[i] = num[i - 1];
        if (x[i] != x[i - 1]) num[i] ++;
    }
    for (int i=1; i<=n; i++){             //依次计算 x[] 中不大于每张海报左右边界的坐标数
        l[i] = binary_search(l[i]);
        r[i] = binary_search(r[i]);
    }
}
void solve()                                   //计算和输出可以看见的海报数
{
    memset(tree, 0, sizeof(tree));    //线段树中每个节点代表的区间未涂色
    for (int i = 1; i<=n; i++)          //在线段树中依次插入每种颜色的子区间
        change(l[i], r[i], 1, 3 * n, 1, i);
    memset(tab, 0, sizeof(tab));       //每种颜色的使用标志初始化
    int ans = require(1,3*n,1);        //计算和输出可以看见的海报数
    printf("%d\n", ans);
}
int main()
{
    scanf("%d\n", &c);                         //输入测试用例数
    for (int i = 1; i<=c; i++) {        //依次处理每个测试用例
        init();                                //计算和输出可以看见的海报数
        solve();
    }
    return 0;
}
```

### 3. 互不相交线段的更新和统计

每次给出插入线段的长度 $l$。若线段树中存在空位置数不小于 $l$ 的子区间，则该线段插入（一般规定选择区间的优先级），这样可使得树中“满”的线段是互不相交的。对删除操作，若线段树中存在被删线段的“满区间”，则该线段可被删除。

节点的懒惰标志一般包括：

- 对应子区间的占据情况 mark，分“全满”“全空”“部分占据”三种。
- 对应子区间中的最长空区间 lm 和 pos，即 pos 位置开始、长度为 lm 的区间为最长空区间。
- 左端最长空区间的长度 ll 和右端最长空区间的长度 lr，即“跨越左右子区间”的最长空区间的长度为 ll+lr。

下面，通过一个实例来了解处理这类问题的一般方法。

【7.2.3.3 Hotel】

奶牛向北旅行，到加拿大的 Thunder Bay 去获得文化提高和享受在 Superior 湖的阳光湖岸的假期。Bessie 是一个非常有能力的旅行社主管，提出选择在著名的 Cumberland 街的 Bullmoose Hotel 作为假期的居住地点。这个大宾馆有 $N(1 \leqslant N \leqslant 50\ 000)$ 间客房，全部位于一条非常长的走廊的同一边（当然，所有的客房最好都能看到湖）。

奶牛和其他观光客是以大小为 $D_i(1 \leqslant D_i \leqslant N)$ 的团队到达的，在前台办理入住手续。每个团队 $i$ 要求柜台主管 Canmuu 给他们 $D_i$ 间连续的客房。如果可行，Canmuu 就分配给他们某个连续的客房集合，房号为 $r$，…，$r+D_i-1$；如果没有连续的客房，Canmuu 就礼貌地建议可供选择的住宿方案。Canmuu 总是选择 $r$ 的值尽可能最小。

观光客离开宾馆也是以团队方式走的，要退连续的客房。退房 $i$ 有参数 $X_i$ 和 $D_i$ 表示退出的房间 $X_i$，…，$X_i+D_i-1(1 \leqslant X_i \leqslant N-D_i+1)$。在退房前，这些房间的部分（或全部）可能为空。

请帮助 Canmuu 处理 $M(1 \leqslant M < 50\ 000)$ 次入住 / 退房请求。这间宾馆初始的时候没有人住。

**输入**

第 1 行：两个用空格分开的整数 $N$ 和 $M$。

第 2 ～ $M+1$ 行：第 $i+1$ 行给出两种可能的格式之一的请求。

(a) 两个用空格分开的整数，表示入住请求：1 $D_i$。

(b) 三个用空格分开的整数，表示退房请求：2 $X_i$ $D_i$。

**输出**

对每个入住请求，输出一行，给出一个整数 $r$，表示要占据的连续客房序列中的第一间客房。如果需求不可能被满足，则输出 0。

| 样例输入 | 样例输出 |
|---|---|
| 10 6<br>1 3<br>1 3<br>1 3<br>1 3<br>2 5 5<br>1 6 | 1<br>4<br>7<br>0<br>5 |

试题来源：USACO 2008 February Gold

在线测试：POJ 3667

**试题解析**

本题要求你对区间进行操作，每个节点只有 3 种状态：“空”“满”和“未定”。操作的类型有两种：

- 操作 1：查询最靠前的长度为 $n$ 的连续空区间的位置。
- 操作 2：把一段区间的状态全部变成空。

每种操作都需要对线段树进行维护。维护的方法可采用高效的懒惰标记法。每个节点标记包括：

- mark——对应区间的状态（0 为“未定”；1 为“全空”；2 为“全满”）。

- ls——左端最长空区间的长度。
- rs——右端最长空区间的长度。
- ms——区间内最长空区间的长度为ms，区间的开始位置为pos。

下面分别给出线段树（根为$i$、对应区间为$[l, r]$）的3种操作（维护、查询和区间更新）。

①维护操作（使用标记法）

```
if(节点i的mark值==0)返回;                    //若“未定”，则返回
if(节点i的mark值==1){                        //节点i代表的区间[l, r]“全空”，r-l+1个空位置
                                             //均分给左右子树，左右子树设“全空”状态
```

左儿子的ls、rs和ms值设为$\left\lfloor\frac{l-r+2}{2}\right\rfloor$，pos值设为1；右儿子的ls、rs和ms值设为$\left\lfloor\frac{l-r+1}{2}\right\rfloor$，pos值设为$\left\lfloor\frac{l-r}{2}\right\rfloor$+1；左右儿子的mark值设为1；

```
    }else{  //节点i代表的区间[l, r]“全满”，0个空位置下移给左右子树，左右子树设“全满”状态
```

左儿子的ls、rs和ms值设为0，pos值设为1；右儿子的ls、rs和ms值设为0；pos值设为$\left\lfloor\frac{l-r}{2}\right\rfloor$+1；左右儿子的mark值设为2；

```
        }
   节点i的mark值设为0;                          //设节点i的状态“未定”
```

②查询操作

从节点i（对应区间[l, r]）出发，查询长度为d的空区间。若存在，则返回最靠前的空区间的左指针

```
    通过标记法维护线段树;
    if(节点i的ms <d)返回失败信息
    if(若节点i的ms ==d)返回节点i的pos;
    if(左子树的ms≥d)递归左子树;
```

if(左子树的rs+右子树的ls≥d)返回（$\left\lfloor\frac{l+r}{2}\right\rfloor$-左子树的rs+1）;

```
    递归右子树;
```

③更新操作

在线段树（根为节点i，对应区间为[l, r]）中插入或删除线段[tl, tr]:

```
   if([tl, tr]在[l, r]外)返回;
   if([tl, tr]完全覆盖[l, r]){
      if(插入操作){                             //插入后节点i所代表的区间“全满”
          节点i的ls、rs和ms值设为 0，pos值设为1，mark值设为2

        }else{                                 //删除后节点i所代表的区间“全空”
          节点i的ls、rs和ms值设为r - l + 1，pos值设为1，mark值设为1;
          }
       返回;
   }
   通过标记法维护线段树;
   递归左子树;
   递归右子树;
   节点i的ls 设为左儿子的ls;                    //调整节点i的ls、rs、ms和pos值
   if (若左子树“全空”) 节点i的ls += 右儿子的ls;
   节点i的rs设为右儿子的rs;
   if (右子树“全空”) 节点i的rs += 左儿子的rs;
   节点i的ms=max(左儿子的rs+右儿子的ls，左儿子的ms，右儿子的ms);
   if (节点i的ms == 左儿子的ms)              //最长空子区间位于左区间
       节点i的pos=左儿子的pos;
```

```
    else
        if(节点 i 的 ms== 左儿子的 rs+ 右儿子的 ls) //最长空子区间跨越左右子区间
```

$$节点\ i\ 的\ pos = \left\lfloor \frac{l+r}{2} \right\rfloor - 左儿子的\ rs+1;$$

```
        else 节点 i 的 pos= 右儿子的 pos;          //最长空子区间位于右区间
```

**参考程序**

```
#include <iostream>
#include <cstdio>
#include <cstring>
#include <string>
#include <map>
#include <utility>
#include <set>
#include <algorithm>
#define maxn 80010
using namespace std;
struct node {int ls, rs, ms, pos, mark;}tree[4*maxn];
//线段树，其中节点 i 的懒惰标记：对应区间的状态标志为 tree[i].mark（0 为“未定”；1 为“全空”；
//2 为“全满”）；左端空区间的长度为 tree[i].ls，右端空区间的长度为 tree[i].rs；最长子区间的长
//度为 tree[i].ms，开始位置为 tree[i].pos；
int n, m;                              //房间数、请求数
void build_tree(int l, int r, int i)           //构建“全空”的线段树
{
    tree[i].ls=tree[i].rs=tree[i].ms=r-l+1;  //节点 i 所代表的区间 [l, r] 为空
    tree[i].pos = l;
    if (l == r)                        //若递归至单元素的叶节点，则回溯
        return;
    int mid = (l + r) / 2;            //计算中间指针
    build_tree(l, mid, i + i);        //递归左右子树
    build_tree(mid + 1, r, i + i + 1);
}
bool all_space(int l,int r,int i)  //若 i 节点的对应区间 [l, r]“全空”，则返回 1；否则返回 0
{
    if (tree[i].ls==r-l+ 1)          //返回“全空”标志
        return 1;
    return 0;                         //返回非“全空”标志
}
void update(int l, int r, int i) //通过标记法维护线段树
{
    if (!tree[i].mark)                //若节点 i 的对应的区间“未定”，则返回
        return;
    if (tree[i].mark == 1){           //若节点 i 代表的区间 [l, r]“全空”，则 r-l+1 个空位置
                                      //均分给左右子树，左右子树设“全空”状态
        int len = r - l + 1;
        tree[i + i].ls = tree[i + i].rs = tree[i + i].ms = (len + 1) / 2;
        tree[i + i].pos = l;
        tree[i + i + 1].ls = tree[i + i + 1].rs = tree[i + i + 1].ms = len /2;
        tree[i + i + 1].pos = (l + r) / 2 + 1;
        tree[i + i].mark = tree[i + i + 1].mark = 1;
    }else{                            //节点 i 代表的区间 [l, r]“全满”，0 个空位置下移给左右
                                      //子树，左右子树设“全满”状态
        tree[i + i].ls = tree[i + i].rs = tree[i + i].ms = 0;
        tree[i + i].pos = l;
        tree[i + i + 1].ls = tree[i + i + 1].rs = tree[i + i + 1].ms = 0;
```

```
        tree[i + i + 1].pos = (l + r) / 2 + 1;
        tree[i + i].mark = tree[i + i + 1].mark = 2;
    }
    tree[i].mark = 0;                    //设节点 i 的状态“未定”
}
int query(int d, int l, int r, int i) //若线段树（根为 i、对应区间 [l, r]）存在长度为 d
                                      //的空区间，则返回其左指针，否则返回 0）
{
    update(l, r, i);                     //通过标记法维护线段树
    if (tree[i].ms < d)                  //若节点 i 的空位置数不足 d 个，则返回失败信息
        return 0;
    if (tree[i].ms==d)        //若节点 i 的空位置数正好 d 个，则否则返回空子区间的左指针
        return tree[i].pos;
    int mid = (l + r)/2;                 //计算中间指针
    if (tree[i+i].ms>=d)                 //若左子树的空位置数不少于 d 个，则递归左子树
        return query(d, l, mid, i + i);
    if (tree[i + i].rs + tree[i + i + 1].ls >= d)
    //若跨越中间点的空子区间的长度不小于 d，则返回该空子区间的左指针；否则递归右子树
        return mid - tree[i + i].rs + 1;
    return query(d, mid + 1, r, i + i + 1);
}
void change(int tl, int tr, int l, int r, int i, bool flag)
//在线段树（根为 i，代表区间为 [l, r]）中插入或删除线段 [tl, tr]，插删标志为 flag
{
    if (tl > r || tr < l)                //若线段 [tl, tr] 在区间 [l, r] 外，则返回
        return;
    if (tl <= l && r <= tr){             //线段 [tl, tr] 完全覆盖区间 [l, r]
        if (flag){                      //若为插入操作，则节点 i 所代表的区间“全满”
            tree[i].ls = tree[i].rs = tree[i].ms = 0;
            tree[i].pos = l;
            tree[i].mark = 2;            //设节点 i 代表的区间“全满”标志
        }else{                           //删除操作，节点 i 所代表的区间“全空”
            tree[i].ls = tree[i].rs = tree[i].ms = r - l + 1;
            tree[i].pos = l;
            tree[i].mark = 1;            //设节点 i 代表的区间“全空”标志
        }
        return;                          //返回
    }
    update(l, r, i);                     //通过标记法维护线段树
    int mid = (l + r) / 2;               //计算中间指针
    change(tl, tr, l, mid, i + i, flag);            //递归左子树
    change(tl, tr, mid + 1, r, i + i + 1, flag);    //递归右子树
    tree[i].ls = tree[i + i].ls;                     //计入左子树左端连续空区间的长度
    if (all_space(l, mid, i+i))     //若左子树“全空”，则累计右子树左端连续空区间的长度
        tree[i].ls += tree[i + i + 1].ls;
    tree[i].rs=tree[i+i+1].rs;      //计入右子树右端连续空区间的长度
    if (all_space(mid+1, r,i+i+1)) //若右子树“全空”，则累计左子树右端连续空区间的长度
        tree[i].rs += tree[i + i].rs;
    tree[i].ms=max(tree[i+i].rs+tree[i+i+1].ls,max(tree[i+i].ms,tree[i+i+1].ms));
    //计算节点 i 所代表的区间中最长空子区间的长度
    if (tree[i].ms == tree[i + i].ms) //最长空子区间位于左子树
        tree[i].pos = tree[i + i].pos;
    else                                 //最长空子区间跨越中间点
        if (tree[i].ms == tree[i + i].rs + tree[i + i + 1].ls)
            tree[i].pos = mid - tree[i + i].rs + 1;
        else                             //最长空子区间位于右子树
```

```
            tree[i].pos = tree[i + i + 1].pos;
}
int main()
{
    scanf("%d%d\n", &n, &m);              // 输入房间数和请求数
    memset(tree, 0, sizeof(tree));
    build_tree(1, n, 1);                  // 构建"全空"的线段树
    for (int i =1; i <=m; i ++) {         // 依次处理每个请求
        int kind;
        scanf("%d", &kind);               // 输入请求类别
        if (kind == 1){                   // 若为入住请求
            int d;
            scanf("%d\n", &d);            // 输入入住的房间数
            int ans=query(d,1,n,1);       // 检查线段树中是否存在长度为 d 的空区间，返回该区间
                                          // 的左指针（若不存在，则返回 0）
            printf("%d\n", ans);
            if (ans)                      // 若线段树中存在长度为 d 的空区间，则将线段 [ans,
                                          // ans+d-1] 插入线段树
                change(ans, ans+d-1,1,n,1,1);
        }else{                            // 处理退房请求
            int x, d;
            scanf("%d%d\n", &x, &d); // x 开始的 d 间房退房
            change(x, x+d-1,1, n,1,0); // 从线段树中删除线段 [x, x+d-1]
        }
    }
    return 0;
}
```

## 7.3 处理特殊图的实验范例

本节将展开特殊图的几个编程实验。之所以称为特殊图，是因为一般数据结构教材并没有对其进行阐述，而对这类图的知识在离散数学中阐述，这类图的处理是图论基础知识的深化。本节围绕 3 个重要且有应用价值的特殊图问题展开实验：

- 图的两个可行性问题——欧拉图和哈密顿图。
- 计算最大独立集。
- 计算割点、桥和双连通分支。

### 7.3.1 计算欧拉图

**定义 7.3.1.1** 若在图 $G$ 中具有一条包含 $G$ 中所有边的闭链，则称它为欧拉闭链，简称为欧拉链，称 $G$ 为欧拉图。若在图 $G$ 中具有一条包含 $G$ 中所有边的开链，则称它为欧拉开链，称 $G$ 为半欧拉图。

**定理 7.3.1.1** $G$ 是连通图，则 $G$ 是欧拉图当且仅当 $G$ 的所有顶点都是偶顶点。

**证明：** 如果图 $G$ 是欧拉图，则在 $G$ 中有一条包含 $G$ 中所有边的闭链（欧拉链）$x_1\ x_2\ \cdots\ x_m$，且 $x_1=x_m$。如果 $x_i$ 在序列 $x_1\ x_2\ \cdots\ x_m$ 中出现 $k$ 次，$1\leqslant i\leqslant m-1$，则 $d(x_i)=2k$。所以 $G$ 的所有顶点都是偶顶点。

图 $G$ 是连通图且每个顶点都是偶顶点，可以用 DFS 在图 $G$ 中搜索出一条闭链 $C$。如果 $C$ 不是欧拉链，则在 $C$ 中必有一个顶点 $v_k$，其度数大于在 $C$ 中 $v_k$ 连接的边的数目，就用 DFS 从 $v_k$ 开始搜索一条边不在 $C$ 中的闭链 $C'$。如果 $C\cup C'=G$，则 $C\cup C'$ 是欧拉链；否则

同理，在 $C \cup C'$ 中必有一个顶点 $v_k'$，其度数大于在 $C \cup C'$ 中 $v_k'$ 连接的边的数目，再用 DFS 从 $v_k'$ 开始搜索一条边不在 $C \cup C'$ 中的闭链 $C''$，加入到 $C \cup C'$ 中；以此类推，直到获得欧拉链。■

显然，必要性的证明过程也是获得欧拉链的算法。

**定理 7.3.1.2**　$G$ 是连通图，则 $G$ 是半欧拉图当且仅当 $G$ 中有且仅有两个奇顶点。

证明与定理 7.3.1.1 的证明相似。

**【7.3.1.1　John's trip】**

Johnny 拥有了一辆新车，他准备驾车在城里拜访他的朋友们。Johnny 要去拜访他所有的朋友。他有许多朋友，每一条街道上就有一个朋友。他就开始考虑如何使路程尽可能短，不久他就发现经过城里的每条街道一次且仅仅一次是最好的方法。当然，他要求路程的结束和开始在同一地点——他父母的家。

在 Johnny 所在城里的街道用从 1 到 $n$ 的整数来标识，$n$<1995。街道口用从 1 到 $m$ 的整数来标识，$m \leqslant 44$。城镇中所有的路口有不同的编号。每条街道仅连接两个路口。在城中所有街道有唯一的编号。Johnny 要开始计划他的环城之行。如果存在两条以上的环线，他就选择按字典序最小的街道编号序列输出。

但 Johnny 无法找到甚至一条的环线。请帮助 Johnny 写一个程序，来找到所要求的环线；如果环线不存在，程序要给出有关信息。设定 Johnny 生活在最小编号的第 1 街的路口，在城里所有的街道是双向的，并且从每一条街道都有到另一条街道的路，街道很窄，当汽车进入一条街道以后，不可能调头。

**输入**

输入包含若干测试用例，每个测试用例描述一座城。在一个测试用例中每一行给出 3 个整数 $x$、$y$、$z$，其中 $x$>0，$y$>0 是连接街道编号为 $z$ 的两个路口的编号。每个测试用例以 $x$=$y$=0 的一行为结束。输入以一个空测试用例 $x$=$y$=0 为结束。

**输出**

相应于输入中的每个测试用例，输出两行。第一行给出一个街道编号序列（序列中每个成员之间用空格分开），以表示 Johnny 所走的闭链。如果找不到闭链，则输出 "Round trip does not exist."，第二行为空行。

| 样例输入 | 样例输出 |
|---|---|
| 1 2 1<br>2 3 2<br>3 1 6<br>1 2 5<br>2 3 3<br>3 1 4<br>0 0<br>1 2 1<br>2 3 2<br>1 3 3<br>2 4 4<br>0 0<br>0 0 | 1 2 3 5 4 6<br><br>Round trip does not exist. |

试题来源：ACM Central European Regional Contest 1995

在线测试：POJ 1041，UVA 302

## 试题解析

本题要求计算无向图的欧拉回路，使得经过边的字典序最小。计算方法如下：

（1）在输入城市交通信息的同时构造无向图，计算每个节点的度数、节点的最小编号 $S$ 和边序号的最大值 $n$。

（2）搜索所有节点。若存在度数为奇的节点，则失败退出（定理 7.3.1.1）。

（3）从 $S$ 出发通过 DFS 搜索计算欧拉链。为保证欧拉链的最小字典序，按照编号递增的顺序寻找当前节点的相连边。由于递归的缘故，得出的欧拉回路是反序的。

（4）最后反序输出欧拉回路。

## 参考程序

```
#include <iostream>
#include <cstdio>
#include <cmath>
#include <cstdlib>
#include <cstring>
#include <string>
#include <map>
#include <utility>
#include <vector>
#include <set>
#include <algorithm>
#define maxn 2000                //边数的上限
#define maxm 50                  //节点数的上限
using namespace std;
struct node{int s,t;}r[maxn]; //边序列，其中第 i 条边为 (r[i].s, r[i].t)
bool vis[maxn];                 //边的访问标志序列为 vis[]
int deg[maxm], s[maxn];         //节点的度为 deg[]，欧拉链的边序列为 s[]
int n, S, stop;                 //边数为 n，节点的最小编号为 S，欧拉链的边数为 stop
bool exist()                    //若存在度数为奇的节点，则返回 0；否则返回 1
{
    for (int i = 1; i <= maxm-1; i ++)
        if (deg[i] % 2 == 1) return 0;
   return 1;
}
void dfs(int now)                                   //从 now 出发递归计算欧拉链
{
     for (int i = 1; i <= n; i ++)                  //递归搜索与 now 相连的未访问边
        if (!vis[i] && (r[i].s == now || r[i].t == now)){
            vis[i] = 1;                             //访问第 i 条边
            dfs(r[i].s + r[i].t - now);             //递归该边的另一端点
            s[++ stop] = i;                         //第 i 条边添入欧拉回路
        }
}
int main()
{
    ios::sync_with_stdio(false);
    int x, y, num;                                  // (x, y) 为边，边序号为 num
    while (cin>>x>>y, x>0){ //反复输入当前测试用例的首条边 (x, y)，直至输入结束标志 0
        S = min(x, y); n = 0;                       //调整节点的最小编号，最大边序号初始化
        memset(deg, 0, sizeof(deg));                //节点的度初始化为 0
```

```
        cin >> num;                          //输入(x, y)的边序号
        r[num].s = x; r[num].t = y;          //存储第 num 条边的两个端点
        deg[x] ++; deg[y] ++;                //对端点的度计数
        n = max(n, num);                     //调整最大边序号
        while (cin >> x >> y, x > 0){        //反复输入当前测试用例的边(x, y),直至输入
                                             //测试用例结束标志 0
            S = min(S, min(x, y));           //调整节点的最小编号
            cin >> num;                      //输入(x, y)的边序号
            r[num].s=x; r[num].t=y;          //存储第 num 条边的两个端点
            deg[x] ++; deg[y] ++;            //对端点的度计数
            n = max(n, num);                 //调整最大边序号
        }
        if (exist()){                        //若所有节点的度为偶,则计算和输出欧拉回路
            stop = 0;                        //欧拉回路的长度初始化
            memset(vis,0,sizeof(vis));       //所有边未访问
            dfs(S);                          //从最小节点出发,递归计算欧拉回路
            for (int i=stop;i>=2;i --) cout << s[i] << ' ';       //输出欧拉回路
            cout << s[1] << endl;
        }else                                //存在度数为奇的节点,输出失败信息
            cout << "Round trip does not exist." << endl;
    }
    return 0;
}
```

**定义 7.3.1.2** 若连通有向图 $G$ 中具有一条包含 $G$ 中所有弧的有向闭链，则称该闭链为欧拉有向链，称 $G$ 为欧拉有向图。若图 $G$ 中具有一条包含 $G$ 中所有弧的有向开链，则称该开链为欧拉有向开链，称 $G$ 为半欧拉有向图。

**定理 7.3.1.3** $G$ 是连通有向图，则 $G$ 是欧拉有向图当且仅当 $G$ 的每个顶点 $v$，入度等于出度。

**定理 7.3.1.4** $G$ 是连通有向图，则 $G$ 是半欧拉有向图当且仅当 $G$ 中恰有两个奇顶点，其中一个奇顶点的入度比出度大 1，另一个奇顶点的出度比入度大 1，而其他顶点的出度等于入度。

定理 7.3.1.3 和定理 7.3.1.4 的证明与定理 7.3.1.1 的证明相似。

【7.3.1.2 Catenyms】

Catenym 是一对用句号分开的单词，第一个单词的最后一个字母和第二个单词的第一个字母是相同的。例如，下面是几个 Catenym：

dog.gopher

gopher.rat

rat.tiger

aloha.aloha

arachnid.dog

一个 Catenym 组合是三个或多个由句号分开的单词组成的序列，相邻的一对单词组成 Catenym。例如，

aloha.aloha.arachnid.dog.gopher.rat.tiger

给出一个小写单词的词典，请找出包含每个单词一次且仅一次的一个 Catenym 组合。

**输入**

输入的第一行给出整数 $t$，表示测试用例的个数。每个测试用例开始给出 $3 \leqslant n \leqslant 1000$，

表示词典中单词的个数。下面给出 $n$ 个不同的单词，每个单词是一个字符串，在一行中由 1 到 20 个小写字母组成。

**输出**

对每个测试用例，在一行中输出包含词典中每个单词一次且仅一次的字典序最小的组合 Catenym；如果没有解，输出 "***"。

| 样例输入 | 样例输出 |
|---|---|
| 2<br>6<br>aloha<br>arachnid<br>dog<br>gopher<br>rat<br>tiger<br>3<br>oak<br>maple<br>elm | aloha.arachnid.dog.gopher.rat.tiger<br>*** |

试题来源：Waterloo local 2003.01.25

在线测试：POJ 2337，ZOJ 1919

**试题解析**

按照下述方法将词典转化为有向图 $G$。

每个单词对应一条有向边 $(u, v)$，弧头 $u$ 为单词首字母对应的数字，弧尾 $v$ 为单词尾字母对应的数字，'a' 对应 1，…，'z' 对应 26。两个单词对应的边可以首尾相连当且仅当第一个单词的尾字母和第二个单词的首字母相同，即，第一条有向边的弧尾与第二条有向边的弧头相同。所以，本题要求在有向图 $G$ 中计算欧拉有向开链。计算方法如下：

（1）在输入词典的同时构造有向图 $G$，计算每个节点的出度、入度，以及所在并查集的根。

（2）按照字典递增顺序排列边。

（3）按照递增顺序搜索每个节点：若出现相邻两个节点分属不同的并查集，则说明图 $G$ 按照字典序要求无法形成弱连通图，欧拉有向开链不存在。

（4）按递增顺序搜索每个节点：若出现入度和出度的相差值大于 1 的节点，则判定欧拉有向开链不存在；否则，若所有节点的出入度相同，则序号最小的节点作为欧拉有向开链的起点 $S$；若存在一个出度比入度大 1 的节点，则该节点作为欧拉有向开链的起点 $S$。

（5）从 $S$ 出发，通过 DFS 计算欧拉有向开链。

**参考程序**

```
#include <iostream>
#include <cstdio>
#include <cmath>
#include <cstdlib>
#include <cstring>
```

```
#include <string>
#include <map>
#include <utility>
#include <vector>
#include <set>
#include <algorithm>
#define maxn 1010
using namespace std;
struct node{int u,v;string name;}road[maxn];
//边序列，其中第i条有向边为(road[i].u, road[i].v)，对应单词为road[i].name
bool app[30], use[maxn];              //节点i的存在标志为app[]，边的访问标志为use[]
int ind[30], oud[30], anc[30], s[maxn];
//节点i的入度为ind[i]，出度为oud[i]，所在并查集的根为anc[i]，有向欧拉路径为s[]
int n, S, stop, t;       //边数为n，欧拉有向开链的起点为S，长度为stop，测试用例数为t
bool cmp(const node &a, const node &b) //排序的比较函数，按照单词的字典序比较大小
{
    return a.name < b.name;
}
int get_father(int x)                        //返回x所在并查集的根
{
    if (!anc[x])                             //若x不属于任何并查集，则返回根x
        return x;
    anc[x] = get_father(anc[x]);             //递归计算x所在并查集的根
    return anc[x];
}
int change(char ch)                          //将字母ch转化为对应的数字
{
    return (int)ch - (int)'a' + 1;
}
bool exist_euler_circuit()  //判断是否存在欧拉有向开链。若存在，则计算搜索的出发点S
{
    int t = 0;
    for (int i=1; i<=26; i++)                //依次搜索图中每个节点
        if (app[i]){
         if (t == 0) t = get_father(i); //若未产生并查集，则计算i节点所在并查集的根

          if (get_father(i)!= t) //若i节点所在并查集与前一节点所在并查集不同，则返回0
                return 0;
        }
    int sum = 0;                             //出入度相差1的节点数初始化
    S = 0;                                   //搜索的出发点初始化
    for (int i = 1; i <=26; i ++)            //搜索每个节点
        if (app[i]){
            if (ind[i] != oud[i]){           //若i节点的出入度不同
                if (abs(ind[i] - oud[i])>1) return 0; //若出入度的相差值大于1，则返回0
                sum ++;                      //累计出入度相差1的节点数
                if (oud[i]>ind[i]) S=i; //出度比入度大1的节点S为欧拉路径的起点
            }
        }
    if (sum == 0)  //若每个节点的出入度相同，即构成一个环，则序号最小的节点S为欧拉路径的起点
       for (int i = 1; i <=26; i ++)
            if (app[i]){
                S = i;
                break;
            }
    return 1;
```

```
}
void dfs(int now)                              //从 now 节点出发,递归计算欧拉路径的边序列 s[]
{
    for (int i = 1; i <=n; i ++)           //搜索 now 引出的每条未访问边
        if (!use[i] && road[i].u == now){
            use[i] = 1;                        //该边置访问标志
            dfs(road[i].v);                    //递归另一端点
            s[++ stop] = i;                    //该边进入欧拉路径的边序列
        }
}
void init()                                    //输入字典,构造有向图
{
    cin >> n;                                  //输入单词数
    memset(ind, 0, sizeof(ind));               //出入度序列初始化
    memset(oud, 0, sizeof(oud));
    memset(anc, 0, sizeof(anc));               //并查集为空
    memset(app, 0, sizeof(app));               //节点标志初始化
    for (int i = 1; i <=n; i ++){              //依次输入每个单词,构建无向图
        cin >> road[i].name;                   //输入第 i 个单词
        road[i].u = change(road[i].name[0]); //计算第 i 条边的首尾节点序号
        road[i].v = change(road[i].name[(int)road[i].name.size() - 1]);
        app[road[i].u] = app[road[i].v] = 1; //设节点存在标志
        int u=get_father(road[i].u),v=get_father(road[i].v); //计算两个端点所在并
                                                               //查集的根
        if (u != v) anc[u] = v;                   //若两个端点分属两个并查集,则合并
        oud[road[i].u] ++; ind[road[i].v] ++; //计算第 i 条边的两个节点的出入度
    }
}
void solve()                                   //计算和输出欧拉有向开链
{
    sort(road + 1, road + n + 1, cmp); //按照字典递增顺序排列边
    if (!exist_euler_circuit()){           //若欧拉有向开链不存在,则返回失败信息
        cout << "***" << endl;
        return;
    }
    stop = 0;                                  //欧拉有向开链的长度初始化
    memset(use, 0, sizeof(use));               //访问标志初始化
    dfs(S);                       //从 S 节点出发,递归计算欧拉有向开链的边序列 s[]
    for (int i = stop; i >= 2; i --)       //反序输出欧拉有向开链对应的单词
        cout << road[s[i]].name << '.';
    cout << road[s[1]].name << endl;
}
int main()
{
    ios::sync_with_stdio(false);
    cin >> t;                                  //输入测试用例数
    for (int i = 1; i <=t; i ++) {         //依次处理每个测试用例
        init();                                //输入字典,构造有向图
        solve();                               //计算和输出欧拉有向开链
    }
    return 0;
}
```

### 7.3.2 计算哈密顿图

**定义 7.3.2.1** 若图 $G$ 具有一条包含 $G$ 中所有顶点的回路,则称该回路为哈密顿回路,

称 $G$ 为哈密顿图。若图 $G$ 具有一条包含 $G$ 中所有顶点的路，则称该路为哈密顿路，称 $G$ 为半哈密顿图。

设 $G(V, E)$ 是一个 $n$ 个顶点且没有自环和多重边的连通图，$n \geqslant 3$；对于 $v \in V$，$d(v)$ 是 $v$ 的度数。

**定理 7.3.2.1**　若 $G$ 是 $n$（$n \geqslant 3$）个顶点的简单图，对于每一对不相邻的顶点 $u, v$，满足 $d(u)+d(v) \geqslant n$，则 $G$ 是哈密顿图；若对于每一对不相邻的顶点 $u, v$，满足 $d(u)+d(v) \geqslant n-1$，则 $G$ 是半哈密顿图。

**推论 7.3.2.1**　若 $G$ 是 $n$（$n \geqslant 3$）个顶点的简单图，对于每一个顶点 $v$，满足 $d(v) \geqslant n/2$，则 $G$ 是哈密顿图。

货郎担问题（Travelling Salesman Problem，TSP）是这样的问题：设有 $n$ 个城镇，已知每两个城镇之间的距离。一个货郎从某一城镇出发巡回售货，问这个货郎应该如何选择路线，使每个城镇经过一次且仅一次，并且总的行程最短。这一问题是一个 NP 问题。

**定义 7.3.2.2**　若有向图 $G$ 中每两个顶点之间恰有一条弧，则称 $G$ 为竞赛图。

**定义 7.3.2.3**　若有向图 $G$ 具有一条包含 $G$ 中所有顶点的有向回路，则称该有向回路为哈密顿回路，称 $G$ 为哈密顿有向图。若有向图 $G$ 具有一条包含 $G$ 中所有顶点的有向路，则称该路为哈密顿有向路，称 $G$ 为半哈密顿有向图。

**定理 7.3.2.2**　任何一个竞赛图是半哈密顿有向图。

**证明：**归纳基础：若竞赛图的顶点数小于 4，显然有一条哈密顿有向路。

归纳步骤：假设 $n$ 个顶点的任一竞赛图是半哈密顿有向图。设 $G$ 是 $n+1$ 个顶点的竞赛图，从 $G$ 中删去顶点 $v$ 及其关联边，得到有向图 $G'$，由归纳假设，$G'$ 有哈密顿有向路（$v_1, v_2, \cdots, v_n$），$G$ 有 3 种情况：

- 在 $G$ 中有一条弧（$v, v_1$），则有哈密顿有向路（$v, v_1, v_2, \cdots, v_n$）。
- 在 $G$ 中没有弧（$v, v_1$），则必有弧（$v_1, v$）。若存在 $v_i$，$v_i$ 是 $v_1$ 之后第一个碰到并且有弧（$v, v_i$）的顶点，则显然得到一条哈密顿有向路（$v_1, v_2, \cdots, v_{i-1}, v, v_i, \cdots, v_n$）。
- 在 $G$ 中没有弧（$v, v_i$），而对所有 $v_i$，均有弧（$v_i, v$），$i=1, 2, \cdots, n$，则得一条哈密顿有向路（$v_1, v_2, \cdots, v_n, v$）。■

目前还没有发现可适用于所有货郎担问题的时间复杂度为多项式的算法。

本节给出 3 类试题：

- 在节点数较少的无向图中计算货郎担问题，可以采取“蛮力”搜索解题，尽管时间复杂度为 $O(n!*n)$。
- 在节点数较少的无向图中计算货郎担问题，采用状态压缩的办法解题。
- 如果在竞赛图（任两点之间有且仅有一条有向边的有向图）中计算哈密顿路，则可以使用 $O(n^2)$ 的枚举算法。

【7.3.2.1　Getting in Line】

计算机网络要求通过网络把计算机连接起来。

本题考虑一个“线性”的网络，在这样一个网络中计算机被连接到一起，并且除了首尾的两台计算机分别连接着一台计算机外，其他任意一台计算机仅与两台计算机连接，如图 7-9 所示。图中用黑点表示计算机，它们的位置用直角坐标表示（相对于一个在图中未画出的坐标系）。

网络中连接的计算机之间的距离单位为英尺[⊖]。

由于很多原因，我们希望使用的电缆长度尽可能短。请决定计算机应如何被连接以使得所用的电缆长度最短。在设计施工方案时，电缆将埋在地下，因此连接两台计算机所要用的电缆总长度等于两台计算机之间的距离加上额外的16英尺电缆，以从地下连接到计算机，并为施工留一些余量。

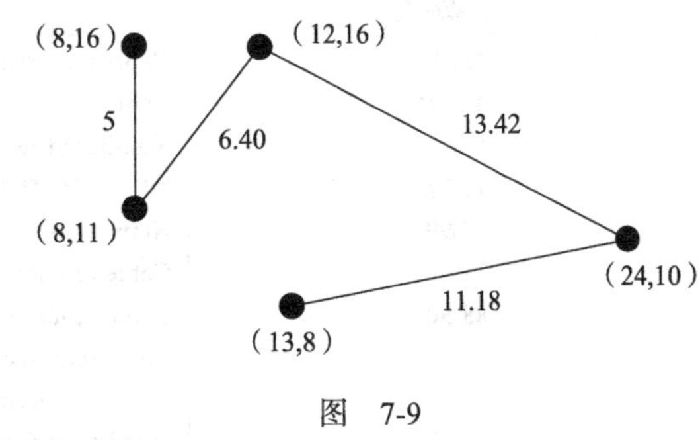

图 7-9

图7-10给出了图7-9中计算机的最优连接方案，这样一个方案所用电缆的总长度是 (4+16)+(5+16)+(5.83+16)+(11.18+16)=90.01英尺。

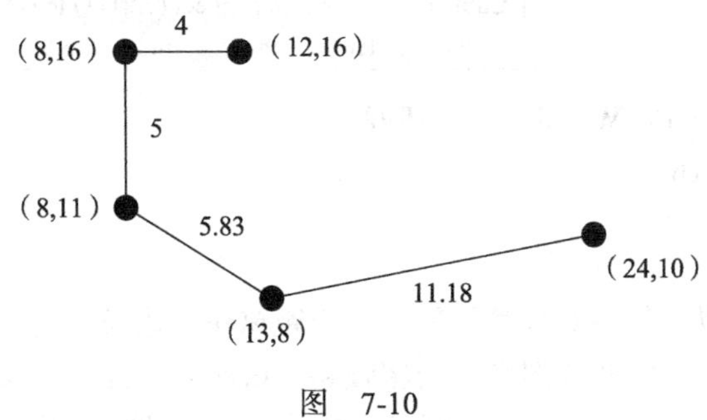

图 7-10

**输入**

输入由若干测试用例组成，每个测试用例的第一行为网络中计算机的总数。每个网络包括的计算机台数至少为2，至多为8。如果给出的计算机的数量为0，则表示输入结束。在每个测试用例的第一行指出了网络中计算机的总数，随后的各行给出网络中各台计算机的坐标，坐标值是0～150之间的整数。没有两台计算机在相同坐标位置上，并且一台计算机只被给出一个坐标。

**输出**

每个网络的输出结果的第一行为该网络的编号（根据测试用例在输入数据中的位置先后决定），后面各行每行表示一条连接两台计算机的电缆。最后一行给出使用电缆的总长度。每条电缆表示将一台计算机与另一台计算机通过网络连接起来（从哪一端开始无关紧要）。使用样例输出的格式，用一个打满星号的行隔开不同的网络，距离以英尺为单位，输出时保留两位小数。

| 样例输入 | 样例输出 |
|---|---|
| 6 | ********************************************************** |
| 5 19 | Network #1 |
| 55 28 | Cable requirement to connect (5,19) to (55,28) is 66.80 feet. |
| 38 101 | Cable requirement to connect (55,28) to (28,62) is 59.42 feet. |
| 28 62 | Cable requirement to connect (28,62) to (38,101) is 56.26 feet. |

⊖ 1英尺=30.48厘米。——编辑注

（续）

| 样例输入 | 样例输出 |
|---|---|
| 111 84 | Cable requirement to connect (38,101) to (43,116) is 31.81 feet. |
| 43 116 | Cable requirement to connect (43,116) to (111,84) is 91.15 feet. |
| 5 | Number of feet of cable required is 305.45. |
| 11 27 | ********************************************************** |
| 84 99 | Network #2 |
| 142 81 | Cable requirement to connect (11,27) to (88,30) is 93.06 feet. |
| 88 30 | Cable requirement to connect (88,30) to (95,38) is 26.63 feet. |
| 95 38 | Cable requirement to connect (95,38) to (84,99) is 77.98 feet. |
| 3 | Cable requirement to connect (84,99) to (142,81) is 76.73 feet. |
| 132 73 | Number of feet of cable required is 274.40. |
| 49 86 | ********************************************************** |
| 72 111 | Network #3 |
| 0 | Cable requirement to connect (132,73) to (72,111) is 87.02 feet. |
| | Cable requirement to connect (72,111) to (49,86) is 49.97 feet. |
| | Number of feet of cable required is 136.99. |

试题来源：ACM-ICPC World Finals 1992

在线测试：UVA 216

**试题解析**

以计算机作为节点，每一对计算机间的欧氏距离作为边长，构造一个带权无向图。由于每个节点的度为 $n-1$，因此该图存在哈密顿路。试题要求计算一条路径长度最短的哈密顿路。要精确计算出这条哈密顿路，既可以直接采用DFS方法，也可以采用状态压缩的办法。由于节点数的上限为8，因此采用DFS方法，程序简练又不超时。下面给出DFS方法的参考程序。

**参考程序**

```
#include <iostream>
#include <cstdio>
#include <cmath>
#include <cstdlib>
#include <cstring>
#include <string>
#include <map>
#include <utility>
#include <vector>
#include <set>
#include <algorithm>
#define maxn 10
using namespace std;
bool vis[maxn];                              // 节点访问标志
int x[maxn], y[maxn], ans[maxn], t[maxn]; // 计算机的坐标序列为 x[] 和 y[]，最短的哈密
顿路为 ans[]，当前路径为 t[]
double dis[maxn][maxn];                      // 节点间的边长矩阵
double Min;                                  // 最短路长
int n, casenum;                              // 节点数为 n，测试用例数为 casenum
int sqr(int x)                               // 返回 x²
{
```

```
        return x * x;
    }
    void dfs(int sum, int now, double s)  // 从当前状态（路径含 sum 个节点，路长为 s，尾节点
                                          // 为 now）出发，计算哈密顿路
    {
        if (sum == n){                    // 若构成哈密顿路
            if (s < Min){                 // 若目前哈密顿路的路长最短，则记下最短路长和路径方案
                Min = s;
                for (int i = 1; i <=n; i ++) ans[i] = t[i];
            }
            return;                       // 回溯
        }
        for (int i = 1; i <=n; i ++)  // 搜索每个未访问的节点
            if (!vis[i]){
                vis[i] = 1;               // 置节点 i 访问标志，将（now, i）添入路径
                t[sum + 1] = i;
                dfs(sum + 1, i, s + dis[now][i]);  // 继续递归
                vis[i] = 0;               // 撤去节点 i 的访问标志
            }
    }
    void init()                           // 输入每台计算机的坐标，构造距离矩阵
    {
        for (int i = 1; i <=n; i ++)  // 输入每台计算机的坐标
            cin >> x[i] >> y[i];
        memset(dis, 0, sizeof(dis));
        for (int i = 1; i <=n; i ++)  // 计算节点对间的边长
            for (int j= 1; j<=n; j ++)
                dis[i][j] = sqrt(sqr(x[i] - x[j]) + sqr(y[i] - y[j])) + 16;
    }
    void solve()                          // 计算和输出最短的哈密顿路
    {
        cout << "**********************************************************" << endl;
        cout << "Network #" << ++ casenum << endl;
        Min = 1e10;                       // 哈密顿路的最短路长初始化
        dfs(0, 0, 0.0);                   // 递归计算最短的哈密顿路
        for (int i = 1; i <=n-1; i ++) // 输出路径方案
            cout << "Cable requirement to connect (" << x[ans[i]] << "," << y[ans
[i]] << ") to (" << x[ans[i + 1]] << "," << y[ans[i + 1]] << ") is " << dis[ans[i]]
[ans[i + 1]] << " feet." << endl;
        cout << "Number of feet of cable required is " << Min << "." << endl;
    }
    int main()
    {
        ios::sync_with_stdio(false);
        cout << fixed;
        cout.precision(2);
        while (cin >> n, n > 0){          // 反复输入计算机数，直至输入 0
            init();                       // 输入每台计算机的坐标，构造距离矩阵
            solve();                      // 计算和输出最短的哈密顿路
        }
        return 0;
    }
```

如果图中的节点数较少（一般不得超过长整型的二进制位数），则可以通过状态压缩的办法改善货郎担问题的计算效率。具体方法如下。

建立状态转移方程 $f[i][S]$，表示到达节点 $i$，且目前经过的节点集为 $S$ 的最短路径。每次按照点 $i$ 所连的节点进行状态转移。一般通过宽度优先搜索 BFS 计算，并使用哈希表存储目前生成的不同子状态，以避免在同一扩展规则下重复扩展子节点，提高搜索效率。

【7.3.2.2 Nuts for nuts】

Ryan 和 Larry 要吃坚果，他们知道这些坚果在这个岛的某些地方。由于他们很懒，但又很贪吃，所以他们想知道找到每颗坚果要走的最短路径。

请编写一个程序来帮助他们。

**输入**

先给出 $x$ 和 $y$，$x$ 和 $y$ 的值都小于 20；然后给出 $x$ 行，每行 $y$ 个字符，表示这一区域的地图，每个字符为 "."、"#" 或 "L"。Larry 和 Ryan 当前所在位置表示为 "L"，坚果所在位置表示为 "#"，它们可以向 8 个相邻的方向走一步，如下例所示。至多有 15 个位置有坚果。"L" 仅出现一次。

**输出**

在一行中，输出从 "L" 出发，收集了所有的坚果，再返回到 "L" 的最少步数。

| 样例输入 | 样例输出 |
|---|---|
| 5 5<br>L....<br>#....<br>#....<br>.....<br>#....<br>5 5<br>L....<br>#....<br>#....<br>.....<br>#.... | 8<br>8 |

试题来源：UVa Local Qualification Contest 2005

在线测试：UVA 10944

**试题解析**

将每颗果子作为节点，按照自上而下、由左而右的顺序给果子从 1 到 $k$ 进行编号，并用 $k$ 位二进制数反映当前果子被摘取的情况：如果第 $i$ 颗果子被摘取，则二进制数的第 $i-1$ 位为 1；否则第 $i-1$ 位为 0。初始时，$k$ 位二进制数全零；结束时，$k$ 位二进制数为 $2^k-1$。Ryan 和 Larry 的位置（$x, y$）和行至该位置时果子的摘取情况 $z$ 组合成一个状态（$x, y, z$）。设有队列 $q$ 和哈希表 hash，$q$ 存储状态，并设立状态的哈希标志，避免今后出现重复情况。

初始时，将 Ryan 和 Larry 的出发位置（$l_x, l_y$）和果子的状态值 0 组合成初始状态送入队列 $q$，置 hash[ 初始状态 ]=1。然后按下述方法依次进行 BFS 搜索，直至队列空且成功为止：

按照 8 个方向扩展当前队列的所有元素。若扩展出的新状态不在哈希表中，即该状态以前没有生成过，则新状态加入队列，并置新状态哈希标志。若新状态是终止状态（$l_x, l_y, 2^k-1$），则置成功标志。

所有被扩展的节点元素出队，使队列仅存储新状态，步数 +1。

**参考程序**

```
#include <iostream>
#include <cstdio>
#include <cmath>
#include <cstdlib>
#include <cstring>
#include <string>
#include <map>
#include <utility>
#include <vector>
#include <set>
#include <algorithm>
#define maxn 22                                        // 地图规模的上限
using namespace std;
const int dx[9] = {0, 0, -1, -1, -1, 0, 1, 1, 1}; // 水平位移和垂直位移
const int dy[9] = {0, 1, 1, 0, -1, -1, -1, 0, 1};
struct node {int x, y, get;}q[10000000];  // 队列，其中当前位置为 (q[].x, q[].y)，已
                                          // 采到的果子为 q[].get
bool hash[maxn][maxn][32768]; // 哈希表。其中行至 (i, j)，采摘情况为 k 的标志为 hash[i][j][k]
int land[maxn][maxn];           // 若 (i, j) 为由上而下、由左而右的第 i 颗果子，则 land[i][j]=
                                // 2^i；否则 land[i][j]=0
int n, m, sum, Sx, Sy;          // 地图规模为 (n, m)；Larry 和 Ryan 的初始位置为 (Sx, Sy)
void init()                     // 输入地图信息
{
    memset(land, 0, sizeof(land));
    sum = 1;                    // 果子值初始化
    for (int i = 1; i <=n; i ++){ // 若 (i, j) 为由上而下、由左而右的第 i 颗果子，
                                  // 则 land[i][j]=2^i；否则 land[i][j]=0
        char ch;
        cin.get(ch);
        for (int j = 1; j <=m; i ++) {
            cin.get(ch);
            switch (ch){
                case 'L': land[i][j]=0; Sx = i; Sy = j; break;
                case '#': land[i][j]=sum; sum *= 2; break;
                case '.': land[i][j] = 0; break;
            }
        }
    }
    for (int i = 0; i <=n+1; i ++)                      // 四周设边界值 -1
        land[i][0] = land[i][m + 1] = -1;
    for (int i = 1; i <=m+1; i ++)
        land[0][i] = land[n + 1][i] = -1;
}

void solve()                                            // 计算和输出最少步数
{
    memset(hash, 0, sizeof(hash));                      // 哈希表初始化
    hash[Sx][Sy][0] = 1;                                // 设定出发位置的哈希值
    int head = 1, tail = 1, move = 0;                   // 队列指针初始化
    q[1].x = Sx; q[1].y = Sy;                           // 初始位置入队
    q[1].get = 0;                                       // 未采任何果子
    bool flag = 0;                                     // 成功标志初始化
```

```
    if (sum == 1) flag = 1;                              //若不存在果子，则返回成功标志
     while (head <= tail && !flag){                      //若队列非空且哈密顿回路未走完
        int t = tail;                                     //记下队尾指针
        for (int i = head; i <= tail; i ++) {            //搜索队列中的每个元素
            int tx = q[i].x, ty = q[i].y;                 //取出当前元素的位置
            for (int j = 1; j <=8;j ++) {                 //搜索8个方向
                int val=land[tx+dx[j]][ty+dy[j]]; //计算j方向的相邻位置的果子值
                if (val >= 0 && !hash[tx+dx[j]][ty+dy[j]][q[i].get | val])
                //若j方向的相邻位置有果子，且采摘情况未出现，则相邻位置和采摘情况入队
                {  t ++;
                    q[t].x = tx + dx[j]; q[t].y = ty + dy[j];
                    q[t].get = q[i].get | val;
                    hash[tx+dx[j]][ty+dy[j]][q[i].get|val]=1;  //设哈希标志
                    if (q[t].x==Sx && q[t].y==Sy && q[t].get==sum-1)
                    //若返回初始位置且采完所有果子，则设成功标志
                        flag = 1;
                }
            }
        }
        head =tail+1; tail=t;  //调整队首队尾指针，使队列仅存储新产生的状态
        move ++;               //步数+1
    }
    cout << move << endl;      //输出最少步数
}
int main()
{
    ios::sync_with_stdio(false);
    while (cin >> n >> m){     //反复输入地图规模，直至输入2个0为止
        init();                //输入地图信息
        solve();               //计算和输出最少步数
    }
    return 0;
}
```

如果给出的有向图是竞赛图，则哈密顿有向路的计算将十分方便和高效。定理7.3.2.2的证明过程给出了计算竞赛图中哈密顿有向路的方法。

【7.3.2.3　Task Sequences】

Tom从他老板那里接受了许多非常令人乏味的手工任务。幸运的是，Tom搞到一台特殊的机器——Advanced Computing Machine（ACM）来帮他完成任务。

ACM以一种特殊的方式进行工作，在很短的时间内完成一项任务，在其完成一项任务后，自动转到下一个任务，否则机器自动停止。要使机器继续工作则必须重新启动。机器也不可能从一个任务任意转到另一个任务。在每次启动之前，任务的序列就要安排好。

对于任意两个任务$i$和$j$，机器或者完成任务$i$之后执行任务$j$，或者完成任务$j$之后执行任务$i$，或者两个任务的次序可以随意。因为启动过程很慢，Tom要很好地安排任务次序，用最少的启动次数完成。

**输入**

输入包括若干测试用例。每个测试用例的第一行是一个整数$n$，$0<n\leqslant 1000$，表示Tom接受的任务数。后面跟着$n$行，每行包含$n$个用空格分开的0或1。如果在第$i$行的第$j$个整数为1，则机器可以完成任务$i$之后执行任务$j$；否则机器就不可能在完成任务$i$之后再去执行任务$j$。任务编号从1到$n$。

**输出**

对于每个测试用例，输出的第一行是一个整数 $k$，表示最少的启动次数。后面的 $2k$ 行表示 $k$ 个任务的序列：首先给出的一行是整数 $m$，表示在序列中任务的个数；然后给出的一行包含 $m$ 个整数，表示在序列中任务的次序，两个连续的整数用一个空格分开。

| 样例输入 | 样例输出 |
|---|---|
| 3<br>0 1 1<br>1 0 1<br>0 0 0 | 1<br>3<br>2 1 3 |

试题来源：ACM Asia Guangzhou 2003

在线测试：POJ 1776，ZOJ 2359，UVA 2954

**试题解析**

用有向图 $G(V, E)$ 表示本题，将任务作为节点，两个任务执行的先后次序作为有向边，则形成一个有向图。由于“对于任意两个任务 $i$ 和 $j$，机器或者完成任务 $i$ 之后执行任务 $j$，或者完成任务 $j$ 之后执行任务 $i$，或者两个任务的次序可以随意”，因此这个有向图是竞赛图，该图中存在一条包含所有节点的哈密顿有向路，只需要启动 1 次，便可以按次序完成所有任务。计算哈密顿有向路的方法如下：

先将节点 1 设为哈密顿路的首节点，然后依次将节点 $k$ 插入有向路（$2 \leqslant k \leqslant n$）。插入节点 $k$ 的方法如下。

顺序搜索当前有向路上的每个节点 $i$：

- 如果（$k, i$）$\notin E$，则将 $i$ 记为 $t$，即 $(t, k) \in E$。
- 如果（$k, i$）$\in E$，则如果 $i$ 为有向路首节点，弧（$k, i$）插入有向路，$k$ 为有向路的首节点；否则（$t, k$）和（$k, i$）插入有向路，并退出插入过程。
- 如果搜索了当前有向路的所有节点后仍未插入 $k$，则（$t, k$）插入有向路。

**参考程序**

```
#include <iostream>
#include <cstdio>
#include <cmath>
#include <cstdlib>
#include <cstring>
#include <string>
#include <map>
#include <utility>
#include <vector>
#include <set>
#include <algorithm>
#define maxn 1010
#define Path(i, s) for (int i = s; i; i = next[i])
using namespace std;
int pic[maxn][maxn];                        // 相邻矩阵
int next[maxn];                             // 后继指针
int n;                                      // 节点数
void init()                                 // 输入信息，构造相邻矩阵
```

```
{
    memset(pic, 0, sizeof(pic));         //相邻矩阵初始化
    string str;
    getline(cin, str);                   //输入空行
    for (int i = 1; i <=n; i ++) {       //逐行输入
       getline(cin, str);                //输入第 i 行字串
       for (int j= 1; j <=n;j ++)        //构造相邻矩阵的第 i 行
            pic[i][j] = str[(j - 1) * 2] - '0';
    }
}
void solve()                             //计算和输出哈密顿有向路
{
    int head = 1, t;                     //哈密顿有向路首节点初始化为 1
    memset(next, 0, sizeof(next));       //节点的后继指针为空
    for (int k = 2; k<=n; k++){          //顺序将节点 2 到节点 n 插入哈密顿有向路
        bool flag = 0;                   //节点 k 未插入
        for (int i = head; i; i = next[i]) //依次搜索目前哈密顿有向路的每个节点 i
            if (pic[k][i]){                    //若 k 与哈密顿有向路上的节点 i 相连
                if (i==head) head=k;           //若 i 为哈密顿有向路首节点，则改首节点为 k;
                                               //否则 (t, k) 插入路径
                  else next[t]=k;
                next[k] = i;             //(k, i) 插入路径
                flag = 1;                //设节点 k 插入标志并退出循环
                break;
            }else  t = i;                //k 与哈密顿路上的 i 不相连，i 记为 t
        if (!flag)      //若 k 与目前哈密顿路的所有节点不相连，则 (t, k) 插入路径
            next[t] = k;
    }
    cout<<'1'<<endl<<n<<endl;            //输出最少的启动次数 1 和哈密顿有向路含的节点数 n
    for (int i=head; i; i=next[i]){      //输出哈密顿有向路
        if (i != head) cout << ' ';
        cout << i;
    }
    cout << endl;
}
int main()
{
    ios::sync_with_stdio(false);
    while (cin >> n){                    //反复输入节点数，直至输入 0 为止
        init();                          //输入信息，构造相邻矩阵
        solve();                         //计算和输出哈密顿有向路
    }
    return 0;
}
```

### 7.3.3 计算最大独立集

**定义 7.3.3.1** 设无自环图 $G=(V, E)$，若 $V$ 的一个子集 $I$ 中任意两个顶点在 $G$ 中都不相邻，则称 $I$ 是 $G$ 的一个独立集。若 $G$ 中不含有满足 $|I'|>|I|$ 的独立集 $I'$，则称 $I$ 为 $G$ 的最大独立集。它的顶点数称为 $G$ 的独立数，记为 $\beta_0(G)$。

在实际中，求最大独立集的应用实例很多，8 皇后问题就是求最大独立集的典型例子：将棋盘的每个方格看作一个节点，放置的皇后所在格与它能攻击的格看成是有边连接，从而组成 64 个节点的图。

**定义 7.3.3.2**　若 $V$ 的一个子集 $C$ 使得 $G$ 的每一条边至少有一个端点在 $C$ 中，则称 $C$ 是 $G$ 的一个点覆盖。若 $G$ 中不含有满足 $|C'|<|C|$ 的点覆盖 $C'$，则称 $C$ 是 $G$ 的最小点覆盖。它的顶点数称为 $G$ 的点覆盖数，记为 $\alpha_0(G)$。

一个图的点覆盖数与独立点数之间有着密切而简单的联系。

**定理 7.3.3.1**　$V$ 的子集 $I$ 是 $G$ 的独立集当且仅当 $V-I$ 是 $G$ 的点覆盖。

**证明：** 由独立集的定义，$I$ 是 $G$ 的独立集当且仅当 $G$ 中每一条边至少有一个端点在 $V-I$ 中，即 $V-I$ 是 $G$ 的点覆盖。■

**推论 7.3.3.1**　对于 $n$ 个顶点的图 $G$，有 $\alpha_0(G)+\beta_0(G)=n$。

**证明：** 设 $I$ 是 $G$ 的最大独立集，$C$ 是 $G$ 的最小点覆盖，则 $V-C$ 是 $G$ 的独立集，$V-I$ 是 $G$ 的点覆盖，所以 $n-\beta_0=|V-I|\geqslant\alpha_0$，$n-\alpha_0=|V-C|\leqslant\beta_0$，因此 $\alpha_0+\beta_0=n$。■

**定义 7.3.3.3**　图 $G$ 中含节点数最多的完全子图 $D$ 被称为 $G$ 的最大团。

图 $G$ 的最大团 $D$ 中任意两点相邻。若节点 $u$ 和 $v$ 在 $D$ 中，则 $u$ 和 $v$ 有边相连，而 $u$ 和 $v$ 在 $G$ 的补图 $\overline{G}$ 中是不相邻的，所以 $G$ 的最大团 = $\overline{G}$ 的最大独立集。反过来，$\overline{G}$ 的最大团 = $G$ 的最大独立集。

显然，可以通过求补图上的最大团计算最大独立集。之所以采用这种迂回计算的办法，是因为补图可直接在输入时构建，而最大团的求法有一个固定模式，可使程序简洁和高效许多。

设 $f[i]$ 记录节点 $i$ 至节点 $n$ 间最大团的节点数，包括节点 $i$；get[$i$][] 存储团中第 $i$ 个节点 $v$ 与 $v+1\cdots n$ 中相邻的节点数；max 为目前为止团中的最多节点数。通过递归调用子程序 dfs ($s$, $t$) 计算 $f[i]$，参数 $s$ 为团中的节点数，$t$ 为团中第 $s$ 个节点 $v$ 与 $v+1\cdots n$ 中相邻的节点数，初始时 $i$ 节点进入团中，因此 $s=1$，$t$ 为 get[1][] 中的节点数。dfs ($s$, $t$) 的算法思想如下：

```
如果 s<max，则 s 记为 max，当前团的所有节点记入最优方案，并返回；
依次枚举 get[s][i](1≤i≤t)：
    若对于当前邻接点 v 来说，s+f[v]<max，则说明将后面所有点加入团中也不会超过 f[i]，退出子程序；
    v 作为团中的第 s+1 个节点；
    计算 get[s][i+1…t] 中与 v 相邻的节点数 t'，将这些节点送入 get[s+1][]；
    dfs(s+1, t');
```

有了递归子程序 dfs ($s$, $t$)，很容易得出主算法：

```
max=0;
按递减顺序依次枚举节点 i(i=n…1)：
    节点 i 为团中的第 1 个节点；
    计算节点 i+1…n 中与节点 i 相邻的节点数 t，将这些节点送入 get[1][];
    dfs(1, t);
    f[i]= max;
最后输出最优方案中 max 个节点；
```

程序之所以从节点 $n$ 到 1 倒序计算 $f$[]，主要是为了实现递归的优化（不再扩展 $s+f[v]<$max 的子状态）。

【7.3.3.1　Graph Coloring】

请编写一个程序，对一个给定的图找出一个最佳着色。对图中的节点进行着色，只能用黑色和白色，着色规则是两个相邻接的节点不可能都是黑色。如图 7-11 所示是 3 个黑色节点的最佳图。

**输入**

用一个节点集合和一个无向边的集合来定义一个图，节点集合是将节点标号为 1 ~ $n$（$n \leqslant 100$），无向边用节点编号对（$n_1$, $n_2$）表示，$n_1 != n_2$。输入给出 $m$ 个图，在输入的第一行给出 $m$。每个图的第一行给出 $n$ 和 $k$，分别表示节点数和边数。后面的 $k$ 行给出用节点编号对表示的边，节点编号间用空格分开。

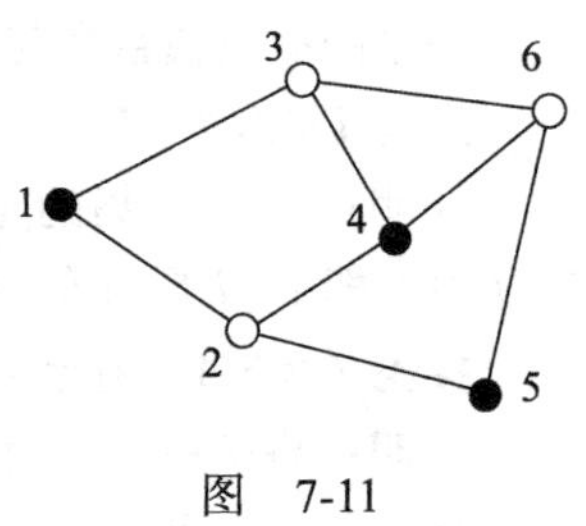

图 7-11

**输出**

输出由 2$m$ 行组成，输入中的每个图输出两行。第一行包含图中着色为黑的节点的最多个数，第二行给出一个可能的最佳着色，给出着黑色的节点的列表，节点间用一个空格分开。

| 样例输入 | 样例输出 |
|---|---|
| 1<br>6 8<br>1 2<br>1 3<br>2 4<br>2 5<br>3 4<br>3 6<br>4 6<br>5 6 | 3<br>1 4 5 |

试题来源：ACM Southwestern European Regional Contest 1995

在线测试：POJ 1419，UVA 193

**试题解析**

按照相邻节点颜色各异的规则着色，同种颜色的节点组成了一个独立集。试题就是要求计算图的最大独立集。

在输入图的同时构造其补图，然后采用下述办法计算补图的最大团，该团即为原图的最大独立集，组成了最多的黑色点集。

按照节点序号递减的顺序，依次将节点 $i$ 作为当前团的第 1 个节点（$i=n\cdots1$），然后将节点 $i+1\cdots n$ 中与节点 $i$ 邻接的点 $j$ 置入一个集合中，并使用前面给出的办法递归计算节点 $i\cdots n$ 中属于团的节点序列。

显然，循环计算结束后自然得出最大团。

**参考程序**

```
#include <iostream>
#include <cstdio>
#include <cmath>
#include <cstdlib>
#include <cstring>
#include <string>
#include <map>
#include <utility>
#include <vector>
```

```
#include <set>
#include <algorithm>
#define maxn 105                          // 节点数的上限
using namespace std;
bool pic[maxn][maxn];                     // 补图的相邻矩阵
int get[maxn][maxn];                      // 与当前团中第 k 个节点相邻的节点存储在 get[k][] 中
int node[maxn], ans[maxn], dp[maxn]; // node[] 存储当前团; ans[] 存储最大团; dp[i] 存
                                          // 储节点 i…节点 n 中最大团的节点数
int n, m, t, Max;                         // 节点数为 n, 边数为 m, 当前团的节点数为 Max
void dfs(int now, int sum)                // 从当前状态（当前团的节点数为 now, 与其中最后节点
                                          // 相连的边数为 sum）出发, 递归计算最大团
{
    if (sum == 0){                        // 若构成团, 即完全子图
        if (now>Max){                     // 若团的节点数为目前最多
            Max = now;                    // 调整最大团的节点数
            for (int i=1; i<=Max; i ++) ans[i]=node[i]; // 存储团中的节点
        }
        return;                           // 返回
    }
    for (int i=1; i<=sum; i ++) {         // 枚举团中最后节点相连的边
        int v=get[now][i], t=0;           // 取出第 i 条边的另一端点 v, 与其相连的边数初始化
        if (now+dp[v]<=Max)return;        // 若搜索下去不可能产生更大的团, 则回溯
         for (int j=i+1;j<=sum; j++)      // 计算 v+1…n 中与 v 邻接的节点, v 加入团中, 并递归
                                          // 扩展这些邻接边
            if (pic[v][get[now][j]]) get[now+1][++t]=get[now][j];
        node[now+1]=v;
        dfs(now+1, t);
    }
}
void init()                               // 输入每条边, 构造补图
{
    cin >> n >> m;                        // 输入节点数和边数
    memset(pic, true, sizeof(pic));       // 补图初始化
      for (int i = 1; i <= m; i ++){      // 输入每条边, 构造补图
        int a, b;
        cin >> a >> b;
        pic[a][b]=pic[b][a]=0;
    }
}
void solve()                              // 计算和输出补图的最大团, 即原图的最大独立集
{
    Max = 0;                              // 独立数初始化
    for (int i = n; i >= 1; i --){        // 按递减顺序将每个节点 i 作为当前团的首节点
        int sum = 0;
        for (int j=i+1; j<=n; j++)        // 计算 i+1…n 中与 i 相邻的端点, 将其存入 get[1][]
          if (pic[i][j]) get[1][++sum]=j;
        node[1] = i;                      // i 作为当前团的首节点
        dfs(1, sum);                      // 递归计算节点 i…n 中完全子图的节点数 Max, 并记下
        dp[i] =Max;
    }
    cout << Max << endl;                  // 输出最大团的节点数
    for (int i=1; i<=Max-1;i++)           // 输出最大团中的节点
        cout << ans[i] << ' ';
    cout << ans[Max] << endl;
}
int main()
```

```
{
    ios::sync_with_stdio(false);
     cin >> t;                              // 输入测试用例数
     for (int i = 1; i <= t; i ++) {        // 依次处理每个测试用例
         init();                            // 输入每条边，构造补图
         solve();                           // 计算和输出补图的最大团，即原图的最大独立集
     }
     return 0;
}
```

### 7.3.4 计算割点、桥和双连通分支

**定义 7.3.4.1** 设图 $G$ 的顶点子集 $V'$, $w(G)$ 为 $G$ 的连通分支数。如果 $w(G-V')>w(G)$，称 $V'$ 为 $G$ 的一个点割。$|V'|=1$ 时，$V'$ 中的顶点称为割点。

**定义 7.3.4.2** 设有图 $G$，为产生一个不连通图或平凡图需要从 $G$ 中删去的最少顶点数称为 $G$ 的点连通度，记为 $k(G)$，简称为 $G$ 的连通度。

显然，图 $G$ 是不连通图或平凡图时，$k(G)=0$；连通图 $G$ 有割点时，$k(G)=1$；$G$ 是完全图 $K_n$ 时，$k(K_n)=n-1$。

**定义 7.3.4.3** 设有图 $G$，为产生一个不连通图或平凡图需要从 $G$ 中删去的最少边数称为 $G$ 的边连通度，记为 $\lambda(G)$。

显然，$G$ 是不连通图或平凡图时，$\lambda(G)=0$；$G$ 是完全图 $K_n$ 时，$\lambda(K_n)=n-1$。

**定义 7.3.4.4** 如果对于连通图 $G$，$\lambda(G)=1$，则产生一个不连通图或平凡图，需要从 $G$ 中删去的边称为桥。

连通图的点连通度和边连通度问题反映了连通图的连通程度。

对于非连通的无向图，至少能够划分出多少个没有割点的连通子图，要使其中任何一个子图不连通，至少要删除子图内的两个节点，这就是点双连通分支问题。没有割点的连通子图亦称为块。

计算连通图的割点、桥和非连通图的双连通分支时，需要用到节点的 low 函数，low 函数是计算无向图连通性问题的重要工具。设无向图的先序值 pre[$v$] 为节点 $v$ 在 DFS 树中被遍历的顺序，即 $v$ 被访问的时间；函数 low[$u$] 为节点 $u$ 及其后代所能追溯到的最早（最先被发现）祖先点 $v$ 的 pre[$v$] 值，即 $\text{low}[u]=\min\limits_{(u,s),(u,w)\in E}\{\text{pre}[u],\text{low}[s],\text{pre}[w]\}$，其中 $s$ 是 $u$ 的儿子，$(u, w)$ 是反向边 $B$。

因为节点自身也是自己的祖先，所以有可能 low[$u$]=pre[$u$] 或 low[$u$]=pre[$w$]。low[$u$] 值的计算步骤如下：

$$\text{low}[u]=\begin{cases}\text{pre}[u] & u\text{在DFS中首次被访问}\\ \min\{\text{low}[u],\text{pre}[w]\} & \text{检查反向边}\ (u,w)\ \text{时}\\ \min\{\text{low}[u],\text{low}[s]\} & u\text{的儿子的关联边全部被检查时}\end{cases}$$

在算法执行的过程中，任何节点的 low[$u$] 值都是不断被调整的，只有当以 $u$ 为根的 DFS 子树和后代的 low 值、pre 值产生后才停止。

在 DFS 中，边被划分为 4 类：

- 树枝 $T$：如果在 DFS 中 $v$ 首次被访问，则边（$u, v$）是树枝。
- 后向边 $B$：如果 $u$ 是 $v$ 的后代，且 $v$ 已经被访问了，但 $v$ 的后代还有没被访问，则

边 $(u, v)$ 是后向边。

- 前向边 $F$：如果 $v$ 是 $u$ 的后代，$v$ 的所有的后代都已经被访问了，并且 pre[$u$]<pre[$v$]，则边 $(u, v)$ 是前向边。
- 交叉边 $C$：所有其他的边 $(u, v)$；也就是说，在 DFS 树中，$u$ 和 $v$ 没有祖先 - 后代关系，或者 $u$ 和 $v$ 在不同的 DFS 树中，$v$ 的所有后代已经被访问，且 pre[$u$]>pre[$v$]。

**1. 使用 low 函数计算连通图的割点**

可以根据如下两个性质判断节点 $U$ 是否为割点：

**性质 1：** 如 $U$ 不是根，$U$ 成为割点当且仅当存在 $U$ 的一个儿子节点 $s$，从 $s$ 或 $s$ 的后代点到 $U$ 的祖先点之间不存在后向边。也就是说，分支节点 $U$ 成为割点的充要条件是 $U$ 有一个儿子 $s$，使得 low[$s$] ≥ pre[$U$]，即 $s$ 和 $s$ 的后代不会追溯到比 $U$ 更早的祖先点。

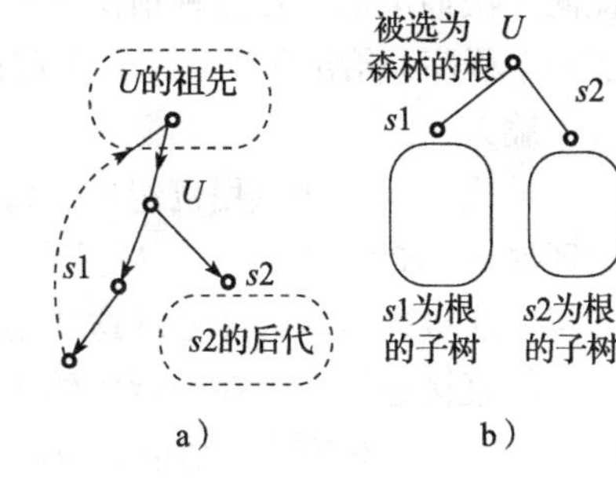

图 7-12

由图 7-12a 直观地看出，虽然 $U$ 的以 $s1$ 为根的子树中有反向边 $B$ 返回 $U$ 的祖先，但是 $U$ 的某儿子 $s2$ 和 $s2$ 的后代没有返回 $U$ 的祖先，因此删除 $U$ 后，$s2$ 及其后代变成一个独立的连通子图。

无向图只有树枝 $T$ 和反向边 $B$ 边。可以通过 DFS 搜索边计算节点的 low 值和 pre 值、边寻找性质 1。方法如下：

在 (v, w) 是树枝 T 的情况下 (pre[w]==-1)，若 w 或 w 的后代没有返回 v 的祖先 (low[w] ≥pre[v])，则 v 是割点。low[v] 取 v 及其所有后代返回的最早祖先编号 (low[v]=min{low[v], low[w]})；

在 (v, w) 是反向边 B 的情况下 (pre[w]!=-1)，low[v] 取原先 v 及后代返回的最早祖先编号与 w 的先序编号中的较小者 (low[v]=min{low[v], pre[w]})。

```
void  fund_cut_point(int v)              // 从无向图的 v 节点出发，通过 DFS 遍历计算割点
{ int w;
    low[v]=pre[v]= ++d;                  // 设置 v 的先序值和 low 的初始值
    for (w∈ 与 v 相邻的节点集) && (w!=v)   // 搜索 v 的除自环边外的相邻边 (v,w)
    { if pre[w]==-1
    // 若 (v, w) 是树枝 T，则递归 w。若 w 或 w 的后代没有返回 v 的祖先，则 v 是割点，low[v] 取 v 及
    // 其所有后代返回的最早祖先编号
        { fund_cut_point(w);             // 递归 w 的所有儿子的关联边
            if (low[w] ≥pre[v]) 输出 v 是割点;
            low[v]=min{low[v], low[w]};
        };
        else low[v]=min{ low[v], pre[w]};
        // 若 (v, w) 是反向边 B，则 low[v] 取原先 v 及后代返回的最早祖先编号与 w 的先序编号中的较小者
    };
};
```

**性质 2：** 如 $U$ 被选为根，则 $U$ 成为割点当且仅当它有不止一个儿子点。

由图 7-12b 可以看出，根 $U$ 存在两棵分别以 $s1$ 和 $s2$ 为根的子树，这两棵子树间没有交叉边 $C$（无向图不存在交叉边 $C$），因此去除 $U$ 后图不连通，$U$ 是割点。

根据上述两个性质，得出计算割点的算法：

```
for(i = 0; i < n; i ++)          // 所有节点的先序编号初始化
  pre[i] =-1;
low[s]=pre[s]=d=0;               // 出发点 s 的 low 值、先序编号和访问时间初始化为 0
P=0;                             // 统计 s 的儿子数
for(each w∈adj[s]) p++;
```

```
if (p>1) 输出 s 是割点并退出程序；  // 性质 2
fund_cut_point(s);                  // 递归搜索性质 1
```

【7.3.4.1 Network】

一家电话线路公司（Telephone Line Company，TLC）在建立一个新的电话电缆网络，要连接若干地区，地区编号从整数 1 到 $N$。没有两个地区具有相同的编号。电话线是双向的，一条电话线连接两个地区，并且在一个地区电话线连接在一台电话交换机上。在每个地区有一台电话交换机。从每个地区通过电话线可以到达所有其他的地区，不必直接连接，可以通过若干交换机到达。在某个地区不时会发生电力供应中断，使得交换机不能工作。TLC 的官员们认识到，这样不仅会导致某个地区电话无法打入，也会导致另外一些地区彼此间无法通电话。在这种情况下导致不连通发生的地区被称为关键地区。现在这些官员需要一个程序，给出所有这样的关键地区的数量，请帮助他们完成。

**输入**

输入由若干测试用例组成，每个测试用例描述一个网络。每个测试用例的第一行给出地区数 $N<100$，然后至多 $N$ 行，每行先给出一个地区的编号，在该地区编号后给出与该地区直接连接的地区的编号。这些至多 $N$ 行完整地描述了网络，即，网络中每个在两个地区之间的直接连接至少在一行中给出，在一行中所有的数字是用空格分开的。每个测试用例以一个仅包含 0 的一行结束。最后一个测试用例仅有一行，$N=0$。

**输出**

除最后一个测试用例之外，每个测试用例输出一行，给出关键地区的数目。

| 样例输入 | 样例输出 |
|---|---|
| 5<br>5 1 2 3 4<br>0<br>6<br>2 1 3<br>5 4 6 2<br>0<br>0 | 1<br>2 |

为了便于确定行结束状态，在每一行结束前没有额外的空格。

试题来源：ACM Central Europe 1996

在线测试：POJ 1144，ZOJ 1311，UVA 315

**试题解析**

设地区为节点，地区间的通信联系为边，构造无向图。显然导致不连通发生的关键地区即为这张图的割点。试题要求计算割点数。

使用 tarjan 算法，在递归计算节点 pre 和 low 值的同时，依据性质 1 和性质 2 累计割点数。

**参考程序**

```
#include <iostream>
#include <cstdio>
#include <cmath>
```

```
#include <cstdlib>
#include <cstring>
#include <string>
#include <map>
#include <utility>
#include <vector>
#include <set>
#include <algorithm>
#define maxn 110                                  //节点数的上限
using namespace std;
bool use[maxn];                                   //割点标志
int pic[maxn][maxn];                              //相邻矩阵
int pre[maxn], low[maxn];                         //节点的两个次序值序列
int din, n, ans, s;         //访问次序为 din, 节点数为 n, 割点数为 ans, 根的儿子数为 s
void tarjan(int u)                                //从 u 出发, 递归计算割点数
{
    pre[u] = low[u] = ++ din;                     //设置 u 的两个次序值
    for (int i = 1; i <=n; i ++)                  //枚举 u 相邻的每个节点
        if (pic[u][i]){
            if (!pre[i]){                         //若 (u, i) 是树枝边或交叉边, 则沿 i 递归下去
                tarjan(i);
                low[u]=min(low[u], low[i]);            //调整 u 的 low 值
                if (low[i]>=pre[u] && !use[u]){        //从 i 或 i 的后代点到 u 的祖先点之间
                                                       //不存在后向边
                    if (u > 1){                   //若 u 非根, 则 u 为割点
                        ans ++;
                        use[u] = true;
                    }else                         //u 为根, 儿子数 +1
                        s ++;
                }
            }else                                 //(u, i) 为反向边, 调整 u 的 low 值
                low[u] = min(low[u], pre[i]);
        }
}
void init()                                       //输入无向图, 构建相邻矩阵
{
    int u, v;                                     //相邻的两个节点
    memset(pic, 0, sizeof(pic));                  //相邻矩阵初始化
    while (cin >> u, u > 0){                      //反复输入节点编号, 直至输入 0 为止
        char ch;
        do{                                       //反复输入与 u 邻接的节点, 直至回车为止
            cin >> v;
            cin.get(ch);                          //略过空格
            pic[u][v] = pic[v][u] = 1;            //该边进入相邻矩阵
        }while (ch != '\n');
    }
}
void solve()                                      //计算和输出割点
{
    memset(pre, 0, sizeof(pre));                  //节点的 pre 和 low 值初始化
    memset(low, 0, sizeof(low));
    memset(use, 0, sizeof(use));                  //割点标志初始化
    ans = din = s= 0;                             //割点数、访问次序和根的儿子数初始化
    tarjan(1);                                    //从根出发, 计算割点数
    if (s > 1) ans ++;                            //若根不止一个儿子, 则根为割点
    cout << ans << endl;                          //输出割点数
```

```
}
int main()
{
    ios::sync_with_stdio(false);
    while (cin >> n, n > 0){                    // 反复输入节点数，直至输入 0
        init();                                 // 输入无向图，构建相邻矩阵
        solve();                                // 计算和输出割点
    }
    return 0;
}
```

**2. 使用 low 函数计算连通图的桥**

**定理 7.3.4.1** 在无向图 $G$ 中，边（$u, v$）为桥的充分必要条件是当且仅当（$u, v$）不在任何一个简单回路中。

**证明：** 如果边（$u, v$）为桥，且（$u, v$）在连通图的一个简单回路上，则删除该边后，图 $G$ 依然连通，则（$u, v$）不可能为桥；反之，如果（$u, v$）不在图 $G$ 的任何一个简单回路上，假设（$u, v$）不是桥，那么删除（$u, v$）后，图 $G$ 依然连通。则在 $u$ 和 $v$ 之间有简单路径 $p$，$p$ 和（$u, v$）合并成一个简单回路，这与（$u, v$）不在连通图的任何一个简单回路上有矛盾，故假设不成立，（$u, v$）为桥。 ■

由此得出桥的判别方法：在 DFS 遍历中发现树枝边（$u, v$）时，若 $v$ 和它的后代不存在一条连接 $u$ 或其祖先的边 $B$，即 low[$v$]>pre[$u$]（注意不能取等号）或者 low[$v$]=pre[$v$]，则删除（$u, v$）后 $u$ 和 $v$ 不连通，因此（$u, v$）为桥。

例如，对图 7-13a 的无向图进行 DFS 遍历，得到一棵如图 7-13b 所示的 DFS 树，各节点的 pre 值和 low 值如图 7-13c 所示。显然，满足 low[$v$]=pre[$v$] 的节点有 $v_5$、$v_7$、$v_{12}$，与其相邻且满足 low[$v$]>pre[$u$] 的边（$u, v$）有（$v_0, v_5$）、（$v_6, v_7$）（$v_{11}, v_{12}$）。这些边即为图 7-13a 中无向图的桥，在图 7-13a 和图 7-13b 中分别用粗线标出。

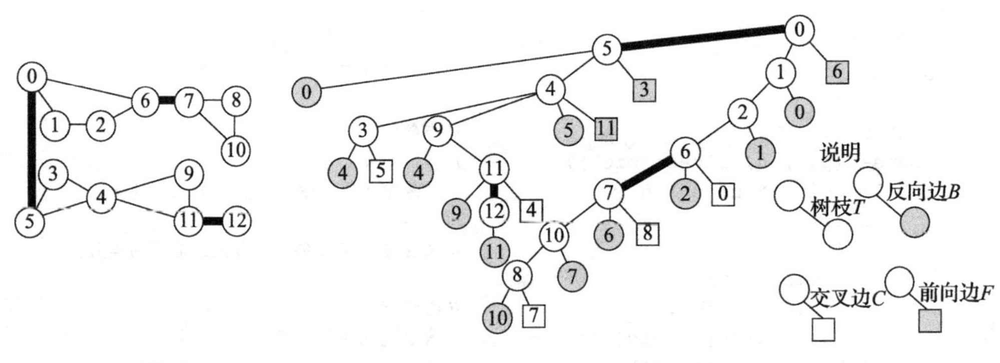


a）无向图　　　　b）DFS树

| 节点序号$v$ | 0 | 1 | 2 | 3 | 4 | 5 | 6 | 7 | 8 | 9 | 10 | 11 | 12 |
|---|---|---|---|---|---|---|---|---|---|---|---|---|---|
| pre[$v$] | 0 | 7 | 8 | 3 | 2 | 1 | 9 | 10 | 12 | 4 | 11 | 5 | 6 |
| Low[$v$] | 0 | 0 | 0 | 1 | 1 | 1 | 0 | 10 | 10 | 2 | 10 | 2 | 6 |

c）节点的pre值和low值

图 7-13

无向图只有树枝边 $T$ 和反向边 $B$。可以通过 DFS 搜索边计算节点的 low 值和 pre 值（pre[ ] 的初始值为 −1）、边计算无向图中的桥，方法如下：

在（$u, v$）是树枝 $T$ 的情况下（pre[$w$]=−1），若 $w$ 或 $w$ 的后代只能返回 $w$，即 $v$ 和它的后代不存在一条连接 $u$ 或其祖先的边 $B$（(low[$w$]==pre[$w$])||(low[$w$]>pre[$v$])），则（$u, v$）是桥。low[$v$] 取 $v$ 及其所有后代返回的最早祖先编号（low[$v$]=min{low[$v$], low[$w$]}）。

在（$u, v$）是反向边 $B$ 的情况下（pre[$w$]!=−1），low[$v$] 取原先 $v$ 及后代返回的最早祖先编号与 $w$ 的先序编号中的较小者（low[$v$]=min{low[$v$]，pre[$w$]}）。

```
void fund_bridge (v);                  // 从无向图的 v 节点出发，通过 DFS 遍历计算桥
{   int w;
    low[v]=pre[v]=++d;                 // 设置 v 的先序值和 low 值。注：访问时间 d 初始值为 -1
    for (each w∈v 的相邻点集 ) &(w!=v)        // 搜索 v 除自反边外的相邻边 (u,v)
    { if (pre[w]==-1)   // 若 (u,v) 是树枝 T，则递归 w。若 w 或 w 的后代只能返回 w，则 (v, w)
                        // 是桥，low[v] 取 v 及其所有后代返回的最早祖先编号
        { fund_bridge (w);          // 递归 w 的所有儿子的关联边
            if ((low[w]== pre[w])||(low[w]>pre[v])) 输出 (v, w) 是桥；
            low[v]=min{ low[v],  low[w]}
            };
        else low[v]=min{ low[v], pre[w]}; // 若 (u,v) 是反向边 B，则 low[v] 取原先 v 及后
                                          // 代返回的最早祖先编号与 w 的先序编号中的较小者
    }
}
```

### 3. 计算双连通分支

如果 $G$ 的子图的点连通度大于 1，则称该子图为点双连通分支；如果 $G$ 的子图的边连通度大于 1，则称该子图为边双连通分支。

如果求出 $G$ 的所有桥后，把桥边删除，则原图变成了多个连通块，每个连通块是一个边双连通分支。桥不属于任何一个边双连通分支，其余边和每个节点属于且仅属于一个边双连通分支。这里要注意，边双连通分支不一定是点双连通分支。

将图 $G$ 的每个边双连通分支缩成一个节点后，这些代表边双连通分支的“缩点”与桥边组成了一棵树。

可以利用边双连通分支的这一特征，对一个有桥的连通图添边，使之变成边双连通图。

【7.3.4.2 Road Construction】

现在正值夏季，这也是公共设施建造的高峰时期。今年，热带天堂岛屿 Remote Island 上的道路管理部门准备养护和改建岛上连接不同旅游景点间的道路。

这座岛的道路非常有趣。由于岛上的奇特风俗，道路之间没有交叉口（如果两条道路不得不在一个地方交错的话，就用桥梁或者隧道来避免交叉口）。这样一来，每条道路就仅仅连接两端的旅游景点，游客也不会迷路了。

但不幸的是，由于一些道路需要养护或改建，在对某条道路施工的时候，这条道路就无法通行。这也导致了一个问题，在施工期间，游客可能无法从某一个旅游景点到另一个旅游景点。（虽然在一个时间段内只对一条道路施工，但依旧可能有这个问题。）

Remote Island 的管理部门请你帮忙解决这个问题。他们准备在不同的旅游景点之间再建造一些新的道路。要求在建造这些道路之后，当对岛上任意一条道路施工时，在任何两个旅游景点之间，都可以通过其他的道路互相到达。你的任务就是要找出最少必须要建造多少条道路。

**输入**

测试用例的第一行给出两个数$n$和$r$，用空格分开，其中$3 \leq n \leq 1000$表示岛上旅游景点的数量，$2 \leq r \leq 1000$表示岛上道路的数量。旅游景点的编号从1到$n$。然后给出$r$行，每行给出两个用空格分开的数$v$和$w$，表示标号为$v$和$w$的旅游景点之间有一条道路。道路是双向的，并且每对旅游景点之间最多只有一条道路。本题设定，在给出的测试用例中，每对旅游景点之间都是互相可达的。

**输出**

输出一行，给出一个整数，表示至少需要建造的路的数量。

| 样例输入1 | 样例输出1 |
|---|---|
| 10 12<br>1 2<br>1 3<br>1 4<br>2 5<br>2 6<br>5 6<br>3 7<br>3 8<br>7 8<br>4 9<br>4 10<br>9 10 | 2 |
| **样例输入2** | **样例输出2** |
| 3 3<br>1 2<br>2 3<br>1 3 | 0 |

试题来源：Canadian Computing Competition 2007

在线测试：POJ 3352

**试题解析**

设旅游景点为节点，连接的道路为边。由于每对旅游景点之间都是可达的，因此这个图为无向连通图。新修道路就是往图里添边，目的是“要求在建造了这些道路之后，当对岛上任意一条道路施工时，在任何两个旅游景点之间，都可以通过其他的道路互相到达”，换句话说，就是通过添加最少边构造出一张边双连通图。求解思路如下。

首先求出所有的桥边，然后删除这些桥边，剩下的每个连通块都是一个边双连通分支。把每个边双连通分支缩成一个节点，再把桥边加回来，得到的新图一定是一棵树，边连通度为1。

然后，统计出树中度为1的节点的个数，即为叶节点的个数，记为leaf。则至少在树上添加$\left\lfloor \frac{\text{leaf}+1}{2} \right\rfloor$条边，就能使树变为边双连通，即整个图变为边双连通图，所以至少添加的边数就是$\left\lfloor \frac{\text{leaf}+1}{2} \right\rfloor$。

桥是容易计算的。问题是，怎样用最简便的方法将所有边双连通分支“缩点”，为什么缩成一棵含 leaf 个叶节点的树后，添加的最少边数就一定是$\left\lfloor \frac{\text{leaf}+1}{2} \right\rfloor$呢？

**引理 7.3.4.1**　*若存在边（$i, j$），$i$ 和 $j$ 在一个边双连通块内当且仅当 $\text{Low}_i=\text{Low}_j$。*

**证明**：整个证明过程分两步。

证明 1：$\text{Low}_i \neq \text{Low}_j$ 时，$i$ 和 $j$ 不在一个双连通块内。

假设 $\text{Low}_i<\text{Low}_j$。当 $\text{pre}_i<\text{pre}_j$ 时，（$i, j$）为非树枝边，根据 Low 函数的定义可知，必会执行 $\text{Low}_j=\min(\text{Low}_j, \text{pre}_i)$，不可能出现 $\text{Low}_i<\text{Low}_j$ 这种情况。所以（$i, j$）只能为树枝边且 $\text{Low}_j>\text{pre}_i$。由此得出（$i, j$）为桥，因而 $i, j$ 不会在一个双连通块内。

当 $\text{pre}_i>\text{pre}_j$ 时，从 $j$ 到 $i$ 必然存在一条以树枝边构成的路径。由于 $\text{pre}_j<\text{pre}_i$，而这条路径上每个点的 Low 值都小于 DFS 树中其儿子的 Low 值，因此 $\text{Low}_i<\text{Low}_j$ 的情况也是不会存在的，即 $i$、$j$ 不会在一个双连通块内。

证明 2：$\text{Low}_i=\text{Low}_j$ 时，$i$ 和 $j$ 在一个双连通块内。

假设 $\text{pre}_i<\text{pre}_j$ 且 $\text{pre}_u=\text{Low}_i$ 可知，由于 $\text{Low}_i=\text{Low}_j$，因此存在一个由（$j, i$）、（$i, u$）和（$u, j$）构成的环，所以 $i$ 和 $j$ 同在一双连通分量内。■

**引理 7.3.4.2**　*对于一棵树，若其有 $n$ 个叶子，至少增加$\left\lceil \frac{n}{2} \right\rceil$条边后，才能让其变为一个双连通图。*

**证明**：我们要做的就是减少原树加边后得到的图经历边双连通缩点后形成树的叶子数量，当且仅当此树的叶子个数为 1，也就达到了目的。

对于一个节点数大于 2 的树，连接两个非叶节点后，缩点得到树的叶子数不会发生改变。连接一个叶节点和一个非叶节点后，缩点得到的叶子数就会减 1；连接两个叶子节点后，缩点得到的树的叶子数就会减 2。对于一个有两个节点的树，我们将其连接即可。若此时树的叶节点数大于 2，我们就连接两个叶节点，再次缩点得到一棵新树。不断重复上面过程就能得到一个双连通图，上述过程是一个贪心过程，新增的$\left\lceil \frac{n}{2} \right\rceil$条边一定是最少的。注意对上面的树中的每个节点代表的是一个连通块，对树中两个节点的连接实际上就是在两个连通块内任意找两个点将其连接。■

由上述两条引理可得出一个非常简便的算法。设 $e[][]$ 为邻接表，$i$ 相连的边数为 $e[i][0]$，其中第 $j$ 条相连边的端点为 $e[i][j]$，$1 \leqslant e[i][0] \leqslant n-1$，$1 \leqslant j \leqslant e[i][0]$。

（1）计算 low[] 表。

（2）计算“收缩树”中节点的度。

low 相同的点在一个边连通分量中，$i$ 所在边双连通子图的代表节点为 low[$i$]，若 $i$ 相连的第 $j$ 条相连边的端点的 low[$e[i][j]$]$\neq$low[$i$]，则说明节点 $e[i][j]$ 代表另一个双连通子图，加一条桥边，即节点 low[$i$] 的度 +1，deg[low[$i$]]++。

```
for(i=1; i<=n; i++)
    for(j=1; j<=e[i][0]; j++) if (low[e[i][j]]!=low[i]) deg[low[i]]++;
```

（3）统计树中度为 1 的节点数 ans（即叶节点数），至少添加$\left\lfloor \frac{\text{ans}+1}{2} \right\rfloor$条边就能使整个图

变为边双连通图。

```
ans=0;
for(i=1; i<=n; i++) if(deg[i]==1) ans++;
输出 (ans+1)/2;
```

**参考程序**

```
# include <cstdio>
# include <cstring>
# include <cstdlib>
# include <vector>
# define vi vector<int>
# define pb push_back
using namespace std;
const int maxn=1010;                          // 节点数的上限
vi e[maxn];                                   // 图的邻接表
int dfsn[maxn],low[maxn],Time,deg[maxn]; // 节点的先序值为 dfsn[]、low 值为 low[]，树
                                              // 中节点的度为 deg[]，访问时间为 Time
int n,m;
void dfs(int a,int fa){                       // 从树边 (fa, a) 出发，递归计算节点的 low 值
    int q;dfsn[a]=low[a]=++Time;
    for(int p=0;p< e[a].size();p++)
       if(!dfsn[q=e[a][p]])
           dfs(q,a),low[a]=min(low[a],low[q]);
      else  if(q!=fa) low[a]=min(low[a],dfsn[q]);
}
void work(){
    for(int i=1;i<=n;i++) e[i].clear();  // 邻接表初始化
    for(int i=0;i<m;i++){                     // 读无向图的每条边信息，构造邻接表 e
        int a,b;scanf("%d %d",&a,&b);
        e[a].pb(b);e[b].pb(a);
    }
    Time=0;                                   // 访问时间初始化
    memset(dfsn,0,sizeof(dfsn));              // 节点的先序值和树节点的度清零
    memset(deg,0,sizeof(deg));
    dfs(1,-1);                                // 计算节点的 low 值
    for(int i=1;i<=n;i++)                     // 计算压缩后每个树节点的度
        for(int p=0;p< e[i].size();p++) if(low[e[i][p]]!=low[i]) deg[low[i]]++;
    int cnt=0;                                // 计算树中叶节点数
    for(int i=1;i<=n;i++) if(deg[i]==1) cnt++;
    printf("%d\n",(cnt+1)/2);                 // 输出添加的最少边数
}
int main(){
    while(~scanf("%d %d ",&n,&m)) work(); // 反复输入和计算测试用例
    return 0;
}
```

## 7.4 相关题库

### 【7.4.1 Long Long Message】

小猫在Byterland的首都学物理。这天他接到了一条让他哀伤的消息，他的母亲生病了。因为火车票花费很多（Byterland是一个大国，他坐火车回到家乡要花16个小时），他决定只给母亲发短信。

小猫的家庭并不富裕，所以他经常到移动服务中心检查发短信已经花了多少钱。昨天，服务中心的电脑坏了，打印了两条很长的信息，聪明的小猫很快发现：

- 短信中的所有字符都是小写拉丁字母，不带标点符号和空格。
- 所有短信都连在了一起——第（$i$+1）条短信在第 $i$ 条短信后——这就是为什么两条消息非常长。
- 他的短信被叠加到了一起，但由于电脑故障，可能大量的冗余字符会出现在左边或右边。

例如：他的短信是 "motheriloveyou"，那么打印出来的长消息可能会是 "hahamotheriloveyou"、"motheriloveyoureally"、"motheriloveyouornot"、"bbbmotheriloveyouaaa" 等。

对这些被破坏的问题，小猫打印了他的原始文本两次（所以出现两条很长的消息）。即使原始的文本在两条被打印的消息中依然相同，出现在两边的冗余字符可能不同。

给出两条很长的消息，请输出小猫写的原始文本的最长可能的长度。

在 Byterland 移动服务的短信按字节用美元支付。这是为什么小猫关心最长的原始文本的原因。

为什么要请你来编写一个程序呢？有四个原因：

- 小猫这些天忙于物理课的学习；
- 小猫要还原他和他母亲说的话；
- POJ 是这样一个伟大的在线评测服务器；
- 小猫要从 POJ 赚一些钱，并试图说服他的母亲去看病。

**输入**

两行输入两条小写字母的字符串。每条字符串中字符的数目不会超过 100 000。

**输出**

一行，给出一个整数——小猫写的原始文本的最大长度。

| 样例输入 | 样例输出 |
| --- | --- |
| yeshowmuchiloveyoumydearmotherreallyicannotbelieveit<br>yeaphowmuchiloveyoumydearmother | 27 |

*试题来源*：POJ Monthly--2006.03.26,Zeyuan Zhu，"Dedicate to my great beloved mother."

*在线测试*：POJ 2774

 **提示**

本题给出了两个字符串，要求计算公共子串的最大长度。

字符串的任何一个子串都是这个字符串的某个后缀的前缀。求字符串 $A$ 和 $B$ 的最长公共子串等价于求 $A$ 的后缀和 $B$ 的后缀的最长公共前缀的最大值。如果枚举 $A$ 和 $B$ 的所有的后缀，那么这样做显然效率低下。由于要计算 $A$ 的后缀和 $B$ 的后缀的最长公共前缀，所以先将第二个字符串写在第一个字符串后面，中间用一个没有出现过的字符隔开，再求这个新的字符串的后缀数组。观察一下，看看能不能从这个新的字符串的后缀数组中找到一些规律。以 $A$='aaaba'、$B$='abaa' 为例，如图 7-14 所示。

例如，图 7-14 中 'aa' 是 suffix(2) 和 suffix(9) 的最长公共前缀，'aa' 是 $B$ 的后缀而非 $A$ 的后缀；'aba' 是 suffix(3) 和 suffix(7) 的最长公共前缀，'aba' 是 $A$ 的后缀而非 $B$ 的后缀。由此可以看出，并非所有的 height 值中的最大值就是答案，因为有可能这两个后缀是在同一个字符串中的，所以实际上只有当 suffix(SA[$i-1$]) 和 suffix(SA[$i$]) 不是同一个字符串中的两个后缀时，height[$i$] 才是满足条件的。而这其中的最大值就是答案，例如图 7-14 中的 'aba' 就是 $A$ 和 $B$ 的最长公共子串。

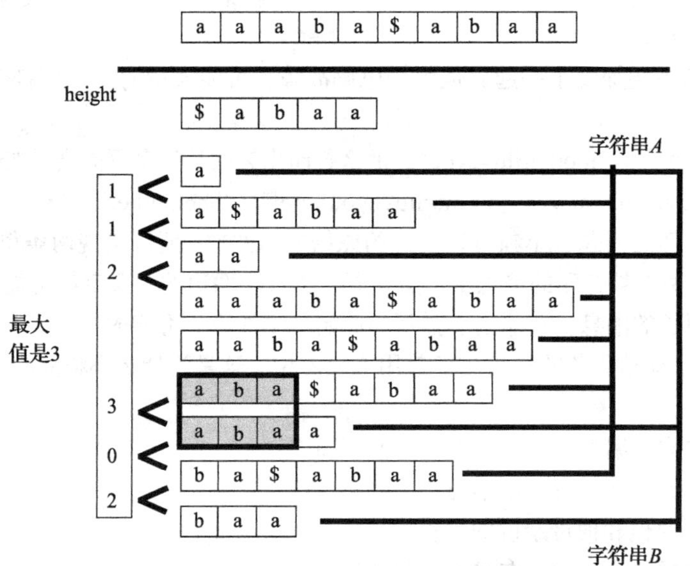


得出'aba'为A和B的最长公共子串的过程

图　7-14

本算法的效率分析如下。设字符串 $A$ 和字符串 $B$ 的长度分别为 $|A|$ 和 $|B|$。求新的字符串的后缀数组和 height 数组的时间是 $O(|A|+|B|)$，然后求排名相邻但原来不在同一个字符串中两个后缀的 height 值的最大值，时间也是 $O(|A|+|B|)$，所以整个算法的时间复杂度为 $O(|A|+|B|)$，已经取到下限。由此看出，这是一个非常优秀的算法。

## 【7.4.2　Milk Patterns】

农夫 John 已经注意到，他的奶牛每天产的牛奶的质量参差不齐。通过进一步调查发现，虽然无法预测一头奶牛在第二天产奶的质量，但是日常牛奶的质量存在一些规律。

为了进行严格的研究，他发明了一种复杂的分类方案，每个牛奶样品被记录为 0 ～ 1 000 000 之间的整数，包含 0 和 1 000 000；已经有 $N$（$1 \leqslant N \leqslant 20\,000$）天记录的一头奶牛的数据。他希望找到重复至少 $K$（$2 \leqslant K \leqslant N$）次的相同的最长的样本模式。可以包括重叠的模式，例如 12 3 2 3 2 3 1 重复 2 3 2 3 两次。

请帮助农夫找到样本序列中最长的重复子序列。要保证至少有一个子序列重复至少 $K$ 次。

**输入**

第 1 行：两个空格分开的整数 $N$ 和 $K$。

第 2 行到第 $N$+1 行：$N$ 个整数，每个整数一行，在第 $i$ 行给出第 $i$ 天牛奶的质量。

**输出**

第 1 行：一个整数，出现至少 $K$ 次的最长模式的长度。

| 样例输入 | 样例输出 |
|---|---|
| 8 2<br>1<br>2<br>3<br>2<br>3<br>2<br>3<br>1 | 4 |

试题来源：USACO 2006 December Gold

在线测试：POJ 3261

 提示

首先，计算出每个整数在 $N$ 个整数的递增序列中属于“第几大”（注：相同整数的大小值相同），形成 Rank[] 的初始值；然后在此基础上计算 height[] 序列。

接下来问题的关键是，如何判别原串中是否存在一个长度下限为 len 且重复次数至少为 $K$ 的子序列。按照定义，height[$i$] 为名次为 $i-1$ 的后缀和名次为 $i$ 的后缀的最长公共前缀长度。若 height[$i$] ≥ len，则说明序列中一个长度下限为 len 的子序列又重复了一次。我们将 height 值连续不小于 len 的名次归为一组，当前组内的元素个数 +1 为 now，即当前组产生的重复次数。设 $s$ 为目前为止长度下限为 len 的子序列的重复次数。先通过如下办法计算 $s$：

初始时 $s$ 和 now 为 0。

依次枚举名次 $i$（$1 \leqslant i \leqslant N$）：若 height[$i$]<len，则当前组结束，调整 $s$=max ($s$, now)，now 恢复 1；否则当前组有新增一次重复，now ++。

最后调整 $s$=max ($s$, now)。

显然，若 $s \geqslant K$，则说明长度下限为 len 的子序列的重复次数至少为 $K$；否则说明这样的子序列的出现次数不足 $K$。

既然上述可行性问题已搞清楚，算法便浮出了水面：若原串中存在一个长度下限为 len 且重复次数至少为 $K$ 的子序列，则肯定存在长度为 len−1 且重复次数至少为 $K$ 的子序列，满足单调性要求，因此可以用二分查找的方法计算出现至少 $K$ 次的最长模式的长度。

## 【7.4.3 Count Color】

如果选择“问题求解和程序设计”作为选修课，就要解答各种问题。这里，给出一个新问题。

有一个很长的板，长度为 $L$ 厘米，$L$ 是一个正整数，所以我们可以均匀地将板划分成 $L$ 段，并自左向右编号为 1，2，…，$L$，每段 1 厘米长。现在对这块板着色，每段着上一种颜色。在板上，我们进行以下两类操作：

- "C $A$ $B$ $C$" 从段 $A$ 到段 $B$ 用颜色 $C$ 着色。
- "P $A$ $B$" 输出段 $A$ 到段 $B$ 之间（包括段 $A$ 和段 $B$）不同颜色的着色数目。

假如在日常生活中不同颜色的总数 $T$ 是非常小的，且没有词语来确切描述任一种颜色

（红色，绿色，蓝色，黄色，…）。所以可以假设不同颜色的总数 $T$ 是非常小的。为了简单起见，我们以颜色 1，颜色 2，…，颜色 $T$ 为颜色命名。在开始的时候，板上着颜色 1。接下来的问题留给你来处理。

**输入**

输入的第一行给出整数 $L(1\leqslant L\leqslant 100\,000)$、$T(1\leqslant T\leqslant 30)$ 和 $O(1\leqslant O\leqslant 100\,000)$，这里 $O$ 表示操作的次数。接下来的 $O$ 行每行给出 "C *A B C*" 或 "P *A B*"（这里 $A$、$B$、$C$ 是整数，并且 $A$ 可以大于 $B$），表示如前所定义的操作。

**输出**

按操作序列输出操作结果，每行一个整数。

| 样例输入 | 样例输出 |
| --- | --- |
| 2 2 4<br>C 1 1 2<br>P 1 2<br>C 2 2 2<br>P 1 2 | 2<br>1 |

*试题来源*：POJ Monthly--2006.03.26, dodo

*在线测试*：POJ 2777

 **提示**

这块板最初涂颜色 1，然后依次进行更新和查询操作：

- 更新操作：用指定颜色给某子区间涂色。
- 查询操作：回答某子区间的颜色数。

显然，这是计算可见线段的典型例题。求解方法与题目 7.2.3.2 完全相同。需要注意的是，由于颜色数的上限为 30，因此可以通过位运算提高计算效率。

### 【7.4.4 Who Gets the Most Candies?】

$N$ 个孩子坐成一圈玩游戏。

孩子们按顺时针顺序，编号从 1 到 $N$，每个人的手中都有一张非零整数的卡片。游戏从第 $K$ 个孩子开始，告诉其他人他卡片上的数字，并离开圆圈；而他卡片上的数字则给出下一个要离开圆圈的孩子：设 $A$ 表示这个整数，如果 $A$ 是正数，那么下一个孩子是向左第 $A$ 个孩子；如果是负数，下一个孩子是向右第 $A$ 个孩子。

这个游戏将进行到所有的孩子都离开圆圈。在这个游戏中，第 $p$ 个离开的孩子将获得 $F(p)$ 个糖果，其中 $F(p)$ 是可以整除 $p$ 的正整数的数目。谁能获得最多的糖果？

**输入**

输入中存在若干测试用例。每个测试用例首先在第一行给出两个整数 $N(0<N\leqslant 500\,000)$ 和 $K(1\leqslant K\leqslant N)$；接下来的 $N$ 行每行按孩子们的编号以递增次序给出孩子的姓名（最多 10 个字母）和卡片上的整数（非零，绝对值在 $10^8$ 以内），姓名和整数之间用一个空格分开，没有前导或后继空格。

**输出**

对每个测试用例，输出一行，给出最幸运的孩子的姓名以及他获得的糖果数量。如果有多个解，则选取最先离开圆圈的那个孩子。

| 样例输入 | 样例输出 |
|---|---|
| 4 2<br>Tom 2<br>Jack 4<br>Mary -1<br>Sam 1 | Sam 3 |

*试题来源*：POJ Monthly--2006.07.30, Sempr

*在线测试*：POJ 2886

 **提示**

这道题目的大概意思是：一群人围成一个圈坐着玩游戏，从第 $K$ 个人（每个人都有编号，从 1 开始顺时针排列）开始出圈，每个人手中有一个数字 $r[i]$。一个人出列后，按照他手上的数字顺时针数 $r[i]$（为负则逆时针）个人，下次那个人出列。每个人出圈的时候都有一个得分，得分为他出圈的序号的因子的个数，比如 Mike 第 6 个出圈，那么他的得分为 4（6 含有因子 1、2、3、6）。求得分最高且最先出列的人是谁。

很显然这个题目唯一比较麻烦的地方就是第 $i$ 个人出列之后，第 $i+1$ 个出列的人是谁，这需要用线段树来维护。线段树上的每个节点记录对应区间里面的人数，每次找出第 $i$ 个人出列后，第 $i+1$ 个出列的人是第几个人即可。

首先进行一个预处理，处理出 1 到 $N$ 每个数字所包含的因子数，可以用 $N\log(N)$ 的时间复杂度求出来。

之后再处理麻烦的地方。假设现在第 $i$ 个人出列了，他的位置是 now（圈内有 $N-i+1$ 个人时的位置），此时整个圈只有 $N-i$ 个人了，如果他手上的数字 $a>0$，则 $a$ 必须要减 1，因为第 $i$ 个人出列后，now 的位置变成了原来的 now+1 的位置，已经向前移了一格，而 $a<0$ 的时候没有影响。最后将这个结果对（$N-i$）取模就可以得出第 $i+1$ 个出圈的人在整个圈中的位置了。

目前圈内第 now 个位置的孩子出圈，相当于在线段树当前对应的区间中删除第 now 个元素，属于单点更新的维护。设线段树的根为 $i$，计算过程如下：

```
取出节点 i 的对应区间 [l, r];
if (l == r && now == 1) 返回元素 l 对应的节点序号；
if (第 now 个元素位于左子区间) 递归计算左子区间第 now 个元素的序号;
else{ now ← num - 左子区间的元素数;
        递归计算右子区间第 now 个元素的序号;
    }
```

在递归计算出区间内第 now 个元素对应的节点序号后，从该节点出发，向上将至根路径上每个节点对应区间的元素数 -1。

## 【7.4.5 Help with Intervals】

LogLoader, Inc. 是一家专门从事日志分析的公司。Ikki 正在进行毕业设计，但他也在 LogLoader 实习。在他的工作中，有一项是编写一个模块，对时间区间进行操作，这让他困惑了很久。现在他需要帮助。

在离散数学课程中，你学了几个基本的集合操作，也就是并、交、差和对称差，这自然也适用于区间集合。有关操作如表 7-1 所示。

表　7-1

| 操作 | 标记 | 定义 |
|---|---|---|
| 并 | $A \cup B$ | $\{x : x \in A$ 或 $x \in B\}$ |
| 交 | $A \cap B$ | $\{x : x \in A$ 并且 $x \in B\}$ |
| 差 | $A - B$ | $\{x : x \in A$ 但是 $x \notin B\}$ |
| 对称差 | $A \oplus B$ | $(A - B) \cup (B - A)$ |

Ikki 在他的工作中已经将区间操作抽象为一种微小的程序设计语言。他请你为他实现一个解释器。该语言包含一个集合 S，初始时为空集，由表 7-2 所示的指令进行修改。

表　7-2

| 指令 | 语义 |
|---|---|
| U $T$ | $S \leftarrow S \cup T$ |
| I $T$ | $S \leftarrow S \cap T$ |
| D $T$ | $S \leftarrow S - T$ |
| C $T$ | $S \leftarrow T - S$ |
| S $T$ | $S \leftarrow S \oplus T$ |

**输入**

输入仅包含一个测试用例，由 0 到 65 535（含）条指令组成，每条指令一行，形式如下：$X$ $T$。其中 $X$ 为 'U'、'I'、'D'、'C' 和 'S' 中的一个，$T$ 是一个区间，形式为 $(a, b)$、$(a, b]$、$[a, b)$ 和 $[a, b]$ 之一（$a, b \in Z$, $0 \leqslant a \leqslant b \leqslant 65\,535$），含义为它们通常的含义。按输入中出现的次序执行指令，以 EOF 标识输入结束。

**输出**

输出在最后一条指令执行之后的集合 $S$，$S$ 为不相交区间的集合的并。这些区间在一行中输出，用空格分开，按端点的增加顺序出现。如果 $S$ 为空，则输出 "empty set"。

| 样例输入 | 样例输出 |
|---|---|
| U [1,5]<br>D [3,3]<br>S [2,4]<br>C (1,5)<br>I (2,3] | (2,3) |

*试题来源*：PKU Local 2007 (POJ Monthly--2007.04.28), frkstyc

*在线测试*：POJ 3225

 **提示**

题目给出 4 种集合操作：并、交、差和对称差。初始时集合为空，计算经一系列集合操作之后不相交区间的并集 $S$。

我们使用线段树来维护各段区间在集合中的状态，“不在集合中”为 1，“全在集合中”为 0，“部分在集合中”为 −1。本题还有一个地方需要注意，因为集合有开闭之分，所以要把点和段分开，也就是把总点数乘 2，每次操作之前处理一下开闭区间即可。

同时用两种操作简化题目给出的 5 种操作（差有两种），这两种操作如下。

- Change ($l$, $r$, $c$)：把区间 [$l$, $r$] 全部加进集合或者从集合中全部取出（$c$=1 为加入，$c$=0 为取出）。
- Reverse ($l$, $r$)：把区间 [$l$, $r$] 取反。若在集合中，则取出；否则加入集合。

这两种操作与题目给出的 5 种操作的对应关系为：

- 操作 'U' 对应 Change ($l$, $r$, 1)。
- 操作 'I' 对应 Change (1, $l-1$, 0) 和 Change ($r+1$, $n$, 0)。
- 操作 'D' 对应 Change ($l$, $r$, 0)。
- 操作 'C' 对应 Change (0, $l-1$, 0); Change ($r+1$, $n$, 0); Reverse ($l$, $r$)。
- 操作 'S' 对应 Reverse ($l$, $r$)。

### 【7.4.6 Horizontally Visible Segments】

在平面上有若干不相交的垂直线段。我们称两条线段是水平可见（horizontally visible）的，如果它们之间可以通过一条水平线段相连，并且这条水平线段不经过任何其他的垂直线段。如果有三条不同的垂直线段是两两可见的，那么它们就被称为一个垂直线段的水平可见三角形。给出 $n$ 条垂直线段，问有多少这样的垂直线段的水平可见三角形？

你的任务如下。

对于每个测试用例编写程序：

- 输入一个垂直线段集合；
- 计算在这一集合中垂直线段的水平可见三角形的数量；
- 输出结果。

**输入**

输入的第一行给出一个正整数 $d$，表示测试用例的个数，$1 \leqslant d \leqslant 20$。测试用例格式如下。

每个测试用例的第一行给出一个整数 $n$，$1 \leqslant n \leqslant 8000$，表示垂直线段的条数。接下来的 $n$ 行每行给出 3 个用空格分开的非负整数 $y_i'$、$y_i''$、$x_i$，它们分别是一条线段开始的 $y$ 坐标、一条线段结束的 $y$ 坐标及其 $x$ 坐标。这些坐标满足 $0 \leqslant y_i' < y_i'' \leqslant 8000$，$0 \leqslant x_i \leqslant 8000$。这些线段不相交。

**输出**

输出 $d$ 行，每个测试用例输出一行。第 $i$ 行给出第 $i$ 个测试用例中垂直线段的水平可见三角形的数量。

| 样例输入 | 样例输出 |
|---|---|
| 1<br>5<br>0 4 4<br>0 3 1<br>3 4 2<br>0 2 2<br>0 2 3 | 1 |

试题来源：ACM Central Europe 2001

在线测试：POJ 1436，ZOJ 1391，UVA 2441

 提示

试题给出 $n$ 条垂直于 $x$ 轴的线段，规定“两条线段是可见的当且仅当存在一条不经过其他线段的平行于 $x$ 轴的线段连接它们”。计算有多少组 3 条线段，使这 3 条线段两两可见。

这道试题其实和题目 7.4.3 的涂色问题类似。我们把 $y$ 轴向的范围 $[l, r]$ 看作一棵以节点 1 为根的线段树，每条垂直线在 $y$ 轴的投影 $[tl, tr]$ 即为线段。按由左而右顺序排列垂直线，其编号即为颜色。

我们先通过下述办法计算每条垂直线左方可见的线段集合。

顺序处理每条垂直线 $r$（$1 \leqslant r \leqslant n$）：如果线段树中节点 $i$ 对应的垂直线区间与垂直线 $r$ 的区间相交且先前未被其他垂直线“可见”，则垂直线 $r$ 朝左可见节点 $i$ 对应的垂直线。在计算出垂直线 $r$“可见”的线段集合后，将垂直线 $r$ 插入线段树。

注意，这道题也存在点、段拆分的问题，如果一条线段在 $y$ 轴上的投影为 1 到 2，另一条为 0 到 1，它是无法挡住 1 到 2 之间的一段的，若不拆开点和段，则会判定为 0 到 2 之间全部被挡住。点、段拆分也就是把每条垂直线的长度乘 2。

在计算出各条垂直线左方可见的线段集合的基础上，直接用 4 个 for 循环蛮力计算方案数：

```
从右而左枚举线段 i (i=n…3) {
    枚举 i 可见的线段集合中任两条不同的垂直线段 u 和 v (v<u) {
        枚举 u 可见的所有线段 {
            If (u 可见 v) {
                增加 1 个水平可见三角形；
                break;
            };
        };
    };
};
```

由于对每条垂直线来说，左方可见的线段数平均下来是很少的，因此蛮力搜索也不会超时。

## 【7.4.7 Crane】

ACM 买了一台新的起重机（Crane）。这台起重机由 $n$ 条不同长度的杠杆线段组成，这些杠杆线段通过灵活的关节连接起来。第 $i$ 条杠杆线段的末端与第 $i+1$ 条线杠杆段的起始端相连接，$1 \leqslant i < n$。第一条杠杆线段的起始端点固定在坐标点（0, 0），杠杆线段终点的坐标为（0，$W$)，而 $W$ 是第一条杠杆线段的长度。所有的杠杆线段都在一个平面上，而杠杆线段的连接关节可以在平面上任意旋转。在发生了一系列不愉快的意外之后，ACM 决定用软件来控制起重机，软件要包含一段代码，不断检查起重机的位置；如果发生碰撞，还要停止起重机。

请编写这个软件的某一部分，确定在每条指令后第 $n$ 条杠杆线段的末端的位置。起重机的状态由两条连续杠杆线段之间的角度确定。最初的时候，所有的角度都是 180°。操作员发出指令，改变每个连接关节的角度。

**输入**

输入包含若干测试用例，两个测试用例之间用一个空行分开。每个测试用例的第一行给出两个整数 $1 \leqslant n \leqslant 10\,000$ 和 $c \geqslant 0$，两个整数之间用一个空格分开，分别表示起重机的杠杆

线段的数量和指令的数量。第二行包含 $n$ 个整数 $l_1, \cdots, l_n$（$1 \leqslant l_i \leqslant 100$），整数间用空格分开，起重机的第 $i$ 段杠杆线段的长度是 $l_i$。接下来的 $c$ 行表示操作指令，每行给出一条指令，由两个用空格分开的整数 $s$ 和 $a$（$1 \leqslant s < n$，$0 \leqslant a \leqslant 359$）组成，表示将第 $s$ 段杠杆线段和第 $s+1$ 段杠杆线段之间的角度改变为 $a°$（角度为从第 $s$ 段杠杆线段逆时针到第 $s+1$ 段杠杆线段）。

**输出**

对每个测试用例，输出 $c$ 行。第 $i$ 行由两个用一个空格分开的有理数 $x$ 和 $y$ 组成，表示在第 $i$ 条指令后，第 $n$ 条杠杆末端的坐标，四舍五入到小数点后两位。

在两个连续的测试用例之间输出一个空行。

| 样例输入 | 样例输出 |
| --- | --- |
| 2 1 | 5.00 10.00 |
| 10 5 | |
| 1 90 | −10.00 5.00 |
| | −5.00 10.00 |
| 3 2 | |
| 5 5 5 | |
| 1 270 | |
| 2 90 | |

试题来源：CTU Open 2005

在线测试：POJ 2991

**提示**

试题给出一系列首尾相连的线段（末尾的线段和开始的线段首尾不相连），初始状态为所有线段夹角为 180°，第一条线段沿 $y$ 轴方向向上，起点为（0, 0）。进行一系列的操作，每次操作（$i, a$）是将第 $i$ 条线段和第 $i+1$ 条线段的夹角变为 $a$（第 $i$ 条线段逆时针旋转到第 $i+1$ 条线段的所在射线），要求计算出每次操作后第 $n$ 条线段的终点坐标。

从表面上看，确实很难把这道题与线段树联系起来，需要通过适当的转化和几何变换将问题对应到线段树上：

线段树的根为 1，代表线段 1 至线段 $n$ 组成的区间 $[1, n]$，树中每个节点表示一个子区间 $[l, r]$，左指针 $l$ 为首条线段 $l$ 的起点，右指针为末条线段 $r$ 的终点。显然，每次指令执行后，要求输出根的右指针的坐标。

每个节点除了需要记录区间的左右指针外，还要通过懒惰标记记录这个区间需要旋转的角度（每条线段相对于起点旋转）。执行操作（$i, a$），就是区间 $[i+1, n]$ 逆时针旋转 $\omega=$（$a-$ 第 $i$ 条线段和第 $i+1$ 条线段的原夹角）°。设点（$x_1, y_1$）关于点（$x_0, y_0$）旋转 $\omega$ 后的坐标为（$x', y'$），旋转过程如图 7-15 所示。

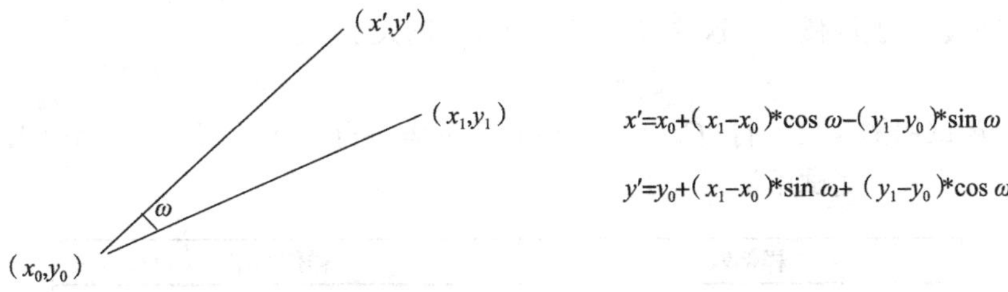


图　7-15

在对线段树操作时，若遇到一个需要旋转的节点，则旋转。旋转处理的顺序是“先左后右”：先对左儿子进行旋转操作，并把左子区间的终点平移至右子区间的起点上（因为首尾相连）；后对右儿子进行旋转操作。由于平移前后线段的长度和方向不变，因此一般以（$l$, $a$）表述一个平移操作（如图 7-16 所示）。

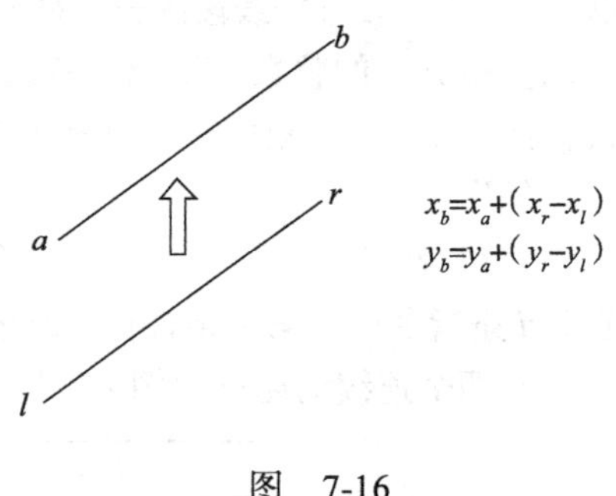


图 7-16

有一个地方需要注意一下，对于每次更新，并不是节点的懒惰标记为 0 就不更新了。例如，先把区间 [1, 3] 中的 3 条线段顺时针旋转 90°，再把线段 2 与线段 3 之间的夹角段逆时针旋转 90°，那么线段 3 的懒惰标记记录的是不旋转，但是线段位置被改变了。所以即便 $i$ 节点的懒惰标记为 0，仍然要进行平移操作，使之首尾相连，只不过不需要旋转。

## 【7.4.8 Is It A Tree?】

树是一种数据结构，或者为空，或者是一个节点，或是由多条有向边连接节点组成的集合。树的多个节点和两个节点间的有向边满足这些性质：有且仅有一个节点，称为根，没有有向边指向它；除了根以外，每个节点有且仅有一条边指向它；从根到每个节点的有向边序列是唯一的。

例如，在图 7-17 中，用带环数字表示节点，用带箭头的线表示有向边。前两个是树，最后一个则不是树。

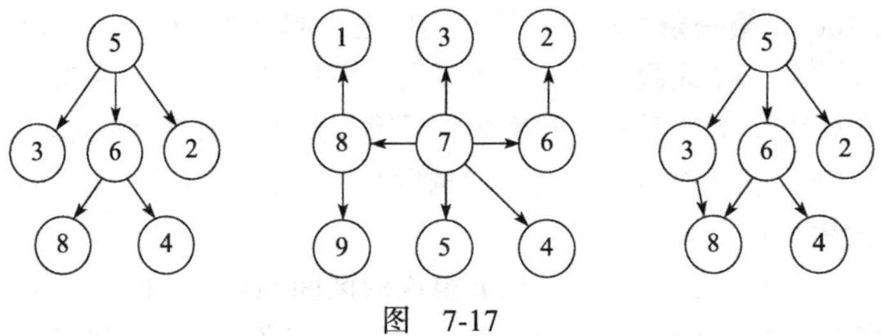


图 7-17

本题给出若干由有向边连接的节点组成的集合，对于每个集合，请判别是否满足树的定义。

**输入**

输入由一组测试用例组成，最后由两个负整数结束输入。每个测试用例由一个表示边的序列组成，测试用例用两个 0 作为结束。每条有向边表示为两个整数，第一个数字表示弧尾，第二个数字表示弧头。这些表示节点的数字都大于 0。

**输出**

对每个测试用例输出一行 "Case *k* is a tree." 或者一行 "Case *k* is not a tree."，其中 *k* 是测试用例号，第一个测试用例编号 1。

| 样例输入 | 样例输出 |
| --- | --- |
| 6 8 5 3 5 2 6 4 5 6 0 0 | Case 1 is a tree. |

（续）

| 样例输入 | 样例输出 |
|---|---|
| 81 73 62 89 75 74 78 76 0 0<br><br>38 68 64 53 56 52 0 0<br>-1 -1 | Case 2 is a tree.<br>Case 3 is not a tree. |

试题来源：ACM 1997 North Central Regionals

在线测试：POJ 1308，ZOJ 1268，UVA 615

 **提示**

直接按照树的定义判断：

每输入一条弧，统计弧头的出度和弧尾的入度。若出现入度 >1 的节点，或入度为 0 的节点数非 1，则直接判定该有向边集合非树。

输入了所有的弧信息后，若未出现上述情况，则判定该有向边集合为树。

## 【7.4.9 The Postal Worker Rings Once】

图论算法是计算机科学的一个重要组成部分，图论的起源可以追溯到 Euler 和著名的哥尼斯堡七桥（Seven Bridges of Königsberg）问题。许多优化问题涉及通过图的推理来确定有效的方法。

本问题是为邮递员确定路线，使得邮递员走最短的距离，并把所有的邮件都投递出去。

给出街道的一个序列（街道由给出的路口相连接而成），请编写一个程序，确定每条街道至少走过一次的最低花费的路线。路线的开始和结束必须在同一路口。

在实际中，一个邮递员会将一辆卡车停在路口，走过邮递路线上的所有街道，投递邮件，然后返回到卡车，继续开往下一个邮递路线。

走过一条街道的花费是这条街道长度的函数（花费与需要投递邮件的家庭和行走长度相关联，即使没有邮件投递）。

在本问题中，在一个路口相交的街道的条数被称为该路口的度，最多有两个路口的度数为奇数，所有其他路口的度数都是偶数，也就是说，在其他路口偶数条街道相交。

**输入**

输入由一条或多条邮递路线构成的一个序列组成。一条路线由街道名（字符串）构成的一个序列组成，一条街道一行，以字符串 "deadend" 结束，该结束字符串不是邮递路线的一部分。每个街道名的第一个和最后一个字母标识了这条街道的两个路口，街道名的长度则给出走过这条街道的花费。所有街道名都由小写字母字符组成。

例如，街道名称 foo 表示一个街道的路口为 $f$ 和 $o$，长度为 3，街道名称 computer 表示一个街道的路口为 $c$ 和 $r$，长度为 8。不存在第一个字母和最后一个字母相同的街道名，在两个路口之间最多有一条街道直接连接。如前所述，在邮递路线中路口的度数是奇数的路口至多有两个。在每条邮递路线中，任何两个路口之间存在一条路，即路口是连通的。

**输出**

对于每条邮递路线，输出走过所有街道至少一次的最小花费。最小路线花费的输出次序相应于输入的邮递路线。

| 样例输入 | 样例输出 |
| --- | --- |
| One<br>two<br>three<br>deadend<br>mit<br>dartmouth<br>linkoping<br>tasmania<br>york<br>emory<br>cornell<br>duke<br>kaunas<br>hildesheim<br>concord<br>arkansas<br>williams<br>glasgow<br>deadend | 11<br>114 |

试题来源：Duke Internet Programming Contest 1992

在线测试：UVA 117

### 提示

本题的题意是：给出一个存在欧拉链或者欧拉开链的图，从其中的一个点出发，返回该点，且经过所有路花费的代价最小（每条路都有一个给定的代价）。

如果给的图已经含有欧拉链，就直接走欧拉链，这样经过每条边一次的代价最小，即为所有边的代价的总和。

如果这个图中没有欧拉链，但有欧拉开链，就先从欧拉开链的起点走到终点，路径代价为所有边的边权和，再找出连接起点和终点的最短路长，加起来就是答案了。对于这种情况可以这样理解：对于这个图，要在原图上加边使之存在欧拉链，而每增加一条边，会使两个点的度数加1。因此对于欧拉路径的起点和终点也必然是加的边的起点和终点，所以只要找出连接它们的最短路，就可以知道加的边的代价的最小值。

## 【7.4.10 Euler Circuit】

一条欧拉回路是从一点出发，经过图中每条边一次且仅一次的回路。在无向图或有向图中找一条欧拉回路是非常简单的，但在图中的一些边是有向边而另一些边是无向边的情况下，又会是怎样的呢？一条无向边仅能从一个方向行走一次。然而有时对于无向边，无论哪一个方向的选择都不可能产生欧拉回路。

给出这样的一个图，请确定是否存在欧拉回路。如果存在，请按下面给出的格式输出回路。可以设定下面给出的图是连通的。

**输入**

在输入的第一行给出测试用例数，最多20个。每个测试用例第一行给出两个数字 $V$ 和

$E$，分别表示图中的节点数（$1 \leqslant V \leqslant 100$）和边数（$1 \leqslant E \leqslant 500$）。节点从 1 到 $V$ 标号。后面的 $E$ 行说明边，每行的格式是 $a$ $b$ type，其中 $a$ 和 $b$ 是两个整数，给出边的端点。如果是无向边，type 取字符 'U'；如果是有向边，则 type 取字符 'D'。在后一种形式中，有向边以 $a$ 为起点，$b$ 为终点。

**输出**

如果欧拉回路存在，在一行内按节点遍历的次序输出。节点编号之间用一个空格分开，起始节点和终止节点在序列的开始和结束都要出现。因为大多数的图有多解，所以任何有效的解都会被接受。如果不存在解，输出一行“No euler circuit exist”。在两个测试用例之间输出一个空行。

| 样例输入 | 样例输出 |
| --- | --- |
| 2<br>6 8<br>1 3 U<br>1 4 U<br>2 4 U<br>2 5 D<br>3 4 D<br>4 5 U<br>5 6 D<br>5 6 U<br>4 4<br>1 2 D<br>1 4 D<br>2 3 U<br>3 4 U | 1 3 4 2 5 6 5 4 1<br><br>No euler circuit exist |

试题来源：2004 ICPC Regional Contest Warmup 1

在线测试：UVA 10735

 **提示**

这个题目是让你先判断一个混合图（图中的边双向与单向混杂，对于双向边，只能选择其中一个方向）是否存在欧拉有向链，如果存在，则找出一条欧拉有向链。

这个问题由两个小问题组合而来：

（1）判断混合图是否存在欧拉有向链。

（2）如果混合图存在欧拉有向链，则可使用网络流的结果来找出双向边的具体方向，并通过常规的 DFS 方法求得欧拉链方案。

具体实现方法如下。

设网络的源点 $S=0$，汇点 $T=n+1$。在输入每条边信息的同时构造网络：

每输入边（$u$, $v$），弧尾 $v$ 的入度 ind[$v$] 和弧头 $u$ 的出度 oud[$u$] 分别 +1。若（$u$, $v$）为无向边，则往网络添入一条容量为 1 的有向弧 <$u$, $v$>；若（$u$, $v$）为有向边，则 $u$ 至 $v$ 的路径条数 road[$u$][$v$]++。

然后分析每个节点的入度和出度，一旦出现某节点 $i$（$1 \leqslant i \leqslant n$）的出度与入度的差值为奇数（$|\text{oud}[i]-\text{ind}[i]|\%2==1$），则判定没有欧拉有向链；否则源点 $S$ 向每个出度大于入度的

节点 $k$ 引一条容量为 $\frac{\text{oud}[k]-\text{ind}[k]}{2}$ 的有向弧，并统计 $\text{sum}=\sum_{k\in\text{出度大于入度的节点集}}\frac{\text{oud}[k]-\text{ind}[k]}{2}$；每个出度比入度的小的节点向汇点 $T$ 引一条容量为 $\frac{\text{ind}[k]-\text{oud}[k]}{2}$ 的有向弧。

计算网络的最大流 $f$。若 $f<\text{sum}$，则判定没有欧拉有向链；否则欧拉有向链存在。

计算欧拉有向链方案的方法如下：

对网络中每条流量大于 0 的弧 <$u$, $v$>（$1\leqslant u, v\leqslant n$），$u$ 至 $v$ 的路径条数 road[$u$][$v$]++。然后从节点 1 出发，DFS 搜索每条与之相连且 road 值大于 0 的有向边，依次将邻接点记入 $s$ 序列。显然，$s$ 的反序 + 节点 1 即为欧拉有向链。

## 【7.4.11　The Necklace】

我妹妹有一条用彩色珠子做的漂亮项链。每个珠子由两种颜色组成，相继的两个珠子在邻接处共享一种颜色（如图 7-18 所示）。

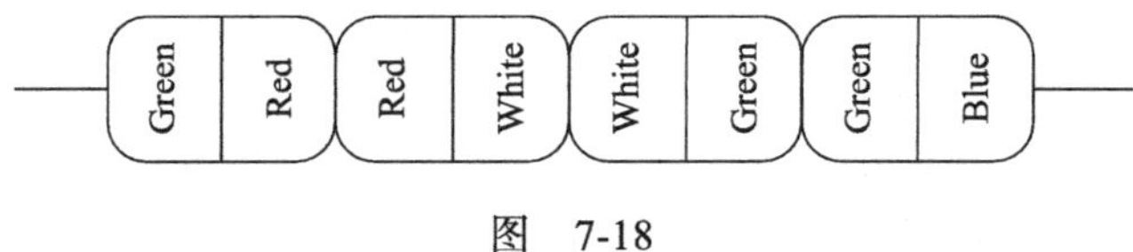


图　7-18

有一天，项链线断了，珠子撒了一地。妹妹收集了散落在地上的珠子，但无法肯定是否收齐。她来找我帮忙，想知道用目前收集的珠子是否能够串成项链。

请帮我写一个程序解决这个问题。

**输入**

输入包含 $T$ 个测试用例，输入的第一行给出整数 $T$。

每个测试用例的第一行给出一个整数 $N$（$5\leqslant N\leqslant 100$），表示我妹妹收集到的珠子的数目。下面的 $N$ 行每行包含两个整数，表示一个珠子的两种颜色，颜色用从 1 到 50 的整数表示。

**输出**

对于输入中的每个测试用例，首先输出测试用例编号，如样例输出；如果无法做出项链，输出一行 "some beads may be lost"；否则，输出 $N$ 行，每行用珠子两端的颜色对应的两个整数描述一颗珠子，在第 $i$ 行第 2 个整数要和第 $i+1$ 行的第 1 个整数相同。此外，在第 $N$ 行的第 2 个整数要和第 1 行的第 1 个整数相等。可能存在多解，任何一个解都是可接受的。

在两个连续的测试用例之间输出一个空行。

| 样例输入 | 样例输出 |
|---|---|
| 2<br>5<br>1 2<br>2 3<br>3 4<br>4 5 | Case #1<br>some beads may be lost<br><br>Case #2<br>2 1<br>1 3 |

（续）

| 样例输入 | 样例输出 |
| --- | --- |
| 5 6<br>5<br>2 1<br>2 2<br>3 4<br>3 1<br>2 4 | 3 4<br>4 2<br>2 2 |

试题来源：ACM Shanghai 2000，University of Valladolid New Millenium Contest

在线测试：UVA 10054，UVA 2036

**提示**

每种颜色代表一个节点，每颗珠子代表一条无向边，相同值的节点构成了边的相连关系。试题要求判别这个无向图是否为欧拉图。

我们在输入项链信息的同时，统计每个节点的度并找出序号值最小的节点 $S$。然后分析每个节点的度：若存在度数为奇数的节点，则判定欧拉链不存在，无法做出项链；否则从 $S$ 出发，通过 DFS 寻找欧拉链。

本题和题目 7.3.1.2 相似。

## 【7.4.12　Dora Trip】

大雄（Nobita）遇上了很大的麻烦。今天，他又没有交功课，所以他在学校里受到了严重处罚。他妈妈知道后非常生气，因此分配给他许多任务——他要到市场买蔬菜，到邮局去收包裹，以及许多其他的事情。大雄当然不希望在路上遇到老师，他也不想遇上胖虎（Jyian）遭受欺负。与往常一样，他要求哆啦 A 梦（Doraemon）来帮助他。

“哦，不！”哆啦 A 梦叫道，“我的‘任意门’坏了，我的小螺旋桨的电池用完了……”那么，这意味着大雄不得不在没有哆啦 A 梦的魔法工具的情况下外出。“啊，我还有这个，很可能会有用的。”哆啦 A 梦从他的四维空间袋里拿出他们居住区域的地图。然后，他把大雄要去的地方用星号（*）标记，在胖虎和他的老师可能出现的地方用叉号（×）标记。现在，大雄的工作很简单：他要找到不会通过 ×，同时可以完成妈妈给出的工作的最大数目（并不要求访问全部地方）的最短的路线。大雄需要一个计算机程序来设计路径。

设想你是大雄，请编写一个程序。

**输入**

输入不超过 20 个测试用例。每个测试用例的形式如下。

每个测试用例的第一行给出两个整数 $r$ 和 $c$（$1 \leqslant r, c \leqslant 20$），分别表示地图的行数和列数。后面的 $r$ 行，每行 $c$ 个字符，以此给出地图。对于每个字符，空格表示一个开放空间；“#”表示一堵墙；大写字母“S”表示大雄的家，也是路程的起点和终点；大写字母“X”表示危险的地方；星号“*”表示大雄要去的地方。地图的周边是封闭的，即从“S”出发不可能跑出地图之外。大雄要去的地方最多只有 10 个。

输入以一个空用例 $r=c=0$ 结束。这一用例不予处理。

**输出**

对于每个测试用例，如果大雄根本不能访问任何目标，仅输出一行 "Stay home!"；否则，程序输出大雄能访问的最多地方的最短路径。使用字母 'N'、'S'、'E' 和 'W' 分别表示北、南、东、西。'north' 表示向上。确定正确的输出路径的长度不超过 200。

| 样例输入 | 样例输出 |
| --- | --- |
| 5 5<br>#####<br>#  S#<br># XX#<br>#  *#<br>#####<br>5 5<br>#####<br>#* X#<br>###X#<br>#S *#<br>#####<br>5 5<br>#####<br>#S X#<br>#  X#<br># #*#<br>#####<br>0 0 | WWSSEEWWNNEE<br>EEWW<br>Stay home! |

*试题来源*：Programming Contest for Newbies 2005

*在线测试*：UVA 10818

**提示**

将大雄要去的地方设为节点，按照由上而下、由左而右的顺序给节点标号。由于大雄要去的地方最多只有 10 个，因此若大雄要去的地方有 $k$ 个（$1\leqslant k\leqslant 10$），则可用 $k$ 位二进制数标明大雄已经走过的节点，即大雄已经走过节点 $i$，则第 $i$ 位二进制数为 1。试题并未要求计算哈密顿回路，只要求回路上经过的节点数最多，即 $k$ 位二进制数中 1 的个数最多。

同题目 7.3.2.2 一样，将大雄的当前位置（$x, y$）和行至该位置时走过的节点情况 $z$ 组合成一个状态（$x, y, z$）。设队列 $q$ 和哈希表 hash，$q$ 存储当前状态，并设立当前状态的哈希标志，避免今后出现重复情况。注意，由于试题要求输出回路上每一步的方向，因此队列 $q$ 还需存储扩展它的队列指针，即父指针。

初始时，将大雄的出发位置（$S_x, S_y$）和走过的节点情况 $z=0$ 组合成初始状态送入队列 $q$，置 hash[ 初始状态 ]=1。然后进行 BFS，按照 4 个方向扩展当前队列的所有元素。若扩展出的新状态以前生成过，则新状态入队，并置新状态哈希标志。若新状态中的当前位置是（$S_x, S_y$），且 $z$ 中 1 的个数 sum 为目前最多（max<sum），则调整 max←sum，将扩展它的队列指针即为 ans。扩展前队列中的所有节点元素，步数 +1；上述搜索直至队列空

为止。

最后判断：若 ans==0，则失败退出；否则从 $q$[ans] 出发，沿父指针递归输出这条回路上每一步的方向。

## 【7.4.13　Blackbeard the Pirate】

海盗黑胡子（Blackbeard the Pirate）在一个热带岛屿上藏匿了多达 10 件的珍宝，现在他希望找到它们。他正在被若干个部门追捕，所以他要尽快地找到他的宝藏。当黑胡子藏匿珍宝的时候，他仔细地画了一张这个岛屿的地图，其中包含岛上的每件珍宝的位置、所有障碍物和敌对的当地土著的位置。

给出这个岛屿的地图，以及黑胡子上岸的地点，帮助黑胡子确定他取走宝藏所需要的最少的时间。

**输入**

输入包含若干测试用例。每个测试用例的第一行给出两个整数 $h$ 和 $w$，分别表示地图的长和宽，单位是英里。为了方便起见，每张地图被划分为网格点，每个网格点是一个 1 平方英里的正方形。地图上的每个点为下述之一：

- @ 黑胡子上岸的地点。
- ~ 河流。在岛上，黑胡子无法跨越河流。
- # 一大片棕榈树林。非常浓密，黑胡子无法通过。
- . 沙地。黑胡子可以轻易地通过。
- * 愤怒的当地土人营地。黑胡子要离这样的营地至少一个方格，否则就有可能被抓去，使得他的寻宝之旅中止。这里要注意，相距一个方格是指在 8 个方向中的任何一个，包括对角方向。
- ! 一件珍宝。黑胡子是一个固执的海盗，如果他没有将所有的珍宝取走，他决不会离开。

黑胡子只能朝四个基本方向行走，也就是说，他不能走对角线。黑胡子每小时只能缓慢地行走一英里（也就是走一个方格），但他挖宝的时间很快，挖宝的时间可以忽略。

地图的最大维数是 50×50。输入以 $h=w=0$ 为结束标志。程序不用处理这一用例。

**输出**

对每个测试用例，输出黑胡子取走所有的珍宝并回到登陆点所需要的最少的小时数。如果不可能取走所有的珍宝，则输出 −1。

| 样例输入 | 样例输出 |
|---|---|
| 7 7 | 10 |
| ~~~~~~~ | 32 |
| ~#!###~ | |
| ~…#.~ | |
| ~~….~ | |
| ~~~.@~~ | |
| .~~~~~~ | |
| …~~~. | |
| 10 10 | |
| ~~~~~~~~~~ | |

（续）

| 样例输入 | 样例输出 |
| --- | --- |
| ~~!!!###~~<br>~##...###~<br>~#....*##~<br>~#!..**~~~<br>~~....~~~~<br>~~~....~~~<br>~~..~..@~~<br>~#!.~~~~~~<br>~~~~~~~~~~<br>0 0 | |

试题来源：A Special Contest 2005

在线测试：UVA 10937

**提示**

将珍宝位置作为节点，将登陆点作为起点和终点，试题要求计算一条最短的哈密顿回路。其解法和题目 7.3.2.2 完全一样，使用 BFS 搜索 +hash 判重 + 状态压缩就可以解决。

# 第8章

# 计算几何的编程实验

计算几何学是研究几何问题的算法，现代工程与数学，诸如计算机图形学、计算机辅助设计、机器人学都要应用计算几何学。因此计算几何学是算法体系中的一个重要组成部分。

当然，本章不可能包括计算几何的全部。本章将重点展开如下四个方面的实验：

- 点线面运算的实验；
- 扫描线算法的实验；
- 计算半平面交的实验；
- 凸包计算和旋转卡壳算法的实验。

## 8.1 点线面运算的实验范例

在欧几里得空间中，点被表示为一个二维坐标（$x, y$）。如果平面上存在两个点 $P_1=(x_1, y_1)$ 和 $P_2=(x_2, y_2)$，而且从 $P_1$ 到 $P_2$ 有一条线段，这样的线段叫作有向线段，记作 $\overrightarrow{P_1P_2}$，其中 $P_1$ 是起点，$P_2$ 是终点，线段长度（即起点和终点的欧氏距离）$\left|\overrightarrow{P_1P_2}\right| = \sqrt{(x_1-x_2)^2+(y_1-y_2)^2}$。如果 $P_1$ 是原点（0, 0），则有向线段 $\overrightarrow{P_1P_2}$ 记为向量 $\boldsymbol{P_2}$，向量 $\boldsymbol{P_2}$ 的长度为 $|\boldsymbol{P_2}|=\sqrt{x_2^2+y_2^2}$，简称为 $\boldsymbol{P_2}$ 的模。

本节围绕点、线、面运算的三个核心问题展开实验：

- 计算点积和叉积；
- 计算线段交；
- 利用欧拉公式计算多面体。

### 8.1.1 计算点积和叉积

首先介绍点积和叉积的概念，这两个概念是几何计算的中心。

**1. 点积**

设点的坐标为 $A(x_1, y_1)$，$B(x_2, y_2)$，$C(x_3, y_3)$，$D(x_4, y_4)$。向量 $\boldsymbol{AB}=(x_2-x_1, y_2-y_1)=(x_{AB}, y_{AB})$，其模 $|\boldsymbol{AB}|=\sqrt{x_{AB}^2+y_{AB}^2}$；向量 $\boldsymbol{CD}=(x_4-x_3, y_4-y_3)=(x_{CD}, y_{CD})$，其模 $|\boldsymbol{CD}|=\sqrt{x_{CD}^2+y_{CD}^2}$。向量 $\boldsymbol{AB}$ 和 $\boldsymbol{CD}$ 如图 8-1 所示。

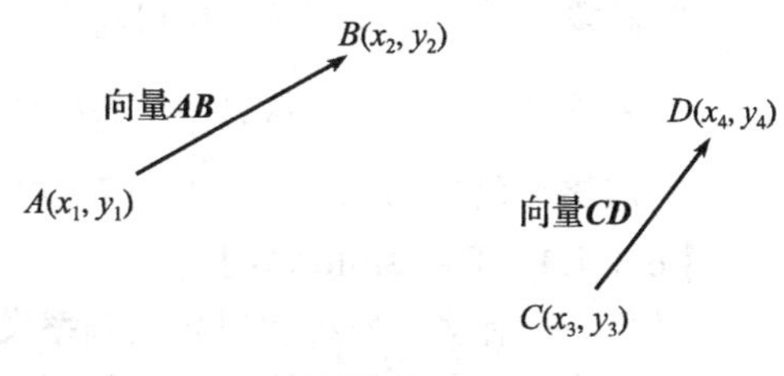

图 8-1

向量 $\boldsymbol{AB}$ 和 $\boldsymbol{CD}$ 的点积定义为 $\boldsymbol{AB}\cdot\boldsymbol{CD}=x_{AB}*x_{CD}+y_{AB}*y_{CD}=|\boldsymbol{AB}|*|\boldsymbol{CD}|*\cos(a)$，其中 $a$ 是向量 $\boldsymbol{AB}$ 和向量 $\boldsymbol{CD}$ 之间的夹角，$a=a\cos\left(\frac{AB\cdot CD}{|AB|*|CD|}\right)$，$0°\leqslant a\leqslant 180°$。显然，如果点积 $\boldsymbol{AB}\cdot\boldsymbol{CD}$ 为负，则向量 $\boldsymbol{AB}$ 和向量 $\boldsymbol{CD}$ 之

间的夹角为钝角；如果点积 **AB · CD** 为正，则向量 **AB** 和向量 **CD** 之间的夹角为锐角；如果点积 **AB · CD** 为零，则向量 **AB** 和向量 **CD** 垂直。

**2. 叉积**

在图 8-2 中，有两个向量 $\boldsymbol{P_1}$ 和 $\boldsymbol{P_2}$。

向量 $\boldsymbol{P_1}$ 和向量 $\boldsymbol{P_2}$ 的叉积定义为 $\boldsymbol{P_1}$^$\boldsymbol{P_2}$= $\begin{vmatrix} x_1 & y_1 \\ x_2 & y_2 \end{vmatrix}$ = $x_1*y_2-x_2*y_1=-\boldsymbol{P_2}$^$\boldsymbol{P_1}$，其结果值的绝对值 |$\boldsymbol{P_1}$^$\boldsymbol{P_2}$| 为 (0, 0)、$P_1(x_1, y_1)$、$P_2(x_2, y_2)$ 和 $P_1+P_2\,(x_1+x_2, y_1+y_2)$ 四个点围成的平行四边形的阴影面积，其正负值定义如下：

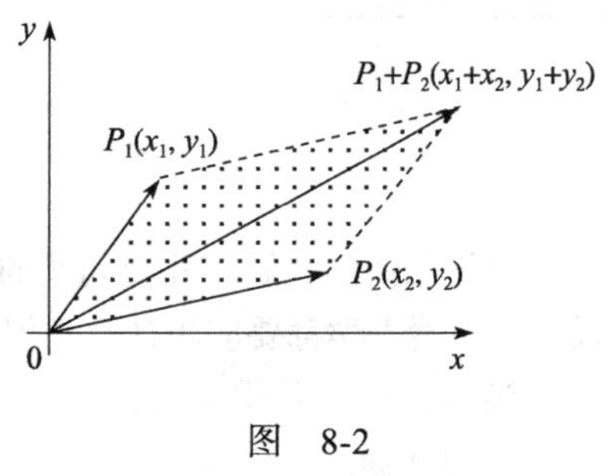


图　8-2

- 如果从 $\boldsymbol{P_2}$ 到 $\boldsymbol{P_1}$ 是顺时针方向，则叉积 $\boldsymbol{P_1}$^$\boldsymbol{P_2}>0$；
- 如果从 $\boldsymbol{P_2}$ 到 $\boldsymbol{P_1}$ 是逆时针方向，则叉积 $\boldsymbol{P_1}$^$\boldsymbol{P_2}<0$；
- 如果 $\boldsymbol{P_2}$ 和 $\boldsymbol{P_1}$ 共线（方向可以相同或相反），则叉积 $\boldsymbol{P_1}$^$\boldsymbol{P_2}=0$。

如图 8-3 所示，将点 $P_0$ 水平或垂直移动到（0, 0），我们可以确定从 $\boldsymbol{P_2}$ 到 $\boldsymbol{P_1}$ 是顺时针方向还是逆时针方向。

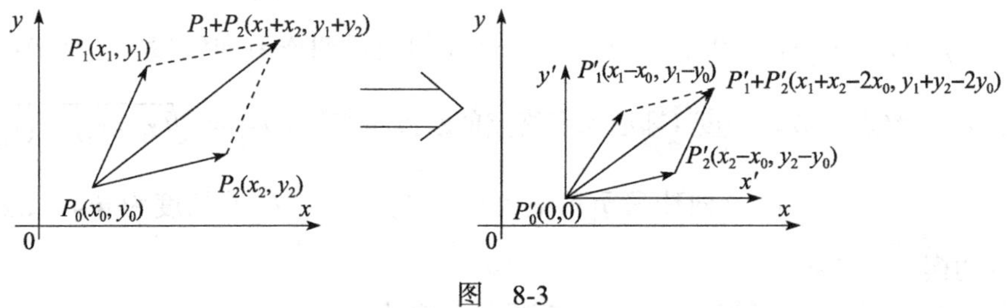


图　8-3

设向量 $\boldsymbol{P_1'}=\boldsymbol{P_1}-\boldsymbol{P_0}$，向量 $\boldsymbol{P_2'}=\boldsymbol{P_2}-\boldsymbol{P_0}$，其中 $\boldsymbol{P_1'}=(x_1', y_1')=(x_1-x_0, y_1-y_0)$，$\boldsymbol{P_2'}=(x_2', y_2')=(x_2-x_0, y_2-y_0)$，则 $\boldsymbol{P_1'}$^$\boldsymbol{P_2'}=(\boldsymbol{P_1}-\boldsymbol{P_0})$^$(\boldsymbol{P_2}-\boldsymbol{P_0})=(x_1-x_0)(y_2-y_0)-(x_2-x_0)(y_1-y_0)$。

如果该叉积为正，则从 $\overrightarrow{P_0P_2}$ 到 $\overrightarrow{P_0P_1}$ 是顺时针；或者说，相应于点 $P_0$，$\boldsymbol{P_2}$ 的极角大于 $\boldsymbol{P_1}$ 的极角。如果该叉积为负，则从 $\overrightarrow{P_0P_2}$ 到 $\overrightarrow{P_0P_1}$ 是逆时针；或者说，相应于点 $P_0$，$\boldsymbol{P_1}$ 的极角大于 $\boldsymbol{P_2}$ 的极角。如果该叉积为零，则 $\overrightarrow{P_0P_1}$ 和 $\overrightarrow{P_0P_2}$ 共线；或者说，相对于点 $P_0$，$\boldsymbol{P_1}$ 的极角和 $\boldsymbol{P_2}$ 的极角相等。

基于叉积 $\boldsymbol{P_1'}$^$\boldsymbol{P_2'}=(\boldsymbol{P_1}-\boldsymbol{P_0})$^$(\boldsymbol{P_2}-\boldsymbol{P_0})=(x_1-x_0)(y_2-y_0)-(x_2-x_0)(y_1-y_0)$，我们能够确定从 $\overrightarrow{P_0P_1}$ 到 $\overrightarrow{P_0P_2}$ 是顺时针还是逆时针。

- 若该叉积为正，则从 $\overrightarrow{P_0P_1}$ 到 $\overrightarrow{P_0P_2}$ 是逆时针，即从 $\boldsymbol{P_1}$ 向左转到 $\boldsymbol{P_2}$（图 8-4a）；
- 若该叉积为负，则从 $\overrightarrow{P_0P_1}$ 到 $\overrightarrow{P_0P_2}$ 是顺时针，即从 $\boldsymbol{P_1}$ 向右转到 $\boldsymbol{P_2}$（图 8-4b）；
- 若该叉积为 0，则 $\boldsymbol{P_0}$、$\boldsymbol{P_1}$ 和 $\boldsymbol{P_2}$ 共线（图 8-4c）。

【8.1.1.1　Transmitters】

对于一个有多个发射台以相同频率发送信号的无线网络，通常要求信号不交叠，或至少不发生冲突。实现的方法之一是限制发射台的覆盖范围，使用只在半圆内发送信号屏蔽的发射器。

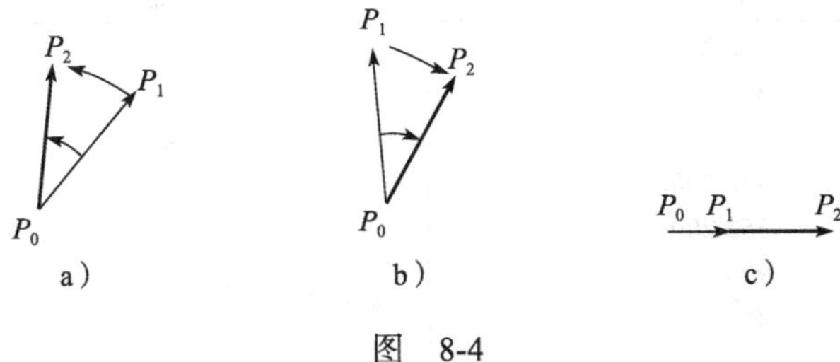


图 8-4

一个发射台 $T$ 在 1000 平方米的网格中，向半径为 $R$ 的半圆形区域发送信号，发射台可向任何方向旋转，但不会移动。给出网格上在任何地方的 $N$ 个点，请计算发射台发送的信号可以覆盖的最多的点的数目。图 8-5 给出了三个发射台旋转可以覆盖到的点。

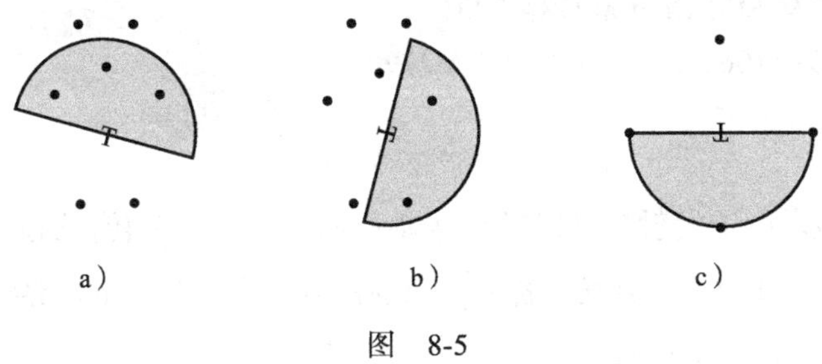


图 8-5

所有输入的坐标为整数（0 ～ 1000）。半径是一个大于 0 的正实数。在半圆边界上的点被认为在半圆内。每个发射台可以覆盖 1 ～ 150 个不同的点，点和发射台不可能在同一位置上。

**输入**

输入包含一个或多个测试用例，每个测试用例首先给出发射台的坐标 $(x, y)$，然后给出发射半径 $r$；接下来的一行给出网格点数 $N$；然后给出 $N$ 个 $(x, y)$ 坐标，每个坐标一行。以半径取负数值标志输入结束。图 8-5 表示下面的数据样例，但在比例上不同。图 8-5a 和图 8-5c 显示了发射台旋转的最大覆盖。

**输出**

对每个发射台输出一行，给出半圆可以覆盖的最多点数。

| 样例输入 | 样例输出 |
| --- | --- |
| 25 25 3.5<br>7<br>25 28<br>23 27<br>27 27<br>24 23<br>26 23<br>24 29<br>26 29<br>350 200 2.0<br>5 | 3<br>4<br>4 |

（续）

| 样例输入 | 样例输出 |
|---|---|
| 350 202<br>350 199<br>350 198<br>348 200<br>352 200<br>995 995 10.0<br>4<br>1000 1000<br>999 998<br>990 992<br>1000 999<br>100 100 -2.5 | 3<br>4<br>4 |

试题来源：ACM Mid-Central USA 2001

在线测试：POJ 1106，ZOJ 1041，UVA 2290

**试题解析**

设发射台为$p_0$。由于发射台可以以$p_0$为轴心向任何方向旋转，因此任何点$p_i$与$p_0$间的直线都可以作为半圆的下边界线。若$\overrightarrow{p_0p_i}$所在的直线为半圆的下边界线，则位于半圆区域内的点$p_j$必须同时满足下述两个条件：

- $p_j$在以$\overrightarrow{p_0p_i}$为下边界线的半圆一侧，即$\overrightarrow{p_0p_i} \wedge \overrightarrow{p_0p_j} \geqslant 0$；
- $p_j$与$p_0$的距离不大于半径，即$\left|\overrightarrow{p_0p_j}\right| \leqslant r$。

我们依次以$p_i$为基点，利用叉积统计位于$\overrightarrow{p_0p_i}$逆时针方向且长度与$p_0$的距离不大于发射半径$r$的点数$s_i$，因为当$\overrightarrow{p_0p_i}$所在的直线为半圆的下边界线时，这些点被半圆所覆盖。

显然，半圆可以覆盖的最多点数$S=\max\limits_{1\leqslant i\leqslant n}\{s_i\}$。

**参考程序**

```
#include <cstdio>
#include <cmath>
#include <cstring>
#include <algorithm>
using namespace std;
const double epsi = 1e-10;
const double pi = acos(-1.0);
const int maxn = 50005;
struct Point {                                         //定义点运算的结构类型
    double x, y;
    Point(double _x = 0, double _y = 0): x(_x), y(_y) { }  //构造点
    Point operator -(const Point &op2) const {             //定义向量减
        return Point(x - op2.x, y - op2.y);
    }
    double operator ^(const Point &op2) const {        //定义两个向量的叉积运算
```

```
        return x * op2.y - y * op2.x;
    }
};
inline int sign(const double &x) {                    //返回 x 的正负标志或零标志
    if (x > epsi) return 1;
    if (x < -epsi) return -1;
    return 0;
}
inline double sqr(const double &x) {                  //计算 x²
    return x * x;
}
inline double mul(const Point &p0,const Point &p1,const Point &p2) {
                                                      //定义 p0p1 与 p0p2 的叉积
    return (p1 - p0) ^ (p2 - p0);
}
inline double dis2(const Point &p0, const Point &p1) {       //计算 |p0p1|²
    return sqr(p0.x - p1.x) + sqr(p0.y - p1.y);
}
inline double dis(const Point &p0, const Point &p1) {        //计算 |p0p1|
    return sqrt(dis2(p0, p1));
}
int n ;
Point p[maxn], cp;          //点序列为 p[],发射台为 cp
double r;                   //半径
int main() {
    while (scanf("%lf %lf %lf ", &cp.x, &cp.y, &r) && r >= 0 ) {
    //反复输入发射台的坐标和半径,直至半径为负为止
     scanf("%d", &n);                                        //输入点数
     int ans = 0;
     for (int i=0;i<n;i++)scanf("%lf %lf",&p[i].x,&p[i].y); //输入每个格点坐标
     for (int i = 0 ; i < n ; i ++) {                         //枚举所有的格点
       int tmp = 0;                  //以点 i 与发射台为半圆的下边界线,统计覆盖点数
       for (int j = 0 ; j < n ; j ++) //沿逆时针方向统计与发射台的距离不大于 r 的点数
        if (sign( dis(p[j], cp)-r)!=1)
         if(sign( mul(cp,p[i],p[j]))!=-1)tmp++; //若 cpp_i 在 cpp_j 的顺时针方向,则覆盖点数 +1
        ans = max( ans, tmp);                   //调整覆盖的最多点数
     }
     printf("%d\n", ans);                       //输出半圆可以覆盖的最多点数
    }
    return 0;
}
```

对于两个向量 $P_1$ 和 $P_2$，叉积 $P_1$^$P_2$ 的绝对值是由原点（0, 0）、$P_1$、$P_2$ 和 $P_1+P_2$ 四个点围成的平行四边形的阴影面积，如图 8-6 所示。而原点、$P_1$ 和 $P_2$ 围成的三角形面积 $S_{\Delta(0,0)P_1P_2} = \dfrac{|P_1 \wedge P_2|}{2}$。

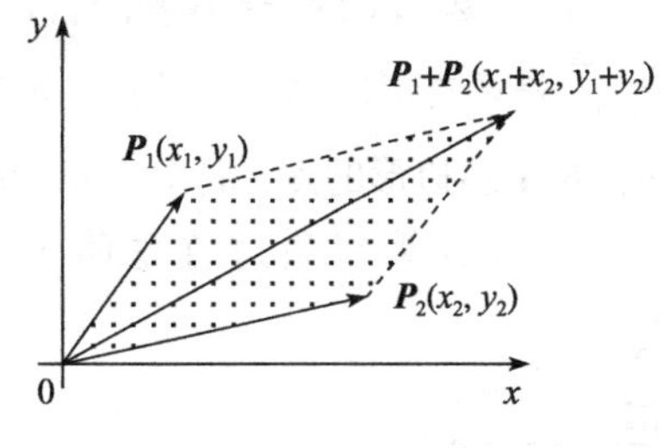

图 8-6

所以，可以利用叉积计算多边形的面积。设多边形的顶点按照顺时针（或逆时针）方向排列为

$p_0, \cdots, p_{n-1}$，并且 $p_n = p_0$。多边形面积 $S = \frac{\left|\sum_{i=1}^{n-2} \boldsymbol{P}_i \wedge \boldsymbol{P}_{i+1}\right|}{2}$，其中向量 $\boldsymbol{P}_i$ 是 $\overrightarrow{p_0 p_i}$，$1 \leqslant i \leqslant n-1$。

【8.1.1.2　Area】

请计算一个特殊多边形的面积。这个多边形的一个顶点是直角坐标系的原点。从这个顶点出发，可以一步一个顶点地走向多边形的下一个顶点，直到返回到初始的顶点。每一步可以向北、西、南或东走 1 单位长度；或者向西北、东北、西南或东南走 $\sqrt{2}$ 单位长度。

例如，图 8-7 是一个合法的多边形，其面积是 2.5。

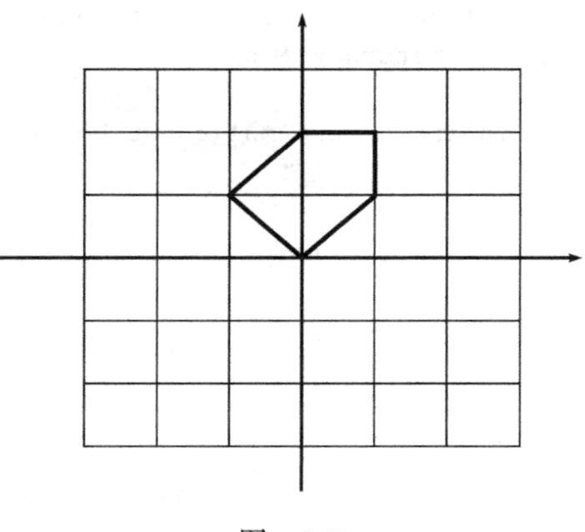

图　8-7

**输入**

输入的第一行给出一个整数 $t$ ($1 \leqslant t \leqslant 20$)，表示测试的多边形的个数。接下来的每一行给出一个字符串，由 1 ～ 9 的数字组成，表示从原点出发，多边形是如何构成的。这里 8、2、6 和 4 分别表示向北、向南、向东和向西，而 9、7、3 和 1 分别表示向东北、西北、东南和西南。数字 5 仅出现在序列结束的时候，表示停止行走。本题给出的多边形都是有效的多边形，也就是说，结束点回到起点，多边形的边彼此不相交。每行多达 1 000 000 位。

**输出**

对于每个多边形，输出一行，给出其面积。

| 样例输入 | 样例输出 |
|---|---|
| 4<br>5<br>825<br>6725<br>6244865 | 0<br>0<br>0.5<br>2 |

*试题来源*：POJ Monthly--2004.05.15 Liu Rujia@POJ

*在线测试*：POJ 1654

**试题解析**

设多边形的点是 $p_0, p_1, \cdots, p_{n-1}$，其中 $p_0$ 是 (0, 0)，$p_n = p_0$。基于多边形的边的顺序，$\overrightarrow{p_i p_{i+1}}$ 是多边形的第 $i+1$ 条边，$0 \leqslant i \leqslant n-1$；第 $n$ 条边是 $\overrightarrow{p_{n-1} p_0}$。从 (0, 0) 出发，相应于 $p_0$，对于多边形的点，计算向量 $\boldsymbol{P}_0, \boldsymbol{P}_1, \cdots, \boldsymbol{P}_{n-1}$。

依次计算每条边首尾两个向量的叉积 $\boldsymbol{P}_i$^$\boldsymbol{P}_{i+1}$ ($0 \leqslant i \leqslant n-1$)，多边形的面积 $S = \frac{\left|\sum_{i=0}^{n-1} \boldsymbol{P}_i \wedge \boldsymbol{P}_{i+1}\right|}{2}$。

## 参考程序

```
#include <cstdio>
#include <cmath>
#include <cstring>
#include <algorithm>
#include <iostream>
#include <string>
using namespace std;
const double epsi = 1e-10;
const double pi = acos(-1.0);
const int maxn = 100005;
inline int sign(const double &x) {                          //计算 x 的正负号标志
    if (x > epsi) return 1;
    if (x < -epsi) return -1;
    return 0;
}
struct Point {                                              //定义点运算的结构类型
    long long x, y;
    Point(double _x = 0, double _y = 0): x(_x), y(_y) { }   //构造点
    Point operator +(const Point &op2) const {              //定义向量加
        return Point(x + op2.x, y + op2.y);
    }
    long long operator ^(const Point &op2) const {          //定义向量叉积
        return x * op2.y - y * op2.x;
    }
};
int main() {
    int test = 0 ;
    string s;
    long long ans;
        scanf ("%d\n", &test );                             //输入多边形个数
        for (; test; test --) {                             //依次处理每个多边形
            cin >> s;                                       //输入多边形的方向序列
            ans = 0;
            Point p = Point( 0, 0), p1;                     //从源点出发
            for (int i = 0 ; i < s.size() ; i ++) {
                if ( s[i] == '1') p1 = p+Point(-1, -1); //计算向西南走一步的位置
                if ( s[i] == '2') p1 = p+Point(0, -1);  //计算向南走一步的位置
                if ( s[i] == '3') p1 = p+Point(1, -1);  //计算向东南走一步的位置
                if ( s[i] == '4') p1 = p + Point(-1,0); //计算向西走一步的位置
                if ( s[i] == '5') p1 = Point(0, 0);     //停止行走
                if ( s[i] == '6') p1 = p + Point(1, 0); //计算向东走一步的位置
                if ( s[i] == '7') p1 = p+Point(-1, 1);  //计算向西北走一步的位置
                if ( s[i] == '8') p1 = p + Point(0, 1); //计算向北走一步的位置
                if ( s[i] == '9') p1 = p + Point(1, 1); //计算向东北走一步的位置
                ans += p ^ p1;                          //累计 p 与 p1 的叉积
                p = p1;                                 //从 p1 继续走下去
            }
            if (ans<0 ) ans = -ans;                         //面积取绝对值
            cout<<ans/2;                                    //输出面积
            if (ans % 2 ) cout << ".5";                     //若为奇数，则处理小数
            cout << endl;
        }
    return 0;
}
```

### 8.1.2 计算线段交

本小节将讨论3个问题：

- 如何判断两条直线相交；
- 在两条直线相交的情况下，如何求交点；
- 如何计算一个三角形的外心。

#### 1. 如何判断两条直线相交

所谓跨立是指某线段的两个端点分别处于另一线段所在直线的两旁，或者其中一个端点在另一线段所在的直线上。显然，判断线段$\overrightarrow{p_1p_2}$是否与线段$\overrightarrow{p_3p_4}$相交，只要判断下述两个条件是否同时成立：

- $\overrightarrow{p_1p_2}$跨立线段$\overrightarrow{p_3p_4}$所在的直线；
- $\overrightarrow{p_3p_4}$跨立线段$\overrightarrow{p_1p_2}$所在的直线。

要判定上述两个条件是否同时成立，需要分别进行两次跨立实验。两次跨立实验的方法是相同的，都是进行叉积计算。以$\overrightarrow{p_1p_2}$跨立线段$\overrightarrow{p_3p_4}$所在直线的实验为例，其设计思想是，从$p_1$出发向另一线段的两个端点$p_3$和$p_4$引出两条辅助线段$\overrightarrow{p_1p_3}$、$\overrightarrow{p_1p_4}$。然后计算两个叉积：$(\boldsymbol{P_3}-\boldsymbol{P_1})$^$(\boldsymbol{P_2}-\boldsymbol{P_1})$ 和 $(\boldsymbol{P_4}-\boldsymbol{P_1})$^$(\boldsymbol{P_2}-\boldsymbol{P_1})$。

- 若两个叉积的正负号相反，说明$\overrightarrow{p_1p_3}$和$\overrightarrow{p_1p_4}$分别在$\overrightarrow{p_1p_2}$两边，即$\overrightarrow{p_3p_4}$跨立$\overrightarrow{p_1p_2}$所在的直线。如图8-8a所示。
- 若两个叉积的正负号相同，说明$\overrightarrow{p_1p_3}$和$\overrightarrow{p_1p_4}$同在$\overrightarrow{p_1p_2}$的一边，即$\overrightarrow{p_3p_4}$不能跨立$\overrightarrow{p_1p_2}$所在的直线。如图8-8b所示。
- 若任何一个叉积为0，则$P_3$和$P_4$两点中有一点位于线段$\overrightarrow{p_1p_2}$所在的直线上。是否为线段$\overrightarrow{p_1p_2}$的中间点，还需通过$\overrightarrow{p_3p_4}$跨立$\overrightarrow{p_1p_2}$所在直线的实验确定。如图8-8c所示。

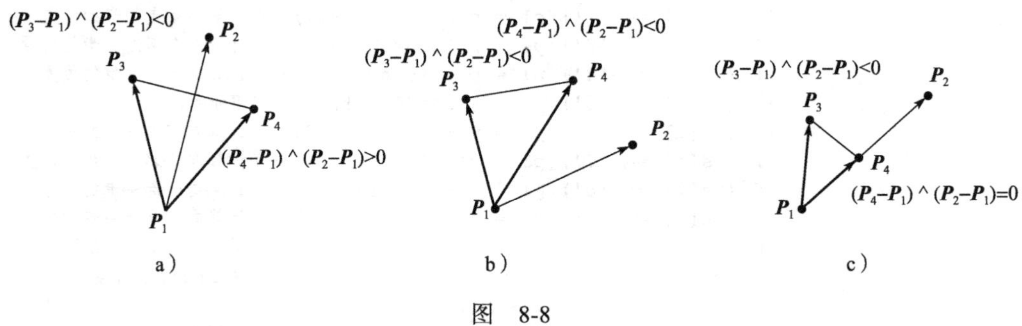


图 8-8

【8.1.2.1 Pick-up Sticks】

Stan有$n$根不同长度的棍子。他一次一根地将棍子随机地扔在地板上，然后，Stan试图找到在最上面的棍子，也就是没有其他的棍子压在这样的棍子上面。Stan已经注意到，最后扔出的棍子总在最上面，但他想知道所有在最上面的棍子。Stan的棍子非常薄，其厚度可以忽略不计（如图 8-9 所示）。

**输入**

输入由若干测试用例组成。每个测试用例首先给出 $1 \leqslant n \leqslant 100\,000$，表示这一测试用例中棍子的个数；接下来的 $n$ 行每行给出 4 个数，这些数是一根棍子的端点的平面坐标，棍子列表的顺序是 Stan 扔棍子的顺序。本题设定在最上面的棍子不超过 1000 根。输入以 $n=0$ 结束，程序不用处理这一测试用例。

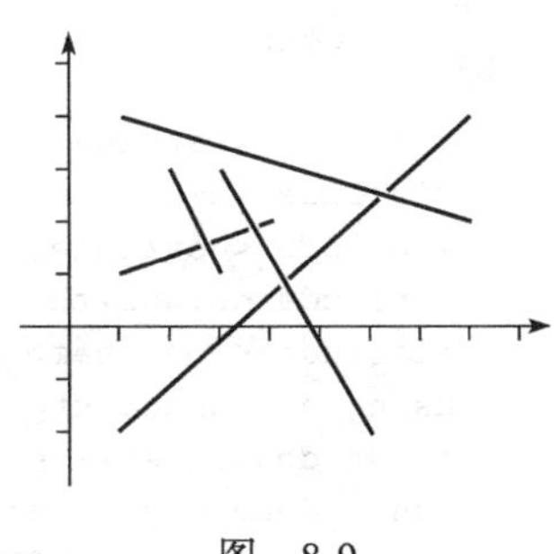

图 8-9

**输出**

对每个测试用例输出一行给出在最上面的棍子的列表，格式按样例。在最上面的棍子的列表顺序按 Stan 扔棍子的顺序。

海量数据，推荐用 scanf。

| 样例输入 | 样例输出 |
|---|---|
| 5<br>1 1 4 2<br>2 3 3 1<br>1 -2.0 8 4<br>1 4 8 2<br>3 3 6 -2.0<br>3<br>0 0 1 1<br>1 0 2 1<br>2 0 3 1<br>0 | Top sticks: 2, 4, 5.<br>Top sticks: 1, 2, 3. |

试题来源：Waterloo local 2005.09.17

在线测试：POJ 2653，ZOJ 2551

**试题解析**

由于棍子列表是按 Stan 扔棍子的顺序排列的，因此按编号递增的顺序（即自下而上）枚举每根棍子 $i$（$1 \leqslant i \leqslant n$）。

枚举棍子 $i$ 上方的每根棍子 $j$（$i+1 \leqslant j \leqslant n$），若其中任何一根棍子与棍子 $i$ 相交，则说明棍子 $i$ 被上面的棍子压住了，直接判断棍子 $i+1$；若棍子 $i$ 未与上方的任何一根棍子相交，则棍子 $i$ 属于最上面的棍子。

判别两根棍子是否相交，可通过两次跨立实验。设下方的棍子 $i$ 为 $\overrightarrow{p_1^i p_2^i}$，上方的棍子 $j$ 为 $\overrightarrow{p_1^j p_2^j}$。$\overrightarrow{p_1^i p_2^i}$ 与 $\overrightarrow{p_1^j p_2^j}$ 相交，必须同时满足如下两个条件：

- $\overrightarrow{p_1^j p_2^j}$ 跨越 $\overrightarrow{p_1^i p_2^i}$，即 $\overrightarrow{p_1^i p_2^i} \wedge \overrightarrow{p_1^i p_1^j}$ 与 $\overrightarrow{p_1^i p_2^i} \wedge \overrightarrow{p_1^i p_2^j}$ 的正负号不同（或者其中一个叉积为 0）。
- $\overrightarrow{p_1^i p_2^i}$ 跨越 $\overrightarrow{p_1^j p_2^j}$，即 $\overrightarrow{p_1^j p_2^j} \wedge \overrightarrow{p_1^j p_1^i}$ 与 $\overrightarrow{p_1^j p_2^j} \wedge \overrightarrow{p_1^j p_2^i}$ 的正负号不同（或者其中一个叉积为 0）。

算法的时间复杂度为 $O(n^2)$。

## 参考程序

```
#include <cstdio>
#include <cmath>
#include <cstring>
#include <algorithm>
#include <iostream>
using namespace std;
const double epsi = 1e-10;                                    // 无穷小
const double pi = acos(-1.0);
const int maxn = 100005;                                      // 棍子数的上限
inline int sign(const double &x) {                            // 返回 x 的正负标志或零标志
    if (x > epsi) return 1;
    if (x < -epsi) return -1;
    return 0;
}
struct Point {                                                // 定义点运算的结构类型
    double x, y;
    Point(double _x = 0, double _y = 0): x(_x), y(_y) { } // 构建点
    Point operator +(const Point &op2) const {
        return Point(x + op2.x, y + op2.y);
    }
    Point operator -(const Point &op2) const {                // 定义向量减
        return Point(x - op2.x, y - op2.y);
    }
    double operator *(const Point &op2) const {
        return x * op2.x + y * op2.y;
    }
    Point operator *(const double &d) const {
        return Point(x * d, y * d);
    }
    Point operator /(const double &d) const {
        return Point(x / d, y / d);
    }
    double operator ^(const Point &op2) const {               // 向量叉积
        return x * op2.y - y * op2.x;
    }
    bool operator !=(const Point &op2) const {
        return sign (op2.x - x) != 0 || sign( op2.y - y) != 0;
    }
};
inline double sqr(const double &x) {                          // x²
    return x * x;
}
inline double mul(const Point &p0, const Point &p1, const Point &p2) {
                                                              // p0p1 与 p1p2 的叉积
   return (p1 - p0) ^ (p2 - p0);
}
inline double dis2(const Point &p0, const Point &p1) {
    return sqr(p0.x - p1.x) + sqr(p0.y - p1.y);
}
inline double dis(const Point &p0, const Point &p1) {   // |p0p1|
```

```
        return sqrt(dis2(p0, p1));
    }
    inline int cross( const Point &p1, const Point &p2, const Point &p3, const Point
&p4, Point &p) {                                          // 判断 p1p2 是否跨立 p3p4
        double a1 = mul( p1, p2, p3), a2 = mul( p1, p2, p4 ) ;
        if (sign ( a1 ) ==0 && sign ( a2 ) == 0) return 2; // 若 p1p2 与 p3p4 重合，返回 2
        if (sign ( a1 ) == sign ( a2 )) return 0;        // p1p2 不跨立 p3p4，返回 0
        return 1;                                         // p1p2 跨立 p3p4
    }
    int n;
    Point p1[maxn], p2[maxn], tp;                         // 棍子的坐标序列 p1[] 和 p2[]
    int main() {
        int test = 0;                                     // 测试用例编号初始化
        while ( scanf ("%d", &n ) && n ) {                // 棍子数
            printf("Top sticks:");
            bool fl = false ;
            for ( int i = 1 ; i <= n ; i ++)              // n 根棍子的坐标序列
                scanf("%lf %lf %lf %lf", &p1[i].x, & p1[i].y, & p2[i].x,& p2[i].y);
            for ( int i = 1 ; i <= n ; i ++) {            // 每根棍子 i 自底向上枚举，1≤i≤n
                bool flag = false ;
                for (int j = i+1 ; j <= n ; j ++)         // 棍子 i 之上的每根棍子 j 被枚举
                if ( cross ( p1[i], p2[i], p1[j], p2[j], tp ) == 1 && cross ( p1[j],
p2[j], p1[i], p2[i], tp ) == 1) { flag = true; break; }
                if (flag == false && fl == true ) printf(",");
                if (flag == false ) printf(" %d", i ), fl = true;
            }
            printf(".\n");
        }
        return 0;
    }
```

**2. 在两条直线相交的情况下如何求交点**

在已确定两线段相交的情况下，可以使用叉积公式求交点。设 mul $(p_0, p_1, p_2)$ 是 $\overrightarrow{p_0p_1}$ 和 $\overrightarrow{p_0p_2}$ 的叉积，即 mul $(p_0, p_1, p_2)=(p_1-p_0)$^$(p_2-p_0)$。该叉积可看作由 $p_0$、$p_1$、$p_2$ 和 $p_1+p_2$ 四个点围成的平行四边形的阴影面积，即 $S_{\Delta p_0p_1p_2} = \frac{1}{2} * |\text{mul}(p_0, p_1, p_2)|$（如图 8-10 所示）。

基于此，在两条线段相交的情况下，求交点。例如，图 8-11 中节点 $P$ 是线段 $AB$ 和线段 $CD$ 的交点。

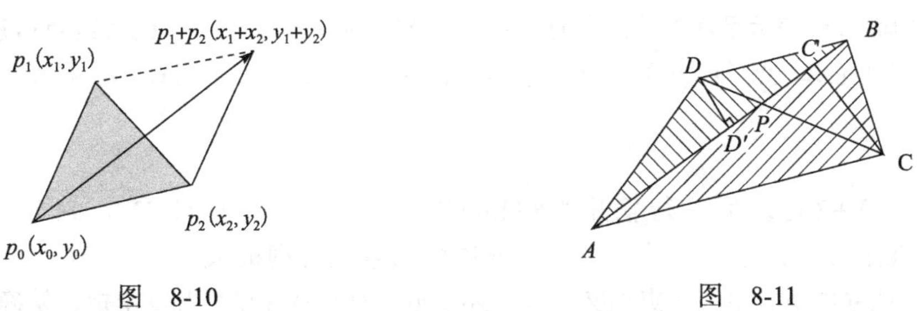


图 8-10　　　　图 8-11

$DD'$ 是从点 $D$ 出发的线段 $AB$ 的垂线，而 $CC'$ 是从点 $C$ 出发的线段 $AB$ 的垂线。因为

$\triangle DD'P \backsim \triangle CC'P$，因此

$$\frac{|DD'|}{|CC'|}=\frac{|DP|}{|PC|}$$

又因为

$$S_{\Delta ABD}=\frac{|DD'|*|AB|}{2}$$

且

$$S_{\Delta ABD}=\frac{|CC'|*|AB|}{2}$$

所以

$$\frac{|DP|}{|PC|}=\frac{S_{\Delta ABD}}{S_{\Delta ACD}}=\frac{|\overrightarrow{AD}\wedge\overrightarrow{AB}|}{|\overrightarrow{AC}\wedge\overrightarrow{AB}|}=\frac{|\mathrm{mul}(A,D,B)|}{|\mathrm{mul}(A,C,B)|}$$

又因为

$$\frac{|DP|}{|PC|}=\frac{x_D-x_P}{x_p-x_C}=\frac{y_D-y_p}{y_p-y_C}$$

所以

$$x_p=\frac{S_{\Delta ABD}\times x_C+S_{\Delta ABC}\times x_D}{S_{\Delta ABD}+S_{\Delta ABC}}=\frac{|\mathrm{mul}(A,D,B)|\times x_C+|\mathrm{mul}(A,C,B)|\times x_D}{|\mathrm{mul}(A,D,B)|+|\mathrm{mul}(A,C,B)|}$$

$$y_p=\frac{S_{\Delta ABD}\times y_C+S_{\Delta ABC}\times y_D}{S_{\Delta ABD}+S_{\Delta ABC}}=\frac{|\mathrm{mul}(A,D,B)|\times y_C+|\mathrm{mul}(A,C,B)|\times y_D}{|\mathrm{mul}(A,D,B)|+|\mathrm{mul}(A,C,B)|}$$

【8.1.2.2　Intersecting Lines】

众所周知，在一个平面上的两个不同点确定一条直线。在一个平面上两条直线之间的关系有三种：1）不相交，两条直线是平行的；2）两条直线重叠；3）两条直线相交于一个点。在本题中，请应用代数知识，编写一个程序，确定两条直线之间的关系以及在何处两条直线相交。

你的程序要反复输入两条直线在 $x$-$y$ 平面上的四个点，并确定两条直线之间的关系以及在何处相交。本题设定所有的数据是有效的，在 −1000 到 1000 之间。

**输入**

输入的第一行给出一个在 1 到 10 之间的整数 $N$，表示要给出多少对直线。接下来的 $N$ 行每行给出 8 个整数，这些整数表示平面上的 4 个点的坐标，次序是 $x_1 y_1 x_2 y_2 x_3 y_3 x_4 y_4$。即每个这样的输入行表示平面上的两条直线：通过（$x_1, y_1$）和（$x_2, y_2$）的直线及通过（$x_3, y_3$）和（$x_4, y_4$）的直线。点（$x_1, y_1$）和点（$x_2, y_2$）是不同的，同样，点（$x_3, y_3$）和点（$x_4, y_4$）是不同的。

**输出**

输出有 $N$+2 行，第一行输出 "INTERSECTING LINES OUTPUT"。对于输入中给出的每对在平面上的直线，输出一行，描述两条直线之间的关系："NONE"，"LINE" 或 "POINT"。如果两条直线在一点相交，程序还要输出该点的 $x$ 坐标和 $y$ 坐标，精确到小数点后两位，在最后一行输出 "END OF OUTPUT"。

| 样例输入 | 样例输出 |
|---|---|
| 5 | INTERSECTING LINES OUTPUT |
| 0 0 4 4 0 4 4 0 | POINT 2.00 2.00 |
| 5 0 7 6 1 0 2 3 | NONE |
| 5 0 7 6 3 -6 4 -3 | LINE |
| 2 0 2 27 1 5 18 5 | POINT 2.00 5.00 |
| 0 3 4 0 1 2 2 5 | POINT 1.07 2.20 |
| | END OF OUTPUT |

试题来源：ACM Mid-Atlantic 1996

在线测试：POJ 1269，ZOJ 1280，UVA 378

**试题解析**

由于试题要求判断两条直线是否存在重叠或平行关系，在两者均不成立的情况下求交点，因此只需通过一次跨立实验（$\overrightarrow{p_3p_4}$是否跨立$\overrightarrow{p_1p_2}$）就可判断出两条直线是否重叠或平行。

设 $a1=\text{mul}(p_1, p_2, p_3)$，$a2=\text{mul}(p_1, p_2, p_4)$。如果 $(a1==0)\&\&(a2==0)$，则线段$\overrightarrow{p_1p_2}$和$\overrightarrow{p_3p_4}$重叠；如果 $a1$ 与 $a2$ 的正负号相同，则线段$\overrightarrow{p_1p_2}$和$\overrightarrow{p_3p_4}$平行；否则，如果 $a1$ 和 $a2$ 的正负号相反，则 $p_3$ 和 $p_4$ 在$\overrightarrow{p_1p_2}$的两侧，直接计算交点的坐标，$p=\left(\dfrac{a2*p_3\cdot x-a1*p_4\cdot x}{a2-a1}, \dfrac{a2*p_3\cdot y-a1*p_4\cdot y}{a2-a1}\right)$。

**参考程序**

```
#include <cstdio>
#include <cmath>
#include <cstring>
#include <algorithm>
#include <iostream>
using namespace std;
const double epsi = 1e-10;                              // 无穷小
inline int sign(const double &x) {                      // 返回 x 的正负标志
    if (x > epsi) return 1;
    if (x < -epsi) return -1;
    return 0;
}
struct Point {                                          // 定义点运算的结构类型
    double x, y;
        Point(double _x = 0, double _y = 0): x(_x), y(_y) { }     // 构建点
        Point operator -(const Point &op2) const {      // 向量减
        return Point(x - op2.x, y - op2.y);
    }
        double operator ^(const Point &op2) const {     // 叉积
        return x * op2.y - y * op2.x;
    }
};
inline double sqr(const double &x) {                    // 计算 x²
    return x * x;
}
```

```
inline double mul(const Point &p0,const Point &p1,const Point &p2){
                                                    //定义|p0p1|与|p0p2|的叉积
    return (p1 - p0) ^ (p2 - p0);
}
inline double dis2(const Point &p0, const Point &p1) {
    return sqr(p0.x - p1.x) + sqr(p0.y - p1.y);
}
inline double dis(const Point &p0, const Point &p1) {   //计算|p0p1|
    return sqrt(dis2(p0, p1));
}
inline int cross( const Point &p1, const Point &p2, const Point &p3, const Point
&p4, Point &p) {    //计算经过|p1p2|和|p3p4|的两条直线的关系：若重叠，则返回2；若平行，则返回0；否
                    //则返回1和交点p
    double a1 = mul( p1, p2, p3), a2 = mul( p1, p2, p4 ) ;
    if (sign ( a1 ) ==0 && sign ( a2 ) == 0) return 2;
    if (sign ( a1 - a2 ) == 0) return 0;
    p.x = ( a2 * p3.x - a1 * p4.x) / ( a2 - a1 );
    p.y = ( a2 * p3.y - a1 * p4.y) / ( a2 -a1 );
    return 1;
}
Point p1, p2, p3, p4, p;
int main() {
    int test = 0;                           //测试用例数初始化
    printf("INTERSECTING LINES OUTPUT\n");
    scanf("%d", & test);                    //输入测试用例数
    for ( ; test ; test --) {               //依次处理测试用例
        scanf( "%lf %lf %lf %lf %lf %lf %lf %lf", &p1.x, &p1.y, &p2.x, & p2.y,
        &p3.x, &p3.y, &p4.x, &p4.y);        //输入线段|p1p2|和|p3p4|的坐标
        int m=cross(p1,p2,p3,p4,p);         //计算经过|p1p2|和|p3p4|的两条直线的关系
        if (m == 0 ) printf("NONE\n");      //两条直线平行
            else if(m==2)printf("LINE\n");  //两条直线重叠
                else printf("POINT %.2lf %.2lf\n", p.x, p.y);  //两条直线相交于点p
    }
    printf("END OF OUTPUT");
    return 0;
}
```

**3. 如何计算三角形的外心**

线段的中垂线有很多用途，例如，三角形三条边的中垂线交点与三角形三个顶点间的距离等长，可作为三角形外接圆的圆心，该交点亦称为三角形的外心。外心与任一顶点的距离即为外接圆的半径。

设三角形的 3 个顶点分别为 $p_1=(x_1, y_1)$、$p_2=(x_2, y_2)$ 和 $p_3=(x_3, y_3)$，该三角形的外接圆圆心为 $p=(x, y)$。

对于边向量 $\overrightarrow{p_1p_2}$，设 $A_{\overrightarrow{p_1p_2}}=x_2-x_1$，$B_{\overrightarrow{p_1p_2}}=y_2-y_1$，$C_{\overrightarrow{p_1p_2}}=-\frac{|\overrightarrow{p_1p_2}|}{2}$；对于边向量 $\overrightarrow{p_1p_3}$，设 $A_{\overrightarrow{p_1p_3}}=x_3-x_1$，$B_{\overrightarrow{p_1p_3}}=y_3-y_1$，$C_{\overrightarrow{p_1p_3}}=-\frac{|\overrightarrow{p_1p_3}|}{2}$；以 $p_1$ 为原点。计算三角形中边 $\overrightarrow{p_1p_2}$ 的中

垂线与边 $\overrightarrow{p_1p_3}$ 的中垂线的交点 $p_1^*=(x_1^*, y_1^*)$，其中 $x_1^*=-\frac{C_{\overrightarrow{p_1p_3}}*B_{\overrightarrow{p_1p_2}}-C_{\overrightarrow{p_1p_2}}*B_{\overrightarrow{p_1p_3}}}{A_{\overrightarrow{p_1p_3}}*B_{\overrightarrow{p_1p_2}}-B_{\overrightarrow{p_1p_3}}*A_{\overrightarrow{p_1p_2}}}$，$y_1^*=-\frac{C_{\overrightarrow{p_1p_3}}*A_{\overrightarrow{p_1p_2}}-C_{\overrightarrow{p_1p_2}}*A_{\overrightarrow{p_1p_3}}}{B_{\overrightarrow{p_1p_3}}*A_{\overrightarrow{p_1p_2}}-B_{\overrightarrow{p_1p_2}}*A_{\overrightarrow{p_1p_3}}}$。

所以，外接圆圆心 $p=p_1+p_1^*$，而且 $p$ 点坐标为 $(x_1+x_1^*, y_1+y_1^*)$。

【8.1.2.3　Circle Through Three Points】

请编写一个程序，给出三个点在一个平面上的直角坐标系，将通过它们找到圆的等式。三个点不会在一条直线上。解答输出为等式的形式：

$$(x-h)^2+(y-k)^2=r^2 \tag{1}$$

$$x^2+y^2+cx+dy-e=0 \tag{2}$$

**输入**

程序的输入给出三个点的 $x$ 和 $y$ 坐标，次序为 $Ax$、$Ay$、$Bx$、$By$、$Cx$、$Cy$。这些坐标为实数，彼此间用一个或多个空格分开。

**输出**

程序在两行中输出所要求的等式，格式见如下样例。请计算等式（1）和（2）中的 $h$、$k$、$r$、$c$、$d$ 和 $e$ 的值，精确到小数点后 3 位。等式中的加号和减号要根据需求改变，以免在一个数字之前有多个符号。加、减以及等号和邻接字符之间用一个空格分开。在等式中没有其他的空格，在每个等式对后，输出一个空行。

| 样例输入 | 样例输出 |
|---|---|
| 7.0 -5.0 -1.0 1.0 0.0 -6.0<br>1.0 7.0 8.0 6.0 7.0 -2.0 | (x - 3.000)^2 + (y + 2.000)^2 = 5.000^2<br>x^2 + y^2 - 6.000x + 4.000y - 12.000 = 0<br><br>(x - 3.921)^2 + (y - 2.447)^2 = 5.409^2<br>x^2 + y^2 - 7.842x - 4.895y - 7.895 = 0 |

*试题来源*：ACM Southern California 1989

*在线测试*：POJ 1329，UVA 190

**试题解析**

在一个平面上，如果三个点不共线，那么这三个点构成一个三角形，而经过这三个点的圆被称为该三角形的外接圆。由此得出结论：

- 对于等式（1），$(x-h)^2+(y-k)^2=r^2$ 中的 $(h, k)$ 即为圆心坐标，$r$ 为外接圆的半径；
- 对于等式（2），$x^2+y^2+cx+dy-e=0$ 中的 $c=-2*h$，$d=-2*k$，$e=h^2+k^2-r^2$。

本题关键是求 $\Delta_{ABC}$ 的外接圆圆心（$h$, $k$）。该圆心与 3 个顶点的距离等长。任取圆心至某顶点的距离即可求出外接圆的半径 $r$。

**参考程序**

```
#include <cstdio>
#include <cmath>
#include <cstring>
```

```
#include <algorithm>
#include <iostream>
using namespace std;
const double epsi = 1e-10;                                  //精度
inline int sign(const double &x) {                          //返回x的正负号
    if (x > epsi) return 1;
    if (x < -epsi) return -1;
    return 0;
}
struct Point {                                              //点运算的结构类型定义
    double x, y;
        Point(double _x = 0, double _y = 0): x(_x), y(_y) { }  //定义点(x,y)
        Point operator +(const Point &op2) const {          //向量加
        return Point(x + op2.x, y + op2.y);
    }
        Point operator -(const Point &op2) const {          //向量减
        return Point(x - op2.x, y - op2.y);
    }
        Point operator *(const double &d) const {           //向量乘实数
        return Point(x * d, y * d);
    }
        Point operator /(const double &d) const {           //向量除实数
        return Point(x / d, y / d);
    }
        double operator ^(const Point &op2) const {         //两个点向量的叉积
        return x * op2.y - y * op2.x;
    }
};
inline double mul(const Point &p0,const Point &p1,const Point &p2) {
                                                            //计算p0p1与p0p2的叉积
    return (p1-p0) ^ (p2 - p0);
}
struct StraightLine {                       //定义中垂线交点运算的结构类型
    double A, B, C;                         //中垂线，其中三角形边向量pipj的x坐标为A=(xj-
                                            //xi), y坐标为B=(yj-yi)，半边长c=|pipj|/2 (1≤i,j≤3)
    StraightLine(double _a=0, double _b=0, double _c=0): A(_a), B(_b), C(_c){ }
                                                            //构建中垂线

    Point cross(const StraightLine &a) const {  //计算另一条中垂线与中垂线a的交点
        double xx = - (C * a.B - a.C * B) / (A * a.B - B * a.A);
        double yy = - (C * a.A - a.C * A) / (B * a.A - a.B * A );
        return Point(xx, yy);
    }
};
inline double sqr(const double &x) {                            //计算x²
    return x * x;
}
inline double dis2(const Point &p0, const Point &p1) {        //计算|p0p1|²
    return sqr(p0.x - p1.x) + sqr(p0.y - p1.y);
}
inline double dis(const Point &p0, const Point &p1) {         //计算|p0p1|
```

```
        return sqrt(dis2(p0, p1));
    }
    inline double circumcenter(const Point &p1,const Point &p2,const Point &p3,
Point &p) //计算p1p3的中垂线与p1p2的中垂线的交点坐标p(外接圆圆心)和p与p1的距离(外接圆半径)
    {
        p=p1+StraightLine(p3.x-p1.x,p3.y-p1.y,-dis2(p3,p1)/2.0).cross(StraightLine
(p2.x-p1.x, p2.y-p1.y,-dis2(p2, p1)/2.0));                    //计算圆心p
        return dis( p, p1 );                                  //返回半径
    }
    Point p1, p2, p3, p;
    inline int print(double x) {                              //输出系数或位移x
        if (x > 0) printf(" + %.3lf", x);
        else printf(" - %.3lf", -x);
        return 0;
    }
    int main() {
          while (cin>>p1.x>>p1.y>>p2.x>>p2.y>>p3.x>>p3.y){ //输入三个点的坐标
          double r=circumcenter(p1,p2,p3,p);                  //计算外接圆的圆心p和半径r
           printf("(x");                                      //输出等式(1)
           print(-p.x);
           printf(")^2 + (y");
           print(-p.y);
           printf(")^2 =");
           printf(" %.3lf", r);
           printf("^2\n");
           printf("x^2 + y^2");                               //输出等式(2)
           print(-2 * p.x);
           printf("x");
           print(-2 * p.y);
           printf("y");
           print(sqr(p.x) + sqr(p.y) - sqr(r));
           printf(" = 0\n\n");
        }
        return 0;
    }
```

### 8.1.3 利用欧拉公式计算多面体

**定义 8.1.3.1（平面图）** 若一个图能画在平面上，并使它的边除了在顶点处外互不相交，则称该图为平面图，或称该图能嵌入平面。

**定理 8.1.3.1（欧拉公式）** 若连通平面图 $G$ 有 $n$ 个顶点、$e$ 条边和 $f$ 个面，则 $n-e+f=2$，亦被称为欧拉公式。

**定理 8.1.3.2（欧拉多面体公式）** 若一个多面体有 $n$ 个顶点、$e$ 条边和 $f$ 个面，则 $n-e+f=2$，亦被称为欧拉多面体公式。

【8.1.3.1 How Many Pieces of Land?】

你将得到一片椭圆形的土地，请在其边界上选择 $n$ 个任意点，然后将所有点与其他的点用直线连接（$n$ 个点有 $\frac{n(n-1)}{2}$ 个连接，如图 8-12 所示）。通过在边界上仔细选择点，可以得到土地片数的最大数量是多少？

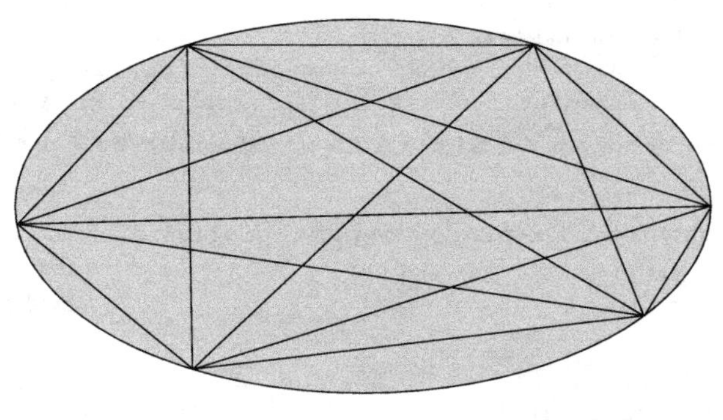

图　8-12

**输入**

输入的第一行给出一个整数 $S$（$0<S<3500$），表示测试用例的个数。接下来的 $S$ 行给出 $S$ 个测试用例。每个测试用例给出一个整数 $N$（$0\leqslant N<2^{31}$）。

**输出**

对每个输入的测试用例，在一行中输出相应于 $N$ 的值可以获得的土地片数的最大值。

| 样例输入 | 样例输出 |
| --- | --- |
| 4<br>1<br>2<br>3<br>4 | 1<br>2<br>4<br>8 |

试题来源：Math & Number Theory Lovers'Contest

在线测试：UVA 10213

**试题解析**

土地的片数作为面数，使用欧拉公式 $v-e+f=2$ 来解本题，其中 $v$ 为点数，$e$ 为边数，$f$ 为面数。

首先计算点数 $v$，在椭圆的边界上有 $n$ 个点，对于任意一点 $x$，存在 $x$ 与其他点相连的 $n-1$ 条直线。对于任意一条直线 $l$，在 $l$ 的左边有 $i$ 个顶点，而在 $l$ 的右边有 $n-2-i$ 个顶点。因为这些顶点互相连接，所以在一条直线上最多产生 $i*(n-i-2)$ 个交点。因为每个交点被重复计算了 4 次，所以点数 $v=n+\frac{n}{4}\sum_{i=1}^{n-3}i*(n-i-2)$。

然后计算边数 $e$。在椭圆的边界上有 $n$ 个点，因此椭圆的边界产生 $2n$ 条边，其中 $n$ 条边为在椭圆边界上的相邻两点直线连接所形成的，另外 $n$ 条边为椭圆边界上的边，而且这些边上没有其他交点。如前所述，对于连接这些点的其他边，在一条直线上最多产生 $i*(n-i-2)$ 个交点，则在一条直线上最多有 $i*(n-i-2)+1$ 条边。因为每条边被重复计算了 4 次，所以边数 $e=2n+\frac{n}{2}\sum_{i=1}^{n-3}(i*(n-i-2)+1)$。

用欧拉公式 $v-e+f=2$ 来解本题。土地片数的最大值 $f=\frac{n^4-6n^3+23n^2-18n}{24}+1$。

由于 $n$ 的上限为 $2^{31}$，因此按上述公式计算出的面数 $f$ 很可能超出任何整数类型允许的范围，需要采用高精度运算。

**参考程序**

```
# include <cstdio>
# include <cstring>
# include <cstdlib>
# include <iostream>
# include <string>
# include <cmath>
# include <algorithm>
using namespace std;
typedef long long int64;
int64 m=1e8;                                  //高精度数组的每个元素为 8 位十进制数
struct Bigint{                                //定义高精度运算的结构类型
    int64 s[50];int l;                        //高精度数组为 s[]，长度为 l
    void print(){                             //输出高精度数组 s[] 对应的整数
        printf("%lld",s[l]);                  //按照实际位数输出 s[l]
        for(int i=l-1;i>=0;i--) printf("%08lld",s[i]);  //按 8 位一组依次输出其余元素
    }
    void read(int64 x){                       //将整数 x 存入高精度数组 s[]
        l=-1; memset(s,0,sizeof(s))
        do{
            s[++l]=x%m;
            x/=m;
        }while(x);
    }
} ans,tmp,t2;
Bigint operator +(Bigint a,Bigint b){         //计算 a[]+b[]
    int64 d=0;                                //进位初始化
    a.l=max(a.l,b.l);                         //计算相加的位数
    for(int i=0;i<=a.l;i++){                  //由低位至高位逐位相加
        a.s[i]+=d+b.s[i];
        d=a.s[i]/m;a.s[i]%=m;
    }
    if(d)    a.s[++a.l]=d;                    //最高位进位
    return a;
}
Bigint operator -(Bigint a,Bigint b){         //计算 a[]-b[]
    int64 d=0;                                //借位初始化
    for(int i=0;i<=a.l;i++){                  //由低位至高位逐位相减
        a.s[i]-=d;
        if(a.s[i]<b.s[i]) a.s[i]+=m,d=1;
        else    d=0;
        a.s[i]-=b.s[i];
    }
    while(a.l&&!a.s[a.l]) a.l--;              //最高位借位
    return a;
}
Bigint operator *(int b,Bigint a){            //计算 a[]*b
    int64 d=0;                                //进位初始化
    for(int i=0;i<=a.l;i++) {                 //由低位至高位逐位相乘
        d+=a.s[i]*b;a.s[i]=d%m;
        d/=m;
```

```
    }
    while(d){                               //最高位进位
        a.s[++a.l]=d%m;
        d/=m;
    }
    return a;
}
Bigint operator /(Bigint a,int b){          //计算 a[]/b
    int64 d=0;                              //余数初始化
    for(int i=a.l;i>=0;i--){                //由高位至低位逐位相除
        d*=m;d+=a.s[i];
        a.s[i]=d/b;d%=b;
    }
    while(a.l&&!a.s[a.l])    a.l--;         //略去高位的无用 0
    return a;
}
Bigint operator *(Bigint a,Bigint b){       //计算 a[]*b[]
    Bigint c; memset(c.s,0,sizeof(c.s))     //乘积初始化
    for(int i=0;i<=a.l;i++){                //按照低位至高位的顺序枚举 a 和 b 的每一项
        for(int j=0;j<=b.l;j++){
            c.s[i+j]+=a.s[i]*b.s[j];        //相乘
            if(c.s[i+j]>m){                 //处理进位
                c.s[i+j+1]+=c.s[i+j]/m;
                c.s[i+j]%=m;
            }
        }
    }
    c.l=a.l+b.l+10;                         //计算乘积数组的实际位数
    while(!c.s[c.l]&&c.l)c.l--;
    while(c.s[c.l]>m){                      //最高位进位
        c.s[c.l+1]+=c.s[c.l]/m;
        c.s[c.l++]%=m;
    }
    return c;
}
int v;
void work(){
    ans.read(v);tmp.read(24);   //将顶点数转化为整数数组 ans，将 24 转化为整数数组 tmp
    ans=ans*ans*ans*ans+23*(ans*ans)+tmp-6*(ans*ans*ans)-18*ans;
    //代入公式，注意运算顺序，虽然最后答案肯定为整数，但如果先做减运算，中间过程中可能产生负数
    ans=ans/24;                     //计算和输出面数
    ans.print();printf("\n");
}
int main(){
    int casen;scanf("%d",&casen);   //输入测试用例数
    while(casen--){                 //依次处理每个测试用例
        scanf("%d",&v);             //输入顶点数
        work();                     //计算和输出面数
    }
    return 0;
}
```

本节讲述了最基本的几何计算，许多复杂的算法都是由这些简单的几何计算组合而成的。但是仅有这些基础还远远不够，还要多了解一点拓展性的几何知识，并融入我们熟悉的数据结构和算法中去，以增强几何计算的应对策略。下面介绍三项有用的拓展性知识，

包括：

（1）用扫描线算法计算矩形面积并；

（2）计算半平面交；

（3）求凸包和旋转卡壳。

## 8.2 利用扫描线算法计算矩形的并的面积的实验范例

许多几何题要求计算矩形的并的面积或长方体的并的体积，利用扫描线算法能够有效地解决这些问题。这里仅介绍计算矩形的并面积的扫描线算法，因为这个算法可方便地推广至三维，解决长方体的并的体积问题。

我们先来了解一下矩形的并的面积这一概念。

在平面上有 $n$ 个矩形 $R_1, \cdots, R_n$。$R_1 \cup R_2 \cup \cdots \cup R_n$ 是 $n$ 个矩形的并。$n$ 个矩形的并的面积是这 $n$ 个矩形所覆盖的面积。例如，在图 8-13 中，$R_1 \cup R_2 \cup R_3$ 的面积就是阴影面积，也就是 3 个矩形覆盖的面积。

计算 $n$ 个矩形的并的面积的过程如下。

（1）离散：将平面分割成若干条。

（2）扫描：采用扫描法对条进行扫描，并用线段树存储条。

（3）线段树：通过线段树的插入和删除操作，计算 $n$ 个矩形的面积并。

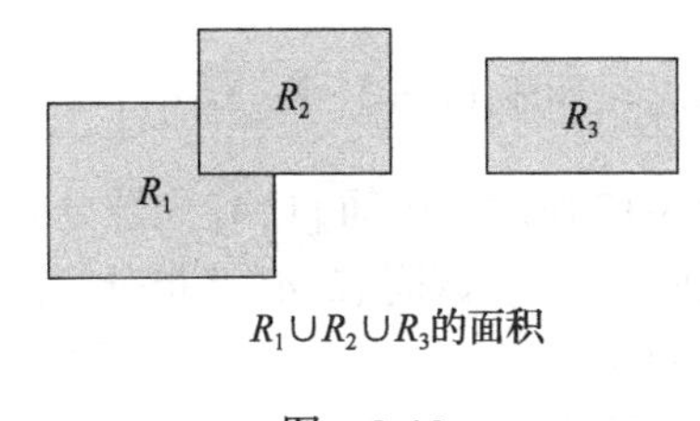

$R_1 \cup R_2 \cup R_3$的面积

图 8-13

在本节中，通过两类实验来介绍扫描线算法：

- 沿垂直方向计算矩形的并面积；
- 沿水平方向计算矩形的并面积。

### 8.2.1 沿垂直方向计算矩形的并面积

沿垂直方向计算矩形的并面积的方法是：在 $y$ 轴上离散；通过 $x$ 轴扫描将平面割成一个个垂直条；利用线段树累计垂直条的面积和。具体方法如下。

**离散**：离散点为矩形各边（或其延长线）与坐标轴的交点。在图 8-14 中，离散点为 $y$ 坐标轴上的点 $A$、$B$、$C$、$D$；定义离散单位段为离散点有序化后相邻两个离散点之间的距离，在图 8-14 中，点 $A$ 的 $y$ 轴坐标为 1，点 $B$ 的 $y$ 轴坐标为 2，点 $C$ 的 $y$ 轴坐标为 3，点 $D$ 的 $y$ 轴坐标为 4。在离散后，线段 $AB$、$BC$、$CD$ 的长度为 1。

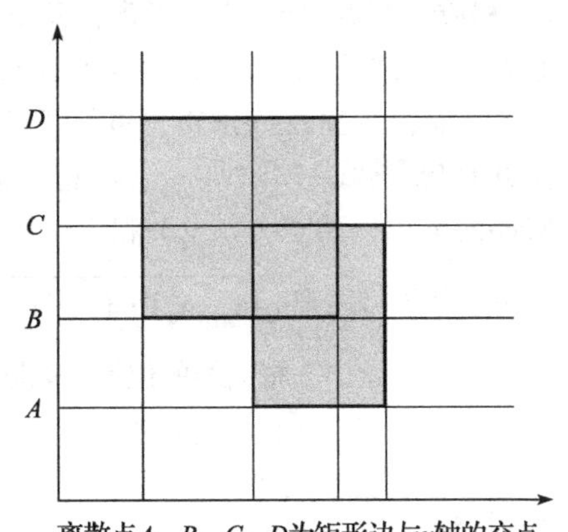

离散点$A$、$B$、$C$、$D$为矩形边与$y$轴的交点

图 8-14

**扫描**：先把平面分割成若干垂直条，使得每个垂直条变成一维。例如在图 8-15 中，直线 $l_1$、$l_2$、$l_3$ 和 $l_4$ 将平面分成了三个垂直条。

每一个垂直条的截面都可表现为其相邻两个垂直条的截面做了一个小的修改。如在图 8-16 中，第 2 垂直条的截面可表现为第 1 垂直条的截面加上 $AB$ 段，或第 3 垂直条的截面加上 $CD$ 段。

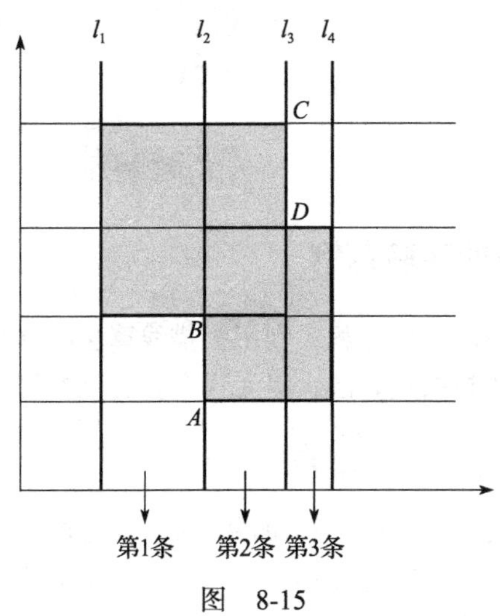


图　8-15

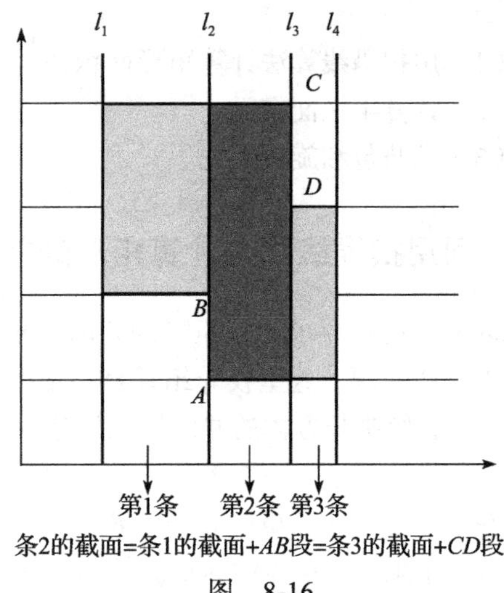


图　8-16

**线段树**：线段树是一棵有根二叉树，树中的每一个顶点表示一个区间 $[a, b]$。对于每个顶点，如果 $(b-a)>1$，设 $c=\left\lfloor\frac{a+b}{2}\right\rfloor$，其左子树和右子树的树根分别是 $[a, c]$ 和 $[c, b]$。如图 8-17 所示，区间 [1, 4] 先被分为区间 [1, 2] 及区间 [2, 4]，区间 [2, 4] 又被分为区间 [2, 3] 及区间 [3, 4]。

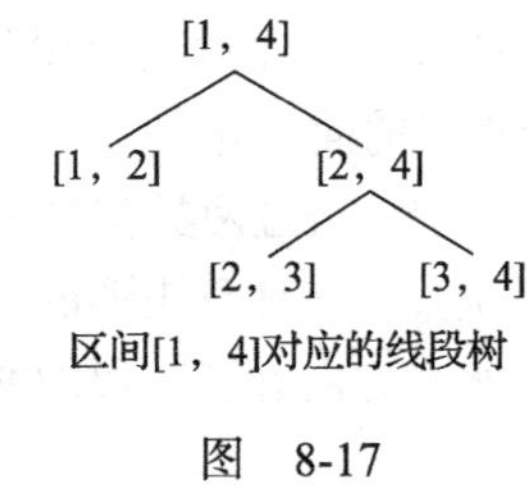


图　8-17

因为垂直条可以被表示为线段，所以线段树用于存储垂直条，通过线段树的插入和删除操作计算 $n$ 个矩形的面积并。

【8.2.1.1　Mobile Phone Coverage】

一家手机公司 ACMICPC（Advanced Cellular, Mobile, and Internet-Connected Phone Corporation）计划为 Maxnorm 市的手机用户建造一个天线布局。ACMICPC 已经有若干个天线布局作为备选方案，现在公司要知道哪个布局是最佳选择。

因此，公司要开发一个计算机程序，给出天线布局的覆盖范围。每个天线 $A_i$ 的权值为 $r_i$，相应于覆盖“半径”。通常，天线的覆盖区域是以天线所在位置（$x_i, y_i$）为中心，$r_i$ 为半径的圆碟。然而，在 Maxnorm 市，覆盖区域变成了一个正方形 $[x_i-r_i, x_i+r_i]\times[y_i-r_i, y_i+r_i]$。也就是说，在 Maxnorm 市，两点（$x_p, y_p$）和（$x_q, y_q$）之间的距离是欧几里得距离 $\sqrt{(x_p-x_q)^2+(y_p-y_q)^2}$。

例如，给出 3 根天线的位置，如图 8-18 所示。

4.0　4.0　3.0
5.0　6.0　3.0
5.5　4.5　1.0

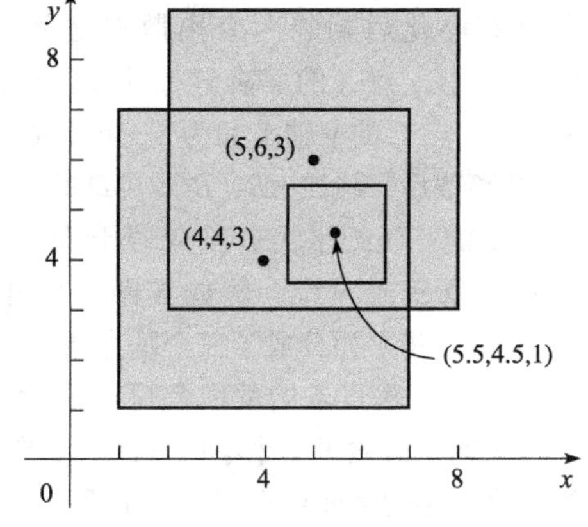


图　8-18

其中第 $i$ 行表示 $x_i, y_i, r_i$，（$x_i, y_i$）是第 $i$ 根天

线的位置，$r_i$ 是它的权值。在这一实例中，这些点所覆盖的区域的面积是 52.00。

请编写一个程序，计算给出的一个天线布局的集合所覆盖的面积。

**输入**

输入包含多组测试用例，每个测试表示一个天线布局的集合。每个测试用例的形式如下：

$n$

$x_1\ y_1\ r_1$

$x_2\ y_2\ r_2$

…

$x_n\ y_n\ r_n$

第一个整数 $n$ 是天线数目，$2 \leqslant n \leqslant 100$。第 $i$ 根天线的坐标为（$x_i, y_i$），其权值为 $r_i$。$x_i$、$y_i$ 和 $r_i$ 是 0 到 200 之间的实数。

输入以 $n$ 的值为 0 表示结束。

**输出**

对每组测试用例，程序输出其序列号（第一组测试用例输出 1，第二组测试用例输出 2，以此类推）以及覆盖区域的面积。面积四舍五入到小数点后两位。

序列号和面积在一行中输出，在一行开始和结束没有空格，两个数之间有一个空格分开。

| 样例输入 | 样例输出 |
|---|---|
| 3<br>4.0 4.0 3.0<br>5.0 6.0 3.0<br>5.5 4.5 1.0<br>2<br>3.0 3.0 3.0<br>1.5 1.5 1.0<br>0 | 1 52.00<br>2 36.00 |

试题来源：ACM Asia Regional Contest Tokyo 1998

在线测试：ZOJ 1659，UVA 688

每根天线的覆盖区域实际上是一个以（$x_i, y_i$）为中心，以 $r_i$ 为半长的正方形。$n$ 根天线的覆盖区域为 $n$ 个正方形的并，试题要求计算这些正方形的并面积。

我们从垂直方向计算 $n$ 个正方形的并面积：在 $y$ 轴上离散，通过 $x$ 轴扫描将平面割成一个个垂直平条，利用线段树累计垂直条的面积和。

**参考程序**

```
#include <cstdio>
#include <cmath>
#include <algorithm>
using namespace std;
const double epsi = 1e-10;
```

```
const int maxn = 100 + 10;
struct Line {                            //定义覆盖区间运算的结构类型
    double x, y1, y2;                    //左边或右边的 x 坐标；上下边的 y 坐标为 y1 和 y2；
                                         //标志 s= {1  左边端点的x坐标
                                         //         -1 右边端点的x坐标
    int s;
    Line(double _a=0, double _b=0, double _c=0, int _d=0): x(_a),y1(_b),y2(_c),
s(_d){ }                                 //构建线段
    bool operator <(const Line &op2) const {  //天线覆盖区域按照 x 坐标递增顺序排序
        return x < op2.x;
    }
};
extern double ly[maxn << 1];             //ly[] 存储天线覆盖区域上下边的 y 坐标，容量为 2maxn
class SegmentTree {                      //定义线段树的结构类型
    int cover;                           //并区间标志
    SegmentTree *child[2];               //左右儿子指针
    void deliver() {                     //调整覆盖区间的长度
        if (cover)                       //若并区间未结束，则覆盖区间长度为 ly[r]-ly[l]；否则覆
                                         //盖区间长度为左右子树的覆盖区间长度之和
            len = ly[r]-ly[l];
        else
            len = child[0]->len + child[1]->len;
    }
public:
    int l, r;                            //线段树代表的区间
    double len;                          //当前垂直条的长度
    void setup(int _l, int _r) {         //构建区间 [_l,_r] 的线段树
        l = _l, r = _r;                  //左右指针初始化
        cover = 0, len = 0;              //并标志和覆盖区间长度初始化
        if (_l + 1 == _r) return;        //若区间无法二分，则返回
        int mid = (l + r) >> 1;          //计算中间指针
        child[0]=new SegmentTree(),child[1]=new SegmentTree();  //构造左右子树
        child[0]->setup(_l, mid), child[1]->setup(mid, _r);
    }
    void paint(const int &_l, const int &_r, const int &v) {
    //向区间为 [l,r] 的线段树插入左右边界标志为 v 的垂直条 [_l,_r]
        if (_l >= r || _r <= l) return;    //若 [_l,_r] 在 [l,r] 外，则返回
        if (_l <= l && r <= _r) {          //若 [_l,_r] 覆盖 [l,r]，则调整覆盖区间长度 len
            if (cover += v) len = ly[r]-ly[l]; else {
                if (child[0]==NULL)len=0;else len = child[0]->len + child[1]->len;
            }
            return;                      //返回
        }
        child[0]->paint(_l, _r, v), child[1]->paint(_l, _r, v);  //递归左右子树
        deliver();                       //调整覆盖区间长度
    }
    void die() {                         //删除
        if (child[0]) {                  //若左子树存在，则递归删除左右子树
            child[0]->die();
            delete child[0];
            child[1]->die();
            delete child[1];
        }
    }
};
```

```
    int cs(0);                                       //测试用例编号初始化
    int n, tot, ty;                                  //天线数为 n，l 表的长度为 tot，ly 表的长度为 ty
    Line l[maxn << 1];                               //l[] 存储垂直条
    double ly[maxn << 1];                            //ly[] 存储地图上下边的 y 坐标
    SegmentTree *seg_tr;                             //线段树指针
    int main() {
        while (scanf("%d", &n), n) {                 //反复输入天线数，直至输入 0 为止
            tot = ty = 0;
            for (int i = 0; i < n; ++i) {
                double x, y, r;
                scanf("%lf%lf%lf", &x, &y, &r);           //输入第 i 根天线的坐标和权
                l[tot++] = Line(x - r, y - r, y + r, 1); //存储垂直条
                l[tot++] = Line(x + r, y - r, y + r, -1);
                ly[ty++] = y-r, ly[ty++]=y + r;           //存储覆盖区域上下边的 y 坐标
            }
            sort(l, l + tot);                             //按自左而右排列垂直条
            sort(ly, ly + ty);                            //按自下而上顺序排列 y 坐标
            ty = unique(ly, ly + ty) - ly;                //去除 ly[] 中的重复元素，长度为 ty
            double ans = 0;                               //总的覆盖区域面积初始化
            seg_tr = new SegmentTree();                   //为线段树申请内存
            seg_tr->setup(0, ty - 1);                     //构造区间为 [0, ty-1] 的线段树
            for (int i = 0, j; i < tot; i = j) {          //枚举 l 表中的每个垂直条
                if (i) ans += seg_tr->len * (l[i].x-l[i-1].x);   //累计覆盖矩形面积
                j = i;   //依次枚举右方的垂直条，取出底边的 y 坐标在 ly 中的序号 l、顶边的 y 坐标
                         //在 ly 中的序号 r、左右边界标志 k，将 [l, r, k] 插入线段树
                while (j < tot && fabs(l[i].x - l[j].x) <= epsi) {
                 seg_tr->paint(lower_bound(ly,ly+ty,l[j].y1)-ly,lower_bound(ly, ly +
ty,l[j].y2) -ly,l[j].s);
                    ++j;
                }
            }
            seg_tr->die(); delete seg_tr;                 //删除线段树
            printf("%d %.2lf\n", ++cs, ans);              //输出总的覆盖区域面积
        }
        return 0;
    }
```

### 8.2.2 沿水平方向计算矩形的并面积

沿水平方向计算矩形的并面积和沿垂直方向计算矩形的并面积非常相似：在 $x$ 轴上离散，通过 $y$ 轴扫描将平面割成一个个水平条，利用线段树累计水平条的面积和。具体实现步骤如下。

- **离散**：计算矩形的边（或其延长线）与 $x$ 坐标轴的交点，将交点按 $x$ 坐标升序排序，并计算相邻的两个交点间的距离。
- **扫描**：通过扫描把平面分割成一维的水平条，利用线段树存储各水平条的截面。
- **线段树**：通过线段树的插入和删除操作计算 $n$ 个矩形的面积并。

【8.2.2.1 Atlantis】

在几份古希腊的文件中包含了传说中的亚特兰蒂斯（Atlantis）岛的描述。其中的一些文件还包含岛屿的部分地图。但不幸的是，这些地图描绘了亚特兰蒂斯不同的地区。你的朋友 Bill 希望获得整个地区的地图，而这样的地图是存在的。你志愿来写一个程序，找出地图。

**输入**

输入包含若干测试用例，每个测试用例在第一行给出一个整数 $n$（$1 \leqslant n \leqslant 100$），表示可用地图的数量。然后给出 $n$ 行，每行描述一幅地图，每行给出 4 个数字 $x_1$、$y_1$、$x_2$、$y_2$（$0 \leqslant x_1 < x_2 \leqslant 100\ 000$，$0 \leqslant y_1 < y_2 \leqslant 100\ 000$），这 4 个数字不一定是整数。$(x_1, y_1)$ 和 $(x_2, y_2)$ 分别是地图区域的左上角和右下角的坐标。

输入以包含 0 的一行结束，程序不必处理。

**输出**

对每个测试用例，程序输出的第一行是 "Test case #*k*"，其中 $k$ 是测试用例编号（从 1 开始）；第二行是 "Total explored area: *a*"，其中 $a$ 是被探索出来的总的面积（即测试用例中所有矩形的并构成的面积），输出精确到小数点右边两位。

在每个测试用例之后输出一个空行。

| 样例输入 | 样例输出 |
|---|---|
| 2<br>10 10 20 20<br>15 15 25 25.5<br>0 | Test case #1<br>Total explored area: 180.00 |

试题来源：ACM Mid-Central European Regional Contest 2000

在线测试：POJ 1151，ZOJ 1128，UVA 2184

**试题解析**

试题给出的每张地图为一个矩形，整个地区即这些矩形的并。多个矩形的并是不规则的多边形，无法直接计算。我们需要把它拆分成容易计算面积的简易图形。

比较经典的方法是，用若干条垂直于 $x$ 轴（$y$ 轴）的直线把图形分成若干个矩形（如图 8-19 所示）。分别计算面积，其和就是答案，如图 8-20 所示。

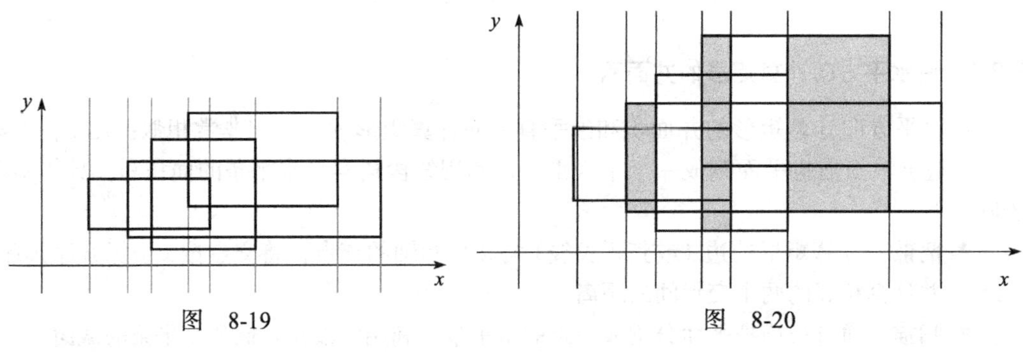


图 8-19　　图 8-20

算法首先提取每张地图的左边界的 $x$ 坐标和右边界的 $x$ 坐标，去除重复坐标并递增排序，存入序列 $q$。

依次提取每张地图底边的 $y$ 坐标、两个端点的 $x$ 坐标在 $q$ 中的指针和顶边的 $y$ 坐标、两个端点的 $x$ 坐标，存入序列 $f$，底边的标志设为 1，顶边的的标志设为 $-1$。按照 $y$ 坐标值递增的顺序重新排列 $f$，使得 $f$ 按照自下而上的顺序存储水平条。

然后，从 $f$ 中依次取出每个水平条，并且线段 $[x_l, x_r]$（边的端点的 $x$ 坐标）插入线段树中。线段树的节点有两个域：

- len，并区域的长度；
- mark，并区域的标志。

每添加一条水平条时，mark+ 当前边的顶边底边标志。显然，当 mark 为 0 时，并区域结束。每插入一个水平条，水平条的覆盖区域面积（根的 len 值 * 相邻两条水平条之间 $y$ 坐标的差值）累计入总面积。

## 参考程序

```
#include <cstdio>
#include <cmath>
#include <cstring>
#include <algorithm>
#include <iostream>
using namespace std;
const int maxn = 500;       // 地图数的上限 *2
struct node {
    double x;               // 水平条的 y 坐标
    int l, r, t;            // 两个端点的 x 坐标在 q 表的指针分别为 l、r；上下边标志为 t
} f[maxn];                  // 存储水平条
int n;                      // 地图数
double q[maxn], x1[maxn], yy1[maxn], x2[maxn], yy2[maxn];
// q 存储排序后的 x 坐标，第 i 张地图的左上角坐标 (x1[i], yy1[i])，右下角坐标 (x2[i], yy2[i])
struct segment {
    int mark;               // 并区域标志（mark=0，并区域结束）
    double len;             // 并区域长度
} tree[maxn * 20];          // 线段树
int cmp(node a, node b) {   // f 表排序的比较函数
    return a.x < b.x;
}
int insert(const int k,const int l,const int r,const int lc,const int rc,const
int t) {  // 将上下边标志为 t 的水平条 [l, r] 插入线段树（根为 k，代表区间为 [lc, rc]）
    if (lc<=l && r<=rc) {   // 若 [lc, rc] 覆盖 [l, r]，计算并区域标志；否则分别在左右子树插入
        tree[k].mark += t;
    } else  {
            if ((l+r)/2>=lc)insert(k*2,l,(l+r)/2, lc,rc,t);
            if((l+r)/2<rc) insert(k*2+1,(l+r)/ 2+1,r,lc, rc,t);
    }
// 若并区域结束，则 k 节点的区间长度设为左右子区间的长度之和；否则为 q 中第 r 个 x 坐标与第 l 个 x
// 坐标之间的距离
    if (tree[k].mark == 0) tree[k].len=tree[k *2].len+tree[k *2+1].len;
        else tree[k].len=q[r+1]-q[l];
    return 0;
}
int main() {
    int test = 0;                           // 测试用例数初始化
    while (scanf("%d", &n) && n) {          // 反复输入地图数，直至输入 0 为止
        double ans = 0;                     // 总面积初始化
        for (int i = 1; i <= n ; i ++) {    // 输入每张地图的左上角和右下角坐标
            scanf("%lf %lf %lf %lf", &x1[i], &yy1[i], &x2[i], &yy2[i]);
            if (x1[i] > x2[i]) swap(x1[i], x2[i]);
```

```
            if (yy1[i] > yy2[i]) swap(yy1[i], yy2[i]);
            q[i * 2 - 2] = x1[i];                    // 存储 x 坐标
            q[i * 2 - 1] = x2[i];
        }
        sort(q, q+n*2);                              // 按照 x 坐标递增的顺序排列 q
        int m = unique(q, q+n*2)-q;                  // q 去除重复元素，其长度为 m
        for ( int i=1;i<= n ; i ++) {
        // 将地图 i 的上边左右端点在 q 表的指针、y 坐标、上边标志存入 f[i*2-2]；将地图 i 的下边
        // 左右端点在 q 表的指针、y 坐标、下边标志存入 f[i*2-1]
          f[i*2-2].l=lower_bound(q,q+m,x1[i])-q;
          f[i*2-2].r=lower_bound (q, q+m,x2[i])-q;
          f[i*2-2].x=yy1[i];
          f[i*2-2].t=1;
          f[i*2-1].l=lower_bound(q, q + m, x1[i]) - q;
          f[i*2-1].r=lower_bound(q, q + m, x2[i]) - q;
          f[i * 2 - 1].x = yy2[i];
          f[i * 2 - 1].t = -1;
        }
        sort(f,f+n*2,cmp);         // f 按 x 域递增的顺序排列（即按自下而上顺序排列水平条）
        for ( int i = 0 ; i < n * 2; i ++) {   // 按自下而上顺序分析水平条
          if (i) ans += tree[1].len*(f[i].x-f[i-1].x); // 累计当前水平条面积
            insert(1,0,m,f[i].l,f[i].r-1,f[i].t);       // 将当前水平条插入线段树
        }
        printf("Test case #%d\n", ++ test);             // 输出总面积
        printf("Total explored area: %.2lf \n\n", ans);
    }
    return 0;
}
```

## 8.3 计算半平面交的实验范例

如果一个凸多边形的边表示为直线方程或极角，那么这一凸多边形可以表示为半平面的交。

在一个二维平面中，直线方程为 $ax+by+c=0$，其中 $a$、$b$ 和 $c$ 是常数，将一个完整的平面划分为两个半平面。一个半平面由直线及其一侧来定义：不是 $ax+by+c\geqslant 0$，就是 $ax+by+c\leqslant 0$（如图 8-21a 所示）。

在有界区域中的一个半平面，或者半平面的交可以构成一个凸多边形（如图 8-21b 和 c 所示），而 $n$ 个半平面的交 $H_1\cap H_2\cap\cdots\cap H_n$ 可以构成一个至多有 $n$ 条边的凸多边形。例如，图 8-21c 中有 5 条直线 $L_1$、$L_2$、$L_3$、$L_4$ 和 $L_5$，其中直线 $L_i$ 及其一侧的部分组成半平面 $H_i(1\leqslant i\leqslant 5)$，5 个半平面的交 $H_1\cap H_2\cap\cdots\cap H_5$ 是一个凸五边形。

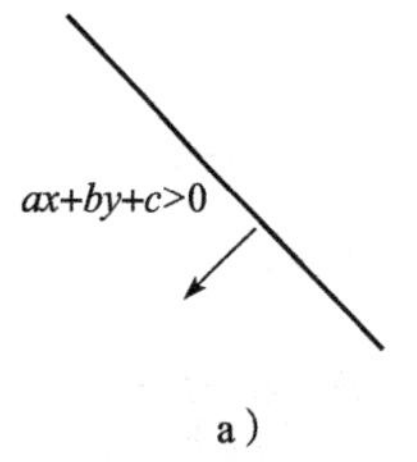

a）

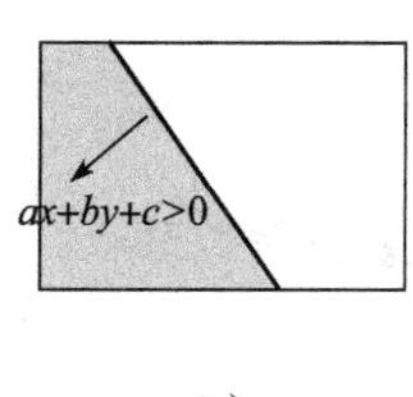

b）

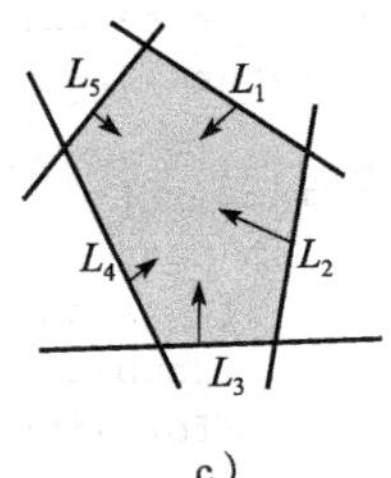

c）

图 8-21

$n$ 个半平面交的区域可能无界。可以增加 4 个半平面（$x-c\leqslant 0$，$x+c\geqslant 0$，$y-c\leqslant 0$，$y+c\geqslant 0$）保证半平面交的区域有界（如图 8-22 所示）。

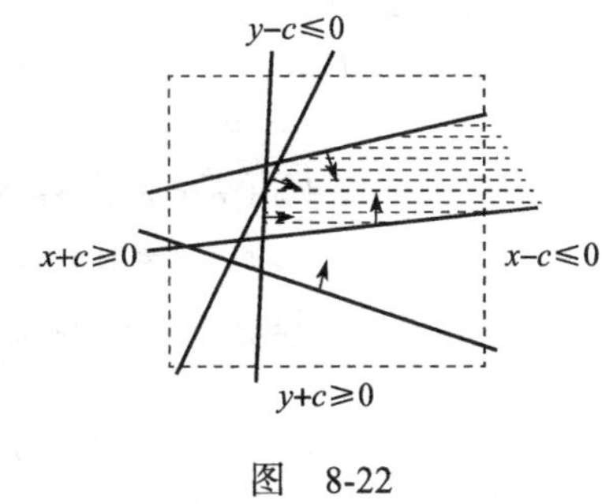


图　8-22

每个半平面最多形成相交区域的一条边，因此 $n$ 个半平面的相交区域不超过 $n$ 条边。$n$ 个半平面相交后的区域，也有可能是直线、射线、线段或者点，当然也可能是空集。

两个凸多边形的交也可以产生一个凸多边形（如图 8-23a 所示）。新的凸多边形的点是两个凸多边形的边的交点。这些点也是分界点，将边分为内边和外边两种。内边互相连接，构成新的凸多边形（如图 8-23b 所示）。假设有一个垂直的扫描线从左向右扫描，那么，在任何时刻，扫描线和两个凸多边形最多有 4 个交点。例如，在图 8-23a 中，凸多边形 $A$ 与垂直扫描线的上交点是 $A_u$，下交点是 $A_l$；多边形 $B$ 与垂直扫描线的上交点是 $B_u$ 和 $B_l$。我们称 $A_u$、$A_l$、$B_u$ 和 $B_l$ 所经过的边分别是 $e_1$、$e_2$、$e_3$ 和 $e_4$。

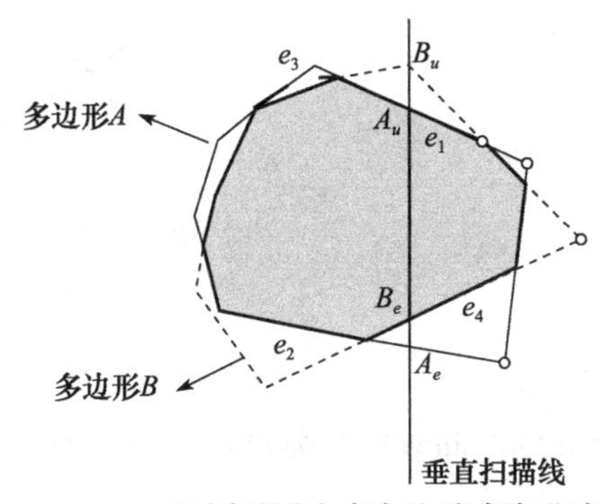


垂直扫描线与多边形A和多边形B相交

a）

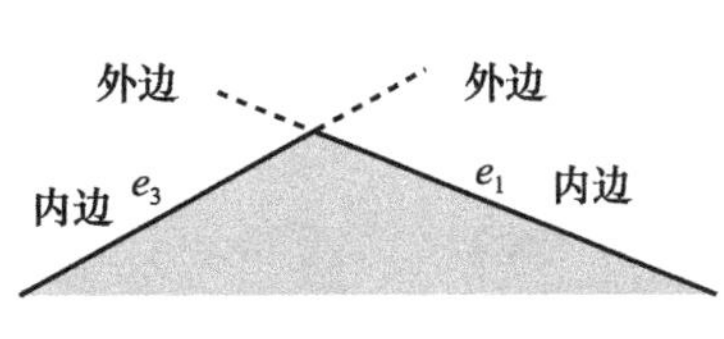


以交点为分界点，将边分为内边和外边

b）

图　8-23

半平面的交计算方法有多种，这些算法各有千秋，适用于不同的场合。在本节中，我们围绕其中较为典型的两种算法展开实验：

- 半平面交的联机算法；
- 利用极角计算半平面交的算法。

### 8.3.1　计算半平面交的联机算法

设 $n$ 个半平面的交 $H_1\cap H_2\cap\cdots\cap H_n$ 组成凸多边形 $A$。初始时 $A$ 为整个平面，然后，依次用 $H_i$ 的边界线 $a_ix+b_iy+c_i=0$ 切割 $A$，保留 $A$ 中使不等式 $a_ix+b_iy+c_i\geqslant 0$ 成立的部分，$1\leqslant i\leqslant n$。最后，得到的 $A$ 就是 $H_1\cap H_2\cap\cdots\cap H_n$。

解题的关键是，如何用当前半平面 $H_i$ 的边界线 $a_ix+b_iy+c_i=0$ 切割凸多边形 $A$，并计算出 $A$ 中使不等式 $a_ix+b_iy+c_i\geqslant 0$ 成立的部分。当前 $A$ 含 $k$ 个顶点，按逆时针排列成 a[]；切割线（即当前半平面 $H_i$ 的边界线）为 $\overrightarrow{p_1p_2}$；$A$ 被 $\overrightarrow{p_1p_2}$ 切割后的凸多边形顶点按逆时针排

列成 $b[]$。$b[]$ 的计算方法如下：

```
b[] 初始化为空;
    for (int i = 0; i < k; ++i) {        // 顺序枚举 a[] 中的每个顶点
        { if (p1a[i] ^ p2a[i] ≥ 0) { a[i] 进入 b[]; continue }
        // 若 a[i]p1 和 p1p2 沿逆时针方向连接，或者 a[i] 位于 p1p2 上，则 a[i] 保留 (图 8-24a)
        对于 a[i] 的左邻点 a[i-1] (j=i-1);
        if (p1a[j] ^ p2a[j] >0)              // 若 a[j]p1 和 p1p2 沿逆时针方向连接，则保留 p1p2
                                             // 与 a[j]a[i] 的交点 ( 图 8-24b)
        { p1p2 与 a[j]a[i] 的交点进入 b[] }
    对于 a[i] 的右邻点 a[i+1] (j=i+1);
    if (p1a[j] ^ p2a[j] >0) { p1p2 与 a[j]a[i] 的交点进入 b[] }
    // 若 a[j]p1 和 p1p2 沿逆时针方向连接，则保留 p1p2 与 a[i]a[j] 的交点 ( 图 8-24c)
}
```

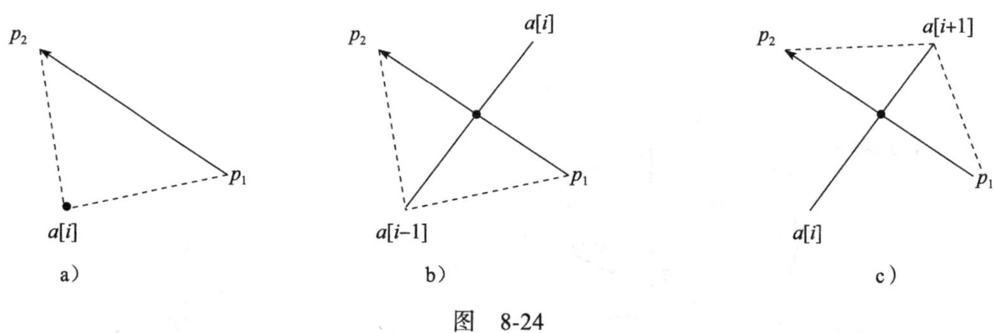


图 8-24

显然，用当前半平面 $H_i$ 的边界线切割平面 $A$ 的时间复杂度为 $O(n)$。依次按下述方法切割 $n$ 次，便可以得到半平面交。

初始时 $A$ 设为平面上覆盖凸多边形的一个大区域，例如由 4 个顶点（$-10^3$，$-10^3$）、（$10^3$，$-10^3$）、（$10^3$，$10^3$）和（$-10^3$，$10^3$）组成的大正方形，这 4 个顶点存储在 $a[]$ 中。先用 $H_1$ 的边界线切割 $A$，计算切割 $A$ 后形成的凸多边形顶点 $b[]$；再将 $b[]$ 赋给 $a[]$，清空 $b[]$，继续用 $H_2$ 的边界线切割，得到 $b[]$……依此类推，直至用 $H_n$ 的边界线切割完 $A$ 为止，最终得到的 $b[]$ 即为凸多边形的顶点序列。

上述算法的时间复杂度为 $O(n^2)$。由于该算法只对 $H_1, H_2, \cdots, H_n$ 的边界线数据进行一次扫描，一旦 $H_i$ 的边界线数据被读入并处理，就不需要再被记忆，具有联机的优点，因此称为计算半平面交的联机算法。

【8.3.1.1 Carpet】㊀

George 购买了两个类似圆形的地毯（他不喜欢直线和尖角）。不幸的是，他无法完整地覆盖地面，因为房间是一个凸多边形的形状。但他仍然希望通过选择铺设地毯的位置，尽量减少未被覆盖到的面积，因此请帮助他。

要在房间内放置两张地毯，使得这两张地毯覆盖的总面积尽可能最大。地毯可能会重叠，但地毯不可以被切割或折叠（包括沿地板边界切割或折叠）——要避免直线，如图 8-25 所示。

㊀ 此题目对原题进行了改编，原题来源见下页。——编辑注

**输入**

输入的第一行给出两个整数 $n$ 和 $r$，分别表示 George 的房间有多少个角（$3 \leqslant n \leqslant 100$）和地毯的半径（$1 \leqslant r \leqslant 1000$，两张地毯的半径相同）。接下来的 $n$ 行每行给出两个整数 $x_i$ 和 $y_i$，表示第 $i$ 个角的坐标（$-1000 \leqslant x_i, y_i \leqslant 1000$）。所有角的坐标是不同的，房间里相邻的墙不在一条直线上，角按顺时针方向排列。

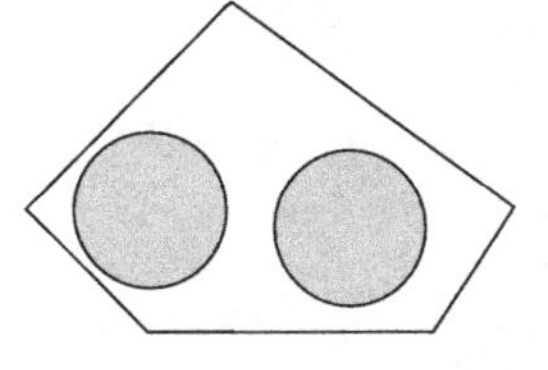
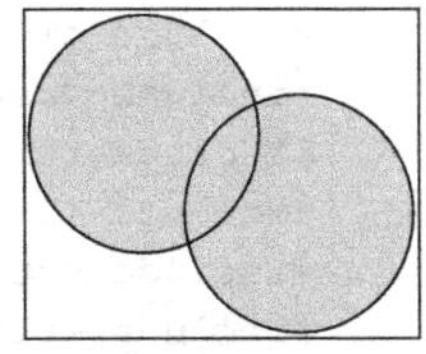

图 8-25

**输出**

输出 4 个数字 $x_1$、$y_1$、$x_2$ 和 $y_2$，其中（$x_1, y_1$）和（$x_2, y_2$）表示两张地毯被放置的中心（圆心）。坐标精确到小数点后 4 位。

如果有多个可行的最佳放置方案，返回其中任何一个。输入数据保证至少有一个解决方案存在。

| 样例输入 | 样例输出 |
|---|---|
| 5 2<br>-2 0<br>-5 3<br>0 8<br>7 3<br>5 0 | -2 3 3 2.5 |
| 4 3<br>0 0<br>0 8<br>10 8<br>10 0 | 3 5 7 3 |

试题来源：ACM Northeastern Europe 2006, Northern Subregion

在线测试：POJ 3384

## 试题解析

这道题要求用两个圆覆盖一个多边形，问最多能覆盖的多边形的面积。求解的思路是将多边形的每条边一起向“内”推进 $r$，得到一个新的多边形。显然，这个多边形可放置下两个圆，而不至于出现地毯在边界折叠的情况。求解的方法是采用半平面交的联机算法。

最初设覆盖区域 plan 为一个无穷大的正方形，然后按顺时针方向依次枚举多边形的每条边 $\overrightarrow{p_i p_{i+1}}$（$0 \leqslant i \leqslant n-1$，$p_n = p_0$），将 $\overrightarrow{p_i p_{i+1}}$ 向“内”推进 $r$ 得到新多边形的边 $\overrightarrow{q_i q_{i+1}}$（$\overrightarrow{p_i p_{i+1}}$ 旋转 90°* $\dfrac{r}{\left|\overrightarrow{p_i p_{i+1}}\right|}$ 后得到 $\overrightarrow{q_i q_{i+1}}$），用 $\overrightarrow{q_i q_{i+1}}$ 切割当前的 plan。

依次类推，直至处理完多边形的 $n$ 条边为止，最终得出的 plan 即为新多边形。

然后求这个多边形最远的两点，分别作为两个圆的圆心。显然，这两个圆覆盖多边形的面积最大。

## 参考程序

```
#include <cstdio>
#include <iostream>
#include <cstdlib>
#include <cmath>
#include <cstring>
#include <ctime>
#include <climits>
#include <utility>
#include <algorithm>
using namespace std;
const double epsi = 1e-10;                              // 无穷小
const double pi = acos(-1.0);                           // 180°
const int maxn = 100 + 10;                              // 顶点数的上限
inline int sign(const double &x) {                      // 计算 x 的正负号或零标志
    if (x > epsi) return 1;
    if (x < -epsi) return -1;
    return 0;
}
inline double sqr(const double &x) {                    // 计算 x²
    return x * x;
}
struct Point {                                          // 定义点运算的结构类型
    double x, y;
    Point(double _x = 0, double _y = 0): x(_x), y(_y) { }  // 定义点
    Point operator +(const Point &op2) const {          // 向量加
        return Point(x + op2.x, y + op2.y);
    }
    Point operator -(const Point &op2) const {          // 向量减
        return Point(x - op2.x, y - op2.y);
    }
    double operator *(const Point &op2) const {         // 计算点积
        return x* op2.x + y*op2.y;
    }
    Point operator *(const double &d) const {           // 向量与实数相乘
        return Point(x * d, y * d);
    }
    Point operator /(const double &d) const {           // 向量与实数相除
        return Point(x / d, y / d);
    }
    double operator ^(const Point &op2) const {         // 计算叉积
        return x * op2.y - y * op2.x;
    }
    bool operator ==(const Point &op2) const {          // 计算重合标志
        return sign(x - op2.x) == 0 && sign(y - op2.y) == 0;
    }
};
inline double mul(const Point &p0, const Point &p1, const Point &p2)
                                                        // 计算 p1p0 与 p2p0 的叉积
{
    return (p1 - p0) ^ (p2 - p0);
}
inline double dot(const Point &p0, const Point &p1, const Point &p2)
```

```
                                            //计算p1p0与p2p0的点积
    {
        return (p1 - p0) * (p2 - p0);
    }
    inline double dis2(const Point &p0, const Point &p1) {   //计算p1p0^2
        return sqr(p0.x - p1.x) + sqr(p0.y - p1.y);
    }
    inline double dis(const Point &p0, const Point &p1) {    //计算p1p0
        return sqrt(dis2(p0, p1));
    }
    inline double dis(const Point &p0, const Point &p1, const Point &p2) {
    if(sign(dot(p1, p0, p2))<0) return dis(p0, p1);
    //若p1p0与p1p2的夹角超过90°，则返回p1p0
    if (sign(dot(p2,p0, p1))<0) return dis(p0, p2);
    //若p2p0与p2p1的夹角超过90°，则返回p2p0
    return fabs(mul(p0, p1, p2) / dis(p1, p2));      //返回p0至p1p2的垂线长度
    }
    inline Point rotate(const Point &p, const double &ang) { //计算点p旋转ang角度后的点
        return Point(p.x * cos(ang) - p.y * sin(ang), p.x * sin(ang) + p.y * cos(ang));
    }
    inline void translation(const Point &p1, const Point &p2, const double &d, Point
&q1, Point &q2) {                          // p2p1向"内"推进d后形成直线q2q1
        q1 = p1 + rotate(p2 - p1, pi / 2) * d / dis(p1, p2);
        q2 = q1 + p2 - p1;
    }
    inline void cross(const Point &p1, const Point &p2, const Point &p3, const
Point &p4, Point &q) {                     //计算p1p2与p3p4的交点q
        double s1 = mul(p1, p3, p4), s2 = mul(p2, p3, p4);
        q.x = (s1 * p2.x - s2 * p1.x) / (s1 - s2);
        q.y = (s1 * p2.y - s2 * p1.y) / (s1 - s2);
    }
    inline int half_plane_cross(Point*a, int n,Point *b, const Point &p1, const Point &p2) {
    //初始区域为含n个顶点的序列a[]，用直线p1p2切割，返回切割后的半平面区域b[]和其顶点数
        int newn = 0;                                //栈指针初始化
        for (int i = 0, j; i < n; ++i) {
            if (sign(mul(a[i], p1, p2)) >= 0) {      //若p1a[i]在p2a[i]的顺时针方向，则a[i]
                                                     //进入b[]，继续枚举a[i+1]
                b[newn++] = a[i];
                continue;
            }
            j = i-1; if (j == -1) j = n-1;           //计算i左邻的点j
            if (sign(mul(a[j], p1, p2))>0)           //若p1a[j]在p2a[j]的顺时针方向，则p1p2
                                                     //与a[j]a[i]的交点进入b[]
                cross(p1, p2, a[j], a[i], b[newn++]);
            j = i + 1; if (j == n) j = 0;            //计算i右邻的点j
            if (sign(mul(a[j], p1, p2)) > 0)         //若p1a[j]在p2a[j]的顺时针方向，则p1p2
                                                     //与a[j]a[i]的交点进入b[]
```

```
            cross(p1, p2, a[j], a[i], b[newn++]);
    }
    return newn;
}
int n;                                  // 顶点数
double r;                               // 半径
Point p[maxn];                          // 多边形的点序列
int t[2];                               // 翻转前后半平面区域的顶点数
Point plane[2][maxn], q1, q2;           // 翻转前后半平面区域的顶点序列为 plane[2][]
int main() {
    scanf("%d%lf", &n, &r);             // 输入房间的角数和地毯的半径
    for (int i = 0; i < n; ++i)         // 输入每个角的坐标
        scanf("%lf%lf", &p[i].x, &p[i].y);
    p[n] = p[0];                        // 首尾相接，形成多边形
    int o1 = 0, o2;
    t[0] = 4;                           // 初始区域含 4 个顶点，为平面上一个大的正方形 plane
    t[0] = 4;
    plane[0][0] = Point(-1e3, -1e3);
    plane[0][1] = Point(1e3, -1e3);
    plane[0][2] = Point(1e3, 1e3);
    plane[0][3] = Point(-1e3, 1e3);
    for (int i = 0; i < n; ++i) { // 顺序计算房间的每个角
        o2 = o1 ^ 1;                    // 翻转
        translation(p[i + 1], p[i], r, q1, q2); // p_i p_{i+1} 向"内"推进 r 后形成直线 q_2 q_1
        t[o2] = half_plane_cross(plane[o1], t[o1], plane[o2], q1, q2);
        // 用 q_1 q_2 切割长度为 t[o1] 的半平面区域 plane[o1]，计算切割后的半平面区域 plane[o2]
        // 及其长度 t[o2]
        o1 = o2;                        // 继续切割下去
    }
    double maxd = -1, curd;
    for (int i=0; i<t[o1];++i) // 枚举凸多边形的所有顶点对，计算其中距离最长的顶点 q1 和 q2
      for (int j = i; j < t[o1]; ++j) {
            curd = dis2(plane[o1][i], plane[o1][j]);
            if (sign(curd - maxd) > 0) {
                maxd = curd;
                q1 = plane[o1][i], q2 = plane[o1][j];
            }
        }
    printf("%.10lf %.10lf %.10lf %.10lf\n", q1.x, q1.y, q2.x, q2.y);
    // 顶点 q1 和 q2 作为两个圆的圆心输出
    return 0;
}
```

### 8.3.2 利用极角计算半平面交的算法

对于在 $xy$ 平面中的一点，以及连接该点与原点之间的一条直线，极角 $\theta$ 是 $x$ 轴逆时针和这条直线的夹角，如图 8-26 所示。

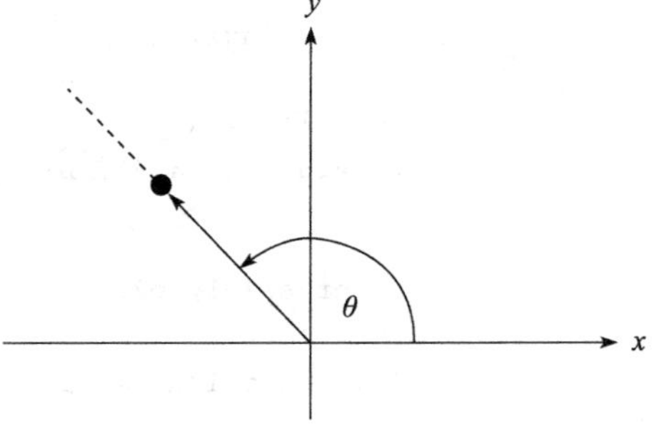


图 8-26

对一个半平面 $ax+by\leqslant(\geqslant)c$，其中 $a=1$，$b\in\{1,-1\}$，其极角定义如下。

- 半平面 $x-y\geqslant c$ 的极角为 $\frac{1}{4}\pi$（图 8-27a）;

- 半平面 $x-y\leqslant c$ 的极角为 $-\frac{3}{4}\pi$（图 8-27b）；
- 半平面 $x+y\geqslant c$ 的极角为 $-\frac{1}{4}\pi$（图 8-27c）；
- 半平面 $x+y\leqslant c$ 的极角为 $\frac{3}{4}\pi$（图 8-27d）。

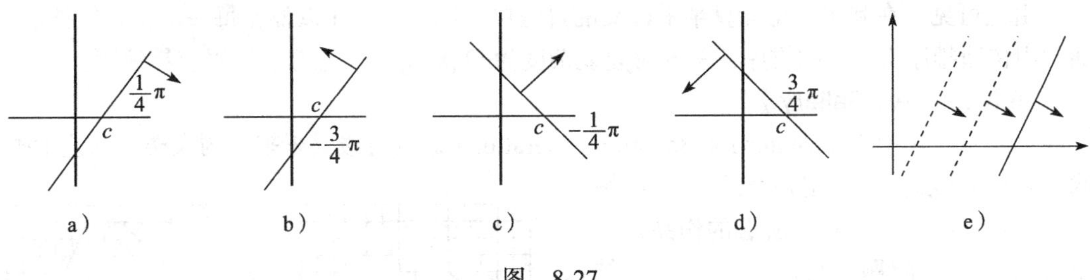


图　8-27

对于半平面 $ax+by\leqslant(\geqslant)c$，其中 $a$、$b$ 和 $c$ 是常数，极角为 atan2 $(b, a)$，即 $(a, b)$ 与原点的连线和 $x$ 轴的夹角。若有多个半平面的极角相同，则根据 $c$ 保留其中一个半平面，例如，保留 $c$ 值最小（即离原点最近）的一个半平面（如图 8-27e）。

半平面交的结果为一个凸多边形，其中极角在 $\left(-\frac{1}{2}\pi,\frac{1}{2}\pi\right]$ 范围内的直线构成了上凸壳；极角在 $\left(-\pi,-\frac{1}{2}\pi\right]\cup\left(\frac{1}{2}\pi,\pi\right]$ 范围内的直线构成了下凸壳，如图 8-28 所示。

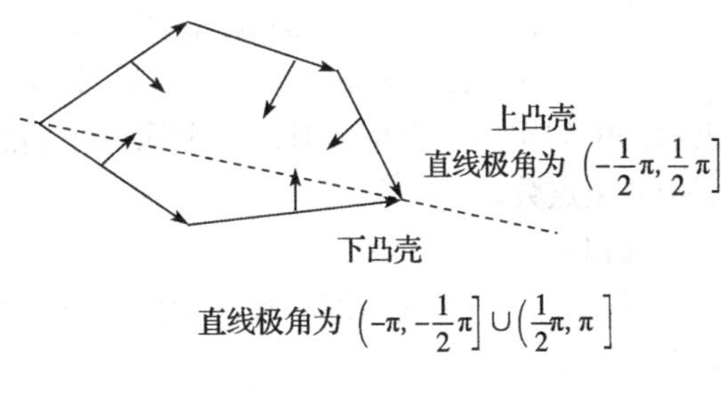


图　8-28

由此可见，我们可以按照极角递增的顺序（即逆时针顺序）计算凸多边形。利用极角计算半平面交的算法如下。

设数组 $a[]$ 存储 $n$ 个半平面 $H_1, H_2, \cdots, H_n$ 的边界线对应直线方程（$A_ix+B_iy+C_i=0$ 中的参数 $A_i$、$B_i$ 和 $C_i$）；$n$ 个半平面交 $H_1\cap H_2\cap\cdots\cap H_n$ 对应的凸多边形由两个队列存储，其中 $b[]$ 存储边的直线方程，$c[]$ 存储顶点。两个队列的队首指针为 $h$，队尾指针为 $t$。

（1）预处理数组 $a[]$：按照极角为第一关键字、原点至该直线的距离为第二关键字排序 $a$，对于极角相同的直线，保留与原点最近的 1 条；去除系数 $A=B=0$ 且 $C>0$ 的直线（若 $C\leqslant0$，则失败退出）。这样做的目的是确定半平面交的计算顺序，排除重合和半平面交不成立的可能情况。

（2）将 $a$ 中前两条直线送入队列 $b[]$ 中，为 $b[0]$ 和 $b[1]$，这两条直线的交点送入 $c[1]$，$h=0$，$t=1$。

（3）依次处理直线 $a[3], \cdots, a[n]$：

- 若队列非空且顶点 $c[t]$ 代入直线 $a[i]$ 后的方程值为负，则队尾元素出队（$t$--）。
- 若队列非空且顶点 $c[h+1]$ 代入直线 $a[i]$ 的方程值为负，则队首元素出队（$h$++）。

直线 $a[i]$ 进入 $b$ 队尾（$b[++t]=a[i]$），$b[t]$ 和 $b[t-1]$ 的交点送入 $c[t]$。这样做的目的是，

使得 $c$ 中所有顶点代入各直线后的方程值皆为正，即保留 $A_ix+B_iy+C_i \geqslant 0$ 的部分。

（4）处理队首和队尾的衔接：

- 若队列非空且顶点 $c[t]$ 代入直线 $b[h]$ 后的方程值为负，则队尾元素出队（$t$--）。
- 若队列非空且顶点 $c[h+1]$ 代入直线 $b[t]$ 后的方程值为负，则队首元素出队（$h$++）。
- 若队列空（$h+1 \geqslant t$），则失败返回；否则凸多边形的 $p_0$ 为 $b[h]$ 与 $b[t]$ 的交点，$p_1, \cdots, p_{t-h}$ 依次为 $c[h+1], \cdots, c[t]$，$p_{t-h+1}=p_0$。

由上可见，在利用极角计算半平面交的过程中，除 $a$ 的排序以外，每一步都是线性的。通常用快速排序实现 $a$ 的排序，总的时间复杂度为 $O(n\log_2 n)$，且算法代码容易编写。

【8.3.2.1 Art Gallery】

巴尔干合作中心（Center for Balkan Cooperation）新的且极具未来感的大楼中的艺术画廊呈多边形形式（不一定是凸的）。当组织大型展览的时候，照看好所有的作品是一个很大的安全问题。给出一个画廊的结构，请编写一个程序，在画廊楼层的平面上找到一片表面，从该区域能够看到画廊墙壁上的每个点。在图8-29中，左图给出在坐标系统中的画廊地图，右图的阴影则给出所要求的区域。

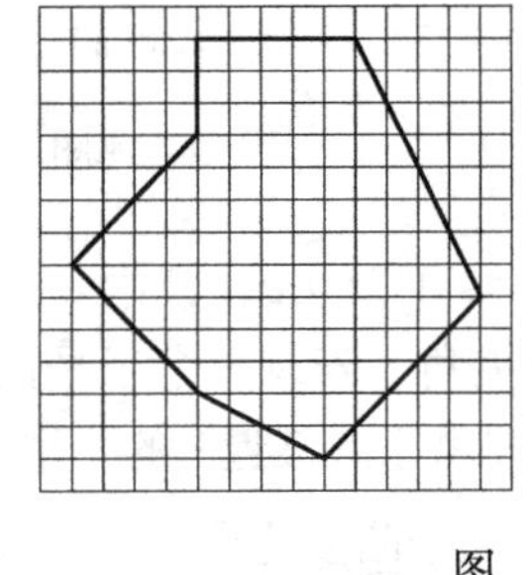
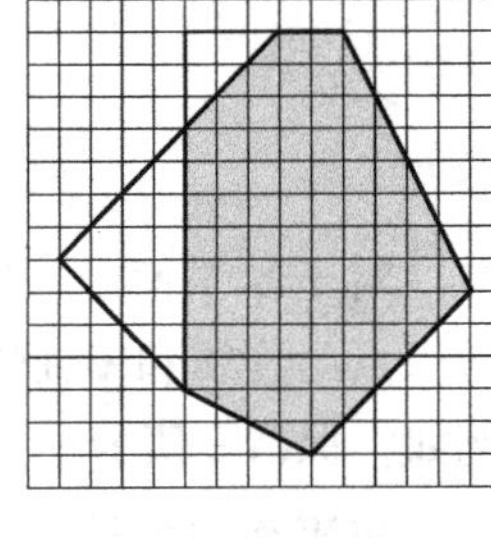

图 8-29

**输入**

输入的第一行给出测试用例数 $T$。每个测试用例的第一行给出一个整数 $N$，$5 \leqslant N \leqslant 1500$；接下来的 $N$ 行每行给出多边形的一个顶点的坐标，用两个16位的整数类型表示，中间用一个空格分开。一个测试用例的最后一个顶点坐标后的下一行是下一个测试用例的顶点数。

**输出**

对于每一个测试用例，程序输出一行，给出所要求的表面面积，精确到小数点后两位数字（四舍五入）。

| 样例输入 | 样例输出 |
|---|---|
| 1<br>7<br>0 0<br>4 4<br>4 7<br>9 7<br>13 -1<br>8 -6<br>4 -4 | 80.00 |

试题来源：ACM Southeastern Europe 2002

在线测试：POJ 1279，ZOJ 1369，UVA 2512

**试题解析**

按照题意，“在画廊楼层的平面上找到一片表面，从该区域能够看到画廊墙壁上的每个点”。也就是说，这片表面由画廊内部具有下述性质的点集组成：从多边形画廊边界上任取一点 $s$，点集中取任一点 $v$，从 $v$ 到 $s$ 的线段全部在多边形画廊的内部。

这片表面称为多边形的核。直观地讲，如果把多边形边看成是逆时针方向的环，则核的区域即为由每条多边形边剖分整个平面而得到的左半平面的交集。一般而言，凸多边形的核就是它本身，而凹多边形的核可能是其内部的一部分，也可能根本就不存在。

基于上述思想，多边形核可以按照以下思路求出：先输入多边形画廊的 $n$ 个顶点，将之转化为 $n$ 条边的直线方程；然后逆时针依次用多边形的边剖分多边形所在的平面，保留向里的部分，舍去其向外的部分，剩下的便是此多边形的核；最后利用叉积公式计算核面积，即题意所要求的这片表面的面积。

**参考程序**

```
#include <iostream>
#include <cstdlib>
#include <cstdio>
#include <string>
#include <cmath>
#include <algorithm>
using namespace std;
const int maxn=2100;
const double eps=1e-10;
struct Point {                              //点运算的结构类型
    double x, y;
    Point(double _x = 0, double _y = 0): x(_x), y(_y) { }  //定义点
    double operator ^(const Point &op2) const {            //叉积
        return x * op2.y - y * op2.x;
    }
};
struct StraightLine{                        //半平面交运算的结构类型
    double A, B, C;                         //直线方程 Ax+By+C=0
    StraightLine(double _a=0, double _b=0, double _c=0):A(_a), B(_b), C(_c) { }
                                            //定义直线
    double f(const Point &p) const {        //计算 p 点代入直线方程后的解
        return A * p.x + B * p.y + C;
    }
        double rang() const{                //返回 B/A 的反正切，即直线的极角
        return atan2(B, A);
    }
    double d() const{                       //返回原点至直线 Ax+By+C=0 的距离 C/sqrt(A^2+B^2)
        return C / (sqrt(A * A + B * B));
    }
    Point cross(const StraightLine &a) const { //计算直线 Ax+By+C=0 与直线 a 的交点
        double xx = - (C * a.B - a.C * B) / (A * a.B - B * a.A);
        double yy = - (C * a.A - a.C * A) / (B * a.A - a.B * A );
        return Point(xx, yy);
    }
};
StraightLine b[maxn], SL[maxn];           //多边形的边序列为 SL[]，当前核边的直线序列为 b[]
Point c[maxn], d[maxn];                   //核的顶点序列为 d[]，当前核的顶点序列为 c[]
int n;                                    //多边形的顶点数
inline int sign(const double &x){         //计算 x 的正负号
```

```
    if (x > eps) return 1;
    if (x < -eps) return -1;
    return 0;
}
int cmp(StraightLine a, StraightLine b){    //极角作为第一关键字、原点至该直线的距离作
                                             //为第二关键字，比较直线a和直线b的大小
    if (sign( a.rang() - b.rang() ) != 0) return a.rang() < b.rang();
    else return a.d() < b.d();
}
int half_plane_cross(StraightLine *a,  int n, Point *pt) {
//输入多边形的边序列a(边数为n)，利用极角计算和返回多边形a内最大凸多边形的顶点序列pt及其长度
    sort(a+1,a+n+1,cmp);        //极角为第一关键字、原点至该直线的距离为第二关键字，排序a
    int tn = 1;                 //a的长度初始化
    for (int i = 2; i <= n; i ++){ //依次枚举多边形的相邻边，去除极角相同的相邻边或者
                                   //A=B=0且C>0的边
        if (sign( a[i].rang() - a[i-1].rang() )!=0) a[++tn]=a[i];
        //若a[i]与a[i-1]的极角不同，则a[i]重新进入a[]
        if (sign(a[tn].A )==0 && sign( a[tn].B )==0)
        //在该边的A=B=0的情况下，若C大于0，则退出a[]；否则返回失败标志
            if (sign( a[tn].C )==1)    tn--;
            else return - 1;
    }
    n=tn;                              //a预处理后的长度
    int h=0, t=1;                      //队列的首尾指针初始化
    b[0] = a[1];                       //直线1和直线2存入b，交点存入c
    b[1] = a[2];
    c[1] = b[1].cross(b[0]);
    for (int i = 3; i <= n; i ++){ //依次枚举直线3…直线n
        while (h < t && sign( a[i].f(c[t] ) )<0) t-- ;
        //若队列c非空且c的队尾交点代入直线i后的方程值为负，则队尾元素退出
        while (h<t && sign(a[i].f( c[h+1] ))<0) h++ ;
        //若队列非空且c的队首交点代入直线i后的方程值为负，则队首元素退出
        b[ ++ t] = a[i];               //直线i进入b的队尾
        c[t] = b[t].cross( b[t-1] ); //b队尾的两条直线的交点进入c队尾
    }
    while (h < t && sign( b[h].f( c[t] ) )<0) t--;
    //若队列c非空且c的队尾交点代入b的队首直线后方程值为负，则队尾元素退出
    while (h < t && sign( b[t].f( c[h+1] ) )<0) h++;
    //若队列非空且c的队首交点代入b的队尾直线后方程值为负，则队首元素退出
    if (h+1 >= t) return -1;           //若队列空，则失败返回
    pt[0] = b[h].cross( b[t] );        //b的首尾两条直线的交点作为凸多边形的首顶点
    for(int i=h;i<t;i++) pt[i-h+1]=c[i+1]; //凸多边形的其他顶点按c的顺序排列
    pt[t - h + 1] = pt[0];             //凸多边形首尾相接
    return t - h + 1;                  //返回凸多边形的顶点数
}
int main(){
    int x[maxn], y[maxn] ;             //多边形顶点的坐标序列
    double ans=0;                      //最大凸多边形的面积初始化
    int n, m;                          //多边形的顶点数为n，内部最大凸多边形的顶点数为m
    int test;                          //测试用例数
    scanf("%d", & test );              //读测试用例数
    for (; test ; test --){            //依次处理测试用例
        scanf("%d", & n);              //输入多边形的顶点数和顶点的坐标序列
        for (int i = 1; i <= n; i ++) scanf("%d %d", & x[i], & y[i]);
        x[n+1]=x[1];y[n+1]=y[1];       //首尾相接
```

```
        for(int i=1; i<=n;i++)              // 计算 n 条边的直线方程，其中 SL[i] 存储 p_{i+1}p_i
                                            // 的直线方程中的 A、B、C
    SL[i]=StraightLine(-(y[i]-y[i+1]),-(x[i+1]-x[i]),-(x[i]*y[i+1]-x[i+1]*y[i]));
        m=half_plane_cross(SL,n,d);         // 利用极角计算多边形 SL 内最大凸多边形的顶点数
                                            // m 和顶点序列 d
        ans = 0;                            // 最大凸多边形的面积初始化
        if (m == -1) printf("0.00\n");      // 若无凸多边形，则面积为 0；否则采用叉积方法
                                            // 计算最大凸多边形的面积
        else {
            for (int i = 0; i < m; i ++) ans += d[i] ^ d[i+1];
            printf("%.2lf\n", ans / 2);     // 输出最大凸多边形的面积
        }
    }
    return 0;
}
```

【8.3.2.2 Hotter Colder】

儿童游戏 Hotter Colder 是这样玩的。玩家 *A* 离开房间，此时玩家 *B* 在房间的某处隐藏一件物品。玩家 *A* 再进入房间，到达位置（0, 0），然后在房间里其他不同的位置进行查找。当玩家 *A* 到一个新的位置时，如果这个位置比以前的位置离物品近，玩家 B 就说 "Hotter"；如果这一位置离物品比以前的位置远，玩家 B 就说 "Colder"；如果距离相同，玩家 B 就说 "Same"。

**输入**

输入多达 50 行，每行给出一个（*x*, *y*）坐标，接下来给出 "Hotter"、"Colder" 或 "Same"。每对表示房间里的一个位置，本题设定房间是正方形，对角在（0, 0）和（10, 10）。

**输出**

对于输入的每一行，输出一行，给出物品可能放置的区域面积，精确到小数点后两位。如果不存在这样的区域，输出 0.00。

| 样例输入 | 样例输出 |
| --- | --- |
| 10.0 10.0 Colder<br>10.0 0.0 Hotter<br>0.0 0.0 Colder<br>10.0 10.0 Hotter | 50.00<br>37.50<br>12.50<br>0.00 |

试题来源：Waterloo local 2001.01.27

在线测试：POJ 2540，ZOJ 1886

**试题解析**

设物品的位置为 *P*，*A* 每回合移动一次。每次 *B* 都会告诉 *A*，他当前所处的位置是离 *P* 更近了（Hotter）还是更远了（Colder），或是距离不变（Same）。试题要求在 *B* 每次回答后，确定 *P* 点可能存在的区域面积。

假设 *A* 从 $C(x_1, y_1)$ 移动到了 $D(x_2, y_2)$。判断 *D* 点与 *P* 点的距离比 *C* 点与 *P* 点的距离是远了还是近了，只要将 $P(x, y)$ 代入 *CD* 的中垂线方程后，根据正负号即可得出结论：

- 若当前回合中 *B* 回答 "Hotter"，则点 $P(x, y)$ 所处的位置满足 $|CP|>|DP|$，即对应于不等式

$$2*(x_2-x_1)*x+2*(y_2-y_1)*y+x_1^2+y_1^2-x_2^2-y_2^2>0$$

- 若 $B$ 回答 "Colder"，则点 $P(x, y)$ 所处的位置满足 $|CP|<|DP|$，即对应于不等式
$$2*(x_2-x_1)*x+2*(y_2-y_1)*y+x_1^2+y_1^2-x_2^2-y_2^2<0$$
- 若 $B$ 回答 "Same"，则点 $P(x, y)$ 所处的位置满足 $|CP|=|DP|$，即对应于不等式
$$2*(x_2-x_1)*x+2*(y_2-y_1)*y+x_1^2+y_1^2-x_2^2-y_2^2=0$$

$B$ 每回答一次，则根据回答的类型增加相应的半平面。

初始时 $P$ 点可能存在的区域是 [0，10]*[0，10]。每回合后都对当前的半平面求交。若半平面的交不存在，则输出失败信息，否则输出交的面积。

在下面给出的参考程序中，半平面交是利用极角计算的。

**参考程序**

```
#include <iostream>
#include <cstdlib>
#include <cstdio>
#include <string>
#include <cmath>
#include <algorithm>
using namespace std;
const int maxn=21000;
const double eps=1e-10;
struct Point {                              //点运算的结构类型
    double x, y;
    Point(double _x = 0, double _y = 0): x(_x), y(_y) { }
    double operator ^(const Point &op2) const {        //叉积
        return x * op2.y - y * op2.x;
    }
};
struct StraightLine{                        //半平面交运算的结构类型
double A, B, C;                             //直线方程 Ax+By+C
StraightLine(double _a=0, double _b=0, double _c=0): A(_a), B(_b), C(_c) { }
                                            //构建直线方程
double f(const Point &p) const {            //计算 p 点代入直线方程后的值
        return A * p.x + B * p.y + C;
    }
double rang() const{                        //返回 B/A 的反正切，即直线的极角
        return atan2(B, A);
    }
double d() const{                           //返回原点至直线 Ax+By+C=0 的距离
      return C / (sqrt(A * A + B * B));
    }
    Point cross(const StraightLine &a) const {         //计算交点
        double xx = - (C * a.B - a.C * B) / (A * a.B - B * a.A);
        double yy = - (C * a.A - a.C * A) / (B * a.A - a.B * A );
        return Point(xx, yy);
    }
};
StraightLine b[maxn], SL[maxn],S[maxn]; //半平面的直线序列为 SL[]，s[] 暂存半平面，当
                                        //前半平面交的直线序列为 b[]
Point c[maxn], d[maxn];          //半平面交的顶点序列为 d[]，当前半平面交的顶点序列为 c[]
int n;                                      //多边形的顶点数
inline int sign(const double &x){           //计算 x 的正负号标志
```

```
    if (x > eps) return 1;
    if (x < -eps) return -1;
    return 0;
}
int cmp(StraightLine a, StraightLine b){ //极角作为第一关键字、原点至该直线的距离作为第
                                         //二关键字，比较直线 a 和直线 b 的大小
    if (sign( a.rang() - b.rang() ) != 0) return a.rang() < b.rang();
    else return a.d() < b.d();
}
int half_plane_cross(StraightLine *a, int n, Point *pt) {
//输入多边形的边序列 a，其长度为 n，利用极角计算和返回多边形 a 内最大凸多边形的顶点序列 pt 及其长度
    sort(a+1,a+n+1,cmp); //极角为第一关键字、原点至该直线的距离为第二关键字，排序 a
    int tn = 1;          //a 的长度初始化
    for (int i = 2; i <= n; i ++){      //依次枚举多边形的相邻边，去除极角相同的边或者
                                        //A=B=0 且 C>0 的边（若 C≤0，则失败退出）
        if (sign( a[i].rang() - a[i-1].rang() )!=0) a[++tn]=a[i];
                                        //若相邻边的极角不同，则重新进入 a[]
        if (sign(a[tn].A)==0 && sign(a[tn].B)==0) //在该边 A=B=0 的情况下，若 C>0，则
                                        //退出 a[]；否则返回失败标志
            if (sign( a[tn].C )==1)   tn --;
            else return  - 1;
    }
    n=tn;                               //a 预处理后的长度
    int h = 0, t = 1;                   //队列的首尾指针初始化
    b[0] = a[1];                        //直线 1 和直线 2 存入 b[]
    b[1] = a[2];
    c[1] = b[1].cross(b[0]);            //直线 1 和直线 2 的交点存入 c[]
    for (int i = 3; i <= n; i ++){      //依次枚举直线 3 ~ 直线 n
        while (h < t && sign( a[i].f( c[t] ) )<0) t -- ;
        //若队列 c 非空且 c 的队尾交点代入直线 i 后的方程值为负，则队尾元素退出
        while (h<t && sign( a[i].f(c[h+1] ))<0) h++ ;
        //若队列非空且 c 的队首交点代入直线 i 后的方程值为负，则队首元素退出
        b[ ++ t] = a[i];                //直线 i 进入 b 的队尾
        c[t] = b[t].cross( b[t-1] );    //b 队尾的两条直线的交点进入 c 队尾
    }
    while (h < t && sign( b[h].f( c[t] ) )<0) t --;
    //若队列 c 非空且 c 的队尾交点代入 b 的队首直线后的方程值为负，则队尾元素退出
    while (h < t && sign( b[t].f( c[h+1] ) )<0) h ++;
    //若队列非空且 c 的队首交点代入 b 的队尾直线后的方程值为负，则队首元素退出
    if (h+1 >= t) return -1;            //若队列空，则失败返回
    pt[0] = b[h].cross( b[t] );         //b 的首尾两条直线的交点作为凸多边形的首顶点
    for(int i=h;i<t;i++) pt[i-h+1]=c[i+1];    //凸多边形的其他顶点按 c 的顺序排列
    pt[t - h + 1] = pt[0];              //凸多边形首尾相接
    return t - h + 1;                   //返回凸多边形的顶点数
}
int main(){
    ios::sync_with_stdio(false);
    double x1, x2, y2, y1, ans=0;
    int n, m;            //半平面的个数为 n，半平面交的顶点数为 m
    n=0;                 //初始时物品可能存在的区域 [0, 10]*[0, 10] 作为 4 个半平面
    SL[++n] = StraightLine(0, 1, 0);
    SL[++n] = StraightLine(1, 0, 0);
    SL[++n] = StraightLine(0, -1, 10);
    SL[++n] = StraightLine(-1, 0, 10);
    double px=0,py=0,nx, ny;  //移前位置 (px, py) 初始化，移后位置为 (nx, ny)
```

```
    string c;                                    //B 的回答
    char s;
    while (cin >> nx >> ny){                     //反复输入当前一步的移后位置
     cin >> c ;                                  //输入B的回答
     if (c[0] == 'C' )                           //根据B的回答增添相应的半平面
SL[++n]=StraightLine(-2*(nx-px),-2*(ny-py),-(px*px+py*py-nx*nx-ny*ny));
      else if (c[0]=='H' )
 SL[++n]=StraightLine(2*(nx-px), 2*(ny-py),(px*px+py*py-nx*nx -ny*ny));
          else SL[++n]=StraightLine(-2*(nx-px),-2*(ny-py),-(px*px+py*py-nx* nx-
ny*ny)),
SL[++n]=StraightLine(2*(nx-px),2*(ny-py),(px*px+py*py-nx*nx-ny*ny));
        px = nx ; py = ny ;                      // (nx, ny) 作为下一步的移前位置
        ans=0;                                   //半平面交的面积初始化
        for (int i = 1 ; i <= n ; i ++) S[i] = SL[i];    //暂存半平面
        m = half_plane_cross(S, n, d); //利用极角计算半平面交
        if (m==-1) printf("0.00\n"); //若半平面交不存在，则输出失败信息，否则利用叉积计
                                     //算半平面交的面积，作为物品可能放置的区域面积输出
        else {
            for (int i = 0; i < m; i ++) ans += d[i] ^ d[i+1];
            printf("%.2lf\n", ans / 2);
        }
    }
    return 0;
}
```

## 8.4 计算凸包和旋转卡壳的实验范例

在本节中，展开如下两个实验：

（1）给出平面上一组 $n$ 个点，计算凸包，即找出含所有点的最小凸多边形；

（2）计算旋转卡壳，即找出凸包中彼此最远的两个点。

### 8.4.1 计算凸包

设 $Q$ 是一个 $n$ 个点构成的点集，$Q=\{p_0, \cdots, p_{n-1}\}$。它的凸包 CH ($Q$) 是一个最小的凸多边形 $P$，$Q$ 中的每个点或者在 $P$ 的边界上，或者在 $P$ 的内部。在直观上，可以把 $Q$ 中的每个点看作露在板外的铁钉，那么凸包就是包含所有铁钉的一个拉紧的橡皮绳所构成的形状，如图 8-30 所示。

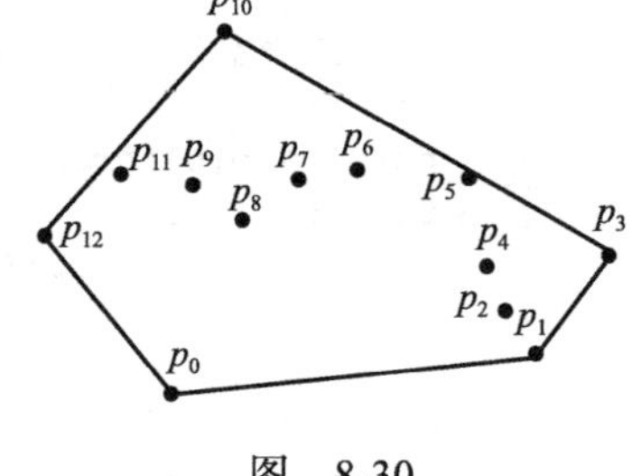

图 8-30

显然，平面上的这 $n$ 个点中，彼此间最远的两个点必定是凸包上的顶点。运用计算凸包的算法求最远点对问题，可大幅度减少最远点对的搜索范围，显著提高算法效率。

下面，我们将阐述一种计算 CH ($Q$) 的算法——graham 扫描法，输入 $n$ 个顶点组成的集合 $Q$，按逆时针方向输出凸包的顶点。

首先，在点集 $Q$ 中处于最低位置（$Y$ 坐标值最小）的一个点 $p_0$ 是凸包 CH ($Q$) 的一个顶点。如果这样的顶点有多个，则选取最左边的点为 $p_0$。$p_0$ 是凸包 CH ($Q$) 的第一个顶点。

然后，点集 $Q$ 中的其他顶点都要被扫描一次，其顺序是依据各点在逆时针方向上相对

$p_0$ 的极角的递增次序。极角的大小可以通过计算叉积 $(p_i-p_0)$^$(p_j-p_0)$（即 Mul $(p_i, p_j, p_0)$）来确定：

- 如果 $(p_i-p_0)$^$(p_j-p_0)>0$，则说明相对 $p_0$ 来说，$p_j$ 的极角大于 $p_i$ 的极角，$p_i$ 先于 $p_j$ 被扫描。
- 如果 $(p_i-p_0)$^$(p_j-p_0)<0$，则说明相对 $p_0$ 来说，$p_j$ 的极角小于 $p_i$ 的极角，$p_j$ 先于 $p_i$ 被扫描。
- 如果 $(p_i-p_0)$^$(p_j-p_0)==0$，则说明两个极角相等。在这种情况下，由于 $p_i$ 和 $p_j$ 中距离 $p_0$ 较近的点不可能是凸包的顶点，因此只需扫描其中一个与 $p_0$ 距离较远的点。

例如，图 8-31 说明了图 8-30 中的点按相对于 $p_0$ 的极角进行排序后，得到扫描序列 $<p_1, p_2, \cdots, p_n>$。

接下来的问题是如何确定当前被扫描的点 $p_i$（$1\leqslant i\leqslant n-1$）是凸包上的点。我们设置一个存储候选点的栈 $S$ 来解决凸包问题。初始时 $p_0$ 和按极角排序后的 $p_1$、$p_2$ 作为初始凸包相继入栈。扫描过程中，$Q$ 集合中的其他点都被推入栈一次，而不是凸包 CH ($Q$) 顶点的点最终将弹出栈。当算法结束时，栈 $S$ 中仅包含 CH ($Q$) 的顶点，其顺序为各点在边界上出现的逆时针方向排列的顺序。

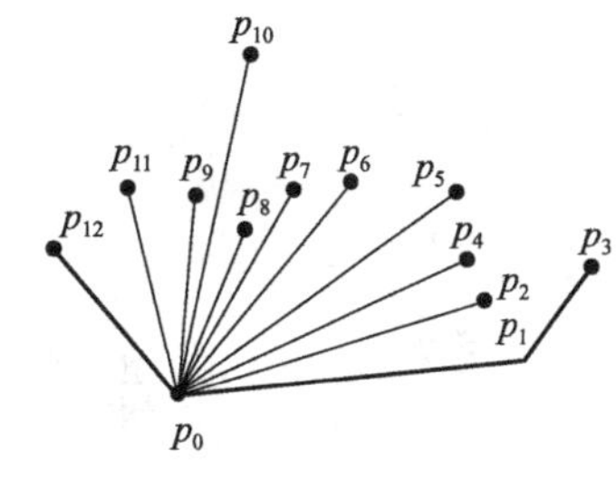

图 8-31

由于我们是沿逆时针方向通过凸包的，因此如果栈顶元素是凸包的顶点，则它应该向左转指向当前被扫描的点 $p_i$。如果它不是向左转，则它不属于凸包中的顶点，应从栈 $S$ 中移出。在弹出了所有非左转的顶点后，我们就把 $p_i$ 推入栈 $S$，继续扫描序列中的下一个点 $p_{i+1}$。

判断当前栈顶元素是否向左转指向扫描点 $p_i$，只需计算叉积 $(p_i-p_{top-1})$^$(p_{top}-p_{top-1})$ 的值，即 Mul $(p_i, p_{top}, p_{top-1})$ 的函数值，其中 top 为栈顶指针，$p_{top-1}$ 为次栈顶元素：若叉积大于等于 0，说明线段 $\overrightarrow{p_{top-1}p_i}$ 在 $\overrightarrow{p_{top-1}p_{top}}$ 的顺时针方向或共线，$p_{top}$ 未向左转。

在依次扫描了 $p_3, \cdots, p_{n-1}$ 后，堆栈 $S$ 从底到顶部依次按逆时针方向排列 CH ($Q$) 中的顶点。

图 8-32 给出了使用 graham 扫描法计算凸包 CH ($Q$)（$Q=\{p_0, p_1, p_3, p_{10}, p_{12}\}$）的过程。

【8.4.1.1 Wall】

从前，有一个贪婪的国王命令他的首席建筑师建造一堵围墙，围墙要环绕这个国王的城堡（如图 8-33 所示）。这个国王非常贪婪，他没有听建筑师的建议，建造一堵有完美造型和漂亮塔楼的美丽砖墙。相反，国王下令要使用最少的石料和劳动力来建造环绕整个城堡的墙，但要求墙和城堡之间要有一定的距离。如果国王发现建筑师使用了更多的资源来建造围墙，比满足这些要求所需要的资源要多，那么建筑师将被杀头。而且，他要求建筑师立即给出一个围墙的计划，列出建造围墙所需要资源的确切数额。

请编写一个程序，给出满足国王要求的环绕城堡的围墙的最低可能长度，帮助这个可怜的建筑师保住他的命。

本题对问题进行了简化，国王的城堡呈多边形的形状，坐落在平坦的地面上。建筑师已经给出了直角坐标系统和所有城堡的顶点位置的坐标，以英尺为单位。

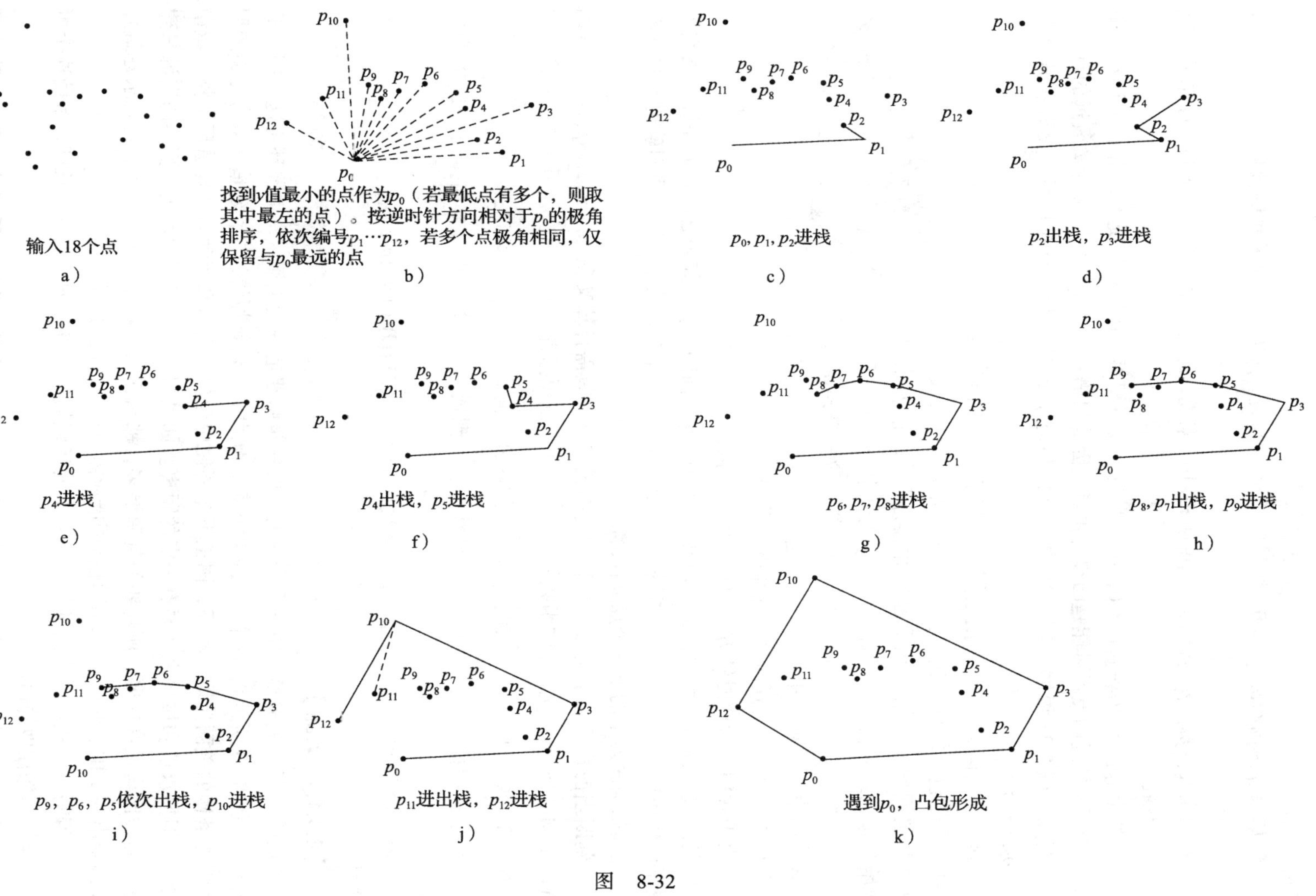
输入18个点
a）
找到y值最小的点作为$p_0$（若最低点有多个，则取其中最左的点）。按逆时针方向相对于$p_0$的极角排序，依次编号$p_1 \cdots p_{12}$，若多个点极角相同，仅保留与$p_0$最远的点
b）
$p_0$, $p_1$, $p_2$进栈
c）
$p_2$出栈，$p_3$进栈
d）
$p_4$进栈
e）
$p_4$出栈，$p_5$进栈
f）
$p_6$, $p_7$, $p_8$进栈
g）
$p_8$, $p_7$出栈，$p_9$进栈
h）
$p_9$，$p_6$，$p_5$依次出栈，$p_{10}$进栈
i）
$p_{11}$进出栈，$p_{12}$进栈
j）
遇到$p_0$，凸包形成
k）

图 8-32

**输入**

输入的第一行给出两个整数 $N$ 和 $L$，用一个空格分开。$N(3\leqslant N\leqslant 1000)$ 是国王城堡的顶点数，$L(1\leqslant L\leqslant 1000)$ 是国王允许的围墙离城堡最近可以有多少英尺。

接下来的 $N$ 行按顺时针方向给出城堡顶点的坐标。每行给出两个用空格分开的整数 $X_i$ 和 $Y_i(X_i\geqslant -10\,000,\ Y_i\leqslant 10\,000)$，表示第 $i$ 个顶点的坐标。所有顶点都是不同的，而且城堡的边除了在顶点处之外不会相交。

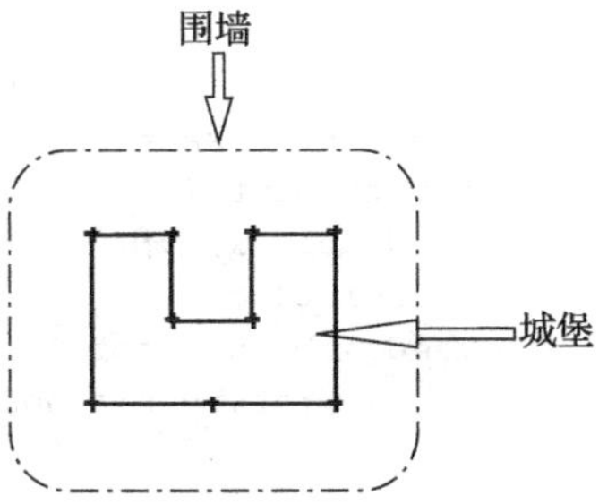

图 8-33

**输出**

输出一个整数，以英尺为单位给出环绕国王城堡围墙的最小可能的长度。要给国王整数英尺，因为那个时候浮点数还没有发明。然而，要以这样的方式四舍五入：精确到 8 英寸（1 英尺等于 12 英寸），因为国王不能容忍测量上较大的误差。

| 样例输入 | 样例输出 |
| --- | --- |
| 9 100<br>200 400<br>300 400<br>300 300<br>400 300<br>400 400<br>500 400<br>500 200<br>350 200<br>200 200 | 1628 |

*试题来源*：ACM Northeastern Europe 2001

*在线测试*：POJ 1113，ZOJ 1465，UVA 2453

**试题解析**

国王的城堡是一个多边形，要求建造环绕这个城堡的一堵围墙，围墙离城堡最近可以有 $L$ 英尺。求解最小可能的环绕国王的城堡的围墙的长度。

首先，使用 graham 扫描法计算凸包。本题的输入是城堡的顶点，建造的围墙是环绕凸包的带圆角的多边形。多边形的边与凸包的边平行，且两条平行的边的长度相同，距离为 $L$。围墙的每个圆角是一段连接两条相邻边的弧，圆心是凸包的顶点。每一个圆角对应的圆心角和相应凸包的内角的和为 180°。因为一个 $n$ 条边的凸多边形的内角的角度和为 $(n-2)*180°$，则所有圆角的圆心角角度之和为 360°，所以，圆角的弧的长度之和是一个半径为 $L$ 的圆的周长。

所以，围墙的最小长度 = 紧贴城堡的凸包周长 + 半径为 $L$ 的圆的周长。具体实现见参考程序。

**参考程序**

```
#include <cstdio>
#include <cmath>
```

```
#include <algorithm>
using namespace std;
const double epsi = 1e-8;                          //定义无穷小
const double pi = acos(-1.0);                      //定义π的弧度值
const int maxn = 1000 + 10;
struct Point {                                     //点的运算
    double x, y;                                   //坐标
    Point(double _x = 0, double _y = 0): x(_x), y(_y) { } //定义点
    double operator ^(const Point &op2) const { //定义两个点向量的叉积
        return x * op2.y - y * op2.x;
    }
};
inline int sign(const double &x) {                 //计算x的正负号
    if (x > epsi) return 1;
    if (x < -epsi) return -1;
    return 0;
}
inline double sqr(const double &x) {               //计算x²
    return x * x;
}
inline double mul(const Point &p0, const Point &p1,const Point &p2){
//计算p0p1和p0p2叉积
    return (p1.x-p0.x)*(p2.y-p0.y)-(p1.y-p0.y)*(p2.x-p0.x); //(p1 - p0) ^ (p2 - p0);
}
inline double dis2(const Point &p0, const Point &p1) { //计算|p0p1|²
    return sqr(p0.x - p1.x) + sqr(p0.y - p1.y);
}
inline double dis(const Point &p0, const Point &p1) {  //计算|p0p1|
    return sqrt(dis2(p0, p1));
}
int n, l;                                          //顶点数为n，围墙与城堡最近距离为l
Point p[maxn], convex_hull_p0;                     //多边形的顶点序列为p[]；点集中最低位置
                                                   //的点为convex_hull_p0
inline bool convex_hull_cmp(const Point &a, const Point &b) {
//相对点集中最低位置的点convex_hull_p0来说，若b的极角大于a的极角，或者极角相等但b与convex_
//hull_p0距离较远，则返回true；否则返回false
    return sign(mul(convex_hull_p0, a, b))>0||sign(mul(convex_hull_p0, a, b))==
0 && dis2(convex_hull_p0, a)<dis2(convex_hull_p0, b);
}
int convex_hull(Point *a, int n, Point *b){ //计算点集a[](顶点数为n)的凸包b[]
    if (n < 3) printf("Wrong in Line %d\n", __LINE__); //若顶点数小于3，则输出失败信息
    for (int i = 1; i < n; ++i)                    //计算点集中的最低点convex_hull_p0
      if(sign(a[i].x-a[0].x)<0||sign(a[i].x-a[0].x)==0 && sign(a[i].y-a[0].
         y)<0)swap(a[0], a[i]);
    convex_hull_p0 = a[0];
    sort(a, a + n, convex_hull_cmp);               //相对convex_hull_p0，以极角为第一关
                                                   //键字、距离为第二关键字排序a[]
    int newn = 2;                                  //a[0], a[1]入栈，栈顶指针为2
    b[0] = a[0], b[1] = a[1];
    for (int i = 2; i < n; ++i) {                  //依次处理顶点2…顶点n
        while(newn>1 && sign(mul(b[newn-1],b[newn-2], a[i]))>=0) --newn;
        //弹出栈顶所有未左转指向扫描顶点i的元素
        b[newn++] = a[i];                          //顶点i入栈
```

```
    }
    return newn;                          //返回栈顶指针
}
int main() {
    scanf("%d%d", &n, &l);                //输入城堡（多边形）的顶点数n和围墙与城堡最近距l
    for (int i = 0; i < n; ++i)           //输入城堡的顶点坐标
        scanf("%lf%lf", &p[i].x, &p[i].y);
    n = convex_hull(p, n, p);             //计算多边形的凸包
    p[n] = p[0];                          //首尾相接
    double ans = 0;                       //围墙的最小长度初始化
    for (int i = 0; i < n; ++i)           //累计凸包的边长
        ans += dis(p[i], p[i + 1]);
    ans += 2 * pi * l;                    //累加圆的周长
    printf("%.0lf\n", ans);               //输出围墙的最小长度
    return 0;
}
```

### 8.4.2 旋转卡壳实验

已知平面上一组 $n$ 个点，如何找出相距最远的两个点？这样的问题可以通过找出 $n$ 个点的凸包来求解，最远的两个点一定是凸包的两个顶点，而凸包上相距最远的两点间的距离也称为凸包的直径。

但是，枚举凸包所有点的做法也未必是最佳选择，最优算法是旋转卡壳算法。这个算法不仅可用作凸包直径和宽度的计算，也可以计算两个不相交凸包间的最大距离和最小距离。我们以凸包直径为例给出旋转卡壳的算法。先给出两个定义。

**定义 8.4.2.1（切线）** 给定一个凸多边形 $P$，$P$ 的切线 $l$ 是一条与 $P$ 相交并且 $P$ 的内部在 $l$ 的一侧的线，如图 8-34 所示。

**定义 8.4.2.2（对踵点对）** 两条不同的平行切线总是确定了凸多边形至少一对的对踵点对。平行切线与凸多边形的相交方式有如下三种情况。

- 情况 1："点 – 点"对踵点对——两条不同平行切线对与凸多边形只有两个交点时，交点构成了一个对踵点对（如图 8-35 所示）。

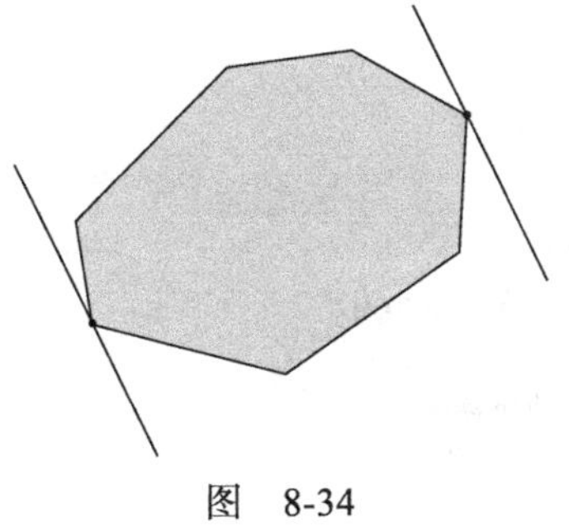

图 8-34

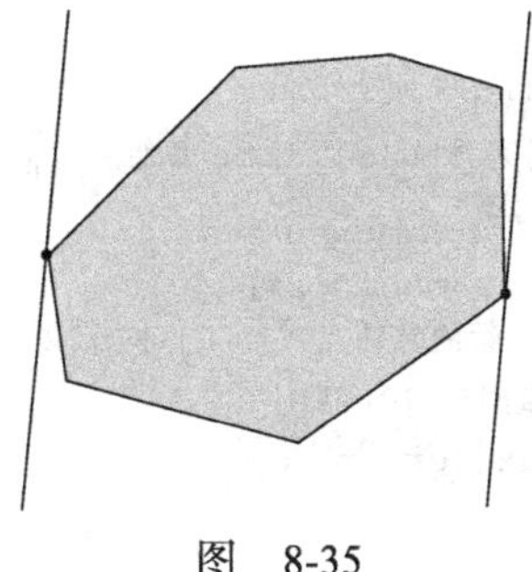

图 8-35

- 情况 2："点 – 边"对踵点对——一条平行切线与凸多边形的交为多边形的一条边，而另一条平行切线与凸多边形的切点是唯一的，则在这种情况下有两个不同"点 – 点"对踵点对的存在（如图 8-36 所示）。
- 情况 3："边 – 边"对踵点对——两条平行切线与凸多边形交于平行边。在这种情况下，有四个不同的"点 – 点"对踵点对（如图 8-37 所示）。

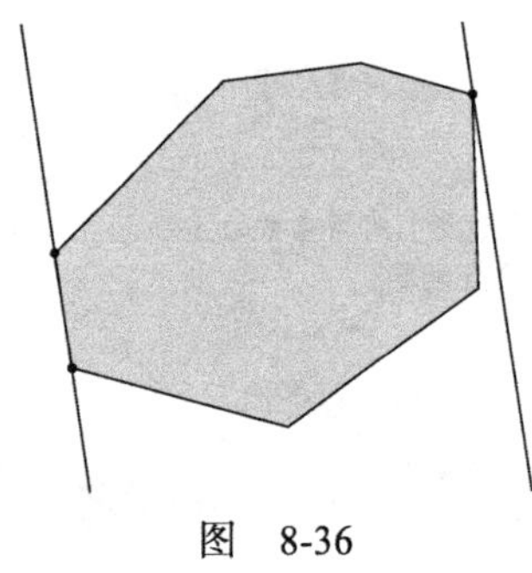

图 8-36

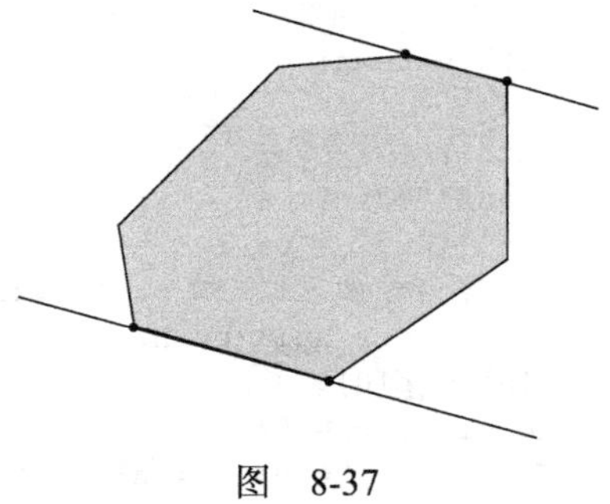

图 8-37

凸多边形 $P$ 的直径由 $P$ 的两条平行切线决定，也就是说，凸多边形 $P$ 的直径是距离最远的两个对踵点对之间的距离。因此，只需要搜索和调整对踵点对的距离。初始时，设 $q_a$ 是 $P$ 的 $y$ 坐标最小的顶点，$q_b$ 则是 $P$ 的 $y$ 坐标最大的顶点。显然 $q_a$ 和 $q_b$ 是对踵点对。设 $d_{ab}$ 是 $q_a$ 和 $q_b$ 的距离，$C_a$ 是以 $q_a$ 为圆心、$d_{ab}$ 为半径的圆，$C_b$ 是以 $q_b$ 为圆心、$d_{ab}$ 为半径的圆；$L_a$ 是通过 $q_a$ 的 $C_a$ 的切线，$L_b$ 是通过 $q_b$ 的 $C_b$ 的切线；$L$ 是通过 $q_a$ 和 $q_b$ 的直线。由切线的定义，$L_a \perp L$，而且 $L_b \perp L$ 成立。所以 $L_a$ 和 $L_b$ 是 $P$ 的平行切线，$L_a$ 和 $L_b$ 旋转将产生新的对踵点对，继续 $L_a$ 和 $L_b$ 旋转的过程直到回到出发点，在旋转过程中，设 $q_a$ 和 $q_b$ 是当前凸多边形 $P$ 上最远的两点，而 $L_a$ 和 $L_b$ 分别是通过 $q_a$ 和 $q_b$ 的两条平行切线，而旋转 $L_a$ 和 $L_b$ 可以产生每一对对踵点对，如图 8-38 所示。

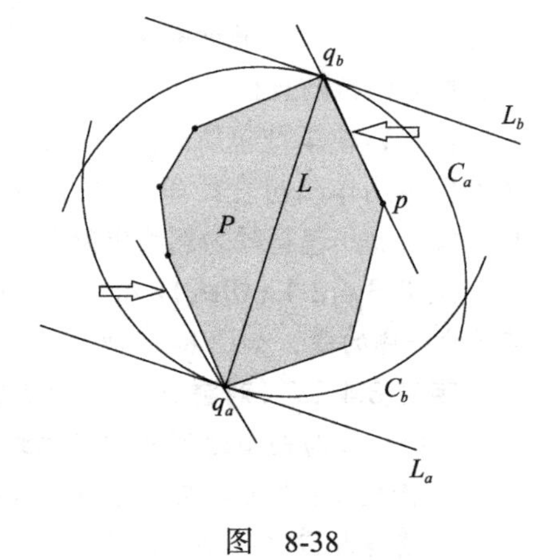


图 8-38

对凸多边形 $P$，设 $u[0]$ 是最低顶点，如果有多于一个最低顶点，则 $u[0]$ 是最低顶点中最右边的顶点；$u[2]$ 是最高顶点，如果有多于一个最高顶点，则 $u[2]$ 是最高顶点中最左边的顶点。显然，$u[0]$ 和 $u[2]$ 是对踵点对，计算最远点对之间距离 ret 的算法如下。

```
计算凸包的顶点序列 p;
计算 u[0] 和 u[2], ret 初始化为 |p_u[0]p_u[2]→| ;
总旋转度数 sumang=0;
while (sumang≤2π) {            // 若未旋转一周，则循环
计算产生新的对踵点对 u[0] 和 u[2], 平行切线旋转的最少角度 curang;
sumang += curang;               // 累计旋转总度数
ret=max(ret, |p_u[0]p_u[2]→| );  // 调整最远两个顶点间的距离 ret
}
输出最远距离 ret;
```

【8.4.2.1 Beauty Contest】

农夫 John 的母牛 Bessie 刚刚获得了牛选美大赛的第一名，赢得“牛世界小姐”的称号。因此，Bessie 将周游在世界各地的 $N$ 个农场（$2 \leqslant N \leqslant 50\,000$），以展现农夫和奶牛之间的友善。为了简单起见，世界将被表示为一个二维平面，每个农场位于一个整数对坐标点 $(x, y)$，坐标值取值范围在 $-10\,000 \sim 10\,000$ 之间。没有两个农场的坐标是相同的。

尽管Bessie在两个农场之间沿直线行走，但一些农场之间的距离会相当大，因此它希望带一行李箱的干草，以便在每一段旅程都有足够的食物吃。Bessie会在每一个访问农场重新装满行李箱，它要确定可能要行走的最大可能的距离，因此它要知道带的行李箱的大小。请编写一个程序，帮助Bessie计算所有农场之间的最大距离。

**输入**

第1行：一个整数 $N$。

第2行到第 $N+1$ 行：两个用空格分开的整数 $x$ 和 $y$，表示每个农场的坐标。

**输出**

1行：一个整数，距离最远的两个农场之间距离的平方。

| 样例输入 | 样例输出 |
|---|---|
| 4<br>0 0<br>0 1<br>1 1<br>1 0 | 2 |

提示：农场1 (0, 0) 和农场3 (1, 1) 之间距离最长（2的平方根）。

试题来源：USACO 2003 Fall

在线测试：POJ 2187

**试题解析**

试题给出 $N$（$2 \leqslant N \leqslant 50\,000$）个点，要求计算两点间的最大距离。显然，最大距离的两点必然在凸包上，因此先对点集作凸包，然后计算凸包上最远两点的距离。如果采取枚举凸包内任两点的做法，则太耗时；有效的做法是旋转卡壳。具体实现方法见参考程序。

**参考程序**

```
#include <cstdio>
#include <cstring>
#include <algorithm>
#include <cmath>
#include <queue>
#include <cstdlib>
using namespace std;
#define N 50005                                  //点数上限
struct point{                                    //坐标序列 p[]
    int x,y;
}p[N];
int n;                                           //实际点数
int stack[N],top = -1;                           //栈 stack[]，栈顶指针 top 初始化
int multi(struct point a,struct point b,struct point c){ //计算叉积 (b-a) ^ (c-a)
    return (b.x-a.x)*(c.y-a.y)-(b.y-a.y)*(c.x-a.x);
}
int dis(struct point a,struct point b){          //计算点对 a 和 b 的距离|ab|
    return (b.x-a.x)*(b.x-a.x)+(b.y-a.y)*(b.y-a.y);
}
int cmp(struct point a,struct point b){
//排序中使用的比较函数：在 3 点（a、b 和 p[1]）同线的情况下，若 b 与 p[1] 的距离大于 a 与 p[1] 的
```

```
//距离，则排序为 ab；否则排序为 ba；在 3 点（a、b 和 p[1]）不同线的情况下，若 ap[1] 的极角小于 bp[1]
//的极角，则排序为 ab；否则排序为 ba
    int tmp = multi(p[1],a,b);
    if(tmp == 0)
        return dis(p[1],a) < dis(p[1],b);
    return tmp>0;
}
int main(){
    int i,j,res=0;                          //最远距离 res 初始化
    struct point begin;                     //最低点
    scanf("%d",&n);                         //输入农场数
    begin.x = begin.y = 10005;              //凸包中的最低点坐标初始化
    for(i = 1;i<=n;i++){                    //输入每个农场坐标
        scanf("%d %d",&p[i].x,&p[i].y);
        if(p[i].y < begin.y){               //调整最低点 begin，记下其序号 j
            begin = p[i];
            j = i;
        }else if(p[i].y==begin.y && p[i].x<begin.x){
            begin = p[i];
            j = i;
        }
    }
    if(n==2){                               //若仅 2 个点，则直接输出点对距离
        printf("%d\n",dis(p[1],p[2]));
        return 0;
    }
    p[j] = p[1];                            //点 1 与最低点 begin 对换
    p[1] = begin;
    sort(p+2,p+n+1,cmp);                    //对点 2 ~点 n 进行排序
    stack[++top] = 1;                       //点 1、点 2 入栈，使用 graham 法求凸包 stack[]
    stack[++top] = 2;
    for(i = 3;i<=n;i++){
        while(top>0 && multi(p[stack[top-1]], p[stack[top]], p[i])<=0) top--;
        stack[++top] = i;
    }// 至此，下面是旋转卡壳法

    j = 1;                                  //使用旋转卡壳法计算最远点对距离
    stack[++top] = 1;                       //当前最远点初始化为点 1
    for(i = 0;i<top;i++){                   //枚举点 i
    //逆时针枚举距离线段 p[stack[i]]p[stack[i+1]] 最远的点 j
      while(multi(p[stack[i]],p[stack[i+1]],p[stack[j+1]])>multi(p[stack[i]],
            p[stack[i+1]], p[stack[j]]))
            j=(j+1)%top;
      res=max(res,dis(p[stack[i]],p[stack[j]])); //计算|p[stack[i]]p[stack[j]]|,
                                                 //调整最远距离 res
    }
    printf("%d\n",res);                     //输出最远距离

}
```

## 8.5 相关题库

### 【8.5.1 Segments】

在二维空间内给出 $n$ 条线段，请编写一个程序，确定是否存在一条直线，使得这 $n$ 条

线段在这条直线上的投影至少有一个公共点。

**输入**

输入首先给出一个整数 $T$，表示测试用例的个数；然后给出 $T$ 个测试用例。每个测试用例的第一行给出一个正整数 $n \leqslant 100$，表示线段的条数；然后给出 $n$ 行，每行 4 个数 $x_1$、$y_1$、$x_2$、$y_2$，其中（$x_1, y_1$）和（$x_2, y_2$）是一条线段的两个端点的坐标。

**输出**

对每个测试用例，如果存在一条直线具有所要求的性质，程序输出 "Yes!"；否则输出 "No!"。本题设定，对于两个浮点数 $a$ 和 $b$，如果 $|a-b|<10^{-8}$，则 $a$ 和 $b$ 相等。

| 样例输入 | 样例输出 |
| --- | --- |
| 3<br>2<br>1.0 2.0 3.0 4.0<br>4.0 5.0 6.0 7.0<br>3<br>0.0 0.0 0.0 1.0<br>0.0 1.0 0.0 2.0<br>1.0 1.0 2.0 1.0<br>3<br>0.0 0.0 0.0 1.0<br>0.0 2.0 0.0 3.0<br>1.0 1.0 2.0 1.0 | Yes!<br>Yes!<br>No! |

*试题来源*：Amirkabir University of Technology Local Contest 2006

*在线测试*：POJ 3304

**提示**

本题题意为是否存在直线 $l$ 与 $n$ 条线段相交；如果存在直线 $l$ 与 $n$ 条线段相交，则设直线 $m$ 与直线 $l$ 垂直，而直线 $m$ 是本题所要找的直线。

对于线段 $i$，其端点为 $p_{2*i}$ 和 $p_{2*i+1}$，$0 \leqslant i \leqslant n-1$。枚举每对端点 $p_i$ 和 $p_j$，$0 \leqslant i<j \leqslant 2n-1$。如果经过 $p_i$ 和 $p_j$ 的直线与 $n$ 条线段相交或有重合，则 $n$ 条线段在这条直线上的投影至少有一个公共点，输出 "Yes!"；否则枚举下一对点。如果没有直线具有所要求的性质，则输出 "No!"。

## 【8.5.2 Titanic】

这是一个历史事件，在“泰坦尼克号”的传奇航程中，无线电已经接到了 6 封电报警告，报告了冰山的危险。每封电报都描述了冰山所在的位置。第 5 封警告电报被转给了船长。但那天晚上，第 6 封电报被延误，因为电报员没有注意到冰山的坐标已经非常接近当前船的位置了。

请编写一个程序，警告电报员冰山的危险！

**输入**

输入电报信息的格式如下：

```
Message #<n>.
Received at <HH>:<MM>:<SS>.
```

```
Current ship's coordinates are
<x1>^<x2>'<x3>" <NL/SL>
and <Y1>^<Y2>'<Y3>" <EL/WL>.
An iceberg was noticed at
<A1>^<A2>'<A3>" <NL/SL>
and <B1>^<B2>'<B3>" <EL/WL>.
===
```

这里的 <n> 是一个正整数，<HH>:<MM>:<SS> 是接收到电报的时间；<x1>^<x2>'<x3>" <NL/SL> and <Y1>^<Y2>'<Y3>" <EL/WL> 表示“北（南）纬 x1 度 x2 分 x3 秒和东（西）经 Y1 度 Y2 分 Y3 秒”。

**输出**

程序按如下格式输出消息：

```
The distance to the iceberg: <s> miles.
```

其中 <s> 是船和冰山之间的距离（即在球面上船和冰山之间的最短路径），精确到两位小数。如果距离小于（但不等于）100 英里，程序还要输出一行文字：DANGER!

| 样例输入 | 样例输出 |
|---|---|
| Message #513.<br>Received at 22:30:11.<br>Current ship's coordinates are<br>41^46'00" NL<br>and 50^14'00" WL.<br>An iceberg was noticed at<br>41^14'11" NL<br>and 51^09'00" WL.<br>=== | The distance to the iceberg: 52.04 miles.<br>DANGER! |

提示：为了简化计算，假设地球是一个理想的球体，直径为 6875 英里，完全覆盖水。本题设定输入的每行按样例输入所显示的换行。船舶和冰山的活动范围在地理坐标上，即从 0° 到 90° 的北纬 / 南纬（NL/SL）和从 0° 到 180° 的东经 / 西经（EL/WL）。

试题来源：Ural Collegiate Programming Contest 1999

在线测试：POJ 2354，Ural 1030

 **提示**

本题要求计算一个球体上两点之间的距离。直接采用计算球体上距离的公式。如果距离小于 100 英里，则输出 "DANGER!"。

### 【8.5.3 Intervals】

在一个新开放建筑的地下室的天花板上安装了光源。不幸的是，用于覆盖地板的材料对光非常敏感，这也会使得它的预期寿命时间大大减少。为了避免这种情况，管理部门决定覆盖地板以保护光敏感地区免受强烈的光线照射。解决的办法并不是容易的，因为如我们所常见的，在地下室的天花板下有不同的管道，管理部门只对部分地板进行覆盖，这些地板没有被管道屏蔽光照。为了处理这一情况，首先简化实际的情况，不是解决在三维空间中的问题，而是构造一个二维模型（如图 8-39 所示）。

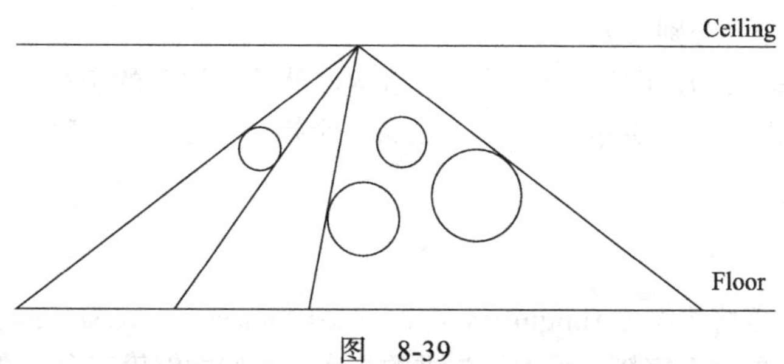


图 8-39

在这个模型下，$x$ 轴与地板平行。光被认为是一个点光源，整数坐标为 $[b_x, b_y]$；管道用圆表示；圆的中心是整数坐标 $[c_{xi}, c_{yi}]$，整数半径为 $r_i$。由于管道由固体物质制造，因此圆不可能重叠。管道不可能反射光线，而光线也无法通过管道。请你编写一个程序，确定 $x$ 轴上非重叠的间隔，由于管道遮挡，来自光源的光不会照到部分地板。

**输入**

输入由若干测试用例组成，除了最后一个测试用例外，每个测试用例描述一个地下室的情况。每个测试用例的第一行给出一个正整数 $N<500$，表示管道数目；第二行给出用一个空格分开的两个整数 $b_x$ 和 $b_y$；接下来的 $N$ 行每行给出整数 $c_{xi}$、$c_{yi}$ 和 $r_i$，其中 $c_{yi}+r_i<b_y$，在一行中整数之间用一个空格分开。最后的一个测试用例由一行组成，$N=0$。

**输出**

输出由若干行组成，对应于输入中的测试用例（除最后一个测试用例之外），每个测试用例处理后，输出一个空行。对于每个测试用例，输出一行，给出两个实数，表示从给出的光源点出发没有被光照到的区间的端点。实数精确到小数点后两位，用一个空格分开。区间按 $x$ 坐标增加排列。

| 样例输入 | 样例输出 |
|---|---|
| 6<br>300 450<br>70 50 30<br>120 20 20<br>270 40 10<br>250 85 20<br>220 30 30<br>380 100 100<br>1<br>300 300<br>300 150 90<br>1<br>300 300<br>390 150 90<br>0 | 0.72 78.86<br>88.50 133.94<br>181.04 549.93<br><br>75.00 525.00<br><br>300.00 862.50 |

试题来源：ACM Central Europe 1996

在线测试：POJ 1375，ZOJ 1309，UVA 313

**提示**

设光源点为 $b$，管道 $i$ 的圆心为 $p_i$，半径为 $r_i$，从点 $b$ 连向圆 $i$ 两条切线，左、右切线

和 $x$ 轴的交点的 $x$ 坐标分别为 $L_i$ 和 $R_i$。

首先，对于每个圆 $i$，$1 \leqslant i \leqslant n$，计算 $L_i$ 和 $R_i$。然后，按 $L_i$ 的递增顺序对圆进行排序：order[0⋯$n-1$]。最后，对 order[0⋯$n-1$] 中的圆一个接一个地分析，确定光不会照到部分地板的区间。

## 【8.5.4 Treasure Hunt】

来自古物和古董博物馆（Antiquities and Curios Museum，ACM）的考古学家飞到了埃及，考察 Key-Ops 的大金字塔。采用最先进的技术，他们能够确定金字塔的下层是由一系列的直线墙构成的，这些墙相互交叉形成许多封闭的房间。墙上没有门，不可能进入任何一个房间。这一最先进的技术也可以查明藏宝室的位置。这些专业的（也是贪婪的）考古学家想要炸开墙壁去藏宝室。然而，为了在进入房间时尽量减少对艺术品的损害（而且要在政府许可的范围内使用炸药），他们要在墙上炸开最少数量的门。为了保持结构的完整性，被炸开门应在被进入房间的墙壁的中点。请编写一个程序，确定要炸开的门的最低数量。图 8-40 是一个例子。

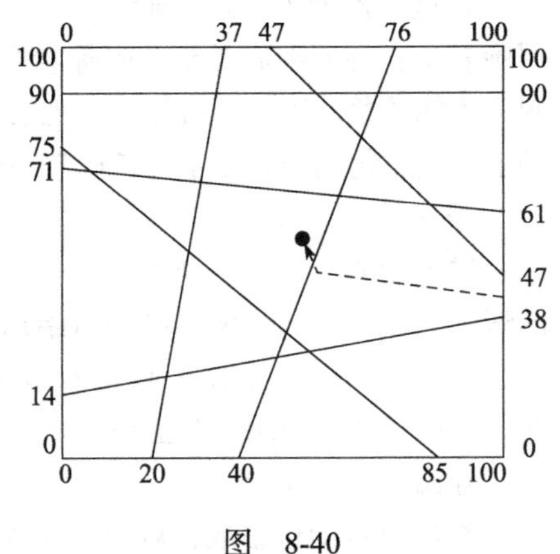


图　8-40

**输入**

输入由一个测试用例组成。测试用例的第一行是一个整数 $n$（$0 \leqslant n \leqslant 30$），表示有多少堵内墙，接下来的 $n$ 行每行给出每堵内墙的整数端点 $x_1$、$y_1$、$x_2$、$y_2$。金字塔的四面是封闭的墙，其固定的端点为（0，0）、（0，100）、（100，100）和（100，0），不在内墙的列表中。内墙总是从一堵外墙跨越到另一堵外墙，在任何一个点不会有两堵以上的墙交叉在一起。本题设定，给出的内墙没有两堵墙会重合在一起。在给出了所有内墙后，最后一行给出在藏宝室中珍宝的浮点坐标（保证不挨着墙）。

**输出**

输出一行，给出要炸开的门的最小数目。格式见样例。

| 样例输入 | 样例输出 |
|---|---|
| 7<br>20 0 37 100<br>40 0 76 100<br>85 0 0 75<br>100 90 0 90<br>0 71 100 61<br>0 14 100 38<br>100 47 47 100<br>54.5 55.4 | Number of doors = 2 |

*试题来源*：ACM East Central North America 1999

*在线测试*：POJ 1066，ZOJ 1158，UVA 754

**提示**

对每一堵在金字塔的下层的直线墙（内墙），内墙的两个端点与珍宝位置连线是考古学

家进入藏宝室的行走路线，而连线与内墙的相交数，就是需要炸开的门数。按题意，就是要选择炸开门数最少的一端。加上外墙炸开一个门，便得出一条寻宝路线。按照这个思路分析 $n$ 堵内墙，就可得到要炸开的最小门数。算法如下。

设第 $i$ 堵内墙的边向量为 $\overrightarrow{p_{1i}p_{2i}}$，$0 \leqslant i \leqslant n-1$，$p_{1i}$ 和 $p_{2i}$ 是第 $i$ 堵内墙的两个端点，在藏宝室中珍宝的浮点坐标为 $p$。

珍宝分别与每堵内墙的起点连一条线段 $\overrightarrow{pp_{1i}}$，$0 \leqslant i \leqslant n-1$。设 $A_i$ 是第 $i$ 堵内墙的起点和珍宝的连线与内墙的交点数，$A=\min\{A_1, A_2, \cdots, A_n\}$。

珍宝分别与每堵内墙的终点连一条线段 $\overrightarrow{pp_{2i}}$，$0 \leqslant i \leqslant n-1$。设 $B_i$ 是第 $i$ 堵内墙的终点和珍宝的连线与内墙的交点数，$B=\min\{B_1, B_2, \cdots, B_n\}$。

显然，要炸开的门的最小数目为 $\min\{A, B\}+1$。

【8.5.5 Intersection】

请编写一个程序，确定一条给出的线段与一个给出的矩形是否相交，如图 8-41 所示。

线段：起点（4, 9），终点（11, 2）。

矩形：左上角（1, 5），右下角（7, 1）。

如果线段和矩形至少有一个公共点，则称线段与矩形相交。矩形由四条线段组成，矩形的区域在这四条线段之间。虽然所有的输入值是整数，相交点不一定在整数网格上。

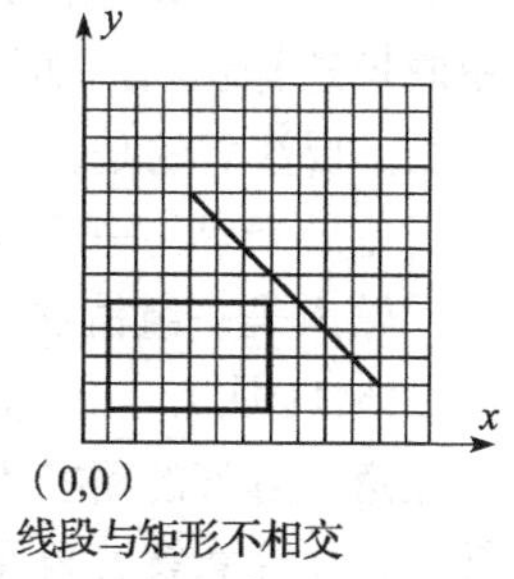

线段与矩形不相交

图 8-41

**输入**

输入由 $n$ 个测试用例组成，输入的第一行给出整数 $n$，然后每行给出一个测试用例，格式如下：

```
xstart ystart xend yend xleft ytop xright ybottom
```

其中（xstart, ystart）是线段起点，（xend, yend）是线段终点，（xleft, ytop）是矩形左上角，（xright, ybottom）是矩形右下角。这 8 个数字用一个空格分开。术语左上角和右下角不蕴含坐标的次序。

**输出**

对输入中的每个测试用例，输出一行，如果线段和矩形相交，输出字母 "T"；如果线段和矩形不相交，输出字母 "F"。

| 样例输入 | 样例输出 |
|---|---|
| 1<br>4 9 11 2 1 5 7 1 | F |

试题来源：ACM Southwestern European Regional Contest 1995

在线测试：POJ 1410，UVA 191

 **提示**

设线段为 $\overrightarrow{p_{t_1}p_{t_2}}$；线段的起点为 $p_{t_1}$，终点为 $p_{t_2}$。由给出的矩形的左上角和右下角，可以计算出矩形的右上角和左下角，以及矩阵的 4 条边。

如果线段 $p_{t_1}$ 或者 $p_{t_2}$ 在矩形内部，则线段和矩形相交。否则，搜索矩阵四条边：若 $\overrightarrow{p_{t_1}p_{t_2}}$ 与其中任何边相交，则线段和矩形相交；否则线段和矩形不相交。

## 【8.5.6 Space Ant】

在 20 世纪末，最激动人心的太空事件发生了。1999 年，科学家们在 Y1999 行星上追踪到了一种像蚂蚁一样的动物，并把它称为 M11。它只有一只眼睛，在它头部的左侧，有三条腿，在它身体的右侧，并且它的行走受三方面的限制：

- 由于它特殊的身体结构，它不能向右转。
- 在它行走的时候，会留下红色的足迹。
- 它讨厌越过以前留下的红色足迹，而且不会再走上一遍。

从探索太空的飞船发回的图片描述了在 Y1999 上的一些特定点生长的植物。通过对数千张图片的分析，结果发现一个神奇的坐标系统决定了植物的生长点。在该坐标系中有 $x$ 轴和 $y$ 轴，两株植物不可能有相同的 $x$ 坐标或 $y$ 坐标。

一个 M11 每天要吃一株且仅仅一株植物，以维持生命。当它吃了一株植物后，它就待在原地一动不动地过完这一天剩余的时间。到第二天，它就会去寻找另一株植物，并在那里吃掉这株植物。如果在这一天，它不能到达任何一株植物，在这一天结束的时候它就会死亡。要注意的是，它可以到达在任何距离内的植物。

本题要求为一个 M11 找一条路径，使它活得最长。

输入是一组植物的（$x, y$）坐标。假设 $A$ 是具有最小的 $y$ 坐标的植物，$A$ 的坐标为（$x_A, y_A$）。M11 从点（0, $y_A$）出发，朝植物 $A$ 走去。要注意，解答的路径不能有交叉，且只能逆时针转。还要注意解答要在同一条直线上访问两株以上的植物（如图 8-42 所示）。

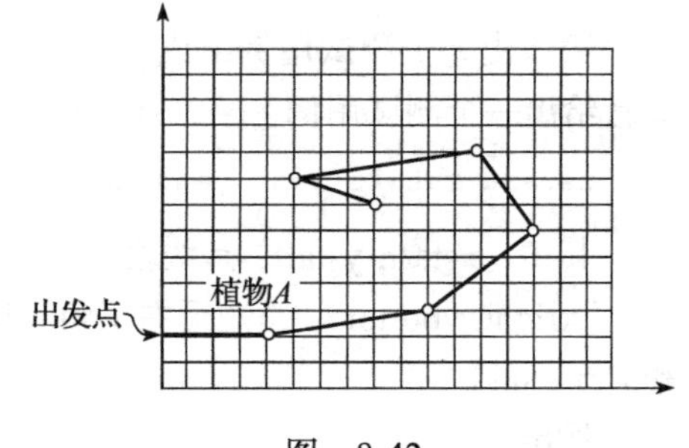

图 8-42

**输入**

输入的第一行给出测试用例数 $M$（$1 \leqslant M \leqslant 10$）。对每个测试用例，第一行给出 $N$，表示在该测试用例中植物的株数（$1 \leqslant N \leqslant 50$）；接下来的 $N$ 行每行是一株植物的数据，每株植物的数据由 3 个整数组成：第一个数是植物唯一的编号（1 ～ $N$），然后两个正整数 $x$ 和 $y$ 表示这株植物的坐标，植物的排序按编号递增排序。本题设定坐标的最大值为 100。

**输出**

对每个测试用例，输出一行解答，依次给出路径上植物的编号。

| 样例输入 | 样例输出 |
|---|---|
| 2<br>10<br>1 4 5<br>2 9 8<br>3 5 9<br>4 1 7<br>5 3 2<br>6 6 3 | 10 8 7 3 4 9 5 6 2 1 10<br>14 9 10 11 5 12 8 7 6 13 4 14 1 3 2 |

（续）

| 样例输入 | 样例输出 |
|---|---|
| 7 10 10<br>8 8 1<br>9 2 4<br>10 7 6<br>14<br>1 6 11<br>2 11 9<br>3 8 7<br>4 12 8<br>5 9 20<br>6 3 2<br>7 1 6<br>8 2 13<br>9 15 1<br>10 14 17<br>11 13 19<br>12 5 18<br>13 7 3<br>14 10 16 | |

试题来源：ACM Tehran 1999

在线测试：POJ 1696，ZOJ 1429

**提示**

设 $N$ 株植物为 $a_0, a_1, \cdots, a_{N-1}$。植物 $A$ 是具有最小 $y$ 坐标的植物，其坐标为（$x_A, y_A$）。M11 从（$0, y_A$）朝植物 $A$ 走去，所以 $A$ 是第一株植物 $a_0$。然后从 $a_i$($i \geqslant 0$）开始，依次分析下一株植物：以 $a_i$ 为基点，剩余的植物被排序为 $a_{i+1}, \cdots, a_{N-1}$，其中方向为第一关键字，与 $a_i$ 的距离为第二关键字，逆时针排序，下一株植物为 $a_{i+1}$。

## 【8.5.7 Kadj Squares】

在本题中，给出一个不同大小的正方形序列 $S_1, S_2,\cdots, S_n$，这些正方形的边长是整数。将这些正方形放置在 $x$–$y$ 坐标系统的第一象限中，让它们的边与 $x$ 轴和 $y$ 轴呈 45 度，并且一个顶点在 $y$=0 的直线上。设 $b_i$ 是 $S_i$ 的底顶点的 $x$ 坐标。首先，放置 $S_1$ 使得其左顶点在 $x$=0 的位置；然后在最小的 $b_i$ 放置 $S_i$($i$>1）使得 $b_i$>$b_{i-1}$，并且 $S_i$ 的内部不与 $S_1 \cdots S_{i-1}$ 的内部相交（如图 8-43 所示）。

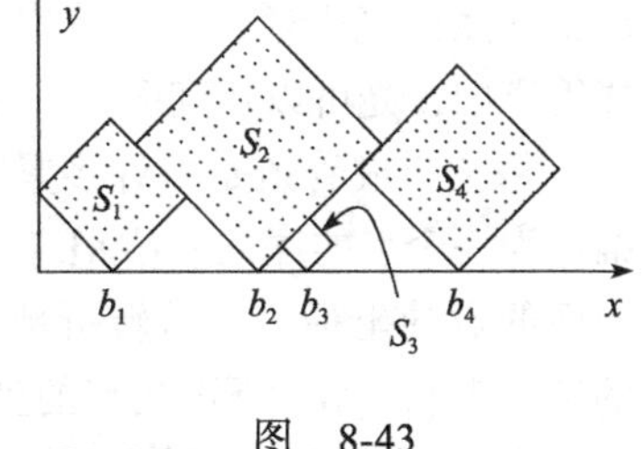


图 8-43

本题的目标是找到哪些正方形从上往下看是全部或部分可见的。在图 8-43 中，正方形 $S_1$、$S_2$ 和 $S_4$ 具有这一性质。形式化地说，$S_i$ 是可见的，如果 $S_i$ 包含一个点 $p$，使得从 $p$ 向上画垂直的射线，该射线除了和 $S_i$ 外不与其他的正方形相交。

**输入**

输入包含多个测试用例。每个测试用例的第一行给出整数 $n$（$1 \leqslant n \leqslant 50$），表示正方形的个数；第二行给出在 1 到 30 之间的 $n$ 个整数，其中第 $i$ 个整数是 $S_i$ 的边长。输入以给出一个 0 的一行结束。

**输出**

对每个测试用例，输出一行，按升序给出在输入序列中可见的正方形的编号，编号之间用空格字符分开。

| 样例输入 | 样例输出 |
|---|---|
| 4<br>3 5 1 4<br>3<br>2 1 2<br>0 | 1 2 4<br>1 3 |

试题来源：ACM Tehran 2006

在线测试：POJ 3347，UVA 3799

**提示**

设第 $i$ 个正方形边长为 $l_i$，该正方形左右端点在 $x$ 轴的投影分别为 $\text{lef}_i$ 和 $\text{reg}_i$，$0 \leqslant i \leqslant n-1$，如图 8-44 所示。如果第 $i$ 个正方形是可见的，则可见区间为 $[\text{le}_i, \text{ri}_i]$。

为了避免小数，所有正方形的边长扩大 $\sqrt{2}$ 倍。显然，$\text{lef}_0=0$，$\text{rig}_0=2*l_0$。

首先，对于其他正方形，计算其 $\text{lef}_i$ 和 $\text{rig}_i$：$\text{lef}_i=\max\limits_{0 \leqslant j \leqslant i-1}\left\{\text{rig}_j-\left|l_i-l_j\right|\right\}$，$\text{rig}_i=\text{lef}_i+2*l_i$，$1 \leqslant i \leqslant n-1$。

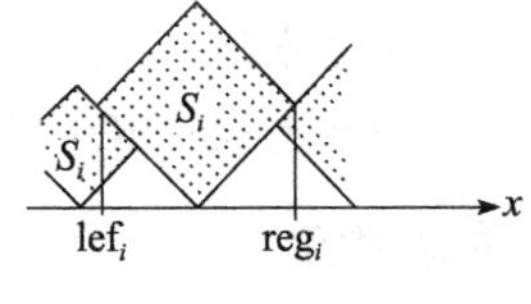


图　8-44

然后，基于 $\text{lef}_i$ 和 $\text{rig}_i$，计算所有正方形的可见区间：$\text{le}_i=\max\limits_{0 \leqslant j \leqslant i-1}\{\text{rig}_j, \text{lef}_i\}$，$\text{ri}_i=\min\limits_{i+1 \leqslant j \leqslant n-1}\{\text{rig}_i, \text{lef}_j\}$。

最后，分析每个正方形，如果 $\text{le}_i<\text{ri}_i$，则第 $i+1$ 个正方形是可见的；否则第 $i+1$ 个正方形是不可见的。

## 【8.5.8　Pipe】

Gx 光管道公司（The Gx Light Pipeline Company）准备把可以拐弯的管道，用作新的跨越银河系的光管道。在新管道形状的设计阶段，该公司遇上这样的问题：要确定在每个集成管道中，光可以达到多远。要注意的是管道的材料不透明也不反光。

每个集成管道是由许多紧密结合在一起的直的管道组成的折线管道。每个集成管道被描述为一个点的序列 $[x_1, y_1], [x_2, y_2], \cdots, [x_n, y_n]$，其中 $x_1<x_2<\cdots<x_n$，这些是管道转折部分上面的点的坐标，管道转折部分下面的点的坐标在 $y$ 轴上减 1，即管道转折部分上面的点的坐标为 $[x_i, y_i]$，下面的点的坐标为 $[x_i, y_i-1]$（如图 8-45 所示）。该公司希望知道在每个集成管道中，光最远能射到哪里（$x$ 坐标）。光从端点 $[x_1, y_1]$ 和 $[x_1, y_1-1]$ 之间射入，问光最远将射到哪里（$x$ 坐标），或者光是否能穿透整个管道。本题设定光在转折的地方不会弯曲，而且在转折的地方光束也不会停止。

**输入**

输入包含若干测试用例，每个测试用例给出一个集成管道。每个测试用例第一行给出一个整数，表示转折部分的数目（2≤$n$≤20），然后的 $n$ 行每行给出一对用空格分开的实数 $x_i$、$y_i$。以 $n$=0 表示输入结束。

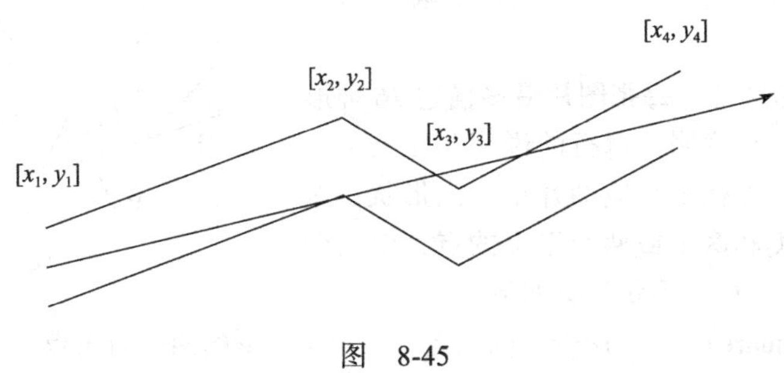


图 8-45

**输出**

对于每个测试用例，输出一行，或者给出一个精确到小数点后两位的实数，或者给出 "Through all the pipe."，实数是光将射到最远点的 $x$ 坐标。如果实数值为 $x_n$，则输出 "Through all the pipe."。

| 样例输入 | 样例输出 |
|---|---|
| 4<br>0 1<br>2 2<br>4 1<br>6 4<br>6<br>0 1<br>2 −0.6<br>5 −4.45<br>7 −5.57<br>12 −10.8<br>17 −16.55<br>0 | 4.67<br>Through all the pipe. |

试题来源：ACM Central Europe 1995

在线测试：POJ 1039，UVA 303

 **提示**

给出一个集成管道。本题要求求解光最远将射到哪里（$x$ 坐标），或者判断光是否能穿透整个管道。

集成管道有 $n$ 对点，每对点的上点为 $[x_i, y_i]$，其相应的下点为 $[x_i, y_i-1]$，$1 \leq i \leq n$。光能通过上点和下点之间。所以，通过枚举法，枚举通过上点和下点的直线，计算出光射到最远点的 $x$ 坐标，判断光是否能穿透整个管道。

## 【8.5.9 Geometric Shapes】

在设计客户标志（logo）的时候，ACM 使用图形工具画一张图片，这张图片以后要被刻画上特殊的荧光材料。为了确保适当的处理，图片中的形状不能相交。然而，有些 logo

可能包含了交叉的形状。所以就有必要检测图片，并决定如何改变图片。

给出一个几何形状的集合，请确定所有的相交。只有轮廓被考虑，如果一个形状完全在另一个形状内，不能作为一个相交（如图 8-46 所示）。

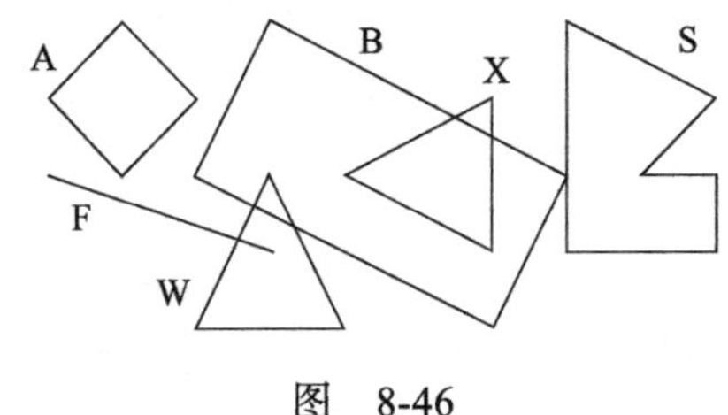

图 8-46

**输入**

输入包含多张图片。每张图片最多描述 26 种形状，每个形状用一行说明。每行的说明首先给出一个大写字母，唯一地标识相应图片里面的形状；然后给出形状的种类和两个或两个以上的点，由至少一个空格分隔开。可能的形状种类如下。

- 正方形（square）：给出两个不同的点，表示正方形的两个对角点。
- 矩形（rectangle）：给出三个点，连接第一个点和第二个点的直线与连接第二个点和第三个点的直线构成一个直角。
- 直线（line）：说明一条直线线段，给出两个不同的端点。
- 三角形（triangle）：给出三个点，这三点不会共线。
- 多边形（polygon）：给出一个整数 $N$（$3 \leqslant N \leqslant 20$），以及 $N$ 个点表示该多边形以顺时针或逆时针方向的顶点。这一多边形的边不会相交，没有长度为零的边。

所有的点用一个逗号分开并用括号括起的两个整数坐标 $x$ 和 $y$ 给出，本题设定 $|x|$, $|y| \leqslant 10\,000$。

图片说明以包含一个单破折号（"-"）的一行终止，最后一张图片后，用包含一个点（"."）的一行表示输入结束。

**输出**

对于每张图片，对每个形状输出一行，按其标识符（$x$）的字母顺序排序，这一行如下：

- 如果 $x$ 不与其他的形状相交，输出 "$x$ has no intersections"。
- 如果 $x$ 仅与一个其他的形状相交，输出 "$x$ intersects with $A$"。
- 如果 $x$ 与两个其他的形状相交，输出 "$x$ intersects with $A$ and $B$"。
- 如果 $x$ 与两个以上的其他形状相交，输出 "$x$ intersects with $A$, $B$, ⋯ , and $Z$"。

要注意有两个以上的相交时要加上附加的逗号。$A$、$B$ 等所有相交的形状都按字母顺序排列。

在每个图片（包括最后一张图片）处理之后，输出一个空行。

| 样例输入 | 样例输出 |
|---|---|
| A square (1,2) (3,2)<br>F line (1,3) (4,4)<br>W triangle (3,5) (5,5) (4,3)<br>x triangle (7,2) (7,4) (5,3)<br>S polygon 6 (9,3) (10,3) (10,4) (8,4) (8,1) (10,2)<br>B rectangle (3,3) (7,5) (8,3)<br>-<br>B square (1,1) (2,2)<br>A square (3,3) (4,4)<br>-<br>. | A has no intersections<br>B intersects with S, W, and x<br>F intersects with W<br>S intersects with B<br>W intersects with B and F<br>x intersects with B<br><br>A has no intersections<br>B has no intersections |

**试题来源**：CTU Open 2007

在线测试：POJ 3449

**提示**

采用枚举法解题。对所有不同形状进行枚举。一个形状被表示为一个线段的集合。也就是说，两个形状相交当且仅当它们的线段相交。

本题的难点是预处理。

## 【8.5.10 A Round Peg in a Ground Hole】

DIY 家具公司专门从事自己动手组装家具的组件生产。通常情况下，一个木制组件用木制榫头插入另一只组件预切圆洞来实现这些组件的彼此连接。这样的榫头有一个圆截面，因此它能插进另一个圆洞。

最近，由于自动研磨机的错误控制程序，工厂生产的电脑桌存在缺陷，在组件上研磨出不规则形状的洞，不是预期的圆形，而是一个不规则的多边形。你需要确定这些电脑桌是否要被报废，还是用木屑和胶水的混合物填充洞的一部分，使得这些电脑桌还可以被使用。

现在就有两个问题。首先，如果洞中包含任何突出的部分（即在洞内存在两个点，如果这两点之间用一条线段连接，该线段将穿过洞内的一条或多条边），那么在家具使用的时候填入洞中的材料在正常的作用力下不能支持榫头。其次，假设孔洞是一个合适的形状，它必须足够大，以便插入榫头。由于在这一块木头上的孔洞必须匹配其他木制组件上相应的孔洞，要匹配的榫头的确切位置必须已知。

请编写一个程序，给出榫头和多边形孔洞的描述，确定孔洞是否形状不正常。如果孔洞形状正常，则确定榫头在要求的位置是否匹配。每个孔洞被描述为一个多边形的顶点 $(x_1, y_1), (x_2, y_2), \cdots, (x_n, y_n)$，多边形的边是（$x_i, y_i$）到（$x_{i+1}, y_{i+1}$），$i=1\cdots n-1$，以及（$x_n, y_n$）到（$x_1, y_1$）。

**输入**

输入由一系列组件描述构成，每组组件描述由如下数据构成：

第一行 <*n*Vertices> <pegRadius> <peg*X*> <peg*Y*>

分别表示多边形的顶点数 *n*（整数）、榫头的半径（实数）、榫头的位置 *X* 和 *Y*。

其余 *n* 行 <vertex*X*> <vertex*Y*>

每一行表示一个顶点，按序排列，顶点位置是 *X* 和 *Y*。

以一个小于 3 的多边形顶点数表示输入结束。

**输出**

对每个组件描述，输出一行字符串。如果孔洞有突出部分，输出 "HOLE IS ILL-FORMED"；如果孔洞没有突出部分，并且榫头与在给出位置的孔洞匹配，输出 "PEG WILL FIT"；如果孔洞没有突出部分，但榫头不能和给出位置的孔洞匹配，输出 "PEG WILL NOT FIT"。

| 样例输入 | 样例输出 |
|---|---|
| 5 1.5 1.5 2.0<br>1.0 1.0<br>2.0 2.0<br>1.75 2.0 | HOLE IS ILL-FORMED<br>PEG WILL NOT FIT |

（续）

| 样例输入 | 样例输出 |
| --- | --- |
| 1.0 3.0<br>0.0 2.0<br>5 1.5 1.5 2.0<br>1.0 1.0<br>2.0 2.0<br>1.75 2.5<br>1.0 3.0<br>0.0 2.0<br>1 | |

试题来源：ACM Mid-Atlantic 2003

在线测试：POJ 1584，ZOJ 1767，UVA 2835

**提示**

设榫头的位置为peg，半径为$r$，凸多边形的顶点序列为$p_0, \cdots, p_n$，其中$p_n=p_0$。

（1）判断多边形是否有凹凸。

依次判断点$i+1$的凹凸情况（$0 \leqslant i \leqslant n-1$）：

- 若$\overrightarrow{p_{i+1}p_i} \wedge \overrightarrow{p_{i+2}p_i} < 0$，则点$i+1$为凹点，凹点个数$c0$++；
- 若$\overrightarrow{p_{i+1}p_i} \wedge \overrightarrow{p_{i+2}p_i} > 0$，则点$i+1$为凸点，凸点个数$c1$++；
- 若（$c0$ !=0 && $c1$ !=0），则说明多边形有凹凸，孔洞有突出部分。

（2）判断榫头能否在所有边的一个方向。

榫头要与孔洞匹配的前提条件是榫头向量peg在多边形内，即榫头在所有边的一个方向。计算方法是枚举多边形每条边$\overrightarrow{p_{i+1}p_i}$（$0 \leqslant i \leqslant n-1$），统计榫头在顺时针方向的边数$c0$和逆时针方向的边数$c1$：若$\overrightarrow{p_{i+1}p_i} \wedge \text{peg} < 0$，则榫头在$\overrightarrow{p_{i+1}p_i}$的顺时针方向，$c0$++；若$\overrightarrow{p_{i+1}p_i} \wedge \text{peg} > 0$，则榫头在$\overrightarrow{p_{i+1}p_i}$的逆时针方向，$c1$++。在枚举了多边形的所有边后，若（$c0$!=0 && $c1$!=0），则说明榫头向量peg不在多边形内，榫头无法与孔洞匹配。

（3）判断能否与孔洞匹配。

在榫头peg在多边形内的情况下考虑长度因素：计算peg至多边形各边的最小距离$m = \min\limits_{0 \leqslant i \leqslant n-1} \left\{ \dfrac{\overrightarrow{p_i\text{peg}} \wedge \overrightarrow{p_i p_{i+1}}}{\left|\overrightarrow{p_i p_{i+1}}\right|} \right\}$，若$r>m$，则榫头不能与孔洞匹配；否则榫头能与孔洞匹配。

【8.5.11　Triangle】

一个网格点由一个有序对$(x, y)$表示，其中$x$和$y$都是整数。给出一个三角形的顶点坐标（顶点在网格点上），请计算在三角形中网格点的数目（在边上和顶点上的点不被计入）。

**输入**

输入包含多组测试用例，每组测试用例为6个整数$x_1$、$y_1$、$x_2$、$y_2$、$x_3$和$y_3$，其中（$x_1$,

$y_1$)、($x_2, y_2$) 和 ($x_3, y_3$) 是三角形的顶点坐标。输入的所有三角形是存在的（面积为正数），并且 $-15\,000 \leqslant x_1, y_1, x_2, y_2, x_3, y_3 \leqslant 15\,000$，输入以 $x_1=y_1=x_2=y_2=x_3=y_3=0$ 为结束，程序不必处理。

**输出**

对于输入的每个测试用例，输出一行，给出三角形内的网格点数。

| 样例输入 | 样例输出 |
|---|---|
| 0 0 1 0 0 1 | 0 |
| 0 0 5 0 0 5 | 6 |
| 0 0 0 0 0 0 | |

试题来源：Stanford Local 2004

在线测试：POJ 2954

**提示**

设三角形的顶点为 $p_1$、$p_2$ 和 $p_3$，三角形的面积 $S_\Delta = \frac{|p_1 \wedge p_2| + |p_2 \wedge p_3| + |p_3 \wedge p_1|}{2}$。在边上和顶点上的点不被计入，需要排除。设 $g\left(\overrightarrow{p_i p_j}\right)$ 为 $p_i$、$p_j$ 和 $\overrightarrow{p_i p_j}$ 所含的点数：

$$g\left(\overrightarrow{p_i p_j}\right) = \begin{cases} |p_i.y - p_j.y| & |p_i.x - p_j.x| = 0 \\ |p_i.x - p_j.x| & |p_i.y - p_j.y| = 0 \\ \text{GCD}\left(|p_i.y - p_j.y|, |p_i.x - p_j.x|\right) & \text{否则} \end{cases}$$

根据 Pick's 定理，面积 $S_\Delta$ = 三角形内的网格点数 + $\frac{g\left(\overrightarrow{p_1 p_2}\right) + g\left(\overrightarrow{p_2 p_3}\right) + g\left(\overrightarrow{p_3 p_1}\right)}{2} - 1$，由此得出三角形内的网格点数 $= S_\Delta - \frac{g\left(\overrightarrow{p_1 p_2}\right) + g\left(\overrightarrow{p_2 p_3}\right) + g\left(\overrightarrow{p_3 p_1}\right)}{2} + 1$。

## 【8.5.12　Ants】

年轻的博物学家 Bill 在学校里研究蚂蚁。他的蚂蚁吃生活在苹果树上的虱子。每个蚂蚁种群需要属于它们自己的苹果树来养活自己。

Bill 有一张地图，上面有 $n$ 个蚂蚁种群和 $n$ 棵苹果树的坐标。他知道蚂蚁使用化学标记的路线从它们的种群所在的地方去它们吃东西的地方，然后返回。路线彼此间不能相互交叉，否则蚂蚁会感到困惑，跑到其他的种群里，或上其他的树，因此会挑起种群之间的战争。

Bill 想连接每个蚂蚁种群到每一棵单一的苹果树，使得所有的 $n$ 条路线都是不相交的直线。在本问题中这样的连接总是可能的。请编写一个程序，找到这种连接。

在图 8-47 中，蚂蚁种群用空心圆环表示，而苹果树用实心圆环表示，用直线给出了一个可能的链接。

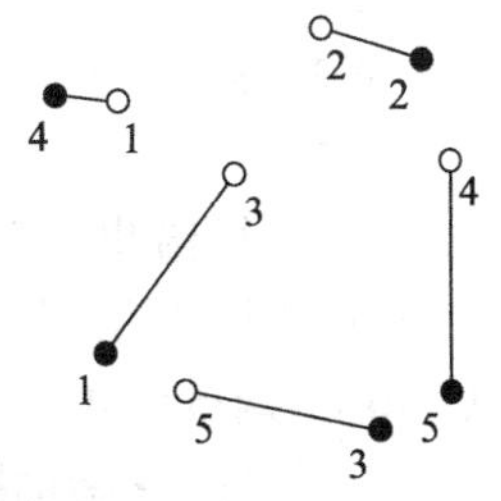

图　8-47

**输入**

输入的第一行给出了一个整数 $n$（$1 \leqslant n \leqslant 100$）——蚂蚁种群

和苹果树的数量。接下来的 $n$ 行描述 $n$ 个蚂蚁种群；然后的 $n$ 行描述 $n$ 棵苹果树。每个蚂蚁种群和每棵苹果树用在直角平面上的一对整数坐标 $x$ 和 $y$（$-10\,000 \leqslant x, y \leqslant 10\,000$）来描述。所有的蚂蚁种群和苹果树在平面上占据一个点，不存在三点一线的情况。

**输出**

输出 $n$ 行，每行一个整数，在第 $i$ 行输出的数表示与 $i$ 个蚂蚁种群相连接的苹果树的编号（从 1 到 $n$）。

| 样例输入 | 样例输出 |
|---|---|
| 5<br>−42 58<br>44 86<br>7 28<br>99 34<br>−13 −59<br>−47 −44<br>86 74<br>68 −75<br>−68 60<br>99 −60 | 4<br>2<br>1<br>5<br>3 |

试题来源：ACM Northeastern Europe 2007

在线测试：POJ 3565，UVA 4043

**提示**

设 $a_i$ 为蚂蚁种群 $i$ 的位置，$b_j$ 为苹果树 $j$ 的位置，$1 \leqslant i, j \leqslant n$。将 $n$ 个蚂蚁种群组成集合 $x$，$n$ 棵苹果树组成集合 $y$，$(x_i, y_j)$ 的边权设为 $-\left|\overrightarrow{a_i b_j}\right|$。使用 KM 算法求最佳匹配。

## 【8.5.13　The Doors】

请在一间内部有隔墙的房间里找一条最短路径的长度。这个房间的边在二维坐标 $x=0$、$x=10$、$y=0$ 和 $y=10$ 的直线上。路径的起始点和终点分别是（0, 5）和（10, 5）。房间内有 0 到 18 堵垂直的隔墙，每堵隔墙有两个门。图 8-48 给出了这样的一个房间以及最短长度的路径。

**输入**

图 8-48 的输入数据如下：

2

4 2 7 8 9

7 3 4.5 6 7

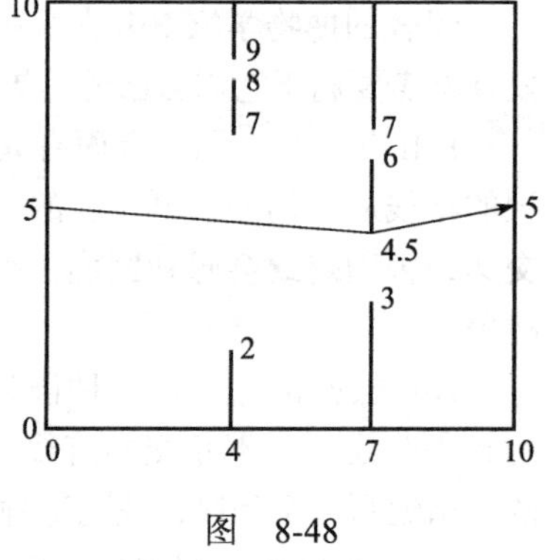


图　8-48

第一行给出房间内隔墙的数目。然后，每行给出 5 个实数描述一堵墙，第一个数是墙的 $x$ 坐标（$0<x<10$），剩下的 4 个数是这堵墙上门的端点的坐标。这些墙的输入按 $x$ 坐标的顺序递增，在每行中按 $y$ 坐标的顺序递增。输入至少有一个测试用例。如果测试用例中给出墙的数量为 −1，表示输入结束。

**输出**

对每个房间，输出一行，给出最短路径长度，四舍五入到小数点后两位。行中没有空格。

| 样例输入 | 样例输出 |
|---|---|
| 1<br>5 4 6 7 8<br>2<br>4 2 7 8 9<br>7 3 4.5 6 7<br>-1 | 10.00<br>10.06 |

试题来源：ACM Mid-Central USA 1996

在线测试：POJ 1556，ZOJ 1721，UVA 393

**提示**

存在 $4n+2$ 个点，其中 $p_0=(0, 5)$，$p_{4*n+1}=(10, 5)$，$\overrightarrow{p_{4*i-3}p_{4*i-2}}$ 是第 $i$ 面墙的第一个门，$\overrightarrow{p_{4*i-1}p_{4*i}}$ 是第 $i$ 面墙的第二个门，$1\leqslant i\leqslant n$。

计算每一对点 $p_i$ 和 $p_j$ 之间的距离 $d_{ij}=\left|\overrightarrow{p_ip_j}\right|$（$0\leqslant i<4*n+1, i<j\leqslant 4*n+1$）。如果 $\overrightarrow{p_ip_j}$ 经过第 $k$ 面墙（$p_i.x\leqslant p_{4*k}.x\leqslant p_j.x$），且交点位于该面墙的两个门 $\left(\overrightarrow{p_{4*k-3}p_{4*k-2}}\text{ 或 }\overrightarrow{p_{4*k-1}p_{4*k}}\right)$ 之外，则 $d_{ij}=\infty$。

使用 Floyd 算法计算任一点对间的最短路 $d_{ij}$。

最后，$d_{0,4n+1}$ 即为最短路径长度。

## 【8.5.14 TOYS】

请计算在一个分片的玩具箱中每个分区中玩具的数量。

John 的父母有一个问题：他们的孩子 John 在玩了玩具后，从来没有把玩具放好。他们给 John 一个矩形箱子，让他把自己的玩具放进去，但 John 很叛逆，他只是将玩具简单地扔进箱子。所有的玩具混在一起，John 也不可能马上找到他喜欢的玩具。

John 的父母想出这样的办法。他们将硬纸板放进箱子，将一个箱子分隔成一个个分区。即使 John 还是将玩具简单地往箱子里扔，至少玩具会被扔在不同的分区中，保持分离。图 8-49 给出了一个玩具箱实例的俯视图。

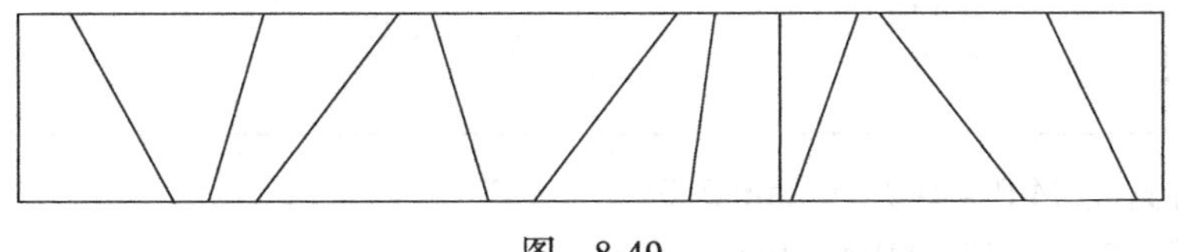

图 8-49

本问题要求确定在 John 将他的玩具扔进玩具箱的时候，在每个分区中扔了多少玩具。

**输入**

输入包含一个或多个测试用例。每个测试用例的第一行给出 6 个整数 $n$、$m$、$x_1$、$y_1$、$x_2$

和 $y_2$。硬纸板分隔数为 $n$（$0<n\leqslant 5000$），玩具数量为 $m$（$0<m\leqslant 5000$）。玩具箱左上角和右下角的坐标分别为 $(x_1, y_1)$ 和 $(x_2, y_2)$。接下来的 $n$ 行每行给出两个整数 $U_i$ 和 $L_i$，表示第 $i$ 个硬纸板的左上角和右下角的坐标（$U_i, y_1$）和（$L_i, y_2$），本题设定硬纸板的分区彼此不会相交，输入的次序按从左到右排序。接下来的 $m$ 行每行给出两个整数 $x_j$ 和 $y_j$，表示第 $j$ 个要放进箱子里的玩具被放置的位置。玩具的次序是随意的。本题设定没有一个玩具会被正好搁置在一片分隔的硬纸板上，或者被放置在箱子的边界之外。输入以包含一个 0 的一行结束。

**输出**

对玩具箱中的每个分区，输出一行，输出分区编号，然后是冒号和一个空格，接下来是被扔进分区的玩具的分区编号从 0（最左边的分区）开始到 $n$（最右边的分区）。不同的测试用例之间输出一个空行。

| 样例输入 | 样例输出 |
|---|---|
| 5 6 0 10 60 0<br>3 1<br>4 3<br>6 8<br>10 10<br>15 30<br>1 5<br>2 1<br>2 8<br>5 5<br>40 10<br>7 9<br>4 10 0 10 100 0<br>20 20<br>40 40<br>60 60<br>80 80<br>5 10<br>15 10<br>25 10<br>35 10<br>45 10<br>55 10<br>65 10<br>75 10<br>85 10<br>95 10<br>0 | 0: 2<br>1: 1<br>2: 1<br>3: 1<br>4: 0<br>5: 1<br><br>0: 2<br>1: 2<br>2: 2<br>3: 2<br>4: 2 |

试题来源：ACM Rocky Mountain 2003

在线测试：POJ 2318，UVA 2910

 **提示**

设第 $i$ 个硬纸板的左上角和右下角的坐标分别是 $p'_i$ 和 $p''_i$，$0\leqslant i\leqslant n-1$；玩具箱左上角

和右下角的坐标分别为 $p'_n$ 和 $p''_n$。

然后依次输入每个玩具 $a$，每输入一个玩具 $a$，二分查找该玩具落入的硬纸板 ret：

初始区间设为 [0, $n$]。若 $a$ 在 $\overrightarrow{p'_{\text{mid}}p''_{\text{mid}}}$ 的左方，则 mid 记为 ret，继续搜索左子区间，否则搜索右子区间……这个过程直至区间不存在为止。此时硬纸板 ret 落入的玩具数 +1。

依次处理了 $m$ 个玩具后，便可统计出每个硬纸板里的玩具数。

## 【8.5.15　Area】

Merck 公司以其高度创新的产品而闻名，因此也成为工业间谍活动的目标。为了保护其新品牌研究和开发的设施，公司装备了最新的巡逻机器人系统以监控研发区域。这些机器人沿着设施的墙壁移动，并向中央安全办公室报告观察到的可疑的情况。这一系统的唯一缺陷是它竞争对手的间谍发现的：机器人的无线电在其移动的时候没有加密。尽管不可能了解更多信息，但间谍可以计算出新设施所占面积的确切大小。建筑物的每个角位于一个矩形的网格上，并且只有直角。图 8-50 显示了一个机器人的周围地区。

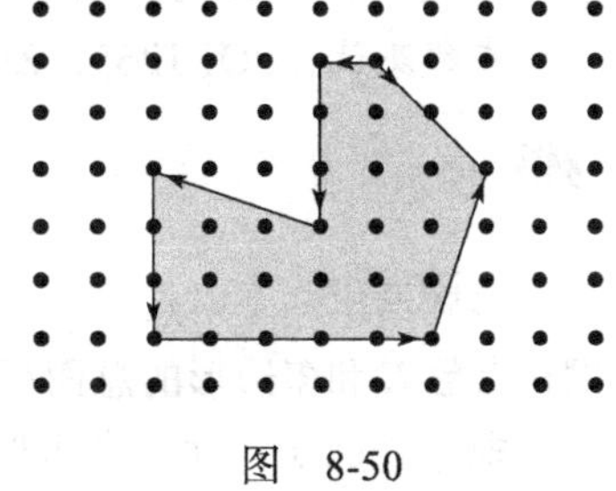

图　8-50

你被雇佣去编写一个程序，通过机器人沿着墙壁移动来计算新的设施所占的面积。本题设定这一区域是一个多边形，并且角在矩形网格上。然而，由于你的雇主非常自豪他的发现，所以他坚持要你使用一个公式，这个公式涉及多边形内部的网格点数 $I$、多边形的边上的网格点数 $E$ 和总面积 $A$。不幸的是，你丢失了雇主写下的简单公式，所以你的首要任务是自己给出公式。

**输入**

输入的第一行给出测试用例的个数。

对每个测试用例，在第一行给出 $m$，$3 \leqslant m < 100$，表示机器人的移动次数。接下来的 $m$ 行每行给出用一个空格分隔的整数对“$dx\ dy$”，满足 $-100 \leqslant dx, dy \leqslant 100$ 以及 $(dx, dy) != (0, 0)$。这样的一对整数表示机器人从当前位置在网格上向右移动 $dx$ 个单位，向上移动 $dy$ 个单位。本题设定机器人移动的线路是封闭的，除了起点和终点，线路不会交叉甚至与自己相交。机器人绕建筑物逆时针移动，所以要计算的区域在机器人移动线路的左侧。预先已知整个多边形在边长 100 个单位的正方形网格中。

**输出**

每个测试用例输出的第一行为 "Scenario #*i*:"，其中 $i$ 是测试用例的编号，从 1 开始。然后输出一行给出 $I$、$E$ 和 $A$，面积 $A$ 四舍五入到小数点后的一位。这三个数之间用两个空格分开。每个测试用例结束后输出一个空行。

| 样例输入 | 样例输出 |
|---|---|
| 2<br>4<br>1 0<br>0 1<br>-1 0 | Scenario #1:<br>0 4 1.0<br><br>Scenario #2:<br>12 16 19.0 |

（续）

| 样例输入 | 样例输出 |
| --- | --- |
| 0 -1<br>7<br>5 0<br>1 3<br>-2 2<br>-1 0<br>0 -3<br>-3 1<br>0 -3 | |

试题来源：ACM Northwestern Europe 2001

在线测试：POJ 1265，ZOJ 1032，UVA 2329

**提示**

本题给出一个格点上的多边形，要求你计算多边形内部的网格点数 $I$、多边形的边上的网格点数 $E$ 和多边形的总面积 $A$。

根据 Pick's 定理，多边形的总面积 $A$ 是 $I+E/2-1$。多边形的总面积 $A$ 是所有从原点到每队相邻的顶点的叉积的总和。$E=\mathrm{GCD}(\mathrm{abs}(x_2-x_1), \mathrm{abs}(y_2-y_1))$。最后，计算 $I$。

## 【8.5.16　Line of Sight】

有个建筑师对他的新家感到非常自豪，并希望对于沿街经过他家的“地产线”(Property Line) 的人们，可以确保他们看到他新家的房子。他的地产还包含了各种树木、灌木、绿篱，以及其他可能遮挡视线的障碍物。在本题中，房子、地产线，以及其他障碍物，都在平行于 $x$ 轴的直线上，如图 8-51 所示。

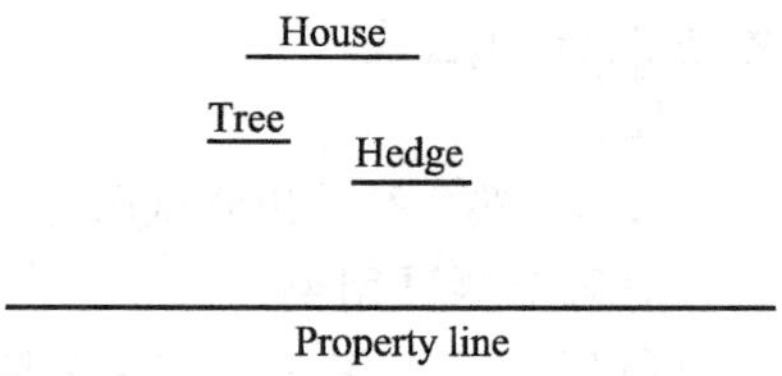

图　8-51

为了让建筑师知道他的房子如何可以被看到，请编写一个程序，输入房子、地产线，以及周围的障碍物的位置，并计算出这样的最长的连续地产线的部分，在那里没有任何障碍物阻挡，整个房子都可以被看到。

**输入**

因为每个对象是一条直线，所以在输入中先给出左 $x$ 坐标和右 $x$ 坐标，然后给出一个 $y$ 坐标来表示 <$x_1$> <$x_2$> <$y$>，其中，$x_1$、$x_2$ 和 $y$ 都是非负实数，$x_1<x_2$。

输入中有多间房子的建筑及其周边景观。对于每间房子，输入的第一行给出房子的坐标，第二行给出地产线的坐标，第三行给出一个整数，表示障碍物的数量，接下来每行给出一个障碍物的坐标。

在最后一间房子输入之后，输入 "0 0 0" 将结束。

每间房子都在地产线的上方（房子的 $y$ 坐标 > 地产线的 $y$ 坐标），不存在障碍物与房子或地产线重叠，也就是说，如果障碍物的 $y$ 坐标 = 房子的 $y$ 坐标，障碍物所在的范围 $[x_1, x_2]$ 与房子所在的范围 $[x_1, x_2]$ 不相交。

**输出**

对于每一间房子，程序输出一行，给出整个房子可以被看到的最长连续地产线的线段长度，精确到小数点后两位。如果地产线上没有一段可以看到整个房子，则输出 "No View"。

| 样例输入 | 样例输出 |
|---|---|
| 2 6 6<br>0 15 0<br>3<br>1 2 1<br>3 4 1<br>12 13 1<br>1 5 5<br>0 10 0<br>1<br>0 15 1<br>0 0 0 | 8.80<br>No View |

*试题来源*：ACM Mid-Atlantic 2004

*在线测试*：POJ 2074，ZOJ 2325，UVA 3112

 **提示**

此题是一个典型的可视性问题，关键是求过两点的直线方程以及直线与线段的交点。测试数据中有一个“陷阱”，要特别小心。

每个障碍物都使 Property Line 上形成不可能完全看到 House 的一段，如图 8-52 所示的虚线部分，能完全看到 House 的段便是相邻两段蓝线间的“缝隙”(当然也有可能是 Property Line 的两端)。把虚线排序后，扫描一遍即可。

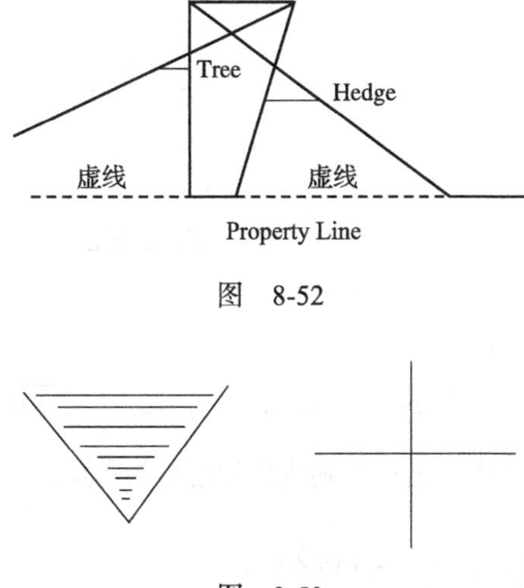


图 8-52

图 8-53

## 【8.5.17 An Easy Problem?!】

外面在下着雨，农夫 Johnson 的公牛 Ben 想用雨水来浇灌它的花。Ben 将两块木板钉在谷仓的墙上，如图 8-53 所示，在墙上的两块板看上去像平面上的两条线段，它们具有相同的宽度。

请计算这两块木板可以收集多少雨。

**输入**

输入的第一行给出测试用例的数目。

每个测试用例是 8 个绝对值不超过 10 000 的整数 $x_1$、$y_1$、$x_2$、$y_2$、$x_3$、$y_3$、$x_4$ 和 $y_4$。($x_1, y_1$) 和 ($x_2, y_2$) 是一块木板的端点，($x_3, y_3$) 和 ($x_4, y_4$) 是另一块木板的端点。

**输出**

对于每个测试用例，输出一行，给出一个精确到小数点后两位的实数，表示收集的雨量。

| 样例输入 | 样例输出 |
|---|---|
| 2<br>0 1 1 0<br>1 0 2 1<br><br>0 1 2 1<br>1 0 1 2 | 1.00<br>0.00 |

试题来源：POJ Monthly--2006.04.28, Dagger@PKU_RPWT

在线测试：POJ 2826

**提示**

两条线段构成一个容器，求此容器能装到多少雨水。这是一个较复杂的可视化问题。由于水是从天空垂直落下的，因此雨从无穷高处下落，有以下三种情况影响容器盛雨，如图 8-54 所示。

图　8-54

设输入的两块木板（线段）为 $\overrightarrow{p_1p_2}$ 和 $\overrightarrow{p_3p_4}$，其中 $p_1.y \geq p_2.y$，$p_3.y \geq p_4.y$，且 $p_1.y \geq p_3.y$。

（1）如果 $\overrightarrow{p_1p_2}$ 和 $\overrightarrow{p_3p_4}$ 没有交点，则无法收集雨量。

（2）设 $\overrightarrow{p_1p_2}$ 和 $\overrightarrow{p_3p_4}$ 交点为 $p$，$\overrightarrow{p_1p_2}$ 与经过 $p_3.y$ 的水平线的交点为 tp（如图 8-55 所示）。

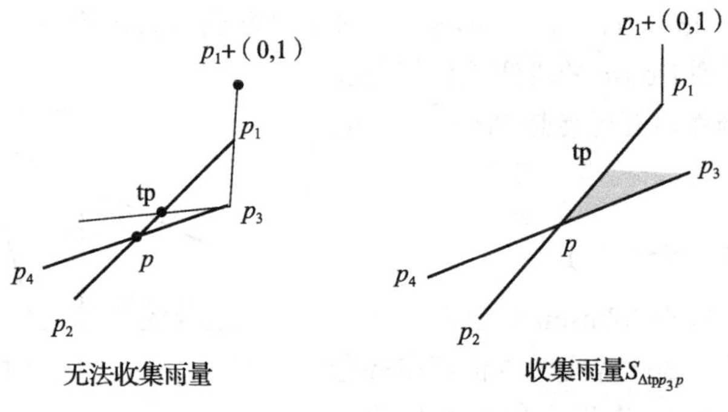


图　8-55

若 $\overrightarrow{pp_1} \wedge \overrightarrow{pp_3}$ 与 $\overrightarrow{p_1(p_1+(0,1))} \wedge \overrightarrow{p_1p_3}$ 的正负号相同，或 $\overrightarrow{p_1(p_1+(0,1))}$ 与 $\overrightarrow{p_1p_3}$ 重合，则无法收集雨量；否则收集的雨量为 $S_{\Delta tpp_3p}$。

## 【8.5.18　Road Accident】

两辆汽车在道路上相撞，受到了一定的损害，这也就出现了通常的问题：“谁的责任？”要回答这个问题，就必须全面重构事故的过程。通过收集目击者的证言和分析轮胎的印记，就能确定在撞击前汽车的位置和速度。一直到相撞前，汽车都是直线向前的。

所编写的程序要根据给出的有效数据，计算每一辆汽车的哪一部分首先碰到了另一辆车。如图 8-56 所示，每个部分都进行了编号。

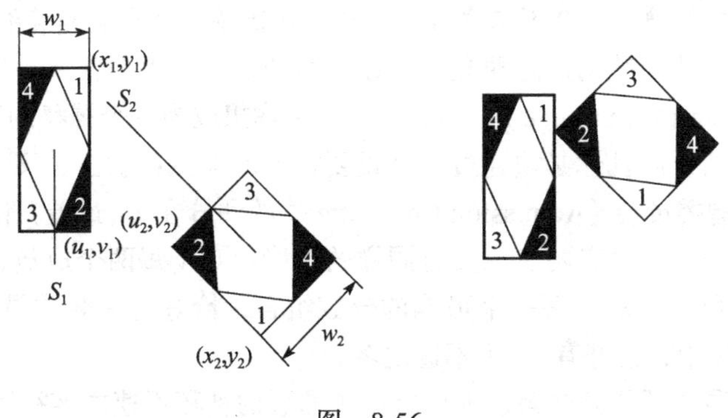


图　8-56

**输入**

输入包含 12 个浮点数：$x_1$、$y_1$、$u_1$、$v_1$、$w_1$、$s_1$、$x_2$、$y_2$、$u_2$、$v_2$、$w_2$ 和 $s_2$，其中 $(x, y)$ 和 $(u, v)$ 为汽车的后左角和上左角的坐标，$w$ 为汽车的宽度，$s$ 为汽车的速度。

**约束**

$1 \leqslant x_i, y_i, u_i, v_i, w_i \leqslant 10^6$, $0 \leqslant s_i \leqslant 10^6$。输入数据保证相撞肯定发生。起初两辆汽车没有公共点。

**输出**

输出给出两个整数 $p_1$ 和 $p_2$，其中 $p$ 是一辆车与另一辆车首先碰撞的部分的编号（如果一辆车有两个部分同时撞上另一辆车，输出编号小的部分的编号）。

| 样例输入 1 | 样例输出 1 |
| --- | --- |
| 1.0 2.0 10.0 2.0 1.0 10.0<br>50.0 1.0 40.0 1.0 1.0 20.0 | 2 2 |
| **样例输入 2** | **样例输出 2** |
| 1 1 10 1 1 20<br>40 1 50 1 1 10 | 2 1 |

试题来源：ACM Northeastern Europe 2005, Far-Eastern Subregion

在线测试：POJ 3433

**提示**

两车都有速度，不妨令一车停止，另一车以相对速度行驶，以便讨论与计算（如图 8-57 所示）。

接下来划出车的运动轨迹，分别讨论：

- 第一辆车的点与第二辆车的边相撞。
- 第二辆车的点与第一辆车的边相撞。

判断点所在区域可通过点到车四个顶点的距离决定（离哪个点近就位于哪个区域）。

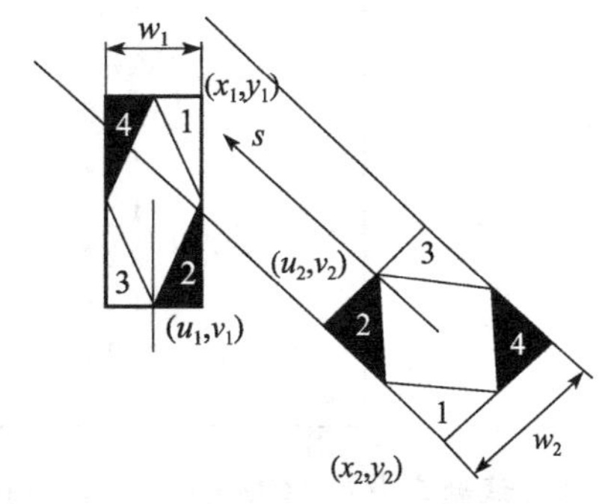


图　8-57

## 【8.5.19　Wild West】

从前，西部边疆小村的宁静生活往往因神秘的不速之客的出现而被打破。一个不速之客可能是正在追杀一个臭名昭著的恶棍的赏金猎人，也可能是正在逃脱法律制裁的危险罪犯。不速之客的数量变得非常大，已经形成了神秘的不速之客联盟（Mysterious Strangers，Union)。如果你想成为一个神秘的不速之客，那么你要向该联盟提出申请，而且你必须通过三个重要技能的考试：射击、飞刀和吹奏口琴。对于每一项技能，招聘委员会（Admission Committee）的评分在 1（最差）和 M（最好）之间。有趣的是，在该联盟中，没有两名成员有同样的技能：对于每两个成员，至少有一个技能他们的分数不同。此外，对于每一个可能的分数组合，恰好有一名成员取得这样的分数。也就是说，在该联盟中，正好有 $m^3$ 个不速之客。

最近，一些成员离开了该联盟，他们组成了邪恶的神秘不速之客社团（Society of Evil Mysterious Strangers)。这个社团的目的就是要犯尽可能多的邪恶罪行，而且他们的犯罪都相当成功。因此，神秘的不速之客联盟的指导委员会决定，让一个英雄去捣毁这个邪恶的社团。这个英雄是一个神秘的不速之客，他可以战胜邪恶的神秘不速之客社团的所有成员。如果和一个邪恶的神秘不速之客社团成员相比，这个英雄至少有一项技能的分数更高，他就能够打败这个成员。例如，如果邪恶社团有两个成员：

- Colonel Bill，射击 7 分，飞刀 5 分，口琴演奏 3 分。
- Rabid Jack，射击 10 分，飞刀 6 分，口琴演奏 8 分。

英雄射击 8 分，飞刀 7 分，口琴演奏 3 分，那么英雄就能击败这两个成员。然而，如果某人射击 8 分，飞刀 6 分，口琴演奏 8 分，那么他就不可能成为英雄。而且，英雄不可能是邪恶社团的成员。

请确定在神秘的不速之客联盟中是否有成员可以成为英雄；如果有，那么给出有多少成员可以成为英雄。

**输入**

输入包含若干测试用例，每个测试用例第一行给出两个整数：$1 \leqslant n \leqslant 100\,000$，邪恶的神秘不速之客社团的成员数量；$2 \leqslant m \leqslant 100\,000$，技能分数的最大值。接下来的 $n$ 行描述这些成员，每行包含 3 个从 1 到 $m$ 的整数，表示 3 项技能的得分。

输入以 $n=m=0$ 结束。

**输出**

对每个测试用例，输出一行，给出联盟中满足成为英雄条件的成员数量。如果没有这样的成员，则输出 "0"。本题设定输出最多 $10^{18}$。

| 样例输入 | 样例输出 |
|---|---|
| 3 10<br>2 8 5<br>6 3 5<br>1 3 9<br>1 3<br>2 2 2<br>1 10000<br>2 2 2<br>0 0 | 848<br>19<br>999999999992 |

试题来源：ACM Central Europe 2005

在线测试：POJ 2944，UVA 3525

提示

直接求英雄的数目很难，不妨来一个“正难则反”的逆向思维，从反面入手，通过求不是英雄的数目来达到求英雄数的目的。

设成员的三项能力为（$a$, $b$, c），按邪恶成员的 $a$ 从大到小枚举，把对应的（$b$, $c$）插入到平面直角坐标系中，这样的话，能力（$b$, $c$）位于每个点与原点组成的矩形并内的成员，必然不是英雄（这些成员的能力 $a$ 不大于枚举的 $a$）。

插入到二维坐标系的点，应该按照 $b$ 递增、$c$ 递减的要求维护。

如图 8-58 所示，如果插入的点是红点，已经存在一个黄点：黄 $b$> 红 $b$，黄 $c$> 红 $c$，应该把红点剔除。由于在 $a$ 降序情况下，$b$ 和 $c$ 无序，用平衡树维护，维护序列的同时维护面积。

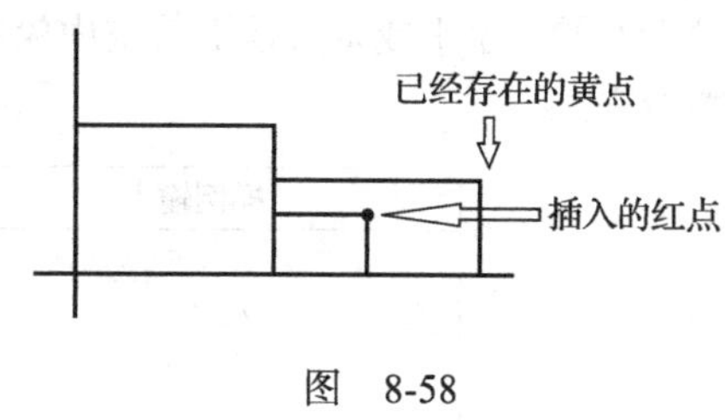

图　8-58

如图 8-59 所示，插入红点，先减去黄点围成的面积，然后删除蓝点及蓝点围成的面积，加入红点围成的面积，最后才加入黄点的面积，如图 8-60 所示。

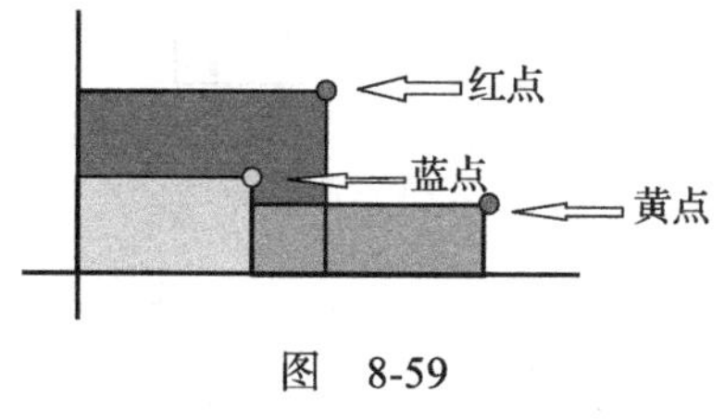

图　8-59

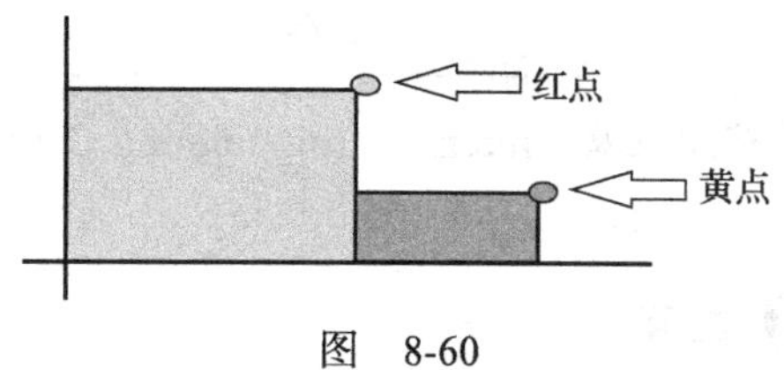

图　8-60

【8.5.20　The Skyline Problem】

给出在城市中建筑物的位置，请编写一个程序，帮助建筑师画出城市的空中轮廓线（Skyline，建筑物等在天空映衬下的空中轮廓线）。为了使问题变得易于处理，本题设定所有的建筑物都是长方形的，并且它们都有一个共同的底部（建造它们的城市非常平坦）。这个城市也被看作是二维的。一幢建筑物用一个有序的三元组说明（$L_i$, $H_i$, $R_i$），其中 $L_i$ 和 $R_i$ 分别是建筑物 $i$ 的左、右坐标，$H_i$ 是建筑物 $i$ 的高度。在图 8-61 中，左图给出的建筑物从左至右，三元组为（1, 11, 5），（2, 6, 7），（3, 13, 9），（12, 7, 16），（14, 3, 25），（19, 18, 22），（23, 13, 29），（24, 4, 28）。在右图中，空中轮廓线表示为序列：（1, 11, 3, 13, 9, 0, 12, 7, 16, 3, 19, 18, 22, 3, 23, 13, 29, 0）。

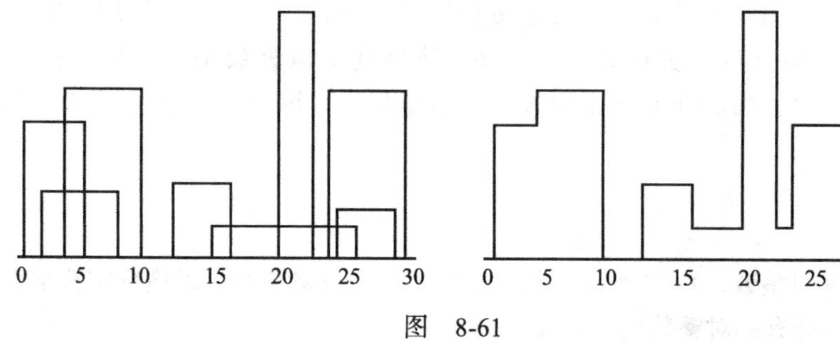

图　8-61

**输入**

输入给出一个建筑物三元组序列，所有的建筑物坐标都是小于10 000的正整数，至少有1幢建筑物，最多有5000幢建筑物。每幢建筑物描述为一行三元组，三元组按建筑物左坐标 $L_i$ 排序，因此输入中具有最小的左坐标的建筑物排在第一。

**输出**

输出给出描述空中轮廓线的矢量。对于空中轮廓线的矢量（$v_1$，$v_2$，$v_3$，…，$v_{n-2}$，$v_{n-1}$，$v_n$），如果 $i$ 是偶数，则 $v_i$ 表示水平线（高度）；如果 $i$ 是奇数，则 $v_i$ 表示垂直线（$x$ 坐标的位置）。空中轮廓线的矢量要表示走过的“路径”，例如，让一只小虫从最小 $x$ 坐标的位置开始，水平或垂直地沿着空中轮廓线行走。空中轮廓线矢量的最后出口为0。坐标用空格分开。

| 样例输入 | 样例输出 |
|---|---|
| 1 11 5<br>2 6 7<br>3 13 9<br>12 7 16<br>14 3 25<br>19 18 22<br>23 13 29<br>24 4 28 | 1 11 3 13 9 0 12 7 16 3 19 18 22 3 23 13 29 0 |

*试题来源*：Internet Programming Contest 1990

*在线测试*：UVA 105

 **提示**

设当前的建筑表示为一个有序三元组（left, height, right），天际线的右边界为rightmost，对于在底部的每个点 $i$，$a[i]$ 是当前天际线的高度，$1 \leqslant i \leqslant$ rightmost。

在一幢建筑被输入后，在区间（left $\leqslant i \leqslant$ right）中的 $a[i]$ 和rightmost被调整：$a[i]=\max\{a[i], \text{height}\}$（left $\leqslant i \leqslant$ right），rightmost=max{rightmost, right}。

然后，采用扫描线方法，枚举底部的每个点，求解本题。如果 $a[i] \neq a[i-1]$，则输出 $i$ 和 $a[i]$。最后，输出rightmost+1和0。

## 【8.5.21 Lining Up】

“我如何去解决这个问题？”飞行员问。

实际上，飞行员所面临的不是一件容易的事。她必须将包裹在一片危险的区域中空投到一些分散的特定空投点上。飞行员只能沿一条直线飞过这个区域一次，而且她要飞过尽可能多的空投点。所有的空投点在两维空间上以整数坐标给出。基于给出的数据，飞行员想知道在哪一条直线上空投点的数量最多。请编写一个程序来计算最多的空投点。

你的程序的效率要高。

**输入**

输入给出 $N$ 对整数，$1<N<700$。每对整数用一个空格分开，以换行字符结束。输出以EOF结束。不可能有一对整数出现两次。

**输出**

输出给出一个整数，表示在某一条直线上空投点的最多的数量。

| 样例输入 | 样例输出 |
|---|---|
| 1 1<br>2 2<br>3 3<br>9 10<br>10 11 | 3 |

试题来源：ACM 1994 East-Central Regionals

在线测试：POJ 1118，UVA 270

**提示**

在一个二维平面上给出 $n$ 个不同的点，要求找出在哪一条直线上点的数量最多。设 $n$ 个空投点的位置为 $p_0, \cdots, p_{n-1}$，空投点的最多数量为 ans。

枚举每个空投点 $i$（$0 \leqslant i \leqslant n-1$）:

计算原点到每个 $p_j$ 与 $p_i$ 的线段的夹角（$0 \leqslant i, j \leqslant n-1$）

$$\text{tank}[j]=\begin{cases}\dfrac{p_j.y-p_i.y}{p_j.x-p_i.x}\text{的反正切} & i\neq j\\ 10 & i=j\end{cases}$$

按照递增顺序排列 tank[0⋯$n$−1]。

枚举 tank[] 所在的每个可能区间 $[l, r]$：若 $\overrightarrow{p_r p_i}$ 的夹角与 $\overrightarrow{p_l p_i}$ 的夹角不同（tank[$r$]≠tank[$l$]），则有 $r-l+1$ 个点在同一直线上，调整空投点的最多数量 ans=max{ans，$r-l+1$}，最后得出的 ans 即为空投点的最多数量。

## 【8.5.22 Triathlon】

铁人三项赛（Triathlon）是一种体育竞赛，是由要求尽可能快地完成的三个连续项目组成的竞赛。第一个项目是游泳，第二个项目是骑自行车，第三个项目是长跑。

每位参赛选手在这三个项目中的速度是已知的。裁判可以任意地选择每个项目的路程长度，没有一个项目的路程长度为零。有时，裁判会按某种方式选择路程长度，使得一些个别的选手能赢得竞赛。

**输入**

测试用例的第一行给出参赛选手的人数 $N$（$1 \leqslant N \leqslant 100$），接下来的 $N$ 行每行给出用空格隔开的 3 个整数，$V_i$、$U_i$ 和 $W_i$（$1 \leqslant V_i, U_i, W_i \leqslant 10\,000$），分别表示第 $i$ 个选手 3 个项目的速度。

**输出**

对于每个参赛选手，都用一行输出。假如裁判可以以某种方式选择的路程长度使得他赢（即第一个冲线），则输出 "Yes"；否则输出 "No"。

| 样例输入 | 样例输出 |
|---|---|
| 9<br>10 2 6<br>10 7 3 | Yes<br>Yes<br>Yes |

（续）

| 样例输入 | 样例输出 |
|---|---|
| 5 6 7 | No |
| 3 2 7 | No |
| 6 2 6 | No |
| 3 5 7 | Yes |
| 8 4 6 | No |
| 10 4 2 | Yes |
| 1 8 7 | |

试题来源：ACM Northeastern Europe 2000

在线测试：POJ 1755，ZOJ 2052，UVA 2218，URAL 1062

**提示**

设三个项目游泳、骑自行车和长跑的路径长度分别为 $A$、$B$ 和 $C$（$A, B, C>0$）。若第 $i$ 个人能赢，则对于其他每个人 $j$ 必须满足 $\frac{A}{v_i}+\frac{B}{u_i}+\frac{C}{w_i} < \frac{A}{v_j}+\frac{B}{u_j}+\frac{C}{w_j}$。

$$\frac{A}{v_i}+\frac{B}{u_i}+\frac{C}{w_i} < \frac{A}{v_j}+\frac{B}{u_j}+\frac{C}{w_j}$$

$$\Rightarrow \frac{1}{v_i}*\frac{A}{C}+\frac{1}{u_i}*\frac{B}{C}+\frac{1}{w_i} < \frac{1}{v_j}*\frac{A}{C}+\frac{1}{u_j}*\frac{B}{C}+\frac{1}{w_j}$$

$$\Rightarrow \left(\frac{1}{v_j}-\frac{1}{v_i}\right)*\frac{A}{C}+\left(\frac{1}{u_j}-\frac{1}{u_i}\right)*\frac{B}{C}+\left(\frac{1}{w_j}-\frac{1}{w_i}\right)<0$$

把 $\frac{A}{C}$ 和 $\frac{B}{C}$ 看成未知数 $x$ 和 $y$，不难看出上式为二元一次不等式，解在平面上表示为半平面。枚举 $i$，对所有 $j\neq i$ 列出不等式（半平面），有解（即 $i$ 能赢）的条件是所有半平面的交为一个凸多边形。具体方法如下。

对于选手 $i$（$1\leqslant i\leqslant n$），建立 $n+2$ 个半平面 $H_1, H_2, \cdots, H_{n+2}$ 的边界线对应的直线方程（存储 $A_kx+B_ky+C_k=0$ 中的 $A_k$、$B_k$ 和 $C_k$），其中前 $n-1$ 个直线方程存储选手 $i$ 与其他选手的比赛情况，其中 $A_k=\frac{1}{u_j}-\frac{1}{u_i}-\left(\frac{1}{w_j}-\frac{1}{w_i}\right)$，$B_k=\frac{1}{v_j}-\frac{1}{v_i}-\left(\frac{1}{w_j}-\frac{1}{w_i}\right)$，$C_k=\frac{1}{w_j}-\frac{1}{w_i}$（$1\leqslant j\leqslant n$，$j\neq i$，$1\leqslant k\leqslant n-1$），后 3 个直线方程分别存储直线 $x=0$（$A_n=1, B_n=0, C_n=0$）、直线 $y=0$（$A_{n+1}=0, B_{n+1}=1, C_{n+1}=0$）和直线 $x+y=1$（$A_{n+2}=-1, B_{n+2}=-1, C_{n+2}=1$）。

然后计算这 $n+2$ 个半平面的交 $H_1\cap H_2\cap\cdots\cap H_{n+2}$ 是否成立。若成立，则选手 $i$ 赢；否则选手 $i$ 不可能赢。

**【8.5.23 Rotating Scoreboard】**

今年，ACM/ICPC 全球总决赛将在一个简单的多边形的大厅举行。教练和观众沿多边形的边就座。我们要在大厅里放置一个旋转的记分牌，观众坐在大厅边界上的任何地方，可以查看记分牌（也就是说，观众视线不能被墙所阻挡）。要注意的是，如果一个观众的视线对多边形的边是一个切线（或者在一个顶点或在一条边上），他仍然可以看到记分牌。本题将观众的座位视为多边形的边上的一个点，记分牌也被看作为一个点。给出大厅的角（多边形的顶点），你的程序检查是否存在一个记分牌的位置（多边形的一个内部点），使得记分牌可以从多边形的边上的任何一点都可以被看到。

**输入**

输入给出的第一个数字 $T$ 是测试用例数。每个测试用例一行，形式为 $n\ x_1\ y_1\ x_2\ y_2\ \cdots\ x_n\ y_n$，其中 $n$（$3 \leqslant n \leqslant 100$）是多边形的顶点数，整数对序列 $x_i\ y_i$ 按序排列多边形的顶点。

**输出**

输出给出 $T$ 行，每行按输入顺序对应一个测试用例。输出行根据是否在大厅中可以放置一个满足问题条件的记分牌，给出 "YES" 或 "NO"。

| 样例输入 | 样例输出 |
|---|---|
| 2<br>4 0 0 0 1 1 1 1 0<br>8 0 0 0 2 1 2 1 1 2 1 2 2 3 2 3 0 | YES<br>NO |

试题来源：ACM Tehran 2006 Preliminary

在线测试：POJ 3335

 **提示**

大厅为简单的多边形形状，记分牌从多边形的边上的任何一点都可以被看到，显然记分牌组成了多边形的核。题目 8.3.2.1 给出了计算多边形核的方法，只不过题目 8.3.2.1 要求在得出核的顶点序列的基础上计算核面积，而本题仅是判断核是否存在。

## 【8.5.24　How I Mathematician Wonder What You Are!】

Isaac 在他童年的时候，经常数天上的星星；而现在，天文学家和数学家使用大型天文望远镜，并通过图像处理程序计算星星的数量。这个程序中最难的部分是判断天空中的一个闪耀的物体是否的确是一个星星。作为一个数学家，他知道的唯一方法是应用星星的数学定义。

星星形状的数学定义如下：一个平面形状 $F$ 是星星的形状当且仅当存在一个点 $C \in F$，使得对任何点 $P \in F$，线段 $CP$ 被包含在 $F$ 中，而这样的点 $C$ 也被称为 $F$ 的中心。为了了解这个定义，我们来看图 8-62 中的一些例子。

通常情况下，前两个多边形被称为星星。然而，根据上述定义，在第一行中的所有形状都是星星的形状。在第二行中两个多边形则不是星星的形状。对于每个星星的形状，中心用一个圆点表示。要注意的是，一个一般的星星形状可以有无限多的中心点。例如，第三个四角多边形的所有点都有中心点。

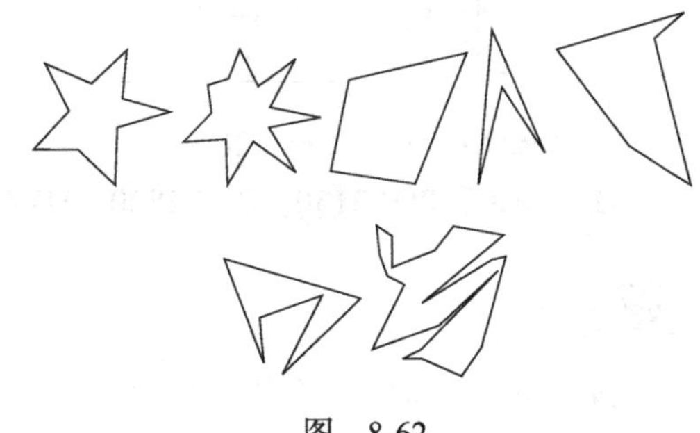

图　8-62

请编写一个程序，判定一个给出的多边形形状是否是星星的形状。

**输入**

输入给出一个测试用例的序列，然后给出包含一个 0 的一行。每个测试用例表示一个多边形，格式如下。

$$\begin{array}{ll} n & \\ x_1 & y_1 \\ x_2 & y_2 \\ \cdots & \\ x_n & y_n \end{array}$$

第一行给出顶点数 $n$，满足 $4 \leqslant n \leqslant 50$。接下来的 $n$ 行是 $n$ 个顶点的 $x$ 坐标和 $y$ 坐标，坐标值是整数，满足 $0 \leqslant x_i \leqslant 10\ 000$ 以及 $0 \leqslant y_i \leqslant 10\ 000$（$i=1,\cdots,n$）。直线线段 $(x_i, y_i)$–$(x_{i+1}, y_{i+1})$（$i=1, \cdots, n-1$）以及直线线段 $(x_n, y_n)$–$(x_1, y_1)$ 按逆时针构成了多边形的边。也就是说，这些线段向左方向构成多边形。

本题设定多边形是简单的（simple）多边形，也就是说，多边形的边不相交。本题也设定，在多边形无限扩展的情况下，不可能有三条边在一个点连接。

**输出**

对于每个测试用例，如果多边形是一个星形（star-shaped）多边形，则输出 "1"；否则，输出 "0"。每个数字一行，并且在这一行中不能有其他的字符。

| 样例输入 | 样例输出 |
|---|---|
| 6<br>66 13<br>96 61<br>76 98<br>13 94<br>4 0<br>45 68<br>8<br>27 21<br>55 14<br>93 12<br>56 95<br>15 48<br>38 46<br>51 65<br>64 31<br>0 | 1<br>0 |

试题来源：ACM Japan 2006

在线测试：POJ 3130，ZOJ 2820，UVA 3617

**提示**

按照星星形状的数学定义（一个平面形状 $F$ 是星星的形状当且仅当存在一个点 $C \in F$，使得对任何点 $P \in F$，线段 $CP$ 被包含在 $F$ 中，而这样的点 $C$ 也被称为 $F$ 的中心），如果平面形状 $F$ 是星星的形状，则 $F$ 一定存在核，该核由 $F$ 的中心组成。反之，若 $F$ 不存在核，则 $F$ 非星星形状。这样 $F$ 是否为星星形状转化为 $F$ 是否存在核的判定性问题。我们可以利用半平面交求多边形的核，具体解法与题目 8.5.23 完全一样。

【8.5.25 Video Surveillance】

你的一位朋友在一家著名的百货公司 Star-Buy 公司担任保安工作。他的工作之一是安装视频监控系统，以保证顾客的安全（当然也是要保证商品的安全）。由于该公司只有有限的预算，所以在每一楼层只能装一个摄像头。但这些摄像头可以转动，能看到每一个方向。

你的朋友的第一个问题是在每一楼层选择在哪里安装摄像头，安装摄像头唯一的要求是，从那里必须看到楼层的每一个部分。在图 8-63 中，左图给出的楼层从所标志出的那一个点的位置可以全部被看到，而右图给出的楼层则没有这样的位置，在给定的位置无法看到图中阴影所示的部分。

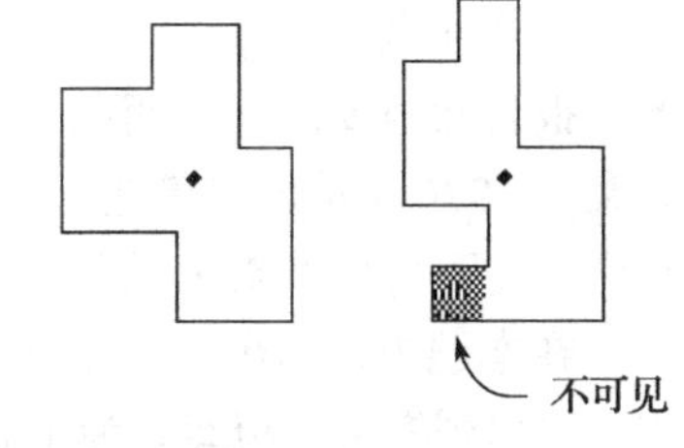


图 8-63

在安装摄像头之前，你的朋友想知道是否的确有一个适合的位置。因此，他要求你编写一个程序，给出楼面的结构，确定是否有一个位置，使得整层楼面都是可见的。所有楼面结构都是由矩形构成的多边形，这些矩形的边互不相交，只有在矩形的角处相连接。

**输入**

输入给出若干楼层的描述。每个楼层的描述首先给出楼层的顶点数量 $n$（$4 \leqslant n \leqslant 100$）；接下来的 $n$ 行每行给出两个整数，按顺时针顺序给出这 $n$ 个顶点的 $x$ 坐标和 $y$ 坐标。在多边形的角上所有的顶点都是不同的。因此，多边形的边横向和纵向交替出现。

$n$ 为 0 表示输入结束。

**输出**

对于每个测试用例，首先如样例输出所示，输出一行，给出楼层样例的编号；然后，如果存在一个位置，使得整个楼层从这个位置都可以被看到，则在一行中输出 "Surveillance is possible."；如果不存在这样一个位置，则输出 "Surveillance is impossible."。

在每个测试用例后输出一个空行。

| 样例输入 | 样例输出 |
| --- | --- |
| 4<br>0 0<br>0 1<br>1 1<br>1 0<br>8<br>0 0<br>0 2<br>1 2<br>1 1<br>2 1<br>2 2<br>3 2<br>3 0<br>0 | Floor #1<br>Surveillance is possible.<br><br>Floor #2<br>Surveillance is impossible. |

试题来源：ACM Southwestern European Regional Contest 1997

在线测试：POJ 1474，ZOJ 1248，UVA 588

 **提示**

按照摄像头安装的要求（摄像头必须看到楼层的每一个部分），如果楼面对应的多边形存在核，则核对应的凸多边形组成了摄像头安装的范围。这样，房间是否可安装满足要求要求的摄像头，转化为多边形是否存在核的判定性问题。我们可以利用半平面交求多边形的核，具体解法与题目8.5.23完全一样。

## 【8.5.26　Most Distant Point from the Sea】

日本主要的国土被称为本州（Honshu），是一个四面环海的岛屿。在这样的一个岛屿上，很自然地要问一个问题："岛上到海边最远的点是在什么地方？"在本州，这个问题的答案在1996年给出。最遥远的一点是位于长野县（Nagano Prefecture）的臼田町（Usuda），到海边的距离是114.86公里。

在本题中，给出了一个岛屿的地图，请编写一个程序，找到在岛上到海边的最遥远的点，输出到海边的距离。为了简化问题，本题只考虑凸多边形表示的地图。

**输入**

输入由多个测试用例组成。每个测试用例给出一张表示一个岛屿的地图，这是一个凸多边形。测试用例的格式如下。

$$
\begin{array}{cc}
n & \\
x_1 & y_1 \\
\vdots & \\
x_n & y_n
\end{array}
$$

测试用例中每个输入项是非负的整数，在一行中两个输入项之间用一个空格分开。在第一行中给出$n$，表示多边形的顶点数，$3 \leqslant n \leqslant 100$。随后的$n$行给出$n$个顶点的$x$坐标和$y$坐标、直线线段$(x_i, y_i)$–$(x_{i+1}, y_{i+1})$（$1 \leqslant i \leqslant n-1$）以及直线线段$(x_n, y_n)$–$(x_1, y_1)$按逆时针方向构成多边形的边。也就是说，这些直线线段向左方向组成多边形，所有的坐标值在0到10 000之间。

本题设定多边形是简单的，也就是说，多边形的边不会相交，也不会与自己相交。如上所述，给出的多边形是凸多边形。

在最后一个测试用例后，给出包含一个0的一行。

**输出**

对于输入给出的每个测试用例，输出一行，给出到海边最远点的距离。输出行没有包括空格在内的其他字符，解答误差不能超过0.00 001（$10^{-5}$），输出满足上述精度条件的小数点后的任何一位。

| 样例输入 | 样例输出 |
|---|---|
| 4<br>0 0<br>10000 0<br>10000 10000<br>0 10000<br>3<br>0 0 | 5000.000000<br>494.233641<br>34.542948<br>0.353553 |

（续）

| 样例输入 | 样例输出 |
|---|---|
| 10000 0<br>7000 1000<br>6<br>0 40<br>100 20<br>250 40<br>250 70<br>100 90<br>0 70<br>3<br>0 0<br>10000 10000<br>5000 5001<br>0 | 5000.000000<br>494.233641<br>34.542948<br>0.353553 |

试题来源：ACM Japan 2007

在线测试：POJ 3525，UVA 3890

 **提示**

试题给出一个多边形（岛屿地图），要求计算多边形内的一个点，其距离多边形的边最远，也就是计算多边形内最大圆的半径。

我们使用半平面交 + 二分法求解本题。对于距离采用二分法，边向内逼近，直到达到精度。具体方法如下。

构建 $n$ 条边的直线方程 $A_ix+B_iy+C_i=0$，其中 $A_i=y_{i+1}-y_i$，$B_i=x_{i+1}-x_i$，$C_i=x_i*y_{i+1}-x_{i+1}*y_i$，$1\leqslant i\leqslant n$。

设立距离区间 $[l, r]$，初始时为 [0，20 000]。通过二分查找计算最大距离值：

区间 $[l, r]$ 的中间点为 mid $\left(\text{mid}=\dfrac{l+r}{2}\right)$，将多边形的边内推 mid 个距离，$n$ 条边的直线方程的 $A_i$ 和 $B_i$ 值不变，$C_i$ 值减少 mid* $\sqrt{A_i^2+B_i^2}$ 。

若 $n$ 个半平面的交成立，则说明多边形内可含半径为 mid 的圆，继续搜索右子区间（$l$=mid）；否则搜索左子区间（$r$=mid）。这个过程直至 $l=r$ 为止。此时得出的 $l$ 即为到海边最远点的距离。

## 【8.5.27 Uyuw's Concert】

Remmarguts 王子成功地解决了国际象棋的难题，作为奖励，Uyuw 计划在伟大的设计师 Ihsnayish 命名的一个巨大的广场上举行一场音乐会。

UDF（United Delta of Freedom）的广场在市中心，是一个正方形 [0, 10 000] * [0, 10 000]。一些柳条椅已经放在那里多年了，但是很凌乱，如图 8-64 所示。

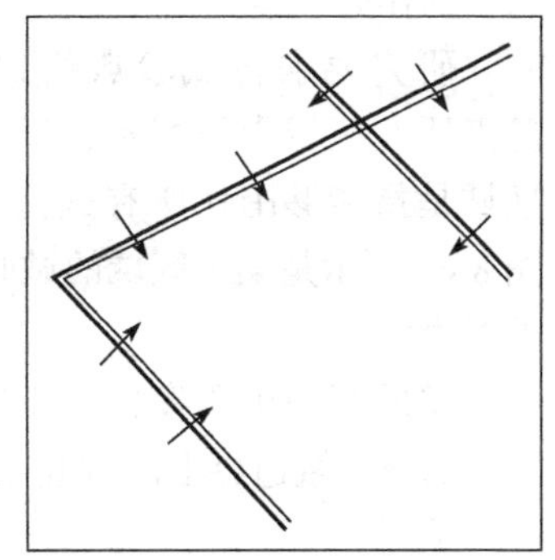

图 8-64

在这种情况下，我们有三把椅子，观众面对的方向如

图 8-64 中的箭头所示。这些椅子年份久远，而且太重无法移动。Remmarguts 王子告诉广场现在的所有者 UW 先生，要在广场里面建造一个大舞台。这个舞台必须尽可能大，但还应该确保每一张椅子上的观众都能够看到舞台，观众也不用转过头就可以看到舞台（也就是说，在观众的前方是舞台）。

这里将问题简单化，舞台可以设置得足够高，以确保数千张椅子在你面前，只要你面对舞台，就可以看到歌手 / 钢琴家 Uyuw。

作为一个疯狂的崇拜者，你能告诉他们舞台的最大尺寸吗？

**输入**

输入的第一行给出一个非负的整数 $n$（$n \leqslant 20\,000$），表示柳条椅的张数。接下来每行给出 4 个浮点数 $x_1$、$y_1$、$x_2$ 和 $y_2$，表示一张柳条椅所在的直线线段 $(x_1, y_1)$–$(x_2, y_2)$，且椅子面向其左边（点 $(x, y)$ 在线段的左边则意味着 $(x-x_1)*(y-y_2)-(x-x_2)*(y-y_1) \geqslant 0$）。

**输出**

输出一个浮点数，四舍五入到小数点后 1 位，表示舞台的最大面积。

| 样例输入 | 样例输出 |
| --- | --- |
| 3<br>10000 10000 0 5000<br>10000 5000 5000 10000<br>0 5000 5000 0 | 54166666.7 |

试题来源：POJ Monthly, Zeyuan Zhu

在线测试：POJ 2451

 **提示**

将 $n$ 张椅子所在的直线作为 $n$ 个半平面，另外再增加 4 个半平面：$x=0$，$x=10\,000$，$y=0$，$y=10\,000$。将 $n$ 个半平面的交限制在正方形广场的范围内。$n+4$ 个半平面组成了一个多边形。

然后求 $n+4$ 个半平面的交，结果是一个多边形的核，多边形所有边的任何位置都能够看到这个核。显然这个核即为最大舞台。

## 【8.5.28　Moth Eradication】

东北地区的昆虫学家设置了试验点以确定该地区飞蛾的汇集地。他们要控制飞蛾数量增长的扑灭方案。

研究要求将试验点组织起来，使飞蛾能在这些试验点所在区域中被捕捉，以便试验每个扑灭方案。一个区域是指能够围住所有试验点且周长最小的多边形。如图 8-65 所示是某个区域的试验点（用黑点表示）及其相应的多边形。

图　8-65

请编写一个程序，基于输入的试验点的位置，输出求得的该区域边界上的试验点以及该区域边界的周长。

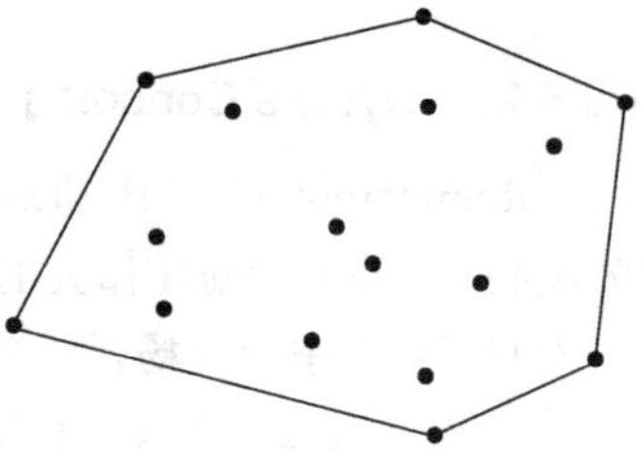

**输入**

输入包含若干测试用例，每个测试用例的第一行是该区域中试验点的个数（一个整数)，接下来每一行用两个实数分别表示一个试验点所在位置的横、纵坐标。同一测试用例中的数据不会重复。测试用例中试验点个数为 0 表示输入结束。

**输出**

对于每个测试用例，输出至少包括 3 行。

- 第一行：测试用例编号（第一个测试用例编号为 Region #1，第二个测试用例编号为 Region #2，以此类推）。
- 以下各行：给出在该区域边界上的试验点的列表。试验点必须用标准格式"(横坐标，纵坐标)"表示，精确到小数点后 1 位。该列表的起始点无关紧要，但列表中的点必须是顺时针排列的，并且起始点和终止点必须是同一个点。对于同在一条直线上的点，任何描述了最小周长的情况都是可以接受的。
- 最后一行：该区域的周长，精确到小数点后两位。

输入中相继的测试用例的输出之间要由一个空行隔开。

样例输入和输出给出 3 个区域的测试用例。

| 样例输入 | 样例输出 |
|---|---|
| 3<br>1 2<br>4 10<br>5 12.3<br>6<br>0 0<br>1 1<br>3.1 1.3<br>3 4.5<br>6 2.1<br>2 -3.2<br>7<br>1 0.5<br>5 0<br>4 1.5<br>3 -0.2<br>2.5 -1.5<br>0 0<br>2 2<br>0 | Region #1:<br>(1.0,2.0)-(4.0,10.0)-(5.0,12.3)-(1.0,2.0)<br>Perimeter length=22.10<br><br>Region #2:<br>(0.0,0.0)-(3.0,4.5)-(6.0,2.1)-(2.0,-3.2)-(0.0,0.0)<br>Perimeter length=19.66<br><br>Region #3:<br>(0.0,0.0)-(2.0,2.0)-(4.0,1.5)-(5.0,0.0)-(2.5,-1.5)-(0.0,0.0)<br>Perimeter length=12.52 |

*试题来源*：ACM World Finals 1992

*在线测试*：UVA 218

 **提示**

按照题意"一个区域是指能够围住所有试验点且周长最小的多边形"，显然该区域为一个包含所有试验点的凸包。试题要求顺时针给出凸包上的顶点，计算出凸包的周长。凸包的计算方法是模式化的，这里不再赘述。

**【8.5.29　Bridge Across Islands】**

在几千年以前，在太平洋中部有一个小王国。这个王国的领土由两座分离的岛屿组成。

由于海流的影响，这两个岛屿的形状呈凸多边形。王国的国王要建立一座桥梁连接两座岛屿。为了使得花费最小，国王请你找到两岛的边界之间的最小距离（如图 8-66 所示）。

**输入**

输入由若干测试用例组成。每组测试用例首先给出两个整数 $N$ 和 $M$（$3 \leqslant N, M \leqslant 10\,000$），接下来的 $N$ 行每行给出一对坐标，表示凸多边形每个顶点的位置；然后的 $M$ 行每行给出一对坐标，表示另一个凸多边形每个顶点的位置。以 $N=M=0$ 表示输入结束。

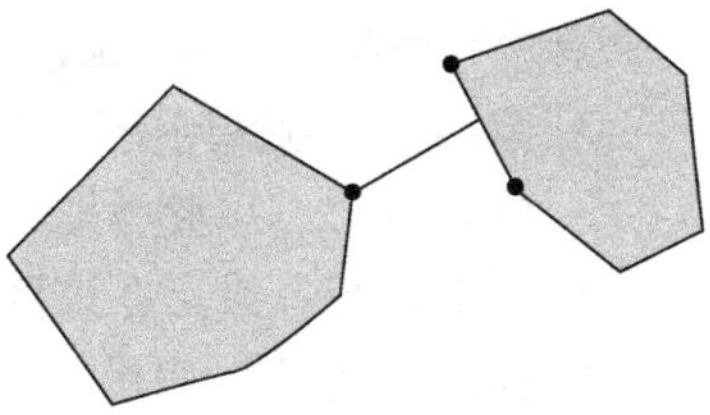

图　8-66

坐标取值范围是 [−10 000, 10 000]。

**输出**

对每组测试用例，输出最小距离。误差在 0.001 范围内是可接受的。

| 样例输入 | 样例输出 |
| --- | --- |
| 4 4<br>0.00000 0.00000<br>0.00000 1.00000<br>1.00000 1.00000<br>1.00000 0.00000<br>2.00000 0.00000<br>2.00000 1.00000<br>3.00000 1.00000<br>3.00000 0.00000<br>0 0 | 1.00000 |

*试题来源*：POJ Founder Monthly Contest - 2008.06.29, Lei Tao

*在线测试*：POJ 3608

**提示**

设第 1 个凸多边形为 $p_1$，第 2 个凸多边形为 $p_2$，试题要求计算两个凸多边形的边界之间的最小距离。

由于两个凸多边形是分离的，因此可使用旋转卡壳的算法计算对应两个不相交凸包间的最小距离。

## 【8.5.30　Useless Tile Packers】

你对“无用瓷砖打包机”（Useless Tile Packers，UTP）包裹瓷砖很担心。瓷砖厚度均匀，是简单的多边形。每个瓷砖的包装盒是定制的，包装盒的表面是一个凸多边形，在外形的限制下，包装盒用最小的可能空间来包装制造好的瓷砖。在包装盒内有被浪费的空间（如图 8-67 所示）。

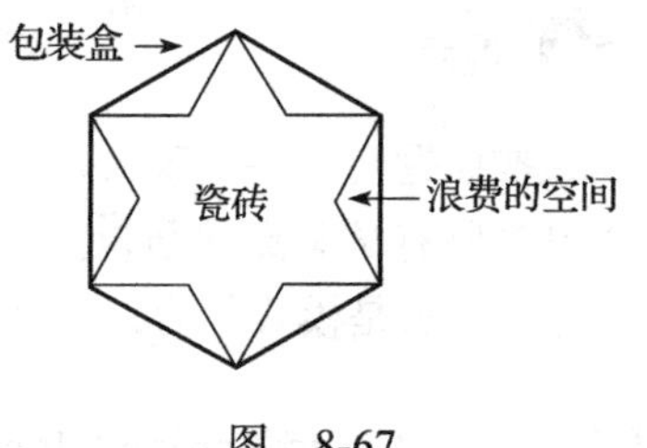


图　8-67

UTP 制造商希望知道，给出一块瓷砖，有百分之多少的空间被浪费。

**输入**

输入给出若干测试用例，每个测试用例描述一块瓷砖。

每个测试用例的第一行给出一个整数 $N$（$3 \leqslant N \leqslant 100$）表示这块瓷砖的角点（corner point）的数目。接下来的 $N$ 行每行给出两个整数，表示角点的坐标（$x, y$）（由一个合适的原点和一个轴的方向确定），其中 $0 \leqslant x, y \leqslant 1000$。从输入中给出的第一个点开始，角点按瓷砖边界上相同的次序出现。没有三个连续的点在一条线上。

输入以 $N$ 取 0 结束。

**输出**

对输入中的每个瓷砖，输出浪费空间的百分数，精确到小数点后两位。每个测试用例后输出一空行。

| 样例输入 | 样例输出 |
|---|---|
| 5<br>0 0<br>2 0<br>2 2<br>1 1<br>0 2<br>5<br>0 0<br>0 2<br>1 3<br>2 2<br>2 0<br>0 | Tile #1<br>Wasted Space=25.00 %<br><br>Tile #2<br>Wasted Space=0.00 % |

*试题来源*：BUET/UVA Occidental (WF Warmup) Contest 1，2001

*在线测试*：UVA 10065

**提示**

瓷砖的包装盒是一个凸多边形，内里用最小的可能的空间来装制造好的瓷砖，显然置放瓷砖的空间为凸多边形的凸包。设凸多边形为 $p$，对应的凸包为 $h$。

我们使用叉积的办法分别计算凸多边形的面积 $S_P$ 和凸包的面积 $S_h$。显然，浪费空间的百分数为 $\frac{S_p-S_h}{S_p}*100$。

## 【8.5.31 Nails】

Arash 对辛苦的工作感到厌倦，因此他要将钉在他房间墙上的钉子用橡胶带环绕起来，并以此为乐。现在他要知道在环绕这些钉子之后，橡胶带最后的长度。本题设定钉子的半径和橡胶带的粗细忽略不计。

**输入**

输入的第一行给出测试用例的数目 $N$。然后给出 $N$ 个测试用例。每个测试用例第一行给出两个整数，分别是初始的橡胶带长度和钉子的数目。其后的 $n$ 行每行给出两个整数，表示一个钉子的位置。在每个测试用例后给出一个空行。

**输出**

程序输出橡胶带最后的长度，精确到小数点后的 5 位。

| 样例输入 | 样例输出 |
|---|---|
| 2<br>2 4<br>0 0<br>0 1<br>1 0<br>1 1<br><br>5 4<br>0 0<br>0 1<br>1 0<br>1 1 | 4.00000<br>5.00000 |

试题来源：Annual Contest 2006 Qualification Round

在线测试：UVA 11096

 提示

由于 Arash 希望用橡胶带环绕房间里墙上的所有钉子，因此需要的橡胶带长度为凸包周长。如果凸包周长不超过给定的橡胶带长度，则实际使用长度为凸包周长的橡胶带；否则用完给定的橡胶带。

【8.5.32 Scrambled Polygon】

一个封闭多边形是由有限条线段封闭而成的一个图。边界线段的交点被称为多边形的顶点。从一个封闭多边形的任何一个顶点出发，遍历每条边界线段仅一次，最后会回到出发顶点。

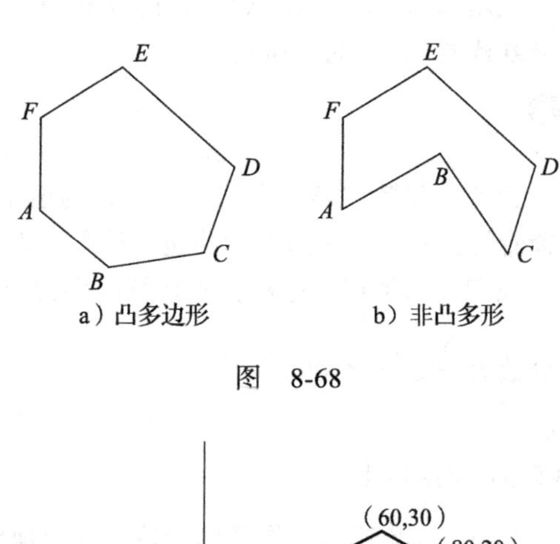


a）凸多边形　　b）非凸多形

图 8-68

如果连接多边形的任意两点的线段还是在多边形内，那么这样一个封闭多边形被称为凸多边形。给出的封闭多边形中，图 8-68a 一个是凸多边形，图 8-68b 是非凸多边形。(非形式化的说法是，一个封闭多边形的边界没有任何“凹陷”，则该多边形是凸多边形。)

本题的主题是一个在坐标平面上的封闭多边形，多边形的一个顶点是原点（$x=0, y=0$）。图 8-69 给出了一个实例，在本题中，这样的一个多边形有两个重要性质。

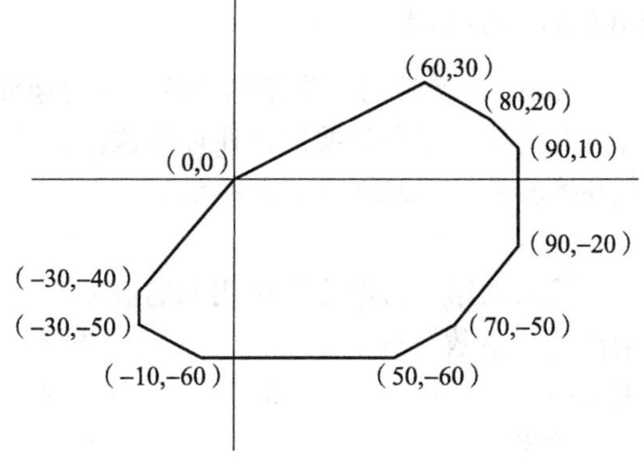


图 8-69

第一个性质是多边形的顶点将仅限于坐标平面四个象限中的三个或更少个象限中。在图 8-69 所给出的例子中，没有

顶点在第二象限（$x<0$，$y>0$）。

要描述第二个性质，就要假设你围绕着多边形“走一圈”：从（0，0）开始，访问其他所有的顶点一次且仅一次，然后到达（0, 0）。当你访问每个顶点（除（0，0）之外）时，画对角线连接当前顶点和（0，0），并计算这一对角线的斜率。那么，在每一个象限内，这些对角线的斜率将构成一个数字的减少或增加的序列，也就是说它们将进行排序。图 8-70 说明了这一点。

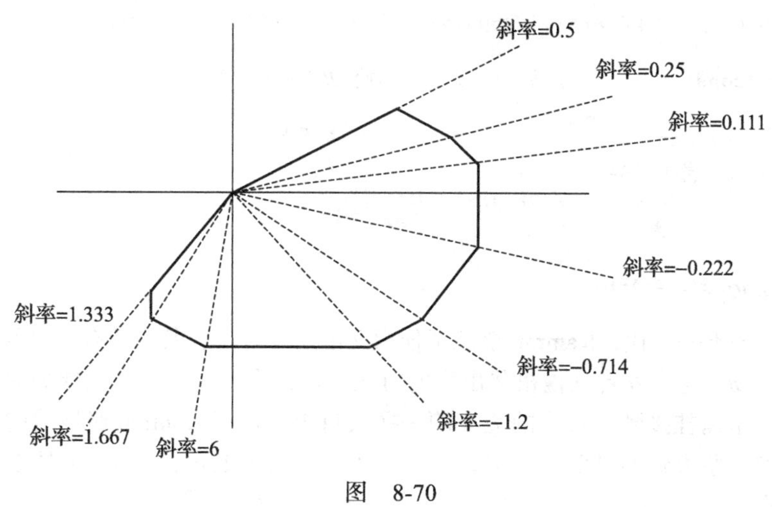


图　8-70

**输入**

在输入中给出在一个平面上的封闭凸多边形的顶点。输入至少有三行，不超过 50 行。每行给出一个顶点的 $x$ 坐标和 $y$ 坐标。每个 $x$ 坐标和 $y$ 坐标都是整数，范围在 −999 ～ 999 内。输入的第一行给出顶点是原点，即 $x=0$ 和 $y=0$。否则，顶点的顺序可能是杂乱的。除原点之外，没有顶点在 $x$ 轴或 $y$ 轴上，也没有三个顶点共线的情况。

**输出**

输出列出了给出的多边形的顶点列表，每行一个顶点。输入中的每个顶点在输出中仅出现一次。原点（0, 0）是在输出第一行给出的顶点。输出的顶点顺序按沿多边形的边逆时针方向走一圈的顺序。每个顶点的输出格式为（$x, y$），如下述样例所示。

| 样例输入 | 样例输出 |
|---|---|
| 0 0<br>70 −50<br>60 30<br>−30 −50<br>80 20<br>50 −60<br>90 −20<br>−30 −40<br>−10 −60<br>90 10 | (0,0)<br>(−30,−40)<br>(−30,−50)<br>(−10,−60)<br>(50,−60)<br>(70,−50)<br>(90,−20)<br>(90,10)<br>(80,20)<br>(60,30) |

试题来源：ACM Rocky Mountain 2004

在线测试：POJ 2007，ZOJ 2352，UVA 3052

**提示**

试题要求从原点（0, 0）出发，绕多边形“走一圈”，以顺时针方向访问所有的点一次且仅一次，最后回到（0, 0）。

本题通过对极角进行排序来求解，使用叉积进行极角排序，程序段如下。

```
double cross(point p0, point p1, point p2)
{
    return (p1.x-p0.x)*(p2.y-p0.y)-(p2.x-p0.x)*(p1.y-p0.y);
}
bool cmp(const point &a, const point &b) //以顺时针方向排序
{
    point origin;                          //原点
    origin.x = origin.y = 0;
    return cross(origin, b, a)<EPS;
}
```

## 【8.5.33 Grandpa's Estate】

作为祖父的唯一后代，Kamran 继承了他祖父的所有财产，其中最有价值的是一块凸多边形形状的农场，这个农场在他祖父出生的村庄里。这个农场原本和相邻的农场之间用粗绳分开，这些粗绳挂接到多边形的边界的一些大钉上。但当 Kamran 巡视他的农场时，他发现，绳子和一些大钉不见踪影。请编写一个程序，帮助 Kamran 判断他的农场边界是否可以由剩下的大钉来确定。

**输入**

输入的第一行给出一个整数 $t$（$1 \leqslant t \leqslant 10$），表示测试用例的个数；然后给出每个测试用例。每个测试用例的第一行给出一个整数 $n$（$1 \leqslant n \leqslant 1000$），表示剩下的大钉的个数；然后给出 $n$ 行，每行表示一个大钉，给出两个整数 $x$ 和 $y$，表示大钉的坐标。

**输出**

对每个测试用例，输出一行，基于测试用例是否可以唯一地确定农场的边界输出 "YES" 或者 "NO"。

| 样例输入 | 样例输出 |
| --- | --- |
| 1<br>6<br>0 0<br>1 2<br>3 4<br>2 0<br>2 4<br>5 0 | NO |

试题来源：ACM Tehran 2002 Preliminary

在线测试：POJ 1228，ZOJ 1377

**提示**

给出一组点，这些点位于凸多边形农场的边界上。本题要求你确定凸包是不是一个稳定的凸包。如果一个凸包通过添加一些点可以得到一个更大的凸多边形，并且更大的凸多

边形的边包含了给出的点集，那么这个凸包就不稳定了。因此，如果一个凸包是稳定的，那么每条边上至少有三个点；如果一个边上只有两个点，那么就可以通过添加一个点来获得更大的凸多边形。

本题的算法如下。首先，基于给出的点集计算凸壳包。如果点数小于 6，则无法确定农场的边界。如果凸包的每条边上至少有三个点，则可以确定农场的边界；否则无法确定农场的边界。

## 【8.5.34 The Fortified Forest】

很久以前，在一块遥远的土地上，有一位国王，他拥有几棵珍稀的树木，其中有的是祖上传下来的，有的是他在周游列国时别国赠予的。为了保护这些树木，国王下令修建一圈栅栏，他的女巫奉命负责这件事。

女巫很快发现建造栅栏的木材来源恰恰是这些珍贵的树木，也就是说，要建造栅栏只能砍掉几棵珍贵的树木。当然，为了自己的脑袋不被一气之下的国王砍掉，女巫只有想办法使得砍掉的树的价值总和最小。女巫回到塔楼里，一直待在那儿苦思冥想，终于找到最佳方案。栅栏依此方案建成，女巫和国王非常高兴。

现在请编一个程序帮助女巫解决这个问题。

**输入**

输入包含若干测试用例，每个测试用例描述一个假想的森林。每个测试用例的第一行给出整数 $n$，$2 \leqslant n \leqslant 15$，表示森林中树的棵数。从 1 开始一直到 $n$ 依次对每一棵树编号。接下来的 $n$ 行每行给出 4 个整数 $x_i$、$y_i$、$v_i$、$l_i$，表示一棵树，($x_i$, $y_i$) 是树在平面上的坐标，$v_i$ 是它的价值，$l_i$ 是这棵树可被用作栅栏的木材的长度（$0 \leqslant v_i, l_i \leqslant 10\ 000$），以 $n=0$ 表示输入结束。

**输出**

对于每个测试用例，找出一个树的集合，使得利用这个集合中的树作为木材，可以把剩余的树用栅栏围起来。该集合中的树的价值总和必须最小。如果存在多个具有最小价值总和的树的集合，给出树的棵数最少的集合。为了简单起见，本题设定树的直径都为 0。

按样例输出的方式输出：测试用例编号（1, 2, …），被砍掉的树的编号，以及做了围栏之后多余的木材长度（精确到小数点后 2 位），在每个测试用例被处理后，输出一空行。

| 样例输入 | 样例输出 |
|---|---|
| 6<br>0 0 8 3<br>1 4 3 2<br>2 1 7 1<br>4 1 2 3<br>3 5 4 6<br>2 3 9 8<br>3<br>3 0 10 2<br>5 5 20 25<br>7 -3 30 32<br>0 | Forest 1<br>Cut these trees: 2 4 5<br>Extra wood: 3.16<br><br>Forest 2<br>Cut these trees: 2<br>Extra wood: 15.00 |

试题来源：ACM World Finals 1999

在线测试：POJ 1873，UVA 811

**提示**

要使用最少的栅栏围住被保留的树，需要计算凸多边形的凸包。但问题是，无法预知哪些树被砍掉，哪些树被保留，因此需采用状态压缩的办法搜索。

设 $n$ 位二进制数 $i$ 为树的集合，$0 \leqslant i \leqslant 2^n-1$，0 代表树被砍掉，1 代表树被保留；$P_k$ 为第 $k$ 棵树的位置，$1 \leqslant k \leqslant n$；pt[] 存储被保留的树（即 $i$ 中二进制位为 1 的位序号 +1），其长度为 tt；当前被砍掉树的价值和为 valu，长度和为 len；点集 pt[] 的凸包为 $h$，凸包长度为 ll。

最佳方案包括：被砍掉树的最小价值和 ans，最少棵树 anst，树的状态 ansi，做了围栏之后多余的木材长度 lef。

计算最优方案的方法如下。

枚举所有可能的树状态 $i$（$0 \leqslant i \leqslant 2^n-1$）：

（1）$i$ 中二进制位为 1 的树对应的点向量进入 pt[]；统计所有二进制位为 0 的树的价值和 valu 与长度和 len。

（2）计算 pt[] 的凸包 $h$ 及 $h$ 的边长和 ll。

（3）若被砍掉树的长度和能够围住凸包 $h$(ll ≤ len)，则调整最优方案。

- 若被砍掉树的价值和为目前最小（valu<ans），则调整最小价值（ans=valu），记下被砍掉树的最少棵数（anst=$n$−tt）、当前状态（ansi=$i$）和做了围栏之后多余的木材长度（lef=len−ll）。
- 若被砍掉树的价值相同于目前最小值（valu==ans）且被砍掉树的棵数为目前最少（$n$−tt<anst），则调整被砍掉树的最少棵数（anst=$n$−tt），记下当前状态（ansi=$i$）和剩余木材长度（lef=len−ll）。

最后输出被砍掉的树的编号（ansi 中二进制为 0 的位序号 +1）和做了围栏之后多余的木材长度 lef。

## 【8.5.35 The Picnic】

Zeron 公司的年度野餐会将在明天举行。今年，Zeron 公司选择了在 Gloomwood 公园举行年度野餐会，负责安排年度野餐会的女孩 Lilith 认为在这样的场合中，如果每个人都能看到其他人，那将是非常美好的。她记得在几何课上学过，在平面上的一个区域如果有这样的性质：在区域中任何两点之间的直线完全在该区域内，那么这个区域被称为凸区域，这也是她正在寻找 Gloomwood 公园里的地方。但不幸的是，似乎很难找到这样的地方，因为 Gloomwood 公园有许多遮挡视线的障碍物，如巨大的树木、岩石等。

由于 Zeron 公司的员工人数非常多，Lilith 要解决一个相当复杂的问题：在 Gloomwood 公园里找到一个场地举行年度野餐会。因此，她的一些朋友帮她绘制地图，标示巨大障碍物所在的地方。为了标示这些地方，她在一个被选择区域的周围拉一条丝带来围绕障碍物。遮挡视线的障碍物被看作零扩展的点。

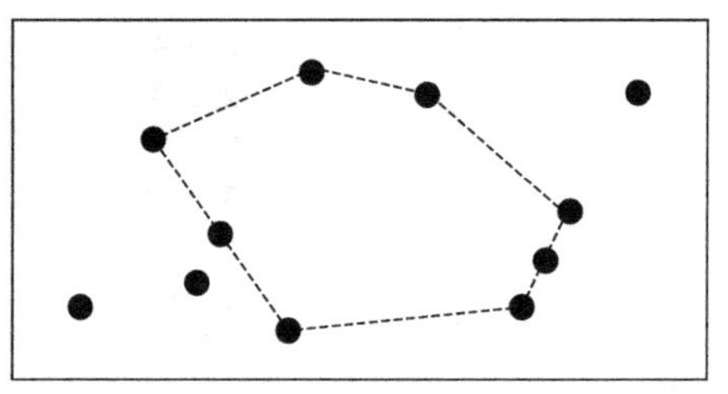

图　8-71

图 8-71 所示的 Gloomwood 公园中，黑点表

示障碍物，野餐区是用虚线围成的地区。

**输入**

输入的第一行给出一个正整数 $n$，表示接下来给出的测试用例的个数。每个测试用例的第一行给出一个整数 $m$，表示在公园里障碍物的数目（$2<m<100$）。接下来的一行给出 $m$ 个障碍物的坐标，次序为 $x_1\ y_1\ x_2\ y_2\ x_3\ y_3\ \cdots$。所有的坐标都是整数，范围是 [0, 1000]。每个测试用例至少有 3 个障碍物，且不在一条直线上，两个不同的障碍物不可能有相同的坐标。

**输出**

对每个测试用例，输出一行，给出最大的凸多边形面积，精确到小数点后一位，多边形以障碍物为角，但在多边形内无障碍物。

| 样例输入 | 样例输出 |
|---|---|
| 1<br>11<br>3 3 8 4 12 2 22 3 23 5 24 7 27 12 18 12 13 13 6 10 9 6 | 129.0 |

*试题来源*：ACM Northwestern Europe 2002

*在线测试*：POJ 1259，ZOJ 1562，UVA 2674

 **提示**

试题要求在一个点集中计算一个由顶点子集构成的最大凸多边形，该凸多边形内不含任何顶点。设点集为 $\{p_i \mid 0 \leqslant i \leqslant n-1\}$；$f[j][k]$ 为由凸包顶点 $k$ 和 $j$ 围成的不含任何点的最大凸多边形面积。

依次枚举每个点 $p_i$：

以 $p_i$ 为最下方顶点，构造凸包序列 tp[0⋯$m$−1]，序列中的顶点按逆时针方向排列。

枚举 tp[] 中所有可能的子区间 $[k, j]$（$1 \leqslant j \leqslant m$，$0 \leqslant k \leqslant j-1$）：

- 若 $p_{k+1} \cdots p_{j-1}$ 未在 $p_i$、tp[$k$] 和 tp[$j$] 围成的凸多边形内部（((mul (tp[$k$], tp[$j$], tp[$l$]) ≤ 0) ‖ (mul ($p$[$i$], tp[$k$], tp[$l$])=0)), $k+1 \leqslant l \leqslant j-1$），则计算其面积 $f[j][k]=\dfrac{\overrightarrow{p_i\,\mathrm{tp}_k} \wedge \overrightarrow{p_i\,\mathrm{tp}_j}}{2}$。
- 若 $p_{k+1} \cdots p_{j-1}$ 在 $\overrightarrow{\mathrm{tp}_k\,\mathrm{tp}_j}$ 的右端且 $\mathrm{tp}_l$、$\mathrm{tp}_k$ 和 $\mathrm{tp}_j$ 逆时针排列，则 $p_i$、$\mathrm{tp}_k$、$\mathrm{tp}_j$ 围成的凸多边形 $\left(\text{面积}\ s1=\dfrac{\overrightarrow{p_i\,\mathrm{tp}_j} \wedge \overrightarrow{p_i\,\mathrm{tp}_k}}{2}\right)$ 与 $p_i$、$\mathrm{tp}_k$、$\mathrm{tp}_l$ 围成的凸多边形（面积 $s2$= 先前求出的 $f[k][l]$）都不含 $p_{k+1} \cdots p_{j-1}$。调整 $f[j][k]=\max\{f[j][k], s1+s2\}$。

然后，调整 ans=max{$f[j][k]$, ans}。

最后得出的 ans 即为不含任何点的最大凸多边形面积。

## 【8.5.36 Triangle】

给出在一个平面上的 $n$ 个不同点，找到一个面积最大的三角形，三角形的顶点在给出的顶点中。

**输入**

输入由若干测试用例组成。每个测试用例的第一行给出一个整数 $n$，表示平面上点的个数；接下来的 $n$ 行每行给出两个整数 $x_i$ 和 $y_i$，表示第 $i$ 个点。输入以一个整数 –1 为结束，程序不必对此处理。本题设定 $1 \leqslant n \leqslant 50\,000$，并且对所有 $i=1\cdots n$，$-10^4 \leqslant x_i, y_i \leqslant 10^4$。

**输出**

对于每个测试用例，输出一行，给出最大面积，面积包含小数点后两位数。本题设定总会存在一个大于零的答案。

| 样例输入 | 样例输出 |
| --- | --- |
| 3<br>3 4<br>2 6<br>2 7<br>5<br>2 6<br>3 9<br>2 0<br>8 0<br>6 5<br>–1 | 0.50<br>27.00 |

试题来源：ACM Shanghai 2004 Preliminary

在线测试：POJ 2079，ZOJ 2419

 **提示**

首先，基于给出 $n$ 个顶点的集合 $\{p_0, p_1, \cdots, p_{n-1}\}$，计算凸包。由于面积最大的三角形顶点在给出的点集中，显然三角形顶点为凸包顶点。

枚举每个顶点 $p_i$，$p_i$ 作为三角形的一个顶点 $(0 \leqslant i \leqslant n-1)$：

按照下述方法在凸包中计算三角形的另两个顶点 $p_k$ 和 $p_j$：

k 初始值为 (i+1)%n;

枚举 i-j 的间隔长度 _j，计算每个间隔下的 j（for (int _j=1, j=(_j+i)%n;_j<n-1;_j++, j=(_j+i)% n )），由 $p_i$ 和 $p_j$ 递推计算 $p_k$：逆时针循环移动 k，直至 $\overrightarrow{p_jp_i} \wedge \overrightarrow{p_{(k+1)\%n}p_k} \leqslant 0$ 为止，得到 $p_i$、$p_j$ 和 $p_k$ 围成的三角形面积 $S\Delta_{p_ip_jp_k} = \frac{|\overrightarrow{p_ip_j} \wedge \overrightarrow{p_ip_k}|}{2}$，调整 ans=max{ans, $S\Delta_{p_ip_jp_k}$ }。

显然，最终得到的 ans 即为三角形的最大面积。

## 【8.5.37 Smallest Bounding Rectangle】

给出有 $n(n>0)$ 个二维点的直角坐标系，请编写一个程序，计算其最小边界矩形（包含所有点的最小矩形）的面积。

**输入**

输入可能包含多个测试用例。每个测试用例的第一行给出一个正整数 $n$（$n<1001$），表示在这个测试用例中点的数目；接下来的 $n$ 行每行给出两个实数，分别是一个点的 $x$ 坐标和 $y$ 坐标。输入以 $n$ 值取 0 终止，这一情况程序不必处理。

**输出**

对于每个测试用例，输出一行，给出最小边界矩形的面积，四舍五入到小数点后第 4 位。

| 样例输入 | 样例输出 |
| --- | --- |
| 3<br>-3.000 5.000<br>7.000 9.000<br>17.000 5.000<br>4<br>10.000 10.000<br>10.000 20.000<br>20.000 20.000<br>20.000 10.000<br>0 | 80.0000<br>100.0000 |

试题来源：2001 Regionals Warmup Contest

在线测试：UVA 10173

**提示**

要计算包含所有点的最小矩形面积，首先要计算包含所有点的凸包，在此基础上使用旋转卡壳算法计算最小矩形面积。注意：

- 在计算最左点和最右点时，必须保证覆盖所有点的最小宽度。
- 在计算最低点和最高点时，必须保证覆盖所有点的最小高度。
- 初始时和每次旋转后都要计算当前矩形面积，通过调整维护最小矩形面积。

## 【8.5.38　EXOCENTER OF A TRIANGLE】

给出一个三角形 *ABC*，*ABC* 的三角形向外扩展（Extriangles）构造如下：

在 *ABC* 的每一条边上，构造一个正方形（图 8-72 中的 *ABDE*、*BCHJ* 和 *ACFG*）。

连接相邻的正方形的角，构成 3 个向外扩展的三角形（图 8-72 中的 *AGD*、*BEJ* 和 *CFH*）。

*ABC* 的外中线（Exomedian）是向外扩展的三角形的中线，通过原来的三角形的顶点，相交在原来的三角形中（图 8-72 中的 *LAO*、*MBO* 和 *NCO*），如图 8-72 所示，三条外中线相交在一个公共点，被称为外中点（Exocenter）（图 8-72 中的点 *O*）。

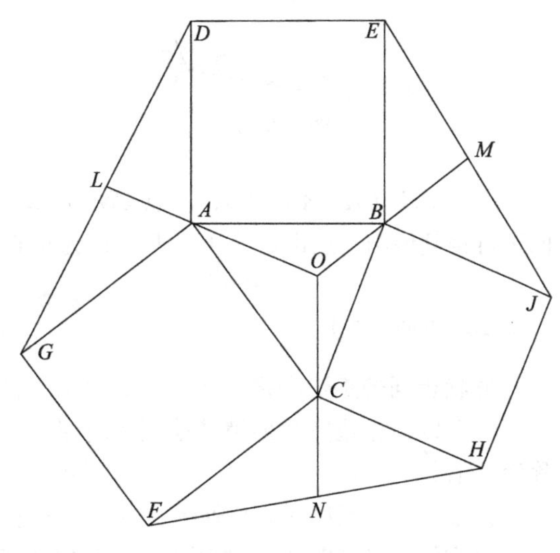

图　8-72

本题要求编写一个程序计算三角形的外中点。

**输入**

输入的第一行给出一个正整数 *n*，表示后面的测试用例的数量。每个测试用例 3 行，每行给出两个浮点数，表示三角形一个顶点的（二维）坐标。因此，输入共有（*n**3）+1 行。这里要注意的是：所有输入三角形都是正常的三角形，也就是说，不存在三点共线的情况。

**输出**

对每个测试用例，输出其三角形的外中点坐标，精确到 4 位小数。

| 样例输入 | 样例输出 |
|---|---|
| 2<br>0.0 0.0<br>9.0 12.0<br>14.0 0.0<br>3.0 4.0<br>13.0 19.0<br>2.0 −10.0 | 9.0000 3.7500<br>−48.0400 23.3600 |

试题来源：ACM Greater New York 2003

在线测试：POJ 1673，ZOJ 1821，UVA 2873

**提示**

此题既可以直接按照三角形外中点的定义计算，亦可以进行适当的“定义迁移”：

过 $p_1$ 做一条垂直于线段 $\overrightarrow{p_2p_3}$ 的线段 $\overrightarrow{p_1p_a}$，交 $\overrightarrow{p_2p_3}$ 于 $p_a$，过 $p_2$ 做一条垂直于线段 $\overrightarrow{p_1p_3}$ 的线段 $\overrightarrow{p_2p_b}$，交 $\overrightarrow{p_1p_3}$ 于 $p_b$。$\overrightarrow{p_1p_a}$ 与 $\overrightarrow{p_2p_b}$ 的交点 $O$（三角形垂心）即为三角形的外中点（如图 8-73 所示）。

可以证明三角形的外中点实际上是三角形的垂心。证明过程如下：

将图 8-72 中的 $\triangle FCN$ 顺时针旋转 90°，使 $AC$ 与 $CF$ 重合，并延长 $OC$ 交 $AB$ 于 $P$（如图 8-74 所示）。

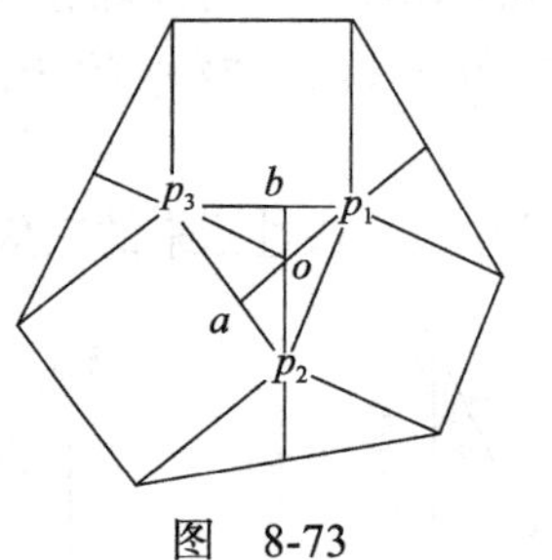

图 8-73

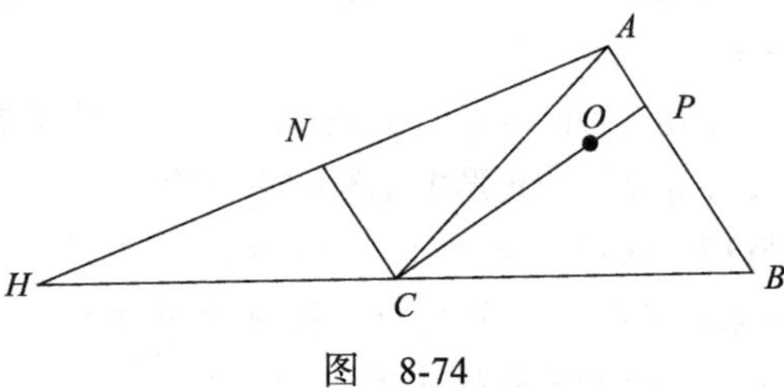

图 8-74

因为 $BC=CH$，$AN=NH$，所以 $CN$ 与 $AB$ 平行；又因为 $\angle NCP=90°$，所以 $\angle APC=90°$。同理可得其他两条边也是这样，所以 $O$ 为垂心。

## 【8.5.39 Picture】

形状相同的矩形海报，照片和其他图片被贴在墙上，它们的边都是垂直或水平的。每个矩形可以部分或完全地被其他矩形所覆盖。所有这样的矩形在一起所组成的边界长度被称为外围。

请编写一个程序来计算外围。一个 7 个矩形的实例如图 8-75 所示。

相应的边界是图 8-76 中所画出的线段的集合。

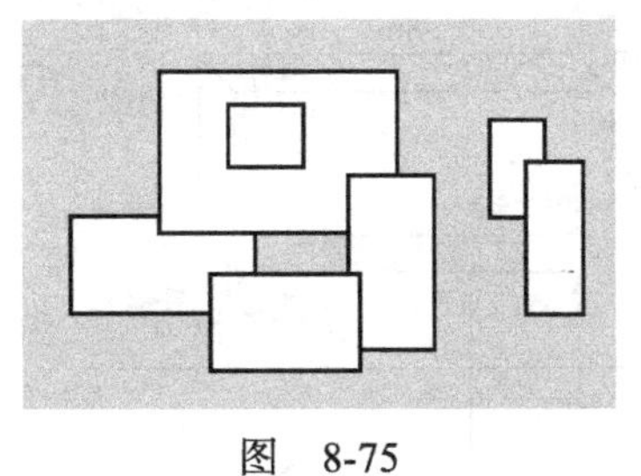

图 8-75

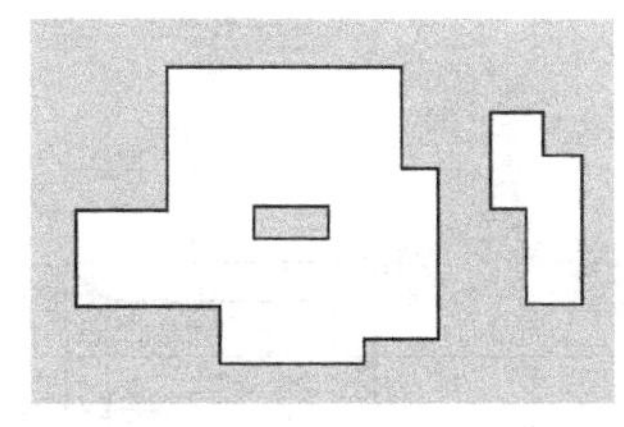

图 8-76

所有矩形的顶点具有整数坐标。

**输入**

输入的第一行给出墙上粘贴的矩形数目。在后续行的每一行中，给出一个矩形的左下顶点和右上顶点的整数坐标，给出的坐标值的次序为一个 $x$ 坐标后再一个 $y$ 坐标。0≤矩形数目 <5000。

所有的坐标在 [−10 000, 10 000] 范围内，且任何矩形的面积为正数。

**输出**

输出一个非负的整数，表示输入矩形的外围。

| 样例输入 | 样例输出 |
|---|---|
| 7<br>−15 0 5 10<br>−5 8 20 25<br>15 −4 24 14<br>0 −6 16 4<br>2 15 10 22<br>30 10 36 20<br>34 0 40 16 | 228 |

*试题来源*：IOI 1998

*在线测试*：POJ 1177

 **提示**

采用扫描线算法，在 $x$ 轴上离散，通过 $y$ 轴扫描将平面割成一个个水平条，利用线段树累计水平条的长度和 $s_1$。

然后将矩形转置，再采用扫描线算法，利用线段树累计水平条的长度和 $s_2$。

显然，结果为 $s_1+s_2$。

## 【8.5.40　Fill the Cisterns! (Water Shortage)】

在下一个世纪，地球上某些地区将严重缺水。Uqbar 的老城区已经开始为最坏的情况做准备。最近，他们建造了一个连接水箱的管道网络，将水分送给每户居民，使得单一水源的水能很容易立即满足每个家庭。但在水缺乏的情况下，在某条水线上水箱为空，因为水在水箱的水线下面（如图 8-77 所示）。

给出每个水箱的大小和位置，请编写一个程序来计算注入一定容量的水之后，每个水箱的水线位置。为了简化问题，本题忽略管道中水的容量。

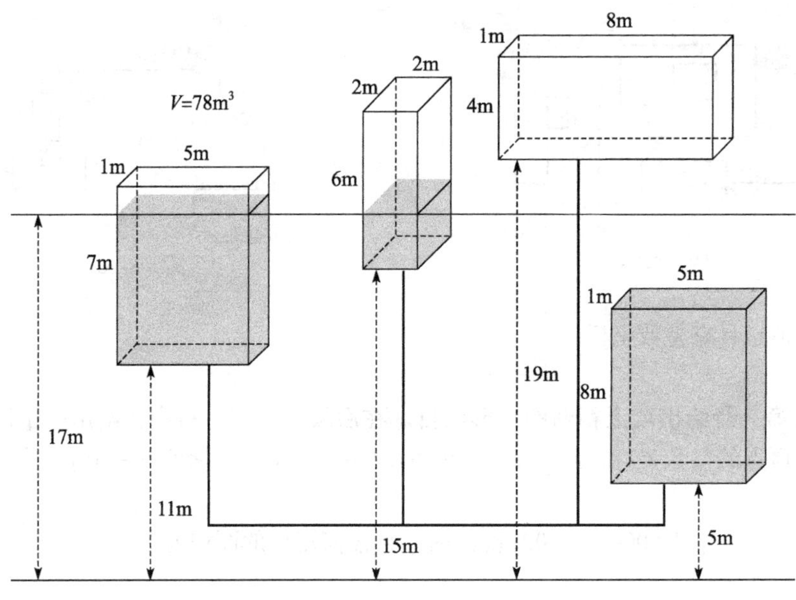


图 8-77

对每个测试用例编写一个程序：

输入每个水箱的描述和水的容量。

计算加入给定的水量后每个水箱的水线位置。

输出结果。

**输入**

输入的第一行给出测试用例的个数 $k$，$1 \leqslant k \leqslant 30$。每个测试用例如下：

每个测试用例的第一行给出一个整数 $n$，表示水箱的个数，$1 \leqslant n \leqslant 50\,000$。接下来的 $n$ 行每行 4 个用一个空格分开的非负整数 $b$、$h$、$w$、$d$，分别是一个水箱的初始水线、高度、宽度和纵深长度，以米为单位。这些整数满足 $0 \leqslant b \leqslant 10^6$，$1 \leqslant h*w*d \leqslant 40\,000$。测试用例的最后一行给出一个整数 $V$，为要加入到网络中的水量，以立方米为单位，$1 \leqslant V \leqslant 2*10^9$。

**输出**

输出 $d$ 行，每行对应一个测试用例。

第 $i$ 行，$1 \leqslant i \leqslant d$，给出水将达到的水线位置，以米为单位，四舍五入到小数点后两位；如果水量超过了这些水箱的总的容量，则输出单词 "OVERFLOW"。

| 样例输入 | 样例输出 |
|---|---|
| 3<br>2<br>0 1 1 1<br>2 1 1 1<br>1<br>4<br>11 7 5 1<br>15 6 2 2<br>5 8 5 1<br>19 4 8 1 | 1.00<br>OVERFLOW<br>17.00 |

（续）

| 样例输入 | 样例输出 |
|---|---|
| 132<br>4<br>11 7 5 1<br>15 6 2 2<br>5 8 5 1<br>19 4 8 1<br>78 | |

注：① ACM Central Europe 2001 的 F 题 Fill the Cisterns! 与 ACM Southwestern Europe 2001 的 D 题 Water Shortage 的描述雷同，在 UVA 上将两题归为同一题 Water Shortage，本题按 ACM Central Europe 2001 的 F 题 Fill the Cisterns! 的描述给出。在华章网站上，给出了 Fill the Cisterns! 和 Water Shortage 的题目原版，以及 Fill the Cisterns! 的官方测试数据和解答程序。②图 8-77 描述了本题第 3 个样例输入 / 输出，而 Water Shortage 给出的图与图 8-77 不同，两题还有其他诸如输入数据类型等细微不同之处。

*试题来源*：ACM Central Europe 2001，ACM Southwestern Europe 2001

*在线测试*：POJ 1434，ZOJ 1389，UVA 2428

**提示**

设第 $i$ 个水箱的初始水线为 $b_i$、高度为 $h_i$、宽度为 $w_i$ 和纵深长度为 $d_i$（$0 \leqslant i \leqslant n-1$）。

首先，要确定如果水线高度为 $m$ 时，$n$ 个水箱能够容纳多少水？设容纳的水量为 $v_m$。

对于第 $i$ 个水箱，$0 \leqslant i \leqslant n-1$，如果它的初始水线 $b_i \leqslant$ 水线 $m$，则第 $i$ 个水箱增加的水线高度 $tmp=\min\{m-b_i, h_i\}$，而且 $v_m$+=tmp*$w_i$*$d_i$。

基于上述基础，可以通过二分查找的方法计算可达的水线位置。设水线区间为 $[l, r]$，初始时为 $[0, \infty]$。计算区间中间指针 mid。计算水线到达 mid 的水量 $v_{mid}$。若溢出（$v_{mid} \geqslant$ 水量上限 $V$），则搜索左子区间；否则计算右子区间；直至区间不存在为止。此时得出的 $l$ 即为水将达到的水线位置。

## 【8.5.41 Area of Simple Polygons】

在二维 $xy$ 平面中有 $N$ 个矩形，$1 \leqslant N \leqslant 1000$。每个矩形的 4 条边都是水平或垂直的直线线段。矩形用其左下角和右上角的顶点来定义。每个角的顶点用两个非负整数表示其 $x$ 和 $y$ 坐标，范围从 0 到 50 000。本题设定这些矩形的并的轮廓被一个线段的集合 $S$ 所定义。我们可以用 $S$ 的一个子集来构造一个或若干个简单多边形。请求出 $S$ 的子集可以构造的多边形的总面积。这个面积要尽可能大。在二维的 $xy$ 平面中，一个多边形被定义为一个有限的线段集合，每条线段的端点与两条线段相关联，且边的子集没有相同的性质。这些线段是边，线段的末端是多边形的顶点。一个多边形是简单的，如果不存在两条不连续的边在一个点上相关联。

例如，给出下列 3 个矩形：

- 矩形 1：<(0, 0) (4, 4)>。
- 矩形 2：<(1, 1) (5, 2)>。
- 矩形 3：<(1, 1) (2, 5)>。

由这些矩形构成的所有简单多边形的总面积为 18。

**输入**

输入由多组测试用例组成。4 个 –1 组成的一行用于分隔每个测试用例。最后的 4 个 –1 组成的一行用于标识输入结束。在每个测试用例中，一行给出一个矩形，每行给出 4 个非负整数，前两个是左下角顶点的 $x$ 和 $y$ 坐标，后两个是右上角的 $x$ 和 $y$ 坐标。

**输出**

对每个测试用例，输出一行，给出所有简单多边形的总面积。

| 样例输入 | 样例输出 |
|---|---|
| 0 0 4 4<br>1 1 5 2<br>1 1 2 5<br>–1 –1 –1 –1<br>0 0 2 2<br>1 1 3 3<br>2 2 4 4<br>–1 –1 –1 –1<br>–1 –1 –1 –1 | 18<br>10 |

试题来源：ACM Taiwan 2001

在线测试：POJ 1389，UVA 2447

 **提示**

先计算包含所有矩形顶点的凸包，再使用旋转卡壳算法计算所有简单多边形的总面积。

## 【8.5.42　Squares】

一个正方形是 4 条边的多边形，每条边长度相等，相邻边构成 90 度角。正方形也是这样的多边形：围绕其中心旋转 90° 产生相同的多边形。不是只有正方形才有后面的性质，正八边形也有这一性质。

因此，我们都知道一个正方形看起来像什么，但可以在夜空的星星中找到所有可能形成的正方形吗？为了使问题变得更加容易，本题设定夜空是一个二维的平面，每颗星星有指定的 $x$ 坐标和 $y$ 坐标。

**输入**

输入由若干测试用例组成。每个测试用例首先给出整数 $n$（$1 \leqslant n \leqslant 1000$），表示接下来要给出的点的数目。接下来的 $n$ 行每行给出每个点的 $x$ 坐标和 $y$ 坐标（两个整数）。本题设定这些点是不同的，且坐标的绝对值小于 20 000。以 $n=0$ 标识输入结束。

**输出**

对于每个测试用例，在一行中输出由给出的星星可以构成的正方形的数目。

| 样例输入 | 样例输出 |
|---|---|
| 4<br>1 0<br>0 1<br>1 1<br>0 0 | 1<br>6<br>1 |

（续）

| 样例输入 | 样例输出 |
|---|---|
| 9<br>0 0<br>1 0<br>2 0<br>0 2<br>1 2<br>2 2<br>0 1<br>1 1<br>2 1<br>4<br>-2 5<br>3 7<br>0 0<br>5 2<br>0 | |

*试题来源*：ACM Rocky Mountain 2004

*在线测试*：POJ 2002，ZOJ 2347，UVA 3047

 **提示**

设存储所有星星坐标的容器为 $m$；第 $i$ 颗星星的坐标为（$a_i, b_i$），$0 \leqslant i \leqslant n-1$。

每输入第 $i$ 颗星星的坐标（$a_i, b_i$），则将该坐标置入容器，并枚举前 $i-1$ 颗的（$a_j, b_j$），$0 \leqslant j \leqslant i-1$：

- 若（$a_i+b_i-b_j, b_i+a_j-a_i$）和（$b_i+a_j-b_j, a_j+b_j-a_i$）在容器 $m$ 中，则 ans++。
- 若（$a_i+b_j-b_i, b_i-a_j+a_i$）和（$a_j+b_j-b_i, a_i+b_j-a_j$）在容器 $m$ 中，则 ans++。

星星可以构成的正方形的数目为 $\frac{\text{ans}}{2}$。

另外一种算法是枚举：枚举每一个点 $A$，再枚举 $x$ 坐标大于 $A$ 且与 $A$ 连线的倾斜角在 $(-45°, 45°]$ 内的点 $B$，把 $AB$ 作为正方形最上面的一条边，可以得到正方形其他两点的坐标。只需查询满足条件的线段即可（使用平衡树或 Hash 保存所有点）。

## 【8.5.43 That Nice Euler Circuit】

小 Joey 发明了一种涂写游戏的机器，他为这台机器取名欧拉（Euler），以伟大的数学家来命名。在他读小学的时候，Joey 就听到过有关欧拉如何开始研究图论的故事。注意这个故事所涉及的问题——在一张纸上绘制一个图，绘制过程中不要让笔离开图，在最后笔回到最初的位置。欧拉证明了你能做到这样当且仅当你画的（平面）图具有以下两个特性：该图是连通的；图中每个顶点度数都是偶数。

Joey 的欧拉机的工作原理完全一样。该装置由一支在纸张上涂写的铅笔和一个发出的指令序列的控制中心组成。纸张可以被看作无限的二维平面，这意味着你不必担心铅笔是否会画到纸张的外面。

在开始的时候，欧拉机将发出指令，形式为（$X_0$，$Y_0$），表示将铅笔移动到起始位置

（$X_0$，$Y_0$）。每个后续指令的形式为（$X'$，$Y'$），表示将铅笔从前一个位置移动到新的位置（$X'$，$Y'$），从而在纸张上画了一条线段。本题设定，新的位置和以前每条指令所到达的位置不同。最后，欧拉机发出指令，移动铅笔到开始位置（$X_0$，$Y_0$）。此外，欧拉机肯定不会画出任何覆盖已经绘制的其他线段的线条。然而，线段可以相交。

在所有的指令发出后，在 Joey 的纸上将会有一张漂亮的图。你可以看到，因为铅笔从来没有离开过纸，所以这个图可以被视为欧拉回路。

请计算这个欧拉回路将平面分成了几部分。

**输入**

测试用例不会超过 25 个。每个测试用例首先给出一行，包含一个整数 $N\geqslant4$，表示这个测试用例中指令的数目。在下一行给出 $N$ 对整数，整数间用空格分隔，表示发出的指令。第一对是第一条指令给出的起始位置坐标。本题设定在每个测试用例中指令不会超过 300 条，并且所有的整数坐标范围在（−300，300）中。当 $N$ 为 0 时，输入终止。

**输出**

对每个测试用例，输出一行，格式如下：

Case $x$: There are $w$ pieces.

其中 $x$ 是从 1 开始的测试用例序列号。

图 8-78 说明了两个样例输入的情况。

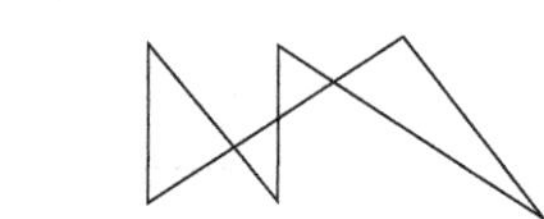

图　8-78

| 样例输入 | 样例输出 |
|---|---|
| 5<br>0 0 0 1 1 1 1 0 0 0<br>7<br>1 1 1 5 2 1 2 5 5 1 3 5 1 1<br>0 | Case 1: There are 2 pieces.<br>Case 2: There are 5 pieces. |

试题来源：ACM Shanghai 2004

在线测试：POJ 2284，ZOJ 2394，UVA 3263

**提示**

本题用欧拉公式求解：对于任意凸多边形，顶点数和面数的和减去边数等于 2，即 $V-E+F=2$。

首先，计算顶点数 $V$。我们计算交点的坐标，对所有点进行排序，并消除重复出现的点。

然后，计算边数 $E$。初始时，$E$ 是输入边数（$N$−1）。然后，对于每个顶点 $V$，如果 $V$ 在线段上，而不是线段的端点，则 $E$++。

最后，计算并输出面数 $F$。

## 【8.5.44　Can't Cut Down the Forest for the Trees】

从前，在一个遥远的国家，有一个国王，他拥有一片由珍贵的树木组成的森林。有一天，为了应付资金周转问题，国王决定砍伐并出售他的一些树木。他请他的巫师找到可以安全地砍伐树木的最多的数量。

国王所有的树木都种在一个矩形的围栏内，以保护这些树免遭小偷和破坏者的偷盗和破坏。砍伐树木是困难的，因为每棵树需要空间以便倒下的时候不会撞上并破坏其他树木或者栅栏。每棵树被砍伐前，分支可以被修剪掉。为简单起见，巫师假定，每棵树被砍倒后，它会在地面上占据一个矩形空间，如图 8-79 所示。矩形的一条边是树根部分的直径。矩形的另一条边的长度等于树的高度。

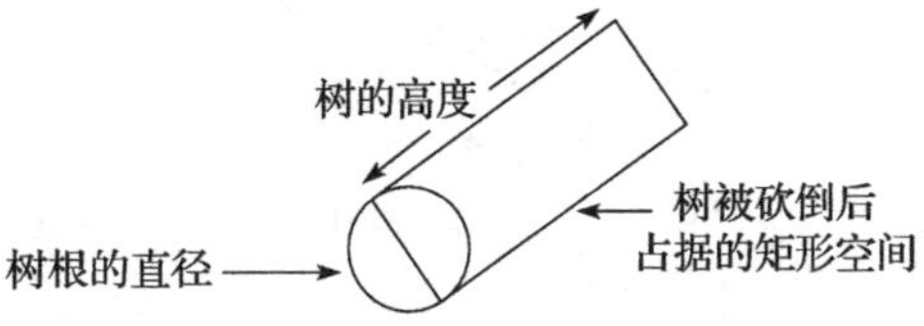

图 8-79

国王的许多树木都和其他树木比较靠近（这也是一个森林的特征之一）。巫师需要找到可以被砍伐的树木的最大数量。砍伐是一棵树接着另一棵树一棵一棵地被砍伐，一棵被砍倒的树不能碰到其他树或围栏。一棵树一旦被砍倒，它就被切成片，然后被运走，所以它不会影响下一棵被砍伐的树。

**输入**

输入由若干测试用例组成，每个测试用例描述一片森林。每个测试用例的第一行给出 5 个整数：$x_{min}$、$y_{min}$、$x_{max}$、$y_{max}$ 和 $n$。前 4 个数表示围栏的 $x$ 方向和 $y$ 方向的最小坐标和最大坐标（$x_{min}<x_{max}$, $y_{min}<y_{max}$）。围栏是矩形，围栏的边与坐标轴平行。第 5 个数 $n$ 表示森林中树的个数（$1\leqslant n\leqslant 100$）。

接下来的 $n$ 行描述 $n$ 棵树的位置和直径。每行给出 4 个整数 $x_i$、$y_i$、$d_i$ 和 $h_i$，表示树的中心位置（$x_i$, $y_i$），树根的直径 $d_i$，以及树的高度 $h_i$。不同树的根不可能彼此接触，所有的树完全在围栏内，也不可能接触到围栏。

输入以 $x_{min}=y_{min}=x_{max}=y_{max}=n=0$ 的测试用例结束，程序不用处理这一测试用例。

**输出**

对每个测试用例，输出其测试用例编号，然后输出可以被砍伐的树的最大数目，树是一棵接一棵被砍伐的，使得没有一棵树被砍倒的时候碰到其他树或围栏。按下面给出的样例格式输出，在每个测试用例处理后输出一个空行。

| 样例输入 | 样例输出 |
|---|---|
| 0 0 10 10 3<br>3 3 2 10<br>5 5 3 1<br>2 8 3 9<br>0 0 0 0 0 | Forest 1<br>2 tree(s) can be cut |

*试题来源*：ACM World Finals 2001

*在线测试*：UVA 2235

**提示**

我们取矩形中轴线的极角表示树被砍倒的方向，如图 8-80 所示。

其他树和栅栏都有可能会阻碍这棵树在某方向倒下，$n$ 最大值仅为 100，足够小，容易想到枚举每棵树，然后枚举与其他树和栅栏，算出不能砍倒这棵树的方向（极角）范围，继而判断这棵树是否能倒下。

如图 8-81 所示，记第 $i$ 棵树的半径为 $r_i$，中轴线为 $h_i$，圆心到矩形一角的距离为 $d_i$，$d_i$ 与 $h_i$ 的夹角为 $b_i$。下面，讨论其他树和栅栏阻碍这棵树在某方向倒下的情况。

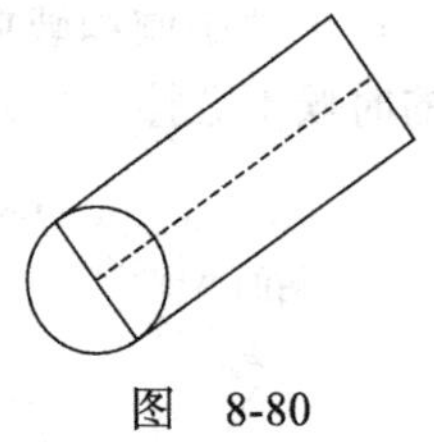

图　8-80

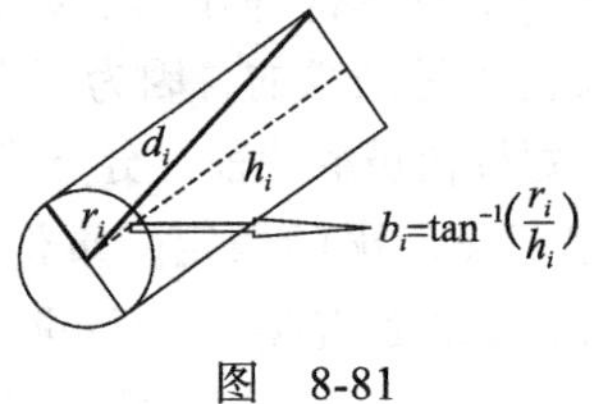


图　8-81

栅栏阻碍当前枚举的树 $i$ 倒下，有以下两种阻碍情况：

**阻碍情况 1**：圆心与栅栏的距离在 $[0, h_i]$ 之间。

树不能在两条虚线所夹极角范围内倒下。记圆心与栅栏的距离为 dist，垂线极角为 mid，此时受阻碍的矩形中轴线的极角范围为 $\left[\text{mid}-\left(\cos^{-1}\left(\frac{d_i}{\text{dist}}\right)+b_i\right), \text{mid}+\left(\cos^{-1}\left(\frac{d_i}{\text{dist}}\right)+b_i\right)\right]$，如图 8-82 所示。

**阻碍情况 2**：圆心与栅栏距离在 $[h_i, d_i]$ 之间。

显然，矩形是可以竖直放置的，旋转过程中两个角都可能碰到栅栏，如图 8-83 所示。我们分别考虑每个角对树倒下的阻碍作用。下面具体说明左上角的阻碍作用，右上角同理。

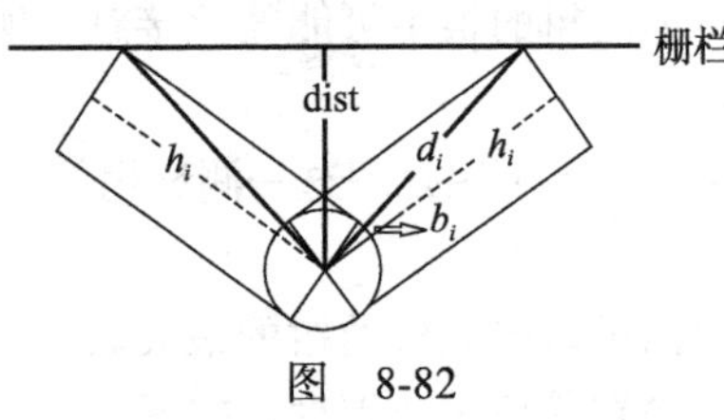


图　8-82

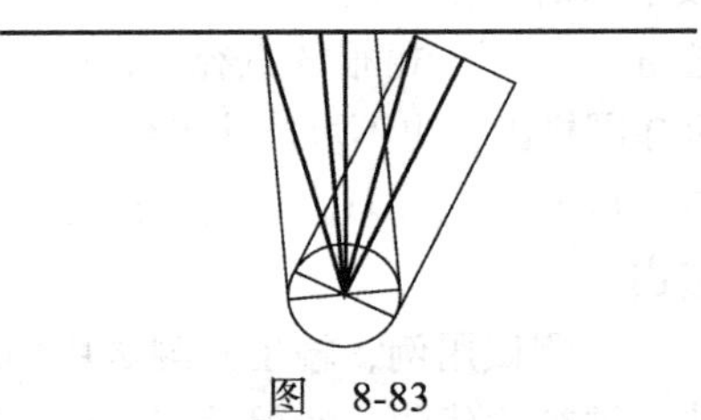

图　8-83

此时受阻碍的矩形中轴线极角范围为 $\left[\text{mid}-\cos^{-1}\left(\frac{d_i}{\text{dist}}\right)+b_i, \text{mid}+\cos^{-1}\left(\frac{d_i}{\text{dist}}\right)+b_i\right]$。

其他树 $j$ 阻碍当前枚举的树 $i$ 倒下，有以下两种阻碍情况：

**阻碍情况 1**：类似上面的阻碍情况 1，如图 8-84 所示。

记圆心距离为 dist，$j$ 相对 $i$ 的极角为 mid。若树的高度超过 $\sqrt{\text{dist}^2+(r_i+r_j)^2}$，则把 $h_i$ 看成 $\sqrt{\text{dist}^2+(r_i+r_j)^2}$。此时受阻碍的矩形中轴线的极角范围为 $\left[\text{mid}-\cos^{-1}\left(\frac{d_i}{\text{dist}}\right)+b_i, \text{mid}+\cos^{-1}\left(\frac{d_i}{\text{dist}}\right)+b_i\right]$。

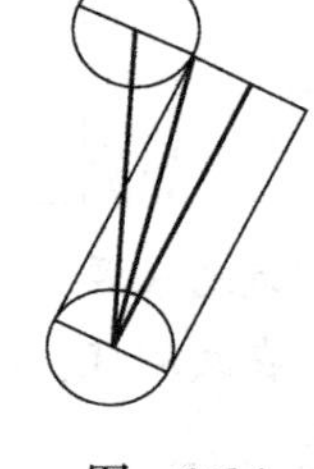

图　8-84

**阻碍情况 2**：类似上面的阻碍情况 2，不再赘述。

# 推荐阅读

## 大学程序设计课程与竞赛训练教材

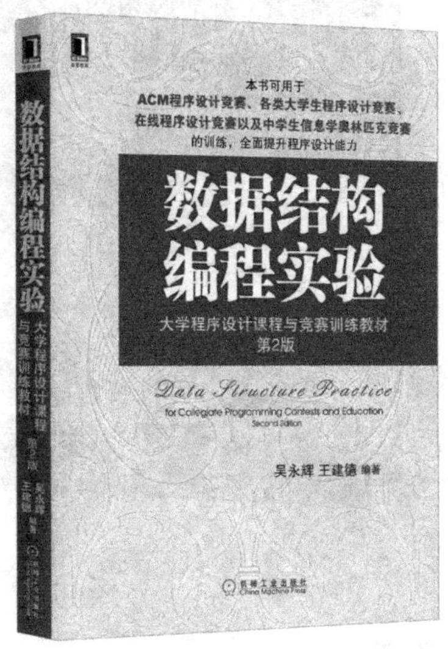

### 数据结构编程实验（第2版）

作者：吴永辉 王建德 编著 ISBN：978-7-111-55055-6

**本书特点：**

- 强调思维方式和解题策略的引导，通过对例题的分析促动学生思考各类数据结构、算法的本质特征，综合时间复杂度、空间复杂度、编程复杂度、思维复杂度等多方面因素选择最适合的解决方案。
- 对ACM程序设计竞赛、各类大学生程序设计竞赛、在线程序设计竞赛以及中学生信息学奥林匹克竞赛的试题进行了分析和整理，从中精选出200余道作为书中的例题，每道例题给出详尽的解析和标有详细注释的参考程序。
- 增加了当前热点的人工智能领域相关的数据结构题目，有利于读者未来从事该领域的研发工作。

### 程序设计解题策略

作者：吴永辉 王建德 编著 ISBN：978-7-111-48831-6

**本书特点：**

- 从国内外多年程序设计竞赛中精选100道经典试题，启发性地引出相应的解题策略，不仅有知识要点阐述、详尽的试题解析、相应参考程序，还使用大量图表增加直观性和可读性，方便读者的学习和实践。
- 提供了试题的原版描述、测试数据和解答程序作为参考，读者可以通过学习培养良好的认知结构，提高编程解题能力。
- 书中的经典试题可用于程序设计相关课程的教学与实践，还可用于辅导学生进行程序设计竞赛的专项训练。

# 推荐阅读

## 伟大的计算原理

作者：Peter J. Denning等 ISBN：978-7-111-56726-4 定价：69.00元

通过努力，几乎每个人都可以学会编程。然而仅仅靠编写代码并不足以构建辉煌的计算世界，要完成这个目标起码需要对以下几个方面有更深入的认识：计算机是如何工作的，如何选择算法，计算系统是如何组织的，以及如何进行正确而可靠的设计。如何开始学习这些相关的知识呢？本书就是一个方法——这是一本深思熟虑地综合描述计算背后的基本概念的书。通过一系列详细且容易理解的话题，本书为正在学习如何认识计算（而不仅仅是用某种程序设计语言进行编码）的读者提供了坚实的基础。Denning和Martell确实为计算领域的学生呈现了其中的基本原理。

—— Eugene H. Spafford，普渡大学计算机科学教授

## 计算理论导引（原书第3版）

作者：Michael Sipser ISBN：978-7-111-49971-8 定价：69.00元

本书由计算理论领域的知名权威Michael Sipser所撰写。他以独特的视角，系统地介绍了计算理论的三个主要内容：自动机与语言、可计算性理论和计算复杂性理论。绝大部分内容是基本的，同时对可计算性和计算复杂性理论中的某些高级内容进行了重点介绍。作者以清新的笔触、生动的语言给出了宽泛的数学原理，而没有拘泥于某些低层次的细节。在证明之前，均有"证明思路"，帮助读者理解数学形式下蕴涵的概念。同样，对于算法描述，均以直观的文字而非伪代码给出，从而将注意力集中于算法本身，而不是某些模型。新版根据多年来使用本书的教师和学生的建议进行了改进，并用一节的篇幅对确定型上下文无关语言进行了直观而不失严谨的介绍。此外，对练习和问题进行了全面更新，每章末均有习题选答。